CHIMIE

APPLIQUÉE

A LA PHYSIOLOGIE

A LA PATHOLOGIE ET A L'HYGIÈNE

avec les analyses et les méthodes de recherches les plus nouvelles

PAR

E.-J. Armand GAUTIER

PROFESSEUR AGRÉGÉ A LA FACULTÉ DE MÉDECINE DE PARIS
DIRECTEUR ADJ' DU LABORATOIRE DE CHIMIE BIOLOGIQUE
DOCTEUR ÈS SCIENCES, LAURÉAT DE L'INSTITUT

TOME PREMIER

CHIMIE APPLIQUÉE A L'HYGIÈNE

CHIMIE APPLIQUÉE A LA PHYSIOLOGIE
1'° Partie
PRINCIPES IMMÉDIATS — TISSUS — DIGESTION — ASSIMILATION

AVEC FIGURES DANS LE TEXTE
ET UN TABLEAU D'ANALYSE SPECTRALE

PARIS

LIBRAIRIE F. SAVY

24, RUE HAUTEFEUILLE

—

1874

CHIMIE

APPLIQUÉE

A LA PHYSIOLOGIE

A LA PATHOLOGIE ET A L'HYGIÈNE

PARIS — IMP. SIMON RAÇON ET COMP., RUE D'ERFURTH, 1.

AVANT-PROPOS

En écrivant ce livre, mon but a été de mettre le lecteur au courant des connaissances exactes que les diverses branches de la médecine, et en particulier la Physiologie, la Pathologie et l'Hygiène, doivent aux incessants progrès des études chimiques.

Pour exposer succinctement ce sujet et faire cependant de cet ouvrage un livre d'étude et de laboratoire, on s'est décidé à n'y point décrire en particulier les espèces chimiques les plus ordinaires, telles que les sucres, les corps gras, les sels minéraux, etc. L'histoire de ces substances forme en effet la matière de tout traité de *Chimie générale élémentaire*, que l'on a toujours supposée en partie connue de ceux qui s'intéressent aux sciences médicales.

Il a été possible ainsi, sans rien négliger de nécessaire, d'abréger ce livre et d'y consacrer une part plus large aux *applications de la chimie à la médecine*, à la description des substances spéciales aux tissus animaux, et à leurs déterminations analytiques.

Les expériences qui servent de base à nos théories modernes ont été décrites avec détail, et leur valeur discutée avec soin. Quant aux séries de faits particuliers, on a raccourci et enrichi tout à la fois leur exposé en les présentant, autant que possible, sous forme de tableaux numériques, et pour que le lecteur puisse au besoin contrôler ce qui a été dit et pousser plus loin ses études, on a fréquemment renvoyé aux principales sources. Comme point de départ de recherches nouvelles, rien ne saurait suppléer à la lecture du travail original.

Lorsque l'importance du sujet le comportait, j'ai donné les méthodes suivies par les auteurs pour découvrir les lois ou mesurer les faits, et j'en ai discuté la valeur relative. Le côté philosophique de la science est peut-être trop négligé dans nos livres modernes : exposer les preuves sur lesquelles se fonde un principe, me semble plus nécessaire qu'accumuler des faits incomplétement observés, quelque éclat d'érudition qu'ils semblent donner à l'ouvrage. Quant aux opinions douteuses leur discussion a été rarement abordée. Je me suis borné, dans ces cas, à présenter l'ensemble des observations qui avaient paru suffisantes aux auteurs pour établir leurs systèmes.

En tête des chapitres les plus importants j'ai introduit un court historique, avec renvois bibliographiques à l'appui, de la question qui allait être traitée, lorsque celle-ci avait été obscurcie ou altérée par l'incurie ou la rivalité d'auteurs récents. On est peut-être trop enclin ailleurs à ne tenir compte que de ce qui a été écrit chez soi depuis une quinzaine d'années. Gardons-nous d'oublier comment s'est fondée la science et quels sont ceux dont l'expérimentation ingénieuse ou les sévères méthodes doivent toujours nous servir de guides.

Après avoir dit l'objet général de ce livre et les principes qui nous ont guidé, il nous reste à donner quelques renseignements particuliers sur le plan de l'ouvrage.

Il a été divisé en trois parties qui traitent successivement des applications de la chimie à l'*Hygiène*, à la *Physiologie*, à la *Pathologie*.

La Première Partie : Chimie appliquée a l'hygiène, comprend l'étude : 1° de *l'air atmosphérique*, de ses variations, de ses viciations et de leurs effets sur l'homme ; 2° *des aliments et de l'alimentation ;* 3° *des eaux*, de leur nature, de leur rôle dans la nutrition, de leur influence sur la santé publique ;

4° *des milieux habités* et de tout ce qui se rattache aux questions de cubage d'air, d'altération et d'assainissement des milieux où vivent l'homme et les animaux.

Ces quatre chapitres contiennent à peu près toutes les contributions de la chimie à l'hygiène. Je les ai placés en tête de l'ouvrage parce qu'ils forment comme une introduction naturelle à l'étude plus complexe de la Biologie. Il m'a semblé que l'histoire chimique de la digestion, de l'assimilation, des sécrétions, de la respiration, etc., serait utilement précédée de celle de l'air atmosphérique au sein duquel se passent les phénomènes de la vie animale, de l'eau, des aliments qui entretiennent le jeu des fonctions, et des divers milieux qui les influencent.

La Deuxième Partie : CHIMIE APPLIQUÉE A LA PHYSIOLOGIE, débute par un *chapitre préliminaire* consacré à l'histoire synoptique des diverses classes de principes immédiats fournis par les êtres vivants. Leur étude générale est faite au point de vue de leurs propriétés et de leurs transformations les plus remarquables, de leur origine et de leur rôle dans l'organisme.

Cette *Deuxième Partie* est ensuite divisée en *Six livres* qui traitent successivement :

Livre I. Des tissus proprement dits. — Contrairement à ce qui se fait d'ordinaire en Physiologie, j'ai cru devoir tout d'abord étudier les tissus, parce qu'ils sont pour ainsi dire la matière commune de tous les organes et qu'ils concourent à presque toutes les fonctions.

Livre II. Digestion. — Sucs et produits du tube digestif, et digestion proprement dite.

Livre III. Assimilation. — Sous ce chef sont réunis et décrits avec soin tous les liquides qui concourent directement à l'assimilation, tels que le chyle, la lymphe, le sang. Comme complément nécessaire, la Nutrition générale a été traitée aussi dans ce III° livre.

Livre IV. Sécrétions. — Consacré à la description des glandes et de leurs produits d'excrétion ou de sécrétion.

Livre V. Respiration. — Tissu pulmonaire, respiration, et perspiration comme appendice.

Livre VI. Innervation et reproduction. — Matière nerveuse, sperme, œuf, lait, que nous avons rapprochés pour des motifs qui seront donnés ailleurs.

En tête de cette Deuxième Partie, et dans des chapitres spéciaux, j'aurais pu décrire séparément les substances animales, telles que les diverses matières grasses, sucrées, albuminoïdes, etc., qui se rencontrent dans les organes des êtres vivants. J'ai préféré aborder successivement l'étude de ces corps en faisant l'histoire des tissus où ils prédominent, ou des fonctions particulières qui les fournissent, sauf à renvoyer le lecteur à la table analytique lorsqu'il aura besoin de renseignements immédiats.

La Troisième Partie : CHIMIE APPLIQUÉE A LA PATHOLOGIE, est divisée, parallèlement à la précédente, en Livres correspondants qui comprennent successivement : les *altérations pathologiques des tissus ;* les *troubles de la digestion* et les *produits anormaux du tube digestif;* les *altérations morbides du sang, du chyle et de la lymphe ;* les *modifications pathologiques des diverses sécrétions;* les *altérations du poumon et de la respiration,* etc.

Je pense que les médecins ne sauraient trop se rendre maîtres de tels sujets. Le savoir et l'observation font naître les idées, et celles-ci conduisent à l'expérience et à l'application pratique. La médecine qui ne se fonderait pas sur les bases inébranlables des sciences exactes en serait bientôt réduite à un empirisme dangereux et stérile.

Du reste quoique à beaucoup d'égards la chimie Biologique soit encore imparfaite, elle est déjà d'un puissant secours pour établir l'étiologie, le diagnostic, et servir à la détermination de la nature intime des maladies.

Après avoir indiqué l'objet et le plan de cet ouvrage, il ne me reste plus qu'à le recommander à la bienveillance du lecteur, et à faire des vœux pour qu'il atteigne le but que tout auteur doit se proposer, celui d'être utile.

CHIMIE

APPLIQUÉE

A LA PHYSIOLOGIE

A LA PATHOLOGIE ET A L'HYGIÈNE

PREMIÈRE PARTIE

CHIMIE APPLIQUÉE A L'HYGIÈNE

Les applications de la chimie à l'hygiène sont d'une haute importance ; leur utilité est de tous les instants. Les milieux où nous vivons, les aliments qui nous nourrissent, agissent sur notre organisme et le modifient sans cesse. Toutefois, quelque nombreuses qu'elles soient, les questions que l'Art de conserver la santé pose à la chimie peuvent se ranger sous quatre chefs, savoir : *l'air atmosphérique, les aliments et l'alimentation, les eaux, les milieux où l'homme habite.* Nous aborderons successivement ces divers sujets dans quatre chapitres qui forment cette Première Partie.

CHAPITRE PREMIER

DE L'AIR ATMOSPHÉRIQUE

L'air au sein duquel nous vivons est l'aliment nécessaire qui sans cesse excite et entretient en nous la chaleur et la vie. Les moindres variations physiques ou chimiques de ce milieu qui nous baigne et pénètre notre sang réagissent aussitôt sur la respiration, la perspiration, l'hématose, et par ces fonctions, sur toutes les

autres. L'air dissémine en outre et transporte des particules minérales et organiques, des miasmes, des germes divers, auxquels on
attribue les fermentations, les putréfactions, les générations dites
spontanées, les épidémies. *Pour l'air il n'est point de petits faits.*
Aussi, depuis un siècle environ, l'importance de son rôle dans les
phénomènes chimiques et physiologiques a-t-elle suscité de nombreux et consciencieux travaux.

Dans cet ouvrage spécial, nous n'aborderons que pour mémoire les notions générales et classiques relatives à l'air atmosphérique. Celles qui peuvent être utilisées par le médecin doivent,
au contraire, être traitées avec d'autant plus de soin quelles sont
encore moins bien connues.

Ce premier chapitre est divisé dans les quatre articles suivants :

(*a*). De la composition et des propriétés de l'air et des variations
de ses deux gaz essentiels : l'oxygène et l'azote.

(*b*). De l'origine et des variations de l'eau et de l'acide carbonique contenus dans l'atmosphère.

(*c*). Des corps qui n'entrent que d'une manière accessoire et
comme à l'état d'impuretés dans l'air que nous respirons.

(*d*). Des modifications météorologiques de l'atmosphère terrestre.

Nous aurions pu réserver un article spécial à l'étude de *l'air
confiné*, mais nous avons renvoyé ce sujet important au chapitre des
HABITATIONS.

ARTICLE PREMIER

COMPOSITION ET PROPRIÉTÉS DE L'AIR ATMOSPHÉRIQUE

De considérations fondées sur le temps pendant lequel la lumière
du crépuscule reste encore sensible au zénith, ou par d'autres
méthodes, on est parvenu à conclure qu'à partir de 65 à 70 kilomètres au-dessus de la surface du sol, l'air n'a plus de densité
notable. Telle est donc l'épaisseur de la couche atmosphérique
sensible qui enveloppe le globe. Quant à son poids total, il résulte
de calculs faits en 1841 par MM. Dumas et Boussingault, que l'air
qui est au-dessus de nos têtes pèse autant que 581 000 cubes de
cuivre rouge ayant chacun 1 kilomètre de côté. Cette énorme masse
d'air doit fournir à la vie incessante des plantes et des animaux,
aux combustions et aux autres actions chimiques qui se passent à
la surface de la terre.

Propriétés physiques de l'air. — L'air atmosphérique est un gaz transparent, invisible sous un faible volume, diffusant une lumière bleuâtre sous de grandes épaisseurs, sans saveur ni odeur sensibles, sauf quand il est modifié électriquement, comme nous le verrons plus loin.

Il est éminemment compressible et élastique, et suit dans ses changements de volumes la loi de Mariotte; son coefficient de dilatation par la chaleur, à volume variable, est égal à 0,003665 (*V. Regnault*). Les pressions les plus élevées n'ont pu le liquéfier. Un litre d'air à 0° et à 760^{mm} de pression pèse 1^{gr},2937.

Composition de l'air atmosphérique. — L'air est essentiellement constitué par un mélange d'oxygène et d'azote, dans les proportions de 21 vol. environ du premier et de 79 vol. du second. Cette composition, entrevue par le médecin Mayow dès 1669, a été établie par Lavoisier en novembre 1774, quelques mois après la découverte de l'oxygène par Priestley. Tout le monde connaît l'expérience de Lavoisier, qui consista à chauffer pendant douze jours du mercure dans de l'air confiné, à mesurer le volume du gaz (*azote*) restant, impropre à oxyder le mercure, et à en conclure le volume du gaz (*oxygène*) absorbé par ce métal pour se transformer en oxyde. Lavoisier put ensuite recueillir ce dernier gaz en chauffant davantage l'oxyde de mercure formé, et, l'ayant mélangé à celui qui n'avait pu être absorbé par la calcination du métal, il reproduisit de nouveau l'air primitif avec son volume et ses propriétés d'air respirable et capable d'entretenir la combustion.

Depuis, des expériences d'une excessive précision ont été entreprises par Boussingault et Dumas, Gay-Lussac et Thénard, Regnault, Bunsen, Levy... non-seulement pour connaître les quantités exactes d'oxygène et d'azote contenus dans l'air, mais aussi pour déterminer les variations de ces deux gaz sur les différents points du globe et aux diverses altitudes ou pour doser les substances accessoires qui les accompagnent toujours en petites proportion. De ces travaux sont résultées les notions générales suivantes.

L'air est presque entièrement formé d'un mélange d'oxygène et d'azote contenant toujours une petite quantité d'acide carbonique et de vapeur d'eau et des traces de quelques autres corps dissous ou en suspension.

Les éléments nombreux qui entrent dans la constitution de l'air atmosphérique peuvent être divisés en trois groupes :

Le *premier groupe* comprend les deux gaz principaux, l'oxygène et l'azote. Ces éléments existent dans l'air en quantités relatives très-approximativement constantes pour les divers lieux, les divers climats, les diverses saisons. Ce rapport est en volume (V. RE-GNAULT, *Méthode volumétrique*) :

$$
\begin{array}{ll}
\text{Oxygène.} & 20.94 \\
\text{Azote.} & 79.06 \\
\hline
& 100.00
\end{array}
$$

en poids (DUMAS et BOUSSINGAULT, *Méthode des pesées*) :

$$
\begin{array}{ll}
\text{Oxygène.} & 23.15 \\
\text{Azote.} & 76.87 \\
\hline
& 100.00
\end{array}
$$

Le *second groupe* de corps aériens est formé de gaz dont le poids, relativement à l'air total, est variable avec les lieux, l'altitude, les climats, les diverses époques de l'année, mais dont la présence dans l'air est constante et nécessaire. Il comprend deux corps très-importants : la *vapeur d'eau* et l'*acide carbonique*. L'air contient de 5 à 16 millièmes de son volume de vapeur d'eau et de 3 à 6 dix-millièmes d'acide carbonique.

Le *troisième groupe* des corps que l'on trouve dans l'air se compose de ceux qui n'y sont qu'en quantité extrèmement faible, ou qui manquent quelquefois totalement. Ces dernières substances, pour être en masses minimes, ou pour n'exister dans l'air que localement ou d'une manière passagère, n'en exercent pas moins une influence certaine et souvent considérable sur la santé de l'homme, des animaux et des plantes.

Les substances du troisième groupe sont les suivantes :

L'*ammoniaque*; l'*acide azotique*, les *azotites* et les *azotates*; les *hydrogènes carbonés* (particulièrement *proto-carboné*); l'*ozone* (ou oxygène électrisé et condensé); l'*iode*, peut-être; les *particules salines* en suspension; enfin les *particules organiques* et *organisées* entraînées par l'air (*miasmes, germes* ou *ferments*).

L'air est un mélange de gaz. — Abstraction faite des corps des deux derniers groupes précédents, qui n'existent dans l'air qu'en très-faible quantité et comme à l'état d'impuretés, l'air contient, disons-nous, d'une manière très-approximativement constante 21 volumes d'oxygène et 79 d'azote. Ces deux gaz y sont-ils mélangés ou combinés ?

L'air est un mélange d'oxygène et d'azote ; en voici les preuves.

1° Lorsque deux gaz sont combinés, le rapport des volumes est toujours simple. Or le rapport de 21 à 79, quoiqu'il se rapproche beaucoup de 20 à 80 ou de 1 à 4, échappe à cette loi générale des combinaisons gazeuses qui veut que, lorsque deux gaz s'unissent entre eux, leurs volumes soient toujours dans des rapports simples.

2° Quand de l'air se dissout dans l'eau, celle-ci absorbe 35,76 vol. d'oxygène et 64,47 vol. d'azote à 11°4. Ce sont là précisément les rapports des coefficients de solubilité dans l'eau des deux gaz oxygène et azote à cette température et aux pressions auxquelles ils existent dans l'air considéré comme étant un mélange. — L'air se comporte donc vis-à-vis de l'eau qui le dissout, non comme un composé unique, mais comme un simple mélange de ses deux gaz principaux.

3° Aucun effet thermique ne se produit quand on mêle l'oxygène et l'azote dans les proportions où ils existent dans l'air. On ne remarque aussi aucun changement de volume.

4° L'air soumis à la diffusion à travers les plaques poreuses se conduit encore comme un mélange d'oxygène et d'azote.

Constance du rapport des volumes de l'oxygène et de l'azote. — V. Regnault[1] a dosé les volumes d'oxygène et d'azote d'un grand nombre d'échantillons d'air. Sa méthode eudiométrique ne comportait pas une erreur supérieure à 0,02 pour cent. Voici les résultats qu'il a obtenus :

TENEUR EN OXYGÈNE POUR 100 VOL. D'AIR.

			minimum.	maximum.
100 échantillons d'air de Paris ou des environs. . . .			20.915	20.999
9	id.	air de Montpellier, Lyon, Normandie..	20.918	20.996
50	id.	air de Berlin.	20.908	20.998
10	id.	air de Madrid.	20.916	20.982
25	id.	air de Genève et de Chamounix. . . .	20.909	20.995
50	id.	air des bords de la Méditerranée (France)	20.912	20.982
9	id.	air pris sur mer (voyage de Liverpool à Vera-Cruz).	20.918	20.965
2	id.	air de l'équateur ; Amérique du Sud. .	»	20.696
2	id.	air du sommet du Pichincha.	20.949	20.988
Air des mers arctiques recueilli par le Cap. Ross. . .			20. 86	20.. 94

Tous ces résultats font voir que la composition de l'air en oxy-

[1] *Ann. Chim. Phys.* [3], t. XXXVI, p. 385.

gène et azote est à peu près constante, quels que soient les climats, les saisons, l'altitude.

Cette composition subit toutefois de très-faibles oscillations diurnes et locales dont la cause reste peu connue. L'une d'elles est l'action dissolvante des eaux. L'oxygène, suivant Lewy, semble très-légèrement diminuer à la surface des mers, dissous qu'il est par l'eau en plus grande quantité que l'azote[1]. De plus aux heures où la mer s'échauffe, son pouvoir dissolvant pour l'oxygène et l'acide carbonique diminue et l'atmosphère s'enrichit alors en ces deux gaz :

AIR PRIS SUR L'ATLANTIQUE, MÊME JOUR, MÊME VENT, 400 LIEUES AU LARGE :

	5 h. matin.	5 h. soir.
CO_2	0.03346	0.0542
O.	20.9614	21.0640
Az.	79.0051	78.8848

Si l'on passe dans des climats très-chauds où se forment de grandes accumulations de corps nitrés et d'actives oxydations de matières organiques, on voit la teneur en oxygène baisser rapidement. C'est ce qui résulte des déterminations suivantes dues à Regnault :

	OXYGÈNE POUR 100.	
	maximum.	minimum.
Échantillon d'air pris dans la baie du Bengale (1er février 1849).	20.450	20.460
Échantillon recueilli près des embouchures du Gange, le 8 mars 1849. Temps de brouillard ; choléra commençant..	20.587	20.595
2 échantillons pris dans le port d'Alger. . .	20.595	20.420

Bunsen et Lévy ont confirmé par leurs expériences ces diverses observations.

ARTICLE II

VAPEUR D'EAU ET ACIDE CARBONIQUE DE L'AIR

La vapeur d'eau et l'acide carbonique, quoique en petite quantité, existent toujours dans l'air atmosphérique, et leurs variations

	OXYGÈNE EN POIDS.
Air de Copenhague.	22.998
Air pris en mer (Mer du Nord).	22.575
Air de la côte. Château de Kronberg.	23.016

(Lewy, *Ann. Ch. Phys.* [3], t. XXXIV, p. 4.)

exercent sur les plantes et les animaux des effets si notables, qu'il est nécessaire de les connaître dans leurs moindres détails.

Vapeur d'eau. — L'air contient de l'eau soit à l'état de vapeur invisible, soit en gouttettes liquides très-divisées qui forment les brouillards et les nuages.

La quantité de vapeur d'eau atmosphérique varie de 3 à 16 millièmes du volume de l'air, ou de 2 à 12 millièmes de son poids. Toutefois la quantité absolue de vapeur d'eau contenue dans l'air, importe, en général, moins à connaître que son degré hygrométrique. Celui-ci s'exprime par la *fraction de saturation*, c'est-à-dire par le rapport de la quantité totale de vapeur d'eau dissoute dans l'air observé à la quantité maximum qu'il contiendrait s'il était parfaitement saturé à la température que l'on considère. C'est là son vrai *degré d'humidité*, celui qui mesure la tendance de cet air à dissoudre une plus grande masse de vapeur d'eau, (et par conséquent son pouvoir desséchant), ou bien à la laisser déposer sous forme de rosée, de brouillard ou de pluie, s'il vient à se refroidir.

La quantité absolue de vapeur d'eau se dose en faisant passer un volume déterminé d'air à travers des tubes remplis de substances très-hygrométriques dont le poids est connu d'avance. Son degré d'hygrométricité s'obtient au moyen d'*hygromètres*.

Pour un même lieu, la quantité absolue de vapeur d'eau et le degré hygrométrique de l'air varient avec les saisons. En hiver, la quantité absolue est en général moins forte qu'en été, la tension de la vapeur d'eau est en effet moins grande à une basse température. L'air est toutefois plus humide dans cette saison, parce qu'il est plus près d'être saturé ; *sa fraction de saturation est plus grande*. Kaentz a donné de cette fraction de saturation les nombres moyens suivants observés, à Halle, pendant une longue période :

DEGRÉ DE SATURATION DE L'AIR DE HALLE POUR LES DIVERS MOIS DE L'ANNÉE
(la quantité totale de vapeur d'eau saturant cet air = 100.)

JANVIER	FÉVRIER	MARS	AVRIL	MAI	JUIN	JUILLET	AOUT	SEPTEMBRE	OCTOBRE	NOVEMBRE	DÉCEMBRE
85.0	79.9	76.4	71.4	69.1	69.7	66.5	61.0	72.8	78.9	85.3	86.2

On voit que c'est en novembre, décembre et janvier que l'air est le plus humide, et qu'il est le plus loin de son point de saturation en juillet et août.

La quantité absolue de vapeur d'eau va en diminuant de l'équateur au pôle. Mais il faut faire ici la part de la situation de chaque localité, de la température moyenne du lieu, de la direction des vents principaux, de la situation des grandes masses d'eau, de la configuration de la surface du sol. Ainsi, au Chocco, vallée profonde de la Nouvelle-Grenade, entourée de forêts, où il pleut presque toute l'année, l'air est continuellement près de son point de saturation (BOUSSINGAULT). Au contraire, sur les bords de la mer Rouge, quand le Simoun souffle du désert, le degré hygrométrique de l'air est de 6,67, la saturation totale à cette température étant représentée par 100. En général, l'air très-sec, à la surface des continents a encore un degré de saturation de $\frac{40}{100}$.

L'altitude, suivant Deluc, Humboldt, de Saussure, augmenterait la sécheresse de l'air. Suivant Kaentz, elle l'influencerait très-peu. D'après les nombres trouvés par Gay-Lussac dans sa grande ascension aérostatique, la sécheresse croît jusqu'à une hauteur d'à peu près 4000 mètres, à partir de laquelle le degré d'hygrométricité de l'air reste à peu près constant jusqu'à 7000 mètres environ, hauteur où il est arrivé.

En général, les vents continentaux sont plus secs que les vents maritimes, les vents froids que les vents chauds. Les vents de mer se dessèchent rapidement en se réchauffant sur les terres échauffées par le soleil.

La pression barométrique influe aussi sur le degré d'hygrométricité de l'air qu'il diminue (voy. Article IV).

Les brouillards, les nuages, la neige, la rosée, le givre, sont formés par la condensation à l'état liquide ou solide d'une certaine quantité de vapeur d'eau atmosphérique, lorsque par une raison quelconque telle que l'abaissement de température ou de pression, l'air est inapte à dissoudre toute la vapeur d'eau qu'il contenait primitivement.

Le degré d'hygrométricité de l'air est une des conditions extétérieures qui influent le plus sur la perspiration cutanée et la respiration. L'air chaud et humide exerce sur les centres nerveux une influence dépressive; l'air froid et humide, plus conducteur de la chaleur que l'air froid et sec, produit un refroidissement plus actif du corps : il diminue la transpiration cutanée et augmente la sécrétion urinaire (W. Edwards). Suivant Lehmann, les animaux à sang chaud exhaleraient dans le même temps une plus grande quantité d'acide carbonique dans l'air humide que dans l'air sec [1].

Acide carbonique. — L'acide carbonique contenu dans l'air varie de 3 à 6 vol. par 10000 volumes d'air. En général, l'air normal contient $\frac{4}{10000}$ de son volume d'acide carbonique. Quand l'air contient de 6 à 10 volumes de ce gaz sur 10000, c'est qu'il a été vicié par diverses causes, telles que les combustions, le voisinage des volcans, les réunions d'hommes ou d'animaux.

On dose l'acide carbonique de l'air en en faisant passer un volume connu sur de la potasse caustique renfermée dans des tubes pesés d'avance, ou contenant de l'eau de chaux ou de baryte dont l'alcalinité est titrée, et déterminant ensuite le nouveau titre de la liqueur employée. La différence donne la quantité d'alcali combinée à l'acide carbonique.

Un grand nombre de mesures ont été ainsi faites par Boussingault et Dumas, de Saussure, Brünner, Pettenkoffer, Lewy, Frankland. On peut résumer comme il suit ces divers travaux.

Variations de l'acide carbonique. — La *nuit*, à Paris du moins, d'après les expériences de M. Boussingault, l'air contient pour 10000 volumes $4^{vol},2$ d'acide carbonique ; il n'en contient que $3^{vol},9$ pendant le jour.

Il n'en est plus de même de l'air recueilli à *la surface de l'Océan*. Là, le coefficient de solubilité de l'acide carbonique dans l'eau augmentant la nuit par l'abaissement de température, et l'action des plantes terrestres ne se faisant plus sentir, l'air est, d'après Lewy, plus riche en acide carbonique le jour (5, 4 dix-millièmes) que la nuit (3,3 dix-millièmes).

Thorpe [2] a confirmé le sens de ce dernier résultat. Il a trouvé dans l'air de l'Océan 3,011 dix-millièmes d'acide carbonique le jour et 2,995 la nuit. On voit toutefois que ces quantités sont plus faibles que celles données par Lewy.

L'air est plus riche en acide carbonique dans les *lieux habités* qu'à la campagne. Boussingault et Lewy faisant des expériences si-

---

[1] *Lehrbuch der Physiolog. Chem.*, 1855, p. 303.
[2] *Bull. Soc. chim.*, t. IX, p. 198.

multanées à Paris et à quelques lieues au dehors, n'ont trouvé dans l'air des champs que les $\frac{92}{100}$ de l'acide carbonique contenu dans celui de la ville.

L'action du sol fait aussi varier la teneur de l'air en acide carbonique aux diverses heures du jour et dans les diverses saisons de l'année. Un peu au-dessous de sa surface, le sol possède une air interstitiel très-riche en acide carbonique qui doit s'échapper en partie lorsque baisse le baromètre. L'état de sécheresse ou d'humidité des terres influe d'ailleurs sur l'absorption de l'acide carbonique des couches d'air avec lesquelle elles sont en contact ; cette absorption augmente en général avec l'abaissement de température.

A une certaine *altitude* au-dessus du sol, l'air, suivant de Saussure, contient plus d'acide carbonique que dans les couches inférieures.

Après les grandes *pluies*, l'air devient sensiblement moins riche en acide carbonique (Th. DE SAUSSURE). C'est au voisinage des évents de certains volcans encore en ignition, des forêts, des tourbières et des houillères en combustion que l'air a été trouvé le plus chargé de ce gaz.

Sources de l'acide carbonique. — L'homme retire chaque année du sein du globe et consomme pour son usage 150 millions de tonnes de houille[1] contenant en moyenne 75 p. 100 de carbone. C'est donc annuellement 98 millions de tonnes de charbon transformé en 356 millions de tonnes d'acide carbonique. En admettant, ce qui n'est point trop, que le reste des combustions (bois, huiles, etc.) représente le 5ᵉ de la quantité précédente, on voit que l'industrie, la navigation et le chauffage lancent par an dans l'atmosphère 427 millions de tonnes d'acide carbonique ou 216 milliards environ de mètres cubes de ce gaz.

Dans les régions volcaniques du globe, les évents des volcans et les fissures du sol laissent échapper de véritables torrents continus d'acide carbonique. Il en est de même des eaux de sources minérales gazeuses. D'après des calculs de Poggendorff (évidemment très-approximatifs), ces causes produiraient une masse d'acide carbonique dix fois supérieure à la précédente, c'est-à-dire annuellement de 2160 milliards de mètres cubes.

---

[1] Voir LABOULAYE, *Dict. des Arts et Manufactures*, t. II, Art, *Houille, fin,*

Les phénomènes de putréfaction et de combustion lente des matières organiques, s'accomplissent sur toute la surface du globe et donnent encore lieu à un dégagement considérable du même gaz.

Enfin la respiration des animaux est aussi une source continue d'acide carbonique. La race humaine, comprenant plus de 200 millions d'individus qui chacun exhalent par jour 445 litres d'acide carbonique d'après Andral et Gavarret, c'est 52 milliards de mètres cubes d'acide carbonique ainsi produit chaque année, et il faut bien doubler au-moins ce nombre, pour tenir compte de la respiration des animaux.

Il y a donc au moins 2500 milliards de mètres cubes d'acide carbonique rejetés annuellement dans l'air, et qui y remplacent le même volume d'oxygène. C'est d'après Poggendorff, la 86ᵉ partie de la masse d'acide carbonique totale de l'atmosphère, de sorte que l'acide carbonique de l'air que nous respirons doublerait dans 86 années, si aucune force ne l'empêchait de s'y accumuler.

La masse de l'acide carbonique atmosphérique change peu. — Plusieurs des causes de la production continue d'acide carbonique que nous venons d'indiquer ont existé dès le commencement des temps géologiques. Plusieurs même, telles que les éruptions volcaniques, ont eu longtemps une intensité plus grande. Cependant il paraît établi, d'après ce que nous savons de la formation des anciens terrains et des anciennes flores, que la masse d'acide carbonique atmosphérique tend plutôt à diminuer qu'à augmenter.

En voici les deux causes principales :

1° Il se forme sans cesse, même à notre époque, à la surface des continents et dans la profondeur des mers, des dépôts de concrétions calcaires provenant de l'organisation d'animaux souvent très-petits (coquilles, madrépores, coraux), qui laissent leurs dépouilles en quantité si grande qu'elles suffisent dans les mers, à former d'immenses récifs et des îles nouvelles. Cette production puissante de calcaire est entièrement comparable à ce qui se passait dans les temps géologiques, lors de la formation des divers terrains carbonatés.

2° Les plantes se nourrissent aux dépens de l'acide carbonique atmosphérique ; elles l'absorbent par leurs racines et par leurs feuilles, et rejettent sous l'influence des rayons solaires, un volume presque égal d'oxygène tandis qu'elles retiennent le carbone et en forment des produits organiques qui servent de nourriture à l'animal. Grâce à cette circulation incessante du carbone entre les animaux et les plantes, entrevue par Priestley, Bonnet, Ingenhousz, et complétement démontrée par Th. de Saussure, la plus grande masse de l'acide carbonique produit est sans cesse transformée en matières organiques et en oxygène respirable.

ARTICLE III

DES SUBSTANCES ACCESSOIRES ET DES IMPURETÉS DE L'AIR ATMOSPHÉRIQUE

Le troisième groupe de corps qui se trouvent souvent, mais non constamment, dans l'air atmosphérique, comprend de nombreuses substances que l'on a déjà énumérées au commencement de ce chapitre. Quoique la quantité de chacune d'elles soit si petite qu'on peut, à certains égards, considérer ces matières comme des impuretés de l'air, leur utilité ou leur nocuité, leurs effets sur la végétation et sur la santé publique, l'influence de quelques-unes d'entre elles dans la production des endémies ou des épidémies est si importante, que le médecin ne saurait trop approfondir ce sujet.

Ammoniaque atmosphérique. — L'ammoniaque existe dans l'air spécialement à l'état de carbonate, et peut-être, suivant Schœnbein, à l'état d'azotite et d'azotate. Le premier de ces corps se forme par la putréfaction et la décomposition à la surface du sol d'une foule de matières azotées, végétales ou animales. Quant à l'azotite d'ammoniaque, il se produit, d'après Schœnbein, par l'union directe de l'azote à l'eau pendant l'oxydation vive ou lente qu'éprouvent à l'air les matières combustibles :

$$Az^2 + 2H^2O = AzO^2 \, (AzH^4)$$
Azotite d'ammoniaque.

Quoi qu'il en soit de cette théorie, il est hors de doute qu'il peut se former dans ces conditions un acide de l'azote, et qu'il se produit aussi dans l'air de l'acide azotique pendant les temps orageux. Ces acides peuvent ensuite s'unir à l'ammoniaque provenant d'autres sources. L'air contient en effet cette base à l'état d'azotite et d'azotate, comme l'ont démontré depuis longtemps les analyses des eaux de pluie. (Voir plus loin LES EAUX, Chap. III.)

On ne saurait dire la quantité d'ammoniaque qui existe dans l'atmosphère ; les dosages des divers auteurs ne s'accordent point. Nous verrons d'ailleurs que l'ammoniaque varie très-rapidement dans l'eau de pluie prise dans les villes à diverses hauteurs. — Fresenius, en 1848, a trouvé dans l'air de Wiesbaden 0,134 d'ammoniaque par million de grammes d'air. T. Brown[1] en a dosé $6^{gr},6$ à $7^{gr},8$ par million de litres dans l'air de la campagne de Burton-sur-Trent. Bineau, à Lyon, en a trouvé de $0^{gr},04$ à $0^{gr},14$ dans un million de grammes d'air[2].

Le maximum de la teneur en ammoniaque a lieu, suivant Bineau, en hiver et au printemps ; le minimum en été. Ces quantités ont été, entre elles :: 3 : 5 dans l'année 1853 aux environs de Lyon[3].

Les composés de l'ammoniaque entraînés par les pluies, les brouillards, la neige, retombent sur le sol et contribuent à son enrichissement.

Acides azoteux et azotique. — Cavendish a démontré depuis longtemps que l'étincelle électrique, en passant à travers l'air, y produit un composé acide oxygéné de l'azote, et Liebig, que les eaux de pluie d'orage contiennent de l'azotate d'ammoniaque. L'eau qui tombe dans les pays où les orages sont fréquents, comme sous les tropiques, y est plus riche en acide azotique. Enfin, on a vu plus haut comment Schœnbein explique la formation de l'azotite d'ammoniaque pendant les combustions. Bineau a noté *qu'à la campagne* aux environs de Lyon, les quantités d'acide azotique étaient à celles d'ammoniaque contenues dans la même quantité de pluie :: 3 : 1. En ville, au contraire, l'acide azotique disparaît en grande partie tandis que l'ammoniaque augmente.

Le maximum d'acide azotique contenu dans l'air a lieu en été ; le minimum en hiver. Ces quantités sont entre elles :: 6,67 : 1.

Hydrogènes carbonés. — C'est M. Boussingault qui a le premier démontré que l'air filtré, parfaitement purgé d'acide carbonique et d'eau, donnait une trace de ces deux corps quand on le faisait passer sur de l'oxyde de cuivre porté au rouge ; d'où l'on peut

---

[1] *Bull. Soc. chim.* t. XIV, p. 214,

[2] *Ann. Chim. Phys.* [3] t. XLII, p. 462.

[3] Voir les principaux chiffres obtenus par divers auteurs, dans le *Mémoire* de Bineau, ci-dessus cité, p. 472.

conclure à la présence de principes hydrocarburés dans l'atmosphère. Mais ces corps n'y sont qu'à l'état de traces. Un volume
d'air de Lyon contenait au maximum 1 dix-millième de vol.
d'hydrogène sous cet état. M. Verver a montré que dans les contrées marécageuses des Pays-Bas, le principe hydrocarburé principal est le gaz des marais, qui se dégage en effet de la vase et des
végétaux immergés exposés au soleil.

Ozone atmosphérique. — Que l'air contienne de l'ozone, c'est
ce qu'il n'est plus permis de mettre en doute. En effet, cette
modification électrique de l'oxygène se produit pendant toute
oxydation lente ou même vive [1]. L'oxydation des essences, les émanations balsamiques des plantes, l'électricité atmosphérique, sont
aussi des causes incontestables de production d'ozone. Mais dans
ce qui a été publié à ce sujet, il faut se rappeler qu'on ne s'est pas
assez tenu en garde contre la présence dans l'air de l'azotite
d'ammoniaque, de l'acide azotique et de la vapeur nitreuse qui
peuvent agir sur le papier ozonoscopique de la même manière que
l'ozone (*Cloëz*). Toutefois d'après Schœnbein, il est un moyen de
se mettre à l'abri de cette cause d'erreur, c'est d'employer un papier imprégné de protoxyde de thallium, qui brunit dans l'ozone
en se transformant en peroxyde, tandis que la vapeur nitreuse ne
le modifie pas. Il est vrai que ce témoin est peu sensible et qu'il
brunit par l'hydrogène sulfuré, aussi doit on le suspendre à l'air
en présence d'un papier imprégné d'acétate de plomb qui, en
général, reste inaltéré. Andrews [2], a établi comme Schœnbein, par
des expériences diverses, que le corps qui dans l'air bleuit le
papier imprégné d'amidon et d'iodure de potassium, est bien de
l'ozone.

C'est surtout à la campagne que l'ozone a été signalé (HOUZEAU,
SCHŒNBEIN...) Dans les villes, c'est dans les jardins et sur les hauteurs que le papier ozonométrique bleuit davantage. C'est ainsi
qu'à Strasbourg, pendant une épidémie de choléra, Bœckel a observé que l'ozonomètre se maintenait à 0° en ville, tandis qu'il
bleuissait fortement sur la plate-forme de la cathédrale [3].

---

[1] Voir les travaux de Pouillet sur la vaporisation de l'eau et ceux de C. Thau dans
J. für praktische Chemie, 1870, nᵒˢ 8 et 9.

[2] Voir *Bull. Soc. chim.*, t. X, p. 10.

[3] Levy, *Traité d'Hygiène*, 4ᵉ édit., t. I, p. 431. Voir aussi à ce sujet les remarques
de Kosmann sur l'air de Paris, au *Bull. de la Soc. chim.*, t. I, p. 526.

L'air ozoné des champs, et surtout des lieux boisés, a du reste une odeur caractéristique assez vive, rappelant celle du homard; on la ressent assez bien, à la campagne, un peu après le lever du soleil.

D'après Houzeau, l'air de la campagne, pris à deux mètres au-dessus du sol, contient au maximum $\frac{1}{48000}$ de son poids d'ozone[1]. La nuit, l'air contient un peu plus d'ozone que le jour.

Deux effets incontestables de l'ozone sont d'arrêter les putré-factions et d'exciter vivement les voies respiratoires. Ce gaz est en effet un oxydant des plus énergiques[2]. Les expériences de Schœnbein ont montré que l'air chargé de 1/16000 d'ozone est capable de désinfecter 540 fois son volume d'air chargé d'émana-tions de chairs putréfiées[3]. Partant de là, on a fait jouer à l'ozone un rôle exagéré dans la production ou la disparition de certaines maladies épidémiques. Divers expérimentateurs, Billard à Corbi-gny, Schœnbein à Berlin, Berigny à Versailles, Silbermann à Paris, avaient constaté que, pendant le choléra, l'ozone fait dé-faut dans l'atmosphère. Mais les dernières épidémies de choléra à Paris ont coïncidé avec une teneur moyenne d'ozone assez élevée, tandis qu'en temps ordinaire l'air y est souvent à 0° de l'ozono-mètre. Un médecin anglais, Cook, a cru constater l'augmentation ou la diminution de l'ozone atmosphérique dans le delta du Gange suivant que les épidémies de choléra, de fièvres palustres et de dysenteries devenaient moins ou plus intenses. Schœnbein a noté l'existence d'une forte quantité d'ozone dans l'air de Berlin pendant une épidémie de grippe. Bœckel a signalé à Strasbourg l'apparition de maladies gastriques dès que l'ozone vient à faire défaut dans l'air. Enfin, on a admis une sorte d'incompatibilité entre la présence dans l'air de l'ozone et celle des miasmes per-nicieux. Toutes ces assertions demandent de nouvelles et plus sé-rieuses confirmations.

Eau oxygénée. — Quelques auteurs[4] ont affirmé la présence dans l'air d'une petite quantité d'eau oxygénée. Houzeau[5] ne par-

----

[1] *Compt. rend.*, t. LXXIV, p. 712. Voir aussi pour le dosage de l'ozone, *Bull. Soc. chim.*, 1863, p. 560.

[2] Voir à ce sujet Gorup-Bésanez en *Rép. Chim. pure*, t. I, p. 408, et *Bull. Soc. chim.* 1863, p. 420.

[3] Voir *Arch. Soc. Genève*, t. XVIII.

[4] Voir à ce sujet Struve, *Compt. rend.*, t. LXVIII, p. 1551.

[5] *Ibid.* t. LXVI, p. 314.

tage pas cette opinion. Nous ne voulons simplement ici qu'avertir à ce sujet le lecteur.

Iode atmosphérique. — On sait que M. F. Marchand et M. Chatin avaient annoncé qu'il existe en général de l'iode dans l'air[1]. Les expériences des auteurs qui ont après eux étudié cette question paraissent devoir la résoudre négativement. M. De Luca, à Paris et à Pise[2], M. Mène à Lyon[3], M. Staedeler en Suisse[4]. n'ont pu déceler dans l'air une trace de ce métalloïde. M. Chatin[5], a maintenu cependant son assertion.

Dans tous les cas, il est aujourd'hui bien démontré que l'apparition du goître endémique ne tient pas à l'absence de l'iode dans l'air, l'eau ou les aliments des contrées infectées.

Particules salines en suspension dans l'air. — L'air contient en suspension ou en dissolution dans les gouttelettes de brouillard, un certain nombre de sels minéraux. Les plus importants sont : le chlorure de sodium, le sulfate de soude, le sulfate de chaux, le carbonate, l'azotate et l'azotite d'ammoniaque, des traces de silice, de fer et de phosphates. Voici les quantités qui en ont été déterminées par F. Marchand dans un litre d'eau de pluie de Fécamp (mois de mars et avril 1858).

Chlorure de sodium.	très-variable.
Bicarbonate d'ammoniaque. . . .	0^{gr}.00174
Azotate d'ammoniaque	0 .00189
Sulfate de soude.	0 .01007
Sulfate de chaux.	0 .00087

Il n'a pas dosé les autres éléments.

On a encore trouvé : de l'*acide sulfureux* dans l'air de Londres ; du *sulfhydrate et de l'acétate d'ammoniaque* dans celui de Paris. L'eau de pluie, qui lave sans cesse l'athmosphère et transporte ces sels sur le sol, rend très-importante leur présence dans l'air, même en petite quantité. Ils contribuent aux effets de la jachère.

Matières organiques. — **Spores et ovules.** — **Miasmes atmosphériques.** — Les émanations de l'homme et des êtres vivants, celles qui se dégagent des matières végétales ou animales qui se

[1] Voir *Compt. rend.*, t. XLVI, p. 806; t. XLVI, 399 ; L. 420 ; LI, 496.
[2] Voir *Compt. rend.*, t. XLVII, p. 646, et *Rép. chim. pure*, t. I, p. 333, et t. II, p. 511.
[3] *Compt. rend.*, t. XLIX, p. 250.
[4] *Bull. Soc. chim.*, t. VII, p. 415.
[5] *Compt rend.*, t. L, p. 94.

putréfient, répandent dans l'atmosphère de l'ammoniaque, de l'acide sulfhydrique, des carbures d'hydrogène, des principes organiques gazeux de nature inconnue, auxquels on a bien des fois arbitrairement attribué l'influence miasmatique pernicieuse de certaines régions.

Mais il existe aussi dans l'air des particules organiques dénuées de forme bien définie, dont l'organisation est douteuse, et qui jouissent de cette propriété de se putréfier avec une extrême facilité et d'être ainsi des milieux très-favorable, soit à la genèse, soit plutôt au développement des spores et des ovules qui existent toujours dans l'air en quantité notable.

C'est Moscati et après lui Boussingault qui ont démontré l'existence des matières organiques azotées en état de suspension dans l'air. En exposant dans l'atmosphère des marais et des salles d'hôpitaux des ballons remplis de glace, ils obtinrent à leur surface un givre dont la fusion donnait un liquide qui laissa bientôt déposer des flocons azotés extrêmement putrescibles.

Alors qu'on considérait, avec Liebig, les fermentations et les putréfactions comme dues à un mouvement de décomposition communiqué au milieu fermentescible par la décomposition de la matière organique du ferment, on attachait une grande importance à ces substances putrescibles provenant de la décomposition des corps organisés ou des exhalaisons des êtres vivants. On leur donna les noms d'*effluves* (exhalations végétales), ou de *miasmes* (exhalations animales), et on attribua à leur influence sur l'organisme le développement d'un grand nombre de maladies épidémiques ou endémiques.

Aujourd'hui l'on sait que les ouvriers que leur profession exposent le plus à absorber des matières organiques en état de décomposition putride, tels que boyaudiers, équarrisseurs, vidangeurs..., ne sont pas sujets à ces maladies que l'on rapporte d'ordinaire à l'infection miasmatique, et l'on a dû rechercher ailleurs que dans une substance en voie de simple décomposition, les causes du développement des maladies épidémiques ou contagieuses. On a découvert d'ailleurs et établi que chacune des fermentations qui ont été étudiées avec soin sont dues à un ferment *organisé* et *spécifique* qui en se développant dans un milieu fermentescible donné, y produit toujours une fermentation spéciale. On a de plus établi que la putréfaction elle-même est due à une succession de fermentations, et qu'un grand nombre de maladies spécifiques ou parasitaires ont certainement pour cause des germes venus du dehors, déposés à la surface de la peau ou absorbés avec l'air et les aliments. On s'est donc attaché avec soin à déterminer l'existence, la nature et les effets de ces organismes microscopiques auxquels l'expérience semble devoir faire attribuer la cause de ces fermentations et de ces maladies.

L'air tient en suspension et charrie sans cesse un très-grand nombre de particules organiques ou organisées. Soit qu'on examine les poussières laissées par les vents ou les matières que les flocons de neige ou le brouillard entraînent en se déposant, soit, comme l'a fait Pasteur, que l'on filtre l'air à travers une bourre de fulmi-coton qui arrête toutes les particules en suspension, et qu'après avoir dissous ce fulmi-coton par l'éther, on étudie le résidu au microscope, on trouve toujours dans l'air : 1° Des substances inertes enlevées aux divers matériaux qui nous entourent, aux êtres vivants, à nos vêtements, tels que : poils de laine, barbules de plumes, fils d'araignée, épithéliums, fragments de coton, suie, grains de pollen, squelettes siliceux d'infusoires, grains de fécule en grand nombre. 2° Des sporules et des organismes végétaux inférieurs, tels que : spores de cryptogames, torulacées de 1,5 à 7 millièmes de millimètre de diamètre, mucorées, mucédinées. 3° Des ovules d'infusoires, tels que : bactéries de $0^{mm},0006$ de diamètre, de très-petits vibrioniens, enfin des corpuscules ou granulations qui semblent être le dernier terme jusqu'où le microscope puisse poursuivre aujourd'hui la forme de la matière douée d'organisation [1].

Les particules organiques, non susceptibles de vie et de développement, importent peu au médecin. Il n'en est pas de même des petits organismes vivants. Depuis longtemps on avait remarqué que la filtration de l'air sur du coton, son passage à travers des tubes chauffés au rouge, ou son lavage au moyen d'acides ou d'alcalis puissants, lui enlevaient la propriété de développer la fermentation ou la putréfaction des infusions végétales ou animales [2]. Déjà en 1754, Backer faisait observer qu'il suffit de déposer une gaze

---

[1] Voir Pasteur, *Ann. Chim. Phys.* [3], t. LXIV, p. 5. — Pouchet, *Traité de la génération spontanée*, p. 432.

[2] Voir l'historique de cette question dans le mémoire de Pasteur ci-dessus cité, p. 5 et p. 24.

fine à la surface des infusions bouillantes, pour en empêcher la décomposition et enrayer le développement des petits organismes qui
se forment dans ces liquides et coïncident avec leur putréfaction.
Mais il était réservé à Pasteur d'isoler ces spores et ces ovules, par
une méthode qui permet de les recueillir sans altération, de les compter et de les étudier au microscope, de les semer dans des milieux
convenables et d'en suivre le développement et les mœurs. C'est
à lui que revient l'honneur d'avoir démontré que chacun de ces
ovules ou ferments produit une fermentation spécifique, corrélative de son activité et de sa prolifération ; qu'un très grand
nombre de décompositions spontanées apparentes, telles que celles
qui se passent dans les vins, dans la putréfaction des corps protéiques, sont dues aux mêmes agents, et de nous avoir ainsi, par ces
études précises, mis sur la voie des causes qui font naître ou entretiennent les maladies infectieuses et les épidémies.

Nous ne saurions donner ici le détail des expériences par lesquelles Pasteur établit si nettement l'existence des germes atmosphériques et leur activité dans les fermentations et les décompositions prétendues spontanées des matières organiques. Que l'air
ait été chauffé au rouge, lavé à travers de l'acide sulfurique, filtré
sur du coton, il est devenu impropre à provoquer la fermentation ou la putréfaction, tandis que les spores et les ovules recueillis sur la bourre à travers laquelle l'air a filtré, semés dans
ces infusions, en provoquent la décomposition rapide. A ceux qui
pourraient craindre que l'air ainsi calciné, lavé ou filtré ait perdu
quelque chose de ses propriétés spécifiques les plus délicates,
Pasteur[1] répond par les frappantes expériences qui suivent.
Il place dans différents ballons de verre, de l'urine, du jus
de betterave, de l'eau de levûre de bière ; il étire à la lampe le
col de ces ballons, et donne à sa partie effilée plusieurs courbures
anguleuses ; il fait bouillir quelques minutes les infusions contenues dans ces ballons, et les abandonne ensuite à elles-mêmes. —
Dans un vase ainsi préparé, ouvert, où l'air ordinaire peut entrer
et sortir à volonté, les liquides les plus altérables, tels que le jus de
viande, l'infusion de foin, ne peuvent se putréfier. L'air, en effet,
en pénétrant dans ces ballons, dépose dans les diverses courbures
humides du col les ferments qu'il tient en suspension. Quant à la

____
[1] *Mémoire cité*, p 6.

matière organique de l'infusion, si elle ne fermente pas, elle n'en est pas moins toujours altérable, car si l'on vient, par un trait de lime, à détacher l'effilure du col, les moisissures et les infusoires commencent dès lors à se montrer comme à l'ordinaire, et leur premier développement débute à la surface de la liqueur, et en général sur la verticale de l'ouverture du col.

D'après Pasteur, un litre d'air contient, dans les villes, plusieurs germes susceptibles de provoquer ces fermentations. Il en existe un moins grand nombre dans l'air de la campagne. Au sommet du Jura, un litre d'air ne lui a donné que cinq fois sur vingt des germes pouvant servir de ferments; à Montanvert, sur la mer de glace, une fois sur vingt. Enfin, dans les caves de l'Observatoire de Paris, l'air, pris avec des précautions spéciales, est resté toujours exempt de ferments. Au contraire, la vapeur d'eau condensée sur les corps froids par M. Lemaire, au-dessus des marais à fièvres intermitentes de la Sologne, décèle au microscope de nombreux spores, des cellules, des débris divers; il se développe bientôt dans ce liquide des algues, des champignons, des moisissures, et plus tard, des vibrions de toute espèce qui troublent et animent la liqueur [1].

Dans quelques maladies contagieuses ou épidémiques, on a réussi à découvrir le ferment spécifique et transmissible propre à ces affections, et tout concourt à nous faire attribuer au développement de petits organismes, analogues à ceux qui produisent les fermentations ordinaires, un rôle spécifique dans la genèse et la marche de diverses endémies. Ainsi le temps qui s'écoule entre l'infection ou la contagion et l'apparition des premiers symptômes coïncide avec celui qui est nécessaire au développement et à la prolifération de ces êtres inférieurs. La marche de la maladie semble bien suivre les phases du développement, de la reproduction et de la disparition des germes. Les évacuations rendues par les malades en contiennent en grand nombre, on les retrouve sur les muqueuses enflammées qui les nourrissent, et les produits morbides rejetés jouissent eux-mêmes de la propriété contagieuse.

Quoique l'étude des germes atmosphériques soit encore loin d'être faite, il sera peut-être utile de trouver ici quelques renseignements sur les êtres inférieurs végétaux ou animaux d'où peu-

[1] *Compt. rend.*, t. LIX, p. 317. Voy. aussi BALESTRO, *ibid.*, t. LXXI, p. 235; et L. COLIN en *Arch. gén. de méd.*, (6º sér.), t. I, p. 164.

vent dériver les germes atmosphériques ou qui en proviennent. Tous les petits organismes dont nous allons parler ne sont point contenus dans l'air, et surtout dans l'air normal, mais les cellules capables de les reproduire peuvent s'y rencontrer à un instant donné. De leur développement dans les divers milieux où ils se déposent dépendent les fermentations, les moisissures, les putréfactions, et l'apparition d'un certain nombre d'affections de la peau et des muqueuses, et de quelques maladies spécifiques transmissibles par contagion ou inoculation, telles que le sang de rate et le charbon. Enfin la plupart des grandes épidémies semblent avoir les mêmes origines. — Aussi nous étendrons-nous un peu sur cet important sujet.

On peut diviser les organismes aptes à être transportés par l'air en quatre groupes fondés sur leur nature végétale ou animale et les produits auxquels ils donnent naissance. Ce sont :

1° Les sporules ou organismes végétaux qui donnent naissance aux champignons parasitaires de la peau et des muqueuses, aux moisissures, à beaucoup de fermentations proprement dites ou de fermentations anormales telles que les *maladies* des vins.

Ces *sporules* ou *conidies* sont de véritables cellules qui se forment dans le *sporange* ou cellules mères que porte le réceptacle et qui naissent du *mycellium*, partie activement végétative du champignon. Ce sont les spores qui, chez les cryptogames, représentent la graine et sont destinées à la reproduction de nouveaux individus. La légèreté de ces cellules, la résistance à l'action des réactifs de leur membrane externe faite de cellulose, en assure la dispersion et la conservation. Leur éclosion et leur végétation est sujette à des variations nombreuses avec la nature du sol où ils se développent (*Pléomorphisme* de Tulasne), l'état électrique, calorifique et l'humidité de l'atmosphère.

2° Les ovules ou germes animaux qui par leur développement suscitent un grand nombre de décomposition putrides, pullulent dans les infusions, s'attachent à la peau ou aux muqueuses des animaux, vivent dans leurs intestins et dans leurs muscles. Ces ovules nous sont quelquefois apportés par l'air atmosphérique, mais un grand nombre d'entre eux sont absorbés avec les aliments ou les boissons.

3° Des organismes de nature intermédiaire (*palmella, bactéries, monades*), qui ont été rencontrés souvent au sein des humeurs dans un grand nombre de maladies graves et dont-la nature végétale ou animale reste encore douteuse.

4° Des corps à l'état de simples granulations, derniers termes de l'organisation visible, trouvés dans le plasma sanguin, les globules blancs, les diverses humeurs d'animaux atteints de maladies infectieuses, rencontrées dans l'air, sans qu'on puisse contrôler entièrement leur identité, et qui semblent concourir de la façon la plus active à l'apparition et à la dissémination des maladies épidémiques.

Ce n'est point ici le lieu de faire l'histoire de ces divers organismes et des produits de leur développement. Nous nous bornerons à signaler ceux auxquels on a rapporté les principales fermentations ou l'étiologie de quelques maladies spécifiques.

(A) — Le *premier groupe* de germes atmosphériques comprend parmi ceux qu'il importe le plus au médecin de connaître :

1° *Les spores qui donnent naissance à certaines maladies de la peau*. Les principaux sont :

Le *microsporon furfur* (Ch. Robin), à spores ayant de $0^{mm},004$ à $0^{mm},006$ de diamètre adhérant à des tubes plus larges réunis en groupe. Il produit chez l'homme le *pityriasis versicolor*.

L'*oidium albicans* (Ch. Robin), dont les sporanges sont des capsules rondes ou ovales à parois doubles remplies de spores se déchirant facilement et donnant naissance à des filaments tubuleux cloisonnés. Il envahit la muqueuse des sujets affaiblis dans la tuberculose, le typhus, et cause le muguet des enfants.

Le *micoderme* ou *achorion de la teigne* (Schonlein), à spores arrondies, jaunes, coriaces; à mycellium pellucide, rameux. On le trouve dans la gaîne du cheveu, contre le poil, et dans la couche réticulée d'épiderme qui l'entoure, ou en amas dans des dépressions à la surface de la peau, sous les ongles.

Le *tricophiton tonsurans* à spores rondes de $0^{mm},002$ à $0^{mm},005$, disposées en chapelet. Il envahit la gaîne de la racine du cheveu, l'épiderme et les parties voisines, et produit l'*herpès tonsurans*, l'*eczema marginatum* et la *mentagre parasitaire*.

Le *dypplosporium fuscum*, que l'on trouve sur les fausses membranes de la gorge.

Tous ces parasites se déposent sur la peau ou les muqueuses par l'intermédiaire de l'air ou par la contagion directe, s'insinuent quelquefois entre les fibrilles du derme et peuvent pénétrer dans les vaisseaux.

2° *Les spores qui donnent naissance aux moisissures et aux fermentations.* — Nous citerons seulement : les *globules de la levûre de bière* (fermentation alcoolique) et le *mycoderma vini* qui semble le précéder et lui donner naissance dans certains milieux ; — le *ferment lactique* analogue au précédent, mais qui ne vit pas dans des milieux acides ; — le *ferment gommo-mannitique* ou de la fermentation visqueuse des substances sucrées ; — le *mycoderma aceti* qui transforme l'alcool en vinaigre ; — le *ferment ammoniacal* de l'urine, formé de chapelets de petits globules de 0^{mm},0015 qui transforme rapidement l'urine en carbonate d'ammoniaque, et l'acide hippurique en acide benzoïque et glycocolle ; — les *ferments des maladies des vins* [1] ; — le *penicilium glaucum*, qui constitue la plupart des moisissures des matières végétales qui se décomposent, et qui détruit l'acide tartrique droit, tandis qu'il respecte l'acide tartrique gauche ; — le *leptotrix buccalis* à filaments cloisonnés de 0^{mm}0004 qui se rencontre dans le tartre des dents, l'enduit noir des gencives des typhiques, et produit peut-être la carie dentaire ; — l'*aspergillus glaucus*, qui vit sur le vieux bois, sous forme de filaments blanchâtres enchevêtrés et donne lieu aux maladies appelées *mycoses* ou végétations de la peau et des muqueuses ulcérées.

(B) — Le *second groupe* de germes qui peuvent se trouver dans l'atmosphère comprend les ovules qui donnent naissance à de véritables parasites animaux et à un certain nombre de protozoaires que l'on trouve dans les infusions exposées à l'air et dont ils peuvent provoquer la fermentation putride. Les plus intéressants pour le médecin sont : le *cercomonas intestinalis*, que Dujardin et Davaine ont signalés dans les selles des cholériques et des typhisés ; — le *trichomonas vaginalis*, du mucus jaune et acide de la blennorrhée vaginale ; — le *paramœcium coli*, trouvé quelquefois dans les ulcérations du gros intestin ; — enfin la classe des *vers parasitaires* intestinaux, musculaires. . dont les ovules, les embryons, ou les proglottis sont le plus souvent avalés avec l'eau et les aliments.

(C) — Dans le *troisième groupe* dont la nature végétale ou animale

---

[1] Voy. Pasteur, *Étude sur les vins, Paris,* 1873. Savy, éditeur.

reste douteuse, nous signalerons : 1° Les *amibes difluentes* se reproduisant par scissiparité, cheminant en poussant des bras contractiles dans le sens de la progression, et englobant les particules voisines. On les a quelquefois trouvés sur la muqueuse intestinale en-
flammée. Le globule blanc du sang jouit d'une forme et de mouvements analogues. — 2° Les *vibrioniens*, distingués par Dujardin
en *bactéries* lorsqu'ils constituent de petits bâtonnets renflés aux
deux bouts, creusés d'une cavité, et à mouvements vacillants ;
vibrions, lorsqu'ils sont doués d'un mouvement de progression
rapide en zigzag ; *spirillum* quand ils ont un mouvement héli-
coïdal. Davaine a montré que dans la maladie des moutons appelée *sang de rate* on trouvait toujours de nombreuses bactéries
dans le sang, et que ce liquide était apte à inoculer la même maladie. Il les a rencontrées aussi dans le tissu cellulaire enflammé
de la base de la pustule maligne. Tigri, Coze et Feltz ont signalé
des organismes analogues dans le sang des typhisés, des malades
atteints de fièvre puerpérale, des varioleux... Davaine croit que les
vibrions doivent être rapprochés des conferves. D'après d'autres
auteurs, ils auraient la nature de la matière appelée protoplasma contractile : la créosote les ride, rend leur cavité plus apparente, puis les dissout ; l'alcool et l'éther les dissolvent (?) ; l'a-
cide acétique agit d'abord sur la cavité, puis les fait disparaître ;
les acides énergiques les détruisent. 3° Les *palmella* ou *zoogléa*,
sortes de masses gélatineuses, à petites granulations souvent
mobiles, qui se rencontrent dans les infusions en voie de se putréfier et qui sont considérés quelquefois comme étant le premier degré de l'existence des vibrioniens. Leurs corpuscules se
transformeraient en bâtonnets allongés qui se meuvent bientôt à
la façon des vibrions ; c'est à ces granulations qu'on doit conserver
le nom de monades. Salisbury [1] d'abord, puis Morren, Hannon,
Vincent [2] ont attribué aux *palmellées* le développement des fièvres
intermittentes. Le premier de ces auteurs les aurait retrouvées dans
les crachats du matin des malades atteints d'affections palustres. En
recueillant un peu du sol recouvert de palmellées, il aurait pu faire
apparaître ces fièvres dans des pays qui en étaient exempts jusque-là.
Ces observations demandent encore à être répétées et contrôlées.

[1] *Americ. Journ. of medic. sc.*, 1865, et *Arch. gén. de méd.*, janvier 1870, article
de Colin.

[2] Observations faites au Gabon, thèses de Paris, 1872, p. 21.

On trouve aussi dans les selles des cholériques une matière gélatineuse dont elles sont formées presque entièrement, matière
qui est constituée par un *zoogléa* spécial [1].

(D) — La *quatrième classe* de corps organisés que l'atmosphère
charrie et concourt à répandre, pour être la moins connue, n'est
pas la moins importante. Des corpuscules sans formes bien déterminées, mais très-analogues à ces granulations que nous venons de voir s'organiser dans les *palmellées*, ont été rencontrés
dans le sang et les humeurs de beaucoup de malades atteints
d'affections virulentes ou contagieuses ; desséchés et transportés
par les vents, ils constituent peut-être une partie de ces poisons
encore insaisissables auxquels on a donné le nom d'*effluves*, de
miasmes.... Ces granulations disséminées dans le plasma sanguin ou concentrées dans les globules blancs ont reçu le nom de
cystoblastions.

M. Chauveau a montré que les virus doivent leur activité à ces
corpuscules, que le sérum de ces virus filtré est sans action sur
l'économie, et que dans ces granulations réside toute la spécificité [2]. Tout porte à penser que du corps des animaux et peut-être
des végétaux qui vivent dans certains milieux, les granulations
morbifiques précédentes, très-aptes comme le prouve l'expérience
à résister à la dessiccation et à la putréfaction, peuvent se dégager,
et qu'elles sont aptes à vivre dans certaines conditions en dehors
du milieu même où elles ont pris origine. Elles peuvent être alors
emportées par les vents, et se nourrir peut-être aux dépens
des matières putrescibles azotées que l'on rencontre avec elles
dans l'atmosphère des lieux miasmatiques, matières qui deviennent ainsi une des conditions de leur existence et de leur
conservation dans l'air. Il faut admettre aussi, en appliquant aux
miasmes les études de M. Chauveau sur les virus, que c'est à
des granulations ou corpuscules figurés et organisés que l'on
doit les effets spécifiques des diverses maladies miasmatiques, car
on ne saurait, suivant nous, comprendre par l'absorption de ma-

---

[1] KLOB, *Path. anat. Unters. über d. Wesen des Cholera Process.* 1867.

[2] *Compt. rend. Acad. sciences*, t. LXVI, p. 289, et t. LXVIII, p. 828. — O. GRIMM
(*Arch. f. mikrosk. Anat.*, t. VIII, p. 514, 1872) semble avoir déterminé le rapport
de ces granulations avec l'apparition des bactéries. Chez les animaux charbonneux, les
globules blancs du sang deviennent granuleux. Ces granulations, animées du mouvement brownien, grandissent, s'allongent, se creusent d'une cavité et finissent par affecter la forme de bactéries.

tières purement organiques et non organisées la spécificité de ces affections [1].

Tous ces agents se répandent dans l'atmosphère et sont transportés par les vents ; mais à cause même de leur état de simple suspension dans l'air, il suffit souvent de se tenir à une faible distance des lieux infectés, de s'en séparer par des murs, d'éviter surtout le contact des objets ou des hommes qui ont été en rapport avec l'air miasmatique, pour en être, dans bien des cas, complétement à l'abri.

Quant à la destruction des miasmes et des causes qui les produisent et les entretiennent, nous ne pouvons donner ici que de succinctes indications.

Si le foyer infectieux est à l'air libre, s'il occupe de vastes étendues de terrain, le plus sage, si on le peut, sera comme on l'a fait pour les marais de la Toscane, de la Camargue et de Narbonne, d'assainir le sol soit en l'exhaussant par le dépôt d'eaux limoneuses, soit en le desséchant au moyen de l'exhaustion. Sur cette surface nouvelle, il faudra ensuite faire prospérer une vigoureuse végétation.

Si les miasmes proviennent de masses végétales et animales en décomposition, on pourra dans bien des cas recourir à l'incendie pour détruire les matières putrides elles-mêmes. C'est la pratique que l'on suit pour combattre les effets malsains des taillis des forêts américaines.

Si le miasme est confiné sur une faible surface ou dans des lieux clos, comme dans les villes, les habitations, on pourra employer alors les désinfectants chimiques dont nous donnons ici l'énumération [2] :

L'acide sulfureux ; les sulfites, surtout mélangés au phénol.

Le chlore, les chlorures désinfectants.

L'acide phénique, le goudron, le coaltar, l'eau de goudron, qui depuis quelque temps a été employée avec plein succès.

Les fumigations aromatiques, la benzine, le camphre.

L'ozone et les essences qui sont aptes à le produire.

Les aspersions de solution de permanganate de potasse ; c'est un moyen des plus énergiques.

L'ustion superficielle.

---

[1] Voir la même opinion exprimée par Graham dans *Gazette médic.* [3], t. X, p. 501.
[2] Voy. IIe PARTIE, Chapitre Préliminaire, *Putréfaction des matières albuminoïdes.*

Le maintien prolongé pendant quelques minutes de la température de 100°, quand cette pratique est possible.

Le vinaigre, les vapeurs nitreuses.

Les fumigations avec l'acide cyanhydrique, qui ont une grande efficacité pour empêcher les putréfactions.

Enfin, si les spores ou les champignons sont déposés sur la peau ou les muqueuses, on aura recours à l'arsenal thérapeutique usité pour les maladies parasitaires (acide arsénieux, composés mercuriels, sulfures solubles, etc.).

ARTICLE IV

DES MODIFICATIONS MÉTÉOROLOGIQUES DE L'AIR ATMOSPHÉRIQUE

Pour compléter l'étude de l'air, nous dirons encore quelques mots des modifications que lui font subir la *chaleur*, la *lumière*, l'*électricité* et les *variations de pression*.

Chaleur. — Pouillet a démontré que la chaleur annuelle versée par le soleil à la surface du globe, suffirait à fondre une couche de glace de 30 à 31 mètres d'épaisseur couvrant la terre entière. Il a calculé de plus que sur 1000 parties de chaleur versées par le soleil à la surface supérieure de l'atmosphère du lieu que l'on considère, par un beau temps exempt de nuages, 180 à 250 parties sont absorbées par le milieu aérien, et 820 à 750 seulement pénètrent jusqu'à la surface du sol. Ces calculs s'accordent avec ceux de Clausius, qui admet aussi que, par un temps clair, sur 1000 rayons solaires tombant sur la couche supérieure de l'atmosphère terrestre, 750 pénètrent jusqu'au sol, 186 sont réfléchis par l'air à l'état de lumière diffuse, et 64 seulement sont absorbés par lui et s'y éteignent. Mais, comme on peut admettre que par un grand nombre de réflexions, la lumière diffuse finit elle-même par s'éteindre en partie dans l'atmosphère et par l'échauffer aussi sans pouvoir être sensiblement rayonnée vers les espaces planétaires, et comme d'ailleurs le rayonnement continuel du sol vers l'air peut compenser les pertes de cette lumière diffuse [1], on voit qu'on peut dire que sur 4 parties de rayons calorifiques venus du soleil, 3 tombent sur le sol, et 1 se perd

---

[1] Ce rayonnement échauffe l'atmosphère de 1/30 de degré environ.

dans l'atmosphère et l'échauffe. Cette dernière quantité, serait donc capable de fondre une couche de glace de 10 mètres d'épaisseur, répandue sur toute la surface de la terre. Cette masse de glace aurait un volume de 5092954 dé fois un milliard de mètres cubes, c'est-à-dire qu'elle formerait environ 5 millions de cubes de 1 kilomètre de côté. Ainsi la chaleur que verse annuellement le soleil dans l'atmosphère et qui sert à l'échauffer, serait suffisante à fondre 5092954 cubes de glace à 0° ayant 1 kilomètre de côté, et qui demanderaient *chacun* pour cet effet 79000 milliards de calories pouvant élever 1 litre d'eau de 1°. Dans l'hypothèse où toute la chaleur due aux 186 parties de lumière diffusée dans l'atmosphère serait perdue, et où, d'après Clausius, 64 seulement seraient absorbées et éteintes par leur passage à travers l'air, cette dernière quantité serait capable de fondre seulement le 5e du poids de glace précédent, c'est-à-dire 1 million environ de cubes de glace de 1 kilomètre de côté.

Les vents et la diffusion tendent à répandre uniformément cette immense quantité de chaleur dans 'toutes les parties de l'atmosphère, qui est ainsi sans cesse réchauffée et sans cesse aussi rayonne vers les espaces sidéraux. Fourrier admet que la température des couches les plus élevées doit être, malgré ce flux continuel de chaleur solaire, évidemment inférieure à celle des terres les plus froides. La température la plus basse du globe observée par Parry en 1819, au *Fort Reliance*, ayant été de —57°, Peclet pense que la température des couches atmosphériques supérieures est d'à peu près 60° au-dessous de 0.

Il faut maintenant observer que dans chaque lieu (sauf les variations dues à l'état transparent ou nuageux de l'atmosphère), la quantité de chaleur versée sur une surface donnée est égale à une constante, multipliée par le cosinus de l'angle que forme le soleil avec la verticale du lieu que l'on considère, et que l'absorption des rayons calorifiques par l'atmosphère est, d'après les expériences de Bunsen et Roscoé, pour chaque état atmosphérique du ciel, uniquement régie, aux diverses heures et pour chaque jour de l'année, par la variation du cosinus du même angle; ce qui revient à dire que l'absorption des rayons calorifiques et lumineux par l'atmosphère du lieu considéré, est, pour chaque état atmosphérique donné, proportionnelle à la couche d'air que le rayon a dû traverser avant d'arriver à l'observateur.

Ainsi les variations de la température atmosphérique dans un lieu déterminé dépendent de très-nombreuses conditions : de l'inclinaison plus ou moins grande du soleil par rapport à la verticale et, par conséquent, de la quantité absolue de chaleur versée par le soleil sur la surface atmosphérique que l'on considère (*saison, heures du jour*); de l'épaisseur d'atmosphère traversée, avec laquelle varie la quantité de chaleur absorbée sous cette épaisseur ; de l'état de cette atmosphère et de la constante d'absorption relative à cet *état du ciel;* de la radiation terrestre, variable avec la nature des couches terrestres en chaque lieu et avec l'état du ciel ; de l'apport d'air chaud ou froid dû au mouvement des vents et à la diffusion atmosphérique ; enfin des travaux intérieurs positifs ou négatifs produits par les dilatations ou contractions de l'air, et par le mouvement ou l'arrêt des vents ; travaux positifs qui refroidissent, négatifs qui réchauffent l'atmosphère.

On voit que le problème général de la température de l'air en un lieu donné est complexe, et que la loi qui la régit dépend d'un grand nombre de conditions, qui sont elles-mêmes exprimées par des fonctions à plusieurs variables indépendantes.

On est donc, en pratique, obligé de se borner pour chaque cas à des données empiriques.

Pour un *jour moyen* de l'année, et dans nos climats, le minimum de l'échauffement de l'air a lieu vers quatre heures du matin, le maximum vers trois heures de l'après-midi, la moyenne à dix heures du matin.

Relativement aux *saisons*, le minimum de température s'observe vers le 14 janvier, le maximum vers le 26 juillet, la moyenne vers le 24 avril et le 21 octobre, pour le climat de Paris.

A mesure que la *latitude* augmente, l'obliquité moyenne des rayons solaires s'accroît, et l'échauffement de l'air diminue. En France, la température moyenne de l'air s'abaisse d'un degré quand on s'avance de 185 kilomètres vers le nord.

L'*altitude* diminue la température moyenne de 1 degré pour une élévation verticale de 165 mètres environ. On admet que lorsqu'on monte en ballon, on a un abaissement de 1 degré pour 150 mètres d'élévation dans nos zones tempérées, et pour 185 mètres dans les zones torrides. Mais ces variations dépendent beaucoup de l'état moyen du ciel et de la configuration du sol. C'est ainsi que sur le versant nord de l'Himalaya, la limite des neiges perpétuelles est à 5067 mètres au-dessus du niveau de la mer, tandis qu'elle n'est qu'à 3956 mètres sur le versant sud et sous la même latitude. Nice a une température moyenne annuelle de 15,°6 et Montpellier de 10,°1, quoique ces deux villes soient à très-peu près sur le même parallèle.

La *proximité des mers* tend, au moins sur le versant Est de l'Atlantique, et en général dans les îles, à échauffer l'atmosphère, et à rendre les variations de température moins sensibles.

La *direction des vents* modifie aussi l'état calorifique de l'air selon qu'ils soufflent de pays plus chauds ou plus froids et suivant leur constance de direction ou leurs variations.

La persistance des températures extrêmes tend à faire prédominer tels ou tels groupes d'affections. Les températures froides coïncident avec l'aggravation des maladies des organes respiratoires; c'est dans l'été ou dans les pays chauds que l'on rencontre le plus souvent les dysenteries, les diarrhées, les affections du foie. Les brusques variations de température font surtout naître les affections inflammatoires, rhumatismales ou bronchiques.

Lumière. — On a dit plus haut que, d'après Clausius, pour 1000 rayons lumineux qui tombent sur la surface supérieure de l'air, 750 arrivent jusqu'au sol, 186 sont diffusés dans l'atmosphère et 64,7 sont éteints et absorbés[1]. On sait l'influence qu'exerce la lumière sur le cerveau qu'elle excite, sur la production des pigment set sur les fonctions de la peau, enfin sur l'intensité de la respiration qu'elle augmente[2]. On sait aussi que le manque de lumière est une cause prédisposante puissante de la diathèse scrofuleuse.

Électricité. — L'atmosphère est toujours électrisée. Si le ciel est sans nuages, elle l'est *positivement*, tandis que le sol l'est toujours *négativement*, quel que soit l'état du ciel. Si le ciel est nuageux, l'atmosphère est électrisée tantôt positivement, tantôt négativement, et son état électrique peut même changer de signe plusieurs fois dans une même journée. En rase campagne cette électricité ne devient sensible qu'à 1^m,50 du sol; elle augmente ensuite, au moins jusqu'à une certaine hauteur, et d'après une loi

[1] *Poggend. Ann.*, t. LXXII, p. 294.
[2] Voy. *Moleschott, Wiener Mediz. Wochenschrift*, 1855, p. 682.

peu connue, qui dépend de l'état hygrométrique de l'air. Dans les lieux couverts, les maisons, l'électricité disparaît ; dans les villes on ne la trouve que sur les grandes places, les quais des rivières.

L'électricité positive de l'atmosphère sereine est beaucoup plus forte en été qu'en hiver. Dans une même journée elle augmente jusqu'à huit heures ou midi, suivant la saison, décroît jusqu'au moment du coucher du soleil, augmente alors de nouveau et atteint un second maximum peu d'heures après le commencement de la nuit ; elle décroît ensuite jusqu'au matin.

L'imbibition des eaux dans le sol, d'après Becquerel, et leur évaporation, d'après Pouillet, sont les principales causes de ce développement d'électricité atmosphérique.

On ne tentera même pas d'analyser ici les effets qui peuvent être produits sur l'organisme par les divers états électriques de l'atmosphère. On citera seulement les quelques observations relatives aux temps d'orages, faites par le savant qui a le plus d'autorité en cette matière. Peltier[1] remarque que les nuages orageux sont de deux espèces : des nuages *positifs* à leur partie inférieure, blancs, roses ou orangés, et des nuages chargés d'électricité *négative*, en général bleus plombés ou gris ardoisés. Les premiers sont les plus communs et leurs pluies déchargent l'atmosphère et le sol qui est *négatif* : ils produisent la détente nerveuse de l'économie. Les orages *négatifs* au contraire mettent les parties supérieures des êtres organisés, de l'homme en particulier, dans un état contraire à l'état normal, en y produisant, par induction, de l'électricité *positive*. Alors apparaissent des céphalalgies, des douleurs vagues, des crises nerveuses, des frayeurs inconsidérées[2]. Le sol reste négatif après le passage des nuages électrisés dans le même sens que lui, et l'orage se reproduit souvent peu de temps après.

Pressions barométriques. — Nous avons vu que l'air pèse autant que 581000 cubes de cuivre rouge de 1 kilomètre de côté. Cette pression se fait sentir sur tous les points du globe, mais non également. On la mesure au moyen du baromètre ; la hauteur moyenne de sa colonne de mercure est au niveau des mers de 758 millimètres à 0°, ce qui correspond à une pression de 1035 ki-

---

[1] Voy. *Ann. Ch., Phys.* [3], t. IV, p. 585.
[2] Même mémoire, p. 426.

logrammes par décimètre carré de surface[1]. A partir de l'équateur elle augmente jusqu'au 40ᵉ degré de latitude, où elle arrive à un maximum de 763 millimètres. Elle décroît ensuite quand on se rapproche des pôles.

Le baromètre a des variations *diurnes* et des variations *accidentelles*.

Sous les tropiques, le mercure arrive à sa hauteur maximum vers dix heures du matin ; il baisse ensuite jusqu'à quatre heures et atteint un minimum, remonte jusqu'à dix heures du soir et atteint un deuxième maximum ; il baisse alors de nouveau et repasse par un second minimum à quatre heures du matin. Dans tous les autres climats, les heures de maximum et de minimum, tout en variant un peu avec les saisons, restent sensiblement les mêmes, mais ces variations diurnes sont rendues plus ou moins irrégulières par les variations accidentelles.

Les *grandes* variations dites accidentelles obéissent elles-mêmes à une certaine loi. Il se produit dans nos latitudes, de quinze en quinze jours environ, quelquefois plus, des ondes successives de pression et de dépression barométriques, ondes qui se font sentir sur toute la surface de l'Europe et dont la marche a une direction dirigée à peu près du nord-ouest au sud-est. Ces ondes coïncident avec une succession plus ou moins régulière d'orages, de pluie et de beau temps.

Les causes des variations atmosphériques sont : l'échauffement de l'air, la vitesse et la direction des vents.

La température et l'état hygroscopique de l'atmosphère produisent sur la santé des effets divers.

W. Edwards a fait voir que l'acide carbonique augmente en général dans l'air expiré avec l'augmentation de hauteur barométrique et l'abaissement thermométrique, en un mot avec la densité de cet air : de là en partie le sentiment de bien-être, d'activité musculaire, qui croît lorsque l'air devient à la fois plus froid et plus dense, au moins dans de certaines limites.

Nous décrirons en détail, en parlant de la respiration (voir IIᵉ *Partie*), les effets produits sur l'organisme par l'augmentation de la pression barométrique ou par la raréfaction de l'air. Remarquons seulement ici que l'homme résiste bien plus aisément aux dimi-

---

[1] Le corps d'un adulte supporte une pression de 15000 kilos environ répartie sur toute sa surface.

nutions qu'aux excès de pression atmosphérique. C'est seulement à une hauteur de 4 à 5000 mètres, quand l'air est raréfié de près de moitié, que surviennent l'accélération du pouls, la dyspnée, la lassitude, le besoin de sommeil, quelquefois les syncopes et les hémorrhagies. Au contraire, l'acide carbonique expiré diminue très-sensiblement pour une augmentation de pression de 15 à 20 millimètres de mercure, et les sujets qui y sont soumis se plaignent aussitôt d'une sensation de froid.

On ne saurait dire aujourd'hui quelle est l'influence des petites variations barométriques sur l'état de santé général des populations. On a remarqué à New-York que les hémorrhagies passives augmentent habituellement quand la colonne barométrique baisse. Sur les hautes montagnes des Cordillères, du Mexique et du Pérou, la phthisie est très-rare et presque inconnue.

CHAPITRE II

DES ALIMENTS ET DE L'ALIMENTATION

ARTICLE PREMIER

DES ALIMENTS ET DE LEURS PRINCIPES ALIMENTAIRES

§ 1er. — CARACTÈRES D'UN ALIMENT.

On sait que l'on donne le nom d'*aliment* à toute substance qui, introduite dans l'organisme, sert à en réparer les pertes ou à entretenir le jeu normal des fonctions. Le pain, la viande, l'eau, certains sels, sont des aliments au même titre que le blanc d'œuf, le sucre ou la graisse.

On sait aussi que l'on nomme en chimie *principe immédiat* ou *espèce* toute substance jouissant d'une composition et de propriétés définies, qui permettent de la séparer nettement, soit par dissolution, soit par cristallisation, soit par volatilisation des autres espèces dont le mélange forme en général les divers produits naturels.

Les aliments usuels, tels que le lait, le pain, les corps gras, sont tous des *mélanges d'espèces chimiques*. Bien mieux, dans tous les aliments .qui peuvent, comme le lait et le pain, servir presque à eux seuls à entretenir la vie, on trouve toujours d'une manière constante des matières azotées dites *protéiques*, des matières ternaires non azotées ou *hydrates de carbone*, des *corps gras*, de l'*eau* et des *sels*. La constance de ce mélange dans les aliments réputés complets, peut nous faire déjà présumer que la réunion de ces diverses classes de corps doit être une condition nécessaire de toute bonne alimentation.

En effet, de la définition même de l'aliment découle cette conséquence qu'aucune espèce chimique ne peut à elle seule suffire à l'entretien normal de la vie. Le mécanisme des fonctions élimine à chaque instant de l'économie des substances très-diverses, de l'eau, des sels, de l'urée, de l'acide carbonique. L'alimentation est destinée à réparer ces pertes, et aucune espèce chimique ne saurait fournir à la fois les substances minérales, la graisse, les corps azotés que consomme sans cesse l'organisme. Cette proposition est évidente pour les substances ternaires, telles que l'amidon, le sucre, ou pour les matières grasses. Tous ces corps en effet, privés d'azote, ne peuvent suppléer à l'excrétion continue de cet élément par les urines. Mais les matières protéiques comme la fibrine, l'albumine, l'osséine, ne sauraient elles-mêmes, prises isolément, entretenir longtemps la vie. Les expériences faites à ce sujet sur les animaux ne laissent plus de doutes, et quoiqu'il ait été reconnu que ces substances sont aptes, jusqu'à un certain point, à produire par leur transformation dans l'économie une certaine quantité de graisse [1], l'organisme privé d'aliments non azotés s'affaiblit peu à peu. Ranke, Tiedmann et Gmélin, en nourrissant des chiens avec de la viande maigre en excès (1800^{gr} par jour), ont remarqué qu'ils dépérissent au bout d'un certain temps et qu'il faut, pour qu'ils gagnent du poids, ajouter aux matières protéiques de l'amidon et des graisses.

Tout aliment doit donc contenir, non-seulement des substances azotées, mais aussi des hydrates de carbone et des corps gras. Ajoutons que Dumas, Milne-Edwards, Boussingault, Persoz [2] ont montré que l'amidon et le sucre peuvent directement se transfor-

---

[1] Boussingault. *Économie rurale*, 2me édit., Paris, 1851, t. II, p. 646. Voir aussi, notre IIe Partie, *Nutrition générale*.

Compt. rend. Acad. sc., 1843, t. XVIII, p. 531. — Boussingault, même recueil, t. XX, p. 1726. — Persoz, même recueil, t. XXI, p. 20.

mer dans l'économie en corps gras, et par conséquent remplacer ces derniers jusqu'à un certain point.

Il est encore deux choses nécessaires dans toute alimentation : l'eau et certains sels minéraux. L'utilité de l'eau est incontestable. Quant aux sels, leur présence dans tous nos organes et spécialement dans le sang et les os, leur renouvellement et leur élimination constante mettent hors de doute qu'ils ne soient dans l'alimentation d'une nécessité absolue. D'ailleurs les expériences de Chossat sur l'ossification des pigeons, celles de Boussingault sur l'accroissement du porc[1], de Forster sur le dépérissement des animaux nourris de viande privée de ses sels, ont prouvé directement cette proposition. Les sels nécessaires sont ceux qui, tels que le chlorure de sodium, les sels de potasse, les phosphates de chaux et de magnésie, la silice, les oxydes de fer, se retrouvent dans toutes nos excrétions et dans la trame de la plupart de nos organes. Ils existent d'ailleurs dans tous les aliments usuels.

Ainsi un aliment pour être complet, ou une alimentation pour être normale, devra fournir à l'organisme des matières azotées protéiques, des hydrates de carbone, de la graisse, de l'eau et des sels. Nous verrons plus loin dans quels rapports.

Remarquons qu'en mettant à part les matières minérales, tous les principes alimentaires dont nous venons de parler sont loin d'être saturés d'oxygène, et qu'ils peuvent, en s'unissant à cet élément, donner de l'eau et de l'acide carbonique. Cette oxydation a pour résultat une production de chaleur, qui peut se transformer en une quantité de *force vive* équivalente. Aussi dit-on de toutes ces substances qu'elles possèdent de l'*énergie chimique* ou *potentielle*, à l'encontre des matières dont se nourrit spécialement la plante, telles que nitrates, eau, acide carbonique, qui sont entièrement saturées d'oxygène et par conséquent calorifiquement inertes. Or, comme tous les principes alimentaires sont directement ou indirectement tirés des végétaux, il a fallu que ceux-ci, en partant des substances saturées d'oxygène dont ils se nourrissent, aient transformé ces corps dans ces principes alimentaires doués d'énergie que nous retrouvons dans les tissus de la plante. Cet effet remarquable se produit spécialement dans la feuille sous l'influence des rayons solaires. Par un mécanisme que nous ne connaissons en-

---

[1] Voir Chap. III, *Les Eaux.*

core que très-imparfaitement, le végétal emmagasine la force vive
de la chaleur solaire qu'il éteint dans ses tissus ou plutôt qu'il
transporte sur les principes saturés dont il se nourrit, les transformant ainsi dans les diverses substances combustibles qui forment ses organes, tandis qu'il élimine en même temps l'oxygène
par les feuilles. A son tour, l'oxydation de ces substances végétales, soit dans nos foyers, soit dans notre organisme, fait reparaître exactement la quantité d'énergie chimique ainsi accu-
mulée par la plante aux dépens de la chaleur solaire. M. Boussingault a fait voir que le temps de croissance et de maturation
d'un même végétal, dans un lieu déterminé, multiplié par la température moyenne de ce lieu, donne un produit constant pour
toutes les latitudes. Résultat digne de tout notre intérêt, car il
nous montre bien que la fabrication par le végétal d'un aliment
déterminé, tel que la farine du blé par exemple, résulte toujours
de l'emmagasinement d'une même quantité de force vive, ayant
pour origine l'extinction d'une quantité de chaleur constante, proportionnelle au produit du temps de croissance de la plante par
la température moyenne ambiante [1].

Nous avons donc maintenant une nouvelle caractéristique des
matières alimentaires organiques : toute substance apte à nourrir
l'animal est toujours capable de produire une certaine quantité de
chaleur, et par conséquent de force vive, en se transformant au
sein de l'économie en produits plus oxygénés.

D'après ce qui vient d'être dit, nous devons d'abord nous occuper de la nature des diverses espèces chimiques qui composent
les aliments, et rechercher ensuite pour chacun de ces principes
immédiats qu'elle est sa valeur alimentaire propre.

§ 2. — DES DIVERS PRINCIPES ALIMENTAIRES.

Dumas [2] divisa les principes alimentaires en *assimilables* et *combustibles*. Il comprit dans la première classe les matières protéiques
destinées à aller reproduire la trame des tissus au fur et à mesure
de leur destruction; dans la seconde classe, il rangea les corps gras
et les hydrates de carbone, tels que l'amidon, le sucre, plus parti-

---

[1] Boussingault. *Économie rurale*, t. II, p. 69 et suiv.
[2] *Statique chimique des êtres organisés*, Paris, 1841.

culièrement propres, par leur combustion dans les organes, à produire la chaleur et la force. Peu de temps après, Liebig reproduisant cette théorie, divisa les principes alimentaires en *plastiques* et *respiratoires*. Cette classification des éléments nutritifs est restée admise presque généralement jusqu'à nos jours.

Mais remarquons qu'en réalité tous les aliments sont plastiques dans le sens propre du mot. La cellule osseuse, le globule sanguin, contiennent l'une la matière minérale, l'autre la matière albuminoïde au même titre que la fibre du muscle contient la substance musculaire contractile. Aussi, rejetant la division précédente, classerons-nous les principes nutritifs d'après leur nature propre, et non d'après leurs fonctions éminemment variables dans les divers points de l'organisme et aux divers instants de la vie d'un organe. Nous diviserons donc simplement ces principes en : 1° *Matières azotées protéiques.* — 2° *Matières azotées non protéiques.* — 3° *Hydrates de carbone.* — 4° *Matières grasses.* — 5° *Eau et matières minérales.*

Matières azotées protéiques, — Les substances azotées qui forment la trame même de la plupart des tissus de l'animal se distinguent par leur composition complexe, la délicatesse de leurs réactions et de leurs isomeries, leur état amorphe ou rarement cristallin, leur richesse en azote, leur pauvreté relative en oxygène et la présence constante du soufre parmi leurs éléments. Plusieurs peuvent contenir aussi du phosphore.

Ces substances se divisent suivant leur composition et leurs propriétés en deux classes principales : les premières dont l'*albumine* de l'œuf d'oiseau est le type, plus riches en carbone, moins riches en azote que les autres, sont remarquables en ce qu'elles sont aisément transformées par les sucs gastrique et pancréatique en produits solubles et assimilables. Elles forment la classe des *matières albuminoïdes proprement dites.* Les secondes, moins riches en carbone que les précédentes, plus ou moins riches qu'elles en azote, ne peuvent que difficilement être changées dans le tube digestif en produits nutritifs. Celles-ci forment la trame des tissus qui, chez l'animal, subissent les plus lentes transformations; l'*osséine* est le type de cette seconde classe de substances auxquelles on a attribué le nom de *collagènes* parce que, par leur cuisson avec l'eau, elles sont toutes susceptibles de donner de la gélatine ou un corps analogue.

Parmi les matières *albuminoïdes proprement dites*, nous ci-terons :

(*a*). Les *albumines* des œufs d'oiseau et de poisson ; celles qui se trouvent dans le plasma musculaire ; la *serine* du serum sanguin ; la *vitelline* du jaune d'œuf d'oiseau et de l'œuf des mammifères ; la *globuline* et l'*hématocristalline* ou *hémoglobine* du sang... : toutes ces matières sont solubles et coagulables par la chaleur.

(*b*). La *caséine* des divers laits ; la *légumine*, et peut-être l'*a-mandine* d'un grand nombre de plantes : ces principes sont solu-bles dans l'eau, non coagulables par la chaleur, et précipitables par l'acide acétique.

(*c*). Les *albumines coagulées*, la *musculine* ou *syntonine cuite* : substances qui sont insolubles dans l'eau, même acidulée par l'acide chlorhydrique.

(*d*). La *fibrine du sang ;* la *myosine des muscles* et la *syntonine* qui en dérive par l'action des acides et des bases ; la *fibrine* du glu-ten... : tous ces corps sont insolubles dans l'eau, et solubles dans l'eau acidulée par un millième d'acide chlorydrique ;

(*e*). La *glutine*, extraite du gluten, soluble dans l'alcool.

Toutes ces substances, éminemment nutritives et plastiques, ont une composition élémentaire très-analogue. Toutes contien-nent 51,5 à 54 p. 100 de carbone ; 7,1 à 7,5 d'hydrogène ; 14,6 à 16,8 d'azote ; une quantité de soufre variant de 0,4 à 1,8 pour 100, et le complément en oxygène. Nous donnerons sous forme de tableau au commencement de la IIe Partie de ce livre la composition d'un certain nombre de ces substances.

Si l'on veut bien se reporter d'ores et déjà aux analyses que nous indiquons, on y remarquera que l'origine animale ou végétale n'influe pas d'une manière notable sur la composition centésimale des diverses matières albuminoïdes. L'albumine, la sérine du sé-rum, la caséine d'origine animale ; l'albumine, la fibrine, la ca-séine végétales, ont une composition très-analogue. Il n'existe entre ces substances que de faibles différences oscillant dans les limites très-restreintes que nous avons indiquées ci-dessus, mais ces dif-férences sont certaines. C'est ainsi que dans la vitelline, le carbone et l'azote diminuent sensiblement, tandis que le soufre monte à 1,2 pour 100 ; que dans la fibrine animale le carbone dimi-nue, tandis qu'augmente l'azote et que le soufre varie de 1,1 et 1,5 ; que la glutine est au contraire appauvrie notablement

en azote. Quant à la légumine des légumineuses et à l'amandine des rosacées, les différences s'accentuent davantage encore,
et cette dernière substance spécialement, doit être plutôt rapprochée de la classe des matières collagènes dont elle a la composition. Du reste ces deux derniers corps donnent aussi sous
l'influence des acides et de l'eau des produits dérivés spéciaux,
qui indiquent bien une constitution à part que révèle déjà l'a-
nalyse [1].

Ces divers principes ne sont donc qu'analogues de composition
mais nullement identiques. Les différences se remarquent surtout lorsqu'on considère leur richesse en soufre, très-variable
pour chacune d'elles, la présence dans certaines de ces substances du phosphore combiné (vitelline, légumine), ou du fer
(hœmoglobine), enfin, lorsque l'on tient compte que, tout en
donnant des dérivés souvent communs, tels que la leucine et la
tyrosine, ils ne les donnent pas en quantités relatives égales pour
toutes.

La teneur en soufre va dans ces corps en décroissant dans l'ordre
suivant : blanc d'œuf, serine du sang, fibrine et globuline, vitelline, caséine, albumine végétale coagulée, légumine. Le phosphore qu'elles retiennent malgré des lavages répétés à l'eau
acidulée décroît dans l'ordre suivant : légumine, blanc d'œuf (à
peine le quart de la quantité que contient la précédente substance), fibrine, albumine du sang. La caséine du lait, la vitelline, la glutine des céréales, et la globuline se distinguent des
précédentes en ce qu'elles ne contiennent pas de phosphore.

On verra dans le courant de ce livre qu'il n'est pas sans importance de connaître les petites différences qui existent entre ces
divers principes immédiats alimentaires.

Toutes ces substances diffèrent encore entre elles par leur digestibilité et la rapidité de leur assimilation. En général les matières d'origine végétale, surtout celles qui sont moins carbonées
et plus azotées, telles que la légumine, et mieux encore l'amandine,
sont plus difficiles à transformer en peptones nutritives; elles forment le passage entre les substances albuminoïdes proprement
dites, analogues au blanc d'œuf, et les substances protéiques collagènes dont il nous reste à parler.

---

[1] Voir à ce sujet les travaux de Ritthausen, dans *Bull Soc. chim.*, t. X, p. 301

Parmi les principes immédiats dont *l'osséine* est le type, et que nous plaçons dans la classe des *matières collagènes*, c'est-à-dire capables de donner, par l'ébullition avec l'eau une sorte de colle ou de matière gélatiniforme, nous citerons : l'*osséine* des os et des arêtes de poisson, et la *gélatine* qui en provient par la coction dans l'eau ; — la substance qui forme les membranes des épitheliums ; — la *cartilagéine* des cartilages, et la *chondrine*, dans laquelle ils se transforment par l'ébullition ; — l'*épidermose* de l'épiderme ; — la *matière de la corne* et des cheveux ; — le *tissu élastique*... Toutes ces substances contiennent pour 100 p. 49 à 50,5 de carbone ; 6,5 à 7,3 d'hydrogène ; et la plupart 17 à 18 d'azote. Il faut en excepter la cartilagéine et la chondrine, qui n'en contiennent que 14,5 pour 100. On voit donc qu'en mettant de côté ces deux derniers corps (qui du reste sont de véritables glucosides), les matières collagènes sont plus pauvres en carbone, et plus riches en azote que les matières albuminoïdes proprement dites, dont elles peuvent être considérées comme dérivées par perte d'une substance riche en carbone et pauvre ou exempte d'azote tels que seraient les acides et les amides gras.

Il suffit de nommer les diverses substances collagènes précédentes pour montrer aussi combien ces matières sont infinimeut moins assimilables que les matières albuminoïdes proprement dites. Nous verrons toutefois que certaines d'entre elles jouissent de propriétés réellement nutritives et que la plupart doivent être regardées comme des auxiliaires utiles de l'alimentation.

Quoi qu'il en soit, leur mode d'assimilation ainsi que leur composition chimique doivent les faire séparer de la classe des corps précédents.

Matières azotées non protéiques. — Dans tous les aliments azotés, tels que la viande, le lait, etc., à côté des principes protéiques, on trouve de nombreux corps moins complexes de composition, en général cristalisables, et qui paraissent provenir des matières précédentes par voie de dédoublements et d'oxydations successives. Ces corps parmi lesquels nous citerons la *créatinine*, la *créatine*, la *xanthine*, l'*hypoxantine*, la *carnine*, l'*acide urique*, la *leucine*, la *tyrosine*, auxquels on peut joindre la *caféine*, la *théobromine* et l'*asparagine* fournies par le règne végétal, paraissent aptes à subir dans l'économie des oxydations graduelles. Un animal à qui on fait absorber de l'acide urique ou de la créatinine excrète un excès d'urée. A ce titre, et aussi parce qu'ils accompagnent presque constamment les matières protéiques alimentaires, nous devons en tenir compte ici.

Si nous prenons l'une de ces substances, la *sarcine* par exemple (et nous ferions les mêmes observations pour les autres), sa formule $C^5H^4Az^4O$ répond à la composition centésimale.

$$
\begin{aligned}
C &\ldots\ 44.12 \\
H &\ldots\ 2.94 \\
Az &\ldots\ 41.18 \\
O &\ldots\ 11.75
\end{aligned}
$$

En comparant ces nombres à ceux de l'albumine, d'où cette substance dérive, nous remarquerons qu'elle en diffère par une teneur moindre en carbone, hydrogène et oxygène, tandis que la quantité centésimale d'azote est augmentée, de telle sorte que la sarcine paraît dériver par perte d'un corps comparable au sucre ou à la graisse, des matières albuminoïdes dont le résidu s'est dès lors enrichi en azote. Même observation pour tous les corps azotés précédents. Si nous ajoutons que ces diverses substances dérivent les unes des autres par hydratation :

$$C^4H^7Az^5O + H^2O = C^4H^9Az^7O^2$$
Créatinine.   Créatine.

ou par oxydation :

$$
\begin{aligned}
&C^5H^4Az^4O &&\text{sarcine.} \\
&C^5H^4Az^4O^2 &&\text{xanthine.} \\
&C^5H^4Az^4O^5 &&\text{acide urique.}
\end{aligned}
$$

nous arriverons à conclure que ces corps doivent être considérés comme des produits de désassimilation partielle et successive des matières azotées protéiques. Ils peuvent, lorsqu'ils ont été absorbés, produire par leur combustion au sein de l'organisme une certaine quantité de chaleur (et à ce titre ce sont des aliments), mais non reproduire la trame vivante de ses tissus..

Du reste, leur état de dissolution dans les plasmas ; leur quantité variable avec le fonctionnement ou le repos des organes ; leur présence dans les urines et les autres produits d'excrétion ; enfin, leur teneur toujours moindre en carbone que celle des albuminoïdes, doivent déjà nous faire considérer les substances azotées non protéiques comme des aliments très-imparfaits. Le goût et l'arome agréables de plusieurs d'entre elles en font des excitants de l'estomac et des nerfs gustatifs.

Ces matières forment en majeure partie, avec la gélatine et quelques sels, spécialement les chlorures alcalins et le phosphate de potasse, la portion soluble de l'extrait de viande et du bouillon, aliments dont on a, comme nous le verrons, exagéré beaucoup les qualités nutritives.

Substances amylacées et sucres, ou hydrates de carbone. — Il est des substances nécessaires à l'alimentation dont la molécule complexe présente cependant une grande simplicité de composition puisqu'elles semblent résulter de l'union du carbone à un certain nombre d'équivalents d'eau. Ce sont les matières auxquelles on a donné le nom d'*hydrates de carbone*. Les plus ordinaires sont l'*amidon*, les *sucres*, la *dextrine*... Elles forment la partie la plus abondante des céréales et par conséquent du pain. Elles se brûlent dans les capillaires et se transforment partiellement dans l'organisme en corps gras, comme l'ont montré Liebig, Dumas, Boussingault et Persoz. (Voir plus haut.) Aussi leur a-t-on donné encore le nom de *matières adipogènes*.

On peut joindre à ces substances, les *gommes* et les *celluloses*, espèces très-difficiles à assimiler.

Il faut rapprocher de ces matières les alcools, et spécialement l'alcool ordinaire C^2H^6O, que l'on retrouve dans toutes les liqueurs fermentées. Ces corps sans être des hydrates de carbone, reviennent à l'association des éléments de l'eau à un hydrocarbure, c'est-à-dire encore à un groupe éminemment combustible.

Corps gras. — Les graisses, les beurres, les huiles, les acides gras eux-mêmes, sont des aliments qui peuvent jusqu'à un certain point être remplacés par les corps précédents, et qui sont comme eux éminemment propres à entretenir la chaleur vitale.

Les principes les plus importants de cette classe sont : l'oléine, la margarine, la stéarine, et la palmitine. — On sait que ces diverses substances sont toutes des éthers d'un alcool commun, la glycérine, où différents radicaux monoatomiques d'acides gras remplacent trois atomes d'hydrogène; ou encore, pour nous exprimer sous une forme plus concrète, ce sont des éthers neutres résultant de l'union d'une molécule de glycérine à trois molécules d'un acide gras avec élimination de trois molécules d'eau. L'oléine forme la masse principale de la partie liquide des huiles et des graisses. La stéarine en constitue surtout la partie solide.

Il faut distinguer parmi les corps réputés gras tout un groupe de substances remarquables par la présence du phosphore. Ce sont les graisses phosphorées de l'œuf, du sang, du cerveau, de la chair de poisson, dont la matière à laquelle l'on a donné le nom de *lécithine* est l'exemple le plus connu. Ces corps jouent un rôle important dans l'alimentation et le fonctionnement du tissu nerveux. On les rencontre dans toutes les céréales.

Matières minérales. — Plaçons au premier rang *l'eau* qui forme les 75 centièmes du poids de nos tissus et de nos aliments principaux. Elle est aussi la base de toutes nos boissons. Nous en excrétons sans cesse des quantités considérables par les urines, la sueur, la perspiration.

Viennent ensuite les sels minéraux qui existent dans nos organes et dans la plupart de nos excrétions. On les retrouve d'une manière constante dans presque tous nos aliments et dans les eaux potables. Les principaux sont : le chlorure de sodium, le carbonate de chaux, les phosphates de potasse, de soude et de chaux, et en petites quantités, les sels de magnésie et de fer, des traces de silice, de fluor, etc.

Les sels alcalins : sulfates, phosphates, carbonates, existent dans nos aliments à l'état neutre, rarement acide. Parmi les sels à base terreuse prédominent les carbonates et les phosphates. Le fer et le potassium se rencontrent le plus souvent à l'état de phosphate ; le sodium à l'état de chlorure. Toutes ces bases peuvent aussi être combinées à des acides organiques, surtout dans les végétaux.

Nous absorbons en général le chlore, à l'état de chlorure de sodium ; le fluor, à l'état de fluorure de calcium en petite quantité dans le lait, le sang, les céréales ; le phosphore, à l'état de composés organiques tels que la légumine, la lecithine, et aussi sous forme de phosphates alcalino-terreux ; le soufre est assimilé avec la matière organique albuminoïde et à l'état de sulfates ; le silicium à l'état de silice.

Le fer, si nécessaire à la constitution du sang et de la chair musculaire, existe en petite quantité dans tous nos aliments. Voici quelques nombres qui résultent de l'important travail de Boussingault[1].

[1] *Ann. Ch. Phys.* [4], t. XXVII, p. 479.

SUBSTANCES A L'ÉTAT FRAIS	FER A L'ÉTAT MÉTALLIQUE. EN 100 GR.	SUBSTANCES A L'ÉTAT FRAIS	FER A L'ÉTAT MÉTALLIQUE. EN 100 GR.
	gr.		gr.
Sang de bœuf..	0.0375	Avoine.	0.0131
Sang de porc.	0.0651	Haricots blancs.	0.0074
Chair de bœuf..	0.0048	Lentilles.	0.0083
Chair de porc..	0.0029	Pois..	0.0051
Chair de veau..	0.0027	Pommes de terre.	0.0016
Chair de merlan.	0.0015	Chou-pomme frais, vert. .	0.0022
Lait de vache.	0.0018	Chou-pomme frais, étiolé . .	0.0008
Lait de chèvre..	0.0004	Champignons de couche. .	0.0012
Jaune d'œuf..	0.0068	Vin rouge de Beaujolais.. .	0.00109
Blanc d'œuf..	0.0005	Bière.	0.00040
Pain blanc de froment. . .	0.0048	Eau de Seine (Bercy).. . .	0.00004
Maïs..	0.0056	Eau de la Marne..	0.000105
Riz.	0.0015	Eau de la Dhuys..	0.000104
		Eau du Puits de Grenelle..	0.000160

Après avoir dit quelles sont les principales classes de principes
nutritifs que l'on trouve dans les matières alimentaires nous avons
à rechercher quelle est la teneur des aliments usuels les plus importants en ces divers principes et par suite quelle est la valeur
nutritive de chaque aliment.

§ 3. — TENEUR DES ALIMENTS USUELS EN PRINCIPES ALIMENTAIRES.

Nous classerons les aliments complexes, tels qu'ils sont consommés, en *aliments d'origine végétale, aliments d'origine animale* et
aliments minéraux, en rappelant toutefois ici que c'est le règne végétal qui directement ou indirectement nous fournit tous nos aliments.
Il résulte en effet des travaux de Dumas, Boussingault, de Gasparin... que les matières animales du corps de l'herbivore, sont en
grande partie retirées par lui des plantes dont il se nourrit. Il se
les assimile après leur avoir fait subir par la digestion de légères
transformations. L'organisme animal les soumet ensuite à des dédoublements, à des oxydations successives, et les transforme ainsi
graduellement en produits très-simples riches en oxygène, tels que
l'acide carbonique, l'eau et l'urée, avec lesquels les plantes seules,
aidées de l'influence solaire, peuvent reconstruire les molécules
complexes des divers principes alimentaires.

ALIMENTS D'ORIGINE VÉGÉTALE.

Les principales matières alimentaires végétales sont : les céréales, les fruits, les légumes... Une grande proportion d'amidon, du sucre, des graisses, une certaine quantité de matières protéiques et de sels minéraux sont les principes assimilables principaux que l'on y rencontre presque constamment.

Céréales. — Le blé ou froment, le seigle, l'orge, l'avoine, le riz, et une graine de la famille des polygonées, le sarrasin, fournissent les principaux aliments végétaux. Les céréales servent en effet à fabriquer *le pain* dans presque tous les pays. Nous donnons ici un tableau sommaire de la composition de ces différents grains.

TABLEAU DE LA COMPOSITION MOYENNE DES CÉRÉALES.

ESPÈCES	AMIDON	SUBSTANCES PROTÉIQUES	DEXTRINE. ET GLUCOSE	GRAISSES	CELLULOSE ET CONGÉNÈRES	MATIÈRES MINÉRALES	EAU	AUTEURS
Blé (en moyenne).	59.7	14.6	7.2	1.2	1.7	1.6	14.»	Boussingault.
Blé dur d'Afrique.	52 67	19.50	7.6	2.12	3.»	2.71	12.4	Payen.
Blé d.-dur de Brie.	56.75	15.25	7.»	1.95	3.»	2.75	13.03	Id.
Blé blanc de Tuzell	60.51	12.65	6.05	1.87	2.8	2.12	16.»	Id.
Seigle..	57.5	9.»	10.»	2.»	3.»	1.9	16.6	Boussingault.
Avoine.	53.6	11.9	7.9	5.5	4.1	3.»	14.»	Id.
Riz (en moyenne).	77.75	6.43	0.60	0.43	0.5	0.68	14.4	Id.
Maïs.	58.4	12.80	1.5	7.»	1.5	1.1	17.7	Id.
Sarrasin[2]	44.7	6.84	»	1.51	?	1.75	18.»	Id.
Orge d'hiver. . .	54.9	13.4	8.70	2.8	2.6	4.5	13.»	Id.

Ainsi, richesse en matières amylacées (plus de la moitié de leur poids), et quantité considérable, quoique moindre, de matières protéiques, et spécialement de gluten, tel est le résultat de l'analyse des graines des principales céréales. On remarquera

---

[1] Les graisses des céréales solubles dans l'éther, sont formées non-seulement de corps gras saponifiables divers, mais aussi de cholestérine et de protagon. HOPPE-SEYLER (*Med. Chem. Unters.* 1er Cah. p. 162) a trouvé dans cent parties de grains de maïs desséchés 3,77 d'extrait éthéré. Il était composé de : graisses saponifiables et matière colorante jaune 3,521 ; cholestérine 0,100 ; protagon 0,149. On sait que ces deux dernières substances entrent dans la constitution du globule sanguin et du cerveau. Ritthausen a trouvé aussi de la cholestérine dans le gluten du blé.

[2] Fruit de l'espèce *Fagopyrum*, famille des *Polygonées*.

seulement que les deux principes alimentaires précédents sont, dans chaque espèce, en général en proportions inverses : tels sont le blé et le riz. Les matières minérales laissées par l'incinération des céréales sont surtout composées de sels de potasse et de phosphates.

De ces diverses graines, le blé est à la fois la plus riche en substances protéiques et l'une de celles qui contient le plus de matières minérales. Aussi fournit-il l'aliment par excellence. L'orge, par sa richesse en sels minéraux, pourrait être utilisée quand l'organisme a besoin de sels de chaux et de phosphates, mais la cuisson en est difficile : le pain d'orge est réputé lourd et peu digestible. L'avoine, chargée de matières minérales et de graisses, moins nutritive que le blé, qui donne plus de gluten, est assez nourrissante et d'une facile digestion. Elle contient un principe amer, aromatique et excitant qui augmente chez les adultes les forces et l'appétit, mais qui peut rendre l'usage prolongé du *gruau* peu favorable aux jeunes enfants pour lesquels on l'a proposé. Le seigle donne un pain brun, dense, que quelques estomacs supportent mal, et qui nourrit moins que celui de blé. Le riz est un aliment de facile digestion, mais c'est le moins azoté et le moins plastique de tous les grains. L'avoine et surtout le maïs se distinguent par leur excès de corps gras.

Nous verrons plus loin, comment ces diverses farines sont transformées en pain et quelle est la valeur nutritive de ce dernier aliment.

Légumes. — Nous comprenons sous cette dénomination les divers aliments qui portent vulgairement ce nom. On peut les diviser en *fruits de légumineuses*, *racines féculentes* et *légumes herbacés*.

Fruits de légumineuses. — Les pois, les haricots, les fèves, les pois chiches, les lentilles sont les aliments les plus usuels fournis par la famille des légumineuses. Voici un tableau de leur composition d'après Payen :

COMPOSITION MOYENNE DES PRINCIPALES SEMENCES DE LÉGUMINEUSES.

SUBSTANCES	LÉGUMINE et congénères en faible quantité	AMIDON SUCRE, DEXTRINE	GRAISSES	CELLULOSE	MATIÈRES MINÉRALES	EAU
Fèves vertes, desséchées à l'air après décortication..	29.05	55.85	2.0	1.05	2.65	8.40
Féveroles..	30.8	48.5	1.9	3.0	3.5	12.5
Haricots blancs ordinaires..	25.5	55.7	2.8	2.9	3.2	9.9
Pois verts communs, cassés et desséchés à l'air. . . .	25.4	58.5	2.0	1.9	2.5	9.7
Pois entiers, jaunes grisâtres secs..	23.8	58.7	2.10	3.50	2.10	9.8
Lentilles.	25.2	56.0	2.6	2.4	2.3	11.5
Vesces.	27.3	48.9	2.7	3.5	3.0	14.6

On voit par la composition de ces semences qu'elles sont, à poids égal, plus riches en matières nutritives que les meilleures céréales, et, comme nous le verrons, plus riches aussi que le pain et la viande. Mais il faut observer que la légumine étant incoagulable à 100° en présence d'un excès d'eau, le bouillon de légumes doit entrer dans l'alimentation en même temps que le légume même, si l'on veut obtenir tout l'effet nutritif. Il faut seulement éviter de rendre la légumine insoluble en jetant brusquement ces aliments dans l'eau chaude, ou en les faisant cuire dans de l'eau chargée de sels de chaux. On doit se rappeler encore que la légumine est moins riche en carbone et plus riche en azote que les matières albuminoïdes animales ; c'est sans doute à cause de cette différence de composition que l'assimilation et la qualité nutritive des substances protéiques végétales est moindre que celle des albumines animales et de la musculine. L'alimentation riche en légumineuses donne plus de sang et de lait, mais entretient moins la force musculaire. Elle diminue très-sensiblement l'énergie, et permet de faire passer l'animal de l'activité et même de la férocité extrême au calme et à la douceur. Ce fait a été souvent constaté sur les ours, les porcs et les rats. Il est sans doute la raison d'être de la brutalité plus grande des races humaines, qui se nourrissent plus spécialement de viandes. On doit remarquer aussi que la légumine est de tous les albuminoïdes le plus riche en phosphore. Elle est, avec les œufs et le poisson, l'aliment qui fournit le plus de cet élément à l'organisme.

L'amidon existe pour une large part dans les semences de légumineuses; quelques-unes contiennent plus de dextrine, d'autres, comme les pois, plus de sucre. Quant à la cellulose, elle résiste, chez la race humaine, à l'action des sucs salivaires, gastrique et pancréatique, au moins en grande partie.

On verra, à propos de la digestion, que les matières fécales augmentent par l'usage des légumineuses, et que pour un même poids de matières azotées que l'on ingère sous cette forme une quantité moitié moindre d'azote est assimilée.

Dans les légumineuses existent tous les sels du sang, spécialement les phosphates de potasse, de soude, de chaux et de magnésie, qui se trouveraient en quantité insuffisante dans la ration journalière où n'entreraient pas de légumes.

Les pois, les haricots, les lentilles, sont aussi très-riches en fer. A l'état frais ils contiennent deux fois plus de ce métal qu'un même poids de viande. (Voyez le tableau à la fin du § 2.)

Racines féculentes. — A côté des fruits de légumineuses chargées d'amidon se placent les racines, ou les parties appendiculaires de racines, riches en fécule, et quelquefois en une substance encore mal étudiée et non azotée, à laquelle on donne le nom de *mucilage*. Les racines féculentes diffèrent des aliments précédents en ce qu'elles sont pauvres en matières protéiques. La pomme de terre, la patate, l'igname, etc... et parmi les légumes à mucilage, le navet, la rave, le salsifis, la betterave... entrent dans cette classe.

Voici d'abord la composition des deux premiers de ces aliments.

COMPOSITION DE 100 PARTIES DE TUBERCULES FRAIS [1]

	POMME DE TERRE (Variété patraque jaune)	IGNAME d'Algérie.
Fécule.	20.00	16.76
Matières protéiques.	1.60	2.54
Dextrine, glucose.	1.09	»
Matières grasses (et essence).	0.11	0.30
Cellulose (épiderme et tissu).	1.64	1.45
Sels (pectates, citrates. / phosphates de chaux. / magnésie, potasse, soude)	1.56	1.90
Eau.	74.00	77.05
	100.00	100.00

[1] Payen, *Substances alimentaires*, p. 302 et 315.

Les cendres de pommes de terre sont très-riches en potasse.

On voit que par leur pauvreté en matières protéiques, ces substances ne sauraient remplacer en aucune façon les fruits de légumineuses, ni les céréales.

Les racines féculentes riches en principes mucilagineux sont : le navet, le salsifis, la scorsonaire, la carotte, la betterave, le topinambour... Chez plusieurs d'entre elles, l'amidon est remplacé par un principe analogue, l'*inuline*, matière amylacée incapable de donner du glucose sous l'influence de la diastase. Plusieurs, telles que la carotte, la betterave, le salsifis, le topinambour, contiennent du sucre, de la mannite, des gommes, de l'acide pectique. Elles sont toutes pauvres en principes azotés. En voici, du reste, quelques analyses :

NOMS	MATIÈRES AZOTÉES	MATIÈRES GRASSES	MATIÈRES ORGANIQUES NON AZOTÉES	SELS	EAU
Carottes ordinaires..	1.9	0.20	9.7	0.6	87.6
Navets jaunes.	1.9	0.20	12 0	0.9	85.0
Betteraves champêtres. . . .	1.3	0 10	10.1	0.7	87.8
Navets blancs.	1.8	0.20	6.0	0.5	92.5

Le *lichen d'Islande* peut être rapproché de ces aliments. Il contient, d'après Berzélius, 44,6 de fécule et beaucoup de *lichenine* qui a la même composition, mais il a besoin pour être mangé d'être privé d'un principe amer par un lessivage à la soude.

Presque toutes les racines mucilagineuses sont peu nutritives et ne doivent être consommées qu'après une longue cuisson.

Légumes herbacés. — Ils forment la troisième classe des aliments végétaux. Comme les précédents, ils sont remarquables par leur grande teneur en eau, et par une quantité notable de cellulose et de ligneux (2 à 3 0/0 au moins), qui rend leur digestion laborieuse. Ils contiennent en outre constamment du mucilage, substance comparable par sa composition et ses propriétés physiques, à la gomme arabique ou adragante : le mucilage donne avec l'eau une sorte de gelée formée par le gonflement de cellules chargées d'une substance semi-liquide qui se transforme assez aisément en sucre. On trouve encore dans ces légumes une certaine quantité de matières pectiques, d'amidon [1], d'inuline, enfin des sucres et des sels organiques et minéraux de potasse, de soude, de chaux...

Parmi les nombreux légumes usuels, il faut distinguer :

1° Les légumes *riches en albumine végétale et azote.* — Ce sont : les choux, le cresson, l'aubergine, les asperges... Tous sont très-nutritifs. Les choux surtout peuvent, jusqu'à un certain point, remplacer la viande et les légumes riches en légumine. Plusieurs de ces aliments contiennent en outre des principes excitants azotés et quelquefois sulfurés, véritables éthers de l'alcool allylique.

Il faut à cette catégorie ajouter les champignons et les truffes, riches en matières extractives odorantes et azotées. — Les premiers, privés de leur eau (85 à 90 0/0), contiennent de 2,5 à 8 0/0 d'azote, quantité considérable relativement à la partie sèche. On trouve dans les truffes une gomme, une substance comparable à l'inuline, des sucres, de la mannite, des matières albuminoïdes et des principes aromatiques savoureux et excitants.

2° Les légumes *mucilagineux et salins.* — Parmi ceux-ci, nous rangerons : la poirée, la blette, les laitues et les chicorées, l'aunée. Tous ces aliments sont très-aqueux, riches en mucilage, en inuline et surtout en sels, tels que malates, oxalates..., particulièrement de potasse et de chaux. La laitue est de tous ces aliments le plus chargé d'albumine végétale.

3° Les légumes *riches en principes acides.* — Tels sont : l'oseille, la tomate, les asperges, les jeunes tiges de rhubarbe... Ils sont utiles surtout comme excitants de la digestion et *rafraîchissants.* L'oseille est riche en oxalates acides, la tomate en malates et citrates. Les pousses de l'asperge contiennent des malates acides, une substance neutre azotée, *l'asparagine*, une huile aromatique, une racine amère, du mucilage, de la mannite, de l'amidon.

L'action dissolvante qu'exercent sur la viande les acides conte-

---

[1] Il est bon que le médecin sache quels sont les légumes exempts d'amidon, que l'on peut plus spécialement ordonner aux diabétiques. Ce sont d'après Payen (*Traité des substances alimentaires*, p. 587) : les laitues et les chicorées, l'oseille, les épinards, les asperges, les artichauts, les poireaux, le gros oignon blanc, mais beaucoup de bulbes de liliacées n'en sont pas exempts. Les choux-fleurs contiennent à peine une trace d'amidon à l'extrémité supérieure de leur *tête*; les *choux*, seulement dans les nervures des feuilles. Le panais donne environ 6 p. 100 d'amidon; les carottes, les gousses de haricots verts et leurs jeunes graines, les navets, dans leur partie corticale, renferment aussi des granules amylacés. Les carottes, betteraves, topinambours et salsifis sont très-riches en sucre.

nus naturellement dans les légumes, ou développés artificiellement par fermentation, comme dans la choucroûte, ou même ajoutés pendant leur préparation, explique en partie l'utilité de leur emploi dans l'alimentation à côté du pain et de la viande. Cette action dissolvante est encore aidée par la richesse des légumes en chlorures alcalins et autres sels de potasse ou de soude. Les sels de potasse prédominent dans certains d'entre eux, comme dans le chou à choucroûte, le chou de Bruxelles, l'asperge, la salade ; dans d'autres, comme dans l'épinard, les sels de soude l'emportent. Le manganèse a été noté dans les cendres du choufleur, des asperges et dans les feuilles de la salade.

La quantité d'eau que contiennent les légumes, la richesse de leur résidu fixe en cellulose, leurs matières protéiques différentes de celles de nos tissus et plus difficiles à assimiler, expliquent qu'une nourriture où les légumes abondent devienne affaiblissante, en admettant même que les principes nutritifs absorbés en vingt-quatre heures soient suffisants. Mélangés au contraire à la viande en quantité cenvenable, ils en tempèrent l'effet excitant et la rendent plus digestible. On voit qu'à cet égard, depuis bien longtemps, la pratique avait devancé la théorie. On sait aussi que le développement des maladies propres aux marins durant les longues traversées, et spécialement le scorbut, est enrayé par l'addition, même modérée, des légumes *herbacés* à l'alimentation du bord.

Les dérivés allyliques contenus dans l'ail, l'oignon, les radis, les navets, les raiforts accélèrent le pouls, excitent la digestion et les fonctions rénales et peut-être aussi les fonctions génératrices. La richesse des légumes en sels minéraux supplée à la quantité insuffisante que nous en absorbons quotidiennement avec le pain, la viande et nos boissons habituelles.

Fruits proprement dits. — Les fruits, dans le sens populaire que l'on attache à ce mot, peuvent se diviser en fruits *sucrés*, fruits *acides*, fruits *féculents* et fruits *huileux*.

1° Les *fruits sucrés* comprennent un grand nombre de fruits charnus tels que poires, pommes, pêches, abricots, prunes, melons, oranges, sorbes, raisins, cerises, fraises, framboises, figues, coings, goyaves, bananes, mangues. Tous ces fruits sont très-aqueux et d'une digestion facile s'ils sont bien mûrs. Les analyses suivantes donnent un aperçu de la composition des plus usuels :

TABLEAU DE LA COMPOSITION DE PLUSIEURS FRUITS

	POMMES VERTES	POMMES MURES	PÊCHES D'ÉTÉ	CERISES	PRUNES REINE-CLAUDE	PRUNES QUETCHES	POIRES VERTES Cuisse-Madame	POIRES MURES Ibid.	POIRES Belle de Bruxelles	RAISIN BLANC MUR de Hongrie
Albumine et matières azotées.	0.10	0.20	0.93	0.57	0.28	1.0	0.08	0.21	0.296	0.8
Pectose.										0.9
Ligneux.	5.00	5.00	1.21	1.12	1.11	0.7	3.80	2.19	2.20	
										2.6
Matières grasses.	»	»	»	»	»	»	»	»	0.004	
Sucre. . . :	4.90	11.00	11.61	18.12	24.81		6.45	11.52		13.8
Gomme, dextrine et amidon,						15.8			11.929	0.5
pectine.	4.01	2.10	4.85	3.23	2.06		3.17	2.07		
Matière colorante.	»	»	»	»	verte 0.08	»	verte 0.08	0.01	»	»
Acide malique, pectique, tan-										acide tartrique } 1.1
nique.	0.49	0.50	1.10	2.01	0 56	»	0.41	0.08	»	
Chaux.		0.06	0.10	traces	sels mi-néraux } 0.9	0.03	0.04	sels mi-néraux } 0.130	cendres 0.48
Eau.	85.50	83.20	80.24	74.85	71.10	81.6	86.28	83.88	85.44	79.8
	100.00	100.00	100.00	100.00	100.00	100.00	100.00	100.00	100.00	100.00
Auteurs.	d'après GIRARDIN	d'après GIRARDIN	BÉRARD	BÉRARD	BÉRARD	BOUSSIN-GAULT	BÉRARD	BÉRARD	PAYEN	FRESENIUS.

La plupart de ces fruits sont acides, mais leur goût est masqué par celui du sucre, surtout à la maturation. Cette acidité due, suivant les cas, aux acides malique, citrique, tartrique et quelquefois oxalique, acétique et tannique, est cause de leurs effets purgatifs quand ces fruits sont pris en trop grande abondance ou avant qu'ils soient bien mûrs. En petite quantité, ces acides favorisent au contraire la digestion. Les fruits contiennent, lorsqu'ils sont verts, une trace d'amidon qui, de même que le ligneux, semble se transformer en sucre pendant la maturation. La *pectose*, matière coriace et dure, se trouve dans les cellules des fruits verts et se change, pendant que le fruit mûrit, en *pectine*, substance non sucrée, mais ayant presque la composition du sucre de canne, soluble dans l'eau, et donnant au suc des fruits la propriété de gélatiniser quand on le chauffe, en se transformant en acide pectique.

Pendant la maturation, l'eau diminue dans les fruits, le sucre augmente beaucoup, tandis que disparaît une partie de l'amidon, de la cellulose, et une substance comparable à du tannin, qui a été découverte dans les fruits encore verts par M. Buignet. Le sucre qui se trouve originairement dans les fruits est du sucre de canne qui peu à peu se transforme partiellement en *sucre interverti*, lequel, à l'époque de la maturation complète, forme la totalité ou quelquefois une partie seulement de la matière sucrée[1].

En même temps que le fruit mûrit, son acidité diminue sans que les bases augmentent. Il paraît donc que les acides sont brûlés pendant la maturation.

Ainsi : transformation du tannin et production de sucre, disparition partielle des acides, et d'après M. Cahours, si l'on vient à conserver le fruit mûr, destruction du sucre lui-même et de la matière azotée pendant le *blessissement*, tels sont les phénomènes successifs qui se passent dans les fruits.

2° Les *fruits acides* tels que citrons, groseilles, grenades, tamarins..., contiennent les mêmes acides que les fruits précédents, et plus spécialement l'acide citrique, mais en quantité plus grande; le sucre y est au contraire moins abondant. Ceux qui donnent des sucs gélatinisants doivent cette propriété à l'acide pectique.

3° Les *fruits féculents* tels que les châtaignes, les marrons d'Inde,

---

[1] Buignet, *Ann. ch. phys.* [3], t. XLI, p. 255 et suiv.

le *rima* ou fruit de l'arbre à pain, sont riches en matières féculentes et azotées. Le principe amer du marron d'Inde, la *saponine*, peut être enlevée par l'eau ; ainsi traitée, cette semence constitue alors un bon aliment.

4° Les *fruits huileux* sont ceux dont on mange l'amande. Celle-ci est à la fois riche en amandine et en graisses ; l'amidon *n'y existe pas*, ou en quantité insignifiante. La noix, l'amande, la noisette, la noix de cacao et celle de coco appartiennent à cette classe. La quantité d'huile que contiennent ces fruits varie de 25 à 65 pour 100. Les tableaux suivants donnent la composition de deux principales espèces.

100 parties d'amandes douces (*princesses*) contiennent d'après Payen :

Matière protéique végétale (amandine). .	17.40
Huile (avec un peu d'amidon?).	24.28
Sucres. . . . ⎫	
Gommes. . . . ⎬	13.78
Cellulose. . . ⎭	
Eau.	42.45
Substances minérales..	2.09
	100.00

100 parties de noix fraîches contiennent d'après Payen :

Matières azotées.	9.10
Substances grasses.	3.62
Cellulose et autres substances non azotées.	1.49
Matières minérales.	0.29
Eau.	85.50

L'amande du fruit du cacaotier, qui sert à faire le chocolat, change un peu de composition avec chaque variété. Mitscherlich a donné de l'une d'elles l'analyse suivante[1] :

Albumine végétale . . .	13 à 18
Amidon.	14 à 18
Beurre.	45 à 49
Théobromine.	1.2 à 1.5
Glucose.	0.34
Sucre de canne. . . .	0.26
Cellulose.	5.80
Matière colorante. . .	3.2 à 5.0
Cendres.	3.5
Eau.	5.6 à 6.5

[1] Cette variété était assez riche en amidon et un peu faible en albumine.

La quantité d'eau est en réalité un peu plus grande (10 p. 100, d'après Payen).

On voit, d'après ces analyses, qu'on ne saurait trouver dans les fruits, à l'exception peut-être de ceux qui appartiennent à la classe de l'amande et du cacao, les éléments d'une nutrition complète, ni même d'une bonne calorification. La plupart des *fruits acides* et *sucrés* sont simplement rafraîchissants, légèrement laxatifs et excitants de la digestion, s'ils sont pris en petite quantité ; ils sont indigestes, au contraire, si on les prend crus, en trop grande abondance, ou incomplétement mûrs. Les *fruits huileux*, si l'on en mange trop, sont très-difficiles à digérer.

Il ne faut donc pas demander aux peuples qui se nourrissent de fruits, pas plus qu'à ceux qui s'engraissent de pommes de terre, l'énergie virile et la vigueur au travail de ceux dont l'alimentation a pour base la viande et le pain.

Café, thé et condiments.—Le fruit du *Cofea arabica* ou *Caféier* est une baie renfermant le plus souvent deux graines de consistance cornée. Elles constituent le *café vert* ou non torréfié. La matière coriace, inodore et presque insapide qui les forme contient 34 p. 100 de cellulose ; 10 à 13 p. 100 de matières solubles dans l'éther ; 15 à 16 p. 100 de substances neutres non azotées, telles que dextrine, glucose, acides cafétannique, citrique..., 16 p. 100 de matières azotées analogues à la légumine ; 1,8 à 0,8 p. 100 de caféine ; 6 à 7 p. 100 de substances minérales.

L'infusion de café vert torréfié est d'une odeur faible peu agréable, d'un goût un peu astringent et herbacé, d'une couleur verte. Elle excite le système nerveux.

Par la torréfaction les matières contenues dans la graine sont modifiées. Il s'y développe un arome suave, une saveur amère et agréable. Il se fait surtout, aux dépens des parties solubles[1], une décomposition partielle. Le ligneux, le glucose et la dextrine donnent en s'altérant diverses substances analogues au caramel ; il se produit aussi, très-probablement par la décomposition du tannin, un principe aromatique que MM. Boutron et Frémy ont nommé *caféone*, et que l'on peut isoler à l'état impur en agitant avec de l'éther l'infusion de café. En même temps,

---

[1] La graine verte, épuisée par l'eau, puis torréfiée, ne donne pas de principes aromatiques.

une partie de la caféine s'altère et donne, d'après M. Personne, de la méthylamine dont les sels se retrouvent dans l'infusion.

La caféine $C^8H^{10}Az^4O$, qui existe dans les feuilles et dans les tiges, aussi bien que dans le fruit du caféier[1], est une remarquable substance qui se retrouve aussi dans le thé, dans le *guarana* du Brésil, et le *thé du Paraguay*, dont les habitants de l'Amérique centrale font en infusion une immense consommation sous le nom de *maté*.

La caféine se retrouve encore dans beaucoup de substances alimentaires aromatiques; mais ce n'est pas à elle qu'est dû le développement des aromes spéciaux à ces substances. C'est une base qui, dans le café, est à l'état de cafétannate, et qui se rapproche beaucoup de celle qui se trouve dans le cacao, la *théobromine*, car Strecker a démontré que la caféine n'est autre que la méthyl-théobromine. La caféine est une sorte d'urée complexe, qui n'a nullement la propriétés d'enrayer le mouvement de désassimilation[2], ni de nourrir l'organisme plus que ne le feraient la plupart des matières extractives de nos tissus et de nos téguments, telles que la xanthine, la carnine, substances avec lesquelles elle a les plus grandes analogies.

L'acide cafétannique $C^{15}H^{18}O^8$ (?) paraît être le corps qui, par sa décomposition, produit l'arome du café[3].

L'infusion de café est peu nourrissante dans le sens vrai de ce mot. Elle peut, par son âcreté ou son astringence, causer des gastralgies, et par son excès surexciter, puis diminuer l'énergie cérébrale; mais à doses modérées le café est un stimulant de la digestion, de la circulation et des fonctions du cerveau. Que sous son influence l'assimilation se faisant d'une manière plus parfaite, la quantité d'aliments nécessaires diminue, cela paraît prouvé par l'expérience; mais on ne saurait plus dire aujourd'hui que le café s'oppose à la désassimilation, à la *dénutrition*, car lorsqu'on est sous sous son influence la quantité d'urée sécrétée pour une même alimentation ne change pas[4].

---

[1] D'après Boutron et Robiquet, le café Martinique en contient pour cent parties 1,79; le café Moka, 1,26; le café Saint-Domingue, 0,85.

[2] La quantité d'urée sécrétée par jour pour la même dose d'aliments, ne diminue pas quand on ingère de la caféine.

[3] Voy. *Bull. Soc. chim*, t. IX, p. 122.

[4] On doit dire cependant que, suivant M. Marvaux, sous l'influence du thé et du café la quantité de principes fixes éliminés par les urines diminuerait. En même temps, l'acide-carbonique expiré et la chaleur animale décroîtraient.

Les mêmes observations s'appliquent à l'infusion de thé. Je me borne à donner ici la composition du thé d'après Mulder [1].

	THÉ VERT (Hyson)	THÉ NOIR (Congo)
Huile essentielle.	0.79	1.60
Chlorophylle.	2.22	1.84
Cire et résine.	2.50	3.64
Gommes, dextrine.	8.56	7.28
Tannin.	17.80	12.88
Théine (dosage trop faible).	0.43	0.46
Matière extractive.	22.80	19.88
Dépôt foncé (dû à l'oxydation).	»	1.48
Extrait obtenu par l'acide chlorhydrique.	23.60	19.12
Albumine (légumine?).	3.00	2.80
Fibres ligneuses.	17.08	28.32
Cendres.	5.56	5.24
	104.34	104.04

Quoique *les épices* ne soient pas de véritables aliments, j'en dirai quelques mots, ne fût-ce que pour indiquer leur mode d'action et leur rôle dans l'alimentation.

Le poivre, la muscade, le girofle, la cannelle, le gingembre qui entrent dans les préparations culinaires, contiennent diverses essences, les unes oxygénées et âcres de constitution analogue au camphre, les autres non oxygénées et volatiles, comparables à l'essence de térébenthine. Ces condiments doivent à ces corps la propriété de stimuler activement la sécrétion de la salive et du suc gastrique, et de produire sur la muqueuse de l'estomac et de l'intestin une congestion sanguine, qui facilite la digestion et l'absorption du chyle, lorsque cette excitation ne dépasse pas certaines limites. La moutarde, les câpres, les piments, le vinaigre agissent de la même manière. Je ne pense pas que l'on doive attacher une importance sérieuse aux petites quantités de corps azotés qui, tels que le *piperin* $C^{17}H^{19}AzO^5$, se rencontrent souvent dans les épices.

Les condiments âcres, tels que le poivre, le piment, accélèrent la circulation, augmentent la chaleur à la peau et sur les muqueuses, mais irritent le tube digestif et les reins. Les condiments aromatiques proprement dits comme la cannelle, la noix muscade, agissent d'une manière moins énergique et moins

[1] *Ann. Chem. Pharm.*, t. XXVIII, p. 314.

locale, tout en provoquant les mêmes phénomènes d'irritation de la muqueuse intestinale, et plus encore que les précédents, le sentiment de sécheresse au pharynx, la soif et l'excitation cérébrale.

Les essences que l'on mélange d'ordinaire aux mets sucrés, telles que celles de vanille, d'orange, de citron, n'ont aucun inconvénient.

Quant aux condiments salins, nous en parlerons à propos des matières minérales employées dans l'alimentation et lorsque nous traiterons en particulier du bouillon et de l'extrait de viande.

ALIMENTS D'ORIGINE ANIMALE.

Les aliments que fournit le règne animal contiennent trois types de principes nutritifs principaux : les matières protéiques, les graisses et les substances minérales; mais les principes hydrocarbonés y manquent presque entièrement.

Le nombre de ces matières alimentaires est considérable, et leur diversité est si grande que nous nous abstiendrons d'en faire un classement qui n'aurait du reste aucune importance. Nous nous bornerons à dire ici ce qu'il importe au médecin de savoir sur les principaux de ces aliments.

Viandes. — Nous comprenons sous ce nom toutes les parties musculaires appartenant aux animaux vertébrés et servant à l'alimentation.

Les viandes proprement dites ont été distinguées par l'usage en rouges, blanches et noires.

1° Les *viandes rouges* sont celles des mammifères adultes, particulièrement des ruminants et de ceux qui vivent à l'état de domesticité. Elles présentent toutes une grande analogie de composition; mais la bouche et l'estomac, sont autrement satisfaits par chacune d'elles. Ces différences tiennent surtout aux matières extractives et odorantes qui varient de l'une à l'autre en qualité et en quantité. Toutes ces matières sont très-nutritives.

Les viandes de bœuf, de mouton, de veau, de cochon et quelquefois d'âne, de cheval et de mulet, fournissent des viandes agréables, nutritives et de facile digestion. Nous donnons ici la composition des principales d'entre elles.

100 PARTIES DE MAIGRE DES VIANDES SUIVANTES, PRIVÉES DE PORTIONS TENDINEUSES, CONTIENNENT :

NOM DES VIANDES	ALBUMINES SOLUBLES ET HÉMATINE	MUSCULINE ET ANALOGUES	MATIÈRES GÉLATINISANT PAR LA COCTION	GRAISSES	EXTRACTIF	CRÉATINE	CENDRES	EAU	AUTEURS
Bœuf.	2.20	15.80	1.90	2.93[1]				77.50	Berzélius.
Id.	2.25	15.21	3.21	2.87	1.59	0.07	1.60	73.59	Moleschott[2].
Veau.	2.27	14.36	5.01	2.56	1.27	»	0.77	73.75	Id.
Chevreuil. . .	2.10	16.98	0.50	1.90	2.52	»	1.12	75.17	Id.
Cochon. . . .	1.63	15.50	4.08	5.73	1.29	»	1.11	70.66	Id.

Suivant Payen, la viande de bœuf contiendrait 75 à 76 p. 100 d'eau; suivant Berzélius, 77 p. 100. D'après Moleschott, 75,4; suivant Pëttenkoffer et Voit, 76 pour 100. Les 24 centièmes de parties sèches restants, possèdent d'après les deux derniers auteurs, la composition suivante :

C.	12.52		C.	51.94	
H.	1.73	ce qui revient en	H.	7.20	
Az.	3.40	centièmes à	Az	14.10	
O. (et soufre).	5.15		O. (et soufre).	21.59	
Sels.	1.30		Sels.	5.40	
	24.10			100.00	

Les parties rouges nutritives des mammifères autres que les muscles proprement dits, mais contenant des fibres musculaires, tels que les reins, la langue, le cœur, ne diffèrent des aliments précédents que par une plus ou moins grande quantité de graisse, d'albumine, de matières extractives: Ainsi, le cœur contient plus de graisse et de créatine qu'aucun autre muscle.

2° Les *viandes blanches* sont celles des très-jeunes mammifères (veau, cochon de lait, chevreau), et de beaucoup d'oiseaux domestiques spécialement des gallinacés, tels que le poulet, le dinde, le pigeon, l'oie, le canard, le faisan, la caille. Toutes ces viandes, surtout celles des animaux domestiques jeunes et castrés, sont savoureuses, nutritives et de facile digestion.

Les viandes des poissons comestibles, en général plus légères

----

[1] Sur ce nombre, on a 0gr,3 pour le poids de la créatine, créatinine et acide inosique.
[2] Voir Moleschott, *Physiol. der Nahrungsmittel*, Giessen, 1859.

encöre à l'estomac que les précédentes (sauf quand elles sont très-riches en graisse, comme celles du thon, de l'esturgeon, et surtout de l'anguille ou quelquefois du saumon conservé), ces viandes de poisson n'en sont pas moins nutritives. Elles contiennent moins de musculine mais plus d'albumine et de tissus collagènes que les précédentes. Elles sont plus chargées de graisses phosphorées. Elles sont aussi plus riches en créatine et en taurine que la viande de mammifères. On trouve dans certaines espèces un corps particulier auquel on a donné le nom d'*acide protique* qui s'unit aux bases, se dissout dans les acides, donne de la leucine, sous l'influence de l'acide sulfurique et a presque la composition des matières protéiques [1].

La chair de poisson laisse à la calcination de 0,8 à 5,5 pour 100 de matières minérales. (Anguille 0,77; maquereau 1,85; sole 1,90; saumon 1,27; carpe 1,55; ablette 5,26; goujon 5,44.) Elle contient de 60 à 90 pour 100 d'eau (Anguille 62; harengs frais 70; maquereau 68; saumon 75; carpe 76; goujon 76,9; merlan 82,9; sole 86; barbillon 89,4 [2].

Le poisson salé est fort indigeste. Il doit être mangé frais et grillé ou bouilli dans une eau épicée et salée.

Je donne ici quelques analyses de ces viandes en même temps que celle d'une viande moyenne de mammifères, qui servira de terme de comparaison.

[1] Voir *Bull. Soc. chim.*, t. I, p. 285.
[2] Fer pour 100 de chair humide : merlan 0,0015; morue dessalée 0,0042.

COMPOSITION DE DIVERSES VIANDES USUELLES.

NOM DES VIANDES	ALBUMINE SOLUBLE[1]	MUSCULINE ET ANALOGUES	TISSU CONNECTIF ET ANALOGUES	MATIÈRES EXTRACTIVES	CRÉATINE	CORPS GRAS	CENDRES[2]	EAU	AUTEURS
Viande de mammifère (Moyenne)..	2.17	15.25	3.16	1.60	0.09	3.72	1.14	72.87	Moleschott[3].
— de Poulet	3.03	16.69		0.94	0.32	1.42	1.37	76.22	Id.
— Id.	3.00	16.5	?	2.6[4]		?	?	77.30	V. Bibra[5].
Grenouille	1.86	11.77	2.48	3.46		0.10	?	80.33	Id.
Saumon	4.34	10 96		1.78	»	4.70	1.26	76.87	Moleschott.
Id.	19.45					4.85	1.28	75.70	Payen[6].
Carpe	2.03	10.21	2.02	1.45	»	2.84	2.00	78.54	Moleschott.
Id.		21.94 (contenant Az $=$ 3.498)				1.09	1.33	79.97	Payen.
Sole		13.61 (contenant Az $=$ 1.911)				0.248	1.23	86.14	Id.
Maquereau		24.967(contenant Az $=$ 3.747)				6.76	1.85	68.27	Id.
Goujon		20.435(contenant Az $=$ 2.78)				2.076	3.44	76.89	Id.
Anguille. ?		14.003(contenant Az $=$ 2.00)				23.86	0.773	62.07	Id.

[1] Avec une très-petite quantité d'hæmoglobine. — [2] Pour le fer correspondant, voir tableau fin du § II, art. I. — [3] Moleschott, (*loc cit*). — [4] Extrait aqueux avec ses sels 1,2; extrait alcoolique avec ses sels 1,4. — [5] Tiré du *Traité* de Pelouze et Frémy, t. VI. — [6] Payen, *Compt. rend.*, t. XXXIX, p. 318.

3° Les *viandes noires* sont celles de la plupart des mammifères vivant à l'état sauvage, tels que chevreuil, sanglier, lièvre, et des oiseaux qui habitent les cours d'eau, les marais et les lieux humides : canard sauvage, bécasse, bécassine, poules d'eau, macreuses. Elles diffèrent des précédentes par une couleur plus foncée, un fumet plus énergique, une moindre quantité de graisse et de tissus capables de donner de la gélatine, mais surtout par une plus grande proportion de matières extractives odorantes et savoureuses, et par un excès d'inosate de potasse. Elles sont aussi digestibles que les viandes rouges ou blanches, mais elles doivent à l'abondance de leurs principes extractifs, leurs propriétés excitantes. Elles provoquent la soif et la sécrétion du suc gastrique et produisent en même temps une certaine stimulation des organes génitaux accompagnée d'une augmentation de chaleur vers la peau. On ne doit en user que modérément. (*Voir* pour les autres renseignements relatifs aux viandes, Art. III.)

Sang et autres parties rouges. — Le sang de quelques mammifères et de quelques oiseaux est employé dans l'alimentation. Tout le monde connaît le boudin de sang de porc associé à des matières grasses. Le peuple mange dans certaines parties de la France, un aliment fait de sang de bœuf, de parcelles de corps gras et d'épices. En Suède, le même sang entre dans la fabrication de pains très-nutritifs. Le sang de volaille de basse-cour est encore un assez agréable aliment.

Toutefois, le sang est toujours de difficile digestion et ne nourrit qu'imparfaitement. Comme la viande le sang contient pour 100 parties 77 d'eau et 15 de matières protéiques[1], mais les matières albuminoïdes du sang sont différentes de celles de la chair musculaire. Dans le sang calculé sec, 14 parties sur 15 sont formées par les corpuscules rouges, contenant l'hémoglobine et la globuline, qui n'ont qu'une lointaine analogie avec la musculine et l'albumine des muscles; un centième seulement est formé de fibrine et d'albumine. Le sang contient en outre pour 100 parties, 0,25 de matières grasses; 0,05 de lécithine; 0,037 à 0,06 de fer; de la cholestérine; du sucre; 0,3 pour 100 de chlorure de sodium. Toutes ces substances sont peu propres à nourrir ou dans des rapports imparfaits pour constituer une bonne alimentation.

---

[1] La viande en contient 18 pour 100.

Le *foie* et la *rate* sont des aliments qui peuvent être rapprochés du précédent, et qui ont besoin d'une cuisson prolongée et de l'association des épices pour être facilement digérés. Le premier surtout est riche en graisse.

La *peau* et les *tendons*, toutes les parties molles, blanchâtres et élastiques des jeunes mammifères, telles que, têtes, oreilles, pieds, mésentère, caillette, contiennent une certaine quantité de fibres musculaires, de graisse et de matières albuminoïdes, associées à du tissu cellulaire, à de la matière tendineuse et à des fibres élastiques. Ces dernières sont aptes à produire par leur coction dans l'eau des matières gélatiniformes peu digestibles, mais non dénuées de toute valeur nutritive.

Aliments gras. — La graisse animale, presque exempte de matières azotées est à elle seule impropre à l'alimentation ; prise en abondance elle est indigeste, quoiqu'il n'en soit pas tout à fait ainsi dans les climats très-froids dont les habitants peuvent avaler plusieurs kilos par jour de graisse de phoque et d'huile de poisson.

La moelle des os de mammifères composée en majeure partie de corps gras est aussi d'une digestion laborieuse.

Le foie gras, où les éléments graisseux du foie normal ont été artificiellement hypertrophiés, renferme 13 à 14 pour 100 de matières azotées et 50 à 55 pour 100 de matières grasses. Aussi cet aliment amène-t-il rapidement la satiété.

Oeufs et cerveau. — L'œuf des gallinacées et spécialement celui de poule que l'on mange d'ordinaire, se compose de deux parties, le blanc et le jaune, pesant en moyenne le premier, de 36 à 41 grammes, le second, de 18 à 20 grammes [1].

Le blanc d'œuf frais contient, d'après Lehmann, pour 100 parties, 82 à 88 d'eau ; 12,5 d'albumine ; des graisses ; du glucose, 0,15 pour 100 de matières extractives; 0,64 à 0,68 de sels inorganiques et tout spécialement des sels du sang (phosphates alcalins, magnésie, chaux, un peu de fer et de silice).

Le jaune d'œuf de poule contient, d'après Gobley, pour cent parties : 51,5 d'eau ; 15,76 de vitelline ; 30,47 de corps gras, formés surtout d'oléine avec un peu de margarine ; 0,44 de cholestérine ; 8,43 de lécithine et 0,3 de cérébrine ; 0,4 d'extrait d'alcoolique ;

---

[1] La coquille pèse 7 à 8 gr.

0,55 de matières extractives, avec traces d'acide lactique et de fer ; 1,02 de phosphates terreux ; 0,28 de chlorures et sulfates alcalins ; 0,03 de sel ammoniac[1]. On trouve enfin dans le jaune d'œuf des granules ayant les propriétés et la structure des grains d'amidon (*C. Dareste*).

Comme la chair musculaire, l'œuf entier privé de sa coque contient 15 pour 100 environ de matières albuminoïdes assimilables ; mais il a de plus qu'elle 10,47 pour 100 de corps gras et 2,8 de lécithine, une des substances constitutives de la matière cérébrale. L'œuf est donc un aliment très-plastique, et tout le monde sait aussi qu'il est de facile digestion.

On mange encore, mais comme condiments, les œufs de certains poissons, ceux de carpe et de perche, ceux de certains poissons de mer desséchés au soleil (*Boutargue*). Le *caviar* provient des œufs du grand esturgeon : ces œufs lavés avec soin, sont plongés dans la saumure, puis exprimés et mis en tonneaux. C'est un mets très-excitant. John y a trouvé pour cent parties : 58 d'eau ; 24 de matière protéique insoluble dans l'eau ; 6,2 d'albumine soluble ; 4,5 de corps gras ; 6,7 de chlorure de sodium ; 0,5 de phosphate de chaux et un peu de fer. Les matières albuminoïdes retirées des œufs de poissons sont différentes de celles des œufs d'oiseaux : on leur a donné les noms d'*itchine, itchidine* et *ichtuline*[2].

On mange aussi les laitances de certains poissons ; leur composition se rapproche beaucoup de celle des œufs correspondants. Les laitances de carpe, de harengs, de maquereau, sont délicates, nutritives, mais ne doivent être prises en trop grande quantité.

Le cerveau que nous rapprochons des aliments précédents à cause de sa grande analogie de composition avec le jaune d'œuf contient environ 72 pour 100 d'eau. Les 28 centièmes restants sont spécialement formés d'une substance très-remarquable, découverte par M. Gobley, la lécithine, qui sous l'influence de l'eau se dédouble en acide glycérophosphorique, acide gras et névrine, et qui paraît dans la matière nerveuse être combinée à un corps albuminoïde pour former la *matière grasse blanche du cerveau* ou *protagon*. Cette substance que l'on trouve dans les œufs, le sang,

---

[1] Gobley, *Journ. Phys. Chim.* [3] t. XI, p. 409, et t. XII, p. 513. Voir aussi ŒUF, II⁰ Partie.

[2] Voir à ce sujet Valenciennes et Frémy, *J. Pharm.* [3] t. XXVI, p. 5, 321, 415 et II⁰ Partie, article ŒUF.

le lait, le sperme, est donc très-importante. On trouve, en outre dans le cerveau une certaine quantité d'une substance qui, d'après Hoppe-Seyler, est analogue à la caséine, et une notable proportion de cholestérine, qui semble être un produit excrémentitiel. Il en est de même des substances suivantes que l'on a encore signalées dans la matière nerveuse : inosite, acides organiques divers, entre autres l'acide lactique, xanthine, hypoxanthine, créatine, leucine, etc...

Lait et fromages. — Le lait, par l'association dés matières protéiques grasses et sucrées, constitue un excellent aliment. Nous renvoyons le lecteur au chapitre de ce livre qui traite du lait en particulier pour les analyses et les détails nécessaires. (Voir *Partie Physiologique*).

Les *fromages*, qui dérivent du lait, peuvent être divisés en deux classes. Les fromages cuits, tels que : gruyère, hollande, parmesan, chester, et les fromages non cuits ou fermentés. Les premiers sont toujours acides, les seconds alcalins, à moins qu'ils ne soient tout à fait récents et non encore envahis par les moisissures. Ces produits alimentaires sont un mélange, en proportions variables, de caséine coagulée et de beurre provenant ordinairement d'un lait écrémé soumis à l'action de la *présure*.

Les fromages cuits s'obtiennent par la cuisson du *caillé*. On les conserve ensuite après les avoir fortement pressés et salés; ils ne subissent pas l'action ultérieure des ferments. Ces fromages sont stimulants et très-nutritifs.

Les fromages non cuits s'obtiennent avec différents laits ; il faut distinguer les fromages frais et non salés, tels que celui de *Neufchâtel*, ou le simple fromage blanc, doux, nourrissant et sans action excitante sur l'estomac, ni réaction alcaline, et les fromages plus ou moins fermentés, tels que ceux de Brie, de Marolles, de Roquefort..., en général couverts de moisissures, dont l'action se fait sentir jusque dans le centre de la masse. Ceux-ci sont tous alcalins, plus ou moins nutritifs et essentiellement excitants de la digestion.

Voici, d'après Malagutti, la composition moyenne de plusieurs fromages :

COMPOSITION DE DIVERS FROMAGES.

	100 PARTIES CONTIENNENT			
	EAU	MATIÈRES MINÉRALES	MATIÈRES AZOTÉES	MATÈRES GRASSES
Brie..	53.99	5.63	15.55	24.83
Neufchatel.. . .	61.87	4.25	14.83	18.74
Roquefort. . . .	26.53	4.45	52.95	32.31
Hollande.. . .	41.41	6.21	26.65	25.06
Gruyère.. . . .	52.05	4.79	55.10	28.00
Chester.	30.59	4 78	36.14	25.48
Parmesan. . . .	30.51	7.09	55.62	21.68

Reptiles, molusques, crustacés. — La chair de grenouille se mange dans beaucoup de pays : c'est un bon aliment ayant quelque analogie de goût et de composition avec la chair de poulet. Elle est encore plus digestive que cette dernière et fournit d'excellent bouillon pour les malades.

La chair de tortue donne un aliment rappelant un peu la viande de veau, mais elle est plus gélatineuse que cette dernière. On mange surtout la tortue grecque ; la tortue ronde (*Emys europea*), et la tortue bourbeuse (*Emys lutaria*), sont aussi très-bonnes à manger. Elles fournissent un bouillon réconfortant, rafraîchissant et, dit-on, sudorifique. Les œufs de la tortue de mer, principalement ceux de la tortue franche, sont volumineux et comestibles. Ils se composent d'un blanc gélatineux peu abondant et pauvre en albumine, et d'un jaune très-riche en matières protéiques, émydine et lecithine[1].

Parmi les *mollusques*, le poulpe, la sèche, le calmar, donnent une chair très-nourrissante, quoiqu'un peu indigeste.

Les huîtres, les peignes, et les diverses espèces bivalves que l'on pêche sur les côtes sont agréables au goût, excitantes et légèrement nutritives. Leur principale partie, formée par le muscle adducteur des valves, est analogue de composition à la chair des mammifères, mais plus riche qu'elle en eau, et privée de phosphates, d'huiles phosphorées, de créatine... ; cette dernière est remplacée par de la taurine[2]. Pour certains mollusques, et pour les moules en particulier, on doit se défier des accidents

Frémy et Valenciennes, *loc. cit.*
Voir Ozenne, *Thèses de Paris*, 1858, n° 222.

toxiques qu'ils causent quelquefois à l'époque du frai, ou lorsqu'ils sont pêchés dans des eaux chargées de matières organiques.

Les escargots fournissent une nourriture un peu lourde, quoique nutritive. Payen a trouvé dans 100 parties 16,25 de matières azotées; 0,95 de matières grasses; 2 de sels; 4,6 d'épidermose ou de matières analogues, et 76 d'eau. Leur chair contient du fer : limaçon (sans la coquille) 0ᵍʳ.0036; limaces 0ᵍʳ.012; sang blanc de limace 0ᵍʳ.0007 [1].

Les *crustacés* fournissent à l'alimentation : la langouste, le homard, l'écrevisse, les crevettes franche et commune, le crabe... Leur chair ferme, peu digestible, très-nourrissante, résiste à l'action du suc gastrique plus que la viande proprement dite, dont elle a cependant presque la composition. Elle contient toutefois un peu moins de graisses.

ALIMENTS MINÉRAUX.

L'eau, le chlorure de sodium, le phosphate de chaux, la potasse, le fer, la silice... et quelques autres sels minéraux font partie de la plupart de nos tissus, et sont sans cesse éliminés par les urines; nous avons donc besoin de les remplacer sans cesse aussi par l'alimentation. Ces substances sont nécessaires au même titre que les aliments végétaux et animaux. J. Förster a d'ailleurs fait voir que des souris, des pigeons, des chiens, nourris avec de la viande en excès, épuisée à l'eau de sels solubles, ne vivent pas au delà de vingt à trente jours, c'est-à-dire qu'ils se comportent presque comme s'ils étaient soumis à une diète absolue.

Les trois tableaux suivants, qui donnent l'analyse des cendres de nos muscles, de notre sang et de nos os, montrent l'importance relative de chacun des sels minéraux dans l'alimentation.

100 parties fraîches de muscles de bœuf contiennent, d'après Lehmann :

Potasse.	0.50	à 0.54
Soude.	0.07	à 0.09
Chaux.	0.02	à 0.03
Magnésie.	0.04	à 0.05
Acide phosphorique.	0.66	à 0.70
Chlorure de sodium.	0.04	à 0.09
	11.33	11.50

---

[1] Fer calculé à l'état de métal pour cent parties de substance fraîche (*Boussingault*).

100 parties des substances fraîches suivantes contiennent en fer: ·

Muscle de bœuf.	0.0048
— de veau.	0.0027
— de porc.	0.0029 [1]

100 parties de sang humain donnent 0,65 environ de cendres qui possèdent, d'après Verdeil , la composition centésimale suivante :

Potasse.	12.70
Soude.	2.03
Magnésie.	0.99
Chaux.	1.68
Peroxyde de fer.	8.06
Acide sulfurique.	1.70
Acide phosphorique..	9.35
Acide carbonique..	1.43
Sodium..	24.49
Chlore. ·.	37.50

100 parties d'os de fémur humain contiennent d'après Frémy :

Phosphate de chaux.	56.9
— de magnésie..	1.5
Carbonate de chaux. . . . . ·. .	10.2

On voit d'après ces tableaux que le chlorure de sodium, le phosphate de chaux et de magnésie, les carbonates terreux, le fer..., sont les principaux éléments minéraux nécessaires à l'organisme. C'est aussi ceux que nous retrouvons dans tous les aliments complets, tels que le pain, le lait, les œufs. En effet, 100 parties de blé frais moyen de France donnent 1,51 de cendres qui contiennent :

Potasse..	32.4
Soude.	2.3
Chaux.. . . . . ⌐	3.5
Magnésie.	13.9
Oxyde ferrique.	1.0
Acide sulfurique (SO^3)	0.35
Silice.	3.05
Acide phosphorique (P^{2}O^5).. . .	43.5

Nous retrouverons aussi les mêmes éléments minéraux dans les eaux réputées potables de tous les pays.

La nécessité de l'addition de sel marin à nos aliments s'expli-

[1] Boussingault, *Ann. chim. phys.* [4], t. XXVII, p. 479.

que quand on remarque que ceux-ci, comme l'indiquent les tableaux ci-dessus, contiennent une quantité relativement plus considérable de sels de potasse que de sels de soude, tandis que c'est l'inverse qui a lieu dans le sérum sanguin et les humeurs de l'économie; nous éliminons d'ailleurs sans cesse le chlorure de sodium par nos diverses excrétions; enfin nous verrons que le sel marin favorise beaucoup la sécrétion du suc gastrique.

§ 4. — VALEUR NUTRITIVE DES ALIMENTS.

Dans quels rapports un aliment doit-il contenir les divers principes alimentaires? — En considérant un aliment unique et complexe, tel que le lait, le pain, la viande... comme devant satisfaire à lui seul à l'alimentation, il est clair que sa valeur nutritive sera d'autant plus grande qu'il permettra de réparer plus exactement toutes les pertes de l'organisme. Or, en nous fondant sur un grand nombre de moyennes, et nous bornant à l'espèce humaine, observons d'abord qu'un individu adulte moyen, pesant 63 kilos et demi, expulse dans nos pays, et par vingt-quatre heures, 20 grammes d'azote et 280 grammes de carbone sous divers états[1]. Si d'un autre côté nous cherchions quelle est la quantité d'azote et de carbone contenue dans l'alimentation moyenne, pour les divers pays de l'Europe, de l'homme adulte faisant un exercice modéré, nous arriverions à peu près aux mêmes chiffres (voy. plus loin, Art. II). Or, 20 grammes d'azote correspondent à 124 grammes de matières protéiques sèches, qui sont la seule source qui fournisse cet élément à l'économie lorsqu'elle n'est pas soumise à l'inanition. Ces 124 grammes de matières protéiques contiennent 64 grammes de carbone. Donc, la différence, ou

---

[1] Ces 20 grammes d'azote, journellement excrétés, se divisent comme suit :

15^{gr},60   d'azote correspondant à 33^{gr},5 d'urée par jour, pour un poids moyen du corps de 63^{k},5.

0^{gr},7   d'azote correspondant à 2 grammes environ de créatine, acide urique, et autres corps azotés qui se trouvent dans les urines.

0^{gr},373   d'azote correspondant à 8^{gr},3 de fèces secs (fèces contenant 4,5 p. 100 d'azote, teneur qui correspond à la moyenne de la nourriture quotidienne).

0^{gr},1   d'azote correspondant à la sueur, à la désquamation et à la dépilation.

3^{gr},23   d'azote perspiré et expiré représentant le 1/2 centième environ du poids de l'oxygène absorbé.

———

20^{gr},003

$280^{gr} — 64^{gr} = 226^{gr}$ représente le nombre de grammes de carbone que l'homme adulte puise dans les principes non azotés de son alimentation. Ils proviennent des hydrates de carbone et des graisses. Or on peut, d'après les statistiques, admettre que le tiers de ce poids est fourni par les corps gras; et, du reste l'évaluation de cette fraction n'a que peu d'importance, puisque les graisses et les hydrates de carbone peuvent, jusqu'à un certain point, se remplacer mutuellement [1]. — Nous devrions donc, d'après ce qui précède, absorber journellement $\frac{226}{4} = 56$ grammes de carbone ayant pour orgine les corps gras, c'est-à-dire 74 grammes environ de graisse, et $\frac{226}{4} \times 3 = 169^{gr},5$ de carbone provenant d'amidon, de sucres ou de corps analogues, c'est-à-dire 598 grammes d'hydrates de carbone capables d'être assimilés.

L'aliment qui réparerait le mieux les pertes de l'économie devrait donc fournir par jour à un adulte [2] :

Matière protéique sèche.	124[gr]
Amidon sec ou corps analogues.	598
Corps gras[3]	74

[1] Moleschott établit d'ailleurs, par une série de moyennes alimentaires, qu'il faut 84 grammes de graisse pour 404 d'amidon ou de sucre; le rapport entre la quantité de carbone contenu dans ce poids de graisse, à celui qui se trouve dans 404 grammes d'hydrates de carbone, est de 1 : 3.

[2] On peut calculer la quantité d'oxygène nécessaire pour brûler ces substances. Il faut se rappeler qu'elles se transforment normalement en 33 grammes d'urée, et $0^{gr},6$ de créatinine, d'acide urique etc. Cette quantité d'urée et de matières extractives correspond à 105 grammes de matière protéique. Il faut ensuite admettre que $16^{gr},3$ de ces substances sont brûlés entièrement, pour fournir l'azote qui se dégage journellement à l'état de gaz. Pour ces diverses réactions, il faut en oxygène emprunté à l'air.   141[gr].»

Pour brûler 398 grammes d'amidon, il faut : oxygène. . . . .   477 .4
Pour brûler 14 grammes de graisse il faut : oxygène. . . . .   102 .2

Oxygène, total. . . . .   720[gr].6

Telle est la quantité d'oxygène qu'il faudrait absorber en 24 heures pour brûler la ration journalière ordinaire et donner les produits excrétés habituels. Or c'est précisément 720 grammes d'oxygène que l'homme adulte absorbe par jour, et c'est là une nouvelle confirmation des chiffres ci-dessus.

[3] Il faut ajouter à cela, que nous excrétons spécialement par les urines et les fèces, en 24 heures :

	CHLORURE DE SODIUM.	AUTRES SELS.
Urine.	16[gr].	7[gr].89
Fèces.	0[gr].034	8[gr].4
	16[gr].034	16[gr].29

C'est dont 16 grammes de sel marin et 16 grammes d'autres sels, spécialement de phos-

Ce qui donne pour les rapports de la matière protéique aux hydrates de carbone et aux corps gras 1 : 3,21 : 0,59. Nous avons établi ces nombres, remarquons-le bien, en dehors de toute théorie et de toute hypothèse; ils ne sont basés que sur les quantités de carbone et d'azote excrétés journellement.

Liebig, en partant de la composition du lait, considéré par lui comme l'aliment le plus parfait (ce qui ne laisse pas que de donner, dans une certaine mesure, place à l'arbitraire), admit qu'entre le poids des matières azotées et la somme des hydrates de carbone et des graisses le rapport normal devait être :: 1 : 3. Moleschott, par un certain nombre de moyennes relatives aux alimentations les plus usitées, a établi que ce rapport est en général :: 1 : 3,75. On voit que par une voie différente, nous avons été conduits à adopter le rapport 1 : 3,80 très-rapproché de ce dernier. Nous verrons plus loin que, selon que l'on veut par l'alimentation arriver à produire chez l'individu de la résistance au froid ou de la résistance à la fatigue, ce nombre 3,80 doit être augmenté ou diminué : c'est-à-dire qu'on doit augmenter la quantité de matières amylacées et grasses pour produire une calorification plus puissante, ou celle des matières albuminoïdes pour obtenir de la force.

Le tableau suivant emprunté aux *Nouvelles Lettres sur la Chimie* de Liebig, montre que les meilleurs aliments ne présentent pas le rapport nécessaire entre les substances protéiques et les amylacées ou grasses, preuve évidente de la nécessité d'une alimentation mixte.

phate de potasse et de phosphate et carbonate de chaux qui doivent nous être fournis journellement par l'alimentation. Si l'on calcule les quantités de pain et de viande correspondant aux nombres ci-dessus, et si l'on tient compte aussi de l'eau prise en boisson dans les 24 heures, on trouve pour la ration habituelle :

	CHLORURE DE SODIUM.	AUTRES SELS.
dans 829ᵍʳ de pain......	0ᵍʳ.60	4ᵍʳ.305
239ᵍʳ de viande.....	0ᵍʳ.36	3ᵍʳ.226
1 litre d'eau......	0ᵍʳ.04	0ᵍʳ.400
	0ᵍʳ.70	7ᵍʳ.931

Il faut donc ajouter approximativement 15ᵍʳ,5 chlorure de sodium à l'alimentation, et 8 grammes environ de divers autres sels, surtout de sels de potasse, pour réparer les pertes journalières. Nous ajoutons le sel marin à nos principaux aliments, mais nous devons trouver soit dans les légumes et les fruits, soit dans les liqueurs fermentées, telles que le vin ou la bière, si riches en sels alcalins, les sels de potasse qui nous sont indispensables.

NOMS DES ALIMENTS	RAPPORT ENTRE LE POIDS DES MATIÈRES ALBUMINOÏDES ET DES HYDRATES DE CARBONE.	
	matières albuminoïdes	matières ternaires
Lait.	1	5
Chair de mouton gras.	1	5
Bœuf moyen.	1	2
Froment.	1	4.6
Seigle.	1	5.7
Pommes de terre.	1	9
Riz.	1	12
Lentilles.	1	2.1
Pois.	1	2.5
Fèves.	1	2.2

Le pain blanc de Paris donne le rapport de 1 : 4,5.

Une alimentation mixte fondée sur l'usage de la viande et du pain blanc, devrait, pour réparer journellement les pertes de l'économie, se composer, d'après les considérations précédentes, de :

	AMIDON	MATIÈRE AZOTÉE	CORPS GRAS
Pain blanc — 829ᵍʳ, contenant.	398ᵍʳ	74.6	8.3
Viande maigre — 259ᵍʳ contenant.	»	49.4	6.90
Matière grasse — 60ᵍʳ contenant.	»	»	58.8
	398	124.00	74.00

Une portion de la graisse et de l'amidon peut d'ailleurs être remplacée par des liqueurs fermentées, telles que le vin, la bière.

En se fondant sur l'existence du fer normal dans les diverses excrétions, et sur son dosage dans les meilleures rations habituelles, on peut encore ajouter que $0^{gr},060$ de fer (calculé à l'état métallique), doivent être journellement absorbés dans ses aliments par l'homme adulte [1].

Valeur alimentaire relative d'un principe nutritif. — On voit par ce qui précède *qu'en lui-même* un aliment est d'autant plus parfait que le rapport de la somme de ses matières albuminoïdes, à celle de ses matières amylacées et grasses est plus près d'être égale au nombre 3,8, et que le rapport des matières amylacées aux matières grasses se rapproche le plus du nombre 5,4. On voit aussi qu'aucun aliment, le lait et le pain eux-mêmes, ne satisfont

---

[1] Boussingault, *Ann. Chim. Phys.* [4], t. XXVII, p. 484.

à cette loi. Mais il faut poser la question d'une manière plus générale et déterminer ici la valeur nutritive d'un aliment, non plus en le considérant en lui-même et séparément, mais au point de vue de sa valeur par rapport à l'alimentation à laquelle il est destiné à concourir. Dans ce dernier sens, l'utilité de l'aliment sera d'autant plus grande qu'il arrivera mieux à faire que dans la ration alimentaire journalière les rapports normaux précédents entre les matières albuminoïdes, les matières amylacées et les matières grasses soient plus parfaitement atteints.

En nous reportant au tableau de Liébig, plus haut cité, p. 72, on voit qu'une alimentation formée de parties égales (calculées à l'état sec), de lait et de farine de froment donnent le rapport 1 : 3,8 entre les matières albuminoïdes et les amylacées et grasses. C'est donc là un excellent mélange. Parties égales de fèves et de farine de seigle donnent le rapport 3,95. L'alimentation du laboureur pauvre, fondée sur l'emploi des légumes et du pain de seigle atteint donc bien son but; en faisant observer toutefois qu'il n'est pas indifférent d'absorber les mêmes quantités d'azote sous forme de matières protéiques d'origine végétale ou d'origine animale, car ces dernières seules sont facilement transformées dans le tube digestif, et rendues capables d'être assimilées.

D'après tout ce qui précède on voit qu'il est nécessaire pour arriver à déterminer le plus ou le moins de valeur de tel ou tel aliment par rapport à l'alimentation dans laquelle on veut le faire entrer, de connaître non-seulement combien il contient de matières albuminoïdes, amylacées et grasses, mais aussi combien les aliments auxquels on veut l'associer contiennent des mêmes principes alimentaires. On remarquera que ce n'est point sur la quantité absolue de ces principes nutritifs que nous nous fondons pour déterminer la valeur relative de l'aliment, encore moins sur la quantité absolue ou relative d'azote qu'il peut contenir, ni même comme l'a fait Payen, *sur le rapport qui existe dans cet aliment entre la quantité d'azote et celle de carbone* augmentée de *l'hydrogène combustible.* — Cette dernière manière de juger de la valeur absolue d'un aliment est fondée sur trois erreurs : la première que les principes nutritifs azotés sont seuls plastiques, c'est-à-dire concourent seuls à former nos tissus, et que par conséquent la valeur de l'aliment est proportionnelle à leur quantité. La seconde que le poids de la matière protéique est proportionnelle à la quantité d'azote, et que celle ci peut donc servir à la mesurer. La troisième, que le poids du carbone et même du carbone augmenté de l'hydrogène combustible dans l'aliment (voy. plus bas ÉQUIVALENTS NUTRITIFS), est proportionnel à la chaleur que dégage l'aliment en se brûlant dans l'économie et peut par conséquent servir à mesurer la qualité calorifiante ou, comme on dit quelquefois, *respiratoire* de l'aliment.

Valeur dynamique et valeur calorifique des aliments. — *Valeur dynamique.* — Il est bien établi aujourd'hui que le travail musculaire augmente sensiblement la quantité d'urée excrétée. D'après Beigel, un exercice actif accroit cette quantité de 12 centièmes. Hammond, Donders sont arrivés aux mêmes conclusions[1]. Le docteur Parkes et M. Ritter ont aussi montré que l'urée augmente de 1/15 à 1/12 pendant un exercice modéré (voy. II⁰ Partie, *Nutrition générale*, § 2). Ce n'est du reste plus un fait contesté. Or, l'urée étant due à la combustion des matières albuminoïdes, il s'ensuit que l'organisme a besoin de substances protéiques pour réparer les pertes que lui fait subir le travail musculaire.

Certainement que tout le travail ainsi produit, n'est pas le résultat de la transformation en puissance dynamique de la chaleur de combustion des matières protéiques des muscles, du sang ou des tissus. MM. Fick et Wislicenus en ont donné la démonstration dans leur célèbre expérience de l'ascension du Faulhorn. Ils calculèrent ce que chacun deux avait dépensé de force mécanique pour se transporter au sommet du mont. Il fut reconnu que le premier avait ainsi produit 129096 kilogrammètres; le second 148656 kilogrammètres. Or toute la matière albuminoïde qui, par le calcul, correspondait à l'urée produite et recueillie pendant ce travail, n'aurait pu donner en brûlant et se transformant entièrement en travail mécanique que 69003 kilogrammètres pour le premier de ces expérimentateurs, et 68689 pour le second. Ainsi 47 centièmes tout au moins du travail produit par M. Fick et 54 centièmes de celui que représentait l'ascension de M. Wislicenus, n'avaient pu être fournis que par la combustion dans leur organisme de matières non azotées.

Mais il n'en est pas moins démontré que le travail mécanique ne peut être produit par l'animal que par l'intermédiaire de la contrac-

---

[1] Tous ces auteurs sont cités par Milne Edwards. *Leçons de physiologie,* t. VIII.

tion musculaire; que celle-ci élève la température de la fibre qui se contracte en accélérant le mouvement d'oxydation et de désassimilation de sa substance, et qu'elle détruit ainsi une partie de la matière même de la fibre et du plasma azoté qui la baigne. Nous verrons du reste que Ranke a montré que l'eau augmente en effet dans le muscle en travail, qu'ainsi donc la myosine diminue, et que l'albumine soluble disparaît dans son plasma pendant la contraction. Par conséquent, un aliment sera d'autant plus apte à fournir de la force par sa combustion, qu'il sera plus apte aussi à remédier à la dépense musculaire qui est le résultat de tout travail mécanique.

On comprend de plus *a priori*, et l'expérience l'a démontré sur une grande échelle, que la matière musculaire, et après elle les matières albuminoïdes les plus faciles à assimiler, telles que l'albumine, la fibrine et toutes les substances protéiques animales, non susceptibles de gélatiniser par la coction, sont les plus aptes à régénérer l'instrument qui sert à produire la force, c'est-à-dire le muscle, et, à entretenir d'une manière *continue* l'énergie de ses fonctions. Mais, d'autre part, comme nous le verrons, la combustion des matières azotées est toujours accompagnée de celle des matières hydro-carbonées et grasses du plasma musculaire. Or l'énergie totale dont dispose le muscle pendant sa contraction a pour unique origine *la quantité de chaleur* produite par la combustion, pendant cette contraction, de l'ensemble des matériaux nutritifs ambiants. La *valeur dynamique d'un aliment*, dépend donc de deux facteurs : de sa richesse en matières protéiques facilement assimilables et capables d'entretenir la vie du muscle (ou d'une manière moins exacte de la richesse de l'aliment en azote), en même temps que de sa chaleur de combustion pendant la contraction musculaire, ou d'une façon approchée, de la chaleur de combustion totale. On peut donc dire que la valeur dynamique d'un aliment est à peu près proportionnelle au produit de sa quantité centésimale d'azote par sa chaleur totale de combustion.

Valeur calorifique des aliments. — Le pouvoir calorifique d'un aliment se mesure par la quantité de chaleur qu'il produit *en se brûlant dans l'organisme.*

Rappelons ici ce principe qu'étant donné une matière combustible quelconque, quelles que soient les différentes voies par les-

quelles elle passe pour s'oxyder, si l'on arrive toujours aux mêmes
produits de combustion, la chaleur formée restera constante
quels qu'aient été, dans chaque cas, les corps intermédiaires
formés et le mode d'oxydation.

Si donc nous brûlons dans nos appareils de recherche, un corps
hydrocarboné tel que l'amidon, et que cette substance s'y transforme entièrement en eau et acide carbonique, la chaleur observée
sera justement égale à celle qui se produirait par l'oxydation de la
même matière *se transformant entièrement dans l'organisme animal
dans les mêmes produits de combustion.* Or, comme l'eau et l'acide
carbonique sont sensiblement les seuls corps définitifs qui dérivent de l'oxydation des matières hydrocarbonées brûlées par l'animal, la valeur calorifique des principes alimentaires précédents
sera donc proportionnelle à la chaleur qu'ils produisent chacun
dans nos appareils de combustion complète.

Pour ce qui est des corps albuminoïdes, remarquons qu'ils se
transforment presque entièrement dans l'économie, en eau, acide
carbonique et urée. Soit A la chaleur de combustion totale de l'albumine se transformant en azote, en eau et en acide carbonique;
soit B la chaleur de combustion de la quantité d'urée correspondant à tout l'azote contenu dans la matière albuminoïde ; soit x la
chaleur produite par la transformation de l'albumine en urée, en
eau et en acide carbonique, on aura d'après le principe rappelé plus
haut $A = B + x$. D'où $x = A - B$, et comme A et B peuvent être
connus par une expérience directe calorimétrique, on aura ainsi
la valeur de x, c'est-à-dire la quantité de chaleur produite par la
transformation dans l'organisme des matières albuminoïdes en
urée, eau et acide carbonique.

La quantité centésimale d'azote des substances albuminoïdes
étant à peu près constante et par conséquent aussi celle de
l'urée qu'elles produisent, on voit que la valeur calorifique de ces
espèces alimentaires est égale à leur chaleur de combustion totale
diminuée de celle de l'urée correspondante, c'est-à-dire diminuée
de 528 calories environ par kilogramme de matière protéique
sèche. Frankland a montré que cette chaleur est de 4568 calories
(de 1 kilogr.) pour un kilogramme d'albumine sèche se transformant en urée, eau et acide carbonique.

Nous aurons donc la *valeur calorifique* d'un aliment en multipliant le poids de ses substances ternaires par la chaleur de combus-

tion totale de ces matières et ajoutant la chaleur de combustion de ses substances protéiques se transformant en urée, c'est-à-dire le produit du poids, en kilos, des corps protéiques par le nombre constant 4368. Réciproquement, connaissant la chaleur de combustion totale d'une matière alimentaire, nous aurons sa chaleur de combustion dans l'organisme en extrayant de sa chaleur de combustion totale autant de fois 528 calories qu'il y a de kilogrammes de substances protéiques sèches dans un poids donné de cet aliment.

Si l'on calcule ainsi ce que représente de chaleur l'oxydation de la ration alimentaire moyenne que nous avons établie plus haut (124 grammes de mat. protéique, 398 gr. d'hydrate de carbone et 74 gr. de graisse) on verra qu'en admettant, ce qui est un peu fort, que cette ration soit entièrement assimilée et brûlée dans l'organisme, un homme dispose en 24 heures de 2500 calories.

On peut avoir une vérification de ce nombre. D'après Gavarret, par chaque gramme d'oxygène absorbé, un adulte produit $3^{cal}.2$. Sachant d'un autre côté qu'il absorbe 730 grammes de ce gaz environ, on voit que par l'alimentation ordinaire un homme au repos produirait 2360 calories [1], nombre presque égal au nôtre.

C'est pour faciliter ces calculs que nous donnons ci-dessous le tableau des chaleurs de combustion totale de diverses espèces alimentaires usuelles.

[1] Pour calculer le nombre de calories réellement disponibles, il faut distraire de ce chiffre :

1° Pour transformer en vapeur les produits aqueux de la transpiration et de a perspiration cutanée. 350 calories.

2° Pour produire les travaux extérieurs, frottements, impulsions communiqués l'air, propulsion de l'air expiré, des liquides sécrétés, environ. . . . . 50 calories.

3° Pour porter en 24 heures 15 mètres cubes d'air inspirés de 15 à 35°, température de l'air expiré. . . . . 90 calories.

En tout, 490 calories.

Il reste donc 1870 calories environ qu'un adulte rayonne directement en 24 heures, ou transforme partiellement en travail mécanique.

TABLEAU DU NOMBRE DE CALORIES DÉVELOPPÉ, D'APRÈS FRANKLAND, PAR LA COMBUSTION
TOTALE DANS L'OXYGÈNE DE 1000 GRAMMES DE SUBSTANCES ALIMENTAIRES.

NOMS DES ALIMENTS	ÉTAT NATUREL	DESSÉCHÉS	EAU %	NOMS DES ALIMENTS	ÉTAT NATUREL	DESSÉCHÉS	EAU %
Pommes de terre	1013	3752	75.0	Gras de bœuf. .	9069	»	»
Gruau d'avoine.	4004	»	»	Pain (mie). . .	2231	3984	44.0
Farine	3941	»	»	Pain (croûte). .	4459	»	»
Farine de pois..	3936	»	»	Bœuf (maigre)..	567	531	70.5
Farine de riz. .	3813	»	»	Veau (maigre)..	1314	4514	70 9
Arow root.. . .	3914	»	»	Jambon (maigre)	1980	4343	54.4
Carottes. . . .	537	»	86.0	Maquereau. . .	17 9	6064	70.5
Choux.	454	»	88.5	Merlan.	904	4 20	80.0
Sucre de canne.	3548	»	«	Blanc d'œuf. . .	671	4896	86.3
Cacao.	6875	»	»	Œufs durs. . .	2385	6341	62.3
Beurre.. . . .	7264	»	»	Jaune d'œuf.. .	5413	6460	4, 0
Huile de foie de morue.. . .	9107	»	»	Lait.	662	5693	87.0

Valeur de l'aliment par rapport à l'innervation. — Il resterait à
parler d'une troisième propriété de l'aliment, distincte des deux
précédentes et qu'on pourrait appeler sa *valeur innervante.* Mais ici
la question est encore trop mal posée pour que nous fassions autre
chose que l'indiquer.

L'activité cérébrale augmente la dépense de matières protéiques,
et d'après certains auteurs elle accélère en même temps l'excrétion
de l'acide phosphorique[1]. Nous verrons (II⁰ Partie) que le cerveau,
est riche en lécithine susceptible de se dédoubler en névrine, acides
gras, et acide glycéro-phosphorique, et qu'il a été démontré que
cette lécithine disparait sous l'influence d'un travail forcé, de la
peur ou de la douleur (*Liebreich*). On est donc amené à penser
que la combustion de cette substance est la source, ou l'une des
principales sources, de l'excès de la sécrétion d'acide phosphorique pendant le travail nerveux. La supersécrétion d'urée
qui l'accompagne est en outre une preuve que la combustion du
phosphore est corrélative de celle d'une matière albuminoïde.
Par conséquent, toute substance où existera le phosphore dans un
état comparable à celui sous lequel nous le trouvons dans la lécithine (légumineuses, par exemple), ou qui contiendra, comme
le jaune d'œuf, la chair et le frai de poisson, cette lécithine elle-

[1] Voir le travail de M. Byasson (Thèses de Paris, 1868.)

même, pourra être réputée plus éminemment propre à réparer les pertes de l'organisme, faites sous l'influence du travail nerveux. La *valeur innervante* de l'aliment serait donc approximativement proportionnelle à la quantité de phosphore contenue dans la molécule de ses matières azotées.

Équivalents nutritifs de Payen. — Si l'on tient compte de cette considération que l'aliment sert par sa matière protéique à réparer plus spécialement les tissus, et que cette matière protéique est à peu près proportionnelle à la teneur de l'aliment en azote, si l'on observe en même temps que le jeu des fonctions dépense de la chaleur et de la force, spécialement dues à la combustion du carbone et de l'hydrogène, on voit qu'on peut admettre que l'équivalent nutritif ou réparateur de l'aliment est proportionnel à la fois à sa teneur en azote, et à la quantité de chaleur qu'il peut dégager par sa combustion. Cette chaleur elle-même est approximativement proportionnelle à celle que développerait en se brûlant tout le carbone de l'aliment, augmenté de cette partie de l'hydrogène qui reste, quand on suppose enlevée, sans production de chaleur notable, la portion de l'hydrogène nécessaire pour former de l'eau au moyen de l'oxygène de l'aliment lui-même.

Tel est le point de vue de Payen. Il admet que la valeur réparatrice ou l'*équivalent nutritif* de l'aliment est proportionnel à la fois à sa teneur en azote (valeur plastique), et à sa teneur en carbone augmentée de l'hydrogène réellement combustible (valeur calorifique). Puis comme on sait quelle est la chaleur dégagée par une molécule d'hydrogène et une molécule de carbone brûlant complétement dans l'oxygène, Payen peut calculer la quantité de chaleur qui serait produite par les m molécules d'hydrogène combustible de l'aliment, et chercher le nombre n de molécules de carbone qui dégageraient une chaleur égale. Si l'on ajoute alors ce nombre n à celui des atomes réels de carbone de l'aliment, on n'a plus ainsi qu'un seul nombre pour représenter sa valeur calorifique. C'est ainsi que cet auteur a formé une table dont nous donnerons tout à l'heure les termes principaux.

Mais il faut observer auparavant que les considérations sur lesquelles ont été établies les *équivalents nutritifs*, sont peu satisfaisantes : 1° Parce que la valeur ou l'équivalent nutritif d'un aliment, en tant que destiné à aider à la reproduction du muscle ou de la force, n'est pas proportionnelle à tout son azote, mais à celui là seulement qui existe dans les matières protéiques assimilables (la gélatine, les tendons, l'osséine, le tissu connectif et les matières extractives, devraient donc être exclus); 2° parce que parmi ces diverses substances, celles qui sont d'origine animale, introduisent dans le sang deux fois plus d'azote que celles qui viennent des végétaux, tout en ayant été absorbées en même quantité (F. Hofmann); 3° parce que la quantité de chaleur produite par l'aliment n'est pas proportionnelle à sa teneur en carbone et hydrogène combustibles calculée comme il est dit ci-dessus : cette proportionnalité est souvent très-loin d'être atteinte, comme on le verra ; 4' parce que c'est une erreur d'admettre que l'oxygène de l'aliment se dégage, en entraînant avec lui la quantité de molécules d'hydrogène qui lui est nécessaire pour former de l'eau , et cela sans produire de chaleur ; 5° Nous ferons enfin au tableau de Payen ce reproche de détail que plusieurs de ses nombres sont entachés d'erreurs. Le chiffre de l'azote pour la chair de carpe est en réalité de 2,4 au lieu de 3,49 ; pour les œufs de 2,6 au lieu de 1,90 ; pour le riz, de 1 au lieu de 1,80... on remarquera en effet, pour ces deux derniers, que suivant le tableau de Payen, la moins azotée des céréales, le riz, serait aussi riche en azote que les œufs.

Quoi qu'il en soit, voici le tableau donné par cet auteur. Nous le transcrivons ici parce que , sauf les réserves précédentes, il a l'avantage de représenter, pour un grand nombre de substances, leur teneur en azote et carbone combustible, c'est-à-dire approximativement, leur valeur dynamique et calorifique.

ÉQUIVALENTS NUTRITIFS DES PRINCIPAUX ALIMENTS EXPRIMÉS EN AZOTE ET EN CARBONE
D'APRÈS PAYEN

(Les nombres sont rapportés à 100 parties de substance fraîche.)

NOM DE L'ALIMENT	AZOTE [1]	Carbone + hydrogène combustible transformé en carbone équival. calorifiquem.	NOM DE L'ALIMENT	AZOTE	Carbone + hydrogène combustible transformé en carbone équival. calorifiquem.
Viande de bœuf. . . .	5	11	Orge d'hiver (Escourgeon).	1.90	40
Bœuf rôti.	5.53	17.76	Maïs.	1.70	44
Foie de veau..	5.09	15.68	Sarrasin..	2.20	42.5
Foie gras d'oie. . . .	2.12	65.58	Riz.	1.8 [5]	41
Chair de raie.	5.85	12.25	Gruau d'avoine. . . .	1.93	44
— de morue salée. .	5.02	16	Pain blanc de Paris (55 p. 100 d'eau)	1.08	29.5
— de harengs salés..	5.11	25	Pain de munition actuel (55 p. 100 d'eau). . .	1.20	30
— de Merlan. . .	2.41	9	Pommes de terre.. . .	0.55	11
— de maquereau. .	5.74	19.26	Igname batate d'Algérie.	0.39	13
— de sole..	1.91	12.25	Carottes..	0.51	5.50
— de saumon. . .	2.09	16	Champignons de couche.	0.66	4.52
— de carpe. . . .	5.49 [2]	12.40	Morille.	0.64	5.1
— de goujon	2.77	15.50	Truffes noires. . . .	1.35	9.45
— d'anguille.. . . .	2.00	50.05	Châtaignes ordinaires. .	0.64	35
— de homard (crue).	2.95	10.96	— sèches.. . .	1 04	48
Caviar de Russie. . . .	4.49	27.41	Figues fraîches.. . .	0.41	15.5
Chair d'huîtres	2.13	7.18	— sèches. . . .	0.92	34
Escargots.	2.50	9.28	Pruneaux.	0.73	28
Œufs de poule (blanc et jaune).	1.90 [3]	13.50	Amandes douces fraîches	2.68	40
Lait de vache.	0.66 [4]	8	Noix fraîches.	1.40	10.65
Fromage de Brie.. . .	2.93	33	Café (dans une infusion de 100 grammes). . .	1.10	9
— de Gruyère . .	5.0	38	Thé (dans une infusion de 100 grammes). . .	1.0	10.5
— de Chester.. .	4.12	41.04	Chocolat (pour 100 gram.)	1.52	58
— de Parmesan..	7.0	40	Lard	1 18	71.14
— de Roquefort..	4.21	44.44	Beurre frais.	0.64	83
— de Camembert.	5	33.05	Huile d'olive..	traces	98
Fèves..	4.50	42	Bière forte.	0.08	52
Haricots..	3.62	43	Alcool pur..	0.0	4.5
Lentilles.	5.87	43	Eau-de-vie ordinaire. .	0.0	27
Pois secs ordinaires.. .	5.66	44	Vin..	0.015	4
Pois cassés séchés verts.	5.04	46			
Blé dur du Midi	5	41			
Blé tendre..	1.81	59			
Farine blanche de Paris.	1.04	58.5			
— de seigle. . . .	1.75	41			

[1] Les nombres de cette colonne multipliés par 6,5 donnent approximativement la teneur des aliments correspondants en matières protéiques. — [2] Vraie valeur 2,4. — [3] Vraie valeur 2,6. — [4] Vraie valeur 0,551. — [5] Vraie valeur 0,99.

Il est bon de remarquer qu'il ne suffirait pas de multiplier le nombre centésimal du carbone indiqué dans ce tableau, par la quantité de calories développées dans la combustion de 1 gramme de carbone, pour obtenir la chaleur totale réellement due à la combustion de l'aliment. Le calcul ainsi fait donnerait un résultat toujours trop faible [1], comme le montrent les nombres suivants :

	CHALEUR CALCULÉE Pour 1 kilogramme d'après le tableau de Payen	CHALEUR DE COMBUSTION RÉELLE de 1 kilogramme résultant du travail de Frankland
Pommes de terre. . . .	880	1015
Gruau d'avoine.	3520	4004
Farine de blé..	3064	3941
Farine de pois.	3520	3936
Bœuf maigre..	880	1567
Maquereau..	1556	1789
Merlan.	720	904

Il est vrai qu'il y a le plus souvent proportionnalité entre la teneur en carbone et hydrogène combustible de deux substances et la chaleur qu'elles dégagent par leur combustion totale, mais cette proportionnalité est aussi quelquefois bien loin d'être atteinte. Voici quelques exemples. Soit R, le rapport de la teneur en carbone et hydrogène de deux substances et R' celui des chaleurs qu'elles dégagent par leur combustion totale, on a :

$$
\begin{array}{l}
\left.\begin{array}{l}\text{Pommes de terre.}\\\text{Gruau d'avoine..}\end{array}\right\} R = 1.4 \ldots\ldots\ldots\ldots R' = 1.4 \\[1em]
\left.\begin{array}{l}\text{Farine de pois..}\\\text{Farine de riz..}\end{array}\right\} R = 1 \ldots\ldots\ldots\ldots R' = 1.05 \\[1em]
\left.\begin{array}{l}\text{Farine de blé..}\\\text{Carottes}\end{array}\right\} R = 6.97 \ldots\ldots\ldots R' = 7.33 \\[1em]
\left.\begin{array}{l}\text{Maquereau.}\\\text{Merlan.}\end{array}\right\} R = 2.14 \ldots\ldots\ldots R' = 1.97
\end{array}
$$

Ces rapports sont à peu de chose près satisfaisants, quoiqu'on ait pris deux à deux les substances les plus différentes par leur teneur en carbone et azote.

Il n'en est pas de même des rapports suivants :

$$
\begin{array}{l}
\left.\begin{array}{l}\text{Bœuf maigre.}\\\text{Pommes de terre.}\end{array}\right\} R = 1 \ldots\ldots\ldots R' = 1.54 \\[1em]
\left.\begin{array}{l}\text{Œuf de poule.}\\\text{Lait de vache.}\end{array}\right\} R = 1.7 \ldots\ldots\ldots R' = 3.6 \\[1em]
\left.\begin{array}{l}\text{Chair de bœuf.}\\\text{Lait.}\end{array}\right\} R = 1.37 \ldots\ldots\ldots R' = 2.3
\end{array}
$$

[1] C'est la conséquence de l'hypothèse de Payen, que tout l'oxygène de l'aliment enlèverait l'hydrogène nécessaire pour former de l'eau sans développer de chaleur.

On voit donc quelles nombreuses réserves, il faut faire pour conclure de la teneur en éléments combustibles au dégagement de chaleur réelle, et à l'équivalence nutritive ou calorifique.

On doit remarquer aussi que les équivalents nutritifs de Payen, ne s'appliquent qu'aux aliments naturels, et non plus à leurs dérivés et aux diverses préparations qui les altèrent profondément. On ferait la plus grave erreur en calculant ainsi la valeur nutritive du bouillon de viande par exemple, dont l'azote est en majeure partie contenu dans des substances non protéiques ou non assimilables.

ARTICLE II

ALIMENTATION ET RATIONNEMENT

Connaissant la composition et jusqu'à un certain point la valeur nutritive de chaque aliment, nous devons maintenant nous demander comment il faut les associer pour réparer le mieux les pertes de l'organisme, quels sont les résultats de telle ou telle alimentation, et quelle quantité d'aliments nous est journellement nécessaire.

§ 1. — ALIMENTATION.

Alimentation normale. Principes. — A. *Une alimentation normale ne peut être fondée sur l'emploi exclusif d'un seul principe alimentaire.* — Cette proposition, que nous avons déjà émise plus haut, ressort du rôle même de l'aliment qui doit réparer les pertes complexes que fait l'animal. Mais, quelle que soit l'évidence du principe précédent, il a été mis à l'épreuve de l'expérimentation. Chossat, Magendie, Boussingault, Tiedmann et Gmelin, Ranke, Forster, et bien d'autres, ont montré que des chiens, des oies, nourris de graisse, d'huile, de gommes, de sucres, d'amidon, meurent au bout d'un temps qui n'est guère plus long que celui après lequel ils périraient s'ils étaient soumis à une diète absolue. Toutefois, lorsque l'organime ne reçoit pas de principes azotés, la sécrétion d'urée, tout en se trouvant en général inférieure d'un tiers environ à la quantité normale, se maintient, sauf dans les derniers jours, presque constante; l'animal brûle son muscle et vit aux dépens de sa propre chair, comme le démontrent l'autopsie et les pesées.

Nourrissez des chiens, des rats, des lapins, avec de la chair musculaire exempte de graisse, avec de l'albumine cuite, de la fibrine, de la caséine : les animaux mis en expérience succomberont moins rapidement, car ils trouvent dans ces substances de la matière protéique pour refaire leurs muscles, et du carbone pour entretenir leur chaleur, mais la tendance à la combustion des principes ternaires contenus dans le corps de l'animal est tellement puissante que ceux-ci disparaissant bientôt, l'organisme dépérit et la vie s'éteint. Le même résultat s'observe quand, alimentant du reste normalement l'animal, on le prive des sels minéraux qui lui sont nécessaires. Il se fait alors une dépression profonde du système nerveux, bientôt suivie de paralysie et de mort,

B. *Une alimentation normale ne peut être basée sur l'emploi d'un seul aliment complet.* — Magendie observa que des chiens nourris abondamment avec du pain et de l'eau périssaient au bout d'une soixantaine de jours. Bischoff, comme Magendie, ayant nourri des chiens de pain seulement, remarqua lui aussi qu'ils devenaient tristes, qu'ils s'affaiblissaient, que leur train postérieur était pris de paralysie et qu'ils finissaient par succomber. Nourrissez trois lapins, chacun exclusivement avec des carottes, des pommes de terre et de l'orge, ils seront bientôt victimes de cette alimentation sans variété, tandis qu'ils garderont leur santé s'ils sont alimentés de ces mêmes substances se succédant de temps à autre. Ces faits s'expliquent par ces deux considérations, qu'aucun aliment ne contient les principes azotés, hydrocarbonés, gras et salins, dans les rapports nécessaires d'une bonne alimentation et que la satiété et l'inappétence arrivent d'ailleurs rapidement, quand on offre toujours la même matière alimentaire à l'organisme.

C. *La nature de l'alimentation doit varier avec la manière de vivre et les climats.* — Nous avons vu plus haut que l'homme qui produit du travail musculaire ou qui développe de l'activité nerveuse sécrète une plus grande quantité d'urée. Nous savons aussi qu'instinctivement l'habitant des régions polaires arrive pour résister au froid, à avaler jusqu'à 5 et 6 kilos par jour de corps gras. On voit donc que la nature du régime doit varier avec la manière d'être de l'organisme qu'il doit substenter. Nous nous sommes suffisamment étendus dans l'article précédent sur la valeur dynamique, calorifique et innervante des aliments pour que nous n'ayons plus qu'à rappeler ici que, suivant que l'on voudra produire spécialement de la force ou de la résistance au froid, le régime devra être rendu plus animal ou plus amylacé et plus gras. Non que les aliments exempts d'azote ne puissent, en se brûlant, donner de la chaleur et par conséquent de la force, mais parce que dans la viande seulement l'organisme trouve presque tout formé et s'assimile sans peine dans un temps relativement très-court, les seules matières alimentaires capables de régénérer le muscle au fur et à mesure de sa destruction sous l'influence du travail. Du reste ce n'est pas là seulement un point de vue théorique; Williams Edwards a constaté au moyen du dynamomètre, qu'après un repas très-riche en viande, sa force s'était accrue bien plus qu'après un repas également satisfaisant pour l'estomac, mais où les substances végétales avaient prévalu.

Dans les pays chauds, le fonctionnement très-imparfait de la peau, le malaise général de l'économie, provoquent la nonchalance de l'individu et la paresse de la digestion. De là l'inutilité presque absolue des matières animales et grasses, l'appétence pour les boissons, les légumes et les fruits. Mais sous ces climats toutefois une vie active et un travail régulier peuvent encore conserver ou amener l'incitation générale et l'activité des fonctions de nutrition, sans laquelle l'économie ne saurait conserver son énergie, ni l'homme garder toute sa valeur.

D. *Le régime adopté ne doit point être trop animalisé. Effets produits.* — Le régime animal nourrit plus vite et plus parfaitement. Aussi est-ce celui qu'instinctivement recherchent les animaux inanitiés. Levaillant prend deux moineaux privés de nourriture depuis plusieurs jours; il nourrit l'un avec de la viande hachée, l'autre avec du grain; le premier se rétablit rapidement, le second meurt parce qu'il n'a pas le temps de digérer et de s'assimiler une matière nutritive plus éloignée de la composition de ses organes et moins fortifiante.

La nourriture animale accroît le nombre des globules sanguins et produit ainsi une incitation et une énergie vitale plus grandes. Sous son influence en effet le cœur bat plus rapidement (Chossat), résultat dû, en partie tout au moins, aux sels de potasse et à l'augmentation des globules. En même temps la masse d'acide carbonique exhalée diminue, sans que les mouvements respiratoires et la quantité d'oxygène inhalé aient été sensiblement modifiés (HERVIEU et SAINT-LAGER). Ces dernières observations montrent que l'oxygène est alors en plus grande proportion employé à former de l'urée. L'accélération de la circulation produit en même temps une élévation de température *momentanée* coïncidant avec une plus grande activité des fonctions de la nutrition, due à l'excitation des centres nerveux par un sang très-riche ; mais cet effet est suivi d'un abaissement moyen de calorification que les viandes ne sauraient entretenir comme la fécule et les graisses. Ces deux résultats, température moindre et digestion plus rapide, expliquent que les individus qui adoptent une alimentation très-animalisée soient en général plus voraces.

L'alimentation animale augmente la puissance musculaire et l'énergie vitale, c'est-à-dire qu'elle rend plus vives les manifestations de l'activité volontaire et quelle développe les instincts et les passions violentes. On a souvent fait cette remarque sur des chiens, sur des chevaux, sur des rats, sur des ours, sur des porcs. Ces trois derniers animaux peuvent vivre paisiblement avec l'homme ou tout au moins avec leurs gardiens, ou bien l'attaquent et deviennent sanguinaires suivant que l'on rend leur alimentation végétale ou animale. Qui ne rapprochera de ces faits les caractères généraux des peuples grands mangeurs de viande, et de ceux qui vivent plutôt de fruits? L'alimentation trop animalisée, accroît l'énergie vitale, mais développe les instincts brutaux ; au contraire l'alimentation trop végétale adoucit les mœurs, augmente la sociabilité, mais par son exagération, énerve l'activité volontaire. Avec quelle sérieuse attention le moraliste, le philosophe, l'homme politique, plus encore que l'hygiéniste ne devraient-ils pas étudier ces modifications profondes et continues que les mœurs, les relations commerciales, l'état du sol, d'où dérive l'alimentation générale, impriment peu à peu aux populations et aux races.

E. *Le régime adopté ne doit pas être trop végétal. Effets produits.* — Une alimentation trop végétale débilite l'économie, diminue le nombre des globules, et tend à produire l'hydrémie. Dans les cas extrêmes, chez les Nègres, les Chinois, trop exclusivement nourris de légumes et de riz, les forces diminuent, l'anémie, les épanchements séreux, l'engorgement des lymphatiques survient. Le travailleur irlandais en général vigoureusement bâti est pris d'une nonchalance invincible qu'il doit à l'usage excessif qu'il fait de la pomme de terre. D'ailleurs, d'après F. Hoffmann, un adulte qui prend par jour 14^{gr},7 d'azote avec une alimentation exclusivement végétale (pomme de terre, pain, lentilles), en expulse 7^{gr},0 par les urines et 6^{gr},9 par les excréments, tandis qu'avec une nourriture animalisée (viande, graisse et pain), contenant la même quantité d'azote, il en rend 14^{gr},2 par les urines et 2^{gr},6 seulement avec les fèces. Il y a donc eu, pour la même quantité d'azote dans les aliments, avec le régime animal, assimilation et désassimilation d'une quantité double de matières azotées albuminoïdes. Celles-ci, lorsqu'elles sont d'origine végétale, nourrissent donc deux fois moins [1].

Mais en général un régime végétal bien choisi, qui livre à l'organisme une quantité suffisante d'azote par les légumineuses, et d'où l'usage de la viande n'est pas exclu, développe une vive imagination, une finesse extrême des sens, une grande douceur de mœurs, en même temps, comme nous le disions plus haut, qu'il diminue l'activité musculaire et les instincts brutaux.

Ce n'est donc que par une alimentation mixte, telle que celle qui est généralement adoptée dans nos climats tempérés, que l'on peut arriver à conserver les qualités vraiment humaines : l'énergie des caractères, la vigueur de l'intelligence, l'amour du juste et la sociabilité.

Alimentation anormale. — *Alimentation insuffisante* [2]. — Nous verrons au § 2 de cet article, que toute alimentation qui fournira à un adulte d'un poids moyen de 63 kilogrammes, et au repos, moins de 11 grammes d'azote et de 220 à 230 grammes de carbone par jour, c'est-à-dire 0^{gr},174 d'azote et 5^{gr},65 de carbone par kilo, est une alimentation insuffisante. Elle serait de même insuffisante si, faisant varier la nature des aliments, on y diminuait le poids de l'azote tout en augmentant, même considérablement, celui du carbone, ou réciproquement; ou pècherait ainsi à la fois par la quantité et par la qualité.

Quoique ce ne soit pas ici le lieu de traiter des effets de l'alimentation insuffisante, nous croyons utile de les rappeler. Sous

---

[1] Voir *Expériences sur l'alimentation. Bull. soc. chim.*, t. XVIII, p. 53.

[2] Voir Bouchardat, Thèses de concours de la Faculté de médecine de Paris, 1852 : *De l'Alimentation insuffisante.*

son influence les forces et la chaleur diminuent; l'activité volontaire et l'énergie décroissent; la cachexie hydrémique ou la
chlorose se déclarent; les ganglions lymphatiques s'engorgent; la
graisse d'abord, presque entièrement, puis les muscles, tendent à
disparaître; une diarrhée souvent rebelle s'établit et diminue encore les forces, surtout si l'on fait usage d'aliments trop pauvres en
azote et surchargés de matières non assimilables; l'impressionnabi-
lité nerveuse augmente; les accidents hystériformes apparaissent;
et si l'insuffisance d'aliments se prolonge, surtout dans le jeune
âge, tous les signes du rachitisme se déclarent chez l'individu
incomplétement nourri.

Si l'alimentation devient non seulement insuffisante, mais nulle,
alors surviennent les phénomènes de l'inanition si bien étudiés
par Chossat[1]. Dans un espace de temps plus ou moins long,
suivant l'animal, le corps perd de 40 à 45 centièmes de son poids,
limite extrême au delà de laquelle la vie n'est plus possible.
Les 90 centièmes de la graisse totale disparaissent; le système musculaire perd de 50 à 60 centièmes; les os, un centième et demi; le
cerveau, et les nerfs gardent presque leur poids. La quantité d'urée
sécrétée diminue dès les premiers jours de l'abstinence : elle se
réduit d'un tiers, et reste ensuite à peu près proportionnelle au
poids du corps, jusqu'à l'agonie où elle diminue très-notablement.
Il en est de même de l'acide urique. Dès le début de l'abstinence
le nombre des inspirations décroit, l'acide carbonique exhalé diminue d'un tiers environ, en même temps l'animal s'assimile une
certaine quantité d'azote atmosphérique (REGNAULT et REISET). La
température du sang s'abaisse de $\frac{8}{10}$ de degré environ par jour et
la mort survient généralement quand elle a atteint 24 à 26°(CHOSSAT).
En même temps que le poids du corps diminue, celui du sang
s'abaisse aussi proportionnellement : le chiffre des globules sanguins tombe au-dessous de 10 pour 100; celui de la serine des-
cend à 60 pour 100, (de là les hydropisies suites de disettes);
les sels minéraux diminuent, tandis que le poids de la fibrine
reste à peu près constant (BECQUEREL et RODIER).

Dès le commencement de l'abstinence, l'estomac et l'intestin
grêle sont saisis de tiraillements et de mouvements vermiculaires;
l'angoisse de la faim arrive; les sécrétions gastriques et intestina-

[1] *Mémoires de l'Académie des sciences*, t. VIII (1843).

les tarissent peu à peu ; la digestion devient presque impossible. Enfin sous l'influeuce de l'inanition, d'après M. Parrot[1], la trame celluleuse de l'encéphale est envahie par une dégénérescence de forme graisseuse. Il en est de même de celle de quelques autres organes, tels que le poumon et la cornée. Comme conséquence, les hémorrhagies cérébrales, l'emphysème pulmonaire, les abcès de la cornée, la gangrène du poumon, se déclarent.

Alimentation excessive. — L'alimentation est excessive chaque fois qu'elle fournit à l'organisme dans les vingt-quatre heures au delà de $0^{gr},349$ à $0^{gr},365$ d'azote et plus de $4^{gr},76$ à $5^{gr},55$ de carbone par kilogramme du poids du corps chez un homme qui ne fait qu'un exercice exempt de fatigue. Elle est excessive pour un adulte qui se livre à un travail musculaire considérable pendant 6 à 8 heures par jour quand il reçoit plus de $0^{gr},489$ d'azote et $7^{gr},08$ de carbone par kilogramme (*voir* le § suivant). Le tableau des équivalents nutritifs de Payen, plus haut cité, permettra de calculer approximativement, pour chaque mode d'alimentation, sa richesse en azote et carbone, et par conséquent, d'après les limites ci-dessus fixées, sa pénurie ou son excès en l'un ou l'autre de ces deux éléments.

Mais on peut dire qu'en général ceux qui se livrent à une alimentation surabondante pèchent par excès d'aliments azotés. On voit apparaître alors les embarras gastriques et les dyspepsies ; les congestions cérébrales ; la goutte, et les affections calculeuses ; l'alcoolisme, s'il y a excès de liqueurs fermentées. Sous l'influence d'un régime trop exclusivement azoté, l'urée excrétée par un sujet moyen du poids de 63 kilos, s'élève de 33 grammes par jour à 50, 60 et même 80 grammes et plus. L'acide urique arrive de 1 gramme environ à $1^{gr},50$; les phosphates terreux augmentent de 1 gramme à $3^{gr},56$. L'acide hippurique, dont l'origine est en général végétale, diminue au contraire.

Alimentations exclusives. — On s'est étendu plus haut sur les effets des alimentations trop exclusivement animales ou végétales ; on n'y reviendra donc pas ici.

---

[1] *Compt. rend. Acad. sciences* pour 1818, 2° semestre, p. 412..

§ 2. — RATIONNEMENT.

Les matières nutritives, en s'oxydant dans l'organisme, produisent divers effets.

Elles entretiennent la vie animale, c'est-à-dire la calorification et l'activité organiques, sans lesquelles les fonctions ne sauraient s'exercer. — Elles permettent à l'homme et à l'animal le libre exer-cice de ses facultés volontaires et intellectuelles. — Elles servent à réparer les pertes dues à la production du travail exté-rieur. A la mise en activité de chacune de ces fonctions corres-pond une ration alimentaire spéciale.

Ration d'entretien.— Nous entendons par *ration d'entretien* la quantité d'aliments qui est nécessaire à l'homme, dans un climat tempéré, pour maintenir sa santé sans produire de travail muscu-laire extérieur ni se livrer à aucune fatigue intellectuelle.

D'après un grand nombre de déterminations, un homme adulte sain élimine en moyenne et en vingt-quatre heures, de $0^{gr},36$ à $0^{gr},60$ d'urée par kilo, c'est-à-dire de 11 grammes à 18 grammes d'azote environ, pour un poids moyen du corps évalué à 63 kilos. Il faut à cette quantité ajouter 5 à 6 grammes d'azote excrétés par les sueurs, les mucus, les excréments et la perspiration. Nos aliments doivent donc nous fournir tous les jours de 18 à 24 grammes d'azote.

Remarquons que nous ne parlons ici que de la sécrétion de l'azote chez l'homme adulte d'un poids de 63 kilos et dans des conditions moyennes, se livrant tout au plus à un travail *très-mo-déré*. Cette variation de 6 grammes dans la sécrétion de l'azote chez deux individus de même poids, vivant d'une façon analogue, ne peut s'expliquer que par la différence de leur alimentation plus azotée chez les uns que chez les autres. Lehmann a montré, en effet, qu'en se soumettant successivement à un régime entière-ment exempt de matières protéiques, puis à un régime purement animal, sans autre changement dans son mode de vivre, il excré-tait $15^{gr},41$ d'urée dans le premier cas, et $53^{gr},19$ dans le second.

La quantité d'azote absorbée à l'état d'aliments par un même individu est donc toutes choses égales d'ailleurs, fonction de ses habitudes d'alimentation, et l'on peut en dire autant du carbone.

L'expérience a démontré, sur une grande échelle, que l'habi-

tude tend à exagérer les quantités d'azote et de carbone ingérées
sous forme d'aliments. En effet, il résulte des statistiques relevées
par Payen[1] que dans les couvents, les prisons, chez ceux qui se
livrent à une vie sédentaire, sans pouvoir augmenter la quantité
de leurs aliments, la santé se maintient parfaitement bonne et
souvent florissante et exempte d'une foule de désordres gastriques
et inflammatoires, à la condition que l'on fournisse à l'organisme
$0^{gr},2$ d'azote et $4^{gr},202$ de carbone par kilo et par jour, soit pour un
poids de 63 kilos, $12^{gr},6$ d'azote et 265 grammes de carbone. Des
chiffres presque identiques sont donnés par E. Smith pour les cou-
turières et les tisserands anglais, qui font peu d'exercice musculaire (11 grammes d'azote et 267 grammes de carbone).

Durant le siége de Paris, en 1870-71, les quantités moyennes
d'azote et de carbone ingérées ont été certainement très-inférieures
aux chiffres précédents, et la santé générale de la partie saine et
adulte de la population s'est maintenue excellente. L'expérience a
prouvé que si l'on augmentait alors l'alimentation de façon à atteindre les chiffres habituels avant le siége, cet excès d'aliment
entraînait des désordres gastriques et des embarras divers. Bien
plus, les bataillons de mobiles employés aux tranchées pendant
les mois rigoureux de décembre 1870 et janvier 1871, se livrant à des travaux très-pénibles, ne recevaient dans leurs
aliments, comme on le verra plus loin, que $12^{gr},5$ d'azote et
263 grammes de carbone. Avec ces quantités en apparence insuffisantes, la santé s'est conservée bonne chez la plupart de ces
jeunes soldats.

Ces diverses considérations prouvent que l'homme civilisé
mange trop, que sa ration normale est arrivée à atteindre, par
l'habitude, le chiffre de 20 grammes d'azote et 280 grammes de
carbone, tandis que l'expérience démontre que la santé peut être
entretenue chez l'homme moyen qui ne se livre pas au travail musculaire avec une alimentation mixte fournissant 12 grammes d'a-
zote et 220 à 250 grammes de carbone par jour, tout au moins dans
nos climats.

Si en fait un adulte au repos consomme en général, 20 à 22
grammes d'azote et 280 à 300 grammes de carbone, c'est donc
que l'habitude a grevé son alimentation d'un excès de 8 grammes

---

[1] *Traité des substances alimentaires*, 2e édit., p. 303.

d'azote et de 50 à 70 grammes de carbone. Toutefois, il faut tenir compte de cet excès, rendu momentanément nécessaire, si l'on veut calculer la quantité d'aliments à fournir à un individu ainsi modifié pour produire un travail intellectuel ou musculaire déterminé.

D'après ce qui a été dit plus haut de l'alimentation des adultes se livrant à un travail nul ou très-modéré, nous pouvons fixer comme suit la *ration d'entretien* normale telle qu'elle résulte de l'expérience. Un adulte au repos doit recevoir dans les aliments destinés simplement à conserver constant le poids de son corps :

En carbone	En azote	
265^{gr}	12^{gr}.5........	D'après Payen
267	11	D'après Edwards Smith
264	12 .5........	D'après de Gasparin
230	11	D'après l'auteur

Les quantités de carbone et d'azote nécessaires d'après les trois premiers auteurs, coïncident d'une façon remarquable, comme nous l'avons déjà dit, avec celles qui se trouvaient dans la ration journalière des jeunes mobiles, se livrant à un travail assez pénible, pendant le siége de Paris et en plein hiver. Elles sembleraient donc être encore un peu élevées comme *Ration d'entretien*; toutefois, comme il est constant que ces jeunes hommes, tout en conservant leur santé, avaient plutôt tendance à s'amaigrir qu'à se conserver en bon état, que les moins robustes souffraient de cette alimentation devenue insuffisante pour eux, *vu le travail et le froid*, que tous avaient la sensation continuelle de l'appétit, on peut regarder leur alimentation comme représentant très-approximativement la ration minimum ou de simple entretien de l'homme sain moyen, d'autant mieux qu'elle coïncide avec les chiffres de Payen et de Smith. Nous pouvons donc considérer les nombres ci-dessus comme fondamentaux.

Mais comme nous l'avons dit plus haut, ce n'est pas tant le carbone et l'azote qu'il importe de connaître que la quantité de matières protéiques, d'hydrates de carbone et de graisses, et même la nature des aliments qui les ont fournis, si l'on veut établir quelle peut être la ration minimum de l'homme adulte. Aussi croyons-nous devoir donner ici le tableau de l'alimentation des mobiles pendant le siége de Paris; il servira à établir à la fois le poids et la nature des principes alimentaires suffisants pour la ration d'entretien.

ILS RECEVAIENT PAR JOUR [1] :	POIDS DES ALIMENTS	CONTENANCE EN PRINCIPES ALIMENTAIRES		
		MATIÈRES PROTÉIQUES SÈCHES	HYDRATES DE CARBONE	GRAISSES
	gr.	gr.	gr.	gr.
Viande fraîche (ou en conserve 100gr) .	175	33.25		3.15
Riz (ou haricots rarement)..	80	5.14	62.04	0.34
Pain de munition..	250	18.75	132.70	0.75
Biscuit.	250	22.49	159.20	2.09
Café délivré officiellement..	30	3.50	12.50	»
— acheté par les hommes.	25			
Sucre délivré officiellement.	20	»	40	»
— acheté par les hommes	20			
Vin.	125	»	»	1.25
Eau-de-vie.	75	»	»	30
		82.93	406.44	49.83

Des nombres de ce tableau on conclut :

Rapport des substances azotées aux hydrates de carbone et aux graisses
:: 1 : 4.9 : 0.6

Quantité d'azote fournie en 24 heures. 12gr.5

— de carbone. { matières protéiques.. 44gr ; hydrate de carbone . 181 ; Graisse.. . . . . . 38 } . . 263gr.0

Ration habituelle. — On a dit que la ration moyenne d'un adulte de 63 kilos, contient de 20 à 22 grammes d'azote et de 270 à 300 grammes de carbone, mais que ces quantités sont entachées d'une exagération s'élevant à 9 ou 10 grammes d'azote et à 40 à 70 grammes de carbone par jour, excès dont l'habitude a grevé la ration normale d'entretien.

Il ne faudrait point croire cependant que cette exagération n'ait point sa raison d'être. Autre chose est la vie claustrale, la vie des prisons, la vie de privations, autre chose est la vie pleine d'excitations intellectuelles et d'activité de l'homme moderne. Nous avons vu que le travail cérébral dépense de l'azote, et l'on peut dire que pour que le cerveau travaille *à l'aise*, il doit trouver

<hr>

[1] Ces chiffres nous ont été fournis par les officiers d'administration, et par ceux qui, au corps, leur délivraient les vivres, vivaient avec eux et contrôlaient leurs achats personnels.

dans le sang qui le baigne un petit excès de principes nutritifs. L'incitation vitale ne se produit pas comme un flux continu, mais par jets momentanés et par excitations successives qui ont besoin de disposer tout à coup d'une masse de sang réparateur, supérieure à la moyenne que fournirait l'alimentation tout juste suffisante pour entretenir le jeu calme et régulier des fonctions. On peut dire que la machine animale, soumise à la simple ration d'entretien, est comparable à une machine mue par de la vapeur sous un état de tension minimum capable seulement de vaincre les résistances ordinaires. — Arrive-t-il des résistances accidentelles plus grandes, il faut *un certain temps* pour que la combustion du charbon et la chaleur du foyer puissent produire, en échauffant l'eau, la tension supérieure nécessaire pour les vaincre. Comme pour la machine à vapeur, le libre jeu de l'énergie animale a besoin, pour produire un rendement maximum et dans le moins de temps possible, d'un excès supplémentaire de matières combustibles en réserve, capables de fournir à tout à instant un supplément de travail.

On peut donc avancer que la ration quotidienne habituelle, telle qu'elle résulte d'un très-grand nombre d'observations sur l'homme adulte moyen de nos climats, contenant sous diverses formes 20 grammes d'azote, 280 grammes de carbone et 30 grammes de sels, dont 15 grammes de chlorure de sodium, est à peu près normalement la ration qui entretient non-seulement la vie et la santé, mais qui permet le développement le plus libre d'un exercice modéré musculaire et cérébral. Cette ration, nous- l'avons vu, correspond à 124 grammes de matières protéiques sèches, 398 grammes d'hydrates de carbone, 74 grammes de corps gras, et 10 grammes environ de sel marin supplémentaire.

Ration de travail. — Comme de Gasparin, j'appelle *Ration de travail* cette partie de l'alimentation qui doit subvenir à l'excès de dépense de l'économie occasionnée par le travail mécanique, tandis que la *Ration d'entretien* est utilisée seulement à conserver à l'animal sa santé et son poids constant.

Hirn a trouvé qu'un homme au repos absorbait en une heure $29^{gr},65$ d'oxygène. Or il résulte des chiffres donnés par Lavoisier[1] rectifiés dans le calcul par Gavarret, que la chaleur sensible au

---

[1] Voy. Longet, *Physiologie*, t. I, p. 526.

thermomètre, correspondant à l'absorption de 1^{gr} d'oxygène *chez un homme au repos*, est de $3^{cal},3$ [1]. — Barral a trouvé par une autre méthode $3^{cal},2$ pour l'homme, et $3^{cal},03$ pour le mouton. Boussingault $3^{cal},07$ pour le cheval, et 3^{cal} pour la tourterelle. A raison de $3^{cal},3$ produites par gramme d'oxygène absorbé, il y aura donc par heure, d'après l'expérience de Hirn, 98 calories rendues sensibles chez l'homme au repos, consommant $29^{gr},65$ d'oxygène dans ce laps de temps. — Or, toujours d'après ce dernier auteur, le même homme travaillant à raison de 27448 kilogrammètres à l'heure, absorbait dans ce temps, $131^{gr},7$ d'oxygène qui, à raison de $3^{cal},3$ par gramme, auraient donné au repos $434^{cal},5$. Or, pendant le travail, il n'a fourni, d'après Hirn, que 231 calories par heure.

De là deux conséqnences : 1° pendant le travail l'oxygène absorbé augmente ; donc, la matière nutritive brûlée augmente proportionnellement. 2° Une certaine quantité de la chaleur, qui devrait se produire par cette augmentation de combustion, disparaît pendant le travail, et on peut le dire tout de suite, disparaît proportionnellement à la quantité qui en est produite. Le travail dépense donc des aliments et fait disparaître une certaine quantité de cette chaleur que l'excès de la désassimilation et des oxy-dations qui l'accompagnent devraient faire apparaître.

Dans l'expérience ci-dessus citée, Hirn trouve qu'un homme qui produit 27448 kilogr. absorbe un excès d'oxygène égal à 131^{gr}, diminués de $29^{gr},65$, c'est-à-dire $102^{gr},09$. C'est donc $3^{gr},76$ d'oxygène supplémentaire qui sont absorbés pour produire 1000 kilogrammètres de travail. Dans une seconde expérience analogue à celle-ci (le même homme faisant un travail mécanique d'une autre nature), Hirn trouva le chiffre $3^{gr},96$ d'oxygène pour 1000 kgr.

La moyenne de ces deux expériences, $3^{gr} 86$, donne la quantité supplémentaire d'oxygène qui est absorbée pour 1000 kilogrammètres de travail produit.

Or, pour une consommation moyenne de 720 grammes d'oxygène par jour, nous avons admis que l'homme adulte doit consommer :

Matières protéiques. . . . . 124^{gr}
Hydrates de carbone. 398
Graisses. 74

---

[1] Pour 735 grammes d'oxygène absorbés moyennement en 24 heures, par un homme au repos, il y aurait donc 2360 calories disponibles, sensibles au thermomètre.

Donc, pour 3^{gr},86 d'oxygène absorbé, il consommera avec la même alimentation.

		Ces quantités produisent en brûlant dans l'économie :
Matières protéiques.	0^{gr}.665	2^{cal}.904
Hydrates de carbone.	2 .155	9 .678
Graisses.	0 .398	5 .640
		16^{cal}.222

Ainsi, les 3^{gr},86 d'oxygène supplémentaire absorbés sous l'influence de la production des 1000 kilogrammètres par l'homme soumis au régime normal donneront 16^{cal},222.

Mais de ses expériences ci-dessus indiquées, Hirn arrive encore à cette conclusion que la machine humaine ne transforme en travail mécanique que les 146 millièmes de la chaleur totale correspondant à l'oxygène dépensé ; en un mot, qu'une calorie produite dans le muscle qui travaille, ne donne que 62 kilogrammètres, au lieu de 425 kgr., qui est son équivalent mécanique théorique. Les 16^{cal},222 qui auraient donc été produites, d'après les données de Frankland, par la combustion de l'excès d'alimentation ci-dessus indiqué, correspondant à l'excès 3^{gr},86 d'oxygène absorbé pendant le travail, auraient donc fourni 16^{cal},22 $\times$ 62 = 1014,8 kilogrammètres. Or on a vu que Hirn a trouvé, par l'expérience directe que, pour une absorption de 3^{gr},86 d'oxygène, il y avait 1000 kilogrammètres produits.

On voit donc que l'expérience et le calcul confirment que la quantité supplémentaire d'aliments que nous avons déterminée d'après le poids d'oxygène absorbé par jour pour brûler la ration alimentaire normale, est bien celle qui produit en se brûlant dans l'organisme la quantité de chaleur capable de donner 1000 kilogrammètres environ, en se transformant en travail suivant la loi du rendement utile de la machine humaine.

Nous pouvons donc affirmer que 16^{cal},222, résultant de la combustion dans l'organisme, sous l'influence du travail, du supplément d'aliments ci-dessus indiqué, produiront :

En *force mécanique*. . . . . 1000 kilogrammètres.

En *chaleur* (non transformable et travail extérieur) produisant des travaux moléculaires internes; élevant la température du corps, ou donnant lieu à un plus grand rayonnement extérieur. . . . . 13,86 calories.

Les quantités d'aliments pouvant fournir $16^{cal},222$, qui se transforment partiellement, comme il vient d'être dit, en 1000 kilogrammètres de travail effectif correspondent dans le régime le plus usuel à :

$$
\begin{array}{lll}
\text{Pain.} & 4^{gr}.354 \text{ contenant} \left\{ \begin{array}{ll} \text{matières protéiques.} & 0^{gr}329 \\ \text{amidon.} & 0.297 \end{array} \right. \\
\text{Viande.} & 2 \ .111 \text{ contenant : matières protéiques.} & 0.337 \\
\text{Graisse.} & 0 \ .398 \\
\end{array}
$$

Ajoutons maintenant, pour arriver aux applications, qu'un manœuvre vigoureux, travaillant 7 heures par jour à transporter des fardeaux au haut d'une rampe douce, produit, d'après Hirn, un travail de 65000 kilogrammètres environ. Je me suis assuré moi-même qu'un ouvrier ordinaire élevant de l'eau au moyen d'une pompe peut fournir, dans le même laps de temps, un travail de 100000 à 120000 kilogrammètres. Prenant le chiffre moyen de 83000 kilogrammètres comme représentant le travail d'un ouvrier dans une journée, on voit, d'après les nombres ci-dessus, qu'il faudra, pour subvenir à cette dépense de force, augmenter la ration d'entretien de :

$$
\begin{array}{lcl}
\text{Pain} & = 4^{gr}.354 \times 83 = & 361^{gr}.4 \\
\text{Viande} & = 2 \ .111 \times 83 = & 175 \ .2 \\
\text{Graisse} & = 0 \ .398 \times 83 = & 53 \ .0 \\
\end{array}
$$

ou bien, en calculant le carbone et l'azote, lui fournir un supplément de

$$
\begin{array}{lc}
\text{Carbone.} & 170^{gr} \\
\text{Azote.} & 8 \ .74 \\
\end{array}
$$

Si l'on ajoute à ces quantités la ration ordinaire d'entretien, on aura :

	ALIMENTS FRAIS			CONTENANT :	
	Pain	Viande	Graisse	C	Az
Ration ordinaire.	829^{gr}	239^{gr}	60^{gr}	280^{gr}	20^{gr}
Ration de travail.	361	175	53	170	8 .74
Ration totale d'un bon ouvrier.	1190^{gr}	414^{gr}	93^{gr}	450^{gr}	$28^{gr}.74$

Tels sont les chiffres auxquels on arrive par le calcul, et que confirme l'expérience, comme nous allons le voir.

Les quantités de carbone et d'azote contenues dans les rations des ouvriers de divers pays sont les suivantes :

	C	Az
Ouvriers agriculteurs des fermes de Vaucluse (d'après Gasparin).	502gr	22gr.15
— — — de la Corrèze.	710	24.16
— — — de la Lombardie.	694	27.60
— — anglais du nord.	420	20
Ouvriers anglais et français (au chemin de fer de Rouen).	484	31.9
Ouvriers anglais tisserands et couturières (d'après E. Smith)	267	11.0
Soldats français (d'après Levy).	277	21.5
Marins français.	435	22.5
Ouvriers irlandais.	670	18.5

Observons que, parmi ces divers ouvriers, ceux qui ont produit le plus de travail utile sont les ouvriers anglais ou français du chemin de fer de Rouen. Leur ration en carbone et azote est très-approximativement la ration théorique à laquelle nous sommes arrivés. Quant aux ouvriers agriculteurs lombards et français, ils reçoivent trop peu d'azote, c'est-à-dire trop peu de viande, et trop de carbone, à l'état de pomme de terre et de légumes herbacés. Il s'ensuit que leur production en travail est diminuée. Aussi la compagnie du chemin de fer de Rouen, qui avait d'abord adopté pour ses hommes un régime analogue à celui des agriculteurs dont nous parlons, a-t-elle pu obtenir des ouvriers français un rendement en travail égal à celui des ouvriers anglais qu'elle avait engagés, en soumettant les premiers à la même alimentation que les derniers. Le régime par lequel le travail produit devint maximum était composé, comme il suit, d'après M. de Gasparin[1] :

Viande.	660gr
Pain blanc.	550
Pommes de terre.	1000
Bière.	1000

Cette ration, très-bien comprise d'ailleurs au point de vue de l'association des aliments, est un peu supérieure à celle qui permet d'entretenir dans un parfait état de santé un bon ouvrier travaillant à raison de 70000 à 85000 kilogrammètres par jour.

[1] *Cours d'agriculture*, t. V.

ARTICLE III

LES PRINCIPAUX ALIMENTS; LE PAIN, LA VIANDE, LE VIN ET LEURS DÉRIVÉS

Le pain, la viande, les boissons fermentées, forment la base de toute alimentation complète. Aussi nous proposons-nous de les étudier ici séparément avec quelques détails[1].

LE PAIN.

La farine des diverses céréales, après avoi été mélangée d'eau, de sel et de levain, soumise au pétrissage, puis à la cuisson, fournit le pain, l'un des principaux aliments de l'homme.

Le grain de toutes les céréales donne, lorsqu'on le broie, une farine formée d'un mélange d'amidon et de gluten, d'un peu de graisse, de dextrine, de sucre et de substances minérales ; le péricarpe ajoute aux produits précédents qui forment l'albumen du grain, de la cellulose et des matières azotées solubles ou insolubles complexes.

La farine est donc un mélange de substances très-diverses ; le tableau qui suit nous donnera leurs noms et leurs quantités pour la farine de blé moyenne :

COMPOSITION DE LA FARINE DE BLÉ MOYEN[2].

	Farine fine pour pain blanc	Farine pour pain bis
Eau.	14.54	14.25
Albumine.	1.34	1.46
Gluten soluble { Glutine ou gélatine végétale.	0.70	0.47
en alcool { Caséine ou mucine.	0.37	0.28
Gluten insoluble dans l'alcool, ou fibrine végétale.	9.69	11.64
Sucre.	2.33	2.35
Gomme et dextrine.	6.25	6.50
Graisse (avec protagon et cholestérine).	1.07	1.26
Amidon.	63.64	61.79
	98.93	100.00

[1] Voir p. 44 et suiv. pour tout ce qui regarde les autres aliments.

[2] Voy. dans le *Bull. de la soc. chim.*, t. XVIII, p. 424, un certain nombre d'analyses de diverses farines de céréales, par M. W. Pillitz, où l'on trouve déterminées les cendres solubles et insolubles, les albuminates solubles et insolubles, les graisses, la cellulose, la dextrine, le sucre, les matières extractives...

Le pain, qui n'est autre chose qu'un mélange cuit en grande partie au-dessous de 100°, d'eau, de farine et de sel, représente donc un aliment complet, contenant les matières protéiques, les hydrates de carbone, les graisses et les sels nécessaires. Ces derniers contiennent surtout, comme nous l'avons vu, de la potasse, avec un peu de soude, de magnésie, de chaux, de fer, et de l'acide phosphorique avec quelques sulfates, silicates, fluorures, chlorures. Ces substances minérales sont aussi celles qui font partie de presque tous nos organes.

La panification modifie la composition de la farine de diverses manières.

La farine de première qualité, ou la fine fleur, n'a point, comme nous le voyons d'après le tableau ci-dessus, la composition de la farine de pain bis, et celle-ci n'a point elle-même la composition du grain de blé dont elle diffère par le *son*. On remarquera que la farine de pain bis est plus riche en matières azotées que celle de pain blanc et, par conséquent, qu'elle est plus plastique; elle contient en outre un peu moins d'eau. Aujourd'hui on sait obtenir par divers procédés presque uniquement de la farine blanche en extrayant du son la majeure partie de ses principes nutritifs. M. Mége-Mouriès a montré que la couleur bise du pain obtenu avec la farine de seconde marque, dépend d'un principe, la *céréaline*, tout à fait analogue à la diastase, et contenue dans le périsperme ou membrane embryonnaire qui entoure le noyau farineux. La *céréaline* existe entre ce noyau et les membranes appelées *épicarpe* et *endocarpe*. Ce ferment s'en va en partie avec le son. S'il se mélange à l'amidon il en produit la rapide saccharification, et même l'acidification, en même temps qu'il altère et brunit le gluten pendant qu'on transforme la farine en pain. Par un procédé de *sassage* particulier (c'est-à-dire de tamisage) dû à M. Périgaud, M. Mége-Mouriès sépare cette *céréaline* et obtient ainsi 80 à 82 pour 100 (au lieu de 70 à 72 pour 100 qu'on obtenait avant lui) de farine de première qualité capable de faire du pain blanc plus riche en azote et gluten et partant plus nutritif que celui que fournissent les anciens procédés.

Si l'on considère que dans Paris seulement on mange annuellement 257 millions de kilogrammes de pain provenant de 192 millions de kilos de farine, on voit que les travaux de M. Mége-Mouriès font profiter cette seule ville annuellement de 27 millions de kilos de pain blanc qui auraient, pour une bonne part tout au moins, été consommés par les animaux à l'état de son.

Par le pétrissage on ajoute à la farine un peu moins de la moitié de son poids d'eau ; la cuisson enlève ensuite à la pâte une partie de cette eau, de telle sorte que le pain tel qu'il est consommé en contient encore de 33 à 45 pour 100. Cette quantité varie du reste avec les diverses espèces de pain, la mie et la croûte. Payen[1] donne les nombres suivants :

| | EAU EN 100 DE | | EAU EN 100 de |
	croûte.	mie.	pain moyen
Pain anglais usuel cubique de 4 livres anglaises.	25 à 30	75 à 70	40 à 48
Pain ordinaire de Paris fendu de 2 kilos. . .	17	83	35 à 38
Pain rond de munition français.	20	80	39 à 42

D'après Rivot, on a, en moyenne, pour l'eau contenue dans 100 parties :

Mie.	40 à 48
Croûte.	17 à 27
Pain tout entier.	30 à 41

Les pains bien cuits et de bonne qualité donnent à Paris de 33 à 35 pour 100 d'eau.

La cuisson a pour effet de diminuer la quantité d'eau et en même temps de faire varier les quantités relatives de croûte et de mie.

Le pétrissage et la cuisson ne suffiraient pas à eux seuls pour constituer le pain tel que nous aimons à le trouver sur nos tables, blanc, agréable au goût, tendre et élastique. Ces qualités lui sont en grande partie imprimées par la fermentation[2].

Après avoir été mélangée avec une petite quantité d'eau dans un lieu dont la température ne soit guère au-dessous de 20° à 25°, la pâte est malaxée avec *le levain*.

Autrefois, et aujourd'hui encore dans nos campagnes, le levain n'était autre chose qu'une petite quantité de pâte gardée plusieurs jours à l'air, et qui subissait une fermentation acéto-alcoolique et

---

[1] *Des substances alimentaires*, p. 358.

[2] Les Égyptiens, du temps de Moïse, savaient déjà faire du pain levé, analogue au nôtre. C'est d'eux que, beaucoup plus tard, les Grecs apprirent cette préparation. Les Romains ont mangé le grain sous forme de gruau ou de bouillie jusqu'en l'an 168 avant notre ère, époque où ils ramenèrent des boulangers grecs de Macédoine.

lactique. Ce levain était ensuite mélangé à une partie de la pâte, et celle-ci, laissée dans un lieu tiède, subissait un commencement de levage qui se communiquait ensuite au reste de la masse ajoutée successivement. Mais ce procédé primitif excite une fermentation trop active qui brunit le gluten, acidifie le pâton et rend le pain plus attaquable aux moisissures. En Allemagne, on ajoute de la levûre de bière à de la farine, du sel et de l'eau tiède, et c'est ce mélange qui, au bout de quelques heures, est malaxé avec la pâte que l'on veut faire fermenter. A Paris, les boulangers sont arrivés à un degré de perfection extrême. A un bloc de pâte provenant d'un précédent pétrissage, ils ajoutent 4 litres d'eau tiède et 8 livres de farine. Ils laissent ce mélange séjourner dix heures dans un lieu à 30 ou 35°; c'est le *levain de chef*. En pétrissant alors ce levain avec autant d'eau et de farine, ils obtiennent le *levain de première*. Ils répètent cette opération à un intervalle de huit heures et ajoutent 16 livres de farine et 8 d'eau : c'est le *levain de seconde*. Trois heures après, ils ajoutent 100 livres de farine et 50 livres d'eau tiède et obtiennent le *levain de tout point* qu'ils peuvent conserver cinq à six jours et qui, mêlé à la pâte, lui communique une fermentation propre à la transformer en un pain très-beau.

Que se passe-t-il sous l'influence du ferment panaire ?

La levûre, aidée de l'eau et d'une douce température se développe aux dépens d'une portion de la matière protéique de la farine qu'elle s'assimile ; elle fait subir, à une partie tout au moins du gluten, une transformation isomérique ; en même temps elle agit sur le sucre, la dextrine et l'amidon, transforme partiellement ces derniers corps en glucose et fait fermenter ce sucre, produisant ainsi de l'alcool et des acides carbonique et lactique. L'acide carbonique se dégageant à la fois de toutes les parties de la pâte, contribue à la rendre poreuse et perméable. Ces diverses réactions sont à peu près celles qui se passent dans le grain de blé au moment de sa germination.

Mais cette fermentation peut avoir des résultats très-variables. Suivant le mode de mouture de la farine, le levain[1], le temps pendant lequel il agit, la température à laquelle arrive le mélange, la pâte est susceptible de donner un pain blanc, brillant, élastique,

---

[1] Le champignon de la levûre panaire des boulangers est, d'après M. Engel, le *Saccharomyces minor* à globules tout à fait analogues à celui de la levûre de bière, mais plus petits (*Des ferments alcooliques*, chez Baillière, 1872).

ou bien un pain dur ou mou, non poreux, acide, noir, sujet à la moisissure.

C'est pour empêcher l'action des levains trop énergiques, produisant la rapide transformation de l'amidon en glucose, ou le brunissement de farines avariées qu'en Angleterre surtout, on a, quelquefois sur une large échelle, ajouté en petite quantité de l'alun on du sulfate de cuivre au pain que l'on veut empêcher de brunir : il reste en même temps plus riche en eau. Quoique les proportions des substances employées dans ce but soient très-petites, et qu'il paraisse établi que les sels de cuivre font partie constituante et normale de la farine de blé dans beaucoup de pays, on ne saurait approuver de telles pratiques si elles ne sont appuyées sur une longue série d'expériences faites sur les animaux et démontrant leur parfaite innocuité.

Comme on le voit, par l'action même du levain une partie de l'amidon, du sucre et même des matières protéiques est inutilement détruite, et tranformée en produits gazeux et volatils. Cette quantité peut être estimée à un demi-centième du poids de la pâte. Aussi a-t-on dû chercher à obvier à cette perte considérable en fabricant du *pain levé sans ferment*.

On a proposé, au lieu d'ajouter du sel marin à la pâte, de l'additionner de carbonate de soude et d'eau acidulée par l'acide chlorhydrique. Mais dans ce cas on doit bien se tenir en garde contre l'arsenic que contient souvent l'acide du commerce. On produit, il est vrai, par ce procédé un dégagement d'acide carbonique qui donne au pain de la porosité, mais on ne lui communique pas sa blancheur ordinaire. On a encore tenté d'ajouter au pain du phosphate acide de chaux et du carbonate de soude (*Liebig*), ou même du carbonate d'ammoniaque, mais le pain ainsi obtenu ne paraît pas encore avoir les qualités désirables. Il existe une méthode remarquable de panification, celle de *Dauglish*, mise déjà en pratique à Londres pour fabriquer 150000 kilos de pain par jour. Elle consiste à malaxer mécaniquement la pâte avec de l'eau chargée d'acide carbonique à 8 atmosphères de pression ; on fait couler cette eau gazeuse par petits filets d'un vase supérieur dans un vase clos inférieur qui contient la farine et où se produit le pétrissage mécanique; au bout de dix minutes, celui-ci est terminé et la pâte sort par une soupape, sous l'influence de la pression intérieure des gaz, dans des moules d'où elle est portée au four. Le pain ainsi fabriqué est non-seulement meilleur, plus blanc, plus poreux, sans goût acide, mais il est plus azoté et on en obtient de 12 à 14 pour 100 de plus que par les procédés ordinaires avec le même poids de grain, car on peut employer pour le faire la farine de deuxième marque qui donnerait du pain bis par la fermentation ordinaire, inconvénient qui ne saurait se produire par ce nouveau et précieux moyen de panification.

Quel que soit le levain employé, la pâte ayant été *allégée*, c'est-à-dire soumise à une première fermentation, on la divise en pâtons que l'on place à part dans des corbeilles ou sur des toiles. On attend le moment où une dernière fermentation aura fait gonfler ces pâtons à point ; on les *enfourne* alors et on les saisit ainsi brusquement par une température de 260° à 290°. Ce chauffage a pour effet de gonfler encore les pains en volatilisant une partie de l'eau et des gaz, d'arrêter les fermentations qui auraient pu se poursuivre, de solidifier la surface de la pâte et d'y former une croûte colorée et savoureuse. Celle-ci se produit à une température de 210° environ, tandis que la mie n'atteint guère que 100°. Une partie de l'amidon a été dans la croûte transformée en dextrine ; elle contient en outre plus de produits savoureux solubles dans l'eau, plus d'azote et moins d'eau que la mie. (Mie : 40 à 45 p. 100; croûte : 12 à 20 p. 100 d'eau).

Le pain rassis et le pain frais ont à peu près la même composition. En cinq jours, le pain frais a perdu de 1 à 3 centièmes de son eau, mais il devient rassis même dans une atmosphère saturée d'humidité : on ne sait pas encore la cause de cette transformation singulière. Le pain rassis et bien cuit est celui qui nourrit et se digère le mieux.

Il existe différentes espèces de pains. Nous donnons ici quelques analyses de celui de froment pur, le plus usuel dans les ménages de nos villes.

ANALYSE MOYENNE DU PAIN DE FROMENT

(On n'a tenu compte que des espèces chimiques les plus importantes).

Eau.	43 à	53.2
Amidon.	35	44.5
Dextrine.	9	3.9
Sucres.	2	1.3
Graisses.	1	0.7
Matières protéiques.	9.3	8.8
Matières minérales.	0.7	1.3
	100.0	

QUANTITÉS RELATIVES D'EAU, DE MIE ET DE CROUTE

(Pain de Paris, dit *de maçon*, belle farine de froment.)
déterminations dues à Rivot.

Eau.	55.7	à	57.5
Matières sèches.	64.5		62.5
	100.0		100.0
Mie ponr 100 de pain.	77.52	à	74.9
Croûte — —	22.48		25.1
	100.00		100.0

QUANTITÉ DE CENDRES

laissées par 100 parties de

Mie.	0.533	à	0.550
Croûte.	0.849		0.884
Pain.	0.604		0.620

100 parties de bon pain frais de froment donnent, d'après Rivot, de $0^{gr},600$ à $0^{gr},790$ de cendres. Un gramme de ces cendres a la composition suivante :

Acide chlorhydrique.	$0^{gr}.065$	à	$0^{gr}.039$
— sulfurique.	0 .010		0 .007
— phosphorique.	0 .500		0 .458
— carbonique.	»		0 .003
Silice.	0 .016		0 .019
Sable et argile.	0 .040		0 .021
Alcalis.	0 .211		0 .272
Chaux.	0 .111		0 .144
Oxyde de fer.	0 .043		0 .051
	$0^{gr}.996$		$0^{gr}.994$

Le pain frais ordinaire contient environ, pour le même poids, moitié moins de substances albuminoïdes que la viande de bœuf. En revanche, plus d'un tiers de son résidu sec est de l'amidon, capable de produire de la chaleur et de la graisse. D'un autre côté, les substances protéiques du pain ne sont pas aussi facilement assimilables que les matières de la viande. On voit donc qu'à certains égards, le pain n'est pas un aliment aussi parfait que la chair musculaire. Encore parlons nous du pain de froment ; car après celui-ci viennent en valeur nutritive décroissante les pains d'orge, de seigle, d'avoine, de maïs et de riz

Pains de luxe. — On prépare à Paris un grand nombre d'espèces de pains : les *pains de gruau*, faits avec de la farine de gruau blanc additionnée quelquefois de 16 à 20 centièmes de beau gluten ; les *pains viennois*, qui se font en ajoutant pendant le pétrissage une petite quantité de lait ; les *pains de dextrine*, préparés avec addition de 5 à 6 p. 100 de dextrine sucrée, pratique qui fait prédominer après la cuisson l'arome du froment ; les *croissants*, faits de farine et d'œufs. — Mais ce sont là plutôt des friandises que des aliments, et nous ne nous en occuperons pas davantage.

Pains pour diabétiques. — Le pain de gluten se prépare avec du gluten presque pur, débarrassé par lavages, de l'amidon et des parties solubles de la farine. Pour cela, le gluten ayant été séché à 100°, on le réduit en poudre, on l'additionne de un demi-centième de levûre de bière, on laisse lever la pâte et on la cuit.

M. Pavy [1] a proposé de remplacer le pain de gluten, qui répugne à beaucoup de malades, par des biscuits d'amandes douces, faits en versant de l'eau bouillante, légèrement acidulée par l'acide tartrique, sur les amandes en poudre ; on les prive ainsi de sucre sans enlever l'amandine ni l'huile ; on ajoute ensuite une quantité suffisante d'œufs. Les amandes, on le sait, ne contiennent pas d'amidon. On doit observer, à propos de ce pain, que l'amandine a la composition, non pas des *matières albuminoïdes* proprement dites, mais des *substances collagènes*, telles que l'osséine et la chondrine dont la valeur alimentaire est douteuse [2].

LA VIANDE.

Nous avons donné déjà (p. 59 et 61) la composition des principales viandes et nous les avons divisées en viandes rouges, blanches et noires. — Nous ne nous proposons ici que de parler de la viande la plus usuelle, la *viande de boucherie* proprement dite, qui est avec le pain notre principal aliment. Étudions-la d'abord avant sa cuisson.

Viande crue. — Comme le pain, la viande crue contient des matières albuminoïdes qui lui sont propres, de la graisse, des sels et de l'eau ; mais elle est presque privée des substances hydrocarbo-

---

[1] Voy. *Bull. thérap.*, t. LXIV, p. 45.
[2] Pour les *altérations et falsifications du pain*, voyez p. 132.

nées ou ternaires si abondantes dans les céréales. Aussi la viande et le pain se complètent-ils mutuellement.

Les matières albuminoïdes de la viande, qui constituent la partie principale de son résidu sec (18 parties sur 24). se composent de musculine et d'albumines solubles.

Le muscle vivant est formé d'éléments anatomiques figurés, biréfringents, dont les étages successifs constituent la fibre. Ces éléments, entre leur noyau complexe et leur enveloppe, sont remplis d'une substance qui est pendant la vie de consistance molle, et qui contient spécialement une matière rapidement coagulable après la mort. Cette matière a été pour la première fois isolée par Denis[1], en traitant le muscle par de l'eau chargée d'un dixième de sel marin ; il lui donna le nom de *musculine*. Elle se confond avec la *myosine* de Khüne extraite du muscle frais presque par la même méthode. C'est une substance très-analogue, mais non identique, à la fibrine du sang dissoute dans le sel marin, qui décompose comme elle l'eau oxygénée et jouit d'une altérabilité extrême. La musculine, quelques autres matières albuminoïdes en petite quantité, des substances extractives et le noyau, forment le contenu de l'enveloppe sarcolématique de la fibre[2].

On ne connaît pas la composition des parties solides de la fibre musculaire vivante, mais on sait que la *myosine* ou *musculine soluble*, subit presque immédiatement après la mort, et sous l'influence d'agents très-variés, tels que l'eau, les acides étendus... une transformation isomérique qui a pour effet de la rendre insoluble. En même temps se produit le phénomène connu sous le nom de roideur cadavérique.

Ce n'est pas ici le lieu de nous étendre davantage sur la myosine, que nous décrirons dans la Deuxième Partie de ce livre. Mais il résulte de ce que nous venons de dire que la chair musculaire que nous mangeons est un aliment complexe contenant : 1° la myosine coagulée ou *musculine*, substance principale ; 2° de l'albumine soluble et des matières qui en dérivent telles que la créatine, la créatinine, l'acide inosique, la sarcine, que l'on retrouve dans le sérum musculaire ; 3° de la graisse, contenue en partie dans les cellules adipeuses du tissu connectif interposé entre les fibres mus-

---

[1] *Nouvelles études chimiques et physiologiques*, etc., p. 216, 1856.
[2] Voir pour plus de détails, II° Partie, *Tissu musculaire*.

culaires; 4° des sels, dont une portion appartient au plasma et l'autre à l'élément musculaire même.

La *syntonine*, ou *musculine insoluble*, ressemble beaucoup à la fibrine extraite du sang. Comme elle, elle se dissout dans l'acide chlorhydrique au millième, et reparaît de nouveau à l'état insoluble par la neutralisation exacte de la liqueur. Mais elle ne décompose pas l'eau oxygénée, et lorsqu'elle se précipite, elle ne prend jamais la texture fibrillaire.

Elle contient :

$$
\begin{array}{lr}
\text{C.} & 54.06 \\
\text{H.} & 7.28 \\
\text{Az} & 16.05 \\
\text{O.} & 21.50 \\
\text{S.} & 1.11 \\
\hline
& 100.00
\end{array}
$$

Sa composition centésimale ne diffère donc pas de celle des substances albuminoïdes proprement dites.

La solubilité de la syntonine dans l'acide chlorhydrique au millième explique sa facile digestibilité. Il faut ajouter cependant que chauffée avec de l'eau à 85° elle perd la propriété de se redissoudre aisément dans l'acide chlorhydrique très-dilué.

Le sérum qui baigne les fibriles musculaires, mais surtout celui qui reste après la coagulation de la myosine, et celui qui provient du sang des vaisseaux, contient de l'hémoglobine, et des matières protéiques incolores analogues à l'albumine. Ce sont : une substance albuminoïde qui se coagule déjà à 45°, et qu'on sépare des autres en maintenant le sérum à cette température après l'avoir rendu neutre ou à peine alcalin; de la caséine ou un corps analogue, et une albumine qui paraît identique avec celle du sang.

La chair musculaire ne doit pas sa coloration au sang. Un muscle exsangue reste coloré; beaucoup de muscles d'animaux à sang rouge (poulet, veau) sont incolores ; chez le même animal, certains muscles seulement peuvent être colorés. Toutefois la matière colorante du muscle est la même que celle du sang ; c'est de l'oxyhémoglobine, comme l'ont démontré l'analyse spectrale et les modifications de couleur que lui font subir les gaz (*Khüne*). La sarcolemme des fibres musculaires, est formé d'un tissu collagène qui par la cuisson se gélatinise ; cette gélatine musculaire peut être partiellement assimilée.

La créatine, la créatinine, la sarcine, la carnine, l'acide inosique…, constituent les matières extractives principales de la viande. Ces substances modifiées en partie par la cuisson, donnent à la viande cuite son goût et son arome agréables : ce sont des excitants, plutôt que des aliments proprement dits, comme l'ont démontré les expériences directes. Mais rappelons-nous que l'homme civilisé ou primitif a toujours recherché comme par un instinct tout puissant les excitants alimentaires ou nerveux qui paraissent, quand on en use sans abus, mettre son organisme dans un état de facile fonctionnement. Ces excitants se trouvent plus spécialement dans les viandes rouges et noires, surtout chez l'animal sauvage et l'oiseau, qui respirent et consomment leur substance plus parfaitement et plus vite.

La graisse des ruminants doit sa solidité à la stéarine ; elle contient en outre de la margarine ainsi qu'une petite quantité de palmitine et d'oléine. On trouve dans la viande une faible proportion de graisses phosphorées, de cholestérine et d'acide lactique ; ce dernier résulte de la fermentation qu'elle subit dès les premiers jours. Dissous dans l'eau du sérum, l'acide lactique agit sur le tissu connectif ou collagène, le modifie et le rend en partie soluble. De là cette propriété de la viande de s'attendrir quand on la conserve.

Les sels de la viande sont particulièrement riches en sels organiques et en phosphate de potasse, à l'inverse du sang où les sels de soude prédominent. La chair contient aussi un peu de phosphates de soude, de chaux, de magnésie, de l'oxyde de fer [1], formant en tout de 1,2 à 1,5 de cendres pour 100 de viande fraîche.

Voici du reste la composition de la viande de bœuf d'après Lehmann :

Eau	77.40 à 71.16	
Substances albuminoïdes coagulées, insolubles dans l'eau (sarcolemme, noyaux, musculine, vaisseaux, fibres élastiques)	15.4	17.7
Glutine	0.6	1.9
Albumines solubles dans l'eau (albumines du sérum)	2.2	3.0
Créatine	0.07	0.14
Graisse	1.5	2.30
Acide lactique	1.5	2.30

______

[1] Voir art. Iᵉʳ de ce chapitre, p. 17.

Acide phosphorique.	0.66	0.70
Potasse.	0.50	0.54
Soude..	0.07	0.09
Chlorure de sodium.	0.04	0.09
Chaux..	0.02	0.03
Magnésie..	0.04	0.05

Viande cuite. — L'homme, et le sauvage lui-même, a toujours fait cuire sa viande. Il semble en effet qu'on ait partout remarqué que par la cuisson, on communique à la viande deux propriétés : d'être plus facile à diviser par la mastication, et de plaire au goût, à l'odorat et à l'estomac par l'arome et la saveur que la chaleur développent. L'excitation que produit le rôti ou le bouillon sur la membrane stomacale est en effet toute comparable à celle du sel et des épices. Elle met l'organe dans un état d'éréthisme favorable à l'accomplissement facile des actes successifs de la digestion. D'après Moritz Schiff, les matière extractives de la viande provoquent immédiatement la sécrétion du suc gastrique et *chargent* le pancréas de ses principes actifs. Ces considérations expliquent l'usage si répandu du bouillon et de la soupe au commencement des repas. La cuisson a un autre avantage encore, celui de détruire les œufs ou les sporules qui sont à la surface de la viande, et peuvent, dans quelques cas, transmettre de graves affections.

On peut faire rôtir la viande, ou bien la cuire en présence de l'eau ; dans les deux cas les modifications qu'elle éprouve sont fort différentes.

Dans la *viande rôtie*, les portions extérieures sont brusquement exposées à une température de 120 à 150°, tandis que les parties internes atteignent de 60 à 65° seulement. Dans ces conditions, la coagulation et le retrait de la surface empêchent l'altération, la perte ou la dessication des parties internes. La plus grande proportion de l'albumine et de l'hémoglobine reste intacte. La viande conserve ainsi toute sa valeur nutritive, tandis que sa sapidité et son arome se dévelopent et augmentent par les produits empyreumatiques formés à la surface. En même temps l'eau, l'acide lactique, et l'acide acétique lui même qui est un produit de la décomposition empyreumatique extérieure, font subir au tissu collagène une transformation partielle en gélatine : la viande devient alors tendre et facile à mâcher. Enfin, d'après Moleschott, une portion des graisses se décomposerait et l'acide stéarique se changerait partiellement en acide margarique.

On voit le peu d'avantage que l'on aurait à conseiller aux malades l'usage de la viandre crue, certainement moins agréable, moins facile à digérer, et presque identique d'état et de composition avec la viande rôtie dont la masse principale n'a pas dépassé la température de 65°.

Les analyses de Playfair montrent que la composition de la viande varie à peine par le rôtissage.

	Bœuf cru	Bœuf rôti
C.	51.83	52.59
H.	7 57	7.89
Az	15.00	15.21
O et sels. . .	25.60	24.31

Voici, d'après Payen[1], quelle est la composition du bœuf rôti en tranches de 3 centimètres d'épaisseur, coupées dans le filet, et exemptes de tissu adipeux apparent :

	VIANDE ROTIE	
	Composition réelle	Calculée sèche
Eau.	69.89	0.0
Matières azotées.	22.93	76.18
Substances grasses.	5.19	17.25
Matières minérales.	1.05	3.50
Matières diverses, soufre et pertes.	1.04	3.07
	100.10	100.00

La *viande bouillie* est en général plus modifiée par la cuisson que la viande rôtie.

Si l'on place un morceau de viande dans l'eau froide que l'on échauffe ensuite lentement à 100°, on extraira ainsi de la chair presque toutes les parties solubles, c'est-à-dire son sérum avec l'albumine, la créatine, la créatinine, les acides inosique et lactique, les sels alcalins. Si l'eau entre en ébullition, une partie de l'albumine se coagulera en formant des grumeaux brunis par l'hémoglobine altérée. Une portion de cette albumine et de la musculine se transformera en une substance soluble plus riche en oxygène; une autre partie restera en solution : c'est celle que les aci-

[1] *Traité des substances alimentaires*, p. 92.

des de la viande ont tranformée en albuminose et rendue incoagulable par la chaleur ; en même temps, le tissu collagène se transformera en gélatine, qui se dissoudra lentement dans l'eau ; la graisse fondra et viendra nager à la surface. — C'est la solution de ces diverses substances qui constitue *le bouillon*. La viande ainsi bouillie est devenue fade et coriace, mais elle n'en contient pas moins la majeure partie de la musculine, c'est-à-dire la portion essentiellement nutritive.

Si l'on veut faire non plus du bouillon, mais de bonne viande bouillie, on trempera brusquement la chair dans de l'eau bouillante pour coaguler à sa surface les matières albuminoïdes, qui, devenues dès-lors peu perméables, empêcheront l'extravasation dans le liquide des parties nutritives et savoureuses de la viande. C'est le procédé dit *des ménages hollandais*.

Un des bons moyens de rendre facilement digestibles les viandes bouillies, en leur conservant tout leur arome, consiste à les soumettre à une cuisson lente dans des vases clos, renfermant une faible quantité d'eau dont la vapeur atteint une pression d'un peu plus d'une atmosphère.

Les sels solubles de la viande crue passent dans le bouillon, les sels insolubles restent en partie dans la chair bouillie. Voici à peu près comment ils se divisent, d'après Keller :

	Sels du bouillon	Sels du bouilli
Chlore.	7.09	»
Potassium.	7.72	»
Acide sulfurique (SO^3).	2.95	»
Potasse (K^2O).	3.47	»
Acide phosphorique (P^2O^5).	21.59	6.83
Potasse (K^2O).	31.95	4.78
Phosphates de chaux.	2.51	1.66
Phosphates de magnésie.	4.73	2.99
Phosphate de peroxyde de fer.	0.46	1.42
Total pour 100 de cendres dans la viande crue.	82.47	17.68

BOUILLON DE VIANDE. — EXTRAITS DE VIANDE.

Bouillon de viande. — Le bouillon de viande est une solution des substances extractives du muscle et d'une partie de ses sels ; il contient aussi une faible proportion de matières albuminoïdes transformées, une quantité variable de gélatine provenant de l'action de l'eau sur le tissu connectif, enfin un peu de graisse. On rappellera ici que les substances extractives de la viande sont :

la créatine, la xanthine, l'hypoxanthine, la carnine, la taurine, l'acide inosique, substances qui toutes sont azotées, mais non protéiques; les acides paralactique, acétique, butyrique, le glycogène et l'inosite, matières non azotées. L'ensemble de ces divers composés donne un poids de 21 grammes environ, pour le bouillon fourni par un kilogramme de viande fraîche. Les sels du bouillon sont : le phosphate et le sulfate de potasse, le chlorure de potassium, un peu de phosphates bibasiques de chaux et de magnésie, une trace de fer; en tout 11^{gr},5 pour 1000 grammes de viande.

Les premières analyses du bouillon sont dues à Chevreul[1]. Il prépara un bouillon en faisant cuire durant cinq heures une livre de viande de bœuf dans une livre d'eau ; ayant étendu à 1 litre la solution ainsi formée, il obtint pour sa composition : eau 988,57 ; substances organiques solubles 12,70 ; substances inorganiques solubles 2,90 ; substances inorganiques insolubles 0,308. La densité du liquide était de 1,004[2]. Dans une autre expérience, Chevreul traita 1000 grammes de viande, 300 grammes d'os, 28,5 grammes de sel marin et 230 grammes de légumes, par 5490 grammes d'eau (ce sont à peu près les proportions du bouillon ordinaire) : il obtint ainsi, après cuisson, 2792 grammes d'un bouillon ayant pour densité 1,013, et contenant par litre : eau 985,6; substances organiques solubles 16,91 ; sels solubles 10,72; sels insolubles 0,54.

Les matières organiques solubles du bouillon sont celles que nous indiquons plus haut et que, sauf la gélatine, nous retrouverons dans l'extrait de viande, à peu près en mêmes proportions relatives. Parmi elles, aucune n'appartient au groupe essentiellement nutritif des matières protéiques, à l'exception des substances aptes à gélatiniser qui ne sont elles-mêmes que des aliments excessivement imparfaits. Seule une très-faible quantité d'albuminose (un millième environ d'après M. Ritter), formée par la réaction des acides de la viande sur la musculine, en représente la partie nutritive. Nous savons, en effet, aujourd'hui que les autres matières azotées du bouillon ne sont pas plastiques. La créatine et la créatinine sont des produits excré-

---

[1] *Journal de pharmacie*, t. XXI, 1835.

[2] Liebig, (*Ann. der Chem. u. Pharm.* t. CXLVI, p. 133), a obtenu après trois heures d'ébullition, pour les mêmes quantités de viande et d'eau, 10^{gr},255 de résidu total par litre de bouillon; ce résidu contenait 20 p. 100 de parties insolubles et 80 p. 100 de parties solubles dans l'eau, dont 62,16 p. 100 solubles dans l'alcool. Un litre de ce bouillon correspond à 11^{gr},4 de son extrait de viande.

mentitiels du muscle et du tissu nerveux ; la première est apte à produire par un simple dédoublement avec hydratation de la méthyluramine, du méthyglycocolle ou sarcosine, de l'acide méthylparabamique, de l'urée, de l'acide oxalique, de l'ammoniaque : aucune de ces substances ne saurait être transformée en tissus. D'ailleurs, injectée dans les veines, la créatine se retrouve en grande partie dans les urines à l'état de créatinine ; ingérée, elle augmente le poids des matières extractives de l'urine, sans diminuer celui de l'urée[1]. La créatine, la créatinine, et l'on peut en dire tout autant des substances azotées nón albuminoïdes qui les accompagnent dans le bouillon, ne sont donc ni des aliments proprement dits ni des agents qui empêcheraient indirectement, comme on l'a prétendu le mouvement de désassimilation. L'acide inosique, à qui est en partie dù le fumet du bouillon et de la viande n'est pas plus que les précédentes une substance plastique. La *carnine* $C^7H^8Az^4O^5$ elle-même, qu'on a récemment découverte dans le bouillon et l'extrait de viande[2], ne diffère de la *sarcine* ou *hypoxanthine* que par les éléments de l'acide acétique, et de la *théobromine*, que par un atome d'oxygène en plus. Elle ne peut donc être considérée que comme jouant dans le bouillon le rôle d'excitant et d'amer.

Enfin les faibles quantités d'inosite et de sucre contenues dans le bouillon, ne peuvent pas augmenter sensiblement sa valeur nutritive.

Ainsi, sauf un millième environ de son poids de matières albuminoïdes transformées en substances solubles analogues aux peptones, le bouillon ne contient aucune autre substance organique à proprement parler plastique. Si l'on ne tient pas compte de ses matières minérales, nous pouvons dire, avec M. Bouchardat, que *le bouillon n'est réellement utile que lorsqu'il est très-agréable.* C'est un excitant de la digestion ; il charge l'estomac de pepsine, et le pancréas de pancréatine, et prépare ainsi l'assimilation. Mais, si l'on fait abstraction de ses sels, il ne peut être considéré comme un aliment dans le sens propre de ce mot.

Que la gélatine, et particulièrement celle qui se produit par la coction du tissu cellulaire interfibrillaire des muscles soit assimilable, surtout quand par la diète l'économie a été privée d'autres aliments albuminoïdes, ceci ne saurait plus être mis en doute

---

[1] Voir Muller, dans le *Moniteur scientifique de Quesneville*, n° du 1er septembre 1872, p. 617, et Thèses de Paris, 1870.

[2] *Bull. de la soc. chim.*, t. XVI, p. 173.

aujourd'hui. Mais les 10 à 15 grammes que l'on en trouve dans un litre de bouillon, et les 3 à 4 grammes d'une simple prise, ne sauraient faire attribuer à cette boisson des qualités sérieusement nutritives. Le bouillon agit surtout par son arome et par ses sels. De là ses effets presque immédiats ; de là surtout sa nécessité pour les malades soumis à la diète, qui perdent sans cesse par leurs excrétions une notable quantité de substances minérales essentielles aux tissus.

Le bouillon fait par d'autres méthodes que celles du *pot au feu* dont nous venons de parler a-t-il plus de valeur nutritive ? Nullement. Liebig recommande de traiter la viande maigre hachée par son poids d'eau froide, de porter lentement ce mélange à l'ébullition, de filtrer alors par expression dans une serviette et d'ajouter les condiments. Ce bouillon supérieur a certains égards à celui que l'on peut obtenir par une longue cuisson, ne renferme pas au delà d'un millième d'albuminose. — Liebig a recommandé encore une autre pratique : il prend 250 grammes de viande hachée et autant d'eau additionnée de 4 gouttes d'acide chlorhydrique; il fait digérer à froid, ajoute au bout d'une heure au résidu 250 grammes d'eau et soumet à l'expression. Cette addition d'acide chlorhydrique a pour résultat évident d'augmenter la quantité de chair musculaire transformée en albuminose, et restant soluble après l'ébullition, mais cette quantité est encore très-faible d'après les analyses de M. Ritter.

Disons donc pour conclure que le bouillon agit de deux façons : il contribue à refaire le sang et les tissus, non parce qu'il fournit de l'azote, car il le contient presque entièrement sous forme de matières extractives excrémentitielles, mais surtout par ses sels; en même temps il active les phénomènes digestifs par son concours dans la sécrétion des sucs gastrique et pancréatique, et par son action excitante sur les centres nerveux.

Extraits de viande. — Nous venons de voir que le bouillon ne nourrit pour ainsi dire pas, au moins directement et par ses matières azotées. En est-il autrement des *Extraits de viande?*

De tous ces extraits, le plus répandu est aujourd'hui celui de Liebig. On le fait avec les viandes des animaux abattus dans l'Amérique du Sud, et dont on n'utilisait auparavant que les peaux et les graisses. Cet extrait, quand il est préparé à une basse température et au moyen du vide, n'est autre chose que du bouillon concentré, presque entièrement exempt de gélatine et de corps gras. 100 parties contiennent : eau 14,0 ; matières organiques 67,4 ; matières minérales 15,6. Liebig a cru pouvoir faire de sa signature le gage de cette exploitation. En acceptant ce nom comme une garantie, en admettant que les viandes qui servent à préparer ces extraits soient saines, en admettant même que l'illustre Professeur et Baron analyse[1] ou fasse examiner régulièrement, comme on l'écrit, les extraits mis en vente, en admettant encore, comme il nous l'apprend, qu'une livre de cet extrait corresponde à 32 livres de viande, et puisse fournir du *bouillon excellent* pour 128 personnes, nous observerons que, dans les meilleures conditions, 32 livres de viande peuvent donner, d'après les expériences de Chevreul, $44^{kil},5$ de bouillon, contenant environ par kilo 1 gramme de matières albuminoïdes solubles (Ritter) ; chacune de ces 128 personnes recevra donc 55 *centigrammes de substance azotée plastique*[2]. Ce serait donc abuser de la bonne foi publique que de dire ou laisser croire que cet extrait représente ou puisse remplacer une substance réellement alimentaire, et surtout la moindre quantité de viande bouillie ou rôtie[3].

Des industriels de Francfort sont parvenus à répandre chez eux une préparation qu'ils appellent *sirupus extractus carnis*. 82 grammes de ce sirop représenteraient la partie soluble de trois livres de bœuf. Or ces 82 grammes contiennent, d'après M. Hayer[4], $3^{gr},95$ d'albumine, quantité infime et sans valeur. Encore nous apprend-il que cette préparation n'a de l'extrait de viande que le nom, et se fabrique avec du sérum de sang de bœuf!

Le *sirop de musculine* que O. Réveil a proposé, s'obtient en lais-

---

[1] Ces lignes étaient écrites avant sa mort.

[2] L'extrait de viande Liebig ne contient pas de gélatine.

[3] Liebig lui-même dit (*Gazette de Cologne* 1868, n° 154). « Le bouillon appartient à la même classe d'aliments que le café et le thé, celle des *aliments gustatifs*, et personne ne prétendra que l'usage du café et du thé soit du luxe pur, *quoiqu'il soit bien établi qu'ils ne sont pas des aliments proprement dits.* » Si donc le bouillon n'est qu'un excitant du goût, il sera bon de ne pas le remplacer par une préparation aussi peu agréable que l'extrait de viande qui ne doit la vogue malheureuse qu'il a depuis quelques années, qu'à la publicité qu'on lui fait, à l'éclat du nom de celui qui le patronna, mais surtout à cet heureuse étiquette d'EXTRAIT DE VIANDE qui semble promettre à la foule qu'elle trouvera dans cette préparation la quintescence de la chair musculaire, quoiqu'elle ne contienne qu'une trace à peine de principés protéiques vraiment alimentaires.

[4] *Pharmaceutische Central-Halle*, t. III, p. 297.

sant digérer douze heures à 35 ou 40 degrés, 100 grammes de chair de veau, 500 d'eau, et 50 centigrammes de chacune des substances suivantes : acide chlorhydrique, chlorure de potassium et chlorure de sodium. On filtre et l'on ajoute un kilo de sucre. Ce sirop ne contient par kilogramme que $0^{gr},455$ de matières albuminoïdes.

L'extrait de viande de M. Martin de Lignac est un bouillon concentré correspondant à un kilo de viande de bœuf par 220 grammes d'extrait. Il est agréable au goût, mais riche en gélatine et peu nutritif pour les mêmes raisons que les préparations ci-dessus.

Un pharmacien, M. Bellat, a certainement donné, depuis une quinzaine d'années déjà, la meilleure formule de l'extrait de viande. Il épuise d'abord à l'eau froide la viande hachée, met à part ce liquide, puis chauffe dans la marmite de Papin la viande épuisée avec les os et les légumes nécessaires. Le bouillon ainsi obtenu est ajouté au liquide de la première opération, clarifié par le sang à l'ébullition et évaporé ensuite dans le vide. Cet extrait, qui n'est guère répandu, mériterait seul la faveur du public. Il donne d'ailleurs un agréable bouillon contenant une certaine quantité de la fibre musculaire passée à l'état d'albuminose; quant à l'albumine elle-même elle a été coagulée par la chaleur.

D'après la composition de ces diverses préparations, nous pouvons tenir pour certain que d'une manière générale les *Extraits de viande*, n'ont pour ainsi dire pas de valeur alimentaire. Ils peuvent cependant être utiles à l'économie par leurs effets toniques et excitants lorsqu'ils sont agréables au goût, et par leurs sels de potasse qui quelquefois sont insuffisants dans les aliments qui composent certaines rations anormales.

Nous devons ajouter maintenant que non-seulement les extraits de viande, quelle qu'en soit l'origine, ne peuvent être considérés ni comme des aliments, ni comme des condiments agréables, mais qu'à dose un peu forte, ils produisent une véritable intoxication. MM. Cl. Bernard et Grandeau ont observé qu'il suffit d'injecter $0^{gr},5$ de chlorure de potassium dans les veines d'un lapin pour le tuer presque instantanément[1]. Un médecin de Pétersbourg, M. Podcopaew, reprenant cette question[2] a montré que 8 à 10 grammes de chlorure de potassium injectés dans

---

[1] Voir *Leçons soc. chim.*, de Paris, 1865, p. 304.
[2] *Archives de Virchow*, t. XXXIII.

l'estomac d'un chien de six kilos, abaissent rapidement sa température de 5 degrés; il se produit alors des vomissements, une diarrhée sanguinolente, des hoquets, et l'animal meurt au bout de quelques heures. MM. Kemmerich, Eulembourg, Gutmann, ont répété et confirmé ces expériences qui démontrent l'action toxique des sels de potasse en général, et l'innocuité des sels de soude pris aux mêmes doses.

Or l'extrait de viande de Liebig renferme les sels dont nous donnons ici l'analyse centésimale

Phosphate de potasse. . .	57.3	} Parties solubles
Chlorure de potassium.. .	17.2	
Sulfate de potasse.. . . .	7	
Phosphate bicalcique. . .	5.6	} Parties insolubles
Phosphate bimagnésique. .	15.0	
	100.0	

100 grammes de cet extrait contiennent 18er,6, soit près du cinquième de son poids de sels de potasse; aussi M. Muller[1] a-t-il observé qu'à doses un peu fortes l'extrait de Liebig produit des effets dangereux. Quand à son alimentation ordinaire il ajoutait 30 grammes d'extrait en vingt-quatre heures, il était pris de diarrhées séreuses. Un chien pesant 6520 grammes reçut quotidiennement 200 grammes de pain, 200 grammes d'eau, 20 grammes de graisse, et 20 grammes d'extrait, le sixième jour il fut pris de diarrhée, le neuvième il se mourait péniblement. A la dose de 40 grammes d'extrait, la diarrhée arriva au bout de trois jours, l'animal refusa de manger, on lui donna de force des boulettes d'extrait et de mie de pain; le sixième jour l'animal entièrement exténué était incapable de tout mouvement. Sur des chats, des expériences alternées ont été plusieurs fois répétées et ont conduit aux mêmes résultats. Remarquons bien que tous ces animaux recevaient en aliments ordinaires *plus que leur régime d'entretien*. Quant à l'alimentation fondée exclusivement sur l'emploi de l'extrait de viande, M. Kemmerich[2] a reconnu que ce régime tuait les animaux plus rapidement que la privation absolue de tout aliment.

Nous sommes donc autorisés à conclure que les substances portant aujourd'hui le nom *d'extraits de viande*, ne sont pas des aliments proprement dits, et qu'ils ne sauraient remplacer la moindre.

[1] Thèses de Paris, 1870.
[2] *Wiener Medizinische Wochenschrifft*. 1869

quantité de viande ni de pain ; qu'à petite dose, ils sont des excitants de l'estomac et peuvent *s'ils sont bien préparés et agréables au goût*, remplacer le bouillon, activer les fonctions digestives, fournir surtout à la sécrétion du suc gastrique et enrichir l'économie en sels alcalins ; mais qu'à dose un peu trop élevée ils deviennent dangereux par leurs sels de potasse et peut-être par l'activité encore mal définie de certains de leurs principes extractifs.

Le vin et les boissons fermentées.

De tous temps l'homme a cherché à se procurer des excitants, et surtout des liqueurs fermentées ; avec le pain et la viande elles constituent la base de notre alimentation. Cette recherche presque universelle des boissons alcooliques, peut-elle s'expliquer par leur composition et leurs propriétés? L'étude de la principale d'entre elles nous permettra de répondre à cette question.

Le vin. — Le vin est le produit de la fermentation du jus de raisin. A l'exception de la majeure partie du glucose, qui s'est transformé en alcool et acide carbonique, le vin contient donc tous les produits du moût. Nous avons donné une analyse du raisin en traitant des fruits.

Les principes les plus importants qui entrent dans la composition des vins sont l'alcool, les tartrates acides alcalins, la glycérine, l'acide succinique, le sucre, le tannin, les matières colorantes, les sulfates, chlorures, phosphates... alcalins et alcalino-terreux. Quelques-unes de ces substances en prédominant dans les vins, leur donnent un ensemble de propriétés spéciales qui permettent de les classer dans l'une des quatre catégories suivantes : *vins spiritueux secs ou non sucrés, vins spiritueux sucrés, vins astringents, vins mousseux.*

Les vins spiritueux secs (Madère sec, Xérès, vins vieux couleur paille des coteaux du Languedoc), sont réconfortants, faciles à digérer, mais alcooliques et excitants ; ils ne doivent être pris qu'à faible dose.

Les vins spiritueux sucrés (Porto, Malaga, vieux Roussillon, Frontignan) sont toniques et de facile digestion lorsqu'ils sont rouges, difficiles à digérer quand ils sont blancs. Ces derniers sont d'un goût sucré en général plus prononcé ; ils ne doivent être bus qu'à très-faible dose.

Les vins astringents (Bordeaux, Bourgogne, Hermitage, vins du midi de la France) sont tantôt très-riches en tannin et pauvres en tartrates alcalins, comme ceux de Bordeaux; tantôt riches en tannin et en tartrates, comme les vins du Midi; tantôt intermédiaires entre ces deux types extrêmes, comme ceux de Bourgogne. Les vins de Bordeaux toniques et non excitants conviennent aux convalescents.

Les vins mousseux sont stimulants et diurétiques; ils congestionnent les reins.

D'après Fauré, l'arome ou *bouquet* des vins serait dû à une huile essentielle dont les éléments résident dans la pellicule du raisin. Stickel et Zenneck, admettent que le bouquet est communiqué aux vins par une huile grasse que la fermentation met en liberté. D'après Berthelot, le *bouquet* serait dû surtout à un principe neutre qui paraît appartenir au groupe des aldéhydes très-oxygénées, et que l'on enlève au vin, avec quelques autres matières, en l'agitant avec de l'éther dans une atmosphère d'acide carbonique. L'arome des vins paraît provenir à la fois des éthers et des huiles odorantes dont nous parlons[1].

L'alcool est éminemment variable dans les divers vins. Le tableau suivant indique la richesse alcoolique moyenne des plus importants :

NOM DES VINS	ALCOOL %	NOM DES VINS	ALCOOL %
Madère vieux	'20.5	Côte-rôtie	11.5
Porto	20.2	Frontignan	11.8
Roussillon	16.5	Champagne mousseux	11.6
Malaga	16	Mâcon	11
Hermitage	16	Bons vins du Rhin	11
Saint-George	15	Bons Bourgognes	11
Sauterne blanc	15	Vins de l'Ouest (France)	9 à 11
Lunel	14.5	Saint-Estèphe	9.7
Jurançon rouge	13.7	Tokay	9.1
Narbonne	13.5	Château-Lafitte	8.77
Champagne non mousseux	12.5	Château-Margaux	8.97

L'alcool ordinaire n'est pas le seul liquide alcoolique que l'on retire des divers vins; ils contiennent tous une petite quantité d'alcools propylique, butylique, amylique, œnanthylique, et les

---

[1] Voir Fauré, *Analyse des vins de la Gironde* et *Journal de chim. méd.* [2] t. X, p. 280 à 289.

éthers acétique, butyrique, valérique correspondants, substances
qui communiquent en partie aux vins leur parfum et concourent
à former ce que l'on nomme *l'odeur vineuse*, spécialement due
à l'éther œnanthique $C^2H^5.O.C^7H^{15}O$.

Outre l'alcool ordinaire les vins contiennent de la *glycérine*,
alcool triatomique et base des corps gras. M. Pasteur, qui l'y a découverte, a donné les nombres suivants :

Vin vieux de Bordeaux, bonne qualité.	7gr.412 de glycérine par litre.	
Vin de Bordeaux ordinaire.	6 .97	— —
Bon vin vieux de Bourgogne. . . .	7 .34	— —
Vin d'Arbois vieux.	6 .75	— —

On voit que ces quantités sont loin d'être insignifiantes ; la
glycérine peut donc communiquer aux vins des propriétés réellement nutritives et concourir à leur saveur.

L'acide succinique accompagne la glycérine et se trouve dans les
vins en plus petite proportion [1].

Les vins tiennent en dissolution des sels à bases minérales et plus
spécialement du bitartrate de potasse. Un litre contient 2 à 6
grammes de matières minérales ; cette quantité est du reste variable avec les divers crus, les années, le terroir. A coté des acides
tartrique et succinique, on rencontre dans les vins, en partie à l'état
libre, une petite quantité d'acides acétique, butyrique, lactique,
tannique, succinique, et carbonique. Quelques-uns de ces divers
acides sont des produits directs de la fermentation. C'est par la
présence d'un excès de tannin et quelquefois de matière colorante
que se distinguent les vins astringents ou tanniques, tels que les bons
vins rouges de Bordeaux ou de la Côte du Rhône, tandis que les vins
mousseux doivent cette propriété à l'excès d'acide carbonique qu'ils
dissolvent, soit qu'il y ait été formé aux dépens des sucres du moût
de raisin, comme dans le Saint-Péray ou le Limoux, soit que le sucre
destiné à produire cet excès d'acide carbonique ait été introduit
après coup dans le vin en train de fermenter, comme pour le
Champagne. Le tannin des vins diffère de celui de la noix de galle ;
il ne précipite pas la gélatine, et il colore en vert sombre les sels
de peroxyde de fer. Les vins rouges doivent au tannin, leur astringence et la propriété de se conserver, l'acide tannique s'opposant
aux fermentations anormales.

---

[1] Voir *Ann. Chim. phys.* [3] t. LVIII, p. 423.

Presque tous les vins contiennent un peu de glucose. Les vins de table ordinaire, tels que les Bourgognes, Bordeaux, vins rouges de Narbonne, vins du Rhin, n'en contiennent que des traces, tandis que d'autres, tels que le Malaga, le Frontignan, le Porto, le Tokay, beaucoup de vins blancs doux, en dissolvent une quantité notable. La douceur de ces vins paraît tenir suivant les cas au glucose, à la glycérine où à la mannite [1].

On sait encore peu de chose de la nature de la matière colorante des vins. Elle aurait, d'après M. Glénard, la formule $C^{20}H^{18}O^9$. Elle se dissout dans l'alcool en le colorant en rouge et s'altérant [2].

Outre ces diverses substances, les vins contiennent encore de 2 à 5 grammes par litre de matières albuminoïdes et de 2 à 6 grammes de gommes, de graisses et d'acide pectique.

L'extrait laissé par l'évaporation du vin pèse de 20 à 200 grammes par 1000 centimètres cubes : Château-Latour, $77^{gr},8$; Saint-Julien, $98^{gr},4$; Madère vieux, 169 grammes ; Rudesheimer, 84 grammes ; Porto, 202 grammes.

On ne saurait donner ici l'analyse des divers vins si nombreux et si variables, mais on peut dire que 1000 grammes de vin rouge de France, (ou un litre à peu près) contiennent moyennement :

Eau	869^{gr}
Alcool	100
Alcools divers, éthers et parfums	traces.
Glycérine	6.5
Acide succinique	1.5
Matières albuminoïdes, grasses, sucrées, gommeuses et colorantes	16
Tartrates de potasse	4
Acides acétique, propionique, citrique, malique, carbonique, (en partie libres)	1.5
Chlorures, bromures, iodures, fluorures, phosphates...de potasse, soude, chaux, magnésie, oxyde de fer, alumine ; sels ammoniacaux	1.5
	1000.0

On sait que les vins sont quelquefois sujets à des altérations spontanées auxquelles on a donné le nom de *maladies des vins*.

---

[1] Les vins blancs doux de Bordeaux doivent une partie de leur douceur et de leur goût spécial à cette dernière substance.

[2] Voir *Ann. chim. phys.* [3] t. LIV, p. 371, voir aussi FAURÉ, *loc. cit.* et BATILLAT, *Traité des vins de France.*

Les belles recherches de Pasteur nous ont appris que la plupart de ces maladies sont provoquées par la prolifération de végétaux microscopiques, et qu'à chacune de ces altérations répond un parasite spécial. Ce n'est qu'en l'absence de ces cryptogammes, ou lorsque le vin très-alcoolique ou très-tannique en empêche le développement ultérieur, ou enfin lorsque par le chauffage du vin on a détruit tous les germes, que ce précieux liquide peut se conserver indéfiniment. Je ne puis entrer ici dans les détails des importantes et utiles découvertes de notre illustre savant. Je renvoie à son livre le lecteur désireux de se rendre compte de ces travaux [1].

Les vins sont le sujet de très-nombreuses falsifications pour lesquelles on consultera utilement l'article VIN du *Dictionnaire des falsifications* de Chevalier.

Nous pouvons nous demander maintenant si le vin concourt utilement à l'alimentation. Et d'abord quelle est le rôle de l'alcool ? Ce corps est un combustible ; mais est il brûlé dans l'organisme ? Il serait difficile de comprendre qu'il en fût autrement. Une substance qui exposée à l'air en présence des matières poreuses s'acidifie rapidement, ne peut traverser le sang et les capillaires sans s'y oxyder. Toutefois, non-seulement il a été démontré que l'absorption de l'alcool peut abaisser notablement la quantité d'acide carbonique émise par la respiration dans un temps donné, (de 20 pour 100 dans certains cas), mais encore MM. Lallemand, Duroy et surtout Perrin ont observé que l'alcool traverse, du moins en partie, l'économie sans y être brûlé, car il se retrouve en nature dans les urines, les sueurs et les gaz expirés. Mais on s'est de là trop hâté de conclure que l'alcool ne s'oxydait pas dans le sang. De ce que cette substance a été signalé dans les diverses excrétions, alors même qu'elle n'avait été prise qu'à faible dose, on ne peut affirmer que la totalité ait échappé à toute oxydation, mais simplement que ce corps, très-aisément dialysable, traverse rapidement l'économie sans être entièrement oxydé. En effet M. Dupré [2] vient de montrer que la quantité d'alcool ainsi éliminée par les urines, n'est qu'une très-faible portion de celle qui est absorbée et n'augmente pas avec elle. L'acide carbonique exhalé diminue, il est vrai, pendant que l'organisme est soumis à l'influence

---

[1] Voir *Études sur le vin, ses maladies, etc*, par L. PASTEUR, 2ᵉ édition, Paris 1873.
[2] *Proced. of the roy. soc.*, t. XX: p. 107.

de l'alcool : ce fait très-intéressant semble démontrer que l'oxygène rencontrant dans le plasma sanguin un corps tel que l'alcool qui pour un même poids de carbone est plus riche en hydrogène que ne le sont les matières protéiques et amylacées, le brulle et arrive à produire ainsi une même quantité de chaleur en donnant dans le même temps plus d'eau et moins d'acide carbonique. Nous avons en effet :

	Carbone %	Hydrogène %	Rapport en poids du carbone à l'hydrogène
Albumine.	54	7.1	1 : 0.136
Fécule.	44.44	6.7	1 : 0.138
Alcool.	58.71	9.68	1 : 0.250

On voit donc que l'alcool est la plus hydrogénée et la moins carbonée de ces matières et certainement la plus oxydable. Aussi, donne-t-il en se brûlant moins d'acide carbonique et plus d'eau pour une même consommation d'oxygène, ou pour une même production de chaleur. Du reste personne ne saurait nier que l'alcool n'augmente quelque temps la température générale. Cet échauffement ne peut être dû qu'à sa combustion, et si comme cela est démontré, l'acide carbonique diminue après l'absorption de l'alcool, il a bien fallu que l'hydrogène ait été brûlé en plus grande quantité pour qu'il se produise un échauffement plus grand.

L'alcool accélère encore la sécrétion des glandes gastriques et pancréatiques, s'il est pris en faible proportion ; à doses plus fortes il enraye au contraire la digestion, agit sur les circonvolutions cérébrales et produit l'ivresse.

Les sels alcalins dissous dans les vins sont utiles à la nutrition. Nous avons vu plus haut que tandis que nos excrétions journalières rejettent 16 grammes de sels, abstraction faite du chlorure de sodium, la moyenne de nos aliments n'en contient que 8 grammes environ. Un litre de vin nous fournit journellement 4 à 5 grammes de sels de potasse qui contribuent à parfaire le déficit dont nous parlons.

Enfin l'on ne saurait nier que les graisses et surtout la glycérine, ainsi que les matières albuminoïdes du vin ne servent à nous alimenter.

En résumé : action de réchauffement rapide ; excitation du tube digestif et des centres nerveux par l'alcool et les substances odorantes et savoureuses ; nutrition par l'alcool, les matières grasses, albuminoïdes et salines, tel est, dans l'économie, le rôle du vin et des liqueurs fermentées en général.

La bière. — Nous ne voulons maintenant ajouter que quelques mots à propos des autres boissons.

La bière[1] est la liqueur alcoolique produite par l'action d'un ferment, la levûre de bière, sur la décoction de divers grains, spécialement sur la décoction d'orge germée. Cette fermentation transforme successivement la matière amylacée en dextrine, en sucre et en alcool ; les substances solubles des grains se dissolvent en même temps dans la liqueur, qu'on aromatise ensuite avec du houblon. Voici l'analyse de quelques unes des bières les plus estimées :

1000 GRAMMES DE BIÈRE CONTIENNENT :

	EAU	ALCOOL	DEXTRINE ET ANALOGUES	SUBSTANCES AZOTÉES	SELS MINÉRAUX
Bière de Strasbourg..	911..00	40.0	41.40	5.26	1.84
Porter de Barclay et Perkins. .	884. 4	54	60		»
Burton ale..	796. »	59	143		»
Bière de Bavière (Schenkbier)..	902. 6	38	58		»`
Bière blanche de Berlin... . .	918. »	19	57		»
Bière blanche de Louvain... .	950. »	40	30		»

Les sels minéraux contenus dans la bière sont pour 70 centièmes formés de phosphate de potasse, et pour 10 à 15 centièmes de silicate de chaux et de soude ; le reste est représenté par des chlorures et des sulfates de chaux, de magnésie et de soude.

Les substances du tableau précédent signalées comme analogues à la dextrine sont des sucres, de la dextrine, de l'acide malique, quelquefois un peu d'acide acétique et lactique, ainsi qu'une résine aromatique et une huile essentielle provenant du houblon, qui communiquent leur arome et leur amertume à la bière (*lupuline*). Les substances azotées sont de l'albumine végétale

----

[1] C'était la *cerevisia* des Romains, la *cervoise* du moyen âge. Elle était connue déjà depuis longtemps des Égyptiens, des Gaulois et des Germains.

et de la gélatine provenant de l'orge, ainsi qu'une petite quantité de matière azotée fournie par les cônes du hôublon.

La bière est donc un liquide réellement alimentaire, par son alcool, ses matières albuminoïdes et sucrées, ses sels ; stimulant et tonique, par son alcool, ses principes aromatiques et amers ; diurétique et peut-être anaphrodisiaque, par ses sels, son acide carbonique, son alcool et la masse même de l'eau qu'elle contient. Mais il faut savoir que de même que quelques autres liqueurs alcooliques elle cesse d'être *bière* dès qu'elle cesse de fermenter ; ce que l'on exprime en disant que *la bière a de la vie.*

La bière est sujette à plusieurs falsifications ; quelques-unes sont dangereuses. On peut introduire dans la bière de la strychnine, de la salicine, de la gentiane, de l'acide picrique en petite quantité. Ce sont là des sophistications dont il faut être averti.

La salicine peut se séparer à l'état cristallisé de l'extrait repris par l'alcool. Elle se colore fortement en rouge par l'acide sulfurique concentré.

La strychnine se recherche d'après W. Hofmann et Graham de la façon suivante. La bière est agitée avec du noir animal (60 grammes par litre) et filtrée, le charbon retient l'alcaloïde ; on le reprend par 250 grammes d'alcool, on filtre, on distille, on mélange le résidu avec quelques gouttes de potasse, on agite avec de l'éther, on évapore celui-ci sur un verre de montre, on ajoute une goutte d'acide sulfurique concentré et un morceau de chromate de potasse. Il se produit alors, s'il y a de la strychnine, une coloration violette caractéristique.

L'acide picrique se précipite par l'addition d'acétate neutre de plomb. La bière ainsi colorée teint en jaune la laine blanche.

Cidre, poiré. — Il resterait à dire un mot des autres liqueurs fermentées. L'homme les a toujours recherchées pour son usage. Babyloñe buvait déjà son vin de palmier, l'Égypte sa bière faite avec du blé germé et du lupin, les Tartares leur vin de lait fermenté ou *humisz*, et nos pères la cervoise et l'hydromel. Mais parmi les boissons alcooliques aujourd'hui les plus usitées, après le vin et la bière, le *cidre* et le *poiré* tiennent la première place. Il se produit en France annuellement 4 millions d'hectolitres de vin de pommes (*pommé*) et 800000 hectolitres de vin de poires (*poiré*).

Le cidre de poires (le meilleur est fait avec les poires acerbes) possède une composition différente de celle de la pulpe de ces fruits [1]. Pendant la fermentation la matière sucrée s'est transformée en alcool, tandis que la cellulose et les concrétions ligneuses sont restées dans le marc, et que les substances albuminoïdes se sont déposées en partie à l'état insoluble.

Le cidre de pommes est d'une constitution analogue. Son arome diffère ; il est en général moins alcoolique que le poiré.

Ces deux boissons moins riches en alcool et en tannin que le vin, plus acides que lui, se conservent difficilement. Elles peuvent provoquer chez les personnes qui n'y sont pas habituées des diarrhées et des coliques souvent dangereuses.

ARTICLE IV

ALTÉRATIONS ET CONSERVATION DES ALIMENTS

§ 1. — ALTÉRATION DES ALIMENTS.

Les aliments peuvent s'altérer spontanément ou être altérés par fraude ; nous traiterons successivement dans cet article des *altérations proprement dites* et des *sophistications*. On conçoit d'ailleurs qu'à propos d'un aussi vaste sujet nous soyons obligés de nous borner ici aux faits les plus importants.

Altérations proprement dites.

Les altérations proprement dites des matières alimentaires sont presque toujours dues à des fermentations spontanées ou à la putréfaction. Les viandes, le pain, le lait, les eaux elles-mêmes, sont susceptibles d'altérations qui peuvent quelquefois provoquer des accidents dangereux.

Viandes. — Les viandes de mammifères, d'oiseaux ou de poissons, dès qu'elles sont abandonnées à elles-mêmes, subissent un commencement d'altération peu connue à laquelle on peut donner le nom de *faisandage* et qui précède la putréfaction. Pasteur admet que cet effet est dû à l'action des ferments solubles du sérum de la viande, et à une réaction chimique réciproque

---

[1] Voir p. 52.

des liquides et des solides désormais soustraits aux actes normaux de la nutrition vitale[1]. Quoi qu'il en soit de cette manière de voir, les viandes ainsi altérées ne paraissent présenter pour la consommation que l'inconvénient de déplaire quelquefois au goût, le poisson, et les mollusques surtout, tandis que le gibier supporte jusqu'à un certain point ce commencement de décomposition.

Les viandes putréfiées présentent au contraire du danger, même quand elles sont parfaitement cuites. Davaine a démontré en effet que la cuisson à 100 degrés n'enlève pas au sang en train de se décomposer ses propriétés septiques ni son aptitude à provoquer rapidement la putridité des substances protéiques.

Les viandes altérées, mal cuites, ou crues, provoquent des nausées, de la céphalalgie, des désordres intestinaux ; elles amènent quelquefois des accidents typhiques graves. Elles doivent leur action dangereuse soit à une substance spéciale que vomit sur elles la mouche à viande, soit au développement des vibrions que les viandes putrides nourrissent en grand nombre (*vibrio punctum, tremulans, subtilis, rugula, prolifer, bacillus*). Quelques-unes de ces espèces paraissent très-nuisbles.

Un autre mode d'altération des viandes, non moins dangereux que la putréfaction, est provoquée par la présence de certains parasites.

On sait que les viandes de boucherie et surtout celles de porc, peuvent contenir des embryons et des vers cystiques, ou cylindriques, susceptibles de se développer et de se reproduire. Les plus importants sont la *trichine* et le *cysticerque*.

Au sein des muscles malades, le microscope fera découvrir, dans le cas de la trichine, des kystes, quelquefois entourés d'une enveloppe propre, mesurant de 6 à 7 dixièmes de millimètre, habités par un petit ver roulé sur lui-même en spirale.

Le muscle atteint, s'il est ingéré par un autre animal, laisse échapper le contenu de chacun de ses kystes qui se fixe sur les intestins, y prend tout son développement au bout de 4 à 5 jours et produit des embryons de 8 à 12 centièmes de millimètre qui pénètrent à travers le tissu cellulaire jusqu'aux muscles et déterminent chez le nouvel individu la *trichinose*, maladie caractérisée par la

---

[1] Voy. *Compt. rend. Acad. sc.*, t. LVI, p. 1189 à 1194.

diarrhée le dépérissement, et les douleurs d'apparence rhumatismale, sensibles surtout dans les mouvements d'extension [1].

Le porc, le chien et le rat sont les trois animaux dont les chairs sont le plus souvent trichinées. L'ingestion des viandes atteintes n'est exempte de tout danger que lorsqu'elles ont été soumises à une cuisson prolongée.

Un autre parasite, le cysticerque, peut élire domicile dans la viande de porc et constituer la *ladrerie* de cet animal. La chair de porc ladre est plus molle, plus aqueuse, et présente de petites vésicules blanches, de volume variable depuis la grosseur d'un pois jusqu'à celle d'un haricot; c'est surtout le tissu cellulaire de la base de la langue, des muscles du cou et de l'épaule qui est affecté. En se développant dans l'intestin le cysticerque y produit le *tænia solium* ou ver solitaire. La viande de bœuf est aussi quelquefois atteinte d'une sorte de ladrerie très-analogue.

La chair des animaux malades d'affections gangreneuses, typhoïdes, charbonneuses, du sang de rate, de la morve, du farcin, doit-elle être exclue de la consommation? Oui, d'une manière générale; toutefois de nombreuses observations faites, soit pendant les campagnes de l'empire sur les chevaux atteints de typhus, soit pendant la révolution de 1789 où plus de trois cents chevaux morveux furent consommés sans danger par les pauvres de Saint-Germain, enfin des expériences récentes de M. Rénault et de M. Colin, il paraît résulter que l'on peut manger ces viandes sans danger à la seule condition qu'elles soient parfaitement cuites [2].

Lait. — Nous renvoyons à l'étude spéciale du lait [3] pour tout ce qui se rapporte aux altérations spontanées subies par ce liquide sous l'influence des agents atmosphériques ou des maladies. Nous y verrons qu'aucune de ces modifications ne peut entraîner des désordres sérieux de la santé, sauf toutefois celles qui sont produites sous l'influence d'une vive impression, telle que la peur, la colère, arrivant chez la femelle qui sécrète ce lait.

Les maladies aiguës, infectieuses ou virulentes ne paraissent pas susceptibles de se transmettre par cet aliment.

---

[1] Virchow. *Des Trichines*. Traduction française. Paris, 1864. Voir aussi à ce sujet un excellent travail sur la *Trichinose*, par F. Schaan. Thèses de Paris 1872.

[2] *Bull. Acad. méd.*, 1868, t. XXXIII, p. 1020.

[3] Voyez la PARTIE PHYSIOLOGIQUE.

L'ingestion de quelques plantes vénéneuses ou de grains avariés peut donner au lait des qualités nuisibles

Céréales. — Les grains, et spécialement le blé, contiennent dans le Midi de 14 à 16 pour 100 d'eau, dans le Nord de l'Europe de 16 à 22 pour 100. Sous la latitude de Paris, la moyenne est de 18 à 20 pour 100 d'eau. Or, à 16 pour 100 d'humidité, quand on les conserve plusieurs mois dans des lieux clos, les grains subissent une altération d'autant plus rapide qu'ils sont plus humides. Leur amidon passe par les fermentations lactique, butyrique et caséeuse. Leur gluten s'altère et devient soluble. Leur farine se prend alors en masses plus ou moins dures et diminue de poids, de qualité et de valeur nutritive. Aussi les céréales ne sauraient être longtemps conservées qu'après avoir été d'abord ventilées et desséchées dans un courant d'air sec, puis introduites dans des greniers ou des silos complétement préservés de toute humidité.

Plusieurs parasites peuvent communiquer aux céréales des propriétés dangereuses.

L'ergot, qui s'attaque surtout au seigle, mais qui peut se montrer aussi sur le froment, le maïs, l'orge, l'avoine, est, d'après les travaux de M. Tulasne[1], un *mycellium* condensé, capable de produire un vrai champignon. Il naît d'un suc mielleux, blanc jaunâtre, qui prend naissance au sommet de l'ovaire. L'ergot a la forme d'un prisme triangulaire arrondi en croissant, cannelé sur ses faces et de 2 à 3 centimètres de long. La maladie produite par l'usage des grains ergotés débute par du vertige, des bourdonnements d'oreille, des fourmillements aux mains et aux pieds; plus tard apparaissent, des contractures musculaires, de l'anesthésie du tact et des divers sens, enfin des accès convulsifs et, dans certains cas, la gangrène des extrémités qui peut amener la mort.

La pellagre, autre affection chronique mortelle, paraît encore être due à une altération parasitaire des céréales, propre surtout au maïs. Après l'emmagasinement de ce grain, la matière qui entoure le germe, puis le germe lui-même, sont quelquefois envahis par un parasite appelé *vert-de-gris* ou *verderame*, du genre *sporisorium*, formant un amas pulvérulent, vert foncé, de granules mycelloïdes d'un goût âcre et amer, moins volumineux que les cellules du maïs sain. La torréfaction du maïs, ou la cuisson prolon-

---

[1] *Ann. sc. nat.*, 3ᵉ sér.; XX, p. 1, (1853).

gée de ces grains dans une eau saturée de chaux ou additionnée de potasse détruit la végétation parasitaire.

La *carie* est un champignon qui pénètre dans le froment près de sa racine et convertit le grain en une poussière noire, ayant une forte odeur de poisson avarié. Ce mycoderme peut être détruit dans les grains par un chaulage énergique. L'*acrodynie*, ou pellare par la carie du froment, est comme la pellagre une affection générale à forme érythémateuse.

Le *charbon*, qui attaque le froment, le maïs, l'orge, l'avoine, mais surtout ces deux derniers grains, en les transformant en une substance noire peu odorante, est encore dû à un champignon parasite, l'*uredo carbo*. Il en est de même de la *rouille*. Mais ces deux altérations des céréales n'ont d'autre effet que de donner un pain moins blanc, moins savoureux et moins nutritif.

Pain. — Le pain ne peut se conserver longtemps sans être atteint par la moisissure. Le biscuit placé dans des caisses bien sèches et bien closes est lui-même envahi par des parasites et des insectes qui en dévorent la substance. Le pain moisi, outre son goût détestable, est un aliment dangereux, et qui peut entraîner quelquefois la mort; sa nocuité dépend du champignon ou de l'infusoire qui l'atteint. Chevallier a décrit deux espèces de moisissures, l'une due au séjour du pain dans des lieux humides est d'une couleur gris bleuàtre avec ou sans duvet, l'autre donne sur la tranche du pain des taches rouge orangé formées par les sporules de l'*oïdium aurantiacum*.

Poggiale a trouvé dans un pain de munition bleu noirâtre, fabriqué à Paris en avril 1856, et provenant de blés durs d'Afrique charançonnés, des *bactéries* en nombre très-considérable.

Légumes et fruits. — Les légumes et les fruits peuvent s'altérer spontanément et être infectés de mucédinées, comme les aliments précédents. Conservés longtemps, ils subissent le blettage et la pourriture, perdent en partie leurs qualités nutritives et peuvent même devenir nuisibles; mais on ne saurait dire encore à ce sujet rien de bien précis.

La pomme de terre malade, envahie par ces marbrures qui ne sont qu'une moisissure du genre *bothrytis* est-elle dangereuse à manger? Quelques faits observés chez les animaux par Rayer sembleraient démontrer qu'elles peuvent alors occasionner des dérangements intestinaux. En tous cas, l'amidon a partiellement disparu dans les tubercules malades.

Vins. — Les altérations spontanées des vins sont très-nombreuses. Non-seulement ils peuvent s'aigrir mais ils subissent aussi diverses *maladies* sous l'influence de parasites spéciaux. Le *parasite des vins tournés* en dégage de l'acide carbonique, leur enlève leur saveur et leur vinosité et les enrichit en acide lactique. Le *ferment des vins blancs filants* fait disparaître leur goût franc et les rend visqueux. Le *parasite de l'amertume des vins* donne aux vins un goût amer et diminue aussi leur vinosité. Cet important sujet a été étudié avec soin par Pasteur[1].

Eaux potables. — Les eaux destinées à être bues peuvent subir diverses altérations et provoquer des maladies quelquefois très-graves. Nous donnerons à ce sujet de nombreux renseignements dans le chapitre suivant.

Sophistications des matières alimentaires.

Les sophistications des matières alimentaires sont si nombreuses et si variées qu'un traité complet serait, on peut le dire, presque impossible. Nous ne parlerons donc ici brièvement que des principales adultérations.

Farines et pain. — C'est surtout la farine et le pain de froment que l'on soumet à la falsification en les mélangeant, soit avec des farines avariées moins riches en gluten, soit avec des farines de seigle, de maïs, de riz, de sarrasin ou de légumineuses.

Suivant Rivot[2], l'analyse chimique est insuffisante à constater la pureté d'une farine ou la qualité d'un pain. Il faut pour en juger la valeur préparer, doser et observer son gluten; doser l'azote et les cendres; examiner surtout au microscope la farine elle-même et l'amidon séparé du gluten.

La belle farine de froment doit contenir de 14 à 17 pour 100 d'eau, et de 9 à 11 pour 100 d'un gluten se rassemblant aisément dans la main ou dans un nouet; il doit être consistant, élastique, ne pas se désagréger en grumeaux, avoir une couleur gris blanchâtre translucide. Toute farine dont le gluten grisâtre s'étend sur une soucoupe de porcelaine, après s'être difficilement sé-

---

[1] *Études sur le vin*, etc. citées plus haut.
[2] *Ann. de chim. et de phys.*, [3], t. XLVII, p. 51.

parée de l'amidon, peut être réputée falsifiée. Mais ce n'est que le microscope qui peut ici donner des indications complètes.

La farine de blé mélangée de seigle ou d'avoine se reconnaît aisément au microscope par la présence des duvets si caractéristiques de ces grains, duvets qui passent toujours dans la farine. Si, après avoir séparé l'amidon, on le fait longtemps bouillir dans l'eau et si l'on examine au microscope la partie qui reste sans s'y dissoudre, on trouvera aisément dans ce résidu les signes microscopiques qui permettent de reconnaître les duvets de l'enveloppe du seigle, de l'orge, de l'avoine et les fragments de périsperme caractéristique de la présence du riz, du maïs et du sarrasin.

L'amidon de maïs se reconnaît dans la lumière polarisée par une croix noire très-obscure qui traverse les grains en s'élargissant vers la circonférence. L'amidon du blé a cette croix à peine marquée, surtout si le champ de microscope est bien éclairé[1]. La fécule de pommes de terre présente de gros granules ovoïdes à stries elliptiques concentriques autour d'un point noir, le hile ; ces granules ont une surface neuf fois aussi grande que celle des grains d'amidon de blé. Si l'on fait une solution contenant $1^{gr},75$ de potasse pure pour 100 grammes d'eau, et qu'on en mouille la farine falsifiée, les grains de fécule de pommes de terre tripleront de diamètre, tandis que ceux d'amidon de blé ne changeront pas sensiblement (*Douny*).

Les farines de légumineuses donnent un amidon à grains ovoïdes ou réniformes ayant un hile longitudinal d'où se détachent souvent des fentes transversales[2]. Les farines de vesces et de féveroles, lorsqu'on les soumet quelque temps à la vapeur de l'acide nitrique, puis à celle de l'ammoniaque, prennent une belle couleur rouge (*Douny*).

Les falsifications de la farine avec le plâtre, la craie, l'argile, sont aisées à reconnaître par l'examen des cendres. Une farine normale donne environ un centième de résidu minéral.

Toutes les sophistications auxquelles les farines peuvent être soumises se reproduisent avec le pain. On les reconnaît comme les précédentes. Le goût et l'odeur spéciale du pain ainsi fraudé, sa rapidité singulière à durcir, sont des indices de sophistication.

---

[1] Moitessier, *Ann. d'hyg.*, 1868, 2ᵉ sér., t. XXIX, p. 382.
[2] Voyez la planche de la page 127 du tome II des *Drogues simples* de Guibourt.

Le pain fait avec des farines avariées durcit rapidement, devient de plus en plus mauvais, prend un goût acidule et se couvre souvent très-vite de moisissures. Le gluten y est fortement diminué.

Le bon pain contient dans son ensemble (mie et croûte) de 32 à 38 pour 100 d'eau. Tout pain qui contient plus de 40 pour 100 d'eau peut être réputé sophistiqué. C'est là, malheureusement, une des fraudes les plus communes et qu'on se préoccupe le moins d'atteindre. Elle s'exerce surtout sur le pain de qualité inférieure, c'est-à-dire sur celui du pauvre, qui, plus que tout autre, a besoin d'une nourriture réparatrice. Il paye du pain, on lui livre de l'eau ; bienheureux encore si le pain du fraudeur n'est pas fait de farines altérées ou falsifiées !

On ajoute encore quelquefois au pain, pendant le pétrissage, du carbonate d'ammoniaque, de l'alun, ou du sulfate de cuivre. Ces deux derniers sels donnent plus de blancheur à la mie, mais ils sont surtout employés dans le but de faire retenir au pain une plus forte proportion d'eau. Le pain ainsi sophistiqué contient de 50 à 60 dix-millièmes d'alun ou de 3 à 7 cent-millièmes de sulfate de cuivre ; l'alumine et le cuivre se reconnaissent aisément dans les cendres.

Le carbonate d'ammoniaque contribue à faire lever la pâte et à blanchir le pain, il n'aurait d'inconvénients que si la cuisson ne l'avait pas entièrement volatilisé.

Lait. — Nous parlerons à propos du lait, dans notre Partie physiologique, des nombreuses falsifications auxquelles on le soumet.

Vins, liqueurs fermentées. — On falsifie les vins, surtout en les additionnant d'eau. Le dosage de l'alcool et celui du tartre, quand on connaît leur teneur habituelle pour le cru récolté, le poids des matières extractives, et surtout de la glycérine et de l'acide succinique, permettront à l'expert de reconnaître s'il y a fraude, pourvu qu'il tienne compte de toutes ces déterminations à la fois. On ajoute aux vins diverses matières colorantes, telles que le suc des baies de sureau et de myrtiles, de troène, d'hièble, les mûres, la cochenille. On ne saurait ici s'étendre longuement sur la manière de reconnaître ces diverses falsifications.

Une des sophistications les plus communes consiste à ajouter au vin à la fois de l'eau-de-vie, de l'eau et des vins très-colorés mais de peu de valeur. Dans ce cas, la quantité d'extrait et de glycérine sera considérablement diminuée.

Enfin, on sait que dans les départements du midi de la France on plâtre les vins pendant leur fermentation. Cette pratique très-ancienne[1] a pour effet de transformer le bitartrate de potasse en sulfate de la même base tandis que le tartrate de chaux se précipite. De tels vins sont-ils insalubres? Leur usage prolongé ne paraît pas jusqu'ici avoir sensiblement agi sur la santé publique.

Nous avons donné dans le précédent article quelques renseignements sur les falsifications dangereuses des bières.

Graisses et huiles. — Les graisses et les huiles comestibles se sophistiquent par le mélange de celles qui sont à bas prix à celles de qualité et de prix supérieurs. En général l'huile d'olive est falsifiée avec de l'huile d'œillette exempte de goût. Cette falsification est facile à reconnaître : agité à l'air, le mélange des deux huiles produit à sa surface des bulles que l'huile d'olive pure ne donne pas. Refroidie à 0°, l'huile d'olive se fige entièrement, et l'on imite cette propriété en mélangeant aux huiles diverses des corps gras cristallisables, tels que les graisses ; mais le corps solide qui a servi à la sophistication, séparé de la partie liquide s'il en reste, ne se liquéfie plus à la température de 15° à 20°. L'huile d'olive se sophistique aussi avec les huiles de colza, d'amandes, de noix ; tous ces mélanges se solidifient avec difficulté, sous l'influence d'un courant de vapeur nitreuse, tandis que l'huile d'olive pure donne une masse jaune et résistante au bout d'une demi-heure environ.

Vinaigres. — Le vinaigre falsifié par l'acide sulfurique ou tartrique, évaporé au cinquième de son volume, garde son acidité ; mais il faut se rappeler que le vinaigre de vin plâtré contient du sulfate de potasse. Le vinaigre de Paris est le plus souvent de l'acide pyroligneux rectifié. On reconnaîtra facilement le mélange d'acide pyroligneux et de vinaigre de vin par l'absence ou la diminution des sels de potasse, surtout du tartrate ou du sulfate.

§ II. — CONSERVATION DES ALIMENTS.

On a toujours cherché à conserver à l'abri de toute altération les aliments les plus usuels. Les études récentes sur les fermentations et la putréfaction permettent de poursuivre aujourd'hui

---

[1] Les Romains plâtraient déjà une partie de leurs vins.

scientifiquement ce but ; mais hâtons-nous d'ajouter que cet important problème est encore imparfaitement résolu pour les viandes et les fruits.

On peut dire que toute putréfaction de substances animales ou végétales est le résultat d'une fermentation qui transforme la matière organique complexe en produits plus simples. Sans ferments, pas de putréfaction, et cela pour les substances les plus aptes en apparence à se décomposer spontanément. Pasteur[1] prend de l'urine ou du sang et les fait arriver directement des organes de l'animal dans des ballons de verre préalablement privés de tous germes. Ces ballons ayant été scellés, il les ouvre quarante-cinq jours après, et constate que non-seulement l'odeur et l'aspect de ces substances n'ont nullement changé, et qu'il ne s'est développé aucun gaz putride, mais encore qu'une grande partie de l'*oxygène des ballons n'a pas été absorbé*.

Il résulte de ceci que, pour conserver une substance alimentaire, deux méthodes peuvent être suivies. Priver la matière fermentescible de tout germe étranger capable de lui faire subir une fermentation ; ou bien, placer la substance alimentaire dans des conditions telles que les ferments qu'elle peut contenir ne puissent s'y développer. A la première de ces méthodes correspondent les procédés par caléfaction et exclusion d'air, enrobement, fumage, conservation par les antiseptiques ; à la seconde, les procédés de dessication, de salaison, de réfrigération, etc... Nous allons parler successivement de chacune de ces méthodes.

Caléfaction avec exclusion d'air. — Un des meilleurs procédés de conservation des viandes et des légumes, est celui d'Appert. Il consiste à les enfermer dans des vases clos et à les chauffer à 100°. On arrive ainsi, non à faire absorber tout l'oxygène (comme on le croyait autrefois), mais à tuer les ferments. Il est bon, toutefois, de se rappeler que plusieurs d'entre eux ne se détruisent qu'à une température de 100°, ou un peu supérieure[2] ; il faut donc, comme on le fait aujourd'hui, porter le bain-marie, qui sert à échauffer les boîtes de conserves à une température de 105 à 110° en additionnant le bain de chlorure de calcium, de sel marin, de nitrate de soude ; on arrive dès lors à produire l'ébullition du liquide in-

---

[1] *Compt. rend. Acad. sc.*, t. LXI, p. 738.
[2] Entre autres les vibrions de la putréfaction (*Davaine*).

térieur. Si l'on a eu le soin de laisser une légère ouverture sur un des côtés de la boîte, la vapeur en s'échappant entraine tout l'air qui y est contenu : on ferme alors au moyen d'une goutte de soudure.

M. Martin de Lignac, dont le nom est devenu célèbre à propos des conserves alimentaires, parvient à laisser aux viandes presque toute leur saveur en agissant comme il suit. Dix kilogrammes de chair musculaire crue sont introduits dans chaque boîte ; les intervalles sont remplis de bouillon à demi concentré ; on ferme et on soude. Les boîtes sont alors chauffées deux heures dans des autoclaves à 108°. On laisse ensuite refroidir un peu, et pendant que les conserves sont encore au-dessus de 100°, et que la tension de leur vapeur intérieure fait bomber le couvercle, on perfore celui-ci : l'excès de gaz et de vapeur s'échappe, et l'on ferme aussitôt avec un peu de soudure. Les viandes ainsi préparées, peuvent se conserver plusieurs années sans altération.

Les légumes, les œufs, sont aussi parfaitement préservés de la putréfaction par les mêmes méthodes.

Un procédé analogue sert à la conservation du lait. On le place dans des bouteilles de verre, terminées par une douille d'étain que l'on porte dans un bain à 100 ou 110° ; l'air s'échappe, et les ferments sont tués. On serre alors le col de la douille sur la bouteille, on le coupe et on ferme hermétiquement avec une larme de soudure. Le lait concentré au cinquième et additionné d'une trace de bicarbonate de soude et de sucre se conserve aussi très-bien dans des boîtes de fer-blanc, chauffées de 100 à 108 degrés et soudées à cette température.

Enrobement. — Dans ce procédé de conservation, on noie la substance alimentaire, au moment où par la chaleur elle a été privée de germes, dans un milieu qui empêche plus tard la pénétration des ferments.

Un bon moyen d'enrobement des viandes consiste à les protéger par leur propre graisse. Pour cela, la viande est d'abord échauffée à 100 degrés dans de l'eau contenant un peu de sel et une trace de nitrate de soude destinée à lui conserver sa couleur ; la graisse ayant été séparée et fondue d'avance, on la coule sur la viande encore chaude et placée dans des boîtes ou des pots de terre. Elle se conserve tout autant que se conserve la graisse qui la protége.

Un procédé qui réussit encore, et qu'on emploie en grand en

Amérique, consiste à plonger les lanières de viande dans de la glucose ou de la cassonade fondue, à laisser égoutter et sécher à l'air.

Les procédés d'enrobement par la gélatine pure ou mélangée de sucre et d'alcool, par l'albumine coagulée, etc., n'ont pas donné de bons résultats.

Les œufs recouverts d'un vernis tels que la cire, la graisse, ou jetés dans l'eau bouillante pour coaguler leur albumine à la surface, peuvent être assez bien préservés de la putréfaction. On les conserve encore dans de l'eau de chaux, ou mieux dans un lait de chaux additionné de crème de tartre.

Fumage. — Ce procédé est fondé sur la pénétration des fibres de la viande à conserver par une petite quantité de fumée qui, grâce aux composés aromatiques tels que le phénol, la créosote, qu'elle contient en faible proportion, non-seulement tue les ferments, mais empêche plus tard le développement des germes apportés par l'air ambiant.

La meilleure méthode de fumage est celle de *Hambourg*. Elle consiste à faire arriver dans une chambre où l'on a placé les viandes, de la fumée froide de copeaux de chêne, de hêtre, de bouleau ou de sapin. L'opération peut ne durer que quelques jours si l'on a en même temps le soin de saler légèrement les viandes. Celles-ci conservent alors toute leur couleur et leur élasticité. Le salage le plus efficace s'opère en injectant par le tissu cellulaire une petite quantité de solution de sel marin dont le titre est connu (*Martin de Lignac*).

Conservation par les gaz. — Les gaz antiseptiques enrayent la putréfaction des viandes pendant quelque temps. Le procédé suivant peut être tous les jours utilisé par l'économie domestique. Les substances à conserver sont placées dans un lieu à peu près clos où l'on brûle de temps à autre, de six en six jours par exemple, une petite quantité de soufre. La viande, le gibier, le poisson, peuvent être ainsi quelque temps préservés. Le bioxyde d'azote paraîtrait donner les mêmes résultats. On a prétendu aussi avoir conservé les viandes soit en les laissant séjourner dans l'oxyde de carbone, soit en les imprégnant de divers sels et les plaçant dans des boîtes scellées remplies du même gaz. Cette pratique ne semble pas avoir encore bien réussi.

Collage. — Il faut rapprocher de ces méthodes le procédé qui s'applique spécialement à la conservation des vins et qui consiste à les agiter avec de la gélatine, du blanc d'œuf, du sérum de sang. On entraîne ainsi dans le réseau formé par la coagulation de ces divers corps au sein du liquide les ferments organisés qui y nageaient, et auraient pu y déterminer diverses altérations.

Tous les procédés précédents consistent à tuer ou enlever les germes qui peuvent provoquer les fermentations. Les suivants appartiennent à la seconde méthode, qui se borne à placer les matières à conserver dans des conditions où les ferments ne sauraient se développer.

Dessication. — Excellente méthode de conservation et des plus pratiques. On est parvenu aujourd'hui à l'appliquer aux viandes comme aux légumes. Dans les pays chauds, il suffit de découper les viandes en lanières minces et de les exposer au soleil et à l'air. On obtient ainsi le *tosajo* ou *carne secca* des Américains du sud ; le *kelea* ou bœuf séché des Arabes du Sahara. La boutargue de Marseille n'est autre chose que des œufs de poisson desséchés au soleil. La dessication à l'air des fruits sucrés tels que figues, prunes, rentre encore dans le même procédé.

On arrive plus sûrement à de bons résultats en desséchant les viandes de 35° à 55°, dans des étuves à courant d'air sec. M. Martin de Lignac ne les chauffe pas au delà de 33° ; il a ainsi l'avantage de n'altérer aucune des albumines du plasma musculaire, et l'on sait que l'une d'elles se coagule déjà avant 43°.

La viande desséchée, réduite en poudre et saturée de graisse, constitue le *Pemmican* des voyageurs des contrées arctiques.

Il faut rapprocher de ces pratiques le procédé récent dû à un ingénieur anglais, consistant à soumettre les viandes à une forte pression hydraulique, qui les prive d'une grande partie de leur suc, et paraît les laisser dans un état de siccité suffisante pour que toute putréfaction soit ensuite évitée. Le sérum qui s'écoule de la viande est lui-même desséché dans le vide, et donne aussi un aliment extrêmement nutritif.

Le bouillon de viande concentré et amené à l'état pâteux se conserve à cause de la petite quantité d'eau et des sels qu'il contient. Les *tablettes de bouillon*, les *pastilles nutritives*, le *meat-biscuit* sont des préparations basées sur le même procédé de conservation.

La dessication a été surtout utilement employée pour conserver les légumes. Masson les privait d'une partie de leur eau à l'étuve, dans des courants d'air échauffés à 40 ou 50°, et les comprimait ensuite à la presse hydraulique. Ils étaient mis ainsi définitivement à l'abri de l'air et de l'humidité, sous un volume peu encombrant. Mais il est préférable de ne les dessécher et comprimer qu'après les avoir soumis dans la vapeur d'eau surchauffée à une coction préalable : ils se conservent alors pendant plusieurs années, tandis que par la simple dessication ils ne paraissent pas pouvoir atteindre la fin de la seconde année sans perdre leur goût et leur arome et être envahis par les organismes inférieurs.

On a dit plus haut que les grains s'altèrent spontanément quand ils ont plus de 14 à 15 p. 100 d'eau. De là l'étuvage des blés et des céréales trop humides qui a été surtout préconisé par Doyère.

Salaison. — Les viandes, spécialement celles de bœuf et de porc, se conservent assez bien après avoir été frottées de sel, arrosées plusieurs fois de saumure pendant quelques jours, enfin empilées et serrées dans des tonneaux que l'on a le soin de remplir ensuite avec de la saumure concentrée. Cette opération a pour effet de priver la viande du tiers et quelquefois de la moitié des liquides qu'elle contient à l'état frais, par conséquent de lui enlever la majeure partie de ses corps solubles, tels que matières extractives, albumine, sels divers, et de diminuer ainsi notablement sa valeur nutritive. La viande salée absorbe de 6 à 10 p. 100 de sel marin.

Les Anglais ajoutent au sel gris employé pour les salaisons une petite quantité de nitre qui a la propriété de conserver aux viandes toute leur couleur. Cette addition, si elle est faite sans précaution, peut ne pas être exempte d'inconvénient. On ajoute aussi quelquefois un peu de glucose.

Le vrai danger des salaisons est la saumure qui, dans quelques cas, peut contracter des propriétés toxiques, comme l'ont montré Raynal d'Alfort et les vétérinaires allemands. On ne connaît pas encore les conditions qui rendent la saumure dangereuse, quoiqu'il soit très-probable qu'elle acquiert ces propriétés septiques grâce au développement de certains microphytes.

Conservation par les antiseptiques. — Un grand nombre de liquides enrayent plus ou moins parfaitement la putréfaction des matières nutritives; de ce nombre sont la glycérine, l'alcool, l'eau salée, le vinaigre qui sert à conserver plusieurs condiments. Ces trois dernières substances ne peuvent préserver la viande. On a prétendu dans ces derniers temps que l'eau, additionnée de quelques millièmes d'acide phénique ou de créosote, d'acide sulfureux... permettait de préserver la viande de toute altération. Mais on n'arrive ainsi qu'à des résultats très-imparfaits, et on n'empêche pas d'ailleurs la diffusion de ses sucs nutritifs dont se charge le liquide extérieur.

Les procédés de conservation des viandes, au moyen des bisulfites, des hyposulfites, des borates, des silicates, mélangés ou non de charbon, n'ont que très-imparfaitement réussi. Le sucre, la mélasse, sont d'excellents antiseptiques : d'après M. Mac-Culloch, 15 à 20 grammes de cassonade introduits dans le corps d'un saumon de 2 à 3 kilos, préalablement vidé, suffisent pour en assurer la conservation [1].

Réfrigération. — La réfrigération ne peut-être qu'un procédé de conservation temporaire applicable dans quelques cas, l'hiver surtout, et dans les pays froids. On peut garder pendant quelques jours de la viande et du poisson dans la glace ; mais, dans ce dernier cas surtout, la putréfaction commence dès qu'on arrive ensuite à quelques degrés au-dessus de zéro. La viande acquiert aussi par le froid un goût sucré. Ces divers phénomènes sont sans doute dus aux réactions des liquides musculaires que le froid n'entrave qu'imparfaitement.

CHAPITRE III

DES EAUX

ARTICLE PREMIER

DE L'EAU EN GÉNÉRAL

L'eau est avec l'air et les aliments la substance qui nous pénètre de toute part, et qui concourt à tous les phénomènes d'assimilation et de désassimilation de l'économie. La bien connaître

---

[1] Voir sur les propriétés antiseptiques de diverses substances, les mémoires de Dumas,, *Compt rendus*, t. LXXV, p. 295 — Rabuteau et Papillon, *ibid.* p. 755, 1030 et 1514; Petit, *ibid.* p. 881. — Crace-Calvert, *ibid.* p. 1119. — Jacquez,, *ibid.* p. 1040. — C. Plugge. *Bull. Soc. chim.*, t. XIX, p. 83.

a paru de tous temps indispensable au médecin. Non qu'il lui importe principalement de savoir quels sont les éléments constituants, oxygène et hydrogène, qui la forment, mais plutôt quelles sont les substances minérales, gazeuses et organiques qu'elle introduit dans l'économie, substances qui même sous un faible poids, donnent à l'eau ses qualités utiles ou nuisibles.

Cavendish observa le premier en 1773, qu'il se forme de l'eau quand l'hydrogène brûle à l'air ; mais c'est en 1785, que Lavoisier démontra, par la synthèse et par l'analyse, que l'eau est une combinaison d'oxygène et d'hydrogène. Humboldt et Gay-Lussac prouvèrent en 1805, qu'elle résulte exactement de l'union de deux volumes d'hydrogène à un volume d'oxygène, et Dumas établit en 1843, qu'elle est exactement composée en poids sur 100 parties de 11,111 d'hydrogène pour 88,889 d'oxygène.

L'eau ne se rencontre pas à l'état de pureté absolue à la surface du sol ; elle tient en dissolution des gaz, des sels minéraux et des matières organiques ; mais on peut se procurer de l'eau pure par la distillation. C'est un liquide incolore[1], inodore, insapide, se congèlant et fondant sous toutes les latitudes à une température constante que l'on a prise pour le zéro des thermomètres ordinaires. Quand on la chauffe, elle arrive à l'ébullition à une température invariable pour chaque pression barométrique. On est en général convenu d'appeler température de 100°, celle à laquelle l'eau bout sous une pression de 760^{mm} de mercure.

L'eau en se refroidissant se contracte d'abord jusqu'à $+ 4°$, température où elle possède sa densité la plus grande : on a pris cette densité pour unité. Le poids du gramme est celui de 1 centimètre cube d'eau à 4°. En se refroidissant au-dessous de cette température l'eau se dilate ; un centimètre cube à 4°, ou un gramme, occupe à 0° un volume de 1$^{cent.\ cub.}$ 000126. Elle se dilate encore un peu par le refroidissement après qu'elle a cristallisé, puis enfin se contracte, comme la plupart des corps, à mesure que sa température s'abaisse. La glace est donc un peu moins dense que l'eau à 0° et *à fortiori* que l'eau à 4° : aussi lui surnage-t-elle et ne va-t-elle pas former au fond des fleuves et des mers d'immenses amas qui échapperaient à l'action de la chaleur solaire.

L'eau en se réduisant en vapeur occupe un volume 1696 fois

---

[1] L'eau pure, même sous une faible épaisseur, est toutefois vert bleuâtre par réflexion, et rougeâtre par transmission.

plus grand qu'à l'état liquide. La densité de sa vapeur est donc la 1696ᵉ partie de celle de l'eau. Elle est égale à 0,622 par rapport à celle de l'air prise pour unité.

L'eau se trouve dans la nature sous l'état solide, liquide et gazeux. La glace, la neige, le givre, sont différentes formes de l'eau solidifiée ; les eaux courantes, la pluie, les nuages, nous l'offrent à l'état liquide. L'eau solide ou liquide émet sans cesse des vapeurs qui se dissolvent dans l'air, en quantité variable. Comme nous l'avons vu à propos de l'atmosphère, la quantité d'eau contenue dans l'air concourt à modifier les phénomènes respiratoires et perspiratoires des animaux et des plantes. Le refroidissement de l'air diminue la force élastique de sa vapeur d'eau, celle-ci tend donc dans ce cas à saturer de plus en plus la masse d'air qui se refroidit, jusqu'au moment où la saturation complète étant arrivée, l'eau se précipite sous forme de gouttelettes très-fines de $0^{mm},02$ à $0^{mm},03$ qui constituent les brouillards et les nuages. La surface énorme par rapport à leur poids de ces fines granulations est la cause de leur frottement considérable et de leur état de suspension dans l'air[1]. En se réunissant entre elles ces gouttelettes très-petites forment les gouttes de rosée et de pluie.

Il est inutile de faire ici l'histoire chimique de l'eau, que le lecteur trouvera dans tous les livres classiques. On se bornera seulement à rappeler les faits suivants.

L'eau peut être décomposée par un courant électrique à forte tension ; elle donne ainsi deux volumes d'hydrogène qui se portent au pôle négatif, et un volume d'oxygène qui se dégage au pôle positif ; réciproquement, la combinaison sous l'influence de la chaleur de deux volumes d'hydrogène et de un volume d'oxygène transforme intégralement ces trois volumes de gaz en deux volumes de vapeur d'eau. L'eau peut être décomposée par les métaux avec ou sans l'aide de la chaleur : le fer porté au rouge décompose la vapeur d'eau en se transformant en oxyde, et mettant en liberté deux volumes d'hydrogène pour deux volumes de vapeur d'eau disparus. Réciproquement si l'on fait passer à

---

[1] Le volume et par conséquent le poids d'une sphère solide décroît proportionnellement au cube de son rayon, tandis que sa surface décroît proportionnellement au carré. Aussi le rapport de la surface au poids devient-il rapidement très-grand dans une gouttelette qui diminue, et par conséquent les résistances dues aux frottements pour l'unité de masse deviennent rapidement considérables pendant que son poids, c'est-à-dire la force qui tend à la faire tomber, décroît lui-même très-vite.

haute température de l'hydrogène sur de l'oxyde de fer on reproduit de l'eau, de telle façon que pour deux volumes d'hydrogène, il s'est formé deux volumes de vapeur d'eau.

Beaucoup de corps simples décomposent l'eau, quelques-uns en s'emparant de son hydrogène comme le chlore aidé de la chaleur rouge ou de la lumière solaire, la plupart en s'unissant à son oxygène, comme le charbon et les métaux. Parmi ceux-ci les métaux alcalins, tels que le sodium, le potassium, la décomposent à froid ; d'autres, tels que le fer, le zinc, ne s'emparent de son oxygène qu'au rouge ; d'autres enfin, comme les métaux précieux, (or, platine, palladium, argent) ne la décomposent pas, si ce n'est au rouge blanc, température qui suffit à elle seule à la dissocier en ses deux éléments.

L'eau entre en combinaison avec un très-grand nombre de corps. En s'unissant aux oxydes et aux acides anhydres, elle forme les bases et les acides proprements dits. Elle se combine à un grand nombre de sels anhydres et produit avec eux des sels hydratés instables, qu'une chaleur souvent modérée décompose. Elle prend alors le nom *d'eau de cristallisation*. Telles sont les combinaisons que forment avec elle la plupart des sulfates solubles, les aluns, etc.

L'eau entre aussi dans la constitution des tissus végétaux et animaux. Y existe-t-elle à l'état de combinaison instable, ou est-elle simplement mélangée aux nombreux principes immédiats qui entrent dans la composition de ces tissus ? L'eau qui concourt à former la cellule végétale, le globule sanguin, la fibre musculaire, paraît être dans les éléments histologiques unie aux matières albuminoïdes, et à quelques sels, de la même façon que l'eau de cristallisation l'est aux sels hydratés. Nous reviendrons sur cet important sujet en traitant des principes immédiats de l'organisme au commencement de notre Partie physiologique (voir *Chapitre préliminaire*).

L'eau est apte à dissoudre un très-grand nombre de corps. Parmi les composés inorganiques, sont solubles dans l'eau : quelques corps simples, tels que l'oxygène, l'azote, le chlore, le brome, l'iode, mais toujours en très-faible quantité ; presque tous les acides à peu d'exceptions près ; les bases formées par les métaux alcalins et alcalino-terreux ; tous les sels de ces bases ; presque tous les sels oxygénés formés par les autres métaux, quand l'acide de ces sels ne peut être produit par la combustion directe du métalloïde qui entre dans l'acide; enfin la plupart des chlorures, bromures et iodures métalliques. Elle dissout aussi un grand nombre de composés organiques.

Nous ferons ici une remarque importante. Abstraction faite de la combinaison chimique qui peut se produire et se révéler par la formation d'un hydrate à proportions définies, *toute dissolution d'un corps solide a lieu avec abaissement de température*. Si l'on observe que la production de chaleur est le signe d'une combinaison chimique ou d'une perte de force vive dans le système des éléments qui réagissent, un abaissement de température indiquera un gain de force vive ou une exaltation d'affinités dans l'ensemble des éléments dissous. Cette simple observation émise pour la première fois par H. Sainte-Claire Deville, suffit pour nous indiquer le mode des phénomènes chimiques qui se passent dans les corps vivants. Les substances qui y sont mises en présence sont diluées dans une grande masse d'eau qui communique aux éléments qui les constituent une activité supplémentaire comparable à celle que fait naître chez eux dans nos laboratoires l'élévation de la température [1].

EAUX DOUCES, EAUX DE MER, EAUX MINÉRALES.

La vapeur d'eau qui se forme sans cesse à la surface des mers, des lacs, des terres humides, des végétaux, après s'être condensée à l'état de pluie et être retombée sur le sol, y pénètre en dissolvant une partie des matériaux des couches qu'elle traverse, et produit ainsi les grands amas souterrains qui entretiennent les sources d'eaux douces ou d'eaux minérales; ou bien cette vapeur se condensant sur les lieux élevés, y forme les neiges et les glaces qui sont l'origine de la plupart des grands fleuves. Dans tous les cas, ces eaux de pluie, de sources, de glaciers, de rivières ou de mer, tiennent en dissolution des matières gazeuses, salines et quelquefois organiques qui leur impriment un caractère propre, et multiplient ou spécialisent leurs usages. Au point de vue où nous nous

---

[1] On sait que Graham a démontré que la simple dilution du sulfate de potasse dans l'eau, suffit pour mettre en liberté une petite quantité de l'acide et de la base de ce sel, doué cependant d'une stabilité et d'une neutralité si parfaites. Ces petites portions d'acide sulfurique et de potasse dissociées peuvent donc alors agir comme si elles étaient libres.

plaçons dans ce livre on peut diviser les eaux terrestres en trois classes : *eaux douces, eaux de mer et eaux minérales.*

Eaux douces. — Elles comprennent les eaux de pluie, de source, de fleuves, de la fonte des glaces ; la plupart sont plus ou moins propres à la boisson et aux usages domestiques. Aussi leur donne-t-on le nom *d'eaux potables*, quoique plusieurs d'entre elles soient tellement chargées de sels de chaux, de magnésie, etc., qu'elles déplaisent au goût et que leur usage prolongé serait dangereux. Les eaux destinées à la boisson et à l'alimentation seront tout spécialement étudiées dans la suite de ce chapitre.

Eaux de mer [1]. — L'eau de mer est caractérisée par une quantité relativement considérable (15 à 40 grammes par litre) de chlorure de sodium ou sel marin. Elle contient en outre un peu de chlorures et de sulfates de potassium, de calcium et de magnésium, une trace de carbonates terreux, de sels de fer, de bromures, et sur les côtes surtout, des matières organiques en quantité notable. On peut donc, vu sa richesse en substances salines, considérer l'eau de mer comme la première et la plus importante des eaux minérales. Puisée à quelques milles des rivages la composition de l'eau des diverses mers est très-variable. L'Atlantique donne, suivant les lieux, de 32 à 38 grammes de sels minéraux par litre ; le Pacifique de 32 à 34 grammes ; la Méditerranée de 29 à 40 grammes. Les mers polaires et les petites mers intérieures sont moins minéralisées : la mer Baltique dissout de 5 à 18 grammes de sels par litre, la mer Noire 18 grammes, la mer d'Azof 12 grammes, la mer Caspienne 6 grammes Ces grandes différences dans la minéralisation des eaux de mer, plus sensibles à quelques mètres de la surface qu'à de grandes profondeurs, tiennent à l'évaporation plus rapide à l'équateur, à l'afflux des fleuves puissants, et au sens des courants marins. La composition de la surface varie du reste un peu aux diverses heures du jour.

Voici d'abord la teneur moyenne de l'eau des diverses grandes mers en chlorure de sodium :

[1] La mer et les lacs occupent les trois quarts de la surface du globe. On évalue la masse totale de ces eaux à une couche de 1000 mètres d'épaisseur qui couvrirait la terre entière.

	Sel marin par litre.
Atlantique, côtes d'Europe.	28^{gr}.20
Mer du Nord.	25 .70
Manche ; à quelques milles du Havre	25 .75
Méditerranée ; 1 mille et demi de Cette.	29 .87
Id. près de Marseille..	27 .12
Id. lagunes de Venise.	22 .30
Pacifique, eau prise à 3^m,50 de la surface. . . .	26 .16

Le tableau suivant (page 148) donne la composition de quelques-unes de ces eaux.

On voit qu'avec le chlorure de sodium, l'eau de mer contient une quantité notable de sulfates et de chlorures de magnésium et de calcium ; un peu moins de sulfates alcalins et de chlorure de potassium ; de 0^{gr},1 à 0^{gr},4 de brome par litre, à l'état de bromures alcalins ; une petite quantité de bicarbonates et de silicates de chaux, de magnésie et de fer, surtout dans celles qui avoisinent les côtes. On a signalé en outre, soit dans ces eaux, soit dans les plantes qui y vivent, de l'argent, du cuivre, du plomb, de l'arsenic, du zinc, du cobalt, du nickel, du lithium, du rubidium, du cæsium, de l'iode, du fluor, de l'acide phosphorique ; mais toutes ces substances sont en quantités si faibles qu'elles n'ont pour le médecin qu'un intérêt de pure curiosité [1].

Les matériaux gazeux de l'eau de mer sont l'azote, l'oxygène et l'acide carbonique. Ils varient à la surface de 10 à 40 centimètres cubes par litre. Ils augmentent avec la profondeur jusqu'à 6 à 800 mètres, puis diminuent et n'existent plus à 1200 mètres qu'à l'état de traces suffisantes toutefois pour laisser vivre un certain nombre d'espèces végétales et animales. A la surface on trouve 2 à 40 centimètres cubes d'acide carbonique, 1 à 3 centimètres cubes d'oxygène, 12 à 17 centimètres cubes d'azote par litre. Ces quantités varient un peu avec les différents parages et les divers moments de la journée.

Eaux minérales. — On a donné le nom d'eaux minérales à toutes celles qui par leur richesse en composés salins, par la nature des corps qu'elles tiennent en dissolution, ou par la tem-

---

[1] Voir à ce sujet, MALAGUTTI, DUROCHER, et SANZEAU, *Ann. chim. phys.* [3] t. XXVIII, p. 122. WŒLCKER, *Chem. Gaz.*, t. VII ; p. 346. FORCHAMMER, *Phil. Transact.*, t. CLV, p. 203.

TABLEAU DE LA COMPOSITION DE L'EAU DE QUELQUES MERS

(Les nombres sont rapportés à 1 litre d'eau. On n'a signalé ici que les substances facilement dosables dans cette quantité.)

POINTS OÙ L'EAU A ÉTÉ PUISÉE	Na[*]	Cl	Mg	Ca	K	SO_4	Br	CO_3	Fe	Mn	SiO_2	PO_4	RÉSIDU FIXE	AUTEURS
	GR.	GR.	GR.	GR.	GR.	GR.	GR.	GR.	GR.	GR.	GR.	GR.	GR.	
Atlantique, Europe. . . .	11.08	19.46	0.957	0.457	0.760	1.577	0.407	»	»	»	»	»	35.70	Bibra.
Mer du Nord.	10.12	18.95	1.314	0.478	0.681	2.563	0.292	»	»	»	»	»	34.40	Bibra.
Manche (Côtes du Havre)..	10.14	17.79	1.231	0.409	0.042	2.882	0.105	0.078	traces	traces	0.016	traces	32.70	Figuier et Mialhe.
Méditerranée (Marseille). .	10.69	21.10	3.004	0.048	0.004	5.710	?	0.142	»	»	»	»	40.70	Laurent.
Méditerranée (Cette) . . .	11.71	20.53	1.510	0.444	0.204	2.943	0.434	0.068	0.003	»	»	»	37.70	Usiglio.
Pacifique (surface)	10.26	18.95	1.315	0.472	0.004	2.786	0.310	»	»	»	»	»	31.70	Bibra.
Pacifique (140 mètres de profondeur)	10.23	19.32	1.471	0.475	0.034	2.827	0.239	»	»	»	»	»	35.20	Bibra.
Mer Noire (sud de la Crimée)	5.512	9.574	0.622	0.131	0.008	1.250	0.005	0.247	0.127	»	»	»	17.60	Göbel.

[*] Il suffit d'ajouter le poids du sodium indiqué par les nombres de cette colonne à celui du chlore, donné par la colonne suivante, pour obtenir approximativement, d'après ce tableau, la teneur de ces eaux en sel marin.

pérature à laquelle elles jaillissent à la surface du sol peuvent servir comme eaux médicamenteuses.

Nous ne pouvons pas, dans cette partie de ce livre consacré aux applications de la chimie à l'hygiène, faire l'histoire des *Eaux minérales* : un tel sujet demande à être étudié dans un traité spécial. Il nous suffira d'indiquer ici l'origine de ces eaux, la nature des sels qui les minéralisent, et les divers groupes dans lesquels ces matériaux permettent de les classer.

Les eaux minérales sont comme les eaux potables dues à l'infiltration des pluies tombées à la surface du sol, mais qui grâce à certaines conditions géologiques des terrains, ayant pénétré à de grandes profondeurs, peuvent s'échauffer dans les couches inférieures et se charger dans ce long trajet d'une notable quantité de matières salines empruntées aux roches qu'elles traversent. Comme le fait observer Dufrénoy dans son beau traité de minéralogie [1], le régime *constant* de ces eaux, c'est-à-dire leur température et leur quantité à peu près invariable, démontre que ces sources sont alimentées par de grands réservoirs souterrains [2]. Elles y pénètrent en suivant les fissures du sol et sous l'influence du poids de la colonne d'eau superposée, ou même par capillarité : dans chacun de ces cas, on comprend qu'elles traversent les terrains inférieurs sous une pression considérable. Chemin faisant elles rencontrent du gaz acide carbonique produit soit par la décomposition, soit par la combustion sous l'influence de l'air ou des oxydes réductibles, des matières organiques que les roches contiennent, soit aussi par la réaction des carbonates terreux sur la silice ou les roches siliceuses. Ainsi chargées d'acide carbonique sous une forte pression et portées à une température variable, mais souvent élevée, elles réagissent sur les roches siliceuses et les décomposent, comme Struve l'a fait voir directement. Ce savant en faisant agir sous pression l'eau chargée de gaz carbonique sur le *Klingstein* de Bilin (Bohême), obtint une eau minérale

---

[1] T. II, p. 64, in-8°, Paris 1856.

[2] La température et la quantité d'eau, fournie par une source thermale, restent invariables même au bout d'un siècle. Toutefois on a observé que les grands cataclysmes terrestres les modifient. La température des sources de Bagnères de Luchon, augmenta tout à coup de 41°,6 lors du tremblement de terre de Lisbonne. La quantité d'eau peut croître si des communications s'établissent avec des cours d'eau superficiels, ou diminuer par pertes ou obstructions dues à des dépôts formées dans les canaux souterrains.

artificielle, contenant des carbonates et des silicates de soude, de chaux, de magnésie, presque dans les mêmes proportions que dans l'eau minérale de cette localité. Le basalte et le porphyre, traités de même, donnèrent des eaux minérales artificielles analogues à celles de Marienbad et de Tœplitz.

A leur tour les eaux ainsi minéralisées peuvent réagir sur les roches qu'elles traverseront et subir des transformations nouvelles.

Nous venons d'indiquer par quels procédés les eaux minérales se chargent d'acide carbonique, de carbonates et de silicates alcalins et terreux. La présence dans ces eaux des sels solubles tels que les sulfates ou les chlorures alcalins et alcalino-terreux se comprend d'elle-même, quand ces sels existent en petite quantité dans les terrains qu'elles traversent. Mais souvent les sulfates de magnésie, de soude et de fer sont le résultat de la décomposition des pyrites qui se trouvent dans les argiles des couches inférieures ; ces sulfures s'oxydent, se transforment en sulfates de fer et réagissent sur les roches argilocalcaires pour donner par double décomposition les sulfates que l'on peut trouver en quantité notable dans certaines eaux telles que celles de Sedlitz, de Pulna, de Carlsbad. Quant aux sulfures solubles, ils ont deux origines ; dans les *eaux sulfureuses chaudes*, comme celles des Pyrénées, ils sont dus à la réaction des silicates solubles sur les pyrites d'où résultent des silicates de fer, de cuivre, et des sulfures sodique, calcique ; l'hydrogène sulfuré libre quand il y existe, provient de la décomposition de ces sulfures par l'acide carbonique. Dans les *eaux sulfureuses froides*, telles que l'eau d'Enghien, d'Uriage, ce sont des sulfates primitivement dissous qui ont été réduits partiellement en sulfures par les matières organiques déposées dans les couches relativement récentes que traversent ces eaux.

L'azote qui se dégage en abondance de beaucoup d'eaux minérales chaudes peut avoir été primitivement dissous dans les eaux de pluie, mais une portion plus importante provient de la lente décomposition des matières organiques qui forment les dépôts des terrains carbonifères.

La température des eaux thermales est celle des couches profondes qu'elles traversent ; elle permet de calculer leur niveau au-dessous de la surface. Les creusements des puits de mines et des puits artésiens nous ont appris que la température des couches terrestres s'élève d'environ 1 degré par 32 à 35 mètres de profondeur. Les eaux d'Ax dans l'Ariége, dont la température est de 75° doivent provenir d'une profondeur d'à peu près 2500 mètres.

On voit donc qu'il n'y a rien de mystérieux dans ces eaux précieuses : leur composition résulte de conditions bien déterminées et artificiellement reproduites, leur température est celle des strates qu'elles traversent, leur activité est la conséquence de leur composition et de leur état physique. Ce serait donc faire une hypothèse gratuite que d'admettre que les couches profondes du sol, bien différentes de celles qui leur sont superposées, communiquent aux eaux minérales des qualités toutes spéciales qui ne déri·veraient pas de la nature des matériaux dissous et de l'état physique de ces eaux au moment où elles jaillissent à l'air. La difficulté d'expliquer dans quelques cas les effets de quelques-unes d'entre elles (en admettant la réalité des faits cités et la sévérité des observations) tient à ce qu'on ne connaît pas toujours complétement leur constitution physique ou chimique.

Les matières salines que l'on rencontre le plus fréquemment dans les eaux minérales sont : les sulfates de chaux, de magnésie, de soude ; le chlorure, le sulfure et le bicarbonate de sodium ; les sels correspondants de potasse, mais en moindre quantité ; les bicarbonates et les chlorures de calcium et de magnésium ; le sulfate, le crénate, l'apocrénate et le bicarbonate de fer; les silicates alcalins et alcalino-terreux, ceux-ci dissous à la faveur d'un excès d'acide carbonique. Les gaz les plus communs sont : l'azote, l'acidecarbonique, l'hydrogène sulfuré, l'oxygène. On y a trouvé quelque fois des hydrogènes carbonés, de l'oxyde de carbone et jusqu'à de l'oxysulfure de carbone.

Les substances très-répandues dans les eaux minérales, mais toujours en faible quantité, sont : le fluor, l'acide phosphorique, la lithine, le cuivre. Les matériaux que l'on a signalés ensuite dans diverses eaux et qui sont propres seulement à quelques-unes d'entre elles, sont les sels ammoniacaux, la glairine et la barégine dans plusieurs eaux sulfureuses, les acides crénique et apocrénique, l'arsenic dans beaucoup d'eaux ferrugineuses, l'étain, le plomb, l'antimoine, la strontiane, la baryte, et très-souvent le brôme et l'iode dans quelques-unes d'entre elles.

Si l'on met de côté la plupart des éléments rares que l'on vient de citer et si l'on tient surtout compte soit des substances minéralisatrices principales, soit de l'activité prédominante de certaines d'entre elles, tels que le fer, l'arsenic, l'iode... on peut avec la plupart des auteurs diviser les eaux minérales dans les sept classes suivantes :

1° *Eaux acidules.* — Eaux froides, caractérisées par la présence d'un excès d'acide carbonique libre. Elles contiennent surtout des bicarbonates de soude et de chaux (1 gramme à 1^{gr},5 par litre), un peu de chlorure de sodium, de sulfate de soude, et quelques autres sels variables. Ex. : *Eau de Condillac.*

2° *Eaux alcalines.* — Caractérisées par l'excès des bicarbonates alcalins et alcalino-terreux (2 à 6 grammes des premiers et 0^{gr},3 à 0^{gr},8 des seconds par litre). On y trouve en même temps quelques sulfates, un peu de chlorures et de silicates alcalins, quelquefois des phosphates en petite quantité. Ex. : *Eau de Vichy.*

3° *Eaux chlorurées.* — Contenant une quantité notable de chlorures alcalins (5 à 50 grammes par litre), souvent des bicarbonates de chaux, de fer et de magnésie, et quelques sulfates en faible proportion. Ex. : *Eaux de Hombourg, de Bourbonne.*

4° *Eaux sulfatées.* — Les unes contiennent un excès de sulfate de soude (15^{gr},5 à 20 grammes par litre) avec une très-petite quantité de sulfates alcalino-terreux, quelque peu de chlorures et de bicarbonates. Ce sont les *eaux sulfatées sodiques.* Ex. : *Eau de Sedlitz.* — D'autres sont surtout riches en sulfate de magnésie (10 à 15 grammes par litre), mais peuvent aussi contenir de 5 à 20 grammes par litre de sulfates ou de chlorures alcalins. Ce sont les *eaux sulfatées magnésiennes.* Ex. : *Eau de Pulna.*

5° *Eaux sulfureuses.* — Elles peuvent contenir des sulfures alcalins ou de l'hydrogène sulfuré. Les premières sont les *eaux sulfureuses chaudes* dissolvant de 0^{gr},02 à 0^{gr},50 de sulfure de sodium par litre, et contenant en outre très-souvent une petite quantité de sulfates, de chlorures, de silicates, de matières organiques et plus rarement des bicarbonates. Ex. : *Eaux de Bagnères.* Les secondes sont les *eaux sulfureuses froides* tenant en dissolution de 20 à 120 centimètres cubes d'hydrogène sulfuré par litre, et pouvant en outre être plus ou moins richement minéralisées en sulfates, chlorures alcalins et sulfures. Ex. : *Eau d'Enghien.*

6° *Eaux bromurées ou iodurées.* — Elles sont caractérisées par la présence des bromures ou iodures alcalins en quantité notable (0^{gr},05 à 0^{gr},1 et plus d'iodures, et 1 à 10 grammes et plus de bromures par litre). Elles contiennent en outre très-souvent une quantité considérable de chlorures et quelquefois de carbonates. Ex. : *Eau bromo-iodurée d'Heilbrunn. — Eau chloro-bromurée de Kreutznach.*

7° *Eaux ferrugineuses.* — Le fer est l'élément qui communique à ces eaux leur activité particulière. Il y existe à la dose de $0^{gr},006$ à $0^{gr},6$ par litre, à l'état de bicarbonate ou de crénate. Elles peuvent contenir en outre des bicarbonates terreux, des sulfates, des chlorures et des arséniures, toujours en très-faible proportion. Ex. : *Eau de Forges.*

ARTICLE II

DES EAUX POTABLES

« Je veux exposer maintenant ce qui est à dire sur les eaux et « montrer quelles eaux sont malsaines et quelles sont très-salubres, « quelles incommodités ou quels biens résultent des eaux dont on « fait usage, *car elles ont une très-grande influence sur la santé.* » Telles sont les paroles par esquelles Hippocrate commence l'exposé de ses observations sur .es diverses eaux potables[1].

On ne saurait, en effet, attacher assez d'importance à l'étude de ce liquide dont l'homme et les animaux arrosent leurs aliments, au milieu duquel se passent les phénomènes digestifs, qui absorbé avec les produits assimilables, modifie sans cesse le plasma sanguin et avec lui les divers milieux au sein desquels s'accomplissent les phénomènes de l'assimilation et de la désassimilation. L'eau que l'on ingère est d'ailleurs destinée à devenir partie essentielle et importante de nos organes ; c'est en combinaison avec elle que les matières protéiques entrent dans la constitution des tissus ; elle sert, comme nous le verrons, à nourrir l'économie par les matériaux salins qu'elle dissout ; elle peut enfin introduire dans le sang des substances ou des organismes nuisibles et par là devenir la cause de graves accidents. Aussi les grands médecins se sont-ils toujours préoccupés de la nature des eaux livrées à la consommation.

Un sujet si important demande à être étudié avec d'autant plus

---

[1] Hippocrate. Œuvres complètes, traduction de Littré, Paris 1840, t. II, p. 27. *Traité des airs, des eaux et des lieux.*

de soin qu'il est encore aujourd'hui presque ignoré de la plupart de ceux dont le devoir et l'intérêt seraient de le bien connaître.

Rôle de l'eau potable dans l'économie. — Le rôle de l'eau prise en boisson est multiple. Elle étanche la soif ; elle aide à la déglutition des aliments ; elle favorise la digestion et les actions chimiques qui l'accompagnent ; elle est le véhicule qui charrie jusqu'au sang, et par lui aux organes, les matériaux assimilables qu'elle fournit en partie ; elle entre enfin dans la constitution de tous les tissus.

De ces considérations découlent de nombreuses conséquences. Puisque l'eau doit désaltérer, la première condition qu'elle doive remplir pour être potable c'est d'inviter à la boisson par sa limpidité, son goût et sa fraîcheur.

De ce que l'eau est le milieu naturel où doivent s'accomplir les phénomènes digestifs, ses qualités et sa composition devront être telles qu'elles favorisent les diverses sécrétions et qu'elles n'entravent pas les actions chimiques qui constituent la digestion. Une eau potable devra donc, par sa température, son aération, les sels et les gaz qu'elle dissout, exciter la sécrétion salivaire et gastrique, et non déplaire à la bouche et fatiguer l'estomac par sa température, sa crudité ou sa lourdeur ; elle devra aussi, par la nature et la quantité des matières salines qu'elle tiendra en dissolution, ne pas saturer ou paralyser dans leurs effets les liquides digestifs ; enfin elle devra être telle qu'elle prépare d'avance l'acte définitif de l'assimilation des aliments en en permettant la cuisson parfaite.

Nous avons dit aussi que l'eau potable fournit au sang et aux tissus non-seulement une partie de leur eau de constitution, mais encore les sels qu'elle tient en dissolution. Cette dernière proposition demande à être démontrée.

L'eau est bien réellement un aliment, car on entend par ce mot toute substance qui répare les pertes faites par l'organisme de l'un de ses éléments nécessaires. L'eau fait partie de tous nos organes et, comme le dit Bordeu d'une façon si originale : « Nous « ne sommes qu'un amas d'eau, une espèce de brouillard épais

« renfermé dans quelques vessies [1]. » L'eau ingérée est sans cesse assimilée et remplace celle qui est rejetée par nos diverses excrétions. De cette observation nous ne saurions toutefois tirer de conclusion pratique pour le choix d'une bonne eau potable puisque toutes sont assez riches pour fournir aux pertes aqueuses de l'organisme.

Mais nous devons aller plus loin et nous demander si les sels que dissolvent les eaux que nous buvons sont aussi absorbés et assimilés, et s'il y aurait inconvénient à boire d'une eau parfaitement pure.

Chossat[2] rapporte qu'ayant nourri des pigeons avec des grains de blé bien choisis mais contenant, d'après ses expériences antérieures, une quantité de sels calcaires insuffisante pour l'ossification, ces animaux s'engraissèrent d'abord, puis au bout d'un ou deux mois, on les vit peu à peu augmenter leur boisson et absorber instinctivement *deux fois, trois fois, puis cinq et huit fois la quantité d'eau ordinaire*, poussés par le besoin de retrouver dans l'eau la proportion de sels calcaires insuffisante dans leur alimentation.

L'étude de l'ossification du jeune porc, faite par Boussingault, nous fournit une expérience plus directe et plus frappante encore[3]. Ce savant prend trois de ces animaux de même portée et presque de même poids ; chez les deux premiers il analyse les os et dose la chaux ; il sacrifie le troisième après l'avoir nourri 93 jours de pommes de terre, nourriture favorable à ces animaux et dont la chaux avait été d'avance déterminée. La quantité de cette dernière substance, assimilée par les os du porc en 93 jours, fut de 150 grammes, soit $1^{gr},6$ par jour. Or la nourriture absorbée ne contenait que 98 grammes de chaux. Il s'était donc fixé sur leurs os un excès de 52 grammes de chaux qui n'existait pas dans les aliments solides, et que l'animal avait par conséquent retiré de sa boisson. Boussingault fit la contre-épreuve, et trouva qu'à quelques grammes près, employés à former les divers tissus de l'animal, la quantité de chaux contenue dans l'eau ingérée était égale à celle qui avait été retenue par les os, augmentée de celle qui se retrouvait dans les déjections et les excrétions.

---

[1] *OEuvres*; t. II, p. 945.
[2] Compt. rend., Acad. sc., t. XVI, p. 556.
[3] Compt. rend., Acad. sc., t. XXIV, p. 486 et t. XXII, p. 556.

Cette frappante et complète expér'ence démontre l'absorption directe de l'un des éléments minéralisateurs des eaux potables, la chaux ; c'est aussi le plus important. Mais de même que les os ont besoin de chaux non-seulement pendant l'ossification mais à chaque instant, puisqu'à chaque instant ils en perdent, de même les autres tissus ont besoin de chlorure de sodium, de silice, de fluorures, et ils assimilent ces corps au même titre que les sels de chaux. Aussi Boussingault conclut-il : « De ces expériences il résulte la preuve de l'intervention des substances salines de l'eau dans l'alimentation qui, sans leur concours, aurait été insuffisante. »

On pourrait faire, et l'on a fait, cette objection que les matières minérales de nos aliments suffisent, dans la majorité des cas, aux besoins de l'organisme, et que les sels contenus dans les eaux sont dès lors inutiles et comme non avenus. Cela pourrait sembler vrai de prime abord dans beaucoup de cas, pour l'homme adulte chez lequel le poids du corps restant stationnaire, la chaux et divers autres éléments minéraux paraissent ne devoir point être assimilés. Mais remarquons que pour les os (et l'on en dirait autant de tout autre tissu) il y a sans cesse, même chez l'adulte, désassimilation des sels calcaires bien plus rapide que chez l'enfant dont les os grandissent, et que, par conséquent, l'adulte a sans cesse besoin comme ce dernier d'absorber ces sels. Qu'une alimentation surchargée d'aliments, et surtout de végétaux, soit en général plus que suffisante pour fournir à l'organisme ses éléments minéraux, nul ne peut le mettre en doute ; mais ce serait une grande illusion de croire que la *nourriture habituelle d'un ouvrier adulte* contienne en général les matières minérales qui sont nécessaires au renouvellement de ses organes. En effet, en prenant la *ration journalière d'entretien*, telle que nous l'avons fixée dans le chapitre consacré à l'alimentation :

Pain blanc. . . . . 830^{gr}.
Viande fraîche. . . 240
Graisse. . . . .

nous trouvons, en bornant notre calcul à la chaux et à la silice[1], dans les quantités d'aliments ci-dessus :

---

[1] Les nombres que nous donnons ici sont calculés d'après ceux de Rivot pour le pain, de Lehmann, pour la viande, de Neubauer et Vogel pour les urines, de Khüne, Pettenkoffer et Voit pour les fèces.

	En 850 gr. de pain.	En 240 gr. de viande.
Chaux.. . .	0.7170	0.0600
Silice. . . .	0.0975	traces.

Les quantités totales de chaux et de silice absorbées en 24 heures, dans le pain et la viande sont donc :

Chaux. . . .	0^{gr}.7770
Silice. . . .	0 .0975

D'un autre côté nous excrétons :

	Urines de 24 heures.	Fèces de 24 heures.
Chaux.. . . .	0.204	1.820
Silice.. . . .	0.040	0.129

Les quantités totales de chaux et de silice éliminées en 24 heures par le même adulte sont par conséquent :

Chaux.	2.014
Silice.	0.169

C'est donc 1^{gr},247 d'oxyde de calcium et 0^{gr},061 de silice qu'il faut que nous retrouvions et que nous assimilions chaque jour aux dépens des légumes, du vin et des eaux potables. Ces dernières seules étant constantes dans l'alimentation doivent être telles que leur minéralisation puisse compenser les pertes continues de la désassimilation.

En rapprochant les expériences de Chossat et de Boussingault, et ces considérations numériques, de ce fait général que toutes les populations recherchent comme d'instinct les eaux de source et de rivière, celles surtout qui jaillissent ou coulent dans les terrains calcaires; après avoir observé aussi que dans les pays peu favorisés, dans les montagnes par exemple où l'on fait usage d'eaux presque pures, l'organisme est fréquemment sujet à des arrêts de développement, à des endémies spécifiques, nous pouvons en toute assurance conclure que plusieurs des matériaux minéralisateurs des eaux potables sont presque toujours utiles et souvent nécessaires à l'économie qui les assimile, et que l'ensemble de ces substances constitue donc un véritable aliment plastique.

De la discussion précédente découle ce principe, que toute matière saline qui aura son représentant dans l'économie et que les aliments habituels ne fourniront qu'à trop faible dose, devra nécessairement exister dans les eaux destinées à être bues : tel est le cas du carbonate de chaux, de la silice...; et que toute substance qui se produira dans nos tissus en quantité surabondante par l'oxydation des matières alimentaires habituelles, est inutile dans les eaux potables : tel est le cas de l'acide sulfurique ; nous en rejetons $2^{gr},116$ par jour, nous n'en recevons que $0^{gr},171$ par nos aliments ; l'excès que nous en excrétons résulte presque en totalité de l'oxydation du soufre des matières albuminoïdes. La présence des sulfates dans les eaux et les aliments n'est donc pas nécessaire.

Mais à leur tour les substances qui n'existent pas dans l'économie ou celles qui, utiles à petites doses, seraient dans nos boissons en quantité telle qu'elles surchargeraient l'organisme et s'opposeraient à la fois à la cuisson et à la digestion des aliments, doivent faire réputer imbuvables les eaux qui les contiennent : tels sont tous les sels en excès, les sulfates et chlorures terreux, même en quantité assez minime, les sels d'alumine et presque toutes les matières organiques.

Ainsi, comme conclusion : utilité des bicarbonates de chaux et de magnésie, d'une petite quantité de silice et de fluorures, de quelques chlorures qui ajoutent à la saveur de l'eau ; inutilité et quelquefois danger des sulfates et de presque tous les autres sels.

Nous sommes ainsi conduits par le raisonnement à choisir comme potables les eaux qui ont la composition de celles mêmes auxquelles de tout temps on a attribué cette qualité au premier chef; et nous aurions pu faire le raisonnement inverse suivant : prenant pour type d'eaux potables celles que l'on a toujours réputées excellentes à boire, cherchons si elles auraient toutes une composition analogue, et si cette hypothèse se réalise, considérons en général cette composition comme signe de l'excellence des eaux destinées à être bues. Nous arriverions par cette voie inverse à trouver encore que les eaux des sources et des fleuves que l'on recherche le plus ont toutes une constitution analogue et que leur composition concorde avec celle que nous avons expérimentalement et théoriquement établie comme étant normale.

Caractères des eaux potables. — Les considérations précéden-

tes nous permettent maintenant de donner les caractères principaux des eaux potables.

Une eau potable doit être limpide, incolore, sans odeur, fraîche,
d'une saveur légère et agréable, aérée, le plus possible exempte
de substances organiques; elle doit tenir en dissolution une petite
quantité de matières salines, spécialement du bicarbonate de
chaux, un peu de silice et de sel marin, en proportions telles que
cette eau ne soit ni saumâtre, ni salée, ni douceâtre, et quelle
permette la cuisson parfaite des aliments.

Revenons sur chacun de ces signes.

1° *Une bonne eau potable doit être limpide, incolore, sans odeur,
le plus possible exempte de matières organiques.* — La limpidité
et la liquidité parfaites non-seulement agréent, et invitent à boire
mais excluent la présence des substances terreuses en suspension,
et jusqu'à un certain point des matières organiques. L'eau pure est
incolore sous un petit volume; en grandes masses elle est bleue,
à peine verdâtre; les eaux vertes ou jaunes contiennent en général
des corps en suspension, et très-souvent des matières organisées[1].

Une eau nouvellement puisée, qui agitée dans un vase et portée
aux narines émet une odeur quelconque, doit être rejetée : elle
contient des matières animales ou végétales. Toutefois les meilleurs eaux conservées en vases fermés, acquièrent souvent une
légère odeur désagréable due à une trace de substances organiques
qui se putréfient. Toutes les eaux, en effet, même celles de pluie et
de glaciers, contiennent des matières organiques. On ne devra reje-
ter que celles auxquelles ces substances donneront une odeur, une
saveur ou une couleur appréciables; celles où l'on reconnaîtra
facilement au microscope des corps organisés; celles surtout qui,
stagnantes et peu profondes, ont été exposées à l'air sur une
large surface.

2° *Elle doit être fraîche, d'une saveur légère et agréable, aérée.*
— Les organismes inférieurs se multiplient rapidement dans
toute eau qui stationne longtemps à une température supérieure à
plus de 20 degré, surtout si elle est exposée à la lumière. Du reste
l'eau tiède affaiblit l'estomac, désaltère peu et devient la cause
de diarrhées. Une eau dont la température se rapproche beaucoup
de 0 degré peut provoquer des mouvements congestifs de l'esto=

---

[1] Voir dans l'*Ann. du bur. des long.*, 1838; p. 483; un Mémoire d'Arago à ce sujet.

mac et de l'intestin. La saveur de l'eau doit être très-faible, sans goût fade, ni douceâtre, ni amer, ni salé. La fadeur de l'eau indique en général sa pauvreté en sels; cette absence de goût est très-sensible lorsqu'on avale une gorgée d'eau distillée, même après l'avoir aérée. Les saveurs douceâtres ou saumâtres sont le signe de la présence du sulfate de chaux en excès, ou du mélange de ce corps avec le chlorure de sodium ; l'amertume tient surtout aux sels de magnésie; le goût terreux est souvent dû à l'alumine. La saveur variable des matières organiques se développe surtout quand l'eau a été conservée dans un lieu tiède, et en particulier l'été.

Toute eau qui n'est pas aérée est fade et indigeste. Bien plus, l'absence d'oxygène indique très-souvent la présence des substances végétales et animales. En général les eaux potables dissolvent à la surface des basses plaines 28 à 35 centimètres cubes de gaz, contenant de 8 à 10 p. 100 d'acide carbonique; le reste est un mélange d'oxygène et d'azote dans la proportion de 30 à 33 p. 100 d'oxygène et de 70 à 67 p. 100 d'azote : soit environ 13 à 17 centimètres cubes d'azote et 7 à 8 centimètres cubes d'oxygène par litre. Une eau ainsi aérée plaît d'ordinaire à la bouche et à l'estomac, elle est *légère*. Elle devient au contraire *lourde* et indigeste si, après l'avoir privée de gaz, on l'agite à l'air où elle absorbe de nouveau de l'oxygène et de l'azote, mais non de l'acide carbonique en proportion suffisante. Ce dernier gaz contribue beaucoup au goût de l'eau et à sa digestibilité.

3° *Elle doit tenir en dissolution une petite quantité de matières salines telles que cette eau soit exempte de saveur désagréable et cuise bien les aliments.* — Nous savons d'après ce qui a été exposé plus haut que l'eau potable doit être minéralisée : mais dans quelles proportions ? Si nous jetons un coup d'œil sur l'analyse des eaux reconnues bonnes dans des pays très-divers, et par des populations saines, nous voyons que la somme des éléments minéralisateurs de ces eaux varie de $0^{gr},15$ à $0^{gr},50$ par litre, et que, *pour les meilleures, le poids du résidu fixe oscille entre $0^{gr},20$ et $0^{gr},30$, dont la moitié ou les deux tiers environ sont formés de carbonate de chaux.* C'est ce qu'indique le tableau suivant :

	Poids du résidu fixe par litre.	Carbonate de chaux correspondant.
Eau de la Seine (amont de Paris)	0gr.254	0gr.165
Eau de la Garonne (Toulouse).	0.137	0.065
Eau du Rhône (Genève).	0.182	0.079
Eau du Rhin (Strasbourg).	0.232	0.135
Eau de la source Neuville (près Lyon). . .	0.230	0.201
Eau de la source Saint-Clément (Montpellier)	0.350	0.191
Eau de la source du Duc (Narbonne). . . .	0.344	0.224

Il est donc prouvé par l'analyse des eaux potables qu'elles contiennent toutes de 1 à 5 dix-millièmes de leur poids de matières minérales, que les meilleures en donnent de 2 à 3,5 dix-millièmes, que la moitié ou les deux tiers de ce poids sont dus au carbonate de chaux, et que le reste doit, d'après les considérations exposées plus haut, être représenté par les sels que l'on retrouve dans l'organisme et spécialement par une petite quantité de chlorures, de silicates, de fluorures, et de sulfates alcalins ou alcalino-terreux. Nous renvoyons du reste le lecteur aux analyses des eaux de source et de rivière que nous donnons plus loin.

Quand le carbonate de chaux dissous à la faveur d'un excès d'acide carbonique, dépasse 0gr,5 par litre, il devient nuisible; on reconnaîtra l'excès de ce sel à ce caractère, que ces eaux se troublent, dès qu'elles entrent en ébullition. Les eaux deviennent alors incrustantes et cuisent mal les légumes[1].

II. S^{te} Cl. Deville a montré que l'acide silicique existe en petite quantité dans toutes les eaux potables des fleuves de notre pays, à la dose de 8 à 50 milligrammes par litre.

Le fluor s'y rencontre aussi presque constamment. Ch. Mène l'a trouvé dans les eaux du Rhône, de la Saône, de la Loire. On l'a signalé bien des fois dans d'autres eaux françaises, anglaises, allemandes. Il paraît provenir de la décomposition des micas.

Le chlorure de sodium et les sels de soude et de potasse contribuent à la saveur de l'eau et sont aussi très-répandus. Si la quantité de sel marin dépasse 0gr,5 par litre, l'eau peut devenir saumâtre et désagréable, mais non dangereuse.

Les sulfates de chaux, de magnésie, et les chlorures correspondants, existent en petite proportion dans la plupart des eaux po-

---

[1] L'eau éminemment incrustante de Saint-Alyre, en Auvergne, ne contient que 1gr,63 de carbonate de chaux par litre.

tables. Au-dessus de 0^{gr},5 par litre, ces sels s'opposent à la cuisson parfaite des légumes et au savonnage [1], mais ils ne deviennent dangereux qu'à des doses plus élevées. (*Voir* plus loin *Eaux de puits.*)

Les iodures, les bromures, les azotates, les sels ammoniacaux, en très-minime quantité, n'ont aucune importance. Il est loin d'en être ainsi quand le poids de ces sels dépasse 0^{gr},1 par litre.

Les sels de fer (bicarbonate, crénate), se rencontrent dans presque toutes les eaux potables; rarement on en trouve plus d'un milligramme par litre. Le fer est souvent accompagné de manganèse, de nickel, de cobalt, en moindres proportions. La présence des autres sels métalliques doit être toujours réputée nuisible [2].

Classification des eaux potables. — Les eaux destinées à être bues peuvent provenir de diverses origines. Les unes après avoir jailli de sources ou être sorties de la base des glaciers, courent à la surface du sol, s'y transforment sans cesse, s'y chargent de gaz et de principes variés; ces eaux sont en général vives, légères et propices à la boisson; elles forment les eaux de source et de rivière. Les autres stagnent ou ne se renouvellent que difficilement, s'échauffent, s'imprègnent, surtout lorsqu'elles sont exposées au soleil, de matières organiques fournies par les plantes qu'elles baignent et par les animaux que ces végétaux attirent. Ces eaux sont souvent lourdes, rarement agréables au goût, mal aérées, peu propres à être bues; telles sont les eaux de puits, de lacs et de marais. Ces deux classes d'eaux potables sont donc bien distinctes; aussi les diviserons-nous en EAUX COURANTES et EAUX STAGNANTES que nous allons successivement étudier dans les deux paragraphes suivants.

§ 2. — DES EAUX COURANTES.

Les eaux courantes comprennent :
1° *Les eaux de sources ;*
2° *Les eaux de puits artésiens,* qui ne sont que des eaux de source auxquelles on a donné une issue artificielle ;
3° *Les eaux de rivières* ou de *fleuves;*
4° *Les eaux de canaux,* de *fossés* et de *drains;*

---

[1] Mauméné, Compt. rend. Acad. sc., t. XXXI, p. 274.
[2] Sauf toutefois celle d'une trace de sels de cuivre.

5° *Les eaux de montagne*, qui résultent de la fonte des neiges ou des glaciers et qui forment au fond des vallées les *eaux des lacs*.

L'étude de ces dernières eaux nous conduira tout naturellement aux eaux stagnantes.

Eaux de sources. — Une portion des eaux de pluie en tombant à la surface du sol, pénètre les terrains perméables, suit leurs diverses couches, et va former dans leurs parties déclives de grands amas d'eau qui s'infiltrant ensuite à travers les fissures des stratifications inférieures peuvent jaillir à l'état de sources à la surface du sol. C'est en général des formations secondaires, primaires et de transition que sortent le plus grand nombre de sources d'eaux potables. Les terrains primitifs ou ignés sont surtout riches en eaux thermo-minérales. Les terrains stratifiés et en particulier les terrains secondaires, par la disposition de leurs coupes qui se présentent souvent de champ sur le flanc des coteaux, sont le mieux disposés pour laisser s'infiltrer les eaux sans les surcharger de sels et donner ainsi de bonnes sources d'eaux potables.

Dans bien des cas les notions de la géologie élémentaire, la connaissance des couches et de leur composition minéralogique et l'état de culture ou de boisement d'un pays, permettront de juger d'avance de la nature des eaux, et jusqu'à un certain point de leur composition.

Les sources froides des montagnes, celles dont les eaux ont filtré seulement à travers des terrains porphyriques ou quartzeux, seront en général très-pauvres en sels, et mal aérées si elles jaillissent à de grandes hauteurs. Elles pourront tenir en dissolution une faible quantité de silicates dissous à la faveur de l'acide carbonique, un peu de carbonate de chaux, des traces de chlorures ou de sulfates alcalins.

Voici, comme exemples, les analyses de deux de ces eaux :

EAU DU CHALET DU COMPAS PRÈS D'ALLEVARD (ISÈRE) d'après Niepce.		EAU DE LA SOURCE DES PANNOTS PRÈS D'AVALLON (YONNE) d'après Vauquelin et Bouchardat.	
Carbonate de chaux.	0ᵍʳ.012	Carbonate de chaux et carbonate de potasse.	0ᵍʳ.052
Chlorure de calcium. . . .	0 ..007	Chlorure de sodium et chlorure de calcium.	0 .015
Silice.	traces.	Silice	0 .024
	0ᵍʳ.019		0ᵍʳ.066
Elle jaillit du sein de roches de protogine.		Elle sort d'une roche granitique ; son goût est excellent.	

La trop grande pureté de ces eaux fait leur écueil ; une nourriture suffisamment végétale doit suppléer au manque de sels calcaires.

Passons aux sources des terrains stratifiés. Ici le problème se dédouble. Si les eaux filtrent à travers des couches de calcaire pur ou entremêlées de silice ou de silicates et presque libres de végétaux à leur surface, elles se chargeront de carbonate de chaux dissous en partie à la faveur d'un excès d'acide carbonique [1], ainsi que d'une faible quantité de silice, de chlorure de sodium, de magnésium et de sulfates que l'on retrouve toujours dans les terrains stratifiés. En voici deux exemples :

SOURCE DE NEUVILLE, VERSANT OCCIDENTAL DU PLATEAU DE LA BRESSE PRÈS LYON d'après Dupasquier.

Carbonate de chaux. . . .	0gr.2060
Sulfate de chaux.	0 .0083
Chlorure de calcium. . . .	0 .0111
Chlorure de sodium. . . .	0 .0050
Silice.	indéter.
Chlorure de magnésium. .	traces.
Matières organiques. . . .	traces.
	0gr.2304

Elle est alimentée par des pluies qui ont filtré à travers un terrain formé de galets, de sables et de poudingues à ciment calcaire.

SOURCE DU DUC, BUES A NARBONNE d'après A. Gautier.

Carbonate de chaux. . . .	0gr.2242
— de magnésie. .	0 .0215
— de protoxyde de fer.	0 .0021
Chlorure de sodium. . . .	0 .0250
Sulfate de soude.	0 .0318
— de chaux.	0 .0335
Silicate de chaux.	0 .0086
Acide phosphorique et alumine.	0 .0007
Matières organiques . . .	0 .0007
Iodures et brom. de manganèse ; azolates silicate, de cuivre (0gr,00037). .	traces.
	0gr.3173

Émerge d'un terrain liasique, formé de couches calcaires et dolomitiques en partie métamorphisées.

Telles sont les eaux de source les plus communes et les meilleures, celles qui peuvent être citées comme types d'eaux potables.

Mais les pluies pourront tomber sur des bassins couverts de végétaux, se charger d'un excès d'acide carbonique, entraîner des matières végétales, des phosphates, de la silice, des sels ammoniacaux, des azotates, et dissoudre, à la faveur de ces substances, une certaine quantité de sels insolubles, surtout de l'alu-

[1] Fresenius a montré qu'à 100° un litre d'eau pure dissout 0gr,115 de carbonate de chaux neutre. Peligot à 15° a trouvé 0gr,020 de calcaire dissous par litre.

mine. Ou bien elles pourront traverser des bancs de gypse, de sel gemme, des terrains pyriteux ou anthraciteux, se charger d'un excès de sulfates, de chlorure de sodium, de sels de fer, de matières organiques, de sulfures, et devenir ainsi de mauvaises eaux potables. En voici deux analyses : La première est celle d'une eau qui peut encore être bue, la seconde celle d'une eau impotable :

SOURCE DE LA MOUILLÈRE, PRÈS BESANÇON (H. Ste Cl. Deville.)		SOURCE DE ST-NICAISE, PRÈS ROUEN (Girardin et Preissier.)	
Carbonate de chaux..	0^{gr}.2573	Carbonate de chaux. .	0^{gr}.951
Silice.	0 .0250	Sulfate de chaux. . .	0 .617
Alumine.	0 .0040	Chlorure de sodium. .	0 .091
Sulfate de chaux. . .	0 .0051	— de magnésium	0 .067
Chlorure de calcium.	0 .0007	— de calcium. .	0 .042
Chlorure de magné-		Acide nitrique. . . .	0 .005
sium. . .	0 .0020	Matière organique.. .	traces.
Azotate de soude.. .	0 .0118		
— de potasse. .	0 .0028		1^{gr}.755 par litre
	0^{gr}.5085 par litre		

Elle sort des terrains jurasiques du Doubs.

Cette eau sort d'un coteau calcaire. — Elle est dure, indigeste, impropre à la cuisson des légumes et au savonnage.

On voit donc non-seulement qu'il y a des différences très-tranchées entre les diverses espèces d'eaux de source, mais encore d'où viennent ces différences et comment on peut quelquefois les prévoir par la connaissance des terrains, de leur configuration, de leur composition et de l'état du sol.

Pour nous résumer nous dirons que les eaux de source sont souvent excellentes, surtout quand elles sortent de terrains secondaires ou tertiaires et lorsqu'elles jaillissent sur le versant des montagnes de moyenne élévation ; mais qu'elles peuvent aussi dans certains cas être impotables et même dangereuses. Elles ont sur toutes les autres ces avantages, d'avoir une température et une composition à peu près constantes, de ne dissoudre presque pas de matières organiques, et d'être en général limpides en toute saison.

Eaux de puits artésiens. — Tout ce que nous venons de dire des eaux de source s'applique aux eaux de puits artésiens. Mêmes rapports entre la composition de ces eaux et celles des terrains où elles séjournent ; même impossibilité par conséquent de donner une formule de leur valeur alimentaire. L'inclinaison souvent très-grande des couches stratifiées que le forage peut successivement rencontrer ne permet pas toujours de préjuger, même pour des puits voisins, que les eaux que l'on obtiendra, appartenant à la même nappe, auront la même composition. C'est ce qui a eu lieu pour la citadelle de Calais où deux puits très-rapprochés fournissent des eaux qui donnent l'une 2^{gr},51 de résidu fixe par litre, l'autre 0^{gr},58.

Les eaux de puits artésiens sont souvent désaérées, chargées de sulfates et quelquefois de silice. Il serait imprudent de compter uniquement sur elles pour l'alimentation d'une grande cité.

Eaux de rivières et de fleuves. — Elles ont pour origine les eaux de source qui s'écoulent à la surface du sol, et celles de la fonte des neiges et des glaces sur les hauts sommets des grandes chaînes. C'est ainsi que du mont Blanc s'écoulent les eaux du Rhône, du Rhin et des principaux affluents du Pô.

Ces eaux peuvent être à leur origine, de qualités très-diverses, presque pures de sels, comme les eaux de l'Yonne et de la Sèvre, ou chargées et impropres à la boisson comme celles du Pô et du Tibre. Mais en général, à mesure qu'elles s'éloignent de leur point d'émergence, elles se minéralisent aux dépens des formations qu'elles traversent, elles reçoivent de nombreux affluents, parcourent des pays cultivés, traversent des villes, subissent l'action de l'air et de la lumière, et changent ainsi de composition et de propriétés.

Outre les transformations successives qu'elles subissent durant leur trajet, ces eaux reçoivent, pendant l'été surtout, les torrents des montagnes alimentés par les pluies et la fonte des neiges ou des glaciers, ou bien elles s'altèrent en quittant leur lit et s'étendant sur de vastes surfaces cultivées. Aussi sont-elles soumises à de grandes variations. On ne peut citer d'exemple plus remarquable que les eaux de la Marne ; analysées à différentes époques par divers chimistes, elles ont donné :

Résidu fixe.	Carbonate de chaux.	
0^{gr}.180	0.105	(Vauquelin et Bouchardat).
0 .140	0.089	(Lassaigne).
0 .511	0.301	(Boutron et Henry).

Variabilité dans la composition de ces eaux, dans leur limpidité, dans leur état physique, et par conséquent dans leur action hygiénique, telle est pour ainsi dire la caractéristique des eaux de rivière.

.Toutefois sur les grands cours, alimentés sans cesse par les eaux abondantes qui s'écoulent des montagnes, les influences ultérieures ne se font sentir que beaucoup plus faiblement, et quoique variable, le poids des substances salines de l'eau des fleuves oscille entre des limites rapprochées. Le tableau suivant donne la composition synoptique des eaux de nos fleuves principaux. Tous les nombres sont rapportées à un litre :

TABLEAU DE LA COMPOSITION DE L'EAU DES FLEUVES DE LA FRANCE.

(*Analyses de H. S[te] - Cl. Deville*[1])

NOM DES SUBSTANCES.	LOIRE pont de Meung près Orléans	GARONNE en amont de Toulouse (juillet)	RHÔNE Genève avant l'Arve (avril)	RHIN Strasbourg (mai)	SEINE Bercy (juin)
	lit.	lit.	lit.	lit.	lit.
Gaz par litre — Acide carbonique. .	0.0018	0.0170	0.0080	0.0076	0.0162
Azote.	0.0202	0.0157	0.0184	0.0150	0.0120
Oxygène.		0.0079	0.0084	0.0074	0.0059 [2]
	0.0220	0.0406	0.0348	0.0309	0.0524
	gr.	gr.	gr.	gr.	gr.
Acide silicique..	0.0406	0.0085	0.0238	0.0188	0.0244
Alumine.	0.0071	»	0.0039	0.0025	0.0005
Peroxyde de fer.	0.0055	0.0031	»	0.0058	0.0025
Carbonate de chaux..	0.0481	0.0645	0.0789	0.1356	0.1635
— de magnésie. . . .	0.0061	0.0034	0.0049	0.0051	0.0034
— de soude..	0.0146	0.0065	»	»	»
— de manganèse.. . .	»	0.0050	»	»	»
Chlorure de sodium..	0.0048	0.0052	0.0017	0.0020	0.0125
— de magnésium. . . .	»	»	»	»	»
Sulfate de potasse.	»	0.0076	»	»	0.0050
— de soude.	0.0034	0.0055	0 0074	0.0135	»
— de chaux..	»	»	0.04'6	0.0147	0.0269
— de magnésie.	»	»	0.0063	»	»
Silicate de potasse.	0.0044	»	»	»	»
Azotate de potasse.	»	»	0.0040	0.0038	»
— de soude..	»	»	0.0045	»	0.0094
— de magnésie.	»	»	»	»	0.0052
Poids du résidu fixe pour 1 litre	0.1346	0.1367	0.1820	0.2318	0.2544

Ce tableau démontre l'analogie de ces diverses eaux et la con-

---

[1] *Ann. chim. phys.* [3], t. XXIII, p. 42.

[2] La plupart des auteurs ont trouvé de 5 à 8 centimètres cubes d'oxygène dans un litre d'eau de Seine, en amont de Paris.

stance des matériaux que nous avons démontrés être nécessaires dans les bonnes eaux potables.

Les causes des grandes variations dans la composition des eaux de fleuve sont : la chute des pluies ou la fonte des neiges, l'envasement des fleuves et leurs débordements, les grands changements de température, le passage de ces eaux à travers les lieux habités ou cultivés.

Les pluies des hautes montagnes, et la fonte des neiges pendant l'été, diminuent la quantité relative des matières dissoutes[1] ; les pluies tombées dans les plaines sur les terrains meubles l'augmentent au contraire, et salissent les eaux de matières organiques et organisées, d'azotates, de sels ammoniacaux. M. Bobierre[2] a observé aussi qu'après leurs débordements ces eaux ne contenaient plus d'acide silicique.

L'élévation de la température fait sensiblement croître la quantité de sels dissous, diminue les gaz, et tend à faire fermenter ou putréfier les matières organiques, qui peuvent finir par s'oxyder presque entièrement, en se transformant en acide carbonique, ammoniaque, nitrites et nitrates.

Le passage des eaux de fleuve à travers les lieux habités et cultivés, et surtout au milieu des grandes villes, augmente à tel point la quantité de sulfates et de matières organiques, que d'excellentes eaux peuvent devenir dès lors impotables. Boussingault a trouvé en moyenne $0^{gr},12$ d'ammoniaque par mètre cube dans l'eau de la Seine prise au pont de la Concorde. Chatin a signalé, en aval de Paris, un notable accroissement des sels ammoniacaux, accompagnés d'urée, de phosphates, d'hydrogène sulfuré, de matières organiques indéterminées, douées sans doute d'une activité extrême vu leur origine, et milieu des plus favorables à l'éclosion de ces petits êtres dont la multiplication explique l'apparition d'une foule de fièvres graves et de dyssenteries. Il me suffira d'en donner ici pour preuve, ces épidémies de flux intestinaux, et de fièvres typhoïdes qui viennent, de temps à autre, comme dans l'hiver de 1873, assaillir la ville de Versailles. Peligot[3] a fait à ce sujet les mêmes observations que Chatin.

[1] Ainsi, Rhône : résidu fixe par litre $0^{gr},10$ en été ; $0^{gr},18$ en hiver.
[2] Compt. rend. Acad. sc., t. XLIII, p. 410.
[3] Ann chim. phy. [4], t. III, p. 215.

En même temps qu'augmentent dans ces eaux les détritus organiques l'oxygène y disparaît presque complétement. Ainsi dans l'eau de la Tamise, avant son passage à travers la ville de Londres, R. A. Smith[1] trouve par litre : oxygène $7^{c.cub}$4, azote $15^{c.cub}$0, puis à mesure que ses eaux traversent cette grande cité et qu'elles arrivent jusqu'à Woolwich, on y trouve successivement :

	O		Az	
à Hammersmith.	$4^{c.cub}$	.1	$15^{c.cub}$	.1
à Somerset-House	1	.5	16	.2
à Wolwich.	0	.25	14	.5

Pour nous résumer, les eaux de rivière coulant sur des sols siliceux ou calcaires sont en général bonnes à boire, tant qu'elles n'ont pas traversé de trop grandes agglomérations d'hommes. Les meilleures sont celles dont le cours est rapide, et ne subit point de débordements fréquents. Elles sont rarement limpides, et sujettes à de nombreuses variations ; il faut leur préférer, quand on le peut, les eaux de source, toujours claires et presque constantes de propriétés et de composition, qualités importantes qui font que les populations s'en déclarent en général satisfaites[2].

Eaux de canaux, de fossés, de drains. — Les eaux de canaux, qu'elles soient empruntées aux rivières, ou qu'elles proviennent, comme celles du canal du Midi, de la dérivation d'une foule de torrents ou de ruisseaux, ont à un degré supérieur les inconvénients des eaux de fleuve. Moins abondantes et moins courantes que ces dernières, elles subissent toutes les variations que nous avons ci-dessus signalées. Utilisées le plus souvent par les diverses industries et pour les arrosages, passant au milieu des villes, elles sont presque toujours d'une innocuité douteuse. Nous ne conseillerons donc pas l'usage de ces eaux, tout en faisant quelques restrictions pour les grands canaux rapides et bien entretenus.

---

[1] *Mém. phil. soc.*, Glasgow, t. VI, p. 154 et suiv.

[2] Les eaux de rivière ont ce grave inconvénient d'être souvent chargées de matières terreuses en suspension et de ne pouvoir être consommées sans avoir été filtrées, opération presque impossible pour une grande cité. Cette quantité de matières limoneuses varie pour la Seine de 0^{gr},007 à 0^{gr},118, par litre; pour le Rhin de 0^{gr},017 à 0^{gr},205; pour la Tamise elle peut aller au delà 0^{gr},5 par litre ; pour le Mississipi elle arrive à 0^{gr},8; pour le Gange jusqu'à 2 grammes. Le Mississipi verse ainsi dans la mer, par année, 150 millions de mètres cubes de dépôts ; le Gange et le Brahmapoutra ensemble, dix fois plus. La quantité de matières *dissoutes* enlevées au sol est au moins égale (Lyell).

Les eaux de fossés et de drains sont toujours d'un goût douceâtre et marécageux. Elles dissolvent, sur les surfaces où elles séjournent, une quantité surabondante de sels et de matières organiques. Leur renouvellement imparfait les rend souvent croupissantes. Il faut absolument s'en abstenir.

Eaux de montagnes. — Les eaux que l'on boit à des altitudes élevées, proviennent de la fonte des glaces et des neiges des hauts sommets, ainsi que des pluies dues aux condensations des vapeurs atmosphériques.

Les glaces et les neiges des montagnes ne sont pas constituées par de l'eau pure. Elles contiennent une petite quantité de matières minérales où dominent les sulfates et les chlorures, matières qui augmentent à mesure que ces eaux se transforment en torrents[1]. Elles sont bien loin d'être dénuées de corps organiques, et les milliers de *puces des glaciers* que l'on rencontre sur les glaces, ne peuvent se nourrir qu'aux dépens des détritus d'animaux et de plantes qu'elles y trouvent. Chaque année tous ces débris s'accumulent et forment de nouvelles couches, tandis que la partie inférieure du glacier, fondant par sa base, donne naissance à des torrents bourbeux de couleur grise ou brunâtre, selon la nature des roches sur lesquelles repose le glacier qui sans cesse les broie sous son poids énorme. Les torrents des montagnes charrient donc avec une petite quantité de chlorures et de sulfates dissous, des silicates de potasse, de soude, de chaux, de magnésie, de la matière organique, et une petite proportion de gaz atmosphériques. M. Grange a suivi pas à pas, pour les torrents de l'Isère, les transformations subies par ces eaux. Il a fait voir qu'à mesure qu'elles descendent des hauteurs, les chlorures de sodium et de magnésium, les sulfates de soude, de potasse, de chaux et de magnésie augmentent. Dans les eaux qui coulent sur des terrains talqueux et anthracifères ces sels forment de 25 à 30 pour 100 du résidu fixe ; les carbonates en représentent de 36 à 47 pour 100. Sur les terrains crétacés les chlorures et les sulfates diminuent considérablement relativement au carbonate de chaux, et sur les terrains dolomitiques, au profit des carbonates de chaux et de magnésie.

L'eau des torrents, presque pure à son origine, s'enrichit donc

---

[1] Grange, Compt. rend., Acad. sc., t. XXVII, p. 358.

peu à peu en matières minérales. Quand elle arrive au fond des vallées pour y former des lacs, elle est constituée par les sels qu'elle a enlevés aux roches durant son trajet, par quelques matières organiques et par les gaz qu'elle a empruntés à l'atmosphère. Ainsi minéralisée, l'eau des lacs dissout encore un peu d'air, grâce à l'agitation de sa surface, et constitue dans les pays sains une excellente boisson.

Il n'en est pas de même des eaux de la fonte des neiges et des glaces prises au glacier ; on a vu tout à l'heure pourquoi. Il est de notoriété du reste qu'elles donnent des coliques et des congestions glandulaires à ceux qui en font usage.

Voici, comme exemple, l'analyse de quelques-unes de ces eaux de montagne :

	Eau prise au glacier du Glezzia (Isère) à 2250 mètres d'altitude (GRANGE).	Même eau ayant coulé sur des terrains talqueux prise à 678 m. d'altitude (GRANGE).	Eau du lac Léman (TINGRY).
	gr.	gr.	gr.
Chlorure de magnésium.. . . .	0.0043	0.0118	
— de sodium.	0.0057	0.0059	
Sulfates alcalins.	0.0035		Chlorures et sulfates de chaux et magnésie } 0.066
Sulfate de chaux..	0.0018	0.0163	
— de magnésie.	»		
Carbonate de chaux..	0.0047		0.072
— de magnésie. . . .	0.0001	0.0345	
— de fer..	»		
Acide silicique et alumine.. .	0.0020	0.0090	Autres sels. 0.014
Résidu fixe pour 1 litre	0.0201	0.0753	0.152

Les eaux de montagnes, sont-elles de bonnes eaux potables ? L'eau des glaciers et des torrents est en général trop pauvre en éléments minéraux et trop privée d'air sur les hauteurs ; elle est au contraire souvent trop riche en sels de chaux et de magnésie, quand elle a suivi un long trajet à travers des vallées profondes, mal insolées, où elle a pu se charger encore de substances organiques délétères. Les eaux des lacs tels que le Léman, le lac de Constance ou de Waldaï qui sont traversés par de grandes fleuves dont ils ne sont qu'une expansion, sans cesse renouvelées, mélanges moyens des différentes eaux qui les alimentent, assainies à l'air, constituent en général une boisson saine et agréable. Il n'en est pas de même des eaux de lacs sans écoulement, et surtout des lacs des plaines centrales de l'Asie, de l'Afrique et de presque tous les pays chauds, dont les eaux surchargées de sels alcalins sont éminemment dangereuses.

§ 5. — DES EAUX STAGNANTES.

Parmi les eaux stagnantes, qui peuvent servir à la boisson de l'homme, nous citerons :

1° *Les eaux de pluie* qui, recueillies dans des citernes, prennent des qualités spéciales, utiles ou nuisibles, et l'*eau distillée* provenant, le plus souvent, de l'eau de mer et consommée surtout par les marins ;

2° *Les eaux de puits ;*

3° *Les eaux d'étangs et de marais* qui sont bues dans quelques pays peu favorisés (Caux, Bresse, Russie centrale, Nouvelle-Zélande) : elles constituent presque toujours une boisson dangereuse.

Eaux de pluie, de citerne, eaux distillées. —Quoique l'homme ne boive pas en général les eaux de pluie sans qu'elles aient passé par une citerne ou un réservoir qui les modifie, nous dirons ici quelques mots de la constitution de ces eaux remarquables.

L'eau de pluie n'est pas de l'eau pure ou distillée ; elle contient des gaz, des matières salines et des substances organiques.

Il résulte des expériences de Péligot, qu'à Paris 1 litre d'eau de pluie tient en dissolution, en moyenne, 23 centimètres cubes de gaz, dont $2^{c.cub}$,4 d'acide carbonique, et $20^{c.cub}$,6 d'un mélange d'oxygène et d'azote, dans la proportion de 52 pour 100 du premier et 68 pour 100 du second. Si la pression vient à diminuer ou si la température s'élève, ces eaux dissolvent de moins en moins de gaz. La pluie tombée dans les villes est plus riche en acide carbonique ; elle contient en outre divers produits gazeux qui proviennent de nos foyers et de nos industries.

Les matières minérales dissoutes dans les eaux de pluie sont les chlorures de magnésium, de calcium et de sodium, une trace de sulfates et de phosphates, d'oxyde de fer, d'iode peut-être [2], enfin de l'acide azotique et de l'ammoniaque.

[2] Voyez à ce sujet, ce qui a été dit à propos de l'Air atmosphérique. Voir aussi Chatin, Compt. rend., t. XLVI, p. 399. *Ibid.* t. L, p. 420 et t. LI, p. 496. — Marchand, *ibid.* t. XLVI, p. 806. De Luca, *ibid.* t. XLVII, p. 644, t. XLIX, p. 170 et t. LI, p. 177.

M. Barral a fait dans les eaux de pluie les premiers dosages exacts de ces matières minérales. Il a trouvé dans celles de Paris 0^{gr},0528 de matières fixes par litre. Voici la composition du résidu laissé par les eaux qui sont tombées sur la terrasse de l'Observatoire :

PLUIES TOMBÉES DE JUILLET A DÉCEMBRE 1851
(par mètre cube moyen.)

Azote.	6^{gr}.397
Ammoniaque.	5 .334
Acide azotique	14 .069
Chlore	2 .801
Chaux.	6 .220
Magnésie.	2 .100

Quand on les recueillait dans la cour de l'Observatoire, l'ammoniaque croissait jusqu'à 21^{gr},8 par mètre cube et l'acide azotique diminuait jusqu'à 2^{gr},769.

M. Bobierre a observé à Nantes des faits analogues[1].

AMMONIAQUE
par mètre cube.

Observatoire de Nantes, eau prise à 47 mètres d'altitude. 1^{gr}.997
Bas quartiers, 7 mètres au-dessus du sol. . . . . 5 .939

Les quantités d'éléments minéralisateurs varient dans les pluies avec les saisons. Pour l'acide azotique, Barral a noté un maximum de 56^{gr},33 par mètre cube, en septembre ; un autre de 11^{gr},77, en février ; un minimum de 5^{gr},82, en octobre, un autre de 1^{gr},837, en juin. L'ammoniaque a présenté un maximum, de décembre à février, de 6^{gr},85 à 9^{gr},65 par mètre cube, tandis que dans les pluies d'automne, on n'en a trouvé que 1^{gr},08, et dans celles du printemps, que 1^{gr},135. Du reste, la quantité de cet alcali contenu dans l'air peut varier :: 1 : 50 pour des instants très-rapprochés. Le brouillard et les pluies l'enlèvent en grande partie à l'atmosphère.

Le chlore et la chaux ont aussi des maximums et des minimums dont les époques correspondent, à peu près, aux variations de l'ammoniaque.

____

[1] Voir *Bull. soc. chim.*, t. II, p. 468.

M. Bineau[1] a dosé aux diverses saisons, dans l'eau de pluie de Lyon en 1853, les quantités suivantes d'ammoniaque et d'acide azotique :

	1 LITRE D'EAU DE PLUIE CONTENAIT :				moyenne de l'année
	hiver	printemps	été	automne	
Ammoniaque . .	0^{gr}.0163	0^{gr}.0121	0^{gr}.0051	0^{gr}.0040	0^{gr}.0068
Acide azotique. .	0 .0005	0 .0010	0 .0020	0 .0010	0. 0010

A mesure que l'on s'éloigne des villes, les quantités d'ammoniaque diminuent, comme l'ont observé Bineau, Bobierre et Boussingault. Ce dernier savant, a trouvé 3^{mgr},08 d'ammoniaque dans un litre d'eau de pluie de Paris, et seulement 0^{mgr},34 dans celles de la valée du Leibfrauenberg. La pluie renferme, du reste, d'autant moins d'ammoniaque qu'elle a duré plus longtemps.

L'eau de neige est, d'après tous les auteurs, moins ammoniacale que l'eau de pluie ; la rosée et surtout le brouillard sont au contraire riches en ammoniaque. La rosée peut renfermer de 1 à 6 milligrammes d'ammoniaque par litre ; l'eau d'un épais brouillard, recueillie à Paris, par Boussingault, contenait par kilogr. 0^{gr},1378 d'ammoniaque.

Les quantités d'acide azotique sont aussi très-variables ; elles augmentent surtout dans les pays chauds et pendant la saison des orages.

L'eau de pluie, disions nous, contient des phosphates ; un litre donne de 0^{mgr},05 à 0^{mgr},09 d'acide phosphorique, correspondant à tout le phosphore que cette eau contient. La quantité de phosphates est plus grande à la campagne que dans les villes. Barral qui a fait ces déterminations sur une grande échelle, a trouvé que la majeure partie du phosphore est due au phosphate de chaux entraîné par les vents, mais qu'une petite quantité provient des matières organiques et des sporules aériens[2]. De Luca a confirmé ces expériences en démontrant qu'on ne trouve pas de phosphates dans les eaux de pluie recueillies à 55 mètres au-dessus du sol[3].

Les autres matières minérales, telles que sels de soude, de chaux, etc. sont sujettes aussi à des variations importantes ; les

---

[1] *Ann. chim. phys.* (3) t. XLII, p. 428.
[2] Voir *Rep. ch. pure*, t. III, p. 3.
[3] *Compt. rend.*, t. LIII, p. 153.

vents de mer augmentent la quantité de chlorures. L'oxygène dissous varie de 5 à 8 centimètres cubes par litre.

Pour ce qui est des substances organiques, l'odeur de putréfaction que prennent les eaux de pluie quand on les conserve, suffirait à en démontrer la présence. De ces substances, les unes proviennent des émanations diverses du sol des campagnes, et surtout des lieux habités, les autres ont une forme, une organisation déterminée, et constituent les germes ou les sporules d'une multitude de végétaux ou d'animaux dont nous avons déjà parlé à propos des matières organiques suspendues dans l'atmosphère[1]. Marchand a trouvé de 23 à 25 milligrammes de ces substances dans 1 litre d'eau de pluie de Fécamp ; Chatin $0^{gr},050$ et Angus Smith $0^{gr},010$ par litre d'eau de pluie recueillie dans des conditions variables.

Ces petites quantités de matières minérales et organiques qui se trouvent dans les eaux de pluie, ont une notable importance pour la fertilisation du sol. Isidore Pierre a calculé qu'un hectare de terre, dans les environs de Caen, reçoit annuellement par les pluies 59 kilogrammes de chlorures, dont 44 de sel marin, 23 kilogrammes de sulfates, 26 kilogrammes de chaux ; et l'on peut d'après les chiffres donnés ci-dessus, ajouter que ces substances sont accompagnées de 5 kilogrammes environ d'azotate d'ammoniaque et de 58 kilogrammes de matières organiques.

On voit aussi que les eaux de pluie, autrefois réputées si pures et si simples de composition, représentent un tout complexe, variable avec les saisons, les lieux, l'état de l'atmosphère et que servant de véhicule à une trop petite masse de matières salines, mais surtout à une trop grande quantité de substances organiques et organisées éminemment putrescibles, elles ne peuvent être considérées comme de bonnes eaux potables.

En beaucoup de lieux, cependant, l'absence de sources ou de rivières oblige à consommer les eaux de pluie. Elles sont recueillies dans des citernes et employées aux divers usages domestiques. Venise, Cadix, Neubourg, une partie de Cette et de Constantinople boivent de telles eaux. Mais après avoir été ainsi conservées, leur constitution s'est modifiée notablement. Les pluies se chargent sur les toits, sur le sol, aux dépens des matériaux du réservoir, de diverses substances minérales. Bien mieux, M. Marchand[2] a prouvé

---

[1] Voir *Air atmosphérique*, chap. I.
[2] Compt. rend., Acad. sc., t. XXXVII, p. 709.

qu'à l'abri du renouvellement fréquent de l'air, de l'action de la chaleur et surtout de la lumière, ces eaux, lors même qu'elles sont chargées de spores ou de vibrions, se clarifient et se purifient au bout de peu de temps par la mort et le dépôt de ces petits êtres dont les dépouilles tombent au fond du bassin et subissent une altération lente et inoffensive. Ainsi conservées elles acquièrent les qualités des bonnes eaux potables. Elles deviennent au contraire de plus en plus dangereuses quand elles s'échauffent, ou sont exposées à la lumière. (Voir art. IV. *Conservation des eaux*.)

L'eau distillée est surtout consommée par les marins. On la prépare à bord, avec de l'eau de mer. Elle est souvent d'une saveur et d'une odeur nauséeuse due à la décomposition par la chaleur des végétaux et des animaux que l'eau de mer tenait en suspension. Cette saveur ne disparaît pas dans l'eau conservée. Pour la rendre potable on devra l'aérer par le battage, et ajouter une petite quantité des éléments minéralisateurs ordinaires : $0^{gr},2$ à $0^{gr},3$ de bicarbonate de chaux par litre, $0^{gr},025$ à $0^{gr},3$ de sel marin et une trace de silicates.

Eaux de puits. — Il est des puits dont les eaux fraîches et douces sont saines et agréables à boire. Je veux parler de ceux qui sont creusés loin de l'habitation de l'homme, en plein champ, et qu'entretiennent les courants d'eau du sous-sol ou les filtrations des pluies à travers un terrain caillouteux et calcaire.

Mais dans les circonstances les plus ordinaires, placés au centre de l'habitation, souvent dans le lieu le plus malsain, recevant les infiltrations des eaux ménagères, creusés dans un sol imprégné des immondices que l'homme accumule forcément autour de lui, bâtis en général de pierres réliées par un mortier siliceux et alumineux, les puits ne fournissent qu'une eau mal renouvelée, mal aérée, chargée d'une quantité surabondante de sulfate et de carbonate de chaux, de chlorures terreux, de sels de magnésie, de silice, d'alumine, et surtout enrichie outre mesure de matières animales, en partie transformées en azotate d'ammoniaque, en partie en état de se décomposer. Toutes ces substances sont empruntées aux terrains où croupissent ces eaux.

Aussi voit-on chez les populations qui font usage de cette boisson, se développer les hypertrophies glandulaires, les dégénérescences cancéreuses, les dyssenteries. Thouvenel nous apprend[1] qu'il y a

[1] *Mém. Soc. de méd. et chirurg.*, 1777 et 1778.

un siècle la ville de Reims, qui s'alimentait exclusivement d'eau
de puits, possédait un goîtreux ou un cancéreux sur trois personnes, et qu'au bout de quelques années le nombre en diminua de moitié quand on eut distribué à la ville les eaux de la rivière de Vesle.

D'après les recherches de M. Blondeau, sur les eaux de puits,
on peut admettre : 1° que les substances minérales que nous avons
énumérées ci-dessus n'empêchent pas, à la dose de $0^{gr},4$ par litre,
que ces eaux puissent servir aux usages domestiques ; 2° que si
elles renferment par litre 1 gr. de ces substances, elles sont impropres au blanchissage et à la cuisson des légumes ; 3° que ces eaux
doivent être rejetées quand elles contiennent $0^{gr},02$ de substances
organiques par kilo ; 4° que si ces dernières dépassent ces limites
elles provoquent les flux intestinaux, la scrofule, le goître ;
5° que la saveur terreuse de ces eaux est surtout due à l'alumine
que dissout un excès d'acide carbonique.

Voici l'analyse de trois types de ces eaux de puits.

	PUITS DE REIMS Jardin de l'Hôtel-Dieu eau produisant le goître (Maumené)	PUITS DE RHODEZ Séminaire eau encore potable (Blondeau)	PUITS DE BESANÇON Grand'rue eau estimée (H. Deville)
	lit.	lit.	lit.
Gaz pour un litre { Azote.	0.018	0 025	0.017
Oxygène.	»	0.009	0.004
Acide carbonique.	0.048	0.022	0.020
	gr.	gr.	gr.
Acide silicique.	0.045	0.006	0.031
Alumine.	0 006	0.035	0.009
Peroxyde de fer.	0.011	»	»
Carbonate de chaux. . . .	0.244	0.053	0.216
— de magnésie. . .	»	0.014	0.009
Sulfate de potasse.	»	0.015	0.006
— de soude. . . .	0.092	»	»
— de magnésie. . . .	»	0.025	»
— de chaux.	»	0.017	0.080
— d'alumine.	»	0.005	»
Azotate de potasse.	»	0.085	0.090
— de soude.	0.049	0.105	0.030
— de magnésie. . . .	»	0.054	»
— de chaux.	0.083	0 110	»
Phosphate de chaux. . . .	0.020	»	»
Chlorure de sodium. . .	0.164	0.012	0.056
— de magnésium. .	»	0.020	0.007
— de calcium. . . .	»	0.018	»
Matières organiques. . . .	0.141	0.006	?
Résidu fixe pour 1 litre. .	0.845	0.476	0.534

Eaux d'étangs et de marais. — Les eaux d'étangs formés par
la réunion des pluies amassées dans les parties déclives des
grands plateaux sur des sols argileux, imperméables, et les eaux de
marais qui baignent une végétation souvent luxuriante sont malheureusement, dans beaucoup de contrées, la seule boisson de
l'homme. Les marais occupent, en France seulement, plus de
400000 hectares. Il en est d'immenses dans les grandes plaines
de la Russie, de l'Asie centrale, de la Nouvelle-Zélande. Les populations riveraines s'y abreuvent par incurie ou par disette de toute
autre boisson. Tel est chez nous le cas de la Bresse et du pays de
Caux [1].

Il ne faudrait point croire que le poids des matières minérales
contenues dans les eaux d'étangs ou de marais fût exagéré.
D'après les quelques analyses que l'on en possède, le contraire a
le plus souvent lieu. Les eaux des marais de Saint-Brice, près de
Reims, n'ont donné, par litre à M. Maumené que $0^{gr},18$ de résidu
fixe, dont $0^{gr},17$ de carbonate de chaux. L'ammoniaque n'existe
qu'à l'état de traces dans les eaux privées de végétaux ; on n'y
rencontre que $0^{gr},0005$ à $0^{gr},005$ d'azotates par litre. Dans celles
des marais où la végétation prospère, une petite quantité d'ammoniaque remplace au contraire l'acide azotique. Ces eaux ne sont
donc point dangereuses à cause de leurs matières minérales.
Elles doivent en partie leurs effets pernicieux à leur désaération
presque complète, aux gaz qu'elles dissolvent, gaz à odeur souvent putride, mélangés d'hydrogène carboné, d'oxyde de carbone [2], d'hydrogène sulfuré et phosphoré dans quelques cas ;
mais le danger de ces eaux est surtout dû aux matières organiques
qu'elles dissolvent, ou aux végétaux et aux animaux microscopiques qui y pullulent.

D'après Marchand [3], si les eaux sont exposées à la lumière et ne
baignent pas de végétaux, elles se recouvrent d'abord de productions vertes ou rouges qui envahissent leur surface. Au-dessous
se développent une infinité d'animalcules microscopiques ; ceux-ci
meurent et sont remplacés par de nouvelles générations qui se

---

[1] Une partie de la ville de Versailles, boit les eaux des étangs, destinées par Louis XIV
à fournir aux jardins du palais ; aussi est-ce une des villes les plus infectées de fièvres
typhiques et de dyssenteries.

[2] M. Maumené a trouvé jusqu'à 22 p. 100 d'oxyde de carbone, dans les gaz de certains marais.

[3] Compt. rend., acad. sc., t. XXXVII, p. 719.

reproduisent encore et déposent leurs restes au fond du liquide où ils se putréfient. Si ces eaux baignent des végétaux, un grand nombre d'infusoires se groupent au-dessous des feuilles, meurent et se décomposent comme les précédents ; ce sont des mucédinées, des conferves, des vibrions, des palmellées. L'influence spécifique de quelques-unes de ces espèces dans la production des dyssenteries, du choléra, de la fièvre intermittente, ne fait presque plus de doute (*Voir* l'article suivant). Ces eaux ne prennent pas d'odeur putride, mais elles se chargent d'une matière acide jaunâtre, et d'une sorte d'albumine qui leur communique de la viscosité. Elles acquièrent un goût fade et marécageux, tandis que leur aération ne paraît pas diminuer.

En résumé les eaux de marais sont toujours désagréables et souvent dangereuses à consommer. Tout au plus pourra-t-on, si l'on vit dans les pays dénués de sources et de rivières, faire comme les peuplades de l'Asie centrale, les boire après les avoir mises à bouillir avec du thé ou du café pour détruire toute organisation et masquer un peu leur goût.

ARTICLE III

RAPPORT DE LA COMPOSITION DES EAUX AVEC L'ÉTAT DE SANTÉ DES POPULATIONS QUI LES BOIVENT.

Il serait superflu après ce que nous venons de dire, de démontrer, d'une manière générale, que l'état et la composition des eaux influe sur la santé des populations, au même titre que l'air atmosphérique et que les aliments. Mais il est utile de rechercher s'il n'y aurait pas quelques rapports précis et constants entre l'état de santé ou les maladies habituelles de ceux qui boivent certaines eaux, et leur composition révélée par l'analyse. S'il est, comme nous l'avons montré, des substances nécessaires dans les bonnes eaux potables, l'absence de ces substances, ou leur exagération coïnciderait-elle avec le développement de certaines endémies? Au point de vue des rapports qui peuvent exister entre la nature des eaux et l'état général de santé ou de maladie des populations qui les consomment, nous partagerons les eaux en trois classes : — *Eaux privées de certains principes utiles.* — *Eaux ca-*

*ractérisées par une trop forte proportion de matières salines. —
Eaux chargées de corps organiques ou organisés.*

1. — EAUX PRIVÉES DE CERTAINS PRINCIPES UTILES.

Eaux trop pures. — Les eaux de la fonte des glaces et des
neiges, les eaux de pluie recueillies directement, l'eau de mer distillée, sont toutes de mauvaises eaux potables. Les expériences de
Boussingault et de Chossat, sur l'ossification, expériences que nous
avons relatées p. 155, démontrent que de telles eaux doivent con-
tribuer au développement des affections rachitiques et scrofuleuses,
si souvent endémiques en effet sur les montagnes. C'est à tort
toutefois qu'on a cru devoir attribuer le goître à la pureté et à la
fraîcheur des eaux que l'on boit à de grandes hauteurs. Dans
le département de la Seine-Inférieure qui forme une vaste plaine
ouverte aux vents et au soleil le goître est très-répandu. Du reste,
pour la même altitude, cette affection ne s'observe que dans certaines vallées.

Eaux désaérées. — Elles sont toutes fades, lourdes et indigestes. Cette désaération est souvent le signe de la présence de
matières organiques suspectes et coïncide avec un état cachecti-
que des populations. C'est à la désaération des eaux des hautes
montagnes que Boussingault attribue l'endémie du goître dans ces
régions. Cette opinion ne peut être soutenue, car le même auteur
nous apprend que sur le penchant occidental des Cordillères cette
maladie est à peu près inconnue.

Eaux privées d'iode. — Il n'est pas démontré que l'iode soit un
élément commun à la généralité des bonnes eaux potables. Les
recherches de De Luca contredisent formellement l'opinion de
Chatin; d'ailleurs dans un grand nombre d'eaux potables qui
ont été analysées depuis que les travaux de ce savant ont attiré
l'attention sur ce sujet, on ne fait aucune mention de ce métalloïde. Il nous répugne du reste d'accorder une importance réelle
à 1 deux-cent-millionième d'iode dans l'eau de Seine, l'une des
eaux les plus iodurées.

E. Marchand a dit que dans les pays boisés et riches en végétaux,
les eaux sont moins iodées que dans les pays arides; que les
plantes absorbent l'iode des eaux de pluie, et que les sources en-

tourées de bois sont appauvries en ce principe. Ces observations semblent être confirmées par les travaux de Chatin, qui a cru reconnaître encore que les eaux sont d'autant moins iodurées qu'elles sont plus riches en sels calcaires.

Personne n'ignore que depuis que l'on s'est préoccupé de l'absence ou de la présence de l'iode dans les eaux, on a rapporté à la disparition de cet élément le développement endémique du goître et du crétinisme. Cette opinion, défendue surtout par Chatin, ne peut être soutenue aujourd'hui. Ces maladies font de nombreuses victimes sur les rives gauches du Pô et de l'Isère et épargnent les habitants des rives opposées, vivant sous le même ciel et dans des conditions analogues. D'ailleurs M. Bebert a trouvé de l'iode, souvent en quantité relativement considérable ($0^{gr},01$ par litre), dans les eaux des pays de la Savoie les plus infectés de goître. Le manque de l'iode dans les eaux constitue l'absence de l'une des conditions les plus avantageuses à l'arrêt du développement de cette affection, mais il est insuffisant à la produire.

§ 2. — EAUX CONTENANT UNE TROP FORTE PROPORTION DE MATIÈRES SALINES.

Eaux fortement calcaires. — Les eaux surchargées de bicarbonate, de sulfate, de chlorure de calcium, non-seulement cuisent mal les aliments et déplaisent au goût, mais encore entravent la digestion ; elles sont *lourdes* ou *crues*. Arrivé dans l'intestin, le sulfate de chaux peut se décomposer et donner de l'hydrogène sulfuré ; ces divers sels absorbés avec le chyle constituent pour l'hématose un milieu anormal, et fatiguent les reins chargés de les éliminer sans cesse.

Hippocrate déjà, et Zimmermann après lui, avaient accusé l'eau de puits, souvent séléniteuse, de causer la pierre ou la gravelle. Les médecins des hospices d'Avignon ont fait la remarque que dans le faubourg de la ville, dit l'*Isle de Vaucluse*, où l'on ne boit que les eaux calcaires de la source de ce nom, il y a toujours un nombre bien plus grand de calculeux que dans le reste de la ville alimenté par le Rhône. En effet les sels calcaires en excès rencontrant dans le sang et les reins des oxalates et des phosphates, peuvent faire avec eux une double décomposition et tendre à se précipiter s'ils sont en trop grande abondance.

On a prétendu que les eaux chargées de bicarbonate de chaux exposent à des dépôts tophacés qui incrustent les articulations. Cette curieuse observation mériterait d'être confirmée.

Eaux trop magnésiennes. — Ces eaux sont amères et légèrement purgatives. L'été surtout elles affaiblissent l'économie. L'excès des sels de magnésie peut produire dans le sang du phosphate ammoniaco-magnésien et dèvenir ainsi la cause de dépôts calculeux. M. Grange[1] a trouvé de la magnésie, souvent en abondante quantité, dans les eaux des pays à goître et a cru pouvoir en conclure que cette base favorise puissamment le développement de cette affection. Il est même parvenu à produire l'hypertrophie de la glande thyroïde sur des lapins, en mêlant du sulfate de magnésie à leur nourriture habituelle. Les dolomies, les talcs, les ophites sont, il est vrai, les roches principales des pays goîtreux dans toutes les parties du monde; mais, d'un autre côté, les eaux des puits de Rhodez contiennent une quantité de magnésie trois et quatre fois plus grande que la moyenne de celles qu'a analysées M. Grange; or le goître est inconnu dans le chef-lieu de l'Aveyron. Bien plus, M. Maumené a prouvé qu'il n'existe pas de magnésie dans les eaux de puits de la ville de Reims dont l'usage fait naître si facilement le goître.

Eaux chargées de silice. — Ces eaux paraissent développer la carie dentaire. Ces maladies sont très-répandues dans certains pays à terrains siliceux ; tel est le Noyonnais où les eaux ne contiennent jamais moins de $0^{gr},014$ de silice par litre[2].

M. Bouland, professeur à l'École de médecine de Limoges, a fait l'intéressante observation que le calcul d'un homme, ayant vécu quinze années sur un terrain calcaire et le même laps de temps sur un sol très-riche en silice, était formé d'un noyau calcaire enveloppé de couches siliceuses.

Eaux riches en azotates et en composés ammoniacaux. — Les azotates sont abondants dans certaines eaux. M. Bineau en a trouvé jusqu'à 15 milligrammes par litre, dans les étangs d'eau douce des environs de Lyon; on en a signalé $0^{gr},132$ dans l'eau de certains puits de Reims, et jusqu'à $1^{gr},566$ dans l'eau d'un puits de Rodez. Ces sels, à la faible dose de $0^{gr},01$ à $0^{gr},02$ par litre, n'ont pas d'inconvénients (*Blondeau*) ; à dose plus élevée et continue ils

---

[1] Voir Compt. rend., Acad. sc., t. XXVII, p. 558 et *Arch. gén. de méd.*, octobre 1851.
[2] Voir à ce sujet, thèse de A. Guilbert, Paris, 1857.

peuvent devenir débilitants et toxiques. Mais les eaux qui en sont chargées sont surtout rendues dangereuses par les matières organiques qui accompagnent presque toujours les composés oxygénés de l'azote, composés qui en dérivent le plus souvent.

§ 5. — EAUX CHARGÉES DE MATIÈRES ORGANIQUES OU ORGANISÉES.

Comme nous l'avons vu, aucune eau potable n'est privée de matières organiques. Mais parmi celles-ci, les unes sont des substances en état de se décomposer ou de se putréfier, les autres, organisées et vivantes, se développant et se reproduisant au sein de l'eau, tendent à la rendre ainsi de plus en plus impure. L'influence, toujours malfaisante des substances organiques, contenues dans les eaux mérite que nous en fassions une étude un peu détaillée.

Matières organiques en état de décomposition. — De ces substances, les unes sont en suspension, les autres sont dissoutes dans les eaux.

Les détritus végétaux et animaux enlevés par les cours d'eau sur leurs rives ou pendant leurs débordements, la présence des fabriques (amidonneries, tanneries, épuration de graines, rouissage du chanvre), les détritus végétaux qui se forment dans le lit des rivières dont le cours est peu rapide, constituent des conditions très-défavorables à la bonne qualité des eaux. L'albumine, les matières mucilagineuses et extractives, les tannins se dissolvent peu à peu, puis subissent une décomposition putride d'où provient le goût *marécageux*. Toutefois, ces substances sont loin d'être aussi dangereuses qu'on pourrait le supposer *a priori*. Il résulte, en effet, des observations de Parent-Duchatelet que les eaux douées d'odeur putride, chargées de matières organiques dues au rouissage du chanvre, peuvent bien amener quelques flux intestinaux, *mais qu'elles ne tiennent en dissolution aucun principe vénéneux.* Lui-même, une partie de sa famille et plusieurs malades de la clinique d'Andral se dévouèrent pendant plusieurs jours à boire de ce liquide nauséabond, sans en éprouver da notables accidents[1].

On peut donc boire de ces eaux d'une façon passagère, mais

____

[1] Voir *Ann. d'hygiène et de méd. légale*, t. VII, p. 257.

leur usage continu serait dangereux. P. Franck rapporte que dans un petit village du Brunswick, il y avait tous les ans, en automne, une épidémie de dysenterie causée par le rouissage du chanvre. A plus forte raison devra-t-on s'abstenir de boire habituellement l'eau altérée par son passage à travers les grandes cités. Il suffit quelquefois de la petite quantité de matières enlevées soit au pavé des rues, soit au sous-sol infect des villes, par une pluie un peu abondante pour que l'usage des eaux du fleuve qui la traverse ou des puits qui l'abreuvent amène une série d'accidents graves à caractères épidémiques. Comme nous l'avons vu plus haut, la ville de Reims qui ne buvait, il y a un peu plus d'un siècle, que l'eau de ses puits salie par une dose notable de matières organiques, était tellement affligée d'engorgement glandulaires, que ses médecins déclaraient « qu'il n'est pas de ville dans le royaume où l'on trouve plus de goîtres, de squirrhes, de cancers, d'écrouelles, de loupes, de mélicéris, de stéatomes. »

On voit donc que l'emploi habituel des eaux contenant des matières organiques en état de se décomposer est dangereux ; qu'elles donnent plus particulièrement lieu aux coliques, aux dysenteries, à diverses altérations organiques qui se traduisent par des engorgements ganglionnaires et viscéraux, et que leur usage prolongé favorise le développement des diathèses scrofuleuse et peut-être cancéreuse.

Eaux chargées d'organismes végétaux ou animaux. — La présence dans les eaux de petits êtres microscopiques est presque constante ; leur influence, est bien plus directe et souvent plus nuisible qu'on ne le pense. Depuis longtemps on sait que les eaux dormantes ou croupissantes contiennent des matières organisées et vivantes. Zimmermann, Spalanzani, Leeuwenhoeck attribuaient leur putréfaction au développement des œufs de petits infusoires, et un savant anglais Bostock avait le premier observé que l'altération des eaux potables à bord, était due à la formation de myriades de ces petits êtres.

Les travaux de Pasteur[1] sont venus démontrer que l'air est le véhicule d'un nombre infini de germes de diverses espèces (mucors, mucédinées, vibrions...) Ces organismes, en rencontrant les eaux chargées de matières ammoniacales ou azotées, de phos-

---

[1] Voir dans ce livre *Matières organiques de l'air*, chap. I.

phates, de substances extractives diverses, s'y développent, s'y reproduisent et s'y décomposent. Pasteur a fait voir aussi que ces êtres inférieurs sont la cause directe des fermentations et des putréfactions, qu'ils sont, par conséquent, doués sous un faible volume d'une activité très-grande que multiplie leur facile prolifération. Cl. Bernard, Davaine, Coze et Feltz, et tant d'autres ont démontré ensuite que ces infusoires peuvent, introduits dans les intestins et dans le sang, y vivre, s'y reproduire, y accomplir leurs fonctions de ferments et devenir ainsi la cause d'un certain nombre de maladies infectieuses ou endémiques.

Que l'influence de beaucoup de ces petits organismes sur la santé publique soit souvent nulle, personne ne saurait le mettre en doute, car nous en absorbons tous les jours avec nos aliments et nos boissons. Mais, dans des conditions encore mal connues, après avoir été ingérés, certains d'entre eux deviennent la cause provocatrice des fièvres intermittentes, des dysenteries des pays chauds, du typhus abdominal et, très-probablement du choléra[1], de la peste, de la fièvre jaune et du goître endémique.

L'observation suivante, rapportée par Boudin[2] qui en a été le témoin, démontre d'une façon incontestable que l'eau seule peut suffire à produire l'intoxication paludéenne.

En juillet 1834, huit cents soldats français sont embarqués à Bone sur trois navires. La santé se conserve parfaite sur deux d'entre eux. Le troisième, l'*Argo* portait 120 hommes; 13 succombent pendant la traversée, victimes de *fièvres pernicieuses*; 98 débarquent à Marseille atteints de *fièvres intermittentes* de tout type; tous, à l'exception de quatre, furent guéris par le sulfate de quinine. Une enquête médicale démontra que plusieurs tonneaux d'eau, puisée dans un lieu marécageux, avaient été embarqués pour la boisson des soldats qui, pendant la traversée, se plaignirent du goût vaseux de ce liquide. Les officiers de

---

[1] JAMESON, dans son rapport sur le *cholera morbus* dans l'Inde, dit que le meilleur moyen préventif employé par les riverains du Gange pour échapper à l'épidemie, consiste à ne boire l'eau qu'après l'avoir faite bouillir. A Londres, pendant le choléra de 1854, une enquête sévère constata que 2284 décès étaient arrivés dans des maisons recevant l'eau non filtrée de la Tamise et 294 seulement dans celles qui recevaient l'eau filtrée de Lambeth Company. Ces chiffres sont éloquents; aussi M. Simon, rapporteur du *Board of health*, conclut-il : « La population qui boit de l'eau impure, paraît avoir fourni une mortalité trois fois et demi plus grande que celle qui boit d'autres eaux. » Le Dr Blanc de l'armée des Indes est arrivé aux mêmes conclusions. (Voir *Compt. rend Assoc. franç. pour l'avanc. des sciences*. Session 1873.

[2] *Traité de statistique et de géog. méd.*, t. 1, p. 142.

ce vaisseau qui avaient fait usage d'une eau différente, ne présentèrent aucun malade. Un fait presque identique est cité par Rochard à propos d'une épidémie de fièvre jaune à bord.

Dans l'automne de 1860, il régna dans le couvent des Sœurs de la Charité à Munich, une épidémie de fièvre typhoïde. Trente et une sur 120 furent frappées ; dans la ville, il existait à peine quelques cas isolés. Une enquête fut ordonnée ; elle démontra que toutes les sœurs atteintes avaient bu de l'eau d'un puits attenant à la buanderie et à l'hôpital général. L'épidémie disparut aussitôt que l'on cessa de boire de cette eau. Celle-ci fut examinée par le docteur Hessling et par Pettenkofer. Ils y trouvèrent une certaine quantité de matières organiques et de nitrates, des substances putrides sous forme d'un coagulum floconneux vert foncé ; et des éléments organisés tels que algues, spores, vibrions, monades..., qui, d'un mouvement rapide, tournoyaient dans le champ visuel[1].

Les affections endémiques qui portent le nom de *bouton d'Alep*, de *bouton de Biskra* paraissent aussi dues à une substance absorbée avec les eaux potables de ces pays. Les familles qui, à Alep, s'abstiennent de boire de l'eau du Koïg sont indemnes de cet exanthème tuberculeux. Le docteur Clemens a publié le récit d'une épidémie de pustules et de furoncles qui eut lieu en 1850 à Francfort, par l'usage d'un eau de puits salie de matières organiques[2]. Toutes ces observations jettent quelque jour sur l'étiologie de cette triste maladie des riverains du Nil, la peste, qui a beaucoup d'analogie avec ces dernières affections.

J'ajouterai enfin qu'après les recherches et les enquêtes les plus complètes et les plus sévères, c'est aussi à la présence d'une substance organisée existant dans certains sols, et se développant spécialement sur les terrains dolomitiques chargés de matières organiques, que les hommes les plus compétents sont arrivés à attribuer les endémies de goître et de crétinisme[3].

---

[1] *Revue de thérapeutique*, de Martin Lauzer, 1862, p. 203. Voir aussi le récit de l'épidémie de fièvre typhoïde de Mayence, en décembre 1843, dans *Gaz. méd.*, 1845, p. 730. — Même observation à Guildfort : un puits qui alimente une partie des maisons de la ville reçoit les infiltrations d'un égout. Dans 530 maisons qui s'y fournissaient d'eau, éclatent la première semaine 150 cas de fièvres entériques, 100 cas la semaine suivante. Les 1345 autres maisons de la ville ne buvant pas de ces eaux, n'eurent pas un seul cas de fièvre typhoïde. Buhl a observé, qu'à Munich, un abaissement de niveau des eaux souterraines coïncide avec une aggravation de la dothinenterie. Le sol humide s'échauffe alors et favorise la pullulation des germes.

[2] Henle und Pfeufer's *Zeitsch. f. ration. Méd.*, 1850. Voir aussi *Gaz. méd.*, 1851.

[3] Voir à ce sujet mon travail sur les *Eaux potables*, p. 183 à 188. Paris, 1862.

Si, d'une manière générale, on peut établir avec certitude que plusieurs graves maladies sont dues à l'absorption d'organismes microscopiques par les boissons, il est encore aujourd'hui difficile d'indiquer d'une façon précise à quels infusoires doivent être rapportés le développement de telles ou telles affections spécifiques. Nous avons dit (p. 21), que l'on avait attribué à la présence des *palmella* ou *zoogléa* dans le sol et les eaux, les fièvres intermittentes des marais : ce sont des masses gélatineuses, granuleuses, qui se rencontrent dans presque toutes les infusions en voie de se putréfier, et que quelques auteurs considèrent comme étant le premier degré d'organisation des bactéries. C'est aussi au *zooglea termo* et au *leptotrix* du mucus intestinal des cholériques, que l'on a rattaché l'apparition du choléra... Il est fréquent de voir cette maladie frapper des personnes qui n'ont eu aucun rapport avec ceux qui en sont atteints, mais qui ont ingéré de l'eau qui a séjourné sur le sol de la localité infectée et qui a pu recevoir les infiltrations des déjections morbides. Ce mode principal de propagation du choléra, qui n'est certainement pas le seul, a été sur tout observé à Londres et dans l'Inde.

Les conditions favorables au développement des infusoires : sont la lumière, la chaleur, l'électricité et la stagnation de l'eau. Dans les réservoirs entièrement privés de lumière et où l'air se renouvelle difficilement, non-seulement ils ne se développent pas, mais ils périssent. (*Marchand, Coste.*) L'élévation de température active la reproduction de ces petits êtres : cette observation a été faite par tout le monde[1]. C'est du reste dans les climats chauds que s'élaborent surtout les germes des graves affections paludéennes et des grandes épidémies dont le développement semble être encore favorisé par la tension électrique élevée de l'atmosphère[2].

La stagnation des eaux permet leur échauffement, concentre les matières organiques et se prête ainsi au développement des organismes inférieurs.

« Les eaux dormantes sont lourdes, malsaines et propres à augmenter la bile : ceux qui en font usage ont toujours la rate

---

[1] Voir à ce sujet Dupasquier, *Comparaison des eaux de source et de rivière*, p. 322.
[2] On a constaté aux Antilles, l'influence des orages sur l'apparition et le développement de la fièvre jaune (voir *Relation médicale sur la fièvre jaune*, Maher, p. 73).

volumineuse ; ils sont affamés, altérés...; les hydropisies, à la suite de leur usage, sont très-dangereuses ». Ainsi les jugeait déjà Hippocrate [1].

ARTICLE IV

CONSERVATION ET ÉPURATION DES EAUX.

Après avoir appris à reconnaître les bonnes et les mauvaises eaux et les causes de leurs effets utiles ou pernicieux, il nous reste à dire comment on peut les conserver si elles sont potables, ou les rendre potables si elles ne le sont pas. Nous serons bref à ce sujet.

§ 1. — CONSERVATION DE L'EAU POTABLE.

Les meilleurs procédés de conservation des eaux sont ceux qui non-seulement ne les altèrent pas, mais qui concourrent à les aérer, à les rafraîchir, à corriger dans quelques cas leurs défauts. Ces résultats sont atteints différemment suivant les conditions où l'on s'est placé.

L'étude de la conservation des eaux est surtout importante pour celles qui sont destinées à l'alimentation journalière des villes. Il est des eaux qui se conservent aisément, d'autres qui se corrompent. Bouchut, qui s'est occupé de cette question pour la ville de Paris, a trouvé que les eaux d'Arcueil et des puits artésiens se conservent mieux que celles de la Seine, où se développent rapidement un grand nombre d'infusoires, *navicules*, *oscillaires*, *paramecies*, *anguillules*, *daphnés*... *etc.*

Nous avons dit dans l'article précédent ce qui favorise la pullulation de ces germes. Le réservoir d'eau devra être soustrait à l'action de la lumière et au renouvellement de l'air, placé dans un lieu frais et couvert, pour le mettre autant que possible à l'abri des émanations qui salissent toujours l'atmosphère d'une cité. Il sera surtout éloigné du lieu de distribution, dont le sous-sol n'est jamais sain. Il devra être fait de beton, recouvert de ciment hydraulique pour céder aux eaux, qui doivent y séjourner, la plus

1 *De l'air, des eaux et des lieux*, traduction de Littré, t. II.

faible proportion de ses matériaux. Il sera lavé de temps à autre et assaini à l'acide sulfureux. Enfin on devra éviter les tuyaux de conduite faits de cuivre et surtout de plomb.

Les mêmes observations générales s'appliquent aux réservoirs des habitations particulières. Les meilleurs sont ceux qui sont faits d'argile cuite, de grès ou de pierre. On devra éviter l'emploi des réservoirs de bois qui désaèrent l'eau et favorisent sa putréfaction.

Dans certaines villes, à Venise, à Cadix, à Neubourg, à Vannes, ou l'on manque d'eaux courantes, on est obligé de boire l'eau de pluie que l'on conserve dans des citernes. La construction de ces réservoirs est délicate. Celles que l'on fait à Venise sont certainement les plus parfaites, aussi les décrirons-nous ici brièvement.

On fait dans le sol un trou ayant la forme d'un cône, à base tournée vers le haut, et de 3 à 4 mètres de profondeur. On dépose à sa surface une couche d'argile de 50 centimètres d'épaisseur, parfaitement lissée, et destinée à empêcher les infiltrations et les racines des végétaux d'arriver à l'eau de la citerne ; puis on construit, au centre du cône, un cylindre circulaire en briques sèches parfaitement ajustées, sauf dans le bas. Il reste, entre le cylindre et le cône, un espace que l'on remplit de sable de rivière ; c'est là que se rendent les eaux de pluie. Elles filtrent à travers le sable et entrent dans la citerne par le bas. Telle est la citerne vénitienne ; inutile de dire qu'elle doit toujours être couverte et placée dans un lieu frais.

Pour conserver l'eau à bord des navires on a proposé divers procédés. Le goudronnage des fûts communique à l'eau une saveur et une odeur peu agréables ; l'eau de chaux dont on les badigeonne est un moyen insuffisant. Berthollet proposa, le premier, en 1803, de les carboniser intérieurement ; cette pratique, encore utilisée de nos jours, est une des meilleurs et des moins dispendieuses. Sur les grands vaisseaux de l'État, après de nombreux essais, on s'est arrêté à conserver l'eau dans des caisses en tôle galvanisée. Le zinc ne paraît avoir aucune influence sur la santé des marins.

Tout moyen de conservation doit protéger les eaux contre la désaération et l'échauffement. On peut par le battage faire dissoudre à l'eau cette quantité d'air qui la rend digestible et agréable. Son échauffement ne peut être évité qu'en plaçant le réser-

voir dans un endroit frais, au-dessous du sol, en un lieu salubre
mis à l'abri des infiltrations.

§ 2. — ÉPURATION DES EAUX.

L'eau peut être de plusieurs manières impropre à la boisson :
elle peut manquer de limpidité ; elle peut dissoudre un excès de
matières salines ; elle peut être salie par des substances organiques.

Les matières qui restent en suspension dans les eaux limoneuses se déposent par le repos ; mais ce n'est qu'avec une
extrême lenteur. La filtration n'est possible, au moins pour les
grandes masses destinées à l'alimentation des villes, que lorsque
les eaux se sont débarrassées de la majeure partie de leur vase, et
n'en contiennent tout au plus que $0^{gr},05$ par litre. Les filtres formés
par des terrains sablonneux perméables, tels que celui qui existe à
Toulouse pour clarifier les eaux de la Garonne, ou les drains établis
dans le sous-sol des rivières, sont les seuls moyens d'obtenir les
grandes masses d'eau destinées à la boisson des villes. Quant aux
filtres des ménages particuliers, ils peuvent se composer essentiellement de divers compartiments mobiles alternativement formés par des couches de laine tontisse, de charbon et de sable,
qu'on lave de temps à autre en faisant passer un courant d'eau en
sens inverse. Le filtre à pierre poreuse des ménages parisiens est
un assez bon appareil au point de vue de l'épuration des eaux,
mais son rendement est faible, il s'engorge rapidement, et ne
peut arrêter d'ailleurs qu'imparfaitement les matières organiques.

Il est des conditions auxquelles tout bon filtre doit satisfaire :
priver l'eau de tous les corps en suspension ; la conserver à une
température qui ne dépasse pas 15° ; favoriser son aération et absorber les miasmes et les matières putrides s'il y en existe. Sous
ce dernier rapport, les filtres formés de charbon que l'on remplace de temps en temps sont préférables aux autres [1].

Il ne faudrait cependant pas croire qu'un filtre, même à charbon,
puisse enlever à toutes les eaux les matières organiques dangereuses qu'elles contiennent. Une telle boisson, si l'on est obligé

---

[1] On doit dire cependant que le charbon favorise le développement des vibrions
en absorbant les gaz putrides. (Davaine).

d'en faire usage, devra être purifiée par l'ébullition, la filtration, et le battage à l'air dans un lieu sain.

Le repos, la filtration ou l'ébullition sont impuissants à rendre potables des eaux qui contiennent un excès de sulfates de chaux ou de magnésie, ou qui sont trop pauvrement minéralisées, comme le sont les eaux de mer distillées. Pour ces dernières, il suffira de les battre à l'air, de les additionner de $0^{gr},04$ par litre de chlorure de sodium, et de les laisser séjourner sur un petit excès de craie.

Si l'eau est séléniteuse, comme cela a lieu pour celles de beaucoup de puits, il faudra l'additionner d'un peu de carbonate de soude (et non de potasse) jusqu'à ce qu'il ne se produise plus de précipité sensible, et la laisser au repos avant de la boire ; si la quantité primitive de sulfates était trop grande, l'eau ainsi traitée pourrait jouir de légères propriétés laxatives.

Si l'eau est incrustante, chargée d'un excès de sels magnésiens et de bicarbonate de chaux, on la traitera par un peu de chaux caustique en recherchant par un tâtonnement préalable la quantité de cette base qui sera nécessaire [1].

ARTICLE V

ESSAIS DES EAUX ET DOSAGES SPÉCIAUX.

Ce n'est pas ici le lieu de donner une méthode générale d'analyse des eaux potables ou minérales. Ce sujet ne peut être étudié dans tous ses détails pratiques que dans un traité spécial. Mais il importe surtout au médecin de savoir comment on peut reconnaître par une recherche rapide, et dont les résultats soient cependant certains, quelle est la nature d'une eau inconnue, quels peuvent être ses usages domestiques, industriels, ou sa valeur thérapeutique probable. Nous placerons aussi dans cet article quelques renseignements sur la recherche et le dosage des corps qui échappent le plus souvent dans une analyse sommaire, soit à cause de leur faible poids, tels que l'iode, les nitrates, l'ammo-

---

[1] Voir dans le *Bull. soc. chim.*, t. XIV, p. 372 les effets de l'eau de chaux sur les eaux séléniteuses.

niaque, les phosphates ; soit grâce à leur constitution complexe, tels que les composés organiques dont il est si important de reconnaître, au moins d'une manière approchée, la nature spéciale et le poids.

§ 1. — ESSAI DES EAUX.

Il est facile de se rendre rapidement compte de la nature d'une eau quelconque, par les quelques essais qui suivent.

Analyse immédiate sommaire. — 1° On évaporera au bain-marie, dans une capsule de platine ou de porcelaine, 100 à 200 grammes de l'eau à examiner après l'avoir filtrée et additionnée de 2 grammes par litre de carbonate de potasse récemment calciné ; on complétera la dessication à 150°. Quand la capsule ne perdra plus de son poids, l'excès dont elle aura augmenté, abstraction faite du carbonate alcalin ajouté, donnera le poids du résidu total laissé par l'eau[1]. Si ce résidu dépasse $0^{gr},5$ par litre, l'eau doit être réputée impotable. Elle peut être utilisée pour beaucoup d'usages industriels ou être douée de propriétés médicamenteuses ; 2° le résidu précédent sera chauffé jusqu'au rouge sur une lampe à gaz ou à alcool ; on observera s'il dégage ainsi de l'ammoniaque, des vapeurs à odeur empyreumatique, s'il brunit ou noircit ; on aurait dans ce cas à rechercher les matières organiques. La calcination ayant été complétée à l'air ou même au four à moufle jusqu'à ce que les sels soient blancs ou ocreux, on ajoutera au résidu quelques gouttes de carbonate d'ammoniaque et on recalcinera très-légèrement. La différence entre cette pesée et celle qui a été faite à 150°, donnera par approximation le poids des matières organiques proprement dites[2]. Cet essai n'a pour ainsi dire de valeur que pour indiquer la présence de ces substances ou leur grand excès quand elles sont abondantes.

3° On introduira ensuite dans un ballon, suivant les cas, 500 à 2000 grammes de l'eau à examiner, et on les portera à l'ébullition pendant environ deux heures, en remplaçant par de l'eau

---

[1] Il faut observer cependant qu'une partie des sels ammoniacaux et même de l'urée aura pu être ainsi décomposée et volatilisée.

[2] En effet l'ammoniaque, les matières organiques volatiles et l'urée auront pu être chassées dans la dessication à 150°. S'il y a des nitrates, une partie aura pu subir aussi une décomposition partielle. Il faudra donc toujours doser les matières organiques directement, comme on le dira plus loin.

distillée celle qui s'évapore. Il se formera ainsi le plus souvent un dépôt cristallin qu'on recueillera sur un filtre. On le séchera à 100°; on détachera le précipité du filtre, et l'on calcinera séparément celui-ci ; on ajoutera à ses cendres le dépôt qui en avait été enlevé, on mouillera le tout avec un peu de carbonate d'ammoniaque ; on desséchera et on pèsera. Le précipité ainsi produit par l'ébullition de l'eau est essentiellement formé des carbonates de chaux et quelquefois de magnésie qui existaient dans l'eau primitive à l'état de bicarbonates et que l'ébullition a décomposés. Ces sels sont souvent mêlés d'un peu de silice et d'oxyde de fer.

Le poids de ce dépôt est utile à connaître : il donne immédiatement la teneur de l'eau en matières incrustantes pouvant se déposer dans les tuyaux de conduite.

Si on lave ce résidu avec de l'eau acidulée d'acide sulfurique et contenant son volume d'alcool à 40°, la chaux à l'état de sulfate restera insoluble, tandis que le sulfate de magnésie qui existait primitivement dans l'eau à l'état de bicarbonate, se dissoudra dans la liqueur et pourra être dosé par évaporation.

4° On réduit alors au 10° l'eau d'où l'on a extrait les bicarbonates terreux et on l'additionne de son volume d'alcool à 80°. On obtient ainsi un précipité de sulfates de chaux et de magnésie qu'on lave à l'alcool, qu'on sèche à 70° et qu'on pèse ; on le reprend ensuite par deux ou trois fois son poids d'eau, puis par de l'alcool et on le pèse encore ; la différence des poids donnera celui du sulfate de magnésie.

Lorsqu'on évapore au dixième de son volume l'eau privée, comme nous venons de le dire, de ses bicarbonates, on remarque dans certains cas qu'il se dépose, avant d'avoir atteint le terme de cette concentration une certaine quantité de sels. Ceux-ci sont principalement formés de sulfate de chaux et de silicates d'alumine pouvant entraîner un peu d'oxyde de fer. Ce sont ces sels qui forment ce que l'on appelle les crasses de machines à vapeur (les incrustations sont plutôt dues aux bicarbonates). Une eau potable devra donner une faible proportion de ces sels peu solubles.

5° Quand on a privé l'eau de ses bicarbonates, d'après le 3°, et de ses sulfates de chaux et de magnésie d'après le 4°, les liqueurs de lavage alcooliques contiennent seulement les chlorures de chaux et de magnésie, s'il en existait dans l'eau primitive, et les sels alcalins. On ajoutera à ce liquide un petit excès de carbonate d'ammoniaque ammoniacal ; on fera bouillir, on évaporera la liqueur filtrée et l'on calcinera le résidu. En reprenant par de l'eau distillée, on séparera par le filtre les carbonates de chaux et de magnésie correspondants à leurs chlorures et l'on aura par l'évaporation et la calcination du résidu le poids des sels alcalins.

Le procédé d'analyse qui vient d'être exposé, et que l'on pourrait appeler *Méthode d'analyse immédiate des eaux*, donne de rapides et précieux renseignements qui permettent de classer une eau quelconque et d'en déterminer les propriétés et les usages probables, domestiques, industriels ou médicamenteux.

Examen de la dureté des eaux ; degré hydrotimétrique. — La *dureté* d'une eau est caractérisée par la propriété qu'elle a de s'opposer à la cuisson des légumes et au blanchissage, en formant avec les acides contenus dans les végétaux ou le savon une quantité notable de composés insolubles de chaux et de magnésie.

Sur cette dernière observation on a fondé une méthode expéditive de dosage des éléments minéraux les plus importants d'une eau quelconque. L'idée première en est due à Clarck. Elle dérive de cette remarque qu'une solution de savon versée dans de l'eau contenant des sels terreux ne produit, par agitation, de mousse persistante que quand les bases de ces sels ont été entièrement combinées aux acides gras du savon. MM. Boutron et Boudet ont tellement perfectionné et généralisé ce procédé primitif qu'ils en ont fait, sous le nom d'*hydrotimétrie*, une véritable méthode rapide de dosage des bases terreuses et des acides auxquelles elles sont unies. La *méthode hydrotimétrique*, telle que nous allons l'exposer leur est pour ainsi dire entièrement due.

On doit se préparer avant tout une liqueur titrée normale de savon. Pour cela, 50 grammes de savon blanc de Marseille sont dissous dans 800 grammes d'alcool à 90 degrés centigrades ; on filtre, et à la dissolution on ajoute 500 grammes d'eau distillée. Pour titrer cette liqueur on se sert d'une dissolution contenant par litre $0^{gr},25$ de chlorure de calcium pur et fondu. On introduit 40 centimètres cubes de cette solution dans un flacon gradué de 10 en 10 centimètres et on y verse la dissolution savonneuse à l'aide d'une burette dite *hydrotimétrique*. Celle-ci est divisée en centimètres cubes et porte un trait circulaire à sa partie supérieure ; mais bien qu'elle doive avant chaque expérience être remplie jusqu'à ce trait, le 0° de l'instrument est marqué à la division au-dessous[1]. Le premier centimètre cube qui n'est pas compté sur la graduation représente la quantité de savon nécessaire, non pour saturer les sels de chaux, mais simplement pour produire la persistance de la mousse. On ajoute goutte à goutte dans le flacon gradué la liqueur savonneuse hydrotimétrique à la solution chloro-calcaire et l'on agite chaque fois jusqu'à ce que la mousse reste plusieurs minutes sans disparaître. Si l'on a bien opéré, il faudra 23 divisions de la burette (soit 22° hydrotimétriques) pour produire la mousse. Si le nombre de degrés nécessaires est inférieur, on ajoutera de l'eau à la liqueur savonneuse à raison de 1/23 environ de son volume pour chaque division qui n'aura pas été employée et on fera un ou plusieurs autres essais jusqu'à ce que 22° (ou 23 divisions de la burette) soient nécessaires pour saturer les 40 centimètres cubes de solution normale de chlorure de calcium et produire une mousse persistant 10 minutes.

La liqueur titrée savonneuse ayant été ainsi préparée, on prendra 40 centimètres cubes de l'eau à examiner et on agira avec elle comme il vient d'être dit pour la solution chloro-calcaire normale. Quand la mousse sera devenue persistante, on aura par une simple lecture le degré hydrotimétrique de l'eau. Chacun de ces degrés correspond à la neutralisation de $0^{gr},0144$ de chlorure de calcium par $0^{gr},1$ de savon et, avec une eau de rivière ou de source, chaque degré représente la proportion des sels de chaux ou de magnésie équivalant hydrotimétriquement à la quantité de chlorure de calcium précédente, c'est-à-dire à celle qui sature $0^{gr},1$ de savon.

Mais MM. Boutron et Boudet sont allés plus loin. Ils ont remarqué : 1° que la liqueur hydrotimétrique exerce sur les bases terreuses une action définie proportionnelle à leurs équivalents; 2° qu'à une température inférieure à 30° cette action n'est pas troublée par les sels alcalins; 3° que l'ébullition prolongée décompose toujours les sels de chaux et de magnésie des eaux de source et de rivière, de façon que la moitié de l'acide carbonique se dégage, que l'autre moitié se précipite à l'état de carbonate de chaux, et que le reste de la chaux et toute la magnésie se trouvent dans la liqueur combinés aux autres acides ; 4° que l'acide carbonique

<hr>

[1] C'est-à-dire que le trait circulaire indique un centimètre cube au-dessus du 0.

libre, s'il en est de dissous, sature une partie de la liqueur d'épreuve.

Partant de ces observations, ces auteurs prescrivent d'opérer comme il suit :

On détermine le titre hydrotimétrique (a) de l'eau à l'état naturel.

On précipite 50 centimètres cubes de cette eau avec 2 centimètres cubes d'une solution au 60ᵉ d'oxalate d'ammoniaque; on agite, on filtre. On mesure 40 centimètres cubes du liquide filtré et on en prend le degré hydrotimétrique (b).

On fait bouillir une partie de cette eau ; on la laisse refroidir, on lui rend par addition d'eau distillée exactement le volume primitif. On prend le degré hydrotimétrique (c) de 40 centimètres cubes de ce liquide, et on en retranche le nombre 5 [1].

On prend 50 centimètres cubes de cette eau bouillie et filtrée, on la traite par 2 centimètres cubes d'oxalate d'ammoniaque, on agite, on filtre et on prend encore le degré hydrotimétrique (d) avec 40 centimètres cubes du liquide filtré.

De ces quatre déterminations on peut tirer les conclusions suivantes :

Le titre (a) représente la somme des actions sur la liqueur savonneuse de l'acide carbonique libre, du carbonate de chaux, des autres sels de chaux et des sels de magnésie.

Le titre (b) correspond seulement à l'action des sels de magnésie et de l'acide carbonique après élimination des sels de chaux. Donc le titre ($a-b$) représente l'action des sels de chaux.

Le titre (c) *corrigé* représente les sels de magnésie et les sels de chaux autres que les carbonates.

Le titre (d) correspond aux sels de magnésie qui n'ont pu être précipités ni par l'ébullition, ni par l'oxalate.

Enfin on a pour le titre (e) de l'acide carbonique libre :

$$\underset{\text{Titre total.}}{(e) = (a)} - \underset{\substack{\text{Sels} \\ \text{de chaux.}}}{(a - b)} - \underset{\substack{\text{Sels de} \\ \text{magnésie.}}}{(d).}$$

On obtient ainsi le degré hydrotimétrique correspondant au carbonate de chaux, aux divers autres sels de chaux, aux sels de

[1] Correction nécessaire, due à ce qu'un peu de carbonate de chaux neutre reste en solution, qui correspond à 5 degrés de la burette.

magnésie, et à l'acide carbonique. De ces degrés on déduit les quantités correspondantes d'après le tableau suivant :

TABLEAU DE CORRESPONDANCE D'UN DEGRÉ HYDROTIMÉTRIQUE
avec le poids contenu dans un litre d'eau des diverses substances suivantes :

Acide carbonique.	1° = 5 cent. cubes.
Carbonate de chaux.	1° = 0gr0103
Sulfate de chaux..	1° = 0.0140
Chlorure de calcium. . . .	1° = 0.0114
Chaux.	1° = 0.0057
Magnésie..	1° = 0.0042
Sulfate de magnésie.	1° = 0.0125
Chlorure de magnésium.	1° = 0.0090

La méthode hydrotimétrique fournit des renseignements utiles et souvent suffisants pour l'industrie[1]. Entre les mains d'un homme exercé elle peut donner rapidement quelques indications précieuses pour le médecin. Elle peut être mise partout en pratique et se passer de l'outillage d'un laboratoire. Mais elle est sujette à un grand nombre de causes d'erreurs, et pour caractériser rapidement une eau potable ou minérale, nous recommandons plus particulièrement la méthode que nous avons exposée plus haut.

§ 2. — DOSAGES SPÉCIAUX.

Nous donnons ici quelques procédés de recherche et de détermination de matériaux importants ou difficiles à reconnaître et à doser dans les eaux.

Matériaux gazeux. — Quand on fait bouillir de l'eau dans un ballon entièrement plein, pour en recueillir les gaz par la méthode de Priestley, une partie de cette eau s'échappe avant d'avoir cédé les matériaux gazeux qu'elle dissout et leur dosage est entaché d'une erreur qui peut aller jusqu'au 25° de leur volume total. Pour éviter cet inconvénient on a proposé la méthode suivante : un ballon à col étroit et de capacité connue, est entièrement rempli de l'eau à examiner ; à son col on adapte un caoutchouc qu'on ferme avec une bonne pince. On surmonte le ballon d'une boule de verre soufflée au milieu d'un tube préalablement

---

[1] Voir pour plus de détails la brochure sur l'Hydrotimétrie par MM. Boutron Boudet, 5e édition. Paris, 1872, gr. in-8°.

rempli d'eau, relié d'un côté au caoutchouc du col du ballon, de l'autre à un long tube à dégagement se rendant dans une cuve à mercure. La pince étant serrée on porte l'eau de la boule à l'ébullition ; elle perd ses propres gaz et chasse, par sa vapeur, l'air du tube à dégagement ; on le laisse échapper au dehors sans le recueillir. Ceci fait, on place au-dessus de l'ouverture de ce tube une éprouvette remplie de mercure, on desserre la pince qui ferme le caoutchouc du col, et on porte l'eau du ballon à l'ébullition sans discontinuer de chauffer aussi la boule. Tous les gaz se dégagent alors sous la cloche, sans que la moindre parcelle d'eau soit sortie du tube à dégagement avant d'avoir été portée à 100 degré. On fait ensuite l'analyse de ces gaz par les méthodes ordinaires.

Détermination de l'acide carbonique total, de l'acide carbonique entièrement libre, et de l'acide à l'état de bicarbonates. — On place d'avance dans des flacons 20 grammes environ d'un mélange parfaitement clair de deux volumes d'une solution au dixième de chlorure de baryum et d'un volume d'ammoniaque et on bouche hermétiquement ces vases. On tare alors chacun d'eux. Puis, aux sources mêmes, on remplit ces flacons de l'eau à examiner ; l'augmentation de poids donne celui de l'eau introduite. Tout l'acide carbonique qu'elle contenait a été ainsi transformé en carbonate de baryte. On laisse la liqueur s'éclaircir par le repos, on décante l'eau au bout de quelques jours, on lave le précipité, on le sèche, enfin on y dose l'acide carbonique. On connaît donc la quantité totale de ce gaz libre ou combiné. Un dosage d'acide carbonique est ensuite fait dans le dépôt formé par l'ébullition de l'eau. (Voir ci-dessus *Analyse sommaire 3°.*) En doublant le poids de l'acide carbonique ainsi déterminé on a la quantité de cet acide qui existait à l'état de bicarbonates. La différence entre l'acide total et celui des bicarbonates donne le poids de l'acide carbonique libre.

Recherche et dosage de l'ammoniaque. — Un litre d'eau environ est mêlé de 2 grammes de carbonate de soude, et porté à l'ébullition jusqu'à ce qu'il soit passé 150 à 200 centimètres cubes. L'ammoniaque est ensuite dosée par la liqueur de Nessler dans la partie distillée. Comme on parlera plusieurs fois dans ce livre de la recherche de traces d'ammoniaque, je donne ici la préparation pratique de ce réactif.

On dissout une partie d'iodure de potassium dans quatre parties d'eau, et l'on mêle goutte à goutte ce liquide à une solution aqueuse concentrée de chlorure mercurique tant que le précipité qui se forme se redissout. On additione ensuite la liqueur précédente d'une solution de parties égales d'hydrate de soude et d'eau, jusqu'à ce que le poids de la soude ajoutée soit égal à six fois celui du chlorure mercurique employé ; on dilue alors le réactif avec de l'eau de telle façon qu'il corresponde, par litre, à 25 grammes du chlorure mercurique primitif, et on laisse reposer le tout. Au bout de quelques jours on peut décanter et se servir du liquide clair. Ce réactif ajouté à de l'eau qui contient 2 millionièmes de son poids d'ammoniaque la teinte en jaune ; la couleur se fonce et il se forme un dépôt si l'eau est plus riche en alcali. Ce précipité a pour formule $AzHg^2I + H^2O$ et peut au besoin servir au dosage de l'ammoniaque. Il se sépare par l'addition des sels de chaux et de magnésie et il est soluble dans l'hyposulfite de soude. Après l'avoir dissous dans ce dernier sel on y dose le mercure au moyen d'une liqueur titrée de sulfure de sodium[1].

On peut aussi juger approximativement de la quantité d'ammoniaque contenue dans le liquide distillé, par comparaison avec des liqueurs ammoniacales titrées servant de témoin.

Lorsque la quantité d'ammoniaque est un peu grande, si elle dépasse un milligramme par litre, on pourra la doser en ajoutant à la liqueur deux millièmes, à peu près, de chaux caustique délayée dans un peu d'eau et faisant passer à travers le liquide échauffé à 36 degrés et contenu dans une cornue tubulée, un courant d'air qui viendra barboter ensuite dans un tube de Will et Varentrapp contenant une quantité connue d'acide sulfurique titré. La différence des titres, avant et après l'opération, donnera le poids de l'ammoniaque.

Nitrates et nitrites. — La présence de ces corps se reconnaît aisément. Si le résidu sec laissé par l'eau ajouté à un peu de sulfate ferreux délayé dans de l'acide sulfurique pur et monohydraté rougit ou roussit ce mélange, on peut affirmer la présence des composés oxygénés de l'azote[2].

---

[1] Voir pour les détails *Bull. soc. chim.*, t. XVII, p. 505.

[2] On recommande encore d'ajouter au résidu de l'eau un peu d'acide chlorhydrique et une feuille d'or battu qui se dissoudra s'il y a des nitrates. Cette méthode induit quelquefois en erreur, l'acide chlorhydrique réputé pur pouvant contenir de l'acide nitrique voir *Ann. chim. phys.* [3], t. XLVIII, p. 154.)

On peut déterminer l'azote des nitrates et des nitrites en évaporant l'eau en présence d'un peu de soude, jusqu'à moitié de son volume, puis l'additionnant d'amalgame de sodium; au bout de douze heures, les nitrates et les nitrites sont transformés en ammoniaque que l'on pourra doser par les procédés ci-dessus [1].

Frankland a donné une méthode de dosage de l'azote total contenu dans une eau potable ou minérale. Nous renvoyons le lecteur à la source pour ce procédé délicat [2].

Acide phosphorique. — On a vu que les phosphates existaient dans certaines eaux potables. Pour les rechercher, une bonne quantité de liquide sera concentrée et additionnée ensuite d'un peu d'azotate d'alumine et d'ammoniaque; le précipité formé contiendra tout l'acide phosphorique. On le dissoudra dans l'acide nitrique et on le précipitera par une solution azotique de molybdate d'ammoniaque.

Matières organiques. — Frankland et Armstrong [3] ont proposé de doser le carbone et l'azote par les procédés habituels de l'analyse organique. Pour cela un litre d'eau est mis à bouillir pendant quelques minutes avec 30 centimètres cubes d'une solution concentrée d'acide sulfureux pour décomposer tous ses carbonates. On l'évapore ensuite et on chauffe le résidu au rouge avec du chromate de plomb et de l'oxyde de cuivre dans un tube de verre dont on a chassé l'air par la pompe pneumatique, en suivant des précautions qu'il est inutile de décrire ici. On recueille sur le mercure l'azote total correspondant à l'ammoniaque, aux nitrates, aux nitrites et aux matières organiques, ainsi que l'acide carbonique résultant de leur combustion [4].

Mais le procédé le moins imparfait pour estimer ces matières est celui qui a été proposé par Wanklyn en collaboration de Chapmann et Smith [5].

A un litre d'eau, ces auteurs ajoutent 2 grammes de carbonate de soude. Ils en distillent ensuite rapidement de 200 à 300 grammes. Dans la partie distillée, ils dosent l'ammoniaque.

---

[1] Blunt. *Chem. News.* 16 octobre 1868.

[2] *Phil. Magaz.*, t. XXX, p. 426.

[3] *Chem. Soc. Journ.*, t. XXI, p. 77.

[4] Voir aussi sur le dosage des matières humiques dans les eaux, le travail de Peligot, en *Ann. chim. phys.* [4], t. III, p. 213; un Mémoire de Lœve, résumé dans le *Bull. Soc. chim.*, t. VII, p. 497, ainsi que le travail de Bellamy, aux *Compt. Rend.*, t. LXV, p. 799.

[5] *Chem. Soc. J.*, t. XX, p. 445 et 561.

C'est celle qui existait en liberté ou à l'état de sels dans la liqueur primitive.

La portion de l'eau restant est mélangée à 15 grammes de potasse caustique : on dose l'ammoniaque contenue dans les 500 premiers centimètres cubes obtenus par une nouvelle distillation ; les auteurs admettent, ce qui peut laisser quelque incertitude, que le gaz ammoniac ainsi recueilli correspond à l'urée et en général à toutes les subtances azotées qui peuvent l'accompagner dans l'urine.

A la partie de l'eau restant dans la cornue après ces distillations, ils ajoutent 3 grammes environ de permanganate de potasse cristallisé, puis ils distillent encore la moitié du liquide. Les auteurs pensent, d'après des expériences comparatives faites avec de l'albumine d'œuf, que l'ammoniaque qui passe alors dans le récipient correspond aux deux tiers de l'azote des substances albuminoïdes, et calculent le poids de celles-ci d'après cette donnée [1].

Recherche des métaux ordinaires et toxiques dans les eaux. — L'eau additionnée d'un peu de soude est évaporée presque à sec. Le résidu est repris par de l'eau acidulée par l'acide chlorhydrique. On filtre, on neutralise la liqueur par un peu de soude, et on ajoute quelques gouttes de sulfure de sodium. S'il se fait un précipité, celui-ci contient à l'état de sulfures tous les métaux proprement dits. On les séparera par les procédés habituels de l'analyse.

Recherche de l'iode. — L'eau est évaporée doucement après addition d'hydrate de potasse. Le résidu sec est repris par l'alcool ; on filtre, la liqueur est évaporée ; aux sels qu'elle laisse on ajoute une petite quantité de perchlorure de fer qui met l'iode en liberté. Ce métalloïde peut alors colorer l'amidon en bleu, ou le chloroforme en rouge violet.

---

[1] Voir pour le dosage des substances végétales dans les eaux par le permanganate de potasse, *Bull. Soc. chim.*, t. XVIII, p. 478.

CHAPITRE IV

DU MILIEU HABITÉ ET DE L'AIR CONFINÉ

L'homme passe plus de la moitié de sa vie dans des espaces clos. Il subit de l'enceinte qu'il habite et de l'air qu'il y respire des modifications notables et quelquefois funestes. Quelles sont les conditions qui rendent favorable ou nuisible l'atmosphère confinée qu'il y respire ? Quelles altérations subit-elle par le séjour des êtres vivants et la mise en œuvre des divers métiers? Dans quelles proportions faut-il renouveler l'air respirable? Comment assainir l'habitation? Questions principales que l'hygiène pose à ce sujet, et que la chimie est en partie appelée à résoudre.

Les milieux habités par l'homme sont variables. Sans parler de l'influence des climats, du sol et des localités, la maison, la fabrique, l'hôpital, la mine, le vaisseau, tous ces lieux doivent satisfaire à des conditions diverses d'aération et d'assainissement, car leur atmosphère se vicie pour des causes, à des degrés et avec des inconvénients multiples. Laissant de côté dans un sujet si complexe ce qui regarde plus spécialement l'hygiène, nous devons étudier surtout dans ce chapitre l'agent qui, dans le milieu où nous vivons, influence le plus activement l'organisme, *l'air confiné* de l'habitation, sa masse, son renouvellement, les causes et les effets de ses viciations diverses. Toutefois, pour présenter à cet égard un tableau un peu complet, nous avons cru devoir esquisser dans un premier article les conditions auxquelles doit satisfaire l'habitation elle-même.

En suivant ce plan nous pourrons du reste traiter, à propos des *habitations privées*, du cubage d'air ou de la quantité d'air nécessaire à l'homme qui vit dans un milieu clos ; à propos des *habitations publiques*, de la ventilation et des moyens de combattre les effets de l'encombrement.

ARTICLE PREMIER

DE L'HABITATION

§ 1. — HABITATION PRIVÉE, CUBAGE D'AIR.

Conditions générales. — Les conditions générales auxquelles toute habitation privée doit satisfaire sont de pouvoir défendre ses habitants contre la chaleur et le froid, tout en permettant le renouvellement de son atmosphère intérieure, d'être modérément accessible à la lumière, de recevoir un air sain, d'être facile à préserver des exhalaisons nuisibles et de l'humidité.

Les vieilles maisons dont le sol et les murs sont chargés des infiltrations et des miasmes que l'homme accumule sans cesse autour de lui, les habitations humides ou trop étroites, exposent leurs habitants à des dangers divers. Les maladies que l'on y voit régner endémiquement sont la scrofule, le tubercule, le typhus abdominal, la pneumonie.

Les matériaux qui forment les murs et les cloisons sont loin d'être indifférents. Pettenkoffer a fait voir que les diverses espèces de pierres, de briques, de mortiers, de ciments sont très-différemment perméables à l'air et susceptibles d'être imprégnées de miasmes. On devra donc autant que possible et dans chaque pays choisir les matières de construction les plus impénétrables à l'air humide, ce principal véhicule des substances odorantes et miasmatiques [1].

En général on enduit les murs de plâtre que l'on couvre de papiers peints ou de tentures. Le papier, les tentures, le plâtre s'imprègnent de tout ce que charrie l'air ambiant; ils servent de refuge aux insectes. Il serait préférable de recouvrir les murs d'enduits imperméables, à la colle ou mieux à l'huile de lin, que l'on peut sans inconvénient laver, même quand ils sont ornés de peintures. Tel était l'usage des Romains et des Grecs, nos maîtres dans l'art de construire [2].

---

[1] Voir plus loin, *Édifices publics.*

[2] On doit éviter seulement les peintures au vert arsenical de Schèele qui ont produit de véritables empoisonnements chroniques ou aigus.

Il y aurait bien des observations à faire sur l'aménagement intérieur d'une bonne habitation, son éclairage, son chauffage, sa
ventilation, le rejet des eaux ménagères, et des immondices, l'assainissement du terrain où elle est bâtie, la conservation des eaux
potables.

Nous nous bornerons à traiter, à propos de ces diverses questions,
la partie qui ressort plus spécialement du domaine de la chimie.

Cubage d'air. — Les pièces d'une habitation doivent en général
cuber un volume tel, qu'étant supposées hermétiquement closes,
l'air qu'elles contiennent soit encore respirable pour leurs habitants au bout de la plus longue période de séjour qu'ils pourront
faire dans cet espace confiné. Prenons la chambre à coucher et
admettons (ce qui peut être à un moment donné) qu'elle ne
soit ventilée ni par les fenêtres, ni par la combustion d'un foyer.
Nous aurons ainsi la pièce de la maison qui, habitée chaque jour
pendant la plus longue période, demandera le plus grand cubage
d'air. Les autres parties de l'habitation, ventilées par l'ouverture
des fenêtres, l'été, et par la combustion d'un foyer, l'hiver, pourront être plus petites.

Or il résulte des études faites par un grand nombre d'expérimentateurs, que le cubage d'air d'une chambre à coucher peut
varier pour un adulte de 30 mètres cubes au minimum à 60 mètres
cubes[1]. Une chambre close de 20 mètres cubes, habitée pendant sept
à huit heures par une personne, peut l'être encore plusieurs heures sans nul danger, mais elle n'est exempte ni d'odeur, ni d'un
excès d'humidité, tandis que celle de 60 mètres cubes et au delà
ne présente plus aucun inconvénient. La théorie vient à l'appui
de ces déterminations empiriques. En effet, un homme adulte
absorbe par heure de 19 à 25 litres d'oxygène (28 à 36 grammes)
et exhale de 15 à 20 litres d'acide carbonique (29^{gr},5 à 39^{gr},5). Il
introduit pour cela dans ses poumons un excès d'air que l'on évalue
à 10000 litres environ par jour, soit 417 litres par heure. Donc, au
bout de huit heures, un adulte placé dans un chambre de 30 mètres cubes de capacité, aura respiré et expiré environ 3336 litres
d'air contenant de 4 à 5 centièmes de leur volume d'acide carbonique. C'est, dans ce laps de temps, 200 litres d'acide carbonique
au maximum lancés par la respiration dans une atmosphère con-

[1] 20 mètres cubes, si elle n'est pas hermétiquement close.

finée de 30000 litres. L'air de cette chambre contiendra donc un peu moins de 7 millièmes d'acide carbonique, c'est-à-dire le septième de la quantité qui existe dans l'air au sortir des poumons.

L'air expiré par l'homme contient, disions-nous, de 4 à 5 centièmes, en volume, d'acide carbonique ; il est alors devenu presque complétement irrespirable ; mais l'air confiné dans des lieux clos (écoles, dortoirs, théâtres...), donne déjà une sensation de lourdeur quand il n'y existe que 7 à 8 millièmes d'acide carbonique *dus à la respiration*. Une chambre close de 30 mètres cubes, habitée pendant huit heures, et dont l'air s'est chargé au bout de ce temps de 7 millièmes d'acide carbonique, est encore habitable sans danger, mais on voit que c'est là la limite inférieure de son cubage, en admettant (ce qui ne se réalise d'ailleurs presque jamais) qu'elle soit hermétiquement fermée. C'est, on le voit, environ 4 mètres cubes d'air nécessaire par tête et par heure. En réalité, l'air qui s'introduit par les joints des fenêtres et des portes, par les ouvertures quand on entre ou que l'on sort, par le tirage naturel qui s'établit dans les tuyaux de cheminée, produit une ventilation qui double ou triple le volume réel de l'air dont on dispose dans un espace imparfaitement clos. (*F. Leblanc.*)

Il ne faudrait point, il est vrai, se préoccuper seulement de l'altération relative à l'acide carbonique expiré et partir uniquement de ce point de vue pour établir le cubage d'air des pièces non ventilées. Mais l'expérience a fait voir qu'on peut, sans inconvénient, habiter les milieux qui contiennent 5 millièmes d'acide carbonique accompagné des divers produits qui sont rejetés en même temps que lui par la respiration, tandis que l'on perçoit une sensation pénible dès que la proportion de ce gaz atteint le chiffre de 7 millièmes. Ces quantités de 5 à 7 millièmes d'acide carbonique peuvent donc et doivent nous servir de contrôle et de mesure pour déterminer la limite des altérations inoffensives de l'air confiné. On devra toutefois ne pas oublier qu'un cubage de 4 mètres cubes environ de capacité par tête et par heure, est insuffisant si l'on veut éviter toute odeur ou altération sensible de l'air, surtout s'il s'agit d'un lieu public, et spécialement d'un hôpital, comme on le verra plus loin.

Les autres pièces de l'habitation étant en général habitées pendant de moins longues périodes que la chambre à coucher, plus souvent ouvertes, mieux ventilées et mieux chauffées par l'entretien d'un foyer, peuvent cuber un volume d'air moindre sans qu'il soit cependant beaucoup au-dessous de 3 à 4 mètres cubes par tête et par heure d'habitation. L'air d'une enceinte close doit donc avoir un volume d'environ dix fois la quantité respirée. Ces nombres sont conformes à ceux auxquels sont arrivés la plupart des auteurs. Papillon, par des considérations tout à fait différentes, demande pour chaque individu une provision d'air égale à huit fois sa consommation respiratoire habituelle[1].

Chauffage. — Le *chauffage* par les poêles, ou mieux par les cheminées, est un des bons moyens de ventilation des habitations privées. Les cheminées ordinaires à petit foyer brûlant 1 kilogramme de houille ou 2 kilogrammes de bois par heure, appellent et renouvellent dans ce laps de temps de 50 à 100 mètres cubes d'air et sont capables d'assainir une enceinte habitée par douze à quinze personnes. Ce n'est pas ici le lieu d'exposer les conditions auxquelles doit satisfaire un bon foyer. Mais il devra toujours entraîner dans la cheminée tous les produits de la combustion ; échauffer aussi également que possible toutes les parties de la salle, vers 12° pour les chambres, de 15 à 18° pour les autres pièces ; il devra utiliser la plus grande masse possible de chaleur, soit en favorisant le rayonnement, soit en produisant, au contact de ses parois, un courant d'air chaud.

Il faut se rappeler que chaque fois que l'on élève la température de l'air d'une enceinte on diminue son état hygrométrique, on le dessèche ; les poumons en éprouvent une sensation d'irritation nuisible. De là la nécessité d'entretenir, sur le poêle ou devant la cheminée, un vase rempli d'eau qui verse sans cesse ses vapeurs dans l'atmosphère confinée. Il faut savoir encore que l'air échauffé trop fortement au contact direct des poêles ou des tuyaux des calorifères acquiert une odeur et des propriétés nuisibles. Nous y reviendrons plus loin.

Les poêles en fonte, surtout les poêles neufs et frottés de plombagine, peuvent quelquefois donner lieu à de véritables empoisonnements dus au dégagement d'une petite quantité d'oxyde de carbone. (*Carret ; Henri S[te] Cl. Deville...*).

On devra dans tous les cas éviter avec soin les foyers fumeux et surtout ceux que l'on place quelquefois au milieu de la pièce,

---

[1] *Ann. d'hygiène*, t. II, p. 413, Paris, 1847.

tels que brasiers, chauffoirs, etc. qui lancent dans son atmosphère tous les produits de la combustion.

Que l'on n'oublie pas que le charbon, dès qu'il brûle mal, et spécialement la braise, sont de tous les combustibles ceux qui produisent le plus d'oxyde de carbone.

Eclairage. — L'éclairage par l'huile, les bougies ou le gaz de la houille, est encore une source d'altération de l'air confiné. Une bougie consumant 10 grammes d'acide stéarique par heure, ou bien 10 grammes d'huile qui brûlent dans une lampe, produisent dans ce laps de temps, environ 15 litres d'acide carbonique et dépensent 100 litres d'air à 15°. C'est à très-peu près la consommation d'oxygène d'un homme ordinaire. A Paris, un bec d'éclairage brûle de 130 à 150 litres de gaz par heure et enlève à l'air 190 à 220 litres d'oxygène; il correspond par conséquent à la consommation de neuf ou dix adultes. Le cubage d'air et la ventilation des lieux ainsi éclairés, devront donc être augmentés d'une quantité proportionnelle à ces chiffres.

L'éclairage à l'essence de pétrole doit être abandonné à cause des dangers auxquels il expose et des gaz hydrocarburés qu'il répand; dans les lieux fermés ces vapeurs deviennent la cause de céphalalgies et d'étiolement. Du reste, le séjour continu dans une enceinte où l'on brûle le gaz d'éclairage lui-même, fait diminuer dans le sang le poids de l'albumine, de la fibrine et des globules rouges.

§ 2. — ÉDIFICES PUBLICS, VENTILATION.

Les édifices publics, tels que casernes, théâtres, écoles, hôpitaux..., doivent tous satisfaire à des conditions générales de bonne exposition, d'éclairage, de chauffage, d'assainissement parallèles à celles dont nous venons de parler à propos des habitations privées. Nous n'avons donc rien de plus à dire ici sur des questions déjà traitées et qui ressortent d'ailleurs plus particulièrement de l'hygiène. Mais ce qui différencie les édifices publics des maisons particulières, c'est l'encombrement qui est la conséquence de leur destination spéciale. On remédie par la ventilation à la viciation de l'air due à cette cause.

Ventilation. — Au point de vue principal qui nous occupe

ici, celui de l'aération et par elle de l'assainissement des salles destinées à recevoir à la fois un grand nombre de personnes, on doit toujours considérer un lieu public comme cubant un volume intérieur nul ou négligeable, et ne fonder le calcul de la quantité d'air qui doit y être versé que sur le nombre de personnes qui devront l'habiter pendant la plus longue période possible. Ainsi doit être posé le problème de la ventilation.

Comme nous l'avons vu, un adulte inspire par heure, 420 litres d'air environ, contenant au maximum, au moment de l'expiration, 5 centièmes de son volume d'acide carbonique. Si donc on fournit par tête dans le même temps 9000 litres d'air, celui-ci ne contiendra que $0,05 \times \dfrac{400}{9000} = 0,0027$ d'acide carbonique dû à la respiration. En ajoutant les 4 dix-millièmes qui se trouvent en moyenne dans l'air ambiant, on voit qu'un milieu clos ainsi vicié contiendrait 31 dix-millièmes à peu près d'acide carbonique. Nous avons dit plus haut qu'une atmosphère confinée, ne commence à produire une sensation désagréable de *chaleur* et d'*enfermé*, que lorsqu'elle est salie par les produits de l'expiration en quantité telle que l'air de l'enceinte contienne plus de 7 millièmes d'acide carbonique. Il s'ensuit donc que 9 mètres cubes d'air par tête et par heure paraîtraient, en général, plus que suffisants pour assurer la ventilation d'un lieu public. Il faut remarquer aussi que l'homme adulte exhalant en une heure environ 50 grammes d'eau par les poumons et 50 grammes par la perspiration à la surface de sa peau, il faudrait 9 mètres cubes d'air pour dissoudre les 80 grammes d'eau, provenant à la fois des poumons et de la surface cutanée[1]. On voit donc que le chiffre de 9 mètres cubes est la quantité *minimum* d'air qui doive être fournie, dans les lieux publics, par tête et par heure d'habitation.

Mais il faut observer que, quelle que soit la perfection des procédés de ventilation employés (propulsion, aspiration par les cheminées de chauffage ou d'appel...), l'air extérieur se mélange imparfaitement à celui d'une grande salle. Il se produit toujours des courants, qui suivent des directions presque invariables; il est, par contre, des parties de l'enceinte, tels que combles, encoignures, parquet, qui sont difficilement atteints

---

[1] En supposant l'air du dehors chargé d'une quantité moyenne d'humidité, et arrivant dans une salle close à la température de 16°.

et balayés. On peut donc penser que la quantité de 9 mètres cubes d'air à fournir doit être doublée ou même triplée, suivant le plus où le moins de perfection des procédés de ventilation employés. Aussi l'éclet admet-il que 21 mètres cubes environ par tête et par heure sont nécessaires pour la bonne aération des lieux publics. Encore cette quantité est-elle très-insuffisante dans les hôpitaux, comme nous le verrons plus bas.

N'oublions pas aussi qu'un bec de gaz ordinaire consomme de l'oxygène autant que neuf à dix individus, une bougie ou une lampe autant qu'un seul, et que par conséquent, il faut fournir en plus, par heure, autant de fois 20 mètres cubes d'air que la pièce à ventiler contient de bougies ou de lampes, et autant de fois 200 mètres cubes qu'elle contient de becs de gaz allumés.

Il n'est pas indifférent de pousser ou d'injecter dans une pièce publique de l'air chaud au moyen d'un ventilateur, puis d'appeler cet air chaud par des cheminées d'aspiration, ou bien de faire arriver de l'air frais pris au dehors, dans des jardins ou des lieux sains, et d'élever ensuite sa température au moyen de cheminées placées dans la salle même. Quelle que soit la perfection des procédés suivis, quand l'air, après avoir été échauffé au contact de conduits ou de cloisons, arrive dans la salle par des bouches de chaleur, les matières animales ou végétales qu'il contenait en suspension s'altérant en partie, le chargent des produits de leur décomposition et lui communiquent l'odeur bien connue de *brûlé*. De plus, l'air en passant sans cesse à travers les mêmes tuyaux, y laisse une partie de ses substances organiques sous forme de dépôts qui subissent petit à petit une altération ou une putréfaction notables. Une telle ventilation fournit donc, comme l'indique d'ailleurs l'odorat, un air moins pur, moins ozoné, moins chargé de particules essentielles odorantes, moins vivifiant que l'air des jardins, ou des régions supérieures de l'atmosphère. Aussi, le meilleur système de ventilation est-il fondé sur l'appel de l'air extérieur au moyen de cheminéees placées au centre des salles. Ce mode d'aération a de plus l'avantage de pouvoir devenir indépendant pour chaque pièce, et d'être d'une grande puissance, car nous avons vu qu'une cheminée ordinaire brûlant 1 kilogramme de houille par heure, appelle, renouvelle, et réchauffe dans ce temps 100 mètres cubes d'air frais.

Hôpitaux. —Ces précautions sont surtout indispensables dans les hôpitaux. Mais il faut se préoccuper ici plus qu'ailleurs, non pas tant de fournir la quantité d'oxygène nécessaire et d'entraîner l'acide carbonique, que de balayer, de purifier et d'assainir les atmosphères confinées et dangereuses des salles. C'est ainsi que dans les hôpitaux de Lariboisière et de Necker, à Paris, la quantité d'air par heure et par lit fourni dans chaque salle, a été portée à 60 mètres cubes. Encore, vu les procédés de ventilation adoptés, qui n'assurent qu'un mélange imparfait, ce nombre a-t-il été reconnu insuffisant[1]. Boudin s'est assuré directement que des salles d'hôpitaux, recevant 47 mètres cubes d'air par lit et par heure, avaient une désagréable odeur qui disparaissait à peu près, quand ce chiffre était élevé à 65 ou 70 mètres cubes.

Conditions générales. — La bonne construction, les dispositions et l'aménagement des hôpitaux sont si importants, on méconnaît ou plutôt l'on oublie tellement les conditions auxquelles ils doivent satisfaire, que quoique notre plan ne soit pas de traiter ici des questions qui ressortent plus spécialement de l'hygiène, nous dirons cependant, en quelques lignes, ce que doit être un bon hôpital.

La loi prescrit, en France, d'établir les cimetières hors de l'enceinte des villes. C'est là une sage mesure; mais on a dit avec raison qu'un malade répand autour de lui plus de miasmes nuisibles, qu'un corps mort enterré à plusieurs mètres au-dessous du sol. Si le malade est atteint d'une affection contagieuse ou épidémique, il est incomparablement plus dangereux dans l'enceinte d'une ville qu'un cadavre bien ou mal enfoui. Aussi le premier des désideratum, c'est que nos hôpitaux soient, au même titre que nos cimetières, placés hors des enceintes habitées.

Les hôpitaux doivent avoir une faible superficie et être multipliés. Plus qu'aucune autre habitation, ils doivent recevoir l'air pur et la lumière, être entourés d'arbres qui assainissent son atmosphère et son sous-sol.

C'est surtout pour les hôpitaux qu'il convient de faire un choix rationnel des matériaux de construction, surtout de ceux qui doivent servir à leur revêtement intérieur. Rien peut-être de plus dangereux et de plus nuisible que le plâtre et la chaux, qui ser-

---

[1] Grassi. *Ann. d'Hyg.*, t. VI, p. 188, Paris 1856.

vent à couvrir les murs des salles. Par leur porosité, leur hygrométricité, leur rugosité, ces surfaces sont en effet éminemment
propres à se charger des miasmes, des matières et des germes
morbifiques qui encombrent, pour ainsi dire, toute salle d'hôpital
et à les laisser s'accumuler sur leurs parois, sans qu'on puisse les
en débarrasser de temps à autre. Kuhlmann, à Lille, a étudié la
poussière provenant du grattage des plâtres de ces salles, non re-
nouvelés depuis une dizaine d'années. Il y a trouvé jusqu'à 46 pour
100 de matières organiques ! De là, nécessité formelle d'obtenir
des surfaces polies, imperméables, non hygroscopiques. On y est
arrivé, quelquefois avec assez de bonheur, en stucant les murs,
c'est-à-dire en les revêtant d'un enduit formé de plâtre additionné d'alun et de gélatine, mélange qui en séchant peut prendre la dureté et presque le poli des marbres ; des lavages à l'é-
ponge à des intervalles rapprochés, soit avec de l'eau pure, soit
avec de l'eau mêlée de 1 centième d'eau de Javelle permettent de
conserver ces surfaces perpétuellement brillantes.

Ces diverses précautions sont surtout nécessaires dans toute salle
ou toute chambre habitée d'abord par un patient atteint d'une maladie grave telle que le choléra ou le typhus. On a observé que
des personnes logées dans des pièces abandonnées depuis six
à sept mois par de tels malades, étaient prises souvent des mêmes
affections. Le typhus abdominal éclate surtout dans les rues et les
habitations humides, mal entretenues des grandes villes, dans les
vieilles maisons tombant en ruines. On peut affirmer que les matériaux poreux et hygrométriques des vieux murs sont les milieux
les plus favorables à la conservation des miasmes. Pettenkoffer a démontré, du reste, que la porosité de murailles construites de brique
ou de pierre, enduites de mortiers, de gypse, ou même de peintures, est beaucoup plus grande qu'on ne le pense généralement.
Il se fait sans cesse à travers ces cloisons un échange gazeux tel
que chaque coup de vent du dehors produit une augmentation de
pression dans l'air de la chambre, d'autant plus accusée que la différence de température des deux gaz extérieur et intérieur est
plus grande.

Ce sont des chambres et non des salles qu'il faut dans un hôpital petit ou grand. Encore est-il bon qu'elles ne communiquent
jamais directement entre elles par la ventilation. De cette façon,
on pourra, non-seulement parquer les maladies contagieuses ou

infectieuses, mais réunir aussi chaque espèce de malades, chose éminemment salutaire. En divisant l'espace d'un hôpital en petits compartiments, on assurera de plus l'exacte aération de chacune de ses pièces, et l'on évitera aux patients une partie de la fatigue et de l'insomnie qui résultent des bruits incessants d'une grande salle.

On doit se préoccuper beaucoup dans un hôpital de ne pas affecter successivement des services chirurgicaux ou médicaux à des pièces qui auraient été primitivement destinées aux services inverses. La gangrène, la pourriture d'hôpital, l'infection purulente, l'érysipèle deviennent presque forcément épidémiques dans les chambres qui d'abord occupées par des fiévreux sont ensuite affectées à des services chirurgicaux.

L'éclairage et la ventilation naturelle des salles par des fenêtres percées sur les deux murs opposés, nord et midi, et occupant le tiers environ de leur superficie, sont des conditions favorables à la bonne terminaison des maladies.

La ventilation et le chauffage par des cheminées placées au centre des salles est le système le plus économique et qui fournit l'air le plus pur. Il jouit encore d'un avantage bien précieux, surtout en temps d'épidémie; il appelle et échauffe au contact du charbon rouge l'air miasmatique et le dépouille ainsi, au moins partiellement, des matières putrescibles et des germes morbifiques qui se détruisent à une température un peu élevée. Un hôpital ne peut dès lors devenir un foyer d'infection qui rejette sans cesse par ses ouvraux, comme cela a lieu dans la ventilation mécanique, une masse considérable d'air infecté qui s'abat sur les quartiers environnants[1].

Quant à la température, l'été comme l'hiver, elle ne doit guère dépasser 15 à 16 degrés. Une chaleur trop élevée dessèche l'air des chambres et accélère les fermentations putrides; quelques degrés au-dessous activent l'éclosion des pneumonies, et des pleurésies, surtout chez les enfants et les vieillards.

Il y a déjà longtemps que les chirurgiens surtout ont observé combien les maladies traitées en plein air et sous tente donnaient

---

[1] Ce procédé proposé par Woestyn ne serait qu'imparfait d'après van Geuns et von Baumhauer. (*Archives Néerlandaises des sciences exactes et naturelles,* vol. V.); mais on conçoit que l'on puisse obliger aisément l'air des salles à s'échauffer suffisamment autour du foyer pour détruire tous les miasmes

de nombreux succès. Dans sa relation de l'expédition du Mexique, Coindet raconte que lors de l'évacuation rapide de Puébla sur Orizaba, les blessés de l'armée eurent à voyager en plein air sur des chariots pendant plusieurs semaines. Chose remarquable, le nombre des morts fut infiniment plus faible, dans ces conditions en apparence défavorables, qu'il ne l'avait été avant ou ne le devint après, dans les baraquements et les hôpitaux militaires. En 1854, le choléra sévissant en Orient sur l'armée française, deux hôpitaux dans l'intérieur de Varna reçurent 2314 cholériques; trois hôpitaux sous tente, placés dans la campagne à 6 kilomètres de la ville, en reçurent 2635. Dans les premiers, la mortalité fut de 60 p. 100 et dans les seconds, de 26,5 p. 100[1]. Des résultats analogues ont été observés par les chirurgiens allemands pendant la guerre de Bohême, et par les Américains durant celle de la Sécession. De là l'usage qui s'est généralisé, surtout aux États-Unis, d'hôpitaux formés de pavillons isolés établis au milieu des jardins. Rien, en effet, de plus défavorable que l'encombrement à la bonne terminaison des maladies; rien de plus utile que l'aération. A Berlin, chez Langenbeck, à Bethausen, chez Wilms, à Leipsik, à Bonn, existent des hôpitaux sous tentes établis dès le printemps dans les cours et les jardins[2]. De tels hôpitaux ont été pendant le siége de Paris, au milieu d'un hiver rigoureux, et malgré le manque de combustible, les seuls qui aient donné des résultats satisfaisants[3].

ARTICLE II

DE L'AIR CONFINÉ EN GÉNÉRAL

On a vu que l'air confiné, c'est-à-dire compris dans un espace plus ou moins hermétiquement clos et imparfaitement renouvelé, subissait dans les habitations des altérations telles qu'il devenait bientôt irrespirable, ou du moins ne pouvait l'être indéfiniment sans danger. On a dit que c'est à la respiration des êtres vivants,

---

[1] Voir *Bulletin de l'académie de médecine,* mars 1862.

[2] Voir le Rapport au ministre de l'instruction publique sur l'*Enseignement clinique en Allemagne,* par le professeur Courty, août 1868.

[3] Voir Levy. *Note sur les hopitaux-baraques en* 1871. Ann. d'hygiène, 2e s'rie, t. XXXV, p. 116 et Jolly. *Ambulances américaines, ibid.* p. 348.

aux miasmes qu'ils répandent, aux combustions et à l'éclairage que sont dues les altérations de l'air, mais on n'a pas encore défini ce que sont ces altérations en elles-mêmes, les limites dans lesquelles elles peuvent varier, et les effets dont chacune d'elles peut devenir la cause.

Les milieux confinés sont très-variables. Les atmosphères des mines, des caves, des serres, des manufactures sont différemment viciées et produisent sur l'homme des effets nuisibles divers.

Les principales causes d'altération de l'air confiné sont : les produits complexes organiques de la respiration de l'homme et des animaux et de leur perspiration cutanée ; les gaz odorants provenant des intestins ; l'absorption de l'oxygène par les animaux ; les gaz et les produits de la respiration des plantes ; la diminution de la quantité d'oxygène sous l'influence de l'oxydation de certaines substances, comme cela a lieu par les parois des mines, et par les surfaces recouvertes de mycodermes ; l'émission des gaz et des poussières dues à la mise en jeu de diverses industries, etc.

Donnons d'abord les analyses de l'atmosphère de quelques espaces clos pour fixer les idées sur les altérations que l'air y subit.

Air des enceintes habitées. — Enrichissement en acide carbonique, faible diminution de l'oxygène, augmentation de l'azote et de la vapeur d'eau, présence de miasmes ou tout au moins de matières putrides ou putrescibles gazeuses ou à l'état de suspension, telles sont les altérations principales de l'air des espaces clos ou mal ventilés habités par l'homme et les animaux. Les seules variations de ces atmosphères, que l'on ait déterminées avec soin, portent sur l'oxygène, l'azote et l'acide carbonique.

Les analyses suivantes sont pour la plupart dues aux travaux de M. F. Leblanc, sur *l'air confiné*[1]. Tous les nombres sont exprimés en volumes et rapportés à 1000 parties d'air.

ATMOSPHÈRE DE SALLES VENTILÉES.

	I	II	III	IV	V
CO_2 . . .	1.3	0.4	0.8	2.3	4.3
O. . . .	209.8	229.4	229.1	»	»
Az. . . .	789.0	770.2	770.1	»	»
	1000.0	1000.0	1000.0		

[1] *Ann. Chim Phys.* [3] t. V, p. 223.

I. Cellule de Mazas habitée par un adulte, et ventilée à rai on de 45 m. cub. à l'heure.

II. Chambre à coucher ventilée; fin de la nuit.

III. Salle d'hôpital ventilée; fin de la nuit.

IV. Salle de spectacle, parterre; fin de la représentation.

V. Même salle, même moment; plafond.

ATMOSPHÈRE DE SALLES MAL VENTILÉES.

	I	II	III	IV	V	VI
CO^2	4.7	12.0	7.0	5.6	4.4	2.2
O	»	»	»	»	»	»
Az	»	»	»	»	»	»

I. École primaire, ventilation imparfaite.

II, III, IV, V, VI. Chambre de caserne de l'école militaire, à Paris, cubant 128 mètres cubes, contenant 12 hommes. II. La même, portes et fenêtres fermées et calfeutrées. III et IV, *Ibid.* portes et fenêtres fermées, divers systèmes de renouvellement d'air. V. ventilation à raison de 120 mètres cubes à l'heure.

ATMOSPHÈRE DE SALLES FERMÉES, NON VENTILÉES.

	I	II	III	IV	V	VI	VII
CO^2	5.8	8.0	10.5	8.7	4.7	10.5	21.0
O	226.0	225.2	219.6	«	»	222.0	180.0
Az	768.2	766.8	770.1	»	»	767.5	799.0
	1000.0	1000.0	1000.0	»	»	1000.0	1000.0

I. Salle d'hôpital fermée et encombrée.

II. Même salle, mêmes conditions.

III. Amphithéâtre de la Sorbonne, non ventilé, après le séjour de 900 personnes pendant une heure et demie.

IV. Salle d'école primaire bien close. Ventilation nulle.

V. Même salle. Ventilation imparfaite.

VI. Écurie fermée. Air recueilli à la fin de la nuit.

VII. Écurie des Alpes durant l'hiver, calfeutrée, habitée par des hommes et des animaux. Cet air contenait en outre de l'ammoniaque et de l'hydrogène sulfuré.

Les tableaux précédents indiquent les variations principales que subit l'atmosphère des lieux habités; mais ce ne sont pas les seules. Outre une augmentation notable de l'ammoniaque, et des traces d'hydrogènes carbonés, on rencontre dans l'air des enceintes closes, après le séjour des animaux et de l'homme, une matière qui paraît, d'après Angus Smith, de nature albuminoïde, très-putrescible, réduisant le permanganate de potasse et dont la quantité, suivant ses expériences, peut varier considérablement[1]. Il existe peu de dosages et de déterminations exactes de ces ma-

[1] Voir *Chem. Soc. quat. Journ.*, IX, p. 196.

tières organiques très-complexes et toujours si difficiles à séparer et à étudier [1], mais on sait aujourd'hui qu'elles se composent de germes ou de *cystoblastions* qui nagent dans l'air, de matières organiques putrescibles, de gaz organiques et inorganiques très-divers.

Nous avons dit ailleurs que Pasteur sépare celles de ces substances qui sont suspendues dans l'air, en le filtrant à travers du fulmi-coton, qui redissous ensuite dans de l'éther alcoolisé, laisse pour résidu les corpuscules qui avaient été arrêtés au passage. Réveil faisait passer l'air de l'hôpital Lariboisière à travers des lames de platine criblées de trous humectés d'eau. Nous avons dit ailleurs ce que l'on sait des germes et des miasmes atmosphériques. Ces études si importantes au point de vue de leurs applications médicales sont à peines ébauchées et nous ne pouvons que les indiquer ici [2].

Air des serres. — 100 parties d'air de la serre du jardin des plantes, analysé par F. Leblanc (*Mémoire cité*), contenaient :

$$
\begin{aligned}
CO^2 &\ldots\ldots & 0.1 \\
O &\ldots\ldots & 229.6 \\
Az &\ldots\ldots & 770.3 \\
\hline
& & 1000.0
\end{aligned}
$$

Boussingault a montré que les végétaux immergés dans l'eau, non-seulement exhalaient de l'oxygène, sous l'influence de la lumière solaire, mais encore une petite quantité d'hydrogène protocarboné et peut-être d'oxyde de carbone [3].

Air des mines. — Il est quelquefois très-remarquable par une diminution notable d'oxygène, sans augmentation correspondante d'acide carbonique. L'oxygène en effet peut être absorbé par les parois des roches pyriteuses qui s'oxydent à ses dépens ou par les matières organiques elles-mêmes [4]. Cet air peut continuer à être

---

[1] Voir I Partie, chap. I. *Matières organiques de l'air atmosphérique.*

[2] Consulter à ce sujet Angus Smith, *Quat. Journ. Chem. Soc.* XI, 196. Pettenkoffer. Id. t. X, p, 292. Chalvet, suite d'articles dans la *Gaz. des hôpitaux* pour 1862 et *Thèse de Paris*, 1863, n° 34. Faucher, *méthodes d'exploration de l'atmosphère*, *Thèses de Paris*, 1863, n° 35; ainsi que les travaux cités à propos des matières organiques de l'*air atmosphérique.*

[3] On a objecté que ce dernier gaz provenait de l'acide pyrogallique employé comme réactif.

[4] Le même effet se produit dans les cuves qui ont contenu le vin. Leurs parois absorbent peu à peu l'oxygène, et l'air s'enrichit très-notablement en azote (C. Saintpierre).

respirable tout en contenant 3 et 4 centièmes d'hydrogène proto-
carboné (*grisou*) qui ne paraît pas avoir d'influence délétère.

ANALYSE DE L'AIR DES MINES.

	I	II	III	IV
CO_2	0.0	0.6	56.0	59.0
O	96.0	184.4	171.0	158.0
Az	904.0	815.0	793.0	803.0
	1000.0	1000.0	1000.0	1000.0

I. Galerie abandonnée d'une mine de Poullaouen; air asphyxiant. Parois pyriteuses.
II. Galerie des mines de Cornouailles. (Moyle).
III. Galerie de Poullaouen. La respiration y était peu gênée. Température de 18°.
IV. Même galerie. Air lourd à la respiration; la lampe s'y éteint. Température
de 18°.

On voit par ces analyses combien peut être abaissée la limite
inférieure de la quantité d'oxygène d'un air encore respirable,
lorsqu'il ne contient pas, comme dans les lieux habités, les
autres substances provenant de l'homme et des animaux.

Effets de l'air confiné. — Avant d'étudier l'action délétère des
milieux confinés à viciation complexe, il est bon de connaître, les
effets des impuretés diverses, acide carbonique, gaz nuisibles,
exhalaisons putrides, oxyde de carbone, excès d'azote... qui ap-
portent chacune dans un mélange irrespirable leur influence spéciale.

Excès d'acide carbonique. — L'excès d'acide carbonique dans
l'air respiré agit comme un poison. Il n'est plus permis d'en douter [1]. Des expériences déjà anciennes ont fait voir que des moineaux
meurent au bout de 2. 1/2 minutes dans une atmosphère contenant 21 vol. d'oxygène et 79 vol. d'acide carbonique, tandis qu'ils
vivent 8 à 10 minutes dans une atmosphère de gaz hydrogène ou
azote purs [2]. Snow plongeait de petits mammifères dans une
atmosphère contenant 21 vol. d'oxygène, 59 vol. d'azote et 20
vol. d'acide carbonique; ils y succombaient rapidement [3]. On voit
donc que la quantité d'oxygène, restant la même par rapport au
milieu respiré, l'acide carbonique ne se comporte pas comme un
gaz inerte, à la façon de l'azote par exemple.

---

[1] Voyez II° PARTIE, *Respiration.*
[2] *Arch. gén. de méd.*, t. XIX, p. 203 et suiv.
[3] *Edinb. med. and. surg. Journ.*, 1846, t. LXV.

Mais on peut contre-balancer cette action toxique par un excès
d'oxygène. Dans leurs belles expériences sur la respiration Régnault et Reiset ont montré que des chiens et des lapins pouvaient
vivre plusieurs heures sous des cloches renfermant pour 100 parties, 30 à 40 p. d'oxygène, 47 à 37 d'azote et 23 d'acide carbonique. Ces observations indiquent que l'action nuisible de l'acide carbonique ne paraît pas, à proprement parler, être spécifique, mais
qu'elle réside plutôt dans l'impossibilité où se trouvent les poumons et la peau d'échanger les gaz du sang avec ceux de l'atmosphère respirable, dès que le rapport entre l'acide carbonique
et l'oxygène que contient cette atmosphère dépasse une certaine
limite. L'acide carbonique se conduit donc à la façon d'un enduit
dont on recouvrirait les surfaces de la peau et des poumons, enduit qui empêcherait mécaniquement l'exhalation des gaz du sang
veineux et par conséquent l'hématose. L'asphyxie par l'acide carbonique produit en effet à très-peu près les mêmes phénomènes
que l'occlusion des voies respiratoires.

Excès d'azote; pauvreté en oxygène. — Quand dans une atmosphère confinée, l'acide carbonique et l'azote augmentent à la fois,
son oxygène diminue et cette dernière cause d'irrespirabilité,
qui peut du reste exister sans qu'il y ait excès d'acide carbonique, agit évidemment pour sa propre part. Nous en donnerons deux preuves. Snow, cité plus haut, plongea des oiseaux et de
petits mammifères dans une atmosphère contenant 21 p. 100
d'oxygène, 59 p. 100 d'azote et 20 p. 100 d'acide carbonique, ils
y succombèrent assez rapidement, mais leur mort fut de beaucoup
plus prompte dans une atmosphère qui ne contenait que 19,75
d'oxygène, pour 74,25 d'azote et 6 seulement d'acide carbonique.
On voit ici l'effet combiné d'une augmentation d'acide carbonique
avec une diminution correspondante d'oxygène; et l'on pourrait même, en se fondant sur cette expérience, dire que l'addition d'un volume donné d'acide carbonique rend l'atmosphère
bien moins irrespirable que la soustraction de ce même volume
d'oxygène. On voit d'après l'analyse IV de l'air des mines
qu'une atmosphère contenant 4 centièmes d'acide carbonique
environ et 15,8 centièmes d'oxygène (le reste étant constitué par
de l'azote), paraît être à la limite extrême des milieux respirables.
Une lampe s'y éteint. Cet air a du reste, approximativement la
composition de celui qui est expiré. Dans le cas d'une diminu-

tion d'oxygène avec excès d'azote, sans augmentation d'acide carbonique, l'analyse I de l'air des mines montre que celui qui ne contient que 9,6 d'oxygène, pour 90,4 d'azote est asphyxiant, mais on ne sait encore quelle est la limite minimum d'oxygène qui peut être respiré sans asphyxie dans une atmosphère ne contenant pas d'excès d'acide carbonique.

Oxyde de carbone. — Les atmosphères closes rendues asphyxiantes par la combustion du charbon, doivent *principalement* leurs effets toxiques à une petite quantité d'oxyde de carbone. Un centième de ce gaz mélangé à de l'air pur le rend presque foudroyant pour les animaux à sang chaud [1].

L'atmosphère dont nous donnons ci-dessous la composition avait été produite par la combustion du charbon dans un lieu clos. Elle était rapidement mortelle pour un chien. (F. LEBLANC, *Mém. cité.*)

$$
\begin{array}{lr}
O. & 19.19 \\
Az. & 76.62 \\
CO_2. & 4.61 \\
CO. & 0.54 \\
CH_4. & 0.04 \\
\hline
& 100.00
\end{array}
$$

On verra, dans la *Partie Physiologique*, que l'oxyde de carbone forme avec la matière rouge des globules du sang, une combinaison cristallisable en en chassant l'oxygène et en empêchant définitivement l'hématose.

Gaz putrides. — Ils sont très-complexes. On signalera plus loin leurs effets particuliers à propos des industries diverses qui les produisent. Les gaz des fosses d'aisances, outre l'action toxique de l'hydrogène sulfuré, devraient en grande partie leurs effets nuisibles à leur grand excès d'azote. (*Chevreul.*)

Gaz hydrogène proto-carboné; Grisou. — L'air des mines peut contenir de 3 à 4, et même 10 p. 100 d'hydrogène proto-carboné sans devenir irrespirable, à la condition qu'il ne s'y trouvera pas d'excès d'acide carbonique et que l'oxygène y formera de 18 à 21 centièmes du volume total. Comme l'auteur s'en est assuré lui-même, on peut passer plusieurs heures dans une galerie de mine à grisou, dont l'atmosphère brûle activement dans la lampe

[1] Voir sur la nature et les effets des *gaz du charbon* Cl. Bernard, *Revue des cours scientifiques* du 9 juillet 1870.

de sûreté, sans ressentir autre chose qu'une très-grande fatigue musculaire, une augmentation de la perspiration cutanée, une sensation de chaleur générale, mais pas d'oppression de la respi- .ration.

Effets généraux de l'air confiné. — L'homme forcé de vivre dans de l'air incomplétement renouvelé, pauvre en oxygène, riche en acide carbonique, en eau et en exhalaisons miasmatiques diver- ses, arrive successivement à l'anémie, à la scrofule et souvent à la phthisie. Ces effets se remarquent plus spécialement sur les femmes et surtout sur les enfants en raison de la délicatesse et de l'im- pressionnabilité de leur constitution. Chez ces derniers peuvent ap- paraître, outre les maladies chroniques précédentes, diverses fiè- vres éruptives, le muguet, les affections diphthéritiques. Le contact de l'air libre renouvelé, à l'état de courants qui fouettent la peau et excitent les poumons, et l'action de la lumière directe, sont in- dispensables à l'hématose.

Mais si l'homme a été enfermé non plus chroniquement, mais brutalement pour ainsi dire et sans préparation dans un espace encombré très-restreint, les effets produits sont plus rapides et plus aigus. Les marins à bord, les soldats encasernés ou baraqués dans des espaces trop étroits, les prisonniers, se trouvent souvent dans ces conditions désastreuses. Alors apparaissent des fièvres à caractères typhiques, des affections cutanées, telles que herpès, zona, pupura, le scorbut aigu ou chronique, et le typhus endé- mique lui-même.

Les effets dus à l'air vicié peuvent être plus puissants encore. Quand l'encombrement est poussé à l'extrême, il survient au bout de quelques heures une sueur excessive, la sécheresse de la gorge et la soif, un sentiment d'angoisse, de dyspnée, de suffocation. Bientôt la fièvre éclate, rapidement suivie du délire, de la léthargie et souvent de la mort. En 1746, pendant la guerre des Anglais dans l'Indoustan, 146 prisonniers furent entassés dans une salle de 20 pieds carrés ne recevant l'air que par deux petites fenêtres ; au bout de six heures 96 avaient succombé présentant les accidents précédents : huit heures après on ne retrouva que 23 survivants ! Les mêmes effets ont pu souvent s'observer sur les prisonniers, ou sur les noirs à bord des navires négriers.

ARTICLE III

DES ATMOSPHÈRES PROFESSIONNELLES

Après avoir décrit les altérations et les effets généraux de *l'air confiné*, nous avons réuni dans cet article, ce que l'on sait des causes particulières d'impuretés et des effets spéciaux des diverses atmosphères que chaque profession crée autour des ouvriers qui les exercent. Ce serait laisser incomplète l'étude de l'air confiné que de ne pas signaler, au moins succinctement, les altérations spéciales de l'air et les inconvénients inhérents à plusieurs métiers qui s'exercent dans des enceintes closes.

Dans presques toutes les professions dont nous allons parler, la composition normale de l'air ambiant est altérée, mais si cette viciation de l'atmosphère influe pour sa part, on doit plus particulièrement rapporter les maladies que l'on observe aux émanations, aux miasmes et aux poussières diverses propres à chaque métier.

Les atmosphères professionnelles peuvent subir : 1° Des viciations par émanations ou poussières animales ; 2° par émanations ou poussières végétales ; 3° par vapeurs ou poussières minérales [1].

Emanations et poussières animales. — *Émanations animales.* — Toutes les émanations ayant les matières animales pour origines sont plus ou moins putrescibles ou putrides ; mais il est un fait très-remarquable, c'est que les professions qui mettent chroniquement l'ouvrier en contact avec les gaz les plus infects, ne produisent en général chez lui que des effets chroniques à marche insensible. Cette observation prouve bien que ce n'est pas à l'action putride des gaz, mais à des miasmes spécifiques et probablement à des organismes inférieurs, aptes à se développer sur des individus déjà souffrants, qu'il faut attribuer les accidents graves qu'on observe dans l'encombrement.

Suivant Warren et Parent-Duchâtelet, les ouvriers qui vivent dans des milieux à odeur infecte ont une moyenne de vie élevée.

---

[1] Nous avons pour cet article pris un certain nombre de documents dans le *Traité d'hygiène de Michel Levy*.

D'après Lombard, bien compétent en cette matière, on trouverait parmi eux deux fois moins de phthisiques que dans la moyenne des autres métiers ; ces ouvriers paraîtraient acquérir aussi une sorte d'innocuité contre les fièvres à caractères typhiques. On peut s'expliquer ces faits inattendus par la tolérance qui s'établit peu à peu, par la réaction due à l'exercice musculaire qui s'oppose à l'absorption des matières putrides à travers les veines et les lymphatiques, par la diffusion des exhalaisons putrides dans un air en général sain et renouvelé ; par l'état de santé puissante des ouvriers qui peuvent se livrer à ces métiers, les plus faibles devant rapidement mourir ou les abandonner.

Ce n'est point à dire que l'on puisse, sans danger, s'exposer indéfiniment aux émanations infectes. Dans les espaces clos surtout il peut arriver, quelquefois au bout de peu d'instants, de véritables intoxications : le *plomb* ou asphyxie subite des vidangeurs en est un exemple. Les intoxications diverses avec défaillances, exanthèmes cutanés, diarrhées, les furoncles, les anthrax, les inflammations des lymphatiques sont des affections communes chez ces ouvriers.

D'autres professions exposent encore aux émanations de matières d'origine animale. Les blanchisseurs, les tanneurs, les teinturiers respirent un air qui en est chargé et qui contient, avec un excès d'humidité, de l'hydrogène sulfuré, de l'ammoniaque, des particules organiques diverses. Les maladies les plus communes dans ces métiers, sont l'anémie, la chlorose, le rhumatisme, la scrofule. L'air ainsi vicié est toutefois moins dangereux à respirer que celui qui a reçu les émanations dues à l'encombrement de l'homme sain ou malade.

L'air confiné à bord des navires offre pour ainsi dire l'exemple de la réunion de toutes les conditions défavorables précédentes. Ici, selon le rang du vaisseau, chaque homme ne dispose que d'une quantité d'air qui varie de 1 mètre à 5 mètres cubes. Il respire une atmosphère presque saturée d'humidité sous toutes les latitudes ; les exhalaisons et les miasmes sont à peine entrainés par une ventilation insuffisante ; la lumière ne pénétre que difficilement au dessous du pont, par des ouvertures très-étroites ; la température s'y élève beaucoup, et pour combler la mesure, de la cale s'exhalent, presque continuellement, des émanations putrides dues, soit à la fermentation des vivres, soit à la putréfaction d'animaux divers, logés dans les flancs et les parties profondes du vaisseau. Aussi les maladies sont-elle communes à bord ; le scorbut aigu et chronique, le rhumatisme, les fièvres éruptives et intermittentes y existent presque à l'état endémique. Tous les auteurs ont, du reste, remarqué la singulière réceptivité des équipages pour les épidémies et les ravages qu'exercent sur eux le choléra, le typhus, la fièvre jaune.

Poussières animales. — Les inconvénients immédiats des professions qui produisent des poussières animales sont moins grands que ceux qui résultent des exhalaisons ou des miasmes de même origine. En revanche, un long séjour dans ces milieux prédispose bien plus à la phthisie. On sait les nombreuses victimes qu'elle fait chez les ouvriers qui touchent à la laine, à la soie non tissée, au crin, sur ceux-là surtout qui respirent l'air chargé des poussières les plus dures, comme les ouvriers brossiers. (*Lombard.*)

Émanations et poussières végétales. — *Émanations végétales.* — Les ouvriers des routoirs, les dragueurs, pêcheurs, les habitants des rizières, des marais, respirent une atmosphère salie par des émanations végétales, mélangées avec le produit de la décomposition d'une foule de petits animaux, et avec les miasmes qui souvent les accompagnent[1]. Les fièvres rémittentes et intermittentes, les dysenteries, les cachexies sont endémiques chez ces populations.

Les ouvriers qui travaillent le tabac vivent au milieu d'une atmosphère qui contient à la fois les émanations et les poussières de la plante. On sait que pendant sa fabrication, le tabac subit une fermentation qui élève sa température à 55° ou 60°, et en développe la force et le parfum. Pendant cette opération il se dégage des meules où il est entassé, une forte odeur d'ammoniaque qui entraîne avec elle de la nicotine et des essences diverses. L'opération du hachage, du râpage et du tamisage du tabac, en répandent, dans l'atmosphère, une certaine portion à l'état de fines poussières. Aussi les ouvriers, qui respirent un air ainsi vicié, présentent-ils bientôt les désordres les plus graves. Dès les premiers temps ils sont sujets aux nausées, aux céphalalgies, à une diarrhée spéciale. Au bout d'un ou deux ans, l'intoxication arrive à son maximum ; le teint prend un aspect terreux, cache-

---

[1] Voir Air atmosphérique, *matières organiques.*

tique, le sang perd de sa plasticité, les forces diminuent, l'amaigrissement survient, la constitution s'altère, les congestions passives deviennent fréquentes.

Poussières végétales. — Les cardeurs, peigneurs, fileurs, tisseurs de chanvre et de lin, les batteurs de coton, respirent un air chargé de fins débris végétaux. Ils sont sujets à la sécheresse habituelle de la gorge, à la toux, à la phthisie, à la pneumonie dite *cotonneuse.*

Vapeurs et poussières minérales. — *Mélange de vapeurs et de poussières minérales.* — Presque toutes les industries chimiques exposent les ouvriers à respirer un mélange de vapeurs et de poussières minérales ou organiques, de fumées, de gaz acides. Les chimistes, dans leurs laboratoires, sont dans les mêmes conditions. On a encore peu d'observations exactes sur les effets produits par cette viciation de l'air. La fabrication de l'acide sulfurique, répand au loin dans la campagne des quantités d'acide sulfureux, et même de vapeurs nitreuses, telles que la végétation disparaît souvent entièrement. Dans le Staffordshire (Angleterre) un district entier de plusieurs milles d'étendue, est noirci et couvert de la fumée des hauts-fourneaux : on n'y voit pas un arbre, à peine quelques brins d'herbe. Près de Sainte-Hélène, dans le Lancashire, toute plante, tout oiseau, tout insecte, sauf quelques très-petites espèces, ont disparu. Cette désolation est produite par la réunion, dans le même district, de dix fabriques de soude qui lancent dans l'atmosphère des vapeurs d'acide chlorhydrique, sulfureux, sulfurique, de la vapeur de sel commun, et une épaisse fumée de charbon ; de six fonderies de cuivre qui donnent des acides sulfureux et sulfurique ; de six fonderies de fer ; de deux fabriques de savon ; enfin par les réactions qui se passent dans les résidus de plusieurs fabriques d'alcali, qui dégagent sans cesse du gaz sulfhydrique. Toutes ces industries, et spécialement celle de la fabrication de la soude caustique, qui produit des torrents d'acide chlorhydrique, sont donc extrêmement nuisibles aux plantes, aux animaux et à l'homme. L'accumulation des résidus de la purification du gaz d'éclairage par la chaux, est aussi des plus défavorables à la santé[1].

Vapeurs minérales. — Les ouvriers qui vivent au sein d'atmo-

---

[1] Voy. *Chem. news.*, t. XXII, p. 27 et 44.

sphères plus ou moins chargées de vapeurs de phosphore, de sulfure de carbone et de mercure, sont sujets à des maladies graves.

Les fabricants de phosphore et d'allumettes, même à phosphore
amorphe, respirent, quelles que soient les précautions qu'ils
prennent, soit des gaz hydrogènes phosphorés, soit des composés
oxygénés ou organiques du phosphore dont les effets sont rapidement désastreux. L'appétit disparaît d'abord, le ventre devient
douloureux ; il arrive de la céphalalgie, de la dyspnée et de la toux ;
l'haleine est souvent phosphorescente. Il se déclare ensuite, surtout
chez les enfants et chez les femmes, une cachexie spéciale débutant
par une subinflammation du tissu des gencives et dont le plus terri-
ble caractère est la nécrose des os de la face. Elle a ceci de très-remarquable, qu'elle n'atteint en général l'économie qu'au bout de
trois ou quatre ans, alors même que l'ouvrier a quitté son métier
désastreux.

La fabrication du sulfure de carbone, et les industries auquel-
les on l'emploie (vulcanisation du caoutchouc, extraction des huiles
essentielles, des alcaloïdes, des bitumes, des corps gras contenus
dans les os, les chiffons et les tourteaux) ne présente pas moins
de dangers quand les vapeurs très-volatiles de ce corps peuvent se
repandre dans l'air de l'atelier. Au bout de un à six mois, survient
du crachotement, des nausées, de l'inappétence, de la céphalalgie, du vertige ; les idées deviennent vagues, la mémoire disparaît ;
les forces musculaires diminuent, il y a tendance au sommeil,
anaphrodisie suivie d'impuissance génitale ; presque tous les sens
s'affaiblissent, surtout ceux de la vue et de l'ouïe, pendant
qu'une cachexie spéciale, avec atrophie musculaire, envahit l'organisme. Le meilleur remède à tous ces accidents, c'est de renoncer
pour toujours à ce travail dangereux [1].

Les ouvriers qui sont en rapport avec le mercure en vapeur,
tels que doreurs, argenteurs, raffineurs de mercure, ceux qui
touchent à ce métal ou à ses préparations, comme les éta-
meurs de glaces, et tout spécialement les ouvriers des mines de
mercure, sont sujets à des accidents qui débutent rapidement et
dès les premiers jours par une sensation d'abattement, des douleurs articulaires, du malaise à l'épigastre, de la salivation, des
aphthes. Au bout d'un certain temps apparaît un tremblement spé-

---

[1] Delpech, *Mémoire lu à l'Académie de médecine,* 15 janvier, 1856.

cial ; des ulcères chroniques envahissent la gorge et les gencives ;
les dents bientôt se dénudent et tombent ; il survient des contractures musculaires, surtout dans les fléchisseurs, des douleurs très-
vives, de l'insomnie, et les malades, s'ils persistent à vivre dans
cette atmosphère empoisonnée, perdent enfin la mémoire, l'intelligence et tombent dans une véritable paralysie progressive.

Quoique ces accidents puissent être, en partie, attribués au mercure ou à ses préparations absorbées à l'état de fine poussière,
il est impossible de nier que la faible tension des vapeurs mercurielles, dans un lieu clos, suffise à produire à elle seule l'intoxication ; témoin cette épidémie mercurielle qui fut observée, en 1810,
à bord du vaisseau anglais le *Triumph,* à la suite de l'éclatement
des vessies de mercure qui constituaient son chargement. On sait
du reste qu'il ne faut que quelques gouttes de ce métal déposé sur
une soucoupe pour rendre une atmosphère confinée mortelle pour
les plantes, preuve bien frappante de la facile dissémination de
ses vapeurs.

On emploie avec succès, contre les émanations mercurielles,
l'ammoniaque que l'on répand le soir dans les ateliers après la
sortie des ouvriers ou la fleur de soufre, dont les poussières paraissent s'emparer du mercure en vapeur (*Boussingault* [1]).

Poussières minérales non métalliques. — Les ouvriers qui travaillent ou pulvérisent la silice, le grès, les argiles, le cristal, l'émeri,
le plâtre, sont très-sujets à la phthisie. On la rencontre chez eux de
50 à 60 fois pour 100, suivant les industries, tout spécialement chez
les aiguiseurs et polisseurs d'acier, et autrefois chez les tailleurs de
pierre à fusil. Leurs vésicules pulmonaires présentent des milliers
de petites granulations blanches, grises, noires et molles, formées
principalement de silice [2]. On peut trouver jusqu'à 20 pour 100 de
cette dernière substance dans le parenchyme pulmonaire des aiguiseurs d'aiguille, tandis qu'il n'y en a pas trace chez l'enfant. Il survient chez tous ces ouvriers, une toux sèche, avec respiration sus-
pirieuse, dure, craquante, des râles bronchiques, enfin les râles
secs et humides caractéristiques de la phthisie confirmée.

Les ouvriers des mines de charbon, les charbonniers qui manient
ce corps à l'air libre, les fabricants de noir, les mouleurs en cuivre,
sont aussi des victimes toutes prêtes pour la phthisie. Au bout de

---

[1] Merget, *Compt. rend.,* t. LXXVI, p. 648, et Meyer, *ibid.,* t. LXXVI, p. 648.
[2] Voy. Desayvre. *Ann. d'Hygiène,* 1856, 2ᵉ série, t. V, p. 282.

quelques années, huit à dix ans en général, survient de la fatigue musculaire, de la dyspnée, dans bien des cas de l'hypertrophie du cœur, enfin tous les symptômes de la diathèse tuberculeuse. On trouve à l'autopsie les vésicules pulmonaires et les cavernes du poumon remplies d'une substance noire, formée de fine poussière de charbon incorporée à un peu de matière organique (*Anthracosis* [1]).

Poussières minérales métalliques. — Les ouvriers des mines de fer, de zinc, et très-probablement de cuivre, lorsque le minerai ne contient pas d'arsenic, ne paraissent point être atteints de maladies bien spéciales. Il n'en est pas de même de ceux qui sont en contact avec le plomb, l'arsenic, l'antimoine et le mercure dont nous avons parlé ci-dessus.

L'intoxication saturnine est le danger de presque toutes les professions qui emploient le plomb. Les ouvriers cérusiers, et les peintres en sont surtout atteints. Il ne paraît pas en être de même des mineurs qui extraient la galène. L'empoisonnement d'ailleurs se produit surtout par la peau, et spécialement par les mains, dont la sueur finit par dissoudre les poussières de céruse qui lui adhèrent; on s'explique donc que la galène reste inerte, inattaquable qu'elle est par les acides de la perspiration. On sait que les accidents saturnins sont surtout caractérisés par une colique opiniâtre, par des douleurs articulaires, souvent très-vives, débutant par les mains et les avant-bras, par la paralysie plus ou moins complète des extenseurs, enfin par des symptômes nerveux apyrétiques, telles qu'anesthésies locales, délire, coma, etc.

Les ouvriers qui travaillent le cuivre sont-ils sujets à des accidents analogues? Blandet le pensait; ce n'est point notre opinion. Nous avons bien souvent eu l'occasion d'analyser du sang de malades atteints d'affections les plus diverses et qui s'est trouvé contenir une *notable quantité de cuivre*, sans qu'ils aient présenté durant leur vie aucun accident que l'on puisse rapporter à ce métal. Les ouvriers en cuivre ne sont sujets à aucune endémie remarquable. Chevalier nous a appris que les chaudronniers de Durfort (Tarn), absorbent une telle quantité de cuivre, que leurs os sont colorés en vert et que leur urine laisse sur le sol un résidu verdâtre : or, pour la plupart, ils jouissent d'une belle santé [2]. Enfin,

---

[1] Voy. dans cet ouvrage, III° PARTIE, *Pathologie du tissu pulmonaire.*
[2] *Ann. d'hygiène,* t. XXXVII, p. 305.

j'ai eu l'occasion d'interroger souvent, à ce sujet, les ouvriers en vert de gris de Narbonne et de Montpellier, aucun ne m'a signalé d'accidents spéciaux.

Les mineurs qui traitent les minerais arsenicaux (grillage des blendes, des pyrites, production des verts de Scheele et de Schweinfurt), les fabricants de papiers peints aux verts arsenicaux, ceux qui font les couleurs d'aniline à l'acide arsénique, les mégissiers, présentent la succession des symptômes de l'empoisonnement arsenical : au début, coryza avec gonflement du nez et des joues, plus tard, éruptions vésiculaires, sputation fréquente, engorgement des bourses, et généralement de toutes les parties à peau fine en rapport avec la poussière vénéneuse, symptômes locaux accompagnés de céphalalgie, dérangements d'entrailles, perte d'appétit, sensation générale de refroidissement, etc.

Les ouvriers qui extraient la mine d'antimoine sont, au bout de un à deux ans, atteints par l'anaphrodisie et arrivent à l'impuissance. L'auteur a eu l'occasion de faire cette remarque dans quelques mines à sulfure d'antimoine françaises et espagnoles[1].

---

[1] Voy. comme moyen prophylactique contre l'action des poussières dangereuses, l'appareil respirateur du Dr Jonglet, *Compt. rend.* séance du 1er août 1870.

DEUXIÈME PARTIE

CHIMIE APPLIQUÉE A LA PHYSIOLOGIE

L'étude de la matière animale et l'histoire chimique des phénomènes physiologiques qui se passent chez l'être vivant font l'objet de cette Deuxième Partie. Nous l'avons divisée en *six livres* rapprochés, de manière à présenter logiquement l'ensemble du sujet complexe auquel on pourrait donner le nom de *Chimie biologique*. Voici la division adoptée :

Livre Ier. *Tissus.* — Nous étudions les tissus dans ce premier livre parce qu'ils forment comme la trame de presque tous les organes et concourent à la plupart des fonctions générales.

Livre IIe. *Digestion.* — Ce livre comprend l'ensemble des transformations que l'animal fait successivement subir à l'aliment, dans la bouche, l'estomac et l'intestin, pour le rendre assimilable.

Livre IIIe. *Assimilation.* — Sous ce titre nous étudions tous les liquides devenus assimilables par la digestion et que la circulation porte aux divers organes pour les nourrir. Ce sont : le chyle, la lymphe, le sang. Nous avons fait aussi dans ce troisième livre l'histoire de la *nutrition générale*, qui ne saurait être séparée de celle du sang ; et, comme appendice, nous y avons traité *des glandes vasculaires sanguines*, à fonctions douteuses, mais qui concourent aussi à l'assimilation.

Livre IVe. *Excrétions.* — Comprenant l'histoire des reins et de l'urine, de la sueur, des larmes, du mucus, des humeurs diverses ; du foie et de la bile.

Livre V^e. *Respiration.* — Nous étudions sous ce titre l'organe respirateur au point de vue chimique, la fonction respiratoire, et comme corollaire, la perspiration cutanée.

Livre VIe. *Innervation et génération.* — Nous avons rapproché dans cette section l'étude de la matière nerveuse, de celle du sperme, de l'œuf et du lait. Au point de vue chimique on ne saurait disjoindre ces divers sujets.

Nous avons toujours exposé la composition histologique et chimique de l'organe, avant de parler des fonctions qu'il accomplit, et des produits de sécrétion ou d'excrétion qui en dérivent.

Mais pour étudier plus utilement au point de vue chimique les tissus, les organes proprement dits et leurs fonctions, il nous a paru nécessaire de faire d'abord et d'une manière générale l'histoire des *principes immédiats* de l'organisme, c'est-à-dire des principes mêmes qui servent comme de matériaux à l'être vivant. Nous avons fait de l'étude d'ensemble de ces corps un *chapitre préliminaire*, destiné à éclairer d'avance les actes complexes de la vie qui pour se perpétuer les forme et les détruit sans cesse.

CHAPITRE PRÉLIMINAIRE

DES PRINCIPES IMMÉDIATS DE L'ORGANISME

On sait que l'on donne le nom de *principes immédiats* aux diverses substances que leur composition et leurs propriétés définies caractérisent et permettent de classer au nombre des *espèces* chimiques. Ce sont les matériaux complexes, mais de nature fixe, dont sont formés les tissus et qui se rencontrent dans les diverses humeurs de l'organisme. Ils s'y trouvent juxtaposés, mélangés souvent en quantités variables et suivant des lois qui nous échappent encore, mais non combinés entre eux, dans le sens absolu de ce mot. L'analyse immédiate les isole les uns des autres, par des procédés qui n'altèrent ni leur composition, ni leurs propriétés. En appliquant cette méthode à l'étude des solides et des liquides qui entrent dans la constitution des être vivants, on est successivement et laborieusement parvenu à séparer un grand nombre de ces principes immédiats définis, que l'on a pu ensuite étudier, comparer et classer. Reconnaître et caractériser ces substances que nos tissus absorbent ou désassimilent sans cesse, étudier en dehors de l'organisme leurs principales transformations chimiques, et montrer ensuite qu'elles restent les mêmes chez l'être vivant et constituent la partie matérielle la plus certaine et la mieux connue des phénomènes de la vie animale, nous a paru une étude indispensable au commencement de cette II° Partie.

Les principes immédiats que fournissent les êtres vivants peuvent être classés en quatre groupes :

I. *Les matières albuminoïdes ou protéiques*, telles que l'albumine, l'osséine ou la gélatine;

II. *Les substances azotées non albuminoïdes*, qui dans l'organisme dérivent le plus souvent des précédentes;

III. *Les substances ternaires non azotées*, telles que le sucre, l'amidon, les corps gras.

IV. *Les matières minérales.*

Nous ne voulons pas décrire ici successivement les diverses substances qui entrent dans ces quatre divisions; comme nous l'avons déjà dit, cette étude sera faite en son lieu dans le courant de cette II° Partie. Nous nous appliquerons surtout dans ce chapitre à caractériser chacun des groupes précédents, et à faire son histoire à un point de vue général et synthétique, en nous arrêtant plus particulièrement aux matières protéiques, qui sont les principes immédiats les plus importants de l'économie animale, et ceux d'où dérivent presque tous les autres.

ARTICLE PREMIER

DES MATIÈRES PROTÉIQUES

La trame organique des tissus animaux est en majeure partie formée de substances ayant entre elles une assez grande analogie de composition et de propriétés physiques et chimiques, pour qu'on les ait réunies de bonne heure en une classe naturelle de corps, auxquels leur similitude avec l'albumine de l'œuf a fait donner le nom de *substances albuminoïdes*.

Les propriétés générales qui caractérisent ces corps sont les suivantes :

Les matières albuminoïdes sont toutes des combinaisons très-complexes, contenant à la fois du carbone, de l'hydrogène, de l'oxygène, du soufre et de l'azote; toutes sont unies à une très-petite quantité d'acides, de bases, ou de sels, qui ne saurait leur être enlevée entièrement sans qu'elles subissent de notables modifications ; toutes sont accompagnées dans les tissus ou les humeurs d'une grande masse d'eau, qui semble en partie contracter avec elles des combinaisons moléculaires instables ; toutes paraissent aptes à passer, avec la plus grande facilité, par de nombreuses transformations isomériques ; toutes, ou à peu près, sont amorphes et incapables de se volatiliser par la chaleur ; toutes donnent, lorsqu'on les chauffe, des produits empyreumatiques à odeur de corne brûlée, contenant des sels ammoniacaux à acides gras, des matières azotées alcalines complexes, et un charbon boursouflé très-difficilement combustible ; presque toutes se putréfient rapidement quand elles sont abandonnées à l'air ; presque toutes enfin sont de précieuses matières alimentaires qui d'abord assimilées, se dédoublent et se brûlent ensuite dans le corps de l'animal, en passant par une succession de transformations importantes dont les derniers termes sont l'eau, l'acide carbonique et l'urée, produits que nous excrétons sans cesse.

Les matières albuminoïdes se rencontrent, associées à l'eau, dans tous les liquides de l'organisme, et forment avec elle la masse principale des tissus animaux. Du reste la cellule du végétal ou de l'animal en est d'autant plus chargée qu'elle est plus jeune. Chez l'embryon, la partie protoplasmatique, qui constitue souvent presque à elle seule l'élément cellulaire, en est principalement formée. Ce n'est que plus tard que cette cellule subit des transformations chimiques et s'enrichit chez le végétal en amidon et cellulose, chez l'animal, en graisses et produits azotés de constitution plus simple. Aussi donne-t-on souvent aux substances albuminoïdes le nom de *matières protéiques*[1], comme pour indiquer qu'elles sont, chez l'animal surtout, les génératrices des tissus primitifs, et les principes d'où dérivent en général les corps moins complexes de l'organisme animal.

Nous dirons à la fin de cet article comment les matières albuminoïdes paraissent prendre naissance dans les plantes, et par quelles séries de transformations successives elles se détruisent chez l'animal.

Classification et composition. — Bien que les matières protéi-

---

[1] Ce nom leur a été donné par Mulder, qui les considérait toutes comme dérivées d'une substance hypothétique unique, la *protéine*. Mais cette signification, fondée sur un point de vue erroné, doit être abandonnée aujourd'hui.

ques aient une composition analogue, celle-ci présente cependant
des différences assez sensibles pour qu'on puisse aujourd'hui affirmer que toutes ces substances ne sont pas des états isomériques
d'une matière unique, qui, susceptible de subir des modifications
moléculaires plus ou moins profondes, produirait ainsi les diverses
matières dont nous nous occupons ici. Cette hypothèse, émise autrefois, est contraire aux résultats analytiques les plus certains,
comme nous le verrons tout à l'heure.

Les substances protéiques peuvent être divisées en deux grandes
classes qui se distinguent l'une de l'autre, non-seulement par la
composition, mais encore par l'ensemble des propriétés des corps
qui en font partie.

La première classe de matières protéiques, que nous nommerons, *substances albuminoïdes proprement dites*, comprend l'*albumine de l'œuf* d'oiseau et toutes les matières qui sont, comme elle,
susceptibles de devenir insolubles, soit spontanément, telles que la
myosine et la *fibrine*, soit par l'action de la chaleur, comme l'*albumine* et la *sérine*, soit sous l'influence des acides faibles, comme
la *glutine* et la *caséine*. Ces substances donnent, en outre, sous
l'influence des acides ou des bases très-étendues, une matière qui
paraît identique ou très-analogue pour toutes, soluble dans l'eau
légèrement acidulée ou alcalinisée, insoluble dans les liqueurs
neutres, et à laquelle on a donné le nom de *syntonine*. (Voir *Tissu
musculaire*.) Toutes les matières albuminoïdes proprement dites,
sont facilement transformables, par la digestion, en substances assimilables éminemment nutritives. Enfin toutes ont une composition très-analogue : de l'une à l'autre, le carbone varie de 52 à
53,8 pour 100 ; l'hydrogène de 7,0 à 7,3 ; l'azote de 15 à 16,6
pour 100.

La seconde classe de matières protéiques, que nous nommerons
substances collagènes, est composée de matières analogues à *l'osséine* des os, susceptibles de devenir solubles en se transformant
chacune en un corps isomère, ayant l'apparence et les propriétés générales de la colle de poisson ou de la gélatine, propriété d'où dérive leur nom de *collagènes*. Traitées par les acides
et les bases très-faibles, les composés insolubles de cette seconde
série de corps protéiques ne donnent point une syntonine analogue
à celle qui correspond à la première classe ; les modifications solubles des matières collagènes ne se transforment pas dans le tube

digestif en composés facilement assimilables, quoiqu'elles soient
modifiées par le suc gastrique et absorbées ; enfin ces substances
contiennent de 48,5 à 50 pour 100 de carbone ; de 6,5 à 7,4 d'hydrogène et de 16,8 à 18,7 pour 100 d'azote. Seules la *cartilagéine*
et la *chondrine* qui en dérive, donnent à l'analyse 14,9 et 14,4
d'azote ; mais cette exception apparente sera expliquée plus loin.
Nous verrons que cette seconde classe de matières protéiques paraît être formée de corps qui sont déjà des produits dérivés des
vraies substances albuminoïdes qui composent la première classe.

L'albumine de l'œuf d'oiseau, dans ses modifications soluble
et insoluble, est, disions-nous, le type des corps qui forment la
classe *des matières albuminoïdes proprement dites*. Le tableau
ci-contre donne la composition des principales de ces substances.
Toutes les analyses que nous citons ici ont été choisies parmi celles
qui présentent le plus de garantie, vu le choix des méthodes, la
concordance des résultats et la conscience de leurs auteurs. (Voir
tableau de la page 235.)

L'*osséine* et sa modification soluble, la *gélatine*, sont les types
des corps qui forment la seconde classe des matières protéiques,
ou classe des *substances collagènes*. Le tableau suivant donne la
composition et l'origine des plus importantes. Tous ces chiffres
sont extraits des travaux les plus autorisés. (Voir le tableau
page 236.)

De ces tableaux, on peut déjà tirer d'importantes conclusions.
Examinons d'abord la composition des matières protéiques, qui
forment la Première Classe.

On sera, sans doute, frappé de l'analogie de composition de ces
substances. Qu'elles soient d'origine végétale ou animale, solubles
ou insolubles, cristallines ou amorphes, leur carbone et leur azote
varient d'une manière peu sensible ; seul le soufre subit, de l'un
à l'autre de ces divers corps, des changements notables. Le dosage
de cet élément suffirait pour établir que ces substances ne sont pas
isomères. Observons aussi que l'hémoglobine, matière albuminoïde
cristallisée et ferrugineuse du sang, a presque la composition
de la sérine du sérum, et qu'elle n'en diffère notablement que
par 0,43 pour 100 de fer. Ces faits démontrent l'importance dans

MATIÈRES	C	H	Az	O	S	Fe	AUTEÙRS
Albumine soluble (d'œuf d'oiseau)... . .	52.9	7.2	15.6	»	»	»	Wurtz.
Albumine coagulée (d'œuf d'oiseau). . .	52.9	7.2	15.8	»	0.4 (Mulder.) 0.72 (Rülling.)	»	Id.
Sérine (du sérum artériel et veineux). .	53.4	7.2	15.7	»	1.30 (Rülling.)	»	Dumas et Cahours.
Sérine (id.).	53.7	7.1	15.8	»	0.7	»	Mulder.
Albumine végétale (du froment, coagulable par chaleur).	53.74	7.41	15.66	»	»	»	Dumas et Cahours.
Glutine (partie du gluten soluble dans l'acool froid).	53.3	7.5	14.6	»	»	»	Ritthausen.
Syntonine musculaire (précipitée).. . .	54.06	7.28	16.05	21.5	1.41	»	Liebig.
Caséine (du lait, coagulée par l'alcool). .	53.5	7.1	15.8	»	0.9 (Verdeil.)	»	Dumas et Cahours.
Caséine végétale..	53.46	7.13	16.04	»	»	»	Id.
Légumine (des légumineuses).	51.48	7.02	16.77	24.33	0.40	»	Ritthausen.
Fibrine (de sang. veineux humain).. . .	52.8	7.0	16.8	»	1.1 (Moyenne.)	»	Dumas et Cahours.
Fibrine (artérielle et veineuse du sang de bœuf).	52.7	7.0	16.6	»	1.5 (Rülling.)	»	Id.
Fibrine végétale (partie du gluten épuisée à l'alcool et à l'eau).	53.4	7.1	15.8	»	1.0 (Verdeil.)	»	Id.
Vitelline (du jaune d'œuf).	52.3	7.3	15.1	»	1.2	»	Gobley.
Hémoglobine cristallisée (globules du sang de chien).	53.85	7.32	16.17	»	0.50	0.43	Hoppe-Seyler.

COMPOSITION CENTÉSIMALE DES MATIERES PROTÉIQUES COLLAGÉNES

NOM DES SUBTANCES	C	H	Az	O	S	AUTEURS
Osséine (os de veau).	49.9	7.3	17.2	»	0.22 (Bibra.) 0.7 (Verdeil.)	Frémy.
Gélatine (d'osséine d'os de bœuf).	50.0	6 5	17.5	»	0.6 (Schieper).	Id.
Épidermose (épiderme de la plante du pied).	51.0	6.8	17.2	»	»	Schérer.
Membrane tapissant l'intérieur de l'œuf.. .	50.0	6.6	16.8	»	»	Id.
Ongles.	50.3	6.9	17.3	»	3.2	Mulder.
Amandine (des amandes amères)..	50.62	6.78	17.07	24.23	0.40	Ritthausen.
Amandine (des amandes douces).	50.93	6.70	18.77	»	0.32 (Norton.)	Dumas et Cahours.
Cartilagéine (cartilages de veau).	50.5	7.0	14.0	»	0.7 (Verdeil.)	Schérer.
Chondrine (de la carti'agéine d'homme). . .	49.3	6.6	14.4	»	0.40	Mulder.
Matière des ligaments jaunes (traitée par l'eau, l'acide acétique, l'éther).	55.05	7.41	17.74	»	»	Id.
Fibroïne (de la soie)..	48.53	6.50	17.35	»	»	Id.
Mucine (du mucus animal). . . . . . . , .	52.2	7.0	12.6	28.2	»	Hoppe-Seyler.

ces matières des petites quantités d'un élément tel que le soufre,
le phosphore, le fer, et l'erreur que l'on commettrait en ne tenant
pas compte des faibles variations qu'accuse l'analyse. Ces diverses
substances n'ont ni la même composition, ni les mêmes propriétés,
mais elles sont analogues entre elles, à peu près comme le sont
les corps gras.

Quant aux matières *collagènes* dont le second tableau donne
les analyses principales, remarquons tout de suite que leur composition diffère très-notablement de celle des principes précédents.
Elles sont beaucoup plus pauvres en carbone[1] ; mais, en même
temps aussi, toutes (à l'exception de la cartilagéine et de la chondrine) sont notablement plus riches en azote, comme si elles dérivaient des matières albuminoïdes proprement dites, par perte
d'une substance plus riche qu'elles en carbone, et ne contenant
que peu ou pas d'azote, de sorte que ce dernier élément aurait
ainsi augmenté dans le reste de la molécule. Observons que le
corps de l'embryon, dans la première période de son développement, ne contient pas de matières collagènes, et que le sang lui-
même, chez l'adulte, n'en donne pas trace dans l'état de santé ;
les substances collagènes ne paraissent donc pas être des matières
premières, directement formées et utilisées par l'organisme. Introduites par la digestion dans l'économie, elles ne sont que très-
difficilement aptes à se transformer en tissus. On peut donc les
considérer comme des produits secondaires, dérivés des principes
albuminoïdes proprements dits, et représentant déjà un premier
degré de désassimilation. Nous reviendrons encore sur cette importante question.

La cartilagéine et son isomère soluble, la chondrine, font
exception à la règle, et contiennent moins d'azote que toutes
les autres substances protéiques. Ces deux matières s'en distinguent, en effet, notablement en ce qu'elles se dédoublent par
l'eau en donnant un glucose et une matière albuminoïde. Ce
sont donc de vrais glucosides, ce qui explique leur moindre teneur en azote.

Tous les corps collagènes se distinguent, des matières albuminoïdes proprement dites en ce que, dissous dans l'acide acétique

---

[1] Il faut en excepter la *substance qui forme les ligaments jaunes,* mais son inso-
ubilité dans tous les dissolvants, et la difficulté de l'obtenir pure, peuvent rendre compte
de ce cas particulier.

ou dans l'acide phosphorique, ils ne précipitent pas par le ferro-cyanure de potassium, qui dans ces conditions donne une combinaison insoluble avec les matières albuminoïdes proprement dites de la première classe.

Outre le carbone, l'hydrogène, l'oxygène et l'azote, toutes les matières protéiques contiennent du soufre dans un état tel qu'on ne saurait l'enlever par des lavages à l'eau froide ou chaude, même légèrement acide ou alcaline. Une partie de ce soufre, très-variable en poids pour chacune d'elles, paraît jouer dans ces substances le rôle de l'oxygène, à peu près comme cela a lieu dans la *cystine*, comparée à la *sérine* (de la soie), deux principes dérivés des substances protéiques. Les formules suivantes indiquent l'analogie des fonctions du soufre et de l'oxygène dans ces deux corps :

$$(C^5H^5O)''' \begin{cases} OH \\ OH \\ AzH^2 \end{cases} \qquad (C^5H^5S)''' \begin{cases} OH \\ OH \\ AzH^2 \end{cases}$$

Sérine dérivée de soie.   Cystine.

A ce point de vue, il serait très-important de rechercher la cystine ou les matières sulfurées analogues, dans les produits du dédoublement par l'eau des matières albuminoïdes. Nous verrons, du reste plus loin, que le soufre semble exister sous deux états dans ces substances.

Le phosphore se trouve-t-il dans la molécule des substances protéiques, combiné d'une façon analogue au soufre? Les auteurs sont divisés d'opinion à cet égard. Il est certain que quelques matières albuminoïdes contiennent ce métalloïde autrement que sous forme d'un mélange de phosphates. Il est incontestable aussi que les substances protéiques retiennent ces derniers sels avec une grande énergie, et les entraînent abondamment si on vient à les précipiter au sein de leurs solutions. Mais on ne saurait douter que la légumine des légumineuses ne contienne, sous forme de combinaison organique, une quantité d'acide phosphorique, variable il est vrai avec les diverses espèces de graines qui ont fourni cette légumine, mais indépendante des cendres. C'est à l'acide phosphorique, ou à un acide comparable à l'acide glycéro-phosphorique, que Ritthausen attribue la réaction acide de cette substance; Norton, Wœlcker, sont arrivés à la même conclusion. Dans le protagon et la névrine, qui sont des dérivés des substances albuminoïdes du cerveau, le phosphore existe aussi sous le même état. Il semble, cependant, que cet élément ne soit pas indispensable à la constitution de beaucoup de principes protéïques.

Dans un travail récent[1], Boussingault a signalé le fer dans un grand nombre de substances albuminoïdes ; mais ce métal paraît, en général, être contenu dans leurs cendres, et ne pas faire partie de la molécule même. On ne connaît jusqu'ici, parmi les matières protéiques que l'hémoglobine où il soit réellement combiné.

Il est extrêmement difficile, sinon impossible, de priver entièrement de cendres les substances albuminoïdes ; plusieurs même peuvent être considérées comme de véritables sels. C'est ainsi que l'albumine de l'œuf paraît être, à l'état soluble, un albuminate de soude ; que vraisemblablement la caséine est un sel analogue ; que la myosine du muscle a, pendant la vie, une réaction alcaline qu'elle doit aux matières minérales auxquelles elle est unie. Toutes ces substances sont de plus associées, en général, à divers sels, spécialement à une petite quantité de phosphates et de chlorures, d'une façon si intime, qu'on ne sait point encore les en priver entièrement. Ces traces de sels modifient très-sensiblement leurs réactions chimiques, leurs propriétés physiques et, bien plus encore, leur rôle physiologique.

Propriétés générales. — La plupart des *substances albuminoïdes proprement dites* qui entrent dans la composition des tissus et des humeurs de l'organisme, se dissolvent dans l'eau. Le plus souvent leur solution est alcaline, chez l'animal, et légèrement acide dans les cellules végétales. Cette solubilité peut n'être qu'apparente et se modifier sous l'influence de petites quantités de sels, d'acides ou d'alcalis. C'est ainsi que la syntonine, qui résulte de l'action d'une très-faible proportion d'acide ou d'alcali sur les matières albuminoïdes, n'est tenue en dissolution que grâce à ces agents, et qu'elle se précipite aussitôt qu'on sature exactement la liqueur. Leur propriété de se dissoudre dans l'eau peut aussi être modifiée par des causes que nous ne pouvons encore qu'expliquer imparfaitement : la plupart des matières albuminoïdes, animales ou végétales, passent en effet à l'état insoluble par l'ébullition, par l'action des acides, ou même spontanément. Il suffit souvent d'ajouter de grandes quantités d'eau, pour qu'une partie de la substance

---

[1] *Ann. chim. phys.* [4], t. XXVII, p. 477.

dissoute se précipite ; le même effet se produit encore plus aisément
avec une petite quantité d'un acide minéral dans les solutions d'albumine ordinaire, avec quelques gouttes d'acide acétique, pour la
caséine, ou simplement par l'addition d'alcool ou de certains sels.
Il est remarquable que lorsqu'on coagule par la chaleur une
solution de blanc d'œuf, l'alcalinité de la liqueur augmente notablement après la coagulation. Ces réactions paraissent s'expliquer
d'une façon assez satisfaisante en admettant que les matières
albuminoïdes solubles perdent en se coagulant une partie de la
base qui les maintenait en dissolution à l'état de sels solubles,
et certainement aussi, une portion de cette eau de constitution
à laquelle elles sont unies dans les organismes végétaux ou
animaux.

La solution des matières albuminoïdes peut être, en effet, comparée à celle d'un sel minéral apte à cristalliser avec plusieurs
molécules d'eau. Lorsque après les avoir desséchées sans les
altérer, on les met en contact avec ce liquide, elles s'y gonflent et
en absorbent une grande quantité. Les sels alcalins et alcalino-
terreux diminuent beaucoup cette propriété et l'on peut s'expliquer
dès lors comment ils agissent dans les solutions des matières albuminoïdes qu'ils précipitent en modifiant sans doute les états d'hydratation que ces substances sont aptes à subir. D'un autre côté, si
l'on soumet à la congélation une solution étendue d'albumine
d'œuf, on sépare d'abord, par cristallisation, une grande masse
d'eau presque pure ; la liqueur se concentre, et l'on n'arrive bientôt
plus à obtenir des cristaux de glace, mais seulement une sorte de
pulpe albumineuse, à composition à peu près constante, qui semble
représenter la molécule d'albumine hydratée, telle qu'elle était
dissoute dans le liquide[1]. Ces divers faits nous montrent que
les substances albuminoïdes, telles qu'elles fonctionnent dans l'é-
conomie, existent chacune dans un état spécial d'hydration apte à
se modifier, sans doute, très-rapidement et sans cesse, sous l'influence des variations subies par le poids des divers sels minéraux dissous dans les humeurs, le plasma, ou les tissus.

Les matières albuminoïdes solubles peuvent être desséchées à
basse température et portées ensuite à 100° et même au-dessus,
sans perdre alors la propriété de se redissoudre dans l'eau.

---

[1] Expériences inédites de l'auteur faites avec de l'albumine d'œuf pure, dialysée à
a température de 0°, pendant 12 jours, puis soumise à —10°.

Leurs solutions sont peu diffusibles, c'est-à-dire que les matières protéiques se répandent d'elles-mêmes très-lentement dans l'eau et les divers liquides, et qu'elles passent avec une excessive lenteur à travers les membranes animales, le papier parchemin et, en général, les substances à texture non cristalline[1].

Biot découvrit que la solution d'albumine d'œuf dévie à gauche le plan de la lumière polarisée. A. Bouchardat[2] mesura cette déviation qu'il trouva de 55°,7 pour la lumière jaune moyenne (35°, pour la raie D de Frauenhoffer, d'après Hoppe-Seyler). Toutes les substances albuminoïdes dévient ainsi vers la gauche le plan de la lumière polarisée. Il en est de même des syntonines qui en dérivent par l'action des bases ou des acides affaiblis[3].

A l'état sec, les matières albuminoïdes se présentent sous forme de masses cornées ou friables, incolores ou jaunâtres, translucides, élastiques ou cassantes, insolubles ou solubles dans l'eau, insolubles dans l'alcool, sauf une ou deux exceptions, insolubles dans l'éther et les carbures d'hydrogène liquides. Elles sont dénuées d'odeur et presque de saveur.

La plupart de ces substances sont amorphes : on en connaît cependant quelques-unes de cristallisées. L'hémoglobine, matière colorante rouge ferrugineuse du sang, doit, à cet égard, être signalée la première. Cohn a annoncé qu'il existait des cristaux cubiques d'une matière protéique dans la partie corticale des pommes de terre; Bœttcher dit aussi avoir observé des cristaux analogues dans le sperme et le blanc d'œuf[4]; Frémy en a signalé dans les œufs de poisson; il existe une combinaison cristallisée analogue à la caséine dans la *noix de Para*.

La plupart des substances protéiques se dissolvent, en s'altérant, dans les alcalis plus ou moins concentrés auxquels elles cèdent du soufre. Presque toutes leurs dissolutions sont précipitées par les acides minéraux, l'acide tannique et beaucoup de sels terreux. Desséchées, elles se colorent en violet par l'acide chlorhydrique concentré, en jaune par l'acide nitrique (*acide xanthoprotéique*), en rouge orangé par le nitrate acide de mercure chargé de pro-

---

[1] Voir à cet égard. GRAHAM, *Ann. Ch. Phys.* [3], t. LXV, p. 130 et 192.

[2] *Rép. de Pharm.*, 1848, t. V, p. 165.

[3] Toutes dévient la lumière polarisée de 70° à 74°. A. BOUCHARDAT, *loc. cit*, et HOPPE-SEYLER, *Handbuch d. phys. Chem.*, Berlin, 1865, p. 194.

[4] Voir *Virchow's Archiv.*, t. XXXII, p. 525. Ce fait est contestable.

duits nitreux (*réactif de Millon*). Traitées par un mélange de sucre et d'acide sulfurique elles donnent une coloration pourpre, puis violette. Elles prennent une teinte bleue intense sous l'influence de l'acide sulfurique mélangé d'acide molybdique (*A. Fröhde*). Additionnées de sulfate de cuivre, et ensuite de potasse elles produisent une belle couleur violette (*Piotrowski*).

Presque toutes ces substances se décomposent à l'air en donnant des gaz à odeur putride et une liqueur qui contient de la leucine de la tyrosine, de l'ammoniaque et des acides gras (V. plus loin).

Décompositions. — L'étude si importante des produits qui dérivent de l'action des divers réactifs sur les matières protéiques nous permettra d'aborder et de comprendre en partie les dédoublements et le rôle de ces substances dans l'économie.

Action de l'eau. — Les solutions des matières albuminoïdes proprement dites s'altèrent, et subissent en général la coagulation, lorsqu'on les chauffe entre des limites de température variant de 45° à 78°. Il en est même qui se coagulent spontanément, comme la myosine des muscles, la fibrine, et cette matière albuminoïde singulière signalée par Melsens dans le blanc d'œuf, qui devient insoluble par l'agitation, même à l'abri de l'air (voyez Livre VI*, œuf). D'autres corps albuminoïdes se coagulent par l'acide acétique ou l'acide phosphorique étendus, comme la caséine et les corps analogues. Il est des substances protéiques qui, naturellement insolubles, se transforment en substances isomériques solubles sans changer de poids, comme l'osséine et la cartilagéine; il en est enfin qui sont entièrement inattaquables et insolubles dans l'eau, comme le tissu élastique. La coagulation des matières albuminoïdes proprement dites, lorsqu'elle a lieu, ne se fait pas, en général, à une température fixe. Celle-ci varie avec la quantité d'eau, de sels et de matières étrangères. Aussi, est-il difficile d'affirmer, d'après la température de coagulation, l'identité où la différence des matières albuminoïdes; mais on peut dire que, le plus souvent, les liquides animaux paraissent contenir plusieurs albumines très-analogues, à point de coagulation différents. La coagulation de l'albumine d'œuf pure commence à 54 ou 55°, présente un premier maximum vers 63°, et un second plus accentué vers 74° (*A. Gautier*).

Toutes les matières protéiques que l'ébullition avec l'eau rend insolubles, telles que le blanc d'œuf, ou transforme en substances solubles, comme l'osséine, subissent quand on prolonge cette ébullition des modifications successives, encore mal connues, mais certaines. Si l'on chauffe avec de l'eau à une température supérieure à 100° les matières albuminoïdes coagulées, elles finissent par se dissoudre en partie en s'altérant profondément. Une portion, friable et grisâtre, reste à l'état insoluble ; la partie dissoute contient des gaz sulfurés, des substances analogues à la caséine, coagulables par les acides, une substance que précipitent les sels de cuivre (hypoxanthine?), des corps solubles dans l'alcool et l'éther (corps gras ?) enfin divers principes que l'on peut séparer par le sous-acétate de plomb, le sublimé corrosif, etc... (*Sterry-Hunt; A. Gautier*).

Action des acides. — L'action que les acides exercent sur les matières protéiques est très-différente suivant qu'ils sont étendus ou concentrés. Il est important de bien connaître les transformations qui se passent dans ces divers cas.

A. Bouchardat observa en 1842[1] que plusieurs substances albuminoïdes insolubles se dissolvaient dans l'acide chlorhydrique ordinaire étendu de 500 à 1000 parties d'eau. Le gluten, le blanc d'œuf cuit, certaines fibrines du sang donnent ainsi des solutions déviant toutes vers la gauche d'une quantité presque égale le plan de la lumière polarisée. Il pensa que les substances solubles ainsi produites étaient analogues, sinon identiques, à celles que forme le suc gastrique en digérant les matières albuminoïdes insolubles, et auxquelles on avait, en France, donné le nom d'*albuminoses*. En Allemagne ces faits furent vérifiés par Liebig, Brücke, Hoppe-Seyler, etc. La plupart des savants ayant admis, d'après leurs expériences, que toutes les solutions dérivées des matières albuminoïdes sous l'influence des acides ont à peu près les mêmes propriétés et semblent constituées par une seule et même substance, on appliqua à cette dernière le nom de *syntonine* que Liebig avait créé pour la matière que l'on obtient à l'état de flocons insolubles en dissolvant le tissu musculaire dans l'acide chlorhydrique très-affaibli et neutralisant ensuite la liqueur. Les corps qui se forment ainsi par l'action des acides très-étendus sur les matières albuminoïdes insolubles (syntonines en solutions acidulées) ainsi que ceux qui se produisent, comme nous le dirons tout à

____

[1] Voir *Compt. rend. Acad. sc.*, t. XIV, p. 960.

l'heure sous l'influence des bases très-affaiblies (syntonines en solutions alcalines), jouissent en effet de cette commune propriété de *se
précipiter lorsqu'on sature exactement la liqueur.* Toutefois on ne
saurait dire encore aujourd'hui si, comme le veulent les auteurs
allemands, toutes les *syntonines* sont identiques entre elles. Leur
pouvoir rotatoire varie peu il est vrai (de 70° à 74°) ; leurs propriétés générales sont à peu près communes ; mais il serait imprudent
de considérer comme établi, même d'après des analogies très-
grandes, que toutes les substances albuminoïdes donnent sous
l'influence des acides une seule et même syntonine. Jusqu'ici, du
reste, il est douteux qu'un principe protéique défini, tel que le serait
l'albumine d'œuf, se transforme intégralement en syntonine, et que
la neutralisation de la liqueur ne laisse point en solution un autre
dérivé de la matière protéique. C'est le contraire qui a plutôt
lieu (Voir DIGESTION, *Matières albuminoïdes*), et par conséquent les
syntonines nous paraissent être l'un des termes du dédoublement
que les acides et les bases font subir à la molécule protéique, l'autre terme restant en dissolution après la saturation de la liqueur.
Ce dédoublement semblerait être analogue à une saponification,
et résulter de la fixation d'une ou plusieurs molécules d'eau su
la matière albuminoïde [1].

Les matières protéiques solubles dans les acides, telles que la
caséine, la gélatine, la chondrine, donnent par les acides très-étendus, comme celles qui sont coagulées, des dérivés *syntoniques* différents des générateurs.

Il est, enfin, des substances albuminoïdes, telles que la fibrine,
l'osséine, qui ne se dissolvent qu'imparfaitement ou se gonflent
seulement dans les acides dilués, et d'autres qui ne sont nullement altérés par eux comme la matière du tissu élastique et la
membrane externe d'un très-grand nombre de cellules animales.

Les acides minéraux concentrés, tels que l'acide chlorhydrique,
ou l'acide sulfurique ordinaire étendu de son volume d'eau, donnent, en agissant sur les matières protéiques, outre des produits humiques et des corps oxygénés incristallisables encore mal étudiés,
une série de substances cristallisées qui toutes peuvent être rangées
dans la classe des amides. Les plus constants de ces dérivés cristal-

---

Voir pour plus de renseignements : TISSU MUSCULAIRE, *Syntonine.*

lins sont le *glycocolle* $C^2H^5AzO^2$, amide de l'acide glycolique :

$$
\begin{array}{cc}
\begin{array}{l} CH^2.OH \\ \mid \\ CO.OH \end{array} & \begin{array}{l} CH^2AzH^2 \\ \mid \\ CO.OH \end{array} \\
\text{Acide glycolique.} & \text{Glycocolle.}
\end{array}
$$

la *leucine* $C^6H^{13}AzO^2$ (homologue du corps précédent), ou acide hexyllactamique :

$$
\begin{array}{cc}
(C^6H^{10}O)'' \left\{ \begin{array}{l} OH \\ OH \end{array} \right. & (C^6H^{10}O)'' \begin{array}{l} OH \\ AzH^2 \end{array} \\
\text{Acide hexyllactique.} & \text{Leucine.}
\end{array}
$$

la *tyrosine* $C^9H^{11}AzO^3$, qui paraît être de l'acide amidopropionique. où le radical oxyphénile, qui se rattache à la série des corps aromatiques, est venu remplacer un atome d'hydrogène :

$$
\begin{array}{cc}
C^3H^4(AzH^2)\,O \left. \begin{array}{l} \\ H \end{array} \right\} O & C^3H^3\,(C^6H^4.OH)\,(AzH^2)\,O \left. \begin{array}{l} \\ H \end{array} \right\} O \\
\text{Acide amido-propionique.} & \text{Tyrosine.}
\end{array}
$$

Presque tous les corps protéiques fournissent les dérivés amidés précédents, mais les matières collagènes donnent en général plus de tyrosine que les matières albuminoïdes proprement dites. Le tableau suivant indique les quantités de leucine et de tyrosine obtenues en faisant réagir plusieurs heures à la température de l'ébullition, un excès d'acide sulfurique étendu d'une fois et demie son poids d'eau sur 100 parties de matières protéiques sèches [1].

	Leucine.	Tyrosine.
Albumine d'œuf..	10	1.0
Syntonine musculaire. . .	18	1.0
Fibrine du sang.	14	0.8
Corne..	10	3.6
Tissu élastique..	36 à 45	0.25
Fibroïne de la soie. . . .	25	5 (d'après Cramer.)

La leucine et la tyrosine ne sont point les seules substances cristallisées qui dérivent de la décomposition des matières protéiques par l'action des acides, mais seulement celles qui se forment le plus généralement. Plusieurs principes protéiques spéciaux fournissent encore, sous la même influence, des produits propres à chacun d'eux ou que l'on n'a pas encore observés avec les substances albu-

---

[1] Erlenmeyer et Schœffer. *Journ. f. prackt. Chem.*, t. LXXX, p. 367.

minoïdes les plus ordinaires. Tels sont l'acide aspartique $C^4H^7AzO^4$, que l'on obtient avec plusieurs substances protéiques végétales ou. animales [1]; l'acide glutamique $C^5H^9AzO^4$, homologue supérieur de l'acide aspartique ; un corps $C^4H^7AzO^2$, analogue à la leucine ; un acide $C^8H^{14}AzO^6$, isomère de l'acide succinamique. Ces quatre nouveaux dérivés ont été obtenus par Ritthausen, en traitant par l'acide sulfurique les matières protéiques retirées des légumineuses [2]. La sérine $(C^3H^5O)'''(OH)^2(AzH^2)$ dérivée de la matière albuminoïde de la soie, et très-probablement, l'urée elle-même ou diamide carbonique $CO(AzH^2)^2$, sont encore des produits de dédoublements par les acides de certaines matières protéiques.

En même temps que par l'action des acides forts il se forme ces substances relativement peu complexes, il se sépare aussi des produits oxygénés encore mal connus. Parmi eux on n'a pas encore signalé les hydrates de carbone qui, pour la plupart du reste, se détruiraient dans ces réactions violentes ; mais on sait que la chondrine, la chitine, l'hyaline (matière albuminoïde des vers vésiculaires), la cérébrine et l'hémoglobine, donnent sous l'influence de l'eau et des acides une petite quantité de glucose. Quant aux corps gras, j'ai obtenu en traitant l'albumine pure par de l'eau à 150° des corps d'aspect gras, solubles et cristallisables dans l'alcool et l'éther, mais que je n'ai pu encore analyser ; les acides gras se forment du reste dans bien des cas aux dépens des matières albuminoïdes et spécialement par leur décomposition spontanée ; avec la cérébrine et les substances protéiques du cerveau on a préparé une matière non albuminoïde, le *protagon*, qui se dédouble lui-même en divers corps mal connus, en névrine et en acides gras. Nous verrons plus loin que les substances grasses et les hydrates de carbone sont très-probablement des produits de décomposition des corps albuminoïdes dans l'organisme animal.

Action des alcalis. — Les alcalis agissent sur les matières albuminoïdes d'une manière tout à fait analogue aux acides.

Très-étendus, ils transforment un grand nombre de substances protéiques en syntonines déviant toutes vers la gauche, mais de quantités inégales et en général plus que ne le font les syntonines acides. Ces syntonines précipitent de leurs dissolutions alcalines,

---

[1] Hlassiwetz et Habermann, *Bull. Soc. chim.*, t. XVIII, p. 468.
[2] Voir *Bull. Soc. chim.*, t. X, p. 302 et t. XVI, p. 172.

dès qu'on neutralise la liqueur. En faisant bouillir diverses matières albuminoïdes avec de la potasse moyennement concentrée, et saturant ensuite par de l'acide acétique, Mulder obtint des précipités floconneux, qu'il supposait identiques pour toutes les matières albuminoïdes, précipités qu'il crut ne différer de ces dernières que par l'absence du soufre et du phosphore enlevés par l'alcali. Mulder donna à ce composé, qu'il croyait constant pour toutes les matières albuminoïdes, le nom de *protéine*, et admit qu'il était comme le radical des divers principes albuminoïdes dont la molécule contiendrait toujours la protéine, unie, pour chacun d'eux, à diverses proportions de soufre, de phosphore, d'oxygène ou de sels. Si l'on prend les nombreuses analyses de protéine qui ont été publiées[1], on trouve qu'elles concordent très-exactement avec celles de la syntonine musculaire de Liébig. La *protéine* de Mulder, si tant est qu'elle ait toujours la même composition quelle que soit la matière albuminoïde dont elle dérive, se confond donc avec la *syntonine* des chimistes modernes. Pas plus que celle-ci, elle n'est exempte de soufre dont elle contient 1,4 pour 100 environ. Elle diffère seulement de la syntonine par son pouvoir rotatoire.

Si l'on chauffe les matières albuminoïdes avec de la potasse concentrée, celle-ci leur enlève petit à petit tout ou partie de leur soufre à l'état de sulfure ou d'hyposulfite, tandis que la syntonine d'abord formée se détruit.

Enfin, en faisant agir la potasse fondue sur les mêmes substances on obtient un dégagement d'hydrogène, d'ammoniaque, d'aniline, de picoline et de bases analogues, en même temps qu'il se forme des sels à acides gras (butyrate, valérate, formiate) de l'oxalate de potasse, du glycocolle, de la leucine et de la tyrosine.

Action des sels. — Les sels solubles alcalins et alcalino-terreux s'opposent, avons-nous dit plus haut, au gonflement ou plutôt à l'hydratation des matières albuminoïdes solubles. En se fondant sur cette remarque, Denis de Commercy a publié, en 1856, sous le titre de : *Nouvelles études chimiques, physiologiques et médicales sur les substances albuminoïdes*[2], de nombreuses et importantes observations relatives à l'action des sels neutres sur les matières albuminoïdes. Il y exposait une précieuse méthode pour

---

[1] Voir GERHARDT, *Traité de chimie organique*, t. IV, p. 516.

[2] Le commencement de ces travaux date de 1835, époque où il reconnut que la fibrine veineuse forme avec le chlorure de sodium une combinaison soluble.

séparer les unes des autres un grand nombre de matières protéiques au moyen des sels neutres alcalins ou alcalino-terreux, incapables de les modifier sensiblement. C'est lui qui le premier nous apprit qu'après avoir empêché la coagulation du sang en le recevant dans une solution de sulfate de soude, on peut extraire du plasma, en le saturant par du sel marin, les matières destinées à former la fibrine. C'est encore à Denis que revient la méthode, aujourd'hui attribuée à Hoppe-Seyler, qui consiste à isoler la vitelline du jaune d'œuf par la dissolution de cette substance dans le sel marin et la précipitation de cette solution par l'eau, ainsi que le procédé analogue, plus tard presque entièrement reproduit par Khüne, qui permet d'obtenir la musculine de la matière musculaire. (Voir *sang*, *œufs*, *muscles*.) Nous ne pouvons entrer ici dans plus de détails, et nous renvoyons à l'ouvrage ci-dessus cité, et aux chapitres spéciaux de notre livre, ceux qui voudraient se mettre au courant de cette précieuse méthode à laquelle on a fait dans ces derniers temps, en Allemagne surtout, des emprunts nombreux qui reproduisent, à vingt années d'intervalle, des travaux dont le mérite doit revenir à leur véritable auteur.

Beaucoup de sels des métaux lourds précipitent les matières protéiques solubles. Tels sont le bichlorure de mercure, les sels d'argent, les sels neutres ou basiques de plomb, l'alun, le ferrocyanure de potassium, avec ou sans l'aide de l'acide acétique, le bichromate de potasse. Le plus souvent les matières albuminoïdes se modifient isomériquement en passant par ces combinaisons. D'après Lieberkhün, la formule de l'albumine ordinaire étant $C^{72}H^{112}Az^{18}SO^{22}$, les conbinaisons métalliques qu'elle forme avec les métaux auraient toutes la formule générale $C^{72}H^{111}R'Az^{18}SO^{22}$ dans laquelle R' indique un métal mono-atomique, et la formule $C^{144}H^{222}R''Az^{36}S^2O^{44}$ serait celle des combinaisons de l'albumine avec les métaux diatomiques.

Les matières albuminoïdes en solution acide, forment avec le chlorure de platine des combinaisons insolubles qui permettent, jusqu'à un certain point, d'établir leur poids moléculaire. Millon et Commaille ont à ce sujet publié un grand travail[1]. Schwartzenbach, Fuchs, Diakonow, ont aussi tenté d'établir le poids moléculaire des matières albuminoïdes par des moyens ana-

---

[1] Dans le *Moniteur scientifique* de *Quesneville*, 1867.

logues. Mais cette importante question reste encore en suspens[1].

Action de la chaleur. — Les matières albuminoïdes, solubles ou insolubles se caramélisent en perdant de l'eau lorsqu'on les chauffe, puis elles donnent à la distillation un produit huileux complexe[2], qui contient :

1° du carbonate, du sulfhydrate, du cyanhydrate, de l'acétate, du butyrate, du valérate, du caproate d'ammoniaque et un certain nombre d'amines homologues dérivées de la série des alcools ordinaires (méthylamine, propylamine, butylamine, etc.) ;

2° des alcalis appartenant à la série aromatique (aniline, toluïdine) ;

3° des corps isomères de ces derniers, mais qui dérivent en réalité de la décomposition, par la chaleur, des combinaisons que peuvent former avec l'ammoniaque les aldéhydes ou les acétones de la série grasse (picoline, lutidine, etc.) ;

4° des phénols, de la benzine, et des homologues.

Action des oxydants. — L'action des oxydants conduit aussi à concevoir dans les matières albuminoïdes, l'existence de radicaux appartenant aux séries grasses et aromatiques.

Gükelberger, en soumettant les matières albuminoïdes à l'action du bioxyde de manganèse, ou du bichromate de potasse, et de l'acide sulfurique, obtint d'une part de l'hydrure de benzoïle et de l'acide benzoïque, de l'autre de l'acide cyanhydrique, du cyanure de butyle et probablement de propyle, des aldéhydes acétiques propionique et valérique, ainsi que les acides correspondants à ces aldéhydes.

Sous l'influence de l'acide nitrique les matières protéiques laissent un corps jaune orangé (*acide xanthoprotéique*) qui en s'oxydant à son tour forme les acides paroxybenzoïque et oxybenzoïque.

On voit donc que les substances albuminoïdes donnent toujours à la fois, quel que soit leur mode de décomposition, des dérivés de la série grasse et de la série aromatique.

L'acide fumarique $C^4H^4O^4$, et un nouvel acide cristallisable, l'acide collinique $C^6H^4O^2$, ainsi que son aldéhyde C^6H^4O, ont été signalés encore dans les produits de l'oxydation des mêmes matières[3].

---

[1] Voir *Bull. Soc. chim.*, t. IV, p. 152, t. X, p. 57 et 58 ; et *Ann. der Chem. u. Pharm.*. t. CLI, p. 372.

[2] Huile animale de Dieppel de l'ancienne pharmacopée.

[3] MÜLHAÜSER. *Ann. d. Chem. u. Pharm.*, t. XC, p. 171.

Par l'action du chlore ou du brome et de l'eau, il se forme une substance très-toxique, *le chlorazol* $C^4H^5Cl^5Az^2O^4$, du bromanile, de la leucine, des acides aspartique et malamique, de l'acide oxalique, de l'acide acétique, du bromoforme, mais pas d'acide gluconique $C^6H^{12}O^7$, qui indiquerait l'existence d'un glucose comme partie constituante de leur molécule.

Les quantités relatives de toutes les substances qui dérivent de l'action des oxydants, varient avec chaque matière albuminoïde[1].

M. Béchamp annonça, en 1856, avoir obtenu de l'urée par l'action du permanganate de potasse en solution légèrement alcaline sur quelques matières albuminoïdes[2]. Ce fait, qui n'a pu être reproduit par d'autres observateurs (*Staedler*, *Loew*, *Subbotin*), a été affirmé de nouveau par M. Ritter[3] en 1871 ; mais les analyses du produit reputé être de l'urée, n'ayant pas été publiées, l'observation des deux auteurs français mérite une nouvelle confirmation et doit être considérée encore comme entachée d'hypothèse. On doit aussi ajouter qu'il a été reconnu qu'une augmentation dans la combustion respiratoire et l'absorption de l'oxygène par l'organisme ne coïncidait pas avec une supersécrétion d'urée[4].

Action des ferments. Putréfaction des matières albuminoïdes. — On sait que lorsque des substances végétales ou animales, riches en matières protéiques, sont abandonnées à l'air humide et tiède elles ne tardent pas à subir une décomposition profonde et à dégager des produits volatils doués d'odeur infecte. On a donné à ce phénomène le nom de *putréfaction*. En général les substances albuminoïdes ainsi abandonnées à l'air se recouvrent d'abord rapidement de productions microscopiques, perdent de leur cohérence, donnent au bout de quelques jours des effluves fétides, et dégagent alors abondamment de l'acide carbonique, de l'azote, de l'hydrogène, des hydrogènes carbonés, sulfuré et phosphoré, en même temps qu'elles fixent à l'air de l'oxygène. La putridité va quelque temps en augmentant, ainsi que les moisissures de la surface et les microzoaires de la profondeur, puis la décomposition change de

---

[1] Voir *Bull. Soc. chim.*, t. XVI, p. 348.
[2] Voir *Ann. ch. phys.* [3], t. XLVIII, p. 348.
[3] *Bull. Soc. chim.*, t. XVI, p. 32.
[4] A. Bouchardat. Sur les conditions principales de la production de l'urée dan l'économie. *Annuaire thérapeut.*, 1869, p. 225. Voir aussi dans notre ouvrage le chapitre REINS ET URINES, *sécrétion de l'urée.*

nature, diminue d'intensité, et la matière putréfiée finit par se dessécher en laissant une masse brune, mélange complexe de corps humiques, et de substances grasses et minérales qui peu à peu disparaissent elles-mêmes par une lente oxydation.

On a cru presque jusqu'à notre époque que la putréfaction des matières albuminoïdes était due à l'instabilité de ces combinaisons qui, abandonnées à elles-mêmes, tendaient, surtout sous l'influence d'un commencement d'altération dû à l'oxygène, à donner par des dédoublements et des oxydations successives des combinaisons plus stables. On savait toutefois depuis longtemps qu'on peut conserver presque indéfiniment dans des vases de fer-blanc scellés et chauffés ensuite quelques instants à 100°, des matières alimentaires telles que des légumes ou des viandes. L'instabilité des corps protéiques, même après qu'ils ont subi une oxydation partielle, était donc moindre qu'on ne le supposait. Pasteur, démontra depuis, qu'on pouvait conserver sans décomposition putride des substances très-altérables, telles que le sang ou l'urine, en les faisant passer directement du corps de l'animal dans des ballons remplis d'air préalablement chauffé au-dessus de 100°. C'est donc à une autre cause que l'oxydation préalable et la décomposition spontanée des substances albuminoïdes qu'il faut attribuer leur putréfaction. Dans son mémorable travail[1], Pasteur démontra qu'il fallait rechercher le *primum movens* de toute fermentation ou putréfaction dans les petits organismes que charrie l'atmosphère; que l'on peut conserver les substances animales les plus altérables, lorsqu'on a détruit les germes vivants qu'elles contiennent, à la seule condition qu'on ne mettra ensuite en contact avec elles que de l'air préalablement privé de tout organisme par l'action de la chaleur ou simplement par sa filtration sur du coton. Nous avons donné déjà à ce sujet quelques renseignements en parlant des matières en suspension dans l'air atmosphérique. Examinant ensuite les phénomènes qui se passent au sein d'un liquide animal qui se putréfie, Pasteur[2], et avec lui bien d'autres observateurs, reconnurent qu'on y voit apparaître d'abord de très-petits infusoires sous forme de fines granulations voyageant dans tous les sens (*monas crepusculum, bacterium termo*, etc.), libres ou englobées dans une matière semi-

<hr>

[1] *Ann. Ch. Phys.* [3], t. LXIV, p. 5 et suivantes.
[2] *Compt. Rend.*, t. LVI, p. 738.

mucilagineuse (*zoogléa*). Ces petits êtres privent rapidement le liquide de tout son oxygène. En même temps se forme à sa surface une mince couche de mucédinées, de bactéries, de mucors, espèces éminemment avides de ce gaz, dont elles empêchent la pénétration dans les parties profondes de la liqueur. A partir de ce moment celle-ci devient le siége de deux actions bien distinctes. Aux ponctuations libres et aux zoogléa, ont succédé, dans l'intérieur du liquide, des vibrions qui paraissent n'être qu'un état de transformation supérieure des granulations primitives. Ces petits organismes se multiplient, changent les matières albuminoïdes en substances moins complexes, en cellulose insoluble, en corps gras et en matières gazeuses putrides, tandis qu'à la surface les mucédinées et les mucors comburent activement les produits de ces dédoublements et les transforment en acide carbonique, azote, composés oxygénés de l'azote, etc. La putréfaction peut donc dédoubler et réduire les matières albuminoïdes par l'action des vibrions, en même temps que donner des corps plus oxydés qu'elles, sous l'influence de l'air et des mucédinées qui vivent à leur surface. Ces deux ordres de composés se forment en effet. On s'explique aussi que lorsque l'oxygène n'est pas fourni en quantité suffisante, la putréfaction peut bien commencer, mais qu'elle languit et finit par s'arrêter[1], et d'autant plus rapidement que la liqueur est plus lentement débarrassée des produits putrides qui s'opposent au développement des vibrions.

Maintenant que nous connaissons les causes de la putréfaction et son mécanisme, nous pouvons dire quels sont les produits qui résultent de ce mode de décomposition des matières protéiques. Pendant que les substances animales se putréfient à l'air, que se produisent à leurs dépens les générations successives et les diverses espèces de vibrions qui transforment une partie de ces principes en substances insolubles, une autre portion de la matière putrescible passe à l'état gazeux, tandis que de nouvelles combinaisons sont mises en liberté dans la liqueur putride. Il se dégage alors à la fois de l'azote en notable quantité, des hydrogènes carbonés et phosphorés (celui-ci a été nié par plusieurs auteurs), de l'hydrogène, de l'ammoniaque, en général combinée aux divers acides, de l'hydrogène sulfuré, de l'acide carbonique. On ne connaît

---

[1] J. Lemaire, *Compt. Rend.*, t. LVII, p. 958.

presque rien de la cause des effluves fétides qui se forment en même temps ; on peut l'attribuer, à quelques-uns des gaz précédents, mais plus spécialement à des corps phosphorés de nature mal connue, et à un entraînement de particules organiques en état de se décomposer.

Le liquide putréfié est alcalin ; on y rencontre toujours, à un certain moment, les acides formique, acétique, butyrique, valérique, caproïque, lactique. Ils sont, le plus souvent, en partie combinés à l'ammoniaque et à une petite quantité d'alcalis organiques encore mal déterminés. Ces amines sont toujours accompagnées par de la leucine et de la tyrosine dont les proportions varient avec les diverses substances mises à putréfier.

On a signalé dans quelques cas spéciaux d'autres produits très-intéressants. Wurtz a observé que la fibrine, en se décomposant ainsi, donne une matière présentant toutes les réactions de l'albumine, ainsi qu'une notable quantité d'acide butyrique. La formation des substances grasses, par la putréfaction, offre d'autant plus d'intérêt pour le physiologiste que le mécanisme de leur production certaine dans l'organisme aux dépens des matières albuminoïdes reste encore très-obscur. (Voir *Livre* IIIe, *Chapitre* iv.) Les acides gras sont donc un des termes des dédoublements successifs que peuvent subir les matières albuminoïdes, par la fermentation putride, pendant leur désassimilation chez les êtres supérieurs, ou par leur simple oxydation.

L'azote des matières protéiques est éliminé, par la putréfaction, en partie à l'état de liberté, en partie combiné à l'hydrogène à l'état d'ammoniaque, en partie sous forme d'alcalis complexes encore mal étudiés. Une portion de ces substances alcalines s'oxydant à l'air, est transformée en nitrites ou nitrates d'ammoniaque et de chaux que l'on retrouve dans le résidu.

Quand la fermentation putride des matières albuminoïdes s'est accomplie, il reste une substance humoïde, riche en graisses, en sels terreux et ammoniacaux, en phosphates et en nitrates.

On voit donc que par leur putréfaction les matières protéiques se dédoublent en corps plus simples, appartenant d'une part à la série grasse (leucine, acides gras) de l'autre à la série aromatique (tyrosine) ; qu'en même temps ils donnent toujours de l'ammoniaque, des amines complexes et des amides, et que ce mode de décomposition doit encore nous les faire considérer comme des molécules amidées, contenant à la fois des radicaux des acides gras et des acides aromatiques.

Constitution des matières albuminoïdes. — Il est impossible de se faire aujourd'hui une idée bien exacte, de la constitution des matières albuminoïdes; nous en parlons ici surtout pour combattre un certain nombre d'hypothèses qui ont été émises à cet égard.

En 1842, Liebig et après lui Gerhardt considéraient la plupart des matières protéiques comme isomères, c'est-à-dire comme douées d'une même composition, mais différant seulement par leurs propriétés chimiques, leurs arrangements moléculaires et leurs dédoublements. Cette manière de voir n'est confirmée ni par les analyses ni par les faits; nous l'avons montré, en parlant de la composition et des dédoublements de ces substances.

Cette théorie succédait à celle de Mulder. On a dit qu'en traitant les substances protéiques par les alcalis moyennement concentrés, et saturant ensuite par un acide faible, cet auteur observa qu'il se précipitait toujours ainsi une substance qui lui parut, dans tous les cas, identique et à laquelle il donna le nom de *protéine*. Ce noyau fondamental existait donc, pour lui, dans tous les corps albuminoïdes, et Mulder ayant cru reconnaître qu'il était exempt de phosphore et de soufre, pensa que ces derniers éléments, auxquels il ajoutait l'oxygène, s'unissant à la protéine en quantités variables, formaient les diverses substances auxquelles il donna le nom de *corps protéiques*. On a déjà dit que la protéine de Mulder, contient 1,4 à 1,5 de soufre, et qu'il n'est point exact, du reste, que les alcalis se bornent à dédoubler les matières albuminoïdes, d'un côté en un corps invariable, la protéine, et de l'autre en soufre ou phosphore. Nous avons aussi remarqué que la protéine de Mulder avait la même composition que les substances auxquelles on attribue aujourd'hui le nom de *syntonines*, et se formait dans des conditions analogues.

Sous l'influence des alcalis et des acides très-étendus les matières albuminoïdes proprement dites donnent toutes, en effet, un corps neutre, qui se précipite de la solution quand on la sature exactement[1]; mais il reste toujours dans la liqueur une certaine

---

[1] *Syntonines* de Brücke et de Hoppe-Seyler.

quantité de substance azotée, qui, malheureusement n'a été que mal examiné jusqu'ici, que l'on a prise pour une partie de la matière albuminoïde non transformée, et qui pourrait être le second terme du dédoublement de ces matières. La plupart de ces corps donneraient ainsi par simple hydratation sous l'influence des bases et des acides, une substance unique la *syntonine* et un terme variable pour chacune d'elles et qui soluble dans les liqueurs lorsqu'on les neutralise, à peu près comme les corps gras se dédoublent, par leur saponification, en un terme constant, la glycérine, et divers acides gras. Établir, l'identité ou la très-grande analogie des diverses syntonines, et la variabilité de l'autre terme de leur dédoublement, me paraît donc être le premier pas à faire dans l'étude de la constitution des matières albuminoïdes.

Je ne parlerai ici que pour mémoire de l'opinion de Sterry-Hunt qui, s'appuyant sur la décomposition de certaines substances protéiques en sucre et matières azotées, admettait que ces corps résultent de l'union de l'ammoniaque aux divers hydrates de carbone, avec perte d'un nombre variable de molécules d'eau. Pour lui la synthèse de l'albumine ordinaire était exprimée par la formule suivante :

$$C^{12}H^{20}O^{10} + 3AzH^3 = C^{12}H^{17}Az^3O^4 + 6H^2O \; ;$$

Cellulose.   Albumine.

la gélatine serait formée d'après l'équation :

$$2C^6H^{12}O^6 + 4AzH^3 = C^{12}H^{20}Az^4O^4 + 8H^2O$$

Glucose.   Gélatine.

et ainsi des autres. Mais cette théorie ne tient compte ni de la présence constante du soufre dans ces substances, ni de leur composition avec laquelle ces formules arbitraires ne concordent pas ; elle est en outre contredite par cette observation que ni les hydrates de carbone, ni les produits connus de l'oxydation des corps analogues au sucre et à l'amidon, ne se trouvent dans les dérivés de la plupart des corps albuminoïdes, tandis que l'on y rencontre des acides gras et des substances aromatiques, que la constitution attribuée aux matières protéiques par Sterry-Hunt ne fait pas prévoir. Il n'y a que la cartilagéine, la chondrine, la chitine et l'hyaline, et peut-être l'hémoglobine, qui donnent par leurs dédoublements un *sucre* et une nouvelle substance qui paraît être aussi de nature protéique.

Nous avons vu que sous les influences les plus diverses : action de l'eau aidée des acides puissants, action des bases, oxydations, putréfactions…, les matières albuminoïdes donnent par leur destruction : 1° des amides, tels que le glycocolle, la leucine, contenant des radicaux dérivés des acides gras ou des homologues de l'acide lactique, ainsi que des amides plus complexes, tels que l'acide aspartique, $C^4H^7AzO^4$, amide de l'acide malique, et l'acide glutamique $C^5H^9AzO^4$, homologue du précédent ; 2° des amides à radicaux aromatiques, tels que la tyrosine ; 3° des amides sulfurés, tels que la cystine ; 4° des acides et des aldéhydes correspondant aux radicaux des amides précédents. Les substances protéiques se conduisent donc comme des amides contenant à la fois des radicaux des homologues supérieurs de l'acide malique et tartrique et des restes d'acides aromatiques. De là, quand elles s'oxydent, production à la fois d'acides gras, de composés aromatiques et, sans doute aussi de corps analogues à l'urée. Si toutes les substances protéiques donnent presque toujours les mêmes dérivés par leurs dédoublements ou leurs oxydations, ils ne les fournissent pas en même quantité. Il faut donc que les divers radicaux qui les forment diffèrent pour chacun d'eux, non-seulement par leurs arrangements, mais aussi par leurs proportions relatives et, dans certains cas, par leur nature. Telle est l'idée générale que l'on peut aujourd'hui se faire de leur constitution.

Origine et rôle des matières albuminoïdes — On ne peut nier que les animaux ne produisent des matières albuminoïdes qui leur soient propres. L'hémoglobine, et la plupart des substances collagènes ne se trouvant pas dans les végétaux, il faut bien qu'elles soient directement formées dans l'organisme animal. Mais ces substances y sont très-probablement produites aux dépens d'autres matières albuminoïdes préexistantes, fournies par l'alimentation, et l'on peut dire que la plante seule est douée du pouvoir de construire de toutes pièces, en partant de la matière minérale, les substances si complexes dont nous nous occupons ici.

On ne saurait encore aujourd'hui expliquer d'une manière satisfaisante comment les plantes fabriquent les principes immédiats les plus simples, encore moins les matières albuminoïdes. On sait seulement que, dans une atmosphère humide et au soleil, leurs parties vertes décomposent l'acide carbonique, et rejettent une quantité d'oxygène égale ou presque égale en volume. L'hy-

pothèse la plus simple que l'on puisse faire pour expliquer ce fait,
c'est que l'hydrate normal d'acide carbonique

$$\left.\begin{array}{c} CO \\ H^2 \end{array}\right\} O^2 \text{ ou } CO^2 + H^2O$$

qui est bien le corps soumis à la réduction dans les sucs de la
feuille, peut sous l'influence de la végétation se dédoubler en deux
parties : d'un côté l'oxygène, de l'autre, un reste, qui a la composition centésimale de l'aldéhyde formique ou du glucose. L'équation suivante indique cette réaction théorique :

$$\left.\begin{array}{c} CO \\ H^2 \end{array}\right\} O^2 = CH^2O + O^2$$

On peut ainsi comprendre qu'il soit mis en liberté deux volumes d'oxygène pour deux volumes d'acide carbonique (CO^2) décomposés et disparus. Quand, au corps CH^2O, il pourrait donner le
glucose $C^6H^{12}O^6$ par une simple polymérisation.

Mais, nous pouvons aller plus loin. P. Thénard a montré que, lorsqu'on chauffe le glucose avec des nitrates, ceux-ci sont réduits tandis
qu'il se forme des composés complexes riches en azote, et P. Déhé-
rain a aussi observé qu'il suffit de faire passer de l'azote libre dans
une solution alcaline de glucose pour produire des corps analogues. Or l'on sait que c'est en végétant sur des terrains riches en
nitrates et en alcalis, que les plantes produisent le plus facilement ces matières albuminoïdes, si abondantes dans leurs jeunes
tissus. On peut donc penser que, sous l'influence des rayons solaires, les hydrates de carbone réagissent sur les nitrates et probablement aussi sur les sulfates qu'ils puisent dans le sol, les
réduisent et s'unissent à l'ammoniaque et aux sulfures, qui en
résultent, pour former les diverses matières albuminoïdes. Il faut
toutefois avouer que dans cet ordre de faits, presque tout reste
encore à démontrer, et que si l'on soupçonne le sens général des
réactions qui se passent dans les végétaux, on ignore entièrement
leur mécanisme et leur mode de succession.

Arrivées par l'alimentation dans l'estomac de l'herbivore, les matières albuminoïdes végétales subissent, sous l'influence du suc
gastrique, un changement profond. Elles paraissent s'y dédoubler
d'abord en corps plus simples, plus faciles à dialyser. Thiry attri-

buc à la parapéptone, qui par la digestion dérive de l'albumine, la composition centésimale

$$C = 51.34; H = 7.25; Az = 16.18; S = 2.12; O\ et\ Ph = 23.11,$$

composition qui semble indiquer qu'une substance analogue à la leucine, que l'on trouve en effet dans les produits de la digestion, a dû, dans cet acte important, se séparer de la matière protéique primitive. Nous exposerons du reste ailleurs avec soin, ce que l'on sait des modifications des matières albuminoïdes soumises à l'action du suc gastrique. Absorbées et introduites dans le sang, les substances digérées s'unissent aux alcalis et très-probablement à une partie des sels du plasma, et après avoir subi ces diverses transformations, sont portées jusqu'aux tissus qui se les assimilent. On ne saurait donc affirmer que les matières albuminoïdes animales de l'herbivore soient identiques aux substances protéiques des végétaux. Les différences qu'offrent leur composition élémentaire (surtout si l'on tient compte du phosphore et du soufre), et leurs propriétés physiques et chimiques sont assez tranchées pour qu'on puisse être certain qu'il y a analogie, mais non identité, entre ces deux ordres de substances albuminoïdes. Du reste les matières protéiques d'origine végétale sont plus difficilement absorbées dans le tube digestif que celles d'origine animale, et une bonne partie de leur azote reste sous forme insoluble, ou tout au moins inassimilable, dans les matières excrémentitielles.

Après avoir été absorbées par l'animal, les substances albuminoïdes sont encore soumises à des transformations diverses. Elles peuvent se compliquer, s'unir synthétiquement à de nouveaux éléments et constituer ainsi des substances spéciales, telles que l'hémoglobine, que l'on ne trouve que chez l'animal ; ou bien, et c'est le cas qui paraît être le plus fréquent, elles passent par des changements successifs et tendent à se simplifier. Mais cette simplification me paraît se produire de deux manières. Nous voyons, en effet, dériver des substances protéiques des matières, telles que la leucine et la tyrosine, plus riches qu'elles en carbone et en hydrogène, plus pauvres en azote, et ayant une teneur égale ou plus faible en oxygène. Ces substances dérivées, dont quelques-unes se trouvent déjà dans l'estomac dès les premiers changements que subissent les matières protéiques, ne semblent point être des produits d'oxydation, mais résulter plutôt de simples dédoublements; d'ailleurs elles se forment également hors de l'économie par la seule action, sur les corps protéiques, de l'eau aidée des acides ou des bases. Il est remarquable qu'en même temps que ces nouvelles substances se produisent, apparaissent dans les tissus en train de se desassimiler, les corps gras, ainsi que la mucine, l'élasticine et en général les matières collagènes dont la composition concorde très-bien avec celle que l'on obtient par le calcul, si l'on admet qu'en s'hydratant les matières albuminoïdes proprement dites perdent à la fois de la leucine et un acide gras. Ces divers dérivé semblent donc être des produits de dédoublement, et à la fois de simplification, par hydratation, des matières albuminoïdes proprement dites.

Mais un second mode de désassimilation des substances protéiques résulte de leur oxydation simultanée. Ainsi dérivent des matières albuminoïdes, en même temps que l'eau et l'acide carbonique, les diverses substances extractives, en général plus oxygénées qu'elles et moins riches en éléments combustibles, telles que la créatine, la xanthine, l'acide urique, substances dont nous allons maintenant parler, et qui elles-mêmes se brûlant plus ou moins parfaitement à leur tour, donnent de l'eau, de l'acide carbonique, de l'acide oxalique, de l'acide lactique, de l'urée et même de l'ammoniaque, produits définitifs de l'oxydation presque complète des matières protéiques, et que l'on retrouve, s'éliminant sans cesse, dans les diverses excrétions.

ARTICLE II

DES PRINCIPES AZOTÉS NON ALBUMINOÏDES

Nous venons de voir que lorsque les substances albuminoïdes se détruisent, elles donnent naissance à divers principes azotés ou non azotés plus simples qu'elles, dissous dans le plasma des divers tissus, dans le sang qui sort des organes en activité, et dans les liquides excrémentitiels. Les dérivés azotés des matières protéiques sont les uns des produits de dédoublements directs de ces substances, les autres des produits de leur oxydation successive de plus en plus complète. Presque tous ces corps sont aptes à cristalliser, presque tous peuvent être considérés comme des amides ou des urées, dont les radicaux appartiennent à diverses séries d'acides homologues, à la tête desquelles se trouvent les acides formique, lactique, oxalique, mesoxalique, carbonique, glycérique et oxybenzoïque.

Il est difficile de dire quels sont parmi ces principes azotés ceux que l'on peut considérer comme dérivés des matières albuminoïdes par simple dédoublement avec hydratation. Il en est toutefois un certain nombre, tels que le glycocolle, la leucine, la tyrosine, l'hématine, l'hématoïdine et sans doute aussi la bilirubine, son homologue supérieur, qui peuvent en dériver sans que l'oxygène intervienne. Toutes ces substances plus riches que les matières albuminoïdes en matériaux combustibles, peuvent se produire directement par la réaction de l'eau sur les corps protéiques. En même temps que ces dérivés, il se forme dans l'économie des acides gras et une matière albuminoïde plus simple, paraissant avoir la composition des substances collagènes, matière qui finit par se dédoubler et s'oxyder à son tour.

Le tableau suivant donne la composition et la formule de quelques-unes des substances dérivées des corps protéiques, qui peuvent se former sans l'intervention de l'oxygène :

	FORMULES	C	H	Az	O	Fe	OBSERVATIONS
Leucine.. . . .	$C^6H^{13}AzO^2$	54.96	9.92	10.68	24.44	0	Composition calculée.
Tyrosine. . . .	$C^9H^{11}AzO^3$	59.07	6.08	7.73	26.52	0	Id.
Hæmatine.. . .	$C^{40}H^{17}Az^2Fe^2O^5$	64.12	5.51	10.19	»	6.56	Schwarz.
Hæmatoïdine. .	$C^{13}H^{10}Az^2O^3$	65.05	6.37	10.51	»	0	Robin et Riche.
Bilirubine.. . .	$C^{16}H^{18}Az^2O^3$	67.13	6.29	9.79	16.79	0	Composition calculée.

Tous ces corps paraissent analogues de constitution ; les mieux connus se comportent comme des acides amidés, donnant par leur saponification des acides diatomiques et de l'ammoniaque ; tous sont capables de former avec les bases des combinaisons plus ou moins stables.

Parmi ces composés les uns, tels que la leucine, le glycocolle, dérivent d'acides diatomiques saturés; c'est ainsi que la leucine donne, sous l'influence des bases, de l'ammoniaque et de l'acide hexyllactique, suivant l'équation :

$$(C^6H^{10}O)'' \begin{cases} OH \\ AzH^2 \end{cases} + H^2O = AzH^3 + (C^6H^{10}O)'' \begin{cases} OH \\ OH \end{cases}$$

Leucine.   Acide hexyllactique.

les autres tels que la tyrosine, et très-probablement l'hématoïdine et la bilirubine, dérivent d'acides à radicaux aromatiques.
La tyrosine $C^9H^{11}AzO^5$ peut être, d'après ses dédoublements, considérée comme de l'acide oxyphényl-amidopropionique et sa constitution exprimée par la formule :

$$C^6H^4 \begin{cases} OH \\ C^2H^5(AzH^2)CO^2H \end{cases}$$

On remarque de plus que l'hématine qui se forme par la simple
action de l'eau sur l'hémoglobine, substance albuminoïde colorante du sang, a une composition et une formule qui la rapprochent
singulièrement de la bilirubine, matière colorante principale de la
bile[1]; elle en diffère seulement par le remplacement de 1/2 atome
de Fe par 1 atome d'hydrogène; de sorte que si l'on double les
deux formules, on a :

$$\text{Biliruhine}. \quad . \quad . \quad C^{32}H^{36}Az^4O^6$$
$$\text{Hœmatine}. \quad . \quad . \quad C^{32}H^{34}FeAz^4O^6$$

Cette observation doit nous faire présumer le mode de production
de la bilirubine, dont en effet il forme un excès dans l'économie
lorsqu'une cause quelconque vient à détruire le globule sanguin ;
elle nous fait voir aussi le rôle que joue le fer dans l'hémoglobine.
Observons encore que l'hématoïdine est un homologue ou un isologue inférieur de la bilirubine.

Mais nous pouvons aller plus loin et nous demander ce que deviennent ces diverses substances en se brûlant dans l'organisme.

La leucine oxydée par le permanganate de potasse alcalin se résout en ammoniaque, acide carbonique, acide oxalique et acide
valérique. Ces divers corps sont ceux que l'on retrouve dans les
produits de la respiration, de la perspiration, dans la plupart des
glandes, dans les urines.

La tyrosine oxydée par le bichromate de potasse et l'acide sulfurique donne de l'essence d'amande amère, de l'acide cyanhydrique, de l'acide benzoïque; formique, acétique, carbonique. L'a-
cide hippurique des urines représente, parmi ces corps, les termes
qui appartiennent à la série aromatique ; presque tous les autres
se retrouvent aussi dans les diverses excrétions.

---

[1] La formule que l'on donne aujourd'hui à l'hœmatine est $C^{96}H^{102}Az^{12}Fe^5O^{18}$. Nous
l'avons ici divisée par 6 pour montrer l'analogie de l'hœmatine et de la bilirubine.

Ce sont là des oxydations violentes et presque complètes; mais l'économie procède par gradations. Elle passe successivement d'un terme à un terme plus oxydé par addition à la molécule organique d'un atome d'oxygène, enlèvement de deux atomes d'hydrogène sous forme d'eau, soustraction à la fois d'un atome de carbone et d'un atome d'oxygène (CO) sous forme d'acide carbonique. En général, on trouve existant l'un à côté de l'autre, dans les liquides et les tissus animaux, les termes successifs qui résultent de ces oxydations ménagées et graduelles. Ainsi dans la bile, à côté de la bilirubine, $C^{16}H^{18}Az^2O^5$, nous trouvons la bilifuscine $C^{16}H^{20}Az^2O^4$ qui en diffère par H^2O, la biliverdine $C^{16}H^{20}Az^2O^5$, qui n'a de plus que cette dernière qu'un atome d'oxygène, la biliprasine $C^{16}H^{22}Az^2O^6$, qui diffère de la précédente par H^2O. Nous verrons le même fait se répéter pour les substances du plasma musculaire en train de se désassimiler.

Les trois substances suivantes que l'on trouve associées dans beaucoup de tissus glandulaires :

$$\begin{array}{ll}\text{Sarcine.} \ldots & C^5H^4Az^4O \\ \text{Xanthine.} \ldots & C^5H^4Az^4O^2 \\ \text{Acide urique.} \ldots & C^5H^4Az^4O^3\end{array}$$

sont un frappant exemple de ces oxydations successives dont nous parlions plus haut. La sarcine est un de ces termes passagers d'oxydation, lui-même précédé, sans doute, de la formation de produits pluscomplexes dont elle dérive. En s'oxydant, elle se détruit et donne ainsi naissance à la xanthine et à l'acide urique en absorbant successivement un et deux atomes d'oxygène. Mais là ne s'arrête pas la simplification graduelle de l'édifice organique primitif que sans cesse tend à détruire l'oxygène. A son tour oxydé en présence de l'eau, l'acide urique peut se dédoubler en allantoïne et acide carbonique :

$$\underset{\text{Acide urique.}}{C^5H^4Az^4O^5} + H^2O + O = \underset{\text{Allantoïne.}}{C^4H^6Az^4O^3} + CO^2 \ ;$$

l'allantoïne en s'unissant à l'oxygène, donne de l'urée et de l'acide oxalique :

$$\underset{\text{Allantoïne.}}{C^4H^6Az^4O^3} + 2H^2O + O = \underset{\text{Acide oxalique.}}{C^2H^2O^4} + \underset{\text{Urée.}}{2CH^4Az^2O} \ ;$$

enfin l'acide oxalique, par son oxydation, se transforme en acide carbonique et en eau.

De sorte qu'en partant de l'un des termes dérivés de la matière albuminoïde primitive, la *sarcine*, on voit ainsi se succéder, par oxydations graduelles, la xanthine, l'acide urique, l'allantoïne, l'acide oxalique, l'urée, l'eau et l'acide carbonique, corps que l'on retrouve tous dans les urines, les glandes et les divers tissus en train de se désassimiler.

Nous disions que presque tous les produits azotés provenant de la désassimilation des matières albuminoïdes, avaient la constitution des amides, c'est-à-dire pouvaient être considérés comme dérivant de une ou plusieurs molécules d'un sel ammoniacal, avec perte d'autant de molécules d'eau, H^2O, que ce sel contenait de fois AzH^3. Le tableau suivant donne le nom, la formule, la constitution et l'origine des principales substances extractives retirées du plasma musculaire, des urines ou des divers tissus, c'est-à-dire des produits azotés dans lesquels les substances protéiques de l'organisme se transforment le plus constamment, pendant la vie, par leur oxydation graduelle et continue.

$Az \begin{cases} H^2 \\ C^2H^2O.OH \end{cases}$ *ou* $C^2H^5AzO^2$ **GLYCOCOLLE** ou acide glycolamidique (viande, bile.)	$Az \begin{cases} H \\ CH^3 \\ C^2H^2O.OH \end{cases}$ *ou* $C^3H^7AzO^2$ **SARCOSINE** (produit artificiel.)	$Az \begin{cases} H \\ C^7H^5O \\ C^2H^2O.OH \end{cases}$ *ou* $C^9H^9AzO^3$ **ACIDE HIPPURIQUE** (urines des herbivores.)
$Az \begin{cases} H^2 \\ C^6H^{10}O.OH \end{cases}$ *ou* $C^6H^{13}AzO^2$ **LEUCINE** ou acide hexyllactamidique (poumons, glandes.)	$Az \begin{cases} H^2 \\ C^3H^4O.OH \end{cases}$ *ou* $C^3H^7AzO^2$ **ALANINE** (produit artificiel homologue du précédent.)	$C^5H^5Az^5O$ **GUANINE** (guano, pancréas, crabes)
$Az^2 \begin{cases} CAz \\ H^5 \end{cases}$ *ou* CAz^3H^5 **GUANIDINE** dérivé artificiel du précédent.)	$Az^2 \begin{cases} CAz \\ CH^3 \\ H^3 \\ C^2H^2O.OH \end{cases}$ *ou* $C^4H^9Az^3O^2$ **CRÉATINE** (chair, urines.)	$Az^2 \begin{cases} CAz \\ CH^3 \\ H^2 \\ (C^2H^2O)'' \end{cases}$ *ou* $C^4H^7Az^3O$ **CRÉATININE** (chair, urines.)
$Az^2 \begin{cases} (CAz)^2 \\ (CH)' \\ (C^2H^2O)'' \\ H \end{cases}$ *ou* $C^5H^4Az^4O$ **HYPOXANTHINE OU SARCINE** (urine, rate, chair.)	$Az^2 \begin{cases} (CAz)^2 \\ (COH)' \\ (C^2H^2O)'' \\ H \end{cases}$ *ou* $C^5H^4Az^4O^2$ **XANTHINE** urines, rate, chair.)	$Az^2 \begin{cases} (CAz)^2 \\ (COH)' \\ (C^2H^2O)'' \\ OH \end{cases}$ *ou* $C^5H^4Az^4O^3$ **ACIDE URIQUE** (urines, sang, glandes.)

$$Az^2 \begin{cases} (CAz)^2 \\ (C^2H^3O)' \\ (C^3H^4O)'' \\ C\dot{H}^3 \end{cases}$$

ou $C^7H^{10}Az^4O^2$

CAFÉINE
(café.)

$C^7H^8Az^4O^5$

CARNINE
(chair.)

$$Az^4 \begin{cases} (\ddot{C}O)^2 \\ (C^2HO)''' \\ H^5 \end{cases}$$

ou $C^4H^6Az^4O^5$

ALLANTOÏNE
(eaux de l'amnios, urines
de veau.)

$$Az \begin{cases} H^2 \\ (C^2\overset{'''}{H^3})\begin{matrix} -C^6H^4.OH. \\ -CO.OH. \end{matrix} \end{cases}$$

ou $C^9H^{11}AzO^5$

TYROSINE
(rate, poumons, foie, sang.)

$C^{32}H^{36}Az^4O^6$

BILIRUBINE
(bile.)

$C^{32}H^{34}\ddot{Fe}Az^4O^6$

HŒMATINE
(dérivé de la matière colorante
du sang.)

$C^{30}H^{32}Az^4O^6$

HŒMATOÏDINE
(dérivé du sang. Formule
un peu douteuse.)

$C^{32}H^{40}Az^4O^{10}$

BILIVERDINE
(bile.)

$$Az \begin{cases} H^2 \\ (SO^2 - C^2H^4)''OH \end{cases}$$

ou $C^2H^7AzSO^5$

TAURINE
(bile.)

$C^{26}H^{45}AzSO^7$

ACIDE TAUROCHOLIQUE
(bile.)

$C^{26}H^{43}AzO^6$

ACIDE GLYCOCHOLIQUE
(bile.)

$C^5H^8Az^2O^6$

ACIDE INOSIQUE
(chair.)

$$Az \begin{cases} C^2H^4.OH \\ (CH^3)^3 \\ H \end{cases} O$$

ou $C^5H^{15}AzO^2$

CHOLINE OU NÉVRINE
(bile, cerveau.)

$$Az \begin{cases} H^2 \\ [(C^3H^3O)'''(OH)^2]' \end{cases}$$

ou $C^3H^7AzO^3.$

SERINE
(de la soie.)

$$Az \begin{cases} H^2 \\ [(C^3H^3S)'''(OH)^2]' \end{cases}$$

ou $C^3H^7AzSO^2.$

CYSTINE
(calculs urinaires ; foie.)

$$Az^2 \begin{cases} -CO \\ H^4 \end{cases}$$

ou $CH^4Az^2O\ldots$

URÉE
(urine ; sang ; lymphe.)

Comme nous le voyons par ce tableau, la plupart des dérivés azotés des matières albuminoïdes sont des amides, corps neutres, capables de se dédoubler sous l'influence des bases et de l'eau, en acides divers et en ammoniaque, et qui ne peuvent former avec les bases ou les acides que des combinaisons peu stables. Mais il en est, tels que le glycocolle, la leucine, les acides taurocholique et glycocholique qui sont de véritables acides, le plus souvent des acides amidés, c'est-à-dire, dans lesquels le *reste* (AzH^2) remplace un atome d'hydrogène du radical acide. Il est aussi parmi ces corps des substances telles que la créatinine, la choline, qui sont de véritables bases bleuissant fortement le tournesol et satu-

rant parfaitement les acides. Ce sont là des matières représentant
dans le règne animal les alcaloïdes végétaux, qui paraissent de
même se produire dans les plantes par un dédoublement des substances albuminoïdes[1].

Il est certains de ces dérivés qui contiennent du soufre au
nombre de leurs éléments. Telles sont la taurine et la cystine.
L'exemple de ces deux substances, nous montre que le soufre
peut, dans ces corps, jouer deux rôles distincts. Tantôt, comme
dans la taurine ou *iséthionamide*

$$SO^2 \begin{cases} C^2H^4.OH \\ AzH^2 \end{cases}$$

le soufre est électropositif et concourt à saturer l'oxygène ; tantôt,
comme dans la cystine,

$$(C^3H^3S)''' \begin{cases} OH \\ OH \\ AzH^2 \end{cases}$$

il remplace l'oxygène lui-même et sature le carbone. Cette considération et l'observation que l'on a faite plus haut que les alcalis
faibles n'enlèvent aux matières albuminoïdes qu'une partie de
leur soufre, semblent indiquer que cet élément existe dans ces
substances sous deux états distincts[2].

Il est aussi des corps qui paraissent dériver de certaines matières protéiques, et qui sont très-remarquables par leur richesse
en phosphore : le protagon et la lécithine en sont les types les plus
frappants. Dans ces deux composés le phosphore joue le même
rôle que dans l'acide phosphorique tribasique

$$PO \begin{cases} OH \\ OH \\ OH \end{cases}$$

seulement un ou plusieurs restes (OH)', y sont remplacés par des
radicaux monatomiques complexes. C'est ainsi que, suivant Bœyer,
le protagon, soumis à l'action de l'eau et des bases, se dédouble

---

[1] Suivant B. Jones et Dupré, il existerait aussi une quinoïdine animale. V. *Proceed.
Roy. Soc.* 1866.

[2] DANILEWSKY est arrivé, par ses expériences, à la même conclusion. Voir *Bull. Soc.
chim.*, t. XII, p. 490.

en acide phospho-glycérique

$$PO \begin{cases} OH \\ OH \\ O[(C^3H^5)'''(OH^2)]' \end{cases}$$

acide glycérique, glucose et névrine. Les lécithines, dans les mêmes conditions, se décomposent en acide phospho-glycérique, acides oléique, margarique ou stéarique, et névrine. Il est probable que le phosphore des matières albuminoïdes des légumineuses y existe sous le même état.

Enfin, il se produit dans l'économie aux dépens des composés albuminoïdes des substances que l'on a confondues avec les matières protéiques, tant qu'on n'a pas su les préparer à l'état de pureté. Je veux parler des divers ferments solubles ou *diastases*, telles que la *pepsine*, la *ptyaline*, les *ferments du pancréas*, etc. Ces dérivés n'ont ni la composition, ni les propriétés générales des matières albuminoïdes. Pour le montrer et faire connaître ces corps, j'ai réuni dans le tableau suivant les quelques analyses qui existent de ces singulières substances, ainsi que celles d'un venin, et de deux ferments végétaux des plus remarquables.

Substances	C	H	Az	O	S	Cendres	AUTEURS
Ferment salivaire (extrait par la glycérine)	43.1	7.73	11.86	»	»	6.1	Hüfner.
Ferment pancréatique (extrait de la glande par la glycérine) . .	43.6	6.50	15.8	»	0.88	7.04	Id.
Le même, calculé sans les cendres	46.57	7.17	14.95	30.56	0.95	»	Id.
Venin du *cobra capello*¹	43.04	7.00	12.45	»	2.5	Petite quantité	H. Armstrong.
Emulsine (amandes). .	43.06	7.20	11.52	»	1.25	»	Buckland-Bull.
Levûre de bière supérieure (cendres déduites).	49.6	6.5	11.8	»	»	»	Schlossberger.

En mettant de côté le dernier de ces corps, qui est évidemment un mélange de diastase et d'une petite quantité d'autres substances, telles que la cellulose qui forme la légère enveloppe des globules, on voit que toutes ces matières ont une composition très-analogue, et remarque intéressante faite par Dumas, le venin des serpents venimeux contient les mêmes éléments qu'elles et presque dans les mêmes proportions, comme le témoigne l'analyse de celui du

Voir *Compt. rend.*, t. LXXVI, p. 470.

Cobra que nous avons inscrite au tableau ci-dessus[1]. Tous ces corps laissent à l'incinération des matières minérales très-riches en phosphates, dont aucun moyen jusqu'ici n'a permis de les débarrasser. Il est superflu de tenter la moindre hypothèse sur la constitution et le mode d'action de ces divers ferments.

ARTICLE III

PRINCIPES IMMÉDIATS TERNAIRES

L'organisme animal ne fournit pas seulement des principes azotés comme ceux dont nous venons de faire l'histoire générale ; on y trouve encore des substances organiques importantes, neutres ou acides, qui ne contiennent que du carbone, de l'hydrogène et de l'oxygène. Ces principes immédiats ternaires sont en général des corps gras neutres ou des acides gras, des substances sucrées ou analogues à l'amidon, des acides divers, des corps à fonction indéterminée, tels que la cholestérine. Nous allons dire rapidement quel est l'origine et le rôle de ces diverses substances.

Corps gras. — Les graisses, que l'on rencontre surtout dans le tissu adipeux, sont des mélanges de corps neutres que Chevreul nous a appris à séparer. Chacun de ces principes résulte de la combinaison d'une même substance, la glycérine, à trois molécules d'un acide gras avec élimination de trois molécules d'eau. C'est ainsi que la graisse humaine contient à la fois de la tristéarine, de la trimargarine et de la trioléine, dont les équations suivantes indiquent les formules et les relations avec la glycérine et les acides gras :

$$\left.\begin{array}{l} C^3H^5 \\ 3C^{18}H^{35}O \end{array}\right\} O^3 = \left.\begin{array}{l} C^3H^5 \\ H^3 \end{array}\right\} O^3 + 3 \left.\begin{array}{l} C^{18}H^{35}O \\ H \end{array}\right\} O - 3H^2O$$

Tristéarine. Glycérine. Acide stéarique. Eau.

$$\left.\begin{array}{l} C^3H^5 \\ 3C^{17}H^{33}O \end{array}\right\} O^3 = \left.\begin{array}{l} C^3H^5 \\ H^3 \end{array}\right\} O^3 + 3 \left.\begin{array}{l} C^{17}H^{33}O \\ H \end{array}\right\} O - 3H^2O$$

Trimargarine. Glycérine. Acide margarique. Eau.

$$\left.\begin{array}{l} C^3H^5 \\ 3C^{18}H^{33}O \end{array}\right\} O^3 = \left.\begin{array}{l} C^3H^5 \\ H^3 \end{array}\right\} O^3 + 3 \left.\begin{array}{l} C^{18}H^{33}O \\ H \end{array}\right\} O - 3H^2O$$

Trioléine. Glycérine. Acide oléique. Eau.

[1] On peut encore entre les poisons des serpents et la *pepsine* faire remarquer cette autre analogie que de même que la bile s'oppose à toute action digestive de la pepsine dans l'estomac, le venin des ophidiens et des reptiles paraît aussi perdre son activité en présence de la bile de l'animal.

Ces divers corps gras, oléine, margarine, stéarine, etc. existent dans les graisses en proportions variables. Les acides gras qui forment avec la glycérine, véritable alcool triatomique, des combinaisons neutres comparables à des éthers, sont presque toujours les acides stéarique, margarique, oléique, palmitique, l'acide butyrique en petite quantité, et quelques autres acides gras très-ares, tels que les acides myristique, caproïque, caprylique, caprique, dont on a trouvé des traces dans la sueur et dans certains produits fournis par les animaux.

Les graisses n'existent pas dans les très-jeunes cellules de l'emryon. Elles y apparaissent de très-bonne heure en même temps, que disparaît une partie de la matière albuminoïde. Nous verrons du reste qu'elles peuvent se former, même abondamment, chez 'animal exclusivement nourri de viande exempte de corps gras. Toutefois, si l'on a trouvé les acides gras dans les produits de décomposition des matières protéiques, on n'y a pas encore signalé la glycérine. Mais on sait que cette substance se forme dans la fermentation du sucre, et que le glycogène se produit d'ailleurs abondamment dans le foie même avec des aliments entièrement dénués d'hydrates de carbone. Il est donc possible qu'une partie de la glycérine des corps gras naturels ait pour origine les hydrates de carbone qui proviennent eux-mêmes de l'alimentation ou des transformations successives des matières albuminoïdes. (Pour plus de renseignements, voir *Tissu adipeux.*)

Une partie des graisses de l'animal provient sans doute aussi des corps gras ingérés. Il existe dans le cerveau, dans le sang, dans un grand nombre de tissus et d'humeurs de l'économie, des substances, solubles dans l'alcool et quelquefois dans l'éther, que l'on a souvent, dans les tableaux de la composition immédiate des tissus, confondues avec les corps gras proprement dits et qui en diffèrent, les unes, comme la cholestérine, en ce qu'elles ne donnent pas de glycérine et d'acides gras par leur saponification, les autres, en ce qu'elles sont à la fois azotées et phosphorées, et paraissent être des produits de désassimilation de ces matières albuminoïdes toutes spéciales qui entrent surtout dans la composition des centres nerveux, du sperme et de l'œuf.

Acides. — Plusieurs acides gras se rencontrent dans l'économie, non plus sous forme d'éthers de la glycérine, mais à l'état de savons ou de combinaisons avec les bases alcalines, et quelquefois même à l'état de liberté.

Les acides formiques CHO.OH, acétique C^2H^3O.OH, butyrique C^4H^7O.OH, ont été trouvés dans les liquides acides qui baignent les muscles, le cerveau, la rate, après la mort. Ils existent dans la sueur, mêlés aux acides valérique, caproïque, caprylique et caprique; on en trouve aussi plusieurs dans les urines. Tous ces corps peuvent, du reste, se produire dans la putréfaction des matières albuminoïdes.

L'acide lactique ordinaire $C^3H^4O(OH)^2$ se rencontre dans l'estomac et l'intestin; il provient de la décomposition des hydrates de carbone. L'acide paralactique, qui a la même composition, s'observe dans le liquide musculaire; il augmente dans le plasma du muscle en activité. Il se trouve probablement aussi à l'état de sel de soude dans la bile.

L'acide cholique $C^{24}H^{40}O^5$ qui, combiné au glycocolle, forme le glycocholate de soude de la bile, n'existe pas à l'état de liberté dans ce dernier produit, mais on l'a quelquefois signalé dans les calculs vésicaux.

Hydrates de carbone. — On trouve dans les jeunes cellules épidermiques de l'animal, dans le foie, dans le cerveau, dans le vitellus, dans le poumon et la peau du fœtus, des corps qui ont la composition représentée par la formule $nC^6H^{10}O^5$, comme s'ils dérivaient de l'union de n fois 6 atomes de carbone à n fois 5 molécules d'eau H^2O. On rencontre aussi dans beaucoup de liquides de l'économie, dans le sang, la lymphe, le plasma musculaire, etc. des matières sucrées répondant à la formule du sucre de raisin $C^6H^{12}O^6$. Ces substances qui portent, à cause de leur constitution apparente, le nom d'*hydrates de carbone*, sont les unes, comme le *glucose*, introduites, dans l'économie au moins en partie par les aliments, les autres, comme l'*inosite*, la *matière glycogène*, paraissent résulter directement de la désassimilation de certaines matières albuminoïdes. Tous ces composés une fois arrivés dans le sang, se brûlent rapidement et concourent puissamment à échauffer l'économie en donnant des matières oxydées intermédiaires, et finalement de l'eau et de l'acide carbonique.

Les principaux hydrates de carbone fournis par le règne animal sont : la *matière glycogène* $C^6H^{10}O^5$ + H^2O. Elle diffère un peu par ses propriétés de l'amidon et de la dextrine dont elle a la composition;

on la trouve dans les cellules du foie, chez l'adulte; dans le placenta, dans le foie, le poumon, l'épiderme chez l'embryon[1] ; la *dextrine* $C^6H^{10}O^5$ dont une petite quantité existe peut-être dans le sang normal, mais que l'on rencontre surtout dans le sang et le suc musculaire des herbivores; la *tunicine* $C^6H^{10}O^5$ qui a la composition et en grande partie les propriétés de la cellulose : on la retire du manteau des crustacés, des arachnides et d'autres invertébrés ; la *glucose* $C^6H^{12}O^6$ qui existe dans les sucs digestifs, dans la lymphe, le sang, le tissu hépatique et, en très-petite quantité, dans l'urine normale : à l'état pathologique elle apparaît en grande abondance dans les urines diabétiques; la *lactose* ou *sucre de lait* $C^{12}H^{22}O^{11}$ que l'on trouve spécialement dans le lait des mammifères ; on en a signalé aussi des traces dans le sang, dans le foie et dans les vitellus d'œufs d'oiseaux : elle n'a pas été rencontrée dans le règne végétal ; l'*inosite* $C^6H^{12}O^6 + 2H^2O$ que l'on trouve surtout dans les muscles en activité et dans le cerveau, mais aussi dans un grand nombre d'autres organes : ce corps paraît résulter de la décomposition de certaines matières albuminoïdes et pouvoir donner de l'acide lactique $C^3H^6O^5$ par un simple changement isomérique. L'inosite existe aussi dans beaucoup de végétaux.

Autres corps ternaires neutres. — On trouve encore dans les tissus et les liquides animaux, spécialement dans le cerveau, et dans la bile, mais aussi dans le sang, la rate, les fèces, une substance neutre très-remarquable, la *cholestérine* $C^{26}H^{44}O + H^2O$. Le tiers de la partie de la masse cérébrale soluble dans l'éther en est formée. C'est un corps à fonctions mal définies, mais qui peut être rapproché des alcools. La cholestérine est un des principaux produits de désassimilation de la matière nerveuse; mais elle a été aussi rencontrée dans le règne végétal[2].

Le *phénol*, et un de ses homologues supérieurs, ont encore été signalés dans les liquides animaux. Ces derniers faits et leur signification, restent douteux.

---

[1] On la trouve encore dans la cicatricule de l'œuf d'oiseau, et plus tard dans la membrane du sac vitellin ; dans le foie de beaucoup de poissons, de reptiles, de batraciens et de mollusques ; à la périphérie, sous la tunicine, chez les crustacés et les articulés, surtout à l'époque de la mue. Voir à ce sujet *Journ. de Phys. de l'homme...* 1859; p. 508. *Rep. chim. pure*, t. I. p. 475 et *Bull. Soc. chim.*, t. III, p. 446.

[2] Beneke, *Ann. Chem. Pharm.*, t. CXXII, p. 249,

ARTICLE IV

MATIÈRES MINÉRALES DE L'ORGANISME

Il existe toujours dans les tissus et les humeurs de l'économie, de l'eau, des sels minéraux et des gaz. Ces substances, sans cesse éliminées par les diverses excrétions, doivent être sans cesse aussi fournies à l'organisme. C'est en général au sein d'une cellule ou d'un plasma très-aqueux et tenant divers sels en dissolution, que se passent les réactions de la vie animale.

Notre ignorance du rôle que jouent ces matières minérales est presque complète. Certainement que les substances principales de nos tissus et de nos humeurs, les matières albuminoïdes, ne jouissent de leurs vraies propriétés physiologiques, que dissoutes dans l'eau et en présence de divers sels qui paraissent, au moins en partie, combinés avec elles d'une manière instable. Les phosphates qui dans les jeunes cellules végétales, dans les graines et dans les cellules animales, accompagnent toujours les substances protéiques et leur sont presque proportionnelles ; la potasse et la soude qui forment avec elles de véritables combinaisons ; le fer qui apparaît partout, mais là surtout où l'oxygène doit entrer en conflit avec les matières organiques, comme dans l'hémoglobine et la chlorophylle ; les chlorures, les carbonates et les sulfates dont la présence, quelquefois à l'état de traces dans le liquide qui dissout les matières protéiques, change les propriétés physiques et même chimiques de ces dernières ; tous ces corps jouent, dans l'organisme, un rôle des plus importants, mais encore à bien des égards mystérieux. Ils sont entièrement nécessaires pour réparer incessamment les divers tissus riches en matières minérales, mais il semble de plus que ces dernières substances aient, en général, pour but de faire passer les corps protéiques par des états passagers et instables, soit en s'unissant à eux, soit en faisant varier la quantité d'eau d'hydratation qui entre dans leur constitution, les modifiant ainsi sans cesse suivant les besoins de l'organisme. Les matières minérales peuvent imprimer, en outre aux liquides qui baignent les tissus, telles variations de propriétés endosmotiques

ou chimiques, d'où dépend la régularité des phénomènes d'assimilation et de désassimilation.

L'*eau* varie considérablement de poids dans les tissus et les humeurs diverses de l'économie. La lymphe en contient 93 à 96, 5
p. 100 ; le chyle 90 à 97 ; le sang, en moyenne 78 ; les reins 82 ;
les nerfs 78 ; les muscles 76 ; le cerveau 75 ; le cartilage 67 à 73 ;
les os 13 ; les dents 10 ; l'émail 0,2 p. 100. L'eau forme les
70 centièmes du corps de l'adulte, les 88 centièmes de celui de
l'embryon. Elle gonfle et imbibe tous les tissus ; elle entre en
combinaison avec leurs principes immédiats, et se charge, dans
les humeurs, des produits des diverses fonctions. Elle est en même
temps le milieu où se passent tous les actes chimiques de l'organisme.

Les *sels minéraux* qui entrent dans la composition du corps des
animaux représentent chez le fœtus le centième environ de son
poids, chez l'adulte de 3 à 6 centièmes. Ces sels s'obtiennent sous
forme de *cendres* quand on calcine les matières animales. Toutefois une partie des acides de ces cendres, surtout les acides phosphorique et sulfurique, résultent de l'oxydation du phosphore et
du soufre des matières organiques, et spécialement des corps
albuminoïdes ; aussi le résidu de l'incinération de ces substances
est-il souvent acide. Les acides fixes ainsi produits par calcination chassent une partie du chlore et de l'ac'de carbonique ; la
chaleur elle-même peut décomposer les carbonates, ceux qui existent dans les tissus, comme ceux qui résultent de l'oxydation des
sels organiques à bases terreuses. Enfin l'action de la chaleur peut
volatiliser pendant l'incinération, ou décomposer avec l'aide de
l'eau, certains chlorures tels que ceux de magnésie et de fer.
L'analyse des cendres d'une matière organique ne représente
donc pas en général la vraie composition des matières minérales
telles qu'elles existaient avant la destruction du tissu.

Les sels les plus répandus dans l'économie animale sont les
chlorures alcalins et les phosphates alcalins et terreux, accompagnés d'une petite quantité de fluorures, de carbonates, de sulfates,
de silice, de fer et peut-être d'une trace de manganèse, de cuivre
et de brome.

Des *chlorures alcalins*, le plus important est le chlorure de sodium. Il est contenu dans tous les tissus, mais surtout dans les diverses humeurs. Il existe dans le plasma sanguin, et l'organisme en est

si avide, qu'il le retient entièrement et ne le laisse plus passer dans les urines quand l'alimentation ne lui en fournit qu'une quantité insuffisante. Ce sel excite le mouvement d'assimilation, et est indispensable pour la sécrétion des divers produits glandulaires, et spécialement pour celle du suc gastrique.

Le sel marin entre dans la constitution des parties solides des os, des dents et surtout des cartilages, mais le plus souvent il est dissous dans les humeurs ou faiblement combiné à quelques-unes de leurs matières protéiques. Ce sel s'élimine par la sueur, les excréments, les mucus, et plus spécialement par les urines. Un adulte en rejette habituellement, par cette dernière voie, 11 à 12 grammes dans les 24 heures. Le chlorure de sodium disparaît dans les diverses excrétions dès que l'alimentation n'en fournit qu'une quantité insuffisante, où lorsque l'économie est le siége d'un foyer purulent, d'une abondante exsudation (*pneumonie*) ou d'une prolifération de cellules (*cancer*).

Le *chlorure de potassium* se rencontre surtout dans les liquides intracellulaires, dans les globules sanguins, le suc musculaire.

Le *chlorure d'ammonium* existe en faible quantité dans le suc gastrique, l'urine et quelquefois dans la salive.

Le *fluorure de calcium* et le chlorure correspondant, se trouvent dans l'émail des dents et dans les os. On en a signalé des traces dans divers liquides de l'organisme[1]. Le fluor est absorbé avec les aliments, surtout avec le pain et les eaux potables.

Les *phosphates alcalins* font partie de tous les tissus, et des principales humeurs. Le phosphate bibasique de soude $PO(NaO)^2HO$ se trouve dans le sérum sanguin, l'urine, la bile; le phosphate de potasse accompagne la plupart des matières albuminoïdes, et le phosphate acide $PO.KO(HO)^2$ existe dans le liquide musculaire. Les cendres du sang des herbivores contiennent de 5 à 5,5 p. 100 d'acide phosphorique; 13 p. 100 de soude; 5 à 5,5 p. 100 de potasse. Celles du sang d'omnivores, et spécialement de sang humain, ont de 10 à 13 p. 100 d'acide phosphorique; de 6 à 8 p. 100 de soude; de 14 à 24 p. 100 de potasse.

Les phosphates du plasma sanguin étant spécialement des phosphates de soude, tandis que nos aliments nous fournissent surtout des phosphates de potasse, il est probable qu'il se passe dans ce

---

[1] NICKLÈS. *Compt. rend.*, t. VI, p. 885.

fluide une double décomposition entre le sel marin et le phosphate de potasse du chyle, d'où résulte du phosphate de soude et du chlorure de potassium. Le premier se retrouve dans le plasma, le second dans les globules sanguins.

Les phosphates acides proviennent de l'action sur les phosphates alcalins du sang, des acides formés dans les tissus par la combustion de la matière organique.

Les *phosphates terreux*, et spécialement les phosphates de chaux, font partie de tous les tissus. On rencontre en abondance le phosphate tribasique de chaux $(PO)^2(3CaO)$ dans les os, les dents, associé aux fluorures et aux chlorures avec lesquels il paraît former des combinaisons (voir *Tissu osseux*). Dans les liquides animaux, il est dissous, soit à l'état de sel acide $(PO)^2(Ca^2O^2)(HO)^4$, soit à la faveur de l'acide carbonique libre ou du chlorure de sodium, soit enfin combiné aux matières albuminoïdes.

Les phosphates correspondants de magnésie, accompagnent en moindre quantité les phosphates de chaux. Le phosphate magnésien l'emporte sur ce dernier dans les muscles et le thymus.

Ces sels sont surtout fournis par les aliments. Les céréales en contiennent abondamment; il semble aussi qu'une partie provienne de l'action des carbonates terreux sur les phosphates alcalins du sang, d'où résultent des phosphates terreux et des carbonates alcalins. C'est ainsi que les jeunes os, d'abord très-riches en carbonates, contiennent en vieillissant une quantité de plus en plus abondante de phosphates de chaux et de magnésie. Une portion de l'acide phosphorique dérive de la combustion des substances organiques phosphorées de l'économie.

Les *carbonates alcalins*, et *terreux* que l'on trouve dans les cendres des tissus et des humeurs, sont en partie fournis par les eaux et les aliments, en partie dus à l'oxydation des sels à acides organiques. Le sang, la lymphe, l'urine des herbivores, contiennent du bicarbonate de soude et peut-être un peu de bicarbonate de potasse. Les carbonates terreux accompagnent les phosphates dans les os et dans les dents. Celui de chaux forme dans l'oreille interne des cristaux rhomboédriques (*otolithes*) et se retrouve dans beaucoup de concrétions pathologiques. Les carbonates terreux sont plus abondants chez les herbivores que chez les carnivores.

Les *sulfates alcalins* sont toujours absorbés en proportion suffisante, quoique nous en excrétions une quantité bien plus grande que celle que nous fournissent les aliments. L'acide sulfurique se forme en effet par l'oxydation de certains dérivés sulfurés des matières albuminoïdes, tels que la taurine. Beaucoup de liquides organiques le lait, la bile, le suc gastrique n'en contiennent pas.

La *silice* existe dans les parties osseuses, mais surtout dans les cheveux, l'épiderme, les plumes ; on la trouve encore dans la salive, la bile, l'urine et le sang. La silice est fournie à l'économie surtout par les eaux potables et par le pain : les cendres d'albumine d'œuf d'oiseau en contiennent jusqu'à 7 p. 100 (*Poleck*).

Le *fer* se rencontre dans presque tous les produits animaux. Aucun de nos aliments n'en est dépourvu (voy. p. 44). La matière colorante du sang en contient 0,43 p. 100 ; son dérivé, l'hématine 6,5 p. 100. Le fer existe aussi dans les pigments de la peau et de l'œil. On le trouve encore dans le chyle, la lymphe, le lait, la bile, les sueurs.

Le *manganèse* et le *cuivre* ont été signalés dans le sang, la bile, les calculs biliaires, les cheveux. Ils paraissent être inconstants, assimilés qu'ils sont avec les aliments, qui varient dans les divers pays suivant la nature du sol où croissent les céréales et les autres produits végétaux que l'on consomme. Le cuivre a du reste été trouvé dans le sang de beaucoup d'animaux inférieurs (*Cancer*, *Helix*, *Limulus*). Dans les cendres du sang de cette dernière espèce, Genth a dosé de 0,085 à 0,297 p. 100 d'oxyde de cuivre.

Les *matériaux gazeux* qui se rencontrent chez l'animal sont ceux de l'atmosphère où il vit. L'*oxygène*, en partie dissous, en partie combiné, existe dans le sang et les autres humeurs. L'*acide carbonique* se trouve, à côté du précédent, à l'état de dissolution et sous forme de bicarbonates, dans tous les plasma, et tous les tissus qui le produisent sans cesse en se désassimilant. Il est surtout éliminé par les poumons et par la peau. L'*azote* se rencontre dans les liquides et dans les cavités remplies de gaz ; il est normalement sécrété par la membrane intestinale ; une faible portion apparaît en général dans les produits expirés. Une partie de l'azote ainsi rejeté, provient de la désassimilation des matières protéiques.

Enfin l'*acide chlorhydrique*, non point libre, mais dissous, sécrété par les glandes à pepsine, se rencontre dans le suc gastrique. Un adulte en produit ainsi $3^{gr},3$ environ par jour.

LIVRE PREMIER

DES TISSUS

Les divers tissus sont comme les organes élémentaires de la machine animale; le plus souvent associés entre eux, ils servent directement ou indirectement à l'accomplissement des diverses fonctions. Aussi avons-nous cru nécessaire d'en faire l'étude au commencement de cette Seconde Partie. L'histoire chimique des tissus précédera ainsi utilement et logiquement celle des organes qu'ils concourent à former, et des fonctions multiples auxquelles ils prennent part.

On a toutefois distrait de ce *Premier Livre*, la description du tissu nerveux moins encore en vue des fonctions si importantes et si autonomes de ce tissu, qu'à cause de sa composition même qui rapproche d'une manière frappante, le cerveau, l'œuf et la matière spermatique dont on a formé le *Livre* VIe.

Nous avons toujours fait précéder l'étude chimique de chaque tissu, de quelques notions micrographiques sommaires. Un tissu n'est pas une substance homogène; chacun des éléments histologiques qui le composent a sa constitution, ses propriétés, sa composition propres. Le microscope nous révèle cette complexité. Il permet au chimiste de faire le premier pas dans l'étude de cet organisme compliqué, et devient ainsi, pour lui, un puissant auxiliaire, en lui donnant une idée précieuse, quoique incomplète, de la composition du tissu et souvent de la méthode à employer pour en séparer les divers éléments ou les divers principes, dont il doit faire ensuite l'étude chimique particulière et approfondie.

Reconnaître les éléments histologiques, les séparer, isoler les divers principes immédiats qui les composent, analyser et définir enfin séparément les propriétés de ces espèces chimiques, telles doivent être les phases successives de l'étude méthodique de tout tissu.

CHAPITRE PREMIER

TISSU MUSCULAIRE

Les tissus qui, chez l'animal vivant, jouissent de la propriété de se contracter activement[1] peuvent, tout en ayant des analogies au point de vue physiologique et chimique, se présenter sous trois formes distinctes, savoir :

1° fibres rouges striées transversalement et longitudinalement : ce sont celles qui forment à peu près exclusivement la masse des muscles de la vie de relation ;

2° fibres ou faisceaux presque incolores, non striés, qui constituent, en se réunissant, les muscles de la vie organique ;

5° plasma granuleux, semi-solide, doué de contractilité, auquel on a donné le nom de *protoplasma contractile* : on le trouve dans l'embryon, les animaux inférieurs, etc.

Quoique, dans bien des cas, la fibre striée passe insensiblement à l'état de fibre lisse, et que le protoplasma contractile semble pouvoir s'organiser sous la même forme, nous conserverons dans cette étude la division précédente, et nous considérerons à part les trois ordres de tissus que nous venons de séparer.

ARTICLE PREMIER

MUSCLES ROUGES STRIÉS

Un muscle n'est pas un tissu constitué par une substance homogène, comme le serait, par exemple, la matière du tissu adipeux. C'est un édifice complexe, formé d'éléments histologiques et de

---

[1] Les éléments fusiformes du tissu conjonctif, le protoplasma des globules blancs, la substance principale de beaucoup d'infusoires, etc., possèdent également la propriété de se contracter. Aussi avons-nous préféré donner à ce chapitre le titre de *tissu musculaire* plutôt que celui de *tissu contractile* qui nous paraît trop général.

matériaux chimiques divers. De plus, après avoir été enlevé à l'animal, le muscle meurt et subit peu de temps après des altérations variées. Il est donc nécessaire que nous étudions successivement le muscle vivant, et la viande ou chair musculaire.

Analyse histologique. — En observant les muscles volontaires vivants sur des animaux à sang froid, ou sur des insectes, on voit qu'ils sont formés de faisceaux juxtaposés, séparés par du tissu conjonctif et adipeux, et constitués chacun par la réunion d'un très-grand nombre de fibres minces, ressemblant à des cylindres allongés, fusiformes, recouverts d'une légère membrane transparente, élastique, mais non contractile, pourvue de loin en loin de noyaux, et à laquelle on a donné le nom de *sarcolemme*. Cette membrane revêt la substance contractile. Celle-ci (*fig.* I, 1 et 2) se présente comme un faisceau de *fibrilles* soudées entre elles par une *substance unissante* ; mais il suffit de tirailler la fibre musculaire, ou de la soumettre à l'action de l'alcool ou du bichromate de potasse pour

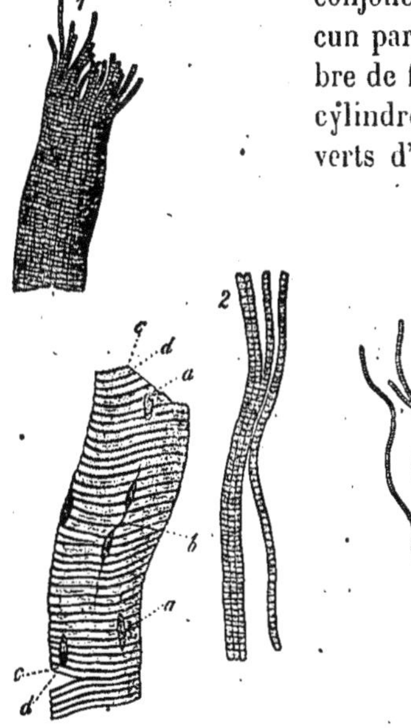

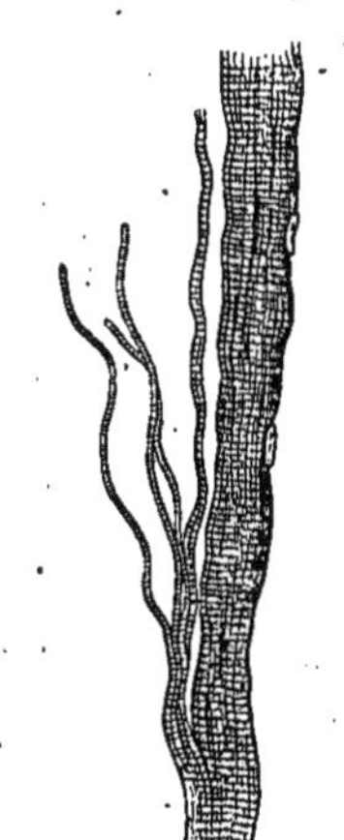

Fig. 1. — Fibre musculaire. Les parties 1 et 2 montrent les fibrilles qui la constituent. La partie *c d a b a* a été soumise quelque temps à l'action de l'acide chlorhydrique ; on y distingue transversalement des raies sombres *b, b* et des raies ou zones claires *d, d* ainsi que des noyaux superficiels *a; b.*

Fig. 2. — Fibre musculaire soumise à l'action du bichromate de potasse qui l'a divisé en fibrilles.

la voir se diviser en fibrilles distinctes (*fig.* 2 et *fig.* I, 1 et 2), qui réunies, produisent sur la fibre musculaire, contenue dans le sarcolemme, une striation longitudinale plus ou moins visible suivant le point que l'on considère.

Si l'on prend des muscles d'animaux inférieurs, et spécialement d'insectes[1] on voit souvent alors des fibrilles parfaitement
isolées, entre lesquelles règne un espace interfibrillaire très-
élargi, rempli de tissu adipeux. Si l'on ajoute à ce fait que
l'alcool divise aisément la fibre en fibrilles longitudinales, il semble
naturel de penser que la substance interfibrillaire unissante répondant aux stries légères qui sont dans le sens de l'axe de la
fibre, est formée de matières grasses, dont on trouve en effet
de 1 à 2 pour 100 dans les muscles frais, même les plus maigres.

La fibrille musculaire isolée (*fig.* 3) se compose d'une succession
de petits prismes, en général plus hauts que larges,
séparés les uns des autres par un espace plus transparent, lui-même quelquefois coupé en deux parties
égales par une ligne sombre. Ces petits prismes,
découverts par l'histologiste anglais Bowmann [2],
portent aujourd'hui le nom de *sarcoprismes*, ou *sarco-éléments*. Leur coupe transversale donne, le plus
souvent, un polygone à 3, 4, 5 ou 6 côtés. Ils sont,
en général, plus longs que larges, et d'autant plus
courts et plus nombreux que le muscle auquel ils
appartiennent est apte à se contracter plus rapidement.

Fig. 3. — Fi-
brille muscu-
laire prise dans
les muscles tho-
raciques de l'*Hy-
drophile*.

D'après une observation de Brücke[3], ces prismes
sont doués de la double réfraction à un axe parallèle au sens de la fibrille.

Quant à la substance plus transparente interposée transversalement entre chaque prisme, disposition qui donne à la fibrille
l'apparence d'une pile de Volta, elle est liquide ou gélatineuse
chez l'animal vivant[4]; elle n'est attaquée ni par l'alcool ni par
le bichromate de potasse, mais elle se gonfle d'abord, puis se
dissout dans l'acide chlorhydrique très-étendu. Elle ne jouirait que
de la simple réfraction d'après Brücke, c'est-à-dire que ce serait
un milieu homogène dans les diverses directions ; au contraire,

---

[1] Les *hydrophiles* et les *dystiques* sont les plus favorables pour ces études.
— Voir à ce sujet la note de M. Ranvier dans Frey. *Histologie*, trad. franç., p. 367.
[2] Bowmann, *Phil. Transact.*, 1840 et 1842.
[3] *Wiener Akademieschriften*, t. XV, p. 69.
[4] On a observé un parasite, le *myoryctes Weismanni*, qui en s'introduisant dans la
fibre, déplace les sarco-éléments comme s'ils étaient suspendus dans un milieu semi-
liquide.

d'après Rouget et aussi d'après Valentin, elle serait douée de la double réfraction comme les prismes eux-mêmes[1].

Nous ferons à propos du *plasma musculaire* l'histoire chimique de cette matière interposée aux sarcoprismes.

Au moyen de leur substance unissante, les fibrilles se réunissant parallèlement arrivent à constituer la fibre qu'enveloppe le sarcolemme. Mais elles s'unissent de telle façon que les sarcoprismes étant de même longueur, se correspondent les uns aux autres, et donnent ainsi des étages superposés à plans perpendiculaires à l'axe de la fibre (voy. *fig.* 4 et *fig.* I), formés chacun d'un grand nombre de sarcoprismes appartenant à des fibrilles différentes. Ces plans successifs de sarcoprismes portent le nom de *disques de Bowmann*. La substance interprismatique semi-liquide des fibrilles, se correspondant aussi pour chacunes d'elles, forme un disque plus clair entre chacun des disques obscurs dus aux sarcoprismes : la succession des disques clairs et obscurs donne à la fibre son apparence de striation transversale.

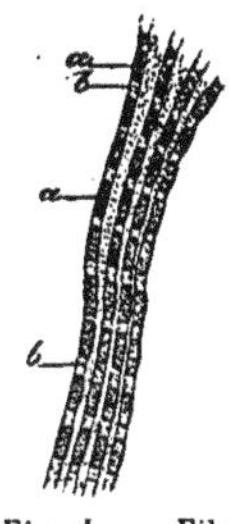

Fig. 4. — Fibre musculaire de protée. *a a* sarco-éléments.

Nous voyons donc par cette analyse histologique, qu'outre les tissus accessoires, tels que tissus adipeux, nerveux, vasculaires que le muscle peut contenir, nous aurons à étudier successivement dans la chair musculaire la nature chimique du sarcolemme, des sarcoprismes, de la matière semi-liquide qui leur est interposée, de la substance qui forme les striations claires transversales, de la matière unissante à laquelle sont dues les stries longitudinales, enfin, des granulations intersticielles et des noyaux musculaires.

Étude chimique du muscle vivant[2]. — Le contenu du sarcolemme, à l'état de repos et pendant la vie, est *alcalin*.

La fibre musculaire vivante est diaphane, molle, très-élastique, sans roideur, de couleur rouge ou orangée.

Nous avons vu tout à l'heure quelles sont ses parties constituantes. Étudions-les successivement.

---

[1] Voir Rouget, *Journ. Physiol.*, t. XV, p. 247.

[2] Publications principales sur le tissu musculaire au point de vue chimique : Lehmann, *Chimie physiologique* 2ᵉ édit., p. 513. — Gorup-Bésanez, *Ibid.* 2ᵉ édit., p. 610. — Schlossberger, *IIᵉ partie*, p. 140. — Kühne, *Lehr. d. physiologischen Chemie*, p. 310, et *Untersuchungen über das Protoplasma*.

Point de vue histologique et physiologique : Bowmann, Art. *Muscle* et *Muscular motion* dans *Cyclopédia*, t. III, p. 508 et 519.

Sarcolemme et noyaux. Le sarcolemme, qui sert comme de tunique à la fibre contractile, est une membrane transparente que l'on peut faire apparaître en traitant par l'eau des parcelles de muscle encore vivant : on voit alors, en quelques points, cette membrane distendue par le liquide se séparer de la fibre. La substance du sarcolemme ne paraît pas être de nature albuminoïde, puisque, d'après Kölliker, elle ne se colore pas en jaune par l'acide nitrique même à chaud après addition d'ammoniaque ; elle n'est probablement pas aussi formée de tissu élastique, car le suc gastrique la dissout peu à peu ; ce n'est pas un tissu collagène, car suivant Scherer, elle ne donne pas de gélatine par la coction. Elle se dissout lentement dans les alcalis et dans les acides, mais elle n'est pas formée de myosine.

Les *noyaux* du sarcolemme (*fig.* I, *a b*) qui sont comme encastrés de loin en loin dans cette membrane chez les animaux supérieurs, ont une enveloppe épaisse, un nucléole ou deux, et un contenu transparent. Ils sont insolubles dans l'acide acétique ; l'acide chlorhydrique dilué ne les dissout que très-lentement, et forme dans leur masse un précipité granuleux. Les alcalis les font aussi disparaître peu à peu.

Sarcoprismes. — N'ayant pu isoler les sarcoprismes, on ignore à peu près leur nature chimique. On sait seulement qu'ils se gonflent sous l'influence des alcalis et des acides très-dilués et perdent ainsi pour toujours leur double réfraction. La coction leur fait subir le même changement. Si l'on traite la fibrille par le picrocarminate d'ammoniaque, les sarcoprismes se colorent, tandis que la matière translucide interposée aux prismes ne fixe pas la couleur. L'alcool paraît être sans action sur les sarco-éléments.

Si l'on fait agir l'acide chlorhydrique très-dilué sur la fibre musculaire, il en gonfle les diverses parties et les dissout petit à petit ; mais la matière transparente interposée entre les disques des sarcoprismes se dissout tout d'abord et le muscle se divise ainsi en tranches de sarcoprismes perpendiculaires à l'axe de la fibre, tranches qui, elles-mêmes, sont en train de se dissocier dans leurs sarco-éléments constitutifs.

Matière des stries claires transversales. — *Plasma musculaire.* — Nous avons dit que la matière formant les stries diaphanes transversales qui séparent les disques de Bowmann était de consistance semi-liquide pendant la vie. On a déjà donné quelques-unes de ses propriétés en parlant de l'action des acides très-dilués et de celle du picrocarminate. Mais l'état de liquidité de cette importante partie du muscle a permis à Kühne de la séparer et de l'étudier[1].

Cet auteur a donné au liquide que l'on extrait par une forte compression du muscle frais et encore vivant le nom de *plasma musculaire*. Comme il est d'une très-grande altérabilité après la mort, il est bon pour le préparer de recourir aux tissus contractiles des reptiles à sang froid dont la vie organique ne s'éteint que lentement. Pour cela Khüne fait mourir des grenouilles par hémorrhagie et les prive entièrement de sang au moyen d'injections dans l'aorte avec une solution de sel marin refroidie (1 p. de sel sur 200 p. d'eau). Les muscles sont alors détachés à leurs insertions tendineuses, lavés avec la même solution saline à 0°, puis placés dans une toile et congelés par un mélange de glace et de sel. Dès qu'ils sont bien solides, on les coupe en tranches fines avec une lame très-froide et on les soumet à une forte pression. Le plasma musculaire dégèle alors et s'écoule sur des filtres préalablement mouillés; on use de toutes les précautions nécessaires pour hâter la filtration à basse température.

Le produit ainsi obtenu est le *plasma musculaire*. C'est une liqueur sirupeuse, non filante, opalescente, un peu jaunâtre, à réaction faiblement alcaline. Si on la laisse couler goutte à goutte dans de l'eau elle y donne un précipité sous forme de petites sphères qui ne s'agglutinent pas les unes aux autres.

Le plasma musculaire abandonné quelque temps à la température ordinaire ne tarde pas à se coaguler spontanément à peu près comme le plasma sanguin, et à donner un caillot gélatineux blanchâtre. Le battage, l'élévation de température, hâtent cette coagulation; les acides très-dilués, l'addition d'eau, surtout un peu tiède, les solutions de sel marin à 10 ou 20 p. 100, la rendent instantanée. Il n'y a que les solutions glacées de sel marin à 5 ou 7 p. 100 qui puissent être mélangées au plasma musculaire sans le coaguler.

On n'a pas donné de nom à la substance ou aux substances qui forment le plasma musculaire et jouissent de la propriété de devenir ainsi spontanément insolubles. Quant à la matière coagulée, Kühne l'a appelée *myosine*. Nous l'étudierons plus loin au § 3.

---

[1] Voir Kühne, *Chimie physiologique*, p. 272.

Substance interfibrillaire des stries longitudinales. — Elle n'a pas encore été bien étudiée chez les animaux supérieurs, mais on sait que chez beaucoup d'insectes dont les muscles présentent une coloration blanchâtre, les fibrilles sont séparées par un grand nombre de granulations graisseuses qui remplissent les stries longitudinales. Il en est de même chez les protées. L'alcool, le bichromate de potasse, qui dissocient les fibres en fibrilles, agissent peut-être en faisant seulement contracter celles-ci. Chez la mouche chaque sarco-élément est séparé du voisin par une substance conjonctive abondante.

Les *fines granulations interfibrillaires* des animaux supérieurs sont en grande partie dues à des corps gras quelquefois cristallisés [1].

Tissus accessoires du muscle. — Les tissus que l'on rencontre accessoirement dans le muscle, ne forment qu'une faible portion de sa masse : ce sont les tissus conjonctif et graisseux, les vaisseaux et les terminaisons nerveuses.

Le tissu adipeux qui se trouve non-seulement entre les fibrilles, mais aussi entre les fibres musculaires est entièrement composé de corps gras non saponifiés ; on les reconnaît aisément par l'acide osmique en solution aqueuse qui les colore en brun intense, ou par l'alcool et l'éther qui les dissolvent. Ils sont en général sous forme de globules rangés en séries longitudinales. Les muscles frais contiennent en moyenne de 1,8 à 4 p. 100 de graisse ; celle-ci augmente pendant l'hiver.

§ 2. — LA CHAIR MUSCULAIRE COAGULÉE.

Propriétés principales. — Le plasma musculaire, fourni en grande partie par la substance semi-liquide interposée aux sarco-éléments, est apte comme nous venons de le voir à se coaguler spontanément ; aussi subit-il cette transformation peu de temps après la mort. La fibre devient alors dure, opaque, roide, et s'acidifie peu à peu. Ces phénomènes se succèdent d'autant plus vite que la température ambiante se rapproche davantage de 40

---

[1] On trouve dans certains cas, dissoute dans cette graisse, une matière colorante orangée ou rouge. C'est elle qui colore en rose la fibre de certains poissons surtout au moment du frai (*Acide salmonique* de VALENCIENNES).

à 45°. Plus tard, à mesure qu'augmente l'acidité, la rigidité cadavérique du muscle disparaît, et sans redevenir ni élastique ni transparent, il reprend en partie sa souplesse.

La viande, ou chair musculaire, possède une densité de 1,055 chez les mammifères [1]. Elle est, chez eux, d'une couleur rouge que tout le monde connaît, et dont nous dirons plus loin la cause. Elle perd par la dessiccation 72,4 p. 100 d'eau chez l'homme, 74,4 chez la femme, 71 à 77 chez les divers mammifères.

Maréchal[2] a donné le tableau suivant de la composition sommaire des viandes :

COMPOSITION SOMMAIRE DU MUSCLE.

	PORC	BŒUF	MOUTON	VEAU	POULET
Eau.	69.7	72.5	73.6	74.4	73.7
Chair musculaire sèche et dégraissée.	24.3	25.0	25.4	22.7	24.9
Graisse..	6.0	2.5	3.0	2.9	1.4

Le tableau qui suit donne d'une façon un peu plus détaillée la composition de la chair de quelques animaux. Nous reviendrons plus loin sur les groupes de substances qui y sont signalés.

COMPOSITION DE LA CHAIR MUSCULAIRE (rapportée à 1000 parties de substance fraîche).

	BŒUF	VEAU	PORC	POULE	GRENOUILLE	HOMME
Eau.	775.0	782.0	783.0	773	804.3	744.5
Fibre musculaire(avec quelques autres parties insolubles) . .	175.0	162.0	168.1	165	116.7	155.4
Albumine soluble et matière colorante..	22.0	26.0	24.0	30	18.6	19.3
Gélatine (due à la coction)	13.0	16.0	8.0	12	24.8	20.7
Extrait alcoolique. .	15.9	14.0	17.0	14	34.6	37.1
Graisses.	?	?	?	?	1.0	23.0
Auteurs..	SCHLOSS-BERGER	IBID.	IBID.	IBID.	BIBRA	IBID.

[1] C'est exactement la densité moyenne du sang.
[2] Compt. rend., t. XXXIV, p. 591.

Nous avons déjà donné, à propos des *aliments*, la composition d'un certain nombre d'espèces de chairs musculaires.

Le muscle mort doit son acidité à l'acide lactique. C'est lui qui, dissolvant peu à peu le tissu conjonctif interfibrillaire, produit le ramolissement ou *attendrissement* progressif de la viande. Cette acidification résulte d'une fermentation spéciale qui se fait aux dépens d'un des principes du plasma musculaire. Elle n'a pas besoin pour se produire de l'intervention de l'oxygène de l'air[1]. Ranke a montré que, dans la rigidité cadavérique, l'acidité du muscle ne dépasse jamais un maximum variable avec chaque animal.

L'action de l'acide chlorhydrique très-étendu, de l'acide acétique faible, de l'alcool, des substances colorantes sur la fibre musculaire coagulée est à peu de chose près la même que celle que nous avons décrite au paragraphe précédent à propos de la fibre encore vivante.

Les muscles des mammifères, macérés dans l'eau froide et exprimés, cèdent pour cent parties calculées à l'état sec, 6 parties de substances solubles, dont 2 à 3 de matières albuminoïdes coagulables par la chaleur.

La portion insoluble est formée du sarcolemme, de la myosine coagulée, des sarco-éléments, des graisses, des tissus accessoires.

Si l'on fait agir sur ce mélange bien trituré, une solution de dix parties de sel marin dans 90 parties d'eau, la myosine coagulée entre seule en solution. Si on le traite par de l'acide chlorhydrique dilué au 1000e, on redissout la fibre presque tout entière[2]; le résidu est formé de substances mal connues, de la matière du sarcolemme, des tissus conjonctifs, adipeux et accessoires. (*Voir* le § suivant.)

Couleur du muscle. — La couleur du muscle n'est pas due au sang qui peut être resté dans les vaisseaux : on peut observer, en effet, que chez beaucoup d'amphibies ou de reptiles à sang rouge les muscles sont incolores. L'injection d'eau légèrement salée poussée dans un muscle rouge ne le décolore pas[3]. Dans le muscle

---

[1] On verra tout à l'heure qu'il suffit de porter le muscle à 100° pour qu'il ne puisse plus s'acidifier spontanément.

[2] La chair de bœuf se dissout presque entièrement. L'acide chlorhydrique au millième ne redissout que 50 pour 100 de la chair de veau et une proportion un peu plus grande de celle de mouton; on ne sait encore à quoi tiennent ces différences.

[3] BICHAT (*Recherches sur l'asphyxie*), et MAGENDIE, avaient déjà observé que la couleur de la chair musculaire n'était pas due au sang des capillaires.

vivant, la substance colorante est contenue dans le plasma et non dans les sarcoprismes; dans le muscle mort, elle se diffuse dans toutes les parties de la fibre et tend à s'altérer.

Kühne a démontré que la matière colorante du muscle vivant est la même que celle du sang. Un diaphragme de lapin rendu exsangue par des lavages répétés à l'eau salée, et traversé par la lumière, donne au spectroscope · les raies caractéristiques de l'hémoglobine. (Voy. SANG). Cet auteur a fait voir aussi qu'on peut avec le sérum musculaire préparer les cristaux de chlorhydrate · d'hématine caractéristiques de la matière colorante du sang.

Action de la chaleur sur la viande. — Coction de la viande. — L'échauffement d'un muscle (même dans le cas où il fait encore partie de l'organisme vivant), quand il arrive à dépasser de quelques degrés la température moyenne de l'animal, altère ses fonctions, lui enlève sa contractilité et produit bientôt sa rigidité[1].

L'abolition de contractilité a lieu, pour les mammifères, entre 43 et 44°, pour les oiseaux entre 48 et 50°, pour les grenouilles à 36°. La rigidité apparaît pour les mammifères vers 49°, pour les oiseaux vers 51°, pour les grenouilles à 45°. Dans ces conditions la myosine se coagule, le muscle naturellement alcalin devient acide, une partie de la caséine du plasma musculaire se précipite, en même temps qu'une albumine spéciale, dont on parlera plus loin devient insoluble vers 45°.

Si l'on fait cuire la viande dans l'eau, les réactions précédentes se produisent tout d'abord. A 73 ou 74°, l'albumine du sérum musculaire venant à se coaguler elle-même, met en liberté la potasse à laquelle elle était combinée et la réaction de la viande devient alcaline[2], à moins qu'ayant été conservée quelque temps avant la coction, la quantité d'acide lactique formée soit telle que l'alcali devenu libre par la coagulation, ne puisse saturer entièrement l'acide préexistant. Les muscles frais rapidement cuits ne deviennent pas alcalins[3].

Le liquide exprimé des muscles cuits est, sauf la gélatine, presque absolument dénué de matières protéiques, et constitue le *bouillon* qui, soumis à l'évaporation, donne *l'extrait de viande*,

---

[1] CL. BERNARD. *Influence de la chaleur sur les animaux.* Voir *Revue scientifique*, septembre 1871.

[2] DU BOIS-REYMOND, *Moleschott Untersuch..* 1860, p. 1.

[3] Notons ici que les muscles frais coagulés par l'alcool restent neutres.

dont nous avons longuement parlé dans la *Première Partie* de cet ouvrage (voy. p. 112).

Les effets produits sur les muscles des mammifères par leur échauffement à 43 où 44°, expliquent suffisamment les cas de *mort par insolation, ou par suréchauffement, sans congestion cérébrale*, cas dans lesquels on a observé que la température du sang s'élève à 42 ou 45°, et où l'on trouve le muscle cardiaque dans le relâchement, et tous les membres dans la flaccidité. A cette température, du reste, une partie du plasma musculaire s'est coagulée[1].

La viande, pendant qu'on la cuit, brunit d'abord, puis blanchit. Le premier effet est dû à ce que l'hémoglobine se désoxyde sous l'influence de l'acide carbonique, et se décompose ensuite en donnant de l'hématine; le second, à ce que lorsque la viande est arrivée dans toutes ses parties à 73 ou 74°, l'albumine en se coagulant donne au muscle son aspect blanc opaque.

Rigidité cadavérique. — En général, la roideur cadavérique correspond au moment où le muscle s'acidifie, mais c'est là une pure coïncidence. Les lapins morts d'inanition deviennent presque immédiatement rigides quoique leurs muscles restent alcalins. Il en est de même des muscles que l'on rend instantanément rigides en les portant à 40 ou 50°. (*Voir plus haut.*)

Diverses substances, mises en contact avec le muscle, lui communiquent aussitôt la rigidité. L'eau que l'on fait pénétrer dans l'intérieur du sarcolemmé, les acides très-dilués, l'ammoniaque, les sels de potasse très-étendus, les sels de la bile, le chloroforme sont dans ce cas.

D'après Stannius et Brown-Séquard, l'injection de sang défibriné à travers des muscles ayant déjà subi la rigidité cadavérique suffit à leur rendre leur contractilité. Kühne a nié ce fait, et affirmé, sans en donner de preuves, que dans ces expériences un reste de contractilité du muscle encore vivant expliquait le succès des expérimentateurs : il a cru pouvoir avancer que jamais la contractilité ne reparaissait quand le muscle était devenu acide; et cependant il a montré lui-même qu'il suffit d'injecter par les vaisseaux du muscle acidifié une solution étendue de chlorure de sodium

---

[1] On a remarqué que dans l'insolation la peau se dessèche : la respiration cutanée ne se faisant plus, le sang s'échauffe et quand il arrive à 43 ou 44°, la mort a lieu d'une façon presque foudroyante.

au 10° pour lui enlever son acidité et sa rigidité[1] ; plus tard Preyer a observé qu'en même temps reparaissait ainsi la contractilité musculaire comme l'avaient dit les premiers auteurs[2].

Avec la rigidité complète et l'acidité coïncident la coagulation d'une partie de la caséine et de toute la myosine du plasma. Ce dernier effet suffit-il à expliquer l'état de roideur du muscle? Nous n'osons ni l'affirmer ni le nier.

§ 3. — SUBSTANCE MUSCULAIRE SPONTANÉMENT COAGULABLE. MYOSINE; SYNTONINE.

Nous avons vu au § 1, que la liqueur que l'on fait exsuder sous forte pression d'un muscle refroidi et encore vivant jouit de la propriété de donner spontanément un caillot formé d'une substance que Kühne a nommée *myosine*.

Ce phénomène étant entièrement analogue à celui de la coagulation de la fibrine du sang on s'est demandé s'il existerait dans le plasma musculaire, comme l'admettent plusieurs auteurs pour le plasma sanguin, deux générateurs qui par leur combinaison produiraient la myosine coagulée[3]. Ces deux substances génératrices du caillot n'ont pu être encore isolées, si tant est qu'elles existent.

Myosine ou musculine.

La myosine est la substance qui forme la partie principale du caillot du plasma musculaire. Mais ce plasma étant lui-même très-difficile à obtenir, on extrait en général la myosine des muscles ayant déjà subi la coagulation spontanée[4].

---

[1] Voy. *Untersuch. ü. Protoplasma* déjà cité.

[2] *Central. Blatt. med. Wissen.*, 1864, p. 769. C'est bien là une confirmation de l'expérience de Brown-Séquard, car il y a dans le sang défibriné tout ce qu'il faut pour laver le muscle de son acide au moyen d'une liqueur salée.

[3] Nous verrons que d'après une théorie très-répandue, la coagulation de la fibrine du sang serait due à la combinaison de deux substances dissoutes dans le plasma sanguin.

[4] On avait d'abord cru que la fibre musculaire était formée par de la fibrine du sang; on lui donna le nom vague de *fibrine musculaire*. Mais les expériences physiologiques de Magendie (Expériences sur la fibrine musculaire. *Compt. rend.*, 1841, t. XIII, p. 275 à 277), celles de Denis, que l'on citera plus loin, et plus tard celles de Liebig (*Compt. rendus de l'Acad. des sciences* ; *Mem. Soc. de biolog.*, Paris 1859; et *Ann. Chem. u. Pharm.*, 1850, t. LXXIII, p. 125) ayant démontré que les muscles étaient surtout formés d'une substance qui ne pouvait être la fibrine du sang, on lui donna le nom de *musculine*. La musculine et la myosine sont identiques.

La méthode dont on se sert pour cela est fondée sur cette propriété de la musculine, découverte par Denis [1], de se dissoudre dans une solution de sel marin au 10°. De la viande bien maigre ayant été hachée et lavée à l'eau, on la triture finement avec du sel marin en poudre, et on ajoute ensuite neuf fois autant d'eau que de sel. On bout de 24 heures, on exprime la bouillie dans un linge et on filtre. La solution sirupeuse additionnée de beaucoup d'eau laisse précipiter la myosine à l'état de pureté.

La myosine en solution dans l'eau salée se sépare aussi quand on ajoute un excès de chlorure de sodium en poudre.

Quand on chauffe une solution de myosine dans l'eau salée il se fait une coagulation entre 55 et 60 degrés. Mais le précipité n'est plus de la *myosine*; il ne se dissout pas dans le sel marin au dixième et se gonfle difficilement dans l'acide chlorhydrique au millième.

Les acides étendus précipitent aussi la myosine de ses solutions, mais le coagulum ne peut se redissoudre dans l'eau salée.

La myosine traitée par les acides très-dilués et spécialement par l'acide chlorhydrique au millième se gonfle et disparaît rapidement en se transformant en *syntonine*. (*Voir* plus bas.)

Les solutions alcalines très-faibles la précipitent aussi de ses solutions salines et la dissolvent presque aussitôt à l'état de syntonine.

Soumise à l'action de l'acide sulfurique, la myosine devient gélatineuse, et subit peu à peu des transformations successives; lorsqu'on étend d'eau et qu'on fait bouillir la liqueur, il se produit du sulfate d'ammoniaque, de la leucine et une substance soluble dans l'alcool. La fibrine du sang se comporte tout autrement.

Une solution faible de carbonate ou de nitrate de potasse gonfle la musculine, mais ne la dissout pas comme cela a lieu pour la fibrine.

La musculine est essentiellement nutritive et assimilable; la fibrine ne l'est que très-imparfaitement. (*Magendie, Cl. Bernard.*)

Toutes ces expériences séparent nettement la myosine de la fibrine; toutefois ces deux substances ont une analogie très-grande. L'une et l'autre décomposent rapidement à froid l'eau oxygénée,

---

[1] Denis commença ses travaux en 1835; il les a résumés dans ses *Nouvelles études chimiques, physiologiques, etc. sur les matières albuminoïdes*, Paris, 1856, p. 216. La préparation de la myosine au moyen de la chair musculaire, indiquée plus tard par Kühne, est à peu près identique à celle de la musculine de Denis. Voir Kühne, *Chimie physiologique*. p. 285, et *Untersuchungen über das Protoplasma*, Leipzig, 1864.

que le milieu soit alcalin, neutre ou acide ; à la température de
55 ou 60 degrés, la myosine se modifie et perd cette propriété.

Syntonine.

Quand sur de la myosine ou sur de la chair musculaire, on fait
agir les alcalis très-dilués, et spécialement l'ammoniaque, ou des
acides très-étendus, mais surtout l'acide chlorhydrique au millième, on obtient en dissolution une substance à laquelle on a
donné le nom de syntonine [1].

Pour la préparer aisément on prend de la viande de bœuf bien
exempte de graisse ; on la hache, on la lave à l'eau, tant que celle-
ci se colore ; on la traite ensuite par un excès d'une solution d'a-
cide chlorhydrique ordinaire dans 1000 fois son poids d'eau distillée. La viande se gonfle alors, devient diaphane et disparaît rapidement à l'exception d'une petite quantité de matières qui restent
en suspension. Ce sont des graisses, du sarcolemme, des tissus
accessoires, des substances mal connues [2]. La liqueur froide
est filtrée sur du papier. Elle donne un liquide à peine opalin, un
peu visqueux, salé, qui neutralisé exactement par du carbonate de
soude laisse précipiter la syntonine sous forme d'une gelée floconneuse, qu'on lave sur le filtre avec de l'eau froide [3].

C'est une substance blanche, un peu diaphane, gélatineuse, soluble dans l'acide chlorhydrique au millième, dans les liqueurs fai-

---

[1] C'est A. Bouchardat qui le premier en 1842 observa que plusieurs matières albuminoïdes insolubles se dissolvent dans l'acide chlorhydrique très-dilué (*Compt. rend.*,
t. XIV, p. 960). Ce n'est qu'en 1849, que Liebig se servit de cette propriété pour
extraire du muscle la substance qu'il croyait former la partie principale de la fibre
musculaire. Il supposait, que la musculine était ainsi simplement dissoute, tandis que
réellement elle est comme la plupart des autres matières albuminoïdes, transformée
en *syntonine*.

[2] Certaines viandes laissent un résidu considérable ; celle de veau 50 p. 100 ; celle
de mouton donne aussi un notable résidu insoluble. On ne sait pas à quoi tiennent ces
différences. Toutefois quand on fait réagir directement l'acide chlorhydrique très-dilué
sur les fibres musculaires placées sous le microscope on voit que la substance conjonctive des stries diaphanes longitudinales se dissout d'abord, et que les sarcoprismes ne
sont attaqués qu'ensuite et plus difficilement. Il est possible que telle soit la cause
des différences observées et que les sarcoprismes soient plus ou moins difficiles à transformer en syntonine suivant l'animal et suivant son âge.

[3] On a vu au commencement de cette IIe partie, *Chapitre Préliminaire*, que toutes
les substances protéiques, non collagènes, se dissolvent plus ou moins rapidement dans
l'acide chlorhydrique au 1000e et forment ainsi des produits *identiques* ou *très-analogues* qui précipitent tous par la neutralisation de la liqueur et auxquels on a donné le
nom de *syntonine* ou *syntonines*. La syntonine n'est donc pas un produit uniquement
propre à la fibre musculaire.

blement alcalines et dans les carbonates alcalins très-étendus, dans l'eau de baryte et l'eau de chaux. Les solutions de sel marin plus ou moins concentrées ne peuvent la dissoudre. L'acide acétique fort donne avec elle une masse trouble, gélatineuse.

La syntonine ne décompose pas l'eau oxygénée.

Nous verrons en traitant de la digestion que plusieurs matières albuminoïdes forment sous l'influence de l'acide chlorhydrique contenu dans le suc gastrique des syntonines qui sont ensuite modifiées et transformées en peptones avant d'être assimilées[1].

La solution de syntonine musculaire dans l'acide chlorhydrique très-étendu jouit d'un pouvoir rotatoire à gauche de 72 degrés pour la lumière jaune. La chaleur ne coagule pas cette liqueur. Elle donne par le sel marin en poudre, les chlorures de calcium, d'ammonium, les sulfates de soude et de magnésie, des flocons qui deviennent opaques lorsqu'on les chauffe.

La solution de syntonine dans l'eau de chaux ne se coagule pas par la chaleur, mais elle mousse, et une partie de l'écume devient insoluble dans l'eau. Les chlorures d'ammonium, de sodium, de magnésium produisent dans cette liqueur, à froid, un léger louche, à chaud, un précipité ; le sulfate de soude n'y fait naître de trouble ni à chaud ni à froid ; le chlorure de calcium ne la louchit qu'à chaud. Un courant d'acide carbonique précipite la syntonine de sa solution alcaline.

La syntonine en suspension dans l'eau, chauffée quelques minutes à 85 degré, se transforme et passe à une modification insoluble dans l'acide chlorhydrique au millième.

La composition de la syntonine est analogue à celle de la plupart des substances albuminoïdes :

$$C = 54.06 ; H = 7.28 ; Az = 16.05 ; O = 21.50 ; S = 1.11.$$

§ 4. — SUBSTANCES DU SÉRUM MUSCULAIRE. — (A). MATIÈRES ORGANIQUES.

A côté de la myosine coagulée qui forme avec l'eau la majeure partie de la fibre rouge striée, se trouvent dans la chair musculaire un grand nombre d'autres substances, la plupart dissoutes

---

[1] La chair musculaire se dissout dans l'acide chlorhydrique étendu plus facilement que tout autre matière albuminoïde. Kühne attribue, un peu arbitrairement, ce fait à la présence de la pepsine que Brücke a signalée dans le muscle.

dans ce liquide qui imprègne la viande, et auquel on a donné le nom de sérum musculaire [1]. On l'obtient à l'état de pureté en préparant le plasma, laissant coaguler la myosine et filtrant. Le liquide ou sérum que l'on sépare ainsi est extrêmement altérable; il s'acidifie promptement et donne un précipité de caséine. La liqueur, telle qu'elle se présente alors, est tout à fait analogue à l'extrait aqueux que l'on obtient en épuisant la chair maigre par l'eau. Cet extrait de viande dont nous avons déjà parlé, p. 112, a été étudié successivement par Chevreul [2], qui y découvrit la créatine, par Berzélius [3], qui y reconnut entre autres corps l'acide lactique, par Thenard, Schlossberger, mais surtout par Liébig [4], qui découvrit dans ce liquide la créatinine, la sarkosine, l'acide inosique. N'oublions pas de mentionner les travaux de Scherer [5] et de Strecker [6], et l'important travail de Kühne (*Untersuchungen über das Protoplasma*), dont nous avons déjà plusieurs fois parlé.

Le sérum musculaire étant d'une extrême complexité, nous donnerons ici, avant d'aller plus loin une méthode d'analyse immédiate qui permet de séparer les diverses substances qui le composent.

Analyse immédiate du sérum musculaire. — La chair musculaire tendant après la mort à s'acidifier avec une grande rapidité, et laissant précipiter ainsi une partie de la caséine du sérum, si l'on veut obtenir tous ses principes, tels qu'ils existent dans la viande, on ne pourra le faire qu'en préparant le *plasma musculaire* pur, comme il a été dit plus haut, laissant coaguler spontanément la myosine, et retirant ensuite successivement du sérum par la méthode que nous allons décrire, les substances qui y sont contenues.

On trouve alors dans ce liquide : *une albumine* qui se coagule déjà à la température de 45 degrés ; de la *caséine* coagulable partiellement à froid dès que le sérum devient acide, et qui se sépare entièrement entre 30 et 40 degrés, quand on l'acidifie directement par l'acide acétique ; une *matière albuminoïde* spéciale, identique

---

[1] Par analogie avec le sérum du sang qui est la partie liquide du sang moins la fibrine coagulée. Le sérum musculaire est le plasma musculaire (voir plus haut) moins la myosine coagulée.

[2] *Journ. de pharm.* 1835. t. XXI, p. 231.

[3] Berzelius, *Traité de chimie*, Paris, 1833, t. VII, p. 497.

[4] Sur les principes du liquide de la chair musculaire, dans *Ann. de chim. et de phys.* [3], t. XXIII, p. 129 et *Ann. der Chem. u. Pharm.*, t. LXII, p. 278.

[5] Scherer, *Ann. d. Chem. und Pharm.*, t. LXIX, p. 543.

[6] Strecker, dans *Chem. soc., Quat. Journ.*, t. X, p. 121.

ou analogue à la sérine du sang, et coagulable vers 70 degré. La liqueur d'où l'on a séparé par la chaleur, ces trois espèces d'albumines, contient les principes du bouillon ou de l'extrait de viande. Ces principes sont très-nombreux, ce sont les mêmes matières que l'on retrouve en petite quantité dans les urines et dans la plupart des tissus animaux. Les principales sont : la créatine et la créatinine, la sarcine ou hypoxanthine, la xanthine, la carnine, la taurine, l'acide inosique, l'urée, la matière glycogène, la dextrine, plusieurs acides gras, l'acide lactique, des ferments spéciaux, des sels, et des gaz.

Mille grammes de viande donnent environ 12 grammes de matières organiques solubles dans l'eau bouillante.

Il devient souvent nécessaire de rechercher ou de doser les principes extractifs que l'on trouve dans la viande, les urines, ou tout autre tissu ou liquide de l'organisme. Dans chacun de ces cas on pourra se servir de la méthode suivante qui est à peu près générale[1].

(*a*) On débarrassera d'abord le tissu le mieux qu'il se pourra de ses parties accessoires; on le triturera finement et on l'épuisera par de l'eau froide. On jettera les liqueurs sur le filtre et on les coagulera par la chaleur, après les avoir légèrement acidifiées. Les *albumines*, la *caséine*, l'*hémoglobine*, la *paraglobuline* et le *fibrinogène*, s'il y en existe, seront ainsi séparés.

(*b*) On filtrera, et à la liqueur on ajoutera de l'eau de baryte tant qu'il se produira un trouble. Le précipité qui se forme contient : Les *acides phosphorique, sulfurique, urique*, à l'état de sels de baryte ; l'*acide inosique* (s'il y en avait un grand excès dans la liqueur : ce n'est pas le cas pour l'extrait de viande) ; l'*hypoxantine* ; une partie de la *créatine*, si le liquide en contenait beaucoup ; une partie de la *gélatine* ; les *ferments* analogues à la *pepsine*, mais ceux-ci modifiés si l'on a préalablement fait bouillir la liqueur.

(*c*) Pour extraire du précipité, formé d'après (*b*), l'*acide urique* et l'*hypoxanthine*, on le fera bouillir quelque temps avec une solution faible de potasse, on filtrera, on acidulera la liqueur avec de l'acide chlorhydrique ; s'il se fait un précipité, on le fera disparaître par quelques gouttes de potasse, on ajoutera enfin du sel ammoniac. L'*acide urique* se précipitera alors sous forme d'urate

---

[1] Nous l'empruntons en grande partie à l'excellent article, *Analysis* de W. J. Russel, dans *Dictionary of Chemistry by* Watt, t. I, p. 252.

d'ammoniaque et l'*hypoxanthine* restera, en solution. On l'extraira comme il est dit plus loin. -

(*d*) La liqueur d'où l'on a séparé le précipité barytique (*b*), sera évaporée au bain-marie ; le plus souvent alors il se produira à sa surface une écume insoluble formée des sels de baryte indiqués en (*b*). Cette nouvelle partie insoluble sera réunie au précipité (*b*) et traitée comme lui. Quand le liquide restant sera, par concentration, devenu sirupeux, on l'abandonnera à lui-même dans un lieu frais ; il s'y formera souvent de petits prismes incolores qui sont généralement de la *créatinine*[1]. On pourra les séparer et les examiner à part.

(*e*) La liqueur mère sera additionnée d'alcool jusqu'à ce qu'il s'y produise un léger louche ; on l'abandonnera alors à elle-même sous une cloche à air sec. S'il s'y forme des aiguilles, des grains cristallins, des lamelles, elles consisteront le plus souvent en *inosate* de potasse ou de baryte, *phosphate* de magnésium et *créatine*. Pour obtenir l'*acide inosique*, on dissoudra le dépôt dans de l'eau chaude, et l'on ajoutera du chlorure de baryum. L'inosate de baryte très-peu soluble se précipitera ; on le fera bouillir avec un peu d'acide sulfurique étendu, on filtrera, on évaporera un peu la liqueur et on ajoutera de l'alcool qui précipitera l'*acide inosique*.

(*f*) La liqueur d'où l'on a séparé l'inosate de baryte est alors mêlée avec une nouvelle quantité d'alcool. En général, il se forme ainsi deux couches. L'inférieure est sirupeuse, on met celle-ci à part ; s'il y apparaît un précipité d'apparence gélatineuse ou membraneuse, on le séparera, on le redissoudra dans l'eau, on le reprécipitera par l'alcool ; on devra dans ce cas soupçonner la présence de la *dextrine*. On reprendra la liqueur sirupeuse d'où l'on a séparé le précipité gélatineux précédent, et on l'additionnera de son volume d'éther ; généralement on verra se former encore deux couches. L'inférieure peut contenir des *lactates*, des *sels à acides gras* volatils, de *l'inosite* ; la supérieure, de la *créatinine*, et s'il y en avait dans la liqueur primitive, de la *leucine*. Cette dernière couche est concentrée et abandonnée à la cristallisation. S'il se dépose de petites lamelles, ajoutez un peu d'alcool froid, lavez légèrement ces cristaux sur le filtre avec de l'alcool, puis reprenez par de l'alcool

---

[1] Si des masses confuses, plus ou moins cristallines, se séparaient au bout de quelques jours, on agirait comme il est dit plus bas, en (*i*).

bouillant. La *créatine* se séparera dès que la liqueur sera refroidie, la *créatinine* restera dans les eaux mères. (*Voir* plus loin.)

(*g*) La couche inférieure formée par l'addition d'éther, suivant (*f*), est sirupeuse; on la sature d'acide sulfurique en petit excès, pour enlever la baryte, on filtre et on distille. On trouvera les *acides gras volatils* dans les produits de la distillatiou. Le résidu contient les acides *sarcolactique* et *succinique* qu'on pourra enlever par agitation avec l'éther.

(*h*) Si on sépare ces deux derniers acides, et si l'on ajoute à ce résidu éthéré de l'alcool jusqu'à ce qu'il se trouble, il se précipitera le plus souvent des cristaux de sulfate de potasse, mêlés d'*inosite*, lorsque, comme dans les muscles, cette substance existait dans le liquide primitif.

(*i*) Si dans la liqueur (*d*), il se séparait non des cristaux, mais des masses semi-cristallines ou onctueuses et molles, ayant sous le microscope l'aspect de petites sphères jaunâtres, on devra soupçonner la *leucine*. On séparera ces masses et celles qui pourraient se déposer plus tard de l'eau mère. Le produit fortement exprimé entre des doubles de papier à filtre, sera mis à cristalliser dans de l'alcool bouillant. Si la liqueur d'où l'on a coagulé l'albumine suivant (*a*), contenait de la *tyrosine*, on la reconnaîtra à ce que quand on concentre ce liquide, il se forme à sa surface des groupes étoilés de fines aiguilles qui sont presque insolubles dans l'alcool; on les dissoudra dans l'eau bouillante, d'où elles se sépareront par le refroidissement, et on les purifiera en les redissolvant dans l'acide chlorhydrique, et les faisant bouillir après addition d'acétate de potasse à la liqueur. Les eaux mères d'où se sont déposées la *leucine* et la *tyrosine* peuvent contenir tous les corps précédents et seront traitées comme il est dit ci-dessus de (*d*) en (*i*).

Cette méthode d'analyse immédiate peut être modifiée, suivant le but que l'on se propose[1]. Quand il s'agit, non de retrouver tout ce qu'un liquide organique contient, mais de déterminer l'existence de tel ou tel principe, ou même de le doser, on peut simplifier. Nous indiquons plus loin les procédés spéciaux, propres à la détermination de chaque substance importante du liquide musculaire. Étudions maintenant ces divers principes en particulier.

Albumines du sérum musculaire. — Dans le sérum musculaire,

---

[1] Voir WATT's, *Dictionary of Chemistry*, t. I, p. 253. et t. II, p. 665.

et dans l'extrait qu'on obtient en traitant la viande hachée par
de l'eau froide, il existe au moins deux matières albuminoïdes :

1° *Une albumine précipitable à* 45°, découverte par Kühne, et que
l'on sépare entièrement en neutralisant très-exactement l'acidité
du liquide musculaire, pour éviter la précipitation d'une partie de
sa caséine, et chauffant ensuite jusqu'à 45° ou 50°. Il se coagule
alors une substance insoluble dans les acides, et qui ne se dissout
que difficilement dans l'acide chlorhydrique au millième. Cette
albumine n'existe qu'en très-petite proportion dans le liquide
musculaire.

2° *Une albumine* identique ou très-analogue à la sérine du sérum sanguin et que l'éther ne précipite pas de ses solutions ; elle
se coagule complétement quand le sérum est chauffé de 70° à 75°.
Sa quantité dans le liquide musculaire est notable.

Caséine. — Si dans le sérum rendu parfaitement neutre, on a
séparé par la chaleur les deux albumines précédentes, il reste en
solution une autre substance albuminoïde que l'on précipite en
acidulant légèrement la liqueur par de l'acide acétique, puis
la chauffant à 35° ou 40°. On peut même se servir de cette propriété pour enlever cette matière protéique au sérum avant les
deux substances précédentes. Elle se précipite en partie spontanément quand, par son altération, le liquide musculaire devient
acide. Cette substance est très-analogue à la caséine du lait et du
sang.

Hémoglobine — La matière colorante des muscles est la même
que celle du sang[1]. On n'a pas pu l'isoler directement de l'extrait
aqueux du muscle, parcequ'elle y existe en trop faible quantité,
mais Kühne a préparé avec ce liquide le chlorhydrate d'hématine,
qui caractérise la matière colorante du sang. Il aussi montré que,
pendant la vie, les muscles minces et exsangues traversés par
un rayon lumineux donnaient les bandes spectrales de l'hémoglobine.

Nous décrirons maintenant avec quelques détails, les plus importantes des substances retirées du sérum musculaire. Ce sont
elles qui forment l'extrait de viande. Leur poids total, calculé
d'après les dosages faits pour celles qui sont connues, s'élève à

---

[1] Lehmann avait cru cependant à une différence. Il suffirait en effet de traces de sang
pour donner les réactions signalées par Kühne.

peine à 5 pour 1000 de viande fraîche ; or 1 kilo de viande donnant 12 gr. d'extrait, on peut dire que les deux tiers environ de ces matières extractives nous sont encore inconnues.

Créatinine. — $C^4H^7Az^3O$.

Cette base très-alcaline découverte, par Liebig[1], dans l'urine, existerait déjà, d'après Dessaignes, dans le liquide musculaire ; mais, suivant Neubauer, on ne rencontrerait dans ce liquide que de la créatine, qui en diffère par H^2O en plus, et qui en solution aqueuse perdant peu à peu de l'eau, se transforme en créatinine. Quoi qu'il en soit, que cette transformation de la créatine en créatinine se passe dans les muscles, dans le sang ou dans l'urine, l'origine de cette substance est le liquide, pour ainsi dire excrémentitiel, des muscles. Sarokin en plongeant rapidement le muscle vivant dans de l'alcool bouillant, a toujours obtenu un peu de créatinine en employant la méthode de recherche que nous donnerons à l'article UrINE[2].

Neubauer[3] et Lobe[4] ont trouvé en moyenne dans l'urine des adultes $0^{gr},85$ de créatinine par litre, pour une vingtaine d'expériences ; mais les variations normales de cette substance peuvent s'étendre de $0^{gr},5$ à $1^{gr},5$. Une absorption de créatine fait augmenter dans les urines la quantité de créatinine ainsi que celle de l'urée. Le bouillon et la viande que nous consommons et qui contiennent de la créatine, sont sans doute en partie cause des variations précédentes.

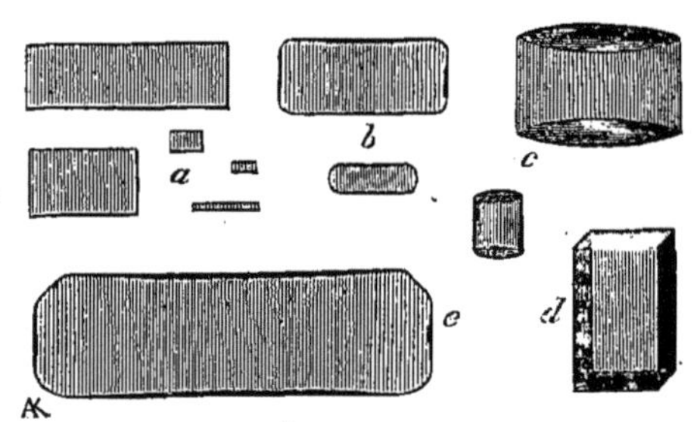

Fig. 5. — *Créatinine pure* cristallisée dans l'eau distillée d'après Rouis et Verdeil.

Les figures 5 (*a*, *b*, *c*, *d*, *e*) donnent les formes habituelles des cristaux de créatinine. Ils appartiennent au système du prisme oblique à base rhombe.

[1] Liebig, *Ann. de Chim. et Phys.* [3], t. XXIII, p. 246.
[2] Chap. V. art. II, *dosage de la créatinine*.
[3] *Ann. Chem. und Pharm.*, t. CXIX, p. 27.
[4] *Journ. f. prakt. Chem.*, 1860, p. 170.

Quand la créatinine existe en abondance dans un liquide, il suffit d'ajouter un peu de chlorure de zinc pour obtenir un préci-pité formé de granu-lations cristallines, très-peu solubles dans l'eau, insolubles dans l'alcool, ayant la for-mule $(C^4H^7Az^5O)^2ZnCl^2$. La fig. (6) indique le mode habituel de groupement de ces cristaux qui dérivent du système du prisme rhomboïdal.

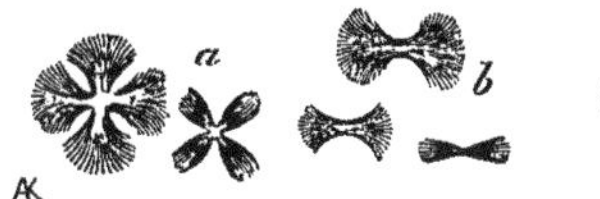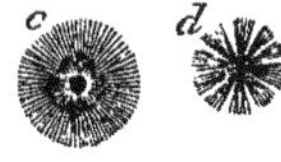

Fig. 6. — *Chlorure double de créatinine et de zinc,* couleur brun jaunâtre : les plus petits cristaux sont les plus abondants.

La créatinine paraît être la métylguanidine dans laquelle deux atomes d'hydrogène seraient remplacés par le glycollyle $(C^2H^2O)''$; elle aurait donc la constitution :

$$Az^3 \begin{cases} C^{IV} \\ CH^3 \\ (C^2H^2O)'' \\ H^2 \end{cases}$$

Elle donne par oxydation la méthylguanidine ou méthyluramine.

Créatine. — $C^4H^9Az^3O^2 + H^2O$.

Cette substance se retire, suivant Neubauer, du précipité que l'on obtient en traitant l'extrait de viande par l'acétate de plomb. Il suffit de décomposer ce précipité par un courant d'hydrogène sulfuré, de filtrer, et d'évaporer la liqueur au bain-marie, pour que la créatine cristallise par refroidissement. On dé-cante l'eau mère, et on traite les cristaux par trois fois leur volume d'alcool à 85° centési-maux, on les lave sur le filtre, et si l'on veut pro-

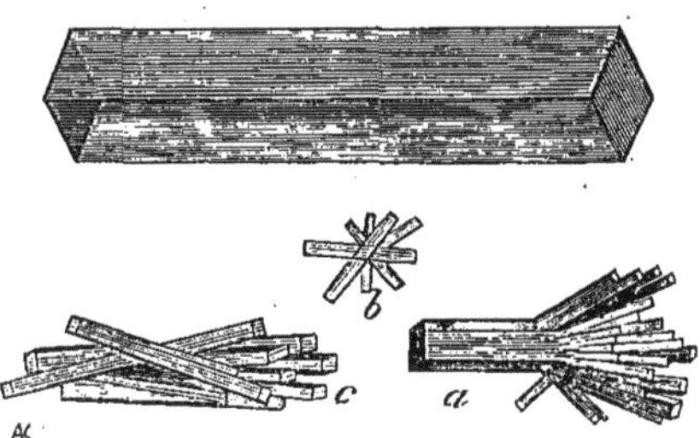

Fig. 7. — Cristaux réguliers de créatine du bouillon de viande de bœuf d'après Robin et Verdeil.

céder à un dosage, on les sèche et on les pèse. La créatine cristal-lise (*fig.* 7) en prismes rhomboïdaux obliques, brillants, transpa-

---

[1] Dessaignes, *Compt. rend.,* t. XXXVIII, p. 839.

rents, souvent groupés comme en *a*, *b*, *c*. D'après Heintz, elle ne se trouverait pas dans l'urine récente, mais s'y formerait aux dépens de la créatinine par absorption d'une molécule d'eau. Cette opinion me paraît devoir être adoptée avec d'autant plus de réserve, que la créatine existe en petite quantité dans le sang, suivant Verdeil et Marcet, et qu'on la trouve dans les muscles où elle forme 0,002 de leur poids, ainsi que dans le cerveau.

Sous l'influence de l'eau, aidée des alcalis, la créatine se transforme en urée et sarcosine :

$$C^4H^9Az^3O^2 + H^2O = CH^4Az^2O + C^3H^7AzO^2.$$
$$\text{Créatine} \qquad \text{Urée} \qquad \text{Sarcosine}$$

La sarcosine, à son tour, donne, en s'hydratant, de la méthylamine et probablement un acide tel que l'acide glycolique (*Dessaignes*) :

$$C^3H^7AzO^3 + H^2O = CH^4Az + C^2H^4O^3.$$
$$\text{Sarcosine.} \qquad \text{Méthylamine.}$$

Par son oxydation, la créatine donne des acides oxalique et carbonique ainsi que de la méthyluramine $C^4H^7Az^3$, substance qui contient les éléments de l'urée et de la méthylamine moins de l'eau[1].

$$C^2H^7Az^3 + H^2O = CH^4Az^2O + CH^5Az.$$
$$\text{Méthyluramine.} \qquad \text{Urée.} \qquad \text{Méthylamine.}$$

Tels sont sans doute aussi dans l'économie, les produits de dédoublement de cette importante matière, elle-même dérivée des substances albuminoïdes par oxydation et dédoublement, et telle est, par conséquent, une des voies d'oxydation et d'élimination de ces dernières et importantes substances.

On trouve dans les urines normales de 1 gramme à 1^{gr},5 d'un mélange de créatine et de créatinine. Voici les nombres obtenus pour les viandes en suivant la méthode de Neubauer.

	CRÉATINE ET CRÉATININE pour 100 parties de substance fraîche.	AUTEURS. —
Viande de bœuf.	0.170 à 0.232	Neubauer.
— de veau.	0.189 »	id.
— de porc.	0.209 »	id.
— de grenouille. . . .	0.210 à 0.240	Sarokin.
Chair humaine (moyenne de 56 analyses).	0.256	Perls.

[1] Si l'on chauffe la créatine avec les solutions de bases alcalines il se dégage de la méthylamine et de l'ammoniaque; celle-ci provient très-probablement du dédoublement de l'urée.

La créatine et la créatinine n'ont été trouvées que dans les muscles, le cerveau, le sang et l'urine.

Sarcosine ou méthylglycocolle. — $C^5H^7AzO^2$.

Quoique cette substance n'ait jamais été découverte dans la viande, nous la signalons ici à cause de ses relations avec la précédente. Elle paraît, d'après la réaction de l'eau de baryte indiquée plus haut, être un produit fugace du dédoublement de la créatine lors de sa transformation en urée. Elle est isomère avec l'alanine, l'acide lactamique et le carbamate d'éthyle.

Sarcine ou hypoxanthine. — $C^5H^4Az^4O$.

Découverte dans la rate par Scherer[1], et dans les divers muscles par Strecker, cette substance se trouve aussi dans le thymus, le foie, et dans le sang des leukémiques avec quelques matières collagènes et un excès d'acide urique.

Si aux eaux mères qui ont fourni la créatine et la créatinine, d'après le procédé de Neubauer, on ajoute de l'acétate de cuivre, celui-ci produit un précipité qu'on lave et décompose dans l'eau bouillante par l'hydrogène sulfuré. La dissolution filtrée chaude et évaporée, donne en se refroidissant de l'hypoxanthine sous forme de grains à cristallisation microscopique. Cette substance se dissout aisément dans l'acide chlorhydrique faible, et laisse par concentration déposer des cristaux (*fig.* 8) de chlorhydrate d'hypoxanthine $C^5H^4Az^4O,HCl$ sous forme d'aiguilles *d* ou de tables aplaties *c*, *e*.

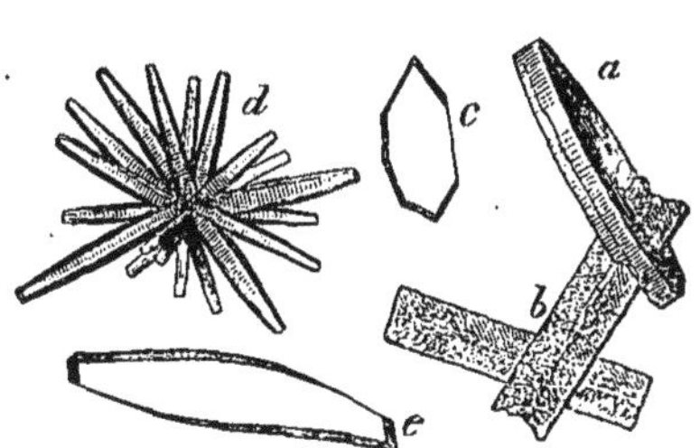

Fig. 8. — Chlorhydrate d'hypoxanthine.

La sarcine soluble dans 77 p. d'eau bouillante et 300 p. d'eau froide, se dissout aisément dans les bases et les acides dilués auxquels elle se combine. Le composé $C^5H^4Az^4O,AzO^5Ag$ qu'elle forme avec l'azotate d'argent est cristallisé, et permet de séparer cette

[1] 1850. *Ann. der Chem. u. Pharm.*, t. LXXIII, p. 328.

substance de la xanthine, laquelle donne avec le même sel une combinaison qui ne se dépose que lentement. La sarcine n'est pas précipitée par l'acétate de plomb ammoniacal.

Xanthine. — $C^5H^4Az^4O^2$.

Cette base faible, découverte par Marcet[1] dans un calcul urinaire, a été retrouvée par Scherer dans l'urine, mais on la rencontre à peu près partout, souvent mélangée à la sarcine et à l'acide urique, dans le pancréas, la rate, le foie, la chair des mammifères et des poissons. Celle du cheval en contient deux millièmes et demi. La production de la xanthine dans l'organisme paraît précéder celle de l'acide urique dont elle diffère par un atome d'oxygène en moins. Cet acide peut d'ailleurs donner artificiellement de la xanthine sous l'influence de l'amalgame de sodium, et se transformer, à son tour, en urée et acide carbonique, en s'oxydant. Du reste, les produits de désassimilation finale de la sarcine, de la xanthine et de l'acide urique, sont toujours l'urée, l'acide carbonique, l'acide oxalique ou mésoxalique et l'ammoniaque, comme il a été dit plus haut (*Chapitre Préliminaire*).

Pour obtenir la xanthine, l'extrait aqueux des muscles est desséché et épuisé par l'alcool ; la solution alcoolique est évaporée ; au résidu repris par l'eau on ajoute du sous-acétate de plomb ammoniacal. Le précipité ainsi formé est mis en suspension dans l'eau et traité par de l'hydrogène sulfuré qui le décompose ; on filtre alors et on fait bouillir la liqueur avec de l'acétate de mercure qui précipite la xanthine. On traite par l'hydrogène sulfuré cette combinaison et l'on filtre ; la xanthine, exempte d'hypoxanthine, cristallise alors par évaporation sous forme de croûtes jaunâtres. On peut aussi l'extraire et la purifier comme il a été dit à propos de l'hypoxanthine.

La xanthine se dépose, par le refroidissement, en flocons blancs formés de grains microscopiques non cristallins, qui deviennent ensuite adhérents entre eux. Elle est à peine soluble dans l'eau bouillante. Elle se combine aux bases qui la dissolvent aisément. Ses solutions sont précipitées par les acides[2], avec lesquels elle forme des sels cristallisables ; par les sels de cuivre, qui donnent

---

[1] *Essai sur l'hist. chim, des calculs...* Trad. française, Paris, 1823, p. 98.
[2] Même par l'acide carbonique.

avec elle, à chaud, un précipité gris verdâtre, ainsi que par les chlorures de zinc et de calcium.

En oxydant par l'acide nitrique fumant l'*hypoxanthine* $C^5H^4Az^4O$ ou la *guanine* $C^5H^5Az^5O$, on obtient une *substance nitrée*, qui, lavée, dissoute dans l'ammoniaque, et réduite par les sels ferreux, donne une solution qui précipite de la xanthine $C^5H^4Az^4O^2$ lorsqu'elle se refroidit.

La *substance nitrée*, dont nous venons de parler, privée d'acide nitrique par l'évaporation, devient jaune citron par l'ammoniaque, et couleur orange foncée par la soude. Ces réactions communes à la xanthine, à l'hypoxanthine et à la guanine, permettent de distinguer ces substances de l'acide urique.

Si, à une solution alcaline de xanthine, on ajoute un peu de chlorure de chaux, on obtient des grains vert foncé qui brunissent rapidement.

Carnine. — $C^7H^8Az^4O^3$

Cette base retirée par Weidel[1] de l'extrait de viande, qui en contient un centième environ, s'obtient en dissolvant cet extrait dans l'eau, précipitant par l'eau de baryte, filtrant, ajoutant du sous acétate de plomb au *filtratum* et reprenant le précipité qui se forme par de l'eau bouillante qui dissout la combinaison de carnine et d'oxyde de plomb. On fait passer dans cette solution de l'hydrogène sulfuré, on filtre et on concentre. Les grumeaux colorés qui se déposent sont traités par l'azotate d'argent qui précipite une combinaison de carnine et d'oxyde argentique, ainsi que du chlorure d'argent : ce dernier est enlevé par de l'eau ammoniacale. On lave le résidu à l'eau, on le décompose par le gaz sulfhydrique, on filtre, on décolore la liqueur par le noir animal et on concentre.

La carnine, peu soluble dans l'eau froide, se dépose alors de l'eau bouillante en grains cristallins. Séchée, elle prend l'aspect de la craie. Elle est insoluble dans l'éther et dans l'alcool. Sa saveur est d'abord insignifiante, puis amère. Les solutions de cette substance précipitent par les sous-acétates de plomb. L'eau de baryte bouillante n'altère pas la carnine.

[1] *Ann. Chem. Pharm.*, t. CLVIII, p. 353, et *Bull. soc. chim.*, t. XVI, p. 173.

Son chlorhydrate $C^7H^8Az^4O^5.HCl$ forme de belles aiguilles brillantes, qui s'unissent au chlorure de platine. L'eau de brome, l'acide azotique de concentration moyenne, font passer la carnine à l'état de bromhydrate ou d'azotate de sarcine.

On a; du reste, les rapports *théoriques* suivants entre ces deux corps :

$$C^7H^8Az^4O^5 = C^5H^4Az^4O + C^2H^4O^2.$$

Carnine.   Sarcine.   Acide acétique.

La carnine donne, avec l'eau de chlore, l'acide azotique et l'ammoniaque, la même réaction colorée que la sarcine.

La carnine, comme la sarcine, est un produit de désassimilation imparfaitement oxydé. Son rôle utile dans l'alimentation, reste donc fort douteux, et dans tous les cas ce n'est point là une substance vraiment plastique. Elle paraît diminuer le nombre des pulsations artérielles.

Guanine, guanidine, acide urique, urée. — Ces diverses substances existent-elles dans la viande? Pour les deux premières, de nouvelles recherches restent encore à faire. Quant à l'acide urique, aucun auteur ne l'a signalé dans les muscles, et l'on sait que la fatigue musculaire le fait même disparaître des urines. L'*urée* a été vainement recherchée dans la chair des mammifères à l'état de santé ; mais on l'a rencontrée, en notable quantité, dans celle des plagiostomes. Du reste, le travail ne la fait pas apparaître dans le muscle, et si l'on en injecte dans ce tissu on ne produit pas de fatigue musculaire, comme on le fait par l'injection d'acide sarcolactique.

Acide inosique. — $C^5H^8Az^2O^6$ (?)[1]. — Cet acide se trouve dans les eaux mères de la préparation de la créatinine par la méthode de Liebig. Pour l'obtenir, il suffit de traiter ces eaux mères par l'eau de baryte, de décomposer, par l'ébullition avec l'acide sulfurique étendu, le précipité qui se produit, de filtrer et de laisser refroidir. Quand les cristaux de créatine se sont formés, on additionné d'alcool la liqueur jusqu'à ce qu'il se fasse un trouble permanent. Les cristaux qui se déposent sont un mélange de créatinine et d'inosate de baryte. On les redissout, et on ajoute du chlorure de baryum à la partie filtrée. On obtient ainsi de l'inosate de ba-

---

[1] *Ann. der Chem. u. Pharm.*, t. LXII, p. 325.

ryte, qui décomposé par de l'acide sulfurique étendu, met l'acide inosique en liberté.

Cet acide est incristallisable, très-soluble dans l'eau, d'une agréable odeur de viande rôtie. Tous ses sels, sauf ceux de cuivre, d'argent et de plomb, sont cristallins et solubles dans l'eau.

L'acide inosique n'ayant été trouvé que dans la chair altérée par la mort de l'animal, on ne saurait dire s'il y existe pendant la vie. Dans le muscle ayant subi la rigidité cadavérique, on trouve 0,6 à 0,7 pour 100 d'acide inosique, probablement à l'état d'inosates.

Taurine. — $C^2H^7AzSO^5$. — Elle a été rencontrée par Limpricht dans les muscles des jeunes chevaux. On peut la retirer de l'extrait de viande précipité par les sels de plomb, en filtrant, enlevant l'oxyde de plomb par l'hydrogène sulfuré et faisant cristalliser[1].

Glycogène, dextrine et glucose. — Cl. Bernard, Rouget et Kühne[2] ont démontré la présence du *glycogène* dans les fibres musculaires des nouveau-nés et dans les fibres-cellules de l'embryon. Rouget pense que chez ce dernier, elle n'existe que dans la partie axillaire de la fibre musculaire. Ce glycogène est identique à celui du foie, et s'extrait comme il sera dit à propos de cette glande.

La *dextrine* a été trouvée par Scherer et par Limpricht[3] dans la viande des jeunes animaux. Un kilogramme de leur chair peut contenir jusqu'à $0^{gr},4$ de dextrine. Quand dans l'extrait aqueux du muscle on a précipité la créatine par la méthode de Liebig, si l'on ajoute de l'alcool, on obtient des masses gélatineuses qui redissoutes dans l'eau et reprécipitées encore par l'alcool, donnent un produit qui a toutes les propriétés de la dextrine retirée du foie.

Il existe aussi dans les muscles du *glucose* ou un sucre qui est très-analogue à ce corps. Après avoir débarrassé l'extrait aqueux de viande de son albumine, par la coction, et de ses acides sulfurique et phosphorique, par l'eau de baryte, on le traite par un mélange d'acétate de plomb et d'ammoniaque, et on décompose par l'hydrogène sulfuré le précipité qui se forme ; on évapore la liqueur, et le résidu est mélangé d'un peu de potasse alcoolique ; en traitant

---

[1] Pour l'histoire chimique de la taurine voyez la Bile.

[2] Voy. *Journ. de Physiol.*, t. II, Rouget, p. 519 ; Cl. Bernard et Kühne, p. 533.

[3] *Ann. Chem. Pharm.*, t. CXXXIII, p. 296. Voy. aussi *Bull. Soc. chim.*, t. IV, p. 294.

par un courant d'acide carbonique le corps visqueux qui se dépose
au bout de quelques heures, on en isole une matière sucrée qui
réduit les sels de cuivre en solution alcaline[1].

Inosite. — $C^6H^{12}O^6 + 2H^2O$.

Cette matière sucrée infermentescible a été trouvée par Scherer
dans les muscles[2]. Plus tard, Cloetta la découvrit dans les poumons, dans la rate, dans les reins, dans le foie. On la rencontre
souvent dans l'urine, pendant la maladie de Bright; toutefois,
elle n'y existe que *quand il y a altération des reins*. C'est dans le
cerveau que Newkomm a découvert la plus forte proportion d'i-
nosite. Cette substance n'est pas propre au règne animal : les
haricots, les pois verts et bien
d'autres végétaux en contiennent
aussi. Nous dirons à propos des
Urines, comment on la recherche
et comment on la dose.

Le plus souvent elle forme des
agglomérations en choux-fleurs ;
quelquefois ses cristaux sont
isolés. (*Fig.* 9) Ils appartiennent au prisme clino-rhombique.
Les cristaux, d'abord transparents, s'effleurissent ensuite à
l'air.

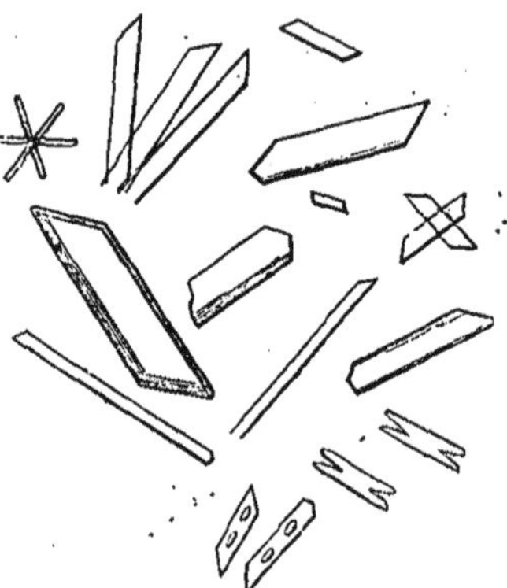

Fig. 9. — Inosite provenant des muscles
du cœur.

L'inosite est une substance de
saveur sucrée, soluble dans l'eau,
difficilement soluble dans l'alcool. Ses solutions sont dénuées de
pouvoir rotatoire.

Elle n'est altérée ni brunie par son ébullition avec les acides ou
les alcalis. Si on l'évapore en présence d'acide nitrique concentré
on obtient de la nitro-inosite, qui mouillée de chlorure de calcium et évaporée de nouveau, donne une coloration rose caractéristique mais difficile à obtenir nettement.

La nitro-inosite réduit les sels de cuivre et d'argent. Il n'en est
pas de même de l'inosite, qui dissoute dans l'eau et chauffée avec
le réactif cupropotassique, donne seulement une solution verte

[1] Meissner, *Götting. Nachrichten*, 1862, p. 157 et Henle und Meissner, 1861, p. 205.
[2] *Ann. Chem. Pharm.*, t. LXXIII, p. 322 (1850).

dans laquelle se dépose, peu à peu, un précipité verdâtre sans cohérence qui se redissout à la longue.

L'acétate neutre de plomb ne précipite pas l'inosite, mais si on ajoute à sa solution du sous-acétate de plomb, il se forme une gelée transparente insoluble qui devient bientôt opaque.

L'inosite mêlée de craie et de fromage subit la fermentation lactique. La présence de ce dernier acide dans les muscles est peut-être due à la transformation de ce sucre remarquable.

L'inosite ne donne jamais d'alcool sous l'influence de la levûre de bière.

Acide sarcolactique ou paralactique [1]. — $C^3H^6O^3$ ou $\begin{array}{l} CH^2.OH \\ | \\ CH^2 \\ | \\ CO.OH \end{array}$

L'acide sarcolactique se retire de la viande. Pour cela celle-ci est hachée et traitée par l'eau; cette solution, privée d'albumine par la chaleur, est mêlée d'eau de baryte; l'excès de cette base est enlevé par un courant d'acide carbonique; on filtre et on évapore à consistance de sirop. On ajoute alors à la liqueur de l'acide sulfurique et on l'agite avec de l'éther qui dissout l'acide sarcolactique. On évapore l'éther; le résidu est mis à digérer avec de l'oxyde de plomb; le lactate de plomb qui se forme est dissous dans l'alcool, et décomposé par l'hydrogène sulfuré. La liqueur est évaporée; le résidu est repris par l'éther qui, évaporé de nouveau, laisse l'acide sarcolactique à peu près pur.

C'est un liquide très-acide, sirupeux, soluble dans l'eau, l'alcool et l'éther. Il forme des sels cristallisables. Le sarcolactate de zinc $(C^3H^5O^5)^2Zn + H^2O$ se dissout dans 5,7 parties d'eau froide et 2,23 d'alcool. Le lactate de zinc ordinaire a pour formule $(C^3H^5O^5)^2Zn + 3H^2O$, il ne se dissout que dans 58 parties d'eau froide, et il est presque insoluble dans l'alcool.

On obtient l'acide sarcolactique par synthèse totale en chauffant la monocyanhydrine du glycol avec une solution alcoolique de potasse (*Max. Simpson*):

$$C^2H^4 \left\{ \begin{array}{l} CAz \\ OH \end{array} \right. + KHO = C^2H^4 \left\{ \begin{array}{l} CO^2K \\ OH \end{array} \right. + AzH^3.$$

Monocyanhydrine   Sarcolactate de
du glycol.   potasse.

[1] Berzelius en 1806, trouva dans la viande un acide qu'il supposait être identique à l'acide lactique. Liebig, en 1847, démontra définitivement que ce corps avait bien la composition prévue par le chimiste suédois, mais qu'on devait distinguer l'acide sarcolactique de l'acide lactique de fermentation.

L'acide sarcolactique et les sarcolactates existent-ils dans le muscle frais, ou sont-ils un produit de décomposition cadavérique? Les expériences sont contradictoires à ce sujet, mais il semble bien démontré que par une grande fatigue le muscle s'acidifie et qu'on y retrouve alors de l'acide lactique libre ; réciproquement l'injection d'une solution faible d'acide lactique dans le muscle produit aussitôt sa fatigue et son inaptitude à se contracter (*Ranke*)[1].

Acides formique, acétique, butyrique. — Ces trois acides ont été retirés de l'extrait de viande ; une partie provient peut-être de la décomposition cadavérique, mais ils existent aussi dans les muscles vivants et au repos, et semblent diminuer dans les muscles tétanisés.

Graisses. — Tout muscle traité par l'alcool et l'éther cède à ces dissolvants une partie de ses graisses. Si le muscle a été desséché au préalable, on peut, par l'alcool éthéré, le priver entièrement de corps gras. Ceux-ci se trouvent soit dans la substance interfibrillaire, soit dans la fibrille elle-même, et en petite proportion dans l'extrait aqueux. Partout où la graisse existe, on peut la rendre apparente au moyen d'une solution aqueuse d'acide osmique qui la colore en brun. Elle est composée de corps gras non saponifiés, et suivant Fremy et Valenciennes, de principes phosphorés très-analogue à ceux que l'on rencontre dans le cerveau[2].

Ferments musculaires. — Piotrowsky a retiré de l'extrait aqueux de la viande de chien, au moyen du procédé par lequel Conheim extrait la *ptyaline* de la salive, un ferment tout à fait analogue à ce dernier, transformant la fécule en glucose, et restant sans action sur les matières albuminoïdes. Brücke a obtenu avec l'extrait de viande, par le procédé qu'on indiquera pour retirer la pepsine du suc gastrique, une petite quantité d'un ferment probablement identique avec la pepsine, car il digère comme elle les matières albuminoïdes en présence de l'acide chlorhydrique.

Il existe certainement dans les muscles d'autres ferments spéciaux, entre autres celui qui est la cause de la production d'acide sarcolactique *post mortem*. Il suffit, en effet, de porter le muscle

---

[1] D'après des recherches récentes, encore incomplètes, l'acide sarcolactique des muscles serait un mélange de deux acides, dont l'un possède le pouvoir rotatoire. Voyez Wislicenus, *Ann. der Chem. u. Pharm.*, t. CLXVI, p. 83 et *Bull. Soc. chim.*, t. XX, p. 22, et t. XV, p. 231.

[2] *Ann. chim. phys.* [3]; t. L. p. 172

à 75° pour empêcher de se produire cette acidification cadavérique de la viande.

§ 5. — SUBSTANCES MUSCULAIRES; SUITE. — (B.) MATIÈRES MINÉRALES ET GAZ.

Eau. — L'eau forme près du quart du poids du muscle. Pour comprendre la signification des nombres relatifs au poids des matières salines, il est bon de connaître la richesse en eau des diverses viandes. 100 parties de substance fraîche contiennent : Muscles pectoraux d'homme 72,4, de femme 74,43, d'après Bibra ; muscles de bœuf 75,4, d'après Moleschott, 74 à 80 d'après Lehmann ; muscles de veau 75,75, de porc 70,6, suivant Moleschott ; chair de raie 75,5, de sole 86,1, de saumon 75,7 d'eau p. 100 d'après Payen.

Cendres. — Les matières minérales se partagent dans le muscle entre la fibre musculaire insoluble dans l'eau, et l'extrait aqueux. D'après Lehmann la viande de bœuf *fraîche* laisse à la calcination 1,46 à 1,63 pour 100 de cendres. Bibra [1] a donné à ce sujet le tableau suivant où les nombres sont rapportés à la chair totale desséchée ; les chiffres relatifs à la teneur en eau permettront de les calculer pour la chair à l'état frais.

COMPOSITION DE LA CENDRE RÉSULTANT DE LA CALCINATION DE 100 PARTIES DE CHAIR DESSÉCHÉE

ORIGINE DES MUSCLES	QUANTITÉ DE CENDRE POUR 100 DE MUSCLE SEC	COMPOSITION DE LA CENDRE				
		CHLORURES ALCALINS [2]	SULFATES ALCALINS	PHOSPHATES ALCALINS	PHOSPHATES TERREUX	CARBONATE DE SOUDE
Homme de 30 ans (muscles généraux).	»	10.50	1.72	72.95	15.03	
Femme de 36 ans (muscles pectoraux).	4.80	13.44	1.86	63.58	21.12	
— — (cœur).	5.61.	5.33	traces.	84.13	10.53	
Enfant d'une semaine.	»	6.35	2.04	81.44	10.19	
Bœuf.	7.71	6.50	0.30	76.80	16.40	
Chevreau femelle.	4.68	1.00	»	72.00	20.60	
Renard femelle.	3.85	1.02	2.50	74.08	24.40	
Chat mâle.	5.36	3.17	»	74.13	20.70	2.00
Poule domestique (muscles pectoraux).	5.51	1.39	traces.	84.72	13.89	
Faucon.	4.66	7.58	4.50	46.15	41.97	
Carpe (*cyprinus carpio*).	6.16	1.31	12.50	44.19	42.20	
Perche.	7.08	1.27	»	54.39	44.34	traces.
Grenouille.	4.96	11.00	»	64.00	25.00	traces.

[1] Cité par PELOUZE et FREMY, *Traité de Chimie*, t. VI, p. 253.

[2] Les muscles contiennent une quantité minime de chlorure de *sodium* (la chair du cœur de bœuf n'en contiendrait pas d'après Braconnot). Bibra en a trouvé de 1, 6 à 0,023 dans 100 de cendres. Même absence de sodium dans les autres sels alcalins.

Si au lieu de compter la cendre totale contenue dans un muscle, on pèse séparément celle qui se trouve dans l'extrait de viande et celle qui reste à l'état insoluble dans la fibre musculaire, on trouve que le poids de la première est à celui de la seconde à peu près comme 4 : 1, c'est-à-dire que sur 5 parties de cendre totale 1 partie reste dans la fibre et 4 passent dans l'extrait ou le bouillon.

Le tableau suivant résume à ce sujet les expériences de F. Keller[1]. On y trouvera indiqué séparément le poids et la nature des matières minérales dans le résidu et dans l'extrait.

SELS	CENDRES DE L'EXTRAIT		CENDRES DU RÉSIDU		TOTAL DES CENDRES	
	DANS L'EAU		DANS L'EAU		dans la décoction ou *bouillon*	dans le résidu, ou *bouilli*
	solubles	insolubles	solubles	insolubles		
P^2O^5	23.55	2.72	5.92	32.48	21.59	6.85
K^2O	34.18	4.69	6.76	20.13	31.95	4.78
Cl	8.25	0.38	»	»	7.09	»
K	8.98	0.42	»	»	7.72	»
SO^3	3.21	0.38	»	»	2.95	»
K^2O	3.78	0.45	»	»	3.47	»
$2Ca^2O$ . . .	»	3.06	0.29	9.03	2.51	1.66
P^2O^5 $2Mg^2O$ . . .	»	5.76	0.57	16.26	4.73	2.99
$2Fe^2O$ . . .	»	0.57	0.05	7.97	0.46	1.42
	81.95	18.43	13 50	85.89	82.47	17.68
Totaux.. . .	100.38		99.48		100.15	

Ces cendres, on le verra, ont une grande analogie avec celles que laissent les globules sanguins. On y remarque, comme dans celles-ci, la prépondérance des sels de potasse. Toutefois la grande quantité de phosphate de potassium qu'elles contiennent est en partie due à ce que, par la calcination, le phosphore de la matière musculaire se change en acide phosphorique et chasse l'acide carbonique provenant de la destruction des sels de potasse à acides organiques, tels que lactates, inosates, etc. Cette remarque s'applique aussi aux sulfates.

Pour la même cause, le chlore diminue sensiblement dans les cendres.

Gaz des muscles. — Dans la fibre contractile, comme dans tous

____
[1] *Ann. Chem. Pharm.*, t. LXX, p. 91.

les organes, se passent de continuelles oxydations : elles arrivent au maximum pendant l'activité musculaire, mais elles se continuent aussi pendant le repos, comme on l'a constaté en montrant que, placés dans un gaz inerte, les muscles de grenouille, bien privés de sang, n'en continuent pas moins à dégager de l'acide carbonique.

Les gaz contenus dans les muscles sont en partie dissous dans le plasma musculaire, en partie combinés avec ses sels. Szumowski a fait l'analyse des gaz retirés du muscle par la pompe à mercure. Il a trouvé pour cent parties de substance fraîche :

$$
\begin{array}{lr}
\text{Acide carbonique.} & 14.4 \\
\text{Azote.} & 4.9 \\
\text{Oxygène.} & 0.09 \\
\hline
& 19.39
\end{array}
$$

Nous donnerons à propos du *Sang* et au chapitre relatif à la *Nutrition générale*, l'analyse des gaz du sang veineux des muscles au repos et en activité.

L'acide carbonique provient de l'oxydation des hydrates de carbone et des matières albuminoïdes du muscle. Il augmente pendant le travail. Quant à l'azote, il reste constant durant la période d'activité musculaire[1].

§ 6. — CHANGEMENTS QUI SE PASSENT DANS LE MUSCLE
PENDANT SON ACTIVITÉ.

Chaleur produite durant le travail musculaire. — Nous avons jusqu'ici considéré le tissu musculaire à l'état statique, vivant ou mort, et recherché surtout comment il est constitué. Il nous reste à l'étudier à l'état dynamique, et à suivre les variations que lui fait éprouver la mise en jeu de son activité.

Lorsque sous l'influence de l'excitation volontaire, ou des agents physiques ou chimiques, un muscle vient à se contracter, il peut se présenter divers cas qu'il est utile de séparer et de définir.

(A) Cette contraction peut servir à soulever un poids à une cer-

---

[1] Voir à ce sujet un travail de G. Liebig fils, dans *Müller's Archiv.*, 1850, p. 393.

taine hauteur, et dans ce cas elle produit un *travail mécanique extérieur* que l'on mesure par le produit Ph (P poids soulevé ; h distance des plans horizontaux qu'occupe le poids P avant et après la contraction).

(*B*) Cette contraction peut être seulement utilisée à soutenir un poids, *sans le soulever*, ou bien à tendre une lanière élastique, ou encore à produire un effort sur un obstacle résistant, inébranlable. Dans ce second cas, il n'y a pas, à proprement parler, de *travail mécanique extérieur*, mais il se fait un *travail intérieur* moléculaire, proportionnel au poids soutenu P, ou au poids qui donnerait à la lanière une tension égale à celle que lui imprime le muscle. Ce *travail intérieur* égal et de signe contraire, puisque ces deux travaux s'annulent, à celui que produirait la force de pesanteur en agissant sur le poids P durant le même temps, se mesure donc par Pg. (P poids soutenu ; g intensité de la pesanteur, ou espace parcouru dans l'unité de temps par une masse qui tombe à la surface de la terre.) Ce travail intérieur est donc exprimé dans le temps t par Pgt.

(*C*) Si un muscle par sa contraction déplace un membre, et le soutient dans sa nouvelle position, il se produit ainsi : 1° un *travail extérieur*, qui se mesure par le déplacement vertical h' du centre de gravité de ce membre multiplié par le poid P$'$ qui, attaché à ce centre de gravité, aurait été apte à produire ce déplacement ; et 2° un *travail intérieur* mesuré dans le temps t' par P$'gt'$.

Or, lorsque sous l'influence de l'excitation nerveuse se produisent dans un muscle les phénomènes chimiques qui, ainsi que nous allons le voir, accompagnent toujours l'activité musculaire, ces actions chimiques se traduisent par de la chaleur. Dans le cas (*A*) cette chaleur n'apparaît pas tout entière ; elle est diminuée, d'après la théorie de l'équivalent mécanique de la chaleur, de 425 calories pour chaque kilogrammètre produit sous forme de *travail extérieur*. Mais ici, de même que dans la machine la mieux perfectionnée, la chaleur disponible ne peut être tout entière transformée en travail extérieur ; une partie (les quatre cinquièmes environ) reste dans le muscle et l'échauffe. Dans le cas (*B*) le travail extérieur étant nul, la chaleur apparaît tout entière dans le muscle contracté et représente elle-même le travail moléculaire intérieur. Dans le cas (*C*) l'augmentation de chaleur du muscle est intermédiaire, et doit être égale à la chaleur due aux actions chimi-

qués totales, diminué de l'équivalent calorifique du travail extérieur produit.

Toutes ces déductions théoriques sont confirmées et contrôlées
par une célèbre expérience de J. Béclard[1]. Ce savant fait d'abord
par la contraction musculaire, élever un poids à une certaine hauteur. Un *travail extérieur* est ainsi effectué ; il se mesure par le
produit du poids (évalué en kilogrammes), par la hauteur dont
on le soulève (évaluée en mètres). La température du muscle
s'élève, et cette augmentation est égale à une quantité α. Dans une
seconde expérience Béclard fait simplement soutenir le poids précédent au muscle contracté : le travail extérieur est donc nul
dans ce cas ; aussi la variation positive de température est-elle
alors égale à β plus grand que α. Enfin dans une troisième expérience il laisse se détendre le muscle chargé du même poids. Il
s'effectue ainsi un travail négatif extérieur qui produit dans le
muscle l'inverse d'un travail positif, c'est-à-dire une certaine élévation de température ; mais en même temps le muscle reste en
contraction, et détruit ainsi à chaque instant l'accélération que la
pesanteur imprimerait au poids. Pour ces deux causes la température du muscle s'élève à γ plus grand que β. Ces expériences fon-
damentales ont été reprises par Helmoltz, Heidenhain, Hirn, qui
les ont confirmées et étendues.

On croyait autrefois, qu'en partie du moins, l'élévation de température produite dans le muscle en contraction était due aux frottements internes, et que cette chaleur était la conséquence et non la
cause, et, si je puis ainsi dire, la *matière première* du travail. Il n'en
est rien. La chaleur due à la combustion musculaire précède la contraction et ne la suit pas : la preuve la plus frappante en est que
si de statique la contraction devient dynamique et sert à soulever
un poids, une partie de la chaleur musculaire disparaît. Il est vrai
que la capacité de travail mécanique du muscle diminue quand
son tissu s'élève à une certaine température (*Cl. Bernard ; Schmü-
lewitz*); mais cette observation indique seulement que les phénomènes chimiques qui se passent dans le muscle ne peuvent se produire et entretenir la chaleur et le travail qu'entre de certaines
limites restreintes de température.

<hr>

[1]. *De la contraction musculaire dans ses rapports avec la température animale.*
Paris, 1861. Becquerel et Breschet ont mesuré les premiers l'élévation de température
produite dans les muscles par le travail.

Quoique nous n'ayons pas à exposer dans ce livre les phénomènes physiques qui se passent dans l'organisme, la chaleur que la contraction musculaire utilise étant, ainsi que nous allons le voir, la conséquence, et comme la mesure, des actions chimiques qui ont lieu dans la fibre contractile, nous dirons en quelques mots comment elle varie.

La chaleur croît dans un muscle quand la tension musculaire augmente, et elle devient maximum quand le muscle est tendu jusqu'au point où il ne peut plus se contracter, l'intensité de l'excitant restant la même. (*Béclard, Heidenhain* [1].)

Le travail extérieur venant à se produire, la chaleur musculaire relative à l'état de tension statique diminue aussitôt. (*Béclard.*)

Dans un même muscle, *pendant le même temps, et avec le même excitant*, la quantité de chaleur produite est proportionelle à la charge, mais à partir d'une certaine limite elle va sans cesse en décroissant à mesure qu'arrive la fatigue. (*Heidenhain* [2]).

Phénomènes chimiques du muscle en activité. — La chaleur qui se transforme partiellement en travail dans le muscle est elle-même due aux phénomènes chimiques qui sont déterminés dans cet organe par l'action nerveuse.

Nous verrons à propos de la nutritiou générale que durant sa contraction le muscle absorbe plus d'oxygène et exhale plus d'acide carbonique que pendant son repos ; en même temps, par l'exagération de son activité, d'alcalin il devient acide. Ces deux observations suffisent déjà à montrer que dans le muscle en état de travail les oxydations augmentent.

On déterminera ailleurs les variations que subit le sang veineux dans le muscle en contraction, et les modifications qui se font sentir dans l'économie tout entière sous l'influence du travail musculaire. Suivons ici pas à pas les transformations que subit la matière musculaire elle-même pendant qu'elle se contracte.

Acidité. — Pendant l'activité du muscle, et surtout par les excitants qui le tétanisent (électricité, strychnine, etc.), d'alcaline la fibre contractile devient acide (*Dubois-Reymond*) [3]. Cette production d'acide sarcolactique croît avec l'augmentation de chaleur, qui est

---

[1] Dans le tétanos l'augmentation de la température va sans cesse en augmentant, et même n'atteint son maximum qu'après la mort.

[2] Voir à ce sujet le livre de *mécanique animale*, de Marey, G. Baillière. Paris, 1873

[3] *Berliner Monatsber.*, 1859.

elle-même proportionnelle à la charge que soutient le muscle[1] (*Heidenhain*). Après un certain temps, quand la fatigue survient, la production d'acide diminue, et avec elle, le développement de la force.

L'acide lactique, auquel est dû l'acidité musculaire, a sans doute pour origine immédiate le dédoublement du glucose, ou de l'inosite du tissu contractile. Mais en présence de l'augmentation de chaleur et d'acide carbonique qui ont lieu en même temps il nous semble probable que l'inosite elle-même dérive de matières plus complexes brûlées pendant la contraction.

Inosite; sucres. — L'inosite ne paraît pas diminuer pendant la contraction musculaire. Au contraire le muscle du cœur, celui-là même qui sans cesse est en activité, en est le plus chargé. Si l'acide lactique semble dériver des sucres et du glycogène musculaires, l'acide carbonique ne peut en provenir, car si ces hydrates de carbone se dédoublent ils ne s'oxydent pas au même instant; or la consommation d'oxygène est exagérée, on le sait, pendant la contraction, et les sucres musculaires *augmentent* dans ce cas (muscle au repos : sucre 0,58, muscle tétanisé 0,95 p. 1000).

Eau. — Sa proportion dans le muscle en activité ou même en tétanos ne semble pas varier. Ranke[2] a trouvé dans le muscle au repos 81,17 p. 100 d'eau, et dans le muscle tétanisé 81,15.

Matières albuminoïdes; azote. — La quantité d'azote ne varie pas sensiblement dans les muscles en tétanos (*J. Ranke*). Il est donc possible que le poids de leurs matières albuminoïdes reste à peu près constant, à moins toutefois que les quantités de matières protéiques et d'eau disparaissent dans le rapport même où étaient ces substances dans le muscle au repos, ce qui n'est point probable. Cette observation semble suffisante à montrer que ce n'est pas dans la combustion des corps protéiques qu'il faut chercher l'origine de la production de la force.

Créatine; créatinine; xanthine. — Helmoltz a prouvé le premier que les muscles tétanisés fournissent plus d'extrait alcoolique et moins d'extrait aqueux que les muscles au repos. En même temps, suivant Cl. Bernard, le sang veineux se charge d'une plus grande masse de matières extractives.

---

[1] A la condition toutefois, on l'a vu, que la charge ne dépasse pas une certaine limite maximum au delà de laquelle les réactions musculaires diminuent.

[2] Ranke ; *Tetanus*, Leipzig, 1865.

D'après Sarokin[1], la créatine resterait dans les muscles à peu près constante durant le tétanos, tandis que la créatinine y augmenterait (créatinine : repos 0,06, tétanos 0,11 p. 100 de muscle). Ces résultats ont été contestés par Nawrocki[2]; il a trouvé que la créatine dans les muscles au repos s'élevait à 0,304 et dans les tétanisés à 0,319 p. 100. On peut rapprocher de cette observation celle de Helmoltz sur l'augmentation de l'extrait alcoolique des muscles en activité. Remarquons aussi que la créatine augmente dans les urines après l'activité musculaire; enfin signalons le fait cité par Liebig que la viande d'un renard apprivoisé contenait dix fois moins de créatine que celle d'un renard qui avait été *forcé*.

Gaz du muscle. — Durant sa contraction le muscle absorbe plus d'oxygène et dégage plus d'acide carbonique que pendant le repos. Ce phénomène se produit dans le muscle même, car si le détachant de l'animal et le privant de sang, on vient à le faire contracter par l'électricité, il exhale beaucoup d'acide carbonique.

Le muscle au repos absorbe aussi de l'oxygène et exhale de l'acide carbonique, mais ces réactions augmentent pendant l'activité musculaire, et même durant le repos avec la rapidité du cours du sang.

Le rapport de l'oxygène absorbé à l'acide carbonique exhalé n'est pas le même pendant le repos et pendant l'activité. (Voy. à ce sujet et pour l'état des gaz du sang qui traverse le muscle en activité, le chapitre *Nutrition générale*, Art. I, § 2.)

Fatigue musculaire. — A la suite d'une activité prolongée le muscle se fatigue. On a cru longtemps, *à priori*, que ce phénomène était la conséquence de l'usure de la fibre musculaire, ou de l'épuisement nerveux. On sait aujourd'hui que l'accumulation dans le muscle des produits de sa décomposition et spécialement son acidification, suffit à causer le sentiment de fatigue. En effet, si d'après les expériences de J. Ranke on injecte une petite quantité de solution d'acide lactique dans le muscle, il devient aussitôt inapte à soutenir sous l'influence d'un même excitant, le poids qu'il tenait jusque-là soulevé; réciproquement, il suffit de laver au moyen d'une injection de solution de sel marin à un demi

[1] *Arch. für pathol. Anat.*, t. XXVIII.
[2] *Med. Centralb.*, 1865.

p. 100, ou de sérum sanguin, le muscle fatigué pour que la fatigue disparaisse presque aussitôt.

Tous les produits que l'on trouve dans l'extrait aqueux du muscle ne contribuent pas à causer le sentiment de fatigue et l'inaptitude au travail ; seuls l'acide lactique et le phosphate acide de potasse produisent cet effet[1].

Les injections de créatine et de créatinine, d'inosite, de glucose, pas plus que celles d'urée, qui du reste n'est pas un des produits du travail du muscle, n'amènent de fatigue musculaire.

La fatigue paraît être due à un empêchement aux échanges chimiques qui dans le muscle entretiennent le travail. C'est ainsi sans doute qu'arrive l'épuisement nerveux. Il résulte d'expériences déjà anciennes de Prout que tandis que par un exercice modéré l'acide carbonique augmente dans l'air expiré, il diminue pendant l'état de fatigue qui suit un travail violent[2].

ARTICLE II

TISSUS CONTRACTILES NON STRIÉS

On trouve chez beaucoup de zoophytes et d'infusoires une substance gélatineuse, en masse souvent amorphe englobant une ou plusieurs cellules, et susceptible de se contracter sous l'influence des excitants mécaniques, électriques ou chimiques. On lui a donné le nom impropre de *protoplasma contractile*. Cette substance se rencontre aussi chez les vertébrés, soit durant la vie fœtale soit pendant l'état adulte, répandue sur divers points de l'économie (base des cils vibratiles, globules blancs, etc.). A un certain moment de la vie embryonnaire, chez les animaux supérieurs, le protoplasma contractile paraît s'organiser, se sectionner, s'étendre autour d'un noyau unique pour constituer alors les *fibres à noyau* ou *cellules contractiles lisses* qui forment les muscles incolores et involontaires de l'intestin, la couche moyenne contractile des vaisseaux, etc. Cette fibre-cellule, le plus souvent à un seul noyau, peut se transformer elle-même en fibre musculaire striée, comme

---

[1] Il doit en être probablement de même de l'eau ou du sérum chargés d'acide carbonique.

[2] Voir les belles expériences de Marey, dans l'ouvrage ci-dessus cité.

cela se passe pour l'utérus pendant la grossesse ; il semble que ce phénomène ait lieu par la reproduction dans la même cellule contractile de noyaux régulièrement espacés qui forment dès lors les sarco-éléments[1].

Il existe toutefois des différences bien tranchées entre les trois états du tissu contractile, fibres striés, muscles lisses et protoplasma contractile, mais nous pouvons nous attendre à retrouver chez chacun d'eux quelque analogie de constitution chimique.

§ 1. — FIBRES LISSES CONTRACTILES.

Description. — La fibre musculaire lisse est une cellule en général allongée, effilée à ses deux bouts, ayant une largeur qui varie de $0^{mm},006$ à $0^{mm},013$ (voy. *fig.* 10).

Elle contient le plus souvent un seul noyau f, d, b, sorte de petit cylindre arrondi aux deux extrémités et n'ayant pas d'enveloppe propre. Il est en général placé au milieu et dans l'axe de la cellule, elle-même formée d'une substance molle, pâle, quelquefois un peu jaunâtre, parsemée de granulations. Cette matière possède la double réfraction et dévie à droite la lumière polarisée (*Valentin*).

Sous l'influence de l'influx nerveux, ou des excitants électriques ou chimiques, la cellule musculaire lisse se contracte, mais bien plus lentement que la fibre striée.

Les fibres musculaires lisses ont-elles une enveloppe ou sarcolemme? Kölliker a démontré son existence au moins pour celles de l'utérus.

Les fibres lisses sont très-souvent mêlées à celles du tissu conjonctif. Quand elles sont réunies en faisceaux, il existe entre elles une substance unissante qui s'imprègne aisément d'azotate d'argent et brunit ensuite à la lumière.

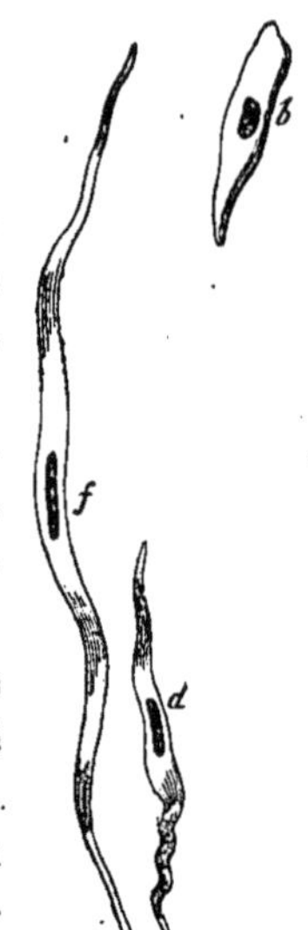

Fig. 10. — Fibres contractiles lisses.

[1] Il peut même arriver que la fibre lisse contractile ait une portion seulement de sa substance qui soit striée. Dans ce cas se trouve le muscle cardiaque, chez les vertébrés inférieurs, et beaucoup d'autres muscles, spécialement ceux de la face.

Propriétés chimiques. — La fibre musculaire lisse est toujours alcaline ; cette alcalinité ne fait jamais place à l'acidité, même quand survient la roideur cadavérique (*Dubois-Reymond*) ; il se passe en effet pour ces fibres un phénomène analogue à celui de la rigidité des fibres striées.

Elles perdent de leur élasticité après la mort. Il est douteux que ce changement soit dû à la coagulation de la myosine ; on n'est pas parvenu à extraire de ces fibres un plasma musculaire franchement coagulable en suivant le procédé Kühne décrit plus haut.

Mais existe-t-il du moins de la myosine dans ces muscles ? Ce point reste à éclaircir. Lehmann[1], en traitant les fibres-cellules par l'acide chlorydrique au millième en a retiré de la syntonine identique à celle des fibres musculaires striées ; mais il reste à démontrer que le sel marin au dixième dissout de la myosine aux dépens des fibres lisses. En tout cas, il n'y existe pas de *fibrine analogue à celle du sang*, car Lehmann n'a pu en obtenir en traitant ces muscles par une solution à 5 p. 100 d'azotate de potasse.

Le liquide qu'on extrait par pression des muscles lisses se coagule au bout de quelques heures à la température ordinaire et immédiatement à 45° ; une nouvelle coagulation a lieu de 75° à 75°. Il y existe donc, à côté d'une albumine analogue à celle du sang, d'autres substances albuminoïdes. On y trouve aussi de la caséine en quantité considérable : d'après Schültze 100 parties sèches de la couche moyenne de la carotide donnent 21 parties de cette dernière substance.

On a trouvé encore, dans la fibre lisse, de la créatine, de l'hypoxanthine, des acides gras volatils, des lactates[2].

Chose remarquable, les cendres de ces muscles sont plus riches en *sels de soude* qu'en *sels de potasse*.

On voit qu'il y a de l'analogie en même temps qu'une très-notable différence entre la nature des fibres lisses et celle des fibres striées.

---

[1] *Physiolog. Chem.*, t. III, p. 55.

[2] Dans les muscles des mollusques on a signalé de la créatine, de la créatinine, de la taurine et du phosphate acide de potasse. VALENCIENNES et FREMY, *Journ. de pharm. et chim.*, [3], t. XXVIII, p 401.

§ 2. — PROTOPLASMA CONTRACTILE.

On a dit au commencement de cet article comment se présente cette substance. On la trouve à peu près identique dans le règne végétal et animal : chez les animaux supérieurs surtout pendant la vie embryonnaire et fœtale ; dans les œufs non fécondés de mammifères, dans les cellules pigmentaires du tissu connectif, chez les infusoire, les rhizopodes, les amibes ; dans les appendices des spores et dans le pollen. Ces masses protoplasmatiques présentent toujours des mouvements actifs, ou des arrêts de mouvements lorsqu'on les soumet, dans certaines conditions, aux agents physiques, mécaniques et chimiques. Une chaleur de 20° augmente la contractilité des masses appendiculaires protoplasmatiques ; à une plus haute température cette contractilité diminue ; elle s'arrête et cesse à 45 ou 48°. Les courants électriques semblent, lorsqu'ils sont faibles, être sans influence sur elles, quoique Kühne ait cru devoir séparer le protoplasma contractile des infusoires et de l'embryon, qui se contracterait d'après lui par l'électricité, du protoplasma des globules blancs, des globules du pus et de celui des végétaux, sur lesquels l'électricité et les agents mécaniques seraient sans effet. La plupart des réactifs chimiques détruisent les mouvements du protoplasma ; les acides et les alcalis, même dilués, le coagulent ; plus concentrés, ils le détruisent. L'eau elle-même le dissout et le modifie peu à peu.

Le protoplasma contractile perd sa contractilité dans les gaz inertes et la reprend dans l'oxygène, s'il n'a pas été altéré.

Après la mort, le protoplasma se durcit et ne peut plus dès lors se contracter.

Il se coagule suivant son origine entre 35 et 50°, et perd ainsi la propriété de se contracter sous l'influence des excitants.

Le protoplasma contractile contient-il de la myosine ? Cela paraît probable vu la quantité de matière que le sel marin étendu au dixième ou l'acide chlorhydrique très-dilué dissolvent en agissant sur les animaux inférieurs qui sont plus spécialement formés de ce protoplasma.

Chez certains êtres (*Myxomycetes*) riches en protoplasma, on a démontré l'existence d'une grande quantité de glycogène[1].

CHAPITRE II

DES TISSUS CONJONCTIFS

ARTICLE PREMIER

ÉLÉMENTS DES TISSUS CONJONCTIFS

Le *tissu conjonctif*, appelé quelquefois *tissu cellulaire*, *tissu lamineux*, etc., est extrêmement répandu dans l'économie. Il a pour fonctions non-seulement de remplir les lacunes qui existent entre les diverses parties de l'organisme, mais aussi de servir de protection aux vaisseaux et aux nerfs qui pénètrent les organes, de former quelquefois autour de ceux-ci, des membranes qui les soutiennent, les brident, favorisent leurs glissements, leur servent d'attache. Quant il remplit les lacunes interstitielles, il se présente en général sous la forme d'un tissu trabéculaire lâche, auquel on a donné le nom de tissu aréolaire ; mais il peut prendre une forme déterminée et constituer les membranes fibreuses et séreuses diverses, les aponévroses, les tendons, les ligaments, la sclérotique, le périoste, etc[2].

Qu'il soit aréolaire ou lamineux, le tissu conjonctif proprement dit se compose 1° d'une substance résistante de forme fibrillaire, *fibrilles* ou *lames conjonctives* ; 2° d'une matière unissante plus ou moins abondante, qui sépare ces fibres et les relie les unes aux autres, 3° d'éléments cellulaires propres, ou corpuscules du tissu conjonctif, englobés entre les faisceaux de fibrilles conjonctives ; 4° enfin, de fibres élastiques très-déliées et très-rétractiles.

---

[1] Voir au sujet du protoplasma contractile. Kühne, *Das protoplasma*, Leipzig, 1864. Lieberkühn *Muller's Archiv*. 1854. — Brücke. *Denkschrifte, d. Wien. Akad.* t. IV. — Grimm. *Archiv. f. microscop. Anat.* 1872, t. VIII, p. 514.

[2] La cornée ne donnant pas à la coction de la gélatine mais de la chondrine, doit être rapprochée des cartilages.

Nous ne parlons pas des vaisseaux et des nerfs qui se trouvent dans tous les tissus.

Les *fibrilles* ou *lames résistantes* du tissu conjonctif forment un lacis de faisceaux plats dans les membranes, ou arrondis dans les tendons, encastrés au sein d'une masse transparente, et en apparence homogène, formée de lamelles pâles et minces. L'acide acétique affaibli gonfle les fibrilles et fait disparaître leurs faisceaux. On voit alors se dessiner les fibres élastiques et les cellules.

La substance unissante, fort peu abondante dans les tissus conjonctifs tendineux ou membraneux, peut être enlevée par l'eau de chaux ou de baryte qui dissocie rapidement, sans les altérer, les fibrilles conjonctives et les fibres élastiques.

Les corpuscules ou *éléments cellulaires* du tissu conjonctif paraissent comme noyés au milieu de la masse molle interfibrillaire. Il en est de diverses espèces. Les plus nombreux sont formés d'un protoplasma granuleux présentant, dans divers sens, des prolongements susceptibles de lents mouvements de contraction spontanée, et possédant un noyau granuleux, friable, à contour mal défini. D'autres cellules sont dénuées de prolongement et offrent un noyau à double contour; elles jouissent aussi de la contractilité. Une troisième espèce est privée de cette propriété; elle est remarquable par son aspect fusiforme[1]. Sous l'influence de l'eau, de l'acide acétique, de la mort du tissu, ces cellules se rétractent, et s'allongent tandis qu'apparaît leur noyau.

Les fibres élastiques du tissu conjonctif sont répandues dans ce tissu en plus ou moins grande quantité sous forme de fibrilles très-déliées, ou de membranes qui peuvent quelquefois envelopper les fibres conjonctives propres. Mais on les trouve spécialement dans cette variété du tissu conjonctif que l'on appelle *tissu élastique*, et dont sont constitués les ligaments jaunes de la colonne vertébrale, et la tunique moyenne des artères. Les fibres élastiques ne sont altérées ni par l'eau froide ou chaude, ni par l'acide acétique.

Outre le *tissu conjonctif proprement dit*, dont nous venons de déterminer les éléments, il existe deux tissus auxquels on a donné les noms de *tissu conjonctif muqueux* et de *tissu conjonctif réticulé*.

Le *tissu conjonctif muqueux* forme les masses d'apparences géla-

____

[1] Kühne, *Uber das Protoplasma*, p. 109.

tineuses du bulbe dentaire, du cordon ombilical, du corps vitré. Le *tissu conjonctif réticulé* fournit la charpente trabéculaire d'un grand nombre de ganglions lymphatiques, des amygdales, du thymus, de la rate, des follicules de l'intestin, ainsi que les membranes qui tapissent les ventricules cérébraux et le canal central de la moelle, membranes qui envoient des prolongements légers et innombrables à travers la substance grise et blanche, et forment ainsi un lacis ou substratum qui soutient les cellules et les axes nerveux. Ce tissu muqueux doit être histologiquement et chimiquement rapproché du tissu conjonctif proprement dit. Il existe surtout chez l'embryon et le jeune enfant. Ses masses sont peu à peu remplacées par le tissu conjonctif ordinaire, et il finit chez l'adulte par se confondre avec ce dernier à la périphérie des organes où il existe.

Le tissu muqueux est constitué par une substance fondamentale transparente, molle, striée, au milieu de laquelle on trouve des cellules étoilées ou fusiformes, entièrement analogues à celles du tissu conjonctif ordinaire. Le tissu réticulé est formé de trabécules allongées qui semblent partir des prolongements de ses cellules étoilées, et s'entourer d'une substance fibrillaire. Les espaces intertrabéculaires sont remplis de cellules lymphoïdes.

On verra que la substance molle transparente du tissu muqueux est la même que la matière unissante du tissu conjonctif ordinaire, mais qu'elle y existe seulement en plus grande quantité, et que les trabécules du tissu réticulé ont à peu près les propriétés chimiques des fibrilles conjonctives. En décrivant le TISSU CARTILAGINEUX nous dirons aussi que les cartilages dits *fibreux* et les cartilages *élastiques* ou *réticulés* sont, à part quelques cellules cartilagineuses propres, formés des mêmes éléments histologiques et ont la même composition chimique, que le tissu conjonctif proprement dit auquel ils succèdent souvent par une transformation graduelle et insensible.

Dans les deux articles suivants, nous décrirons successivement les propriétés chimiques des éléments que nous venons de signaler : 1° dans le tissu conjonctif ordinaire ; 2° dans les tissus conjonctifs muqueux et réticulé.

ARTICLE II

NATURE CHIMIQUE DES ÉLÉMENTS DU TISSU CONJONCTIF ORDINAIRE

§ 1. — ANALYSE IMMÉDIATE DU TISSU CONJONCTIF.

Nous avons vu dans l'article précédent que les éléments du tissu conjonctif ordinaire sont : (*a*) les fibrilles ou lamelles conjonctives propres; (*b*) la substance unissante des faisceaux de fibrilles; (*c*) les fibres élastiques; (*d*) les cellules ou corpuscules conjonctifs.

Toutes ces parties ont une constitution chimique spéciale qui permet de les isoler plus ou moins parfaitement[1].

Si l'on prend une membrane séreuse, telle que le péricarde, la plèvre, le péritoine, qu'on la lave et l'injecte d'eau, puis qu'on l'expose, encore humide, au froid produit par un mélange de neige et de sel marin, on pourra, grâce aux cristaux de glace qui se forment dans cette membrane, parvenir à la pulvériser dans uu mortier bien refroidi, et obtenir, après réchauffement, une bouillie claire qui, filtrée, donnera une solution riche en caséine et pauvre en albumine coagulable par la chaleur. Ces matières albumi-noïdes se retrouvent dans l'extrait aqueux des divers tissus conjonctifs. On est porté à croire qu'elles proviennent des cellules propres.

Le tissu, ainsi épuisé à l'eau froide, étant traité par de l'eau de chaux ou de baryte se dissocie en fibrilles. Si, après addition d'eau, on le laisse digérer à 40°, la substance unissante se dissoudra. On peut obtenir celle-ci en filtrant, lavant à l'eau, et saturant le *filtratum* par de l'acide acétique : elle se précipite alors sous forme de flocons amorphes. Il reste sur le filtre les fibrilles conjonctives, les fibres élastiques et une partie des cellules. Les premières se séparent par une solution d'acide sulfurique au millième qui les dissout entièrement. Le tissu élastique, l'enveloppe, et le noyau des cellules résistent. On isole la matière élastique en faisant bouillir successivement ce résidu avec de l'acide acétique concentré, de l'eau, de la soude diluée, réactifs qui n'agissent pas

---

[1] ROLLET, *Wiener Sitzungsberichte*, t. XXX, p. 43 et t. XXXIX, p. 308.

sur la substance élastique, mais qui détruisent la matière des cellules.

Les quatre éléments principaux du tissu que nous étudions peuvent être ainsi isolés de chacune des variétés de tissus conjonctifs, mais il vaut mieux, pour les obtenir séparément en quantité suffisante, prendre parmi ces tissus celui où prédomine l'élément que l'on recherche (voir *l'art. I*).

Faisons maintenant l'étude successive de ces diverses substances.

§ 2. — FAISCEAUX FIBRILLAIRES OU LAMINEUX DU TISSU CONJONCTIF. — GÉLINE.

On ne connaît pas de bon procédé pour préparer à l'état de pureté la substance qui forme les faisceaux fibrillaires résistants du tissus conjonctif. Elle ne s'obtient que mélangée d'un peu de tissu élastique. Elle a reçu le nom de *géline*.

Géline.

Pour préparer la géline presque pure, on peut prendre la vessie natatoire de l'esturgeon, comme le fait Gannal, ou encore les tendons qui ne contiennent qu'une petite quantité de cellules conjonctives et de matière élastique. Rollet (*loc. cit.*) découpe ces tendons en tranches très-fines, les épuise par de l'eau froide et les laisse séjourner plusieurs jours dans de l'eau de chaux ou de baryte qui dissout la matière unissante. Il les lave ensuite à l'eau, puis à l'eau acidulée *très-faiblement* d'acide acétique, enfin à l'eau pure. Le résidu, presque entièrement formé de la matière fibrillaire, contient encore un peu de la substance des cellules, et une faible proportion de tissu élastique.

La matière fibrillaire ainsi obtenue, a été appelée *géline* par Gannal[1]. Elle se présente sous forme d'un résidu transparent, insoluble dans l'eau qui augmente son volume sans altérer sa composition, se crispant un peu dans l'alcool et dans l'éther, tout à fait analogue à l'osséine dès os. Elle se gonfle considéra-

---

[1] *Des substances organiques,* thèse de Paris 1854. En Allemagne on a donné le nom de *collagènes* à toutes les substances aptes à se transformer en colle ou gélatine par la coction. La géline et l'osséine sont des substances *collagènes*.

blement dans les acides et les alcalis très-étendus, et s'y transforme lentement en produits solubles. Elle est durcie par le tannin.

Que la géline soit extraite des tendons[1] ou du tissu conjonctif aréolaire, son ébullition dans l'eau, et surtout sa coction à 120° pendant quelques heures dans la marmite de Papin, la transforment entièrement en une substance soluble, à laquelle on a depuis longtemps donné le nom de *gélatine*, et qui est identique avec celle que donne l'*osséine* du tissu osseux.

Lorsqu'on fait bouillir la géline dans l'eau, de vingt minutes à une heure, celle surtout qui provient des tissus conjonctifs aréolaires ou du derme, on la transforme, suivant Gannal, en une substance à laquelle cet auteur a donné le nom de *géléine*. Celle-ci a la propriété de retenir une grande quantité d'eau en se refroidissant, et de former ainsi une masse tremblotante, sans cohérence, douée d'un goût fade, et qui possède la propriété, quand on la fait bouillir longtemps, ou qu'on la déssèche et la redissout plusieurs fois, de se transformer peu à peu en *gélatine*. La géléine différerait de la gélatine en ce qu'elle manque de cohérence; en ce qu'exposée à l'air, elle se putréfie et dégage de l'ammoniaque, tandis que la gélatine se couvre de moisissures; en ce qu'un courant électrique la transformerait au bout de quelques minutes en une matière parfaitement fluide, tandis que la gélatine n'est ainsi nullement altérée; en ce que la gelée qu'elle forme avec l'eau, soumise à des refontes successives, perd rapidement la propriété de se tranformer en une substance gélatiniforme, capable de donner de la gélatine quand on la surchauffe.

La géline se dissout peu à peu dans les acides étendus même plus faibles, et se transforme à froid en gélatine. Il faut pour cela la traiter durant quelques jours par de l'acide sulfurique au centième, ou par de l'acide acétique très-dilué; les fibrilles se gonflent alors considérablement, puis se dissolvent. Il suffit de neutraliser ces solutions pour avoir de la gélatine mêlée de quelques sels, et d'une petite quantité de syntonine due aux substances albuminoïdes du protoplasma des cellules conjonctives.

---

[1] Les tendons, presque entièrement formés de géline, contiennent d'après Chevreul 62 pour 100 d'eau.

Les alcalis étendus font subir à la géline les mêmes transformations.

La géline, la gélatine et l'osséine ont la même composition. Nous décrirons la gélatine à propos du tissu osseux[1]. Le temps nécessaire à leur transformation en gélatine n'est pas le même pour les diverses variétés de faisceaux fibrillaires du tissu conjonctif.

§ 5. — SUBSTANCE UNISSANT LES FAISCEAUX FIBRILLAIRES.

On a vu qu'en laissant séjourner plusieurs jours les tendons finement hachés et lavés à l'eau pure dans un excès d'eau de chaux on dissout la substance unissante des fibrilles qui par ce moyen se dissocient entièrement. En filtrant alors la solution alcaline, et la précipitant par l'acide acétique, on obtient des flocons insolubles, transparents, qui ne sont autre que de la mucine. Pour purifier entièrement cette substance il faut après avoir ajouté une grande quantité d'alcool, qui permet d'enlever l'acide acétique, la laver à l'eau sur le filtre.

Quand on laisse séjourner un morceau de tissu conjonctif dans du nitrate d'argent très-dilué et qu'on l'expose ensuite à la lumière, le sel d'argent se réduit dans les espaces interfibrillaires, et cette réaction microscopique permet de suivre les ramifications déliées qui séparent les fibres. Cette réduction est-elle due à la substance unissante, est-elle due au protoplasma qui forme les prolongements des cellules propres du tissu? Dans l'état actuel de nos connaissances, on ne saurait répondre à ce sujet. Toujours est-il que cette même réaction permet de distinguer les espaces interépithéliaux des muqueuses, de l'épiderme, etc. où l'on retrouve aussi de la mucine. Nous décrirons les caractères chimiques de cette dernière en parlant des épithéliums et du mucus.

§ 4. FIBRES ÉLASTIQUES. — ÉLASTINE.

Pour préparer la substance des fibres élastiques, il faut choisir parmi les tissus conjonctifs ceux qui contiennent presque exclusi-

---

[1] Le tissu conjonctif embryonnaire ne paraît pas contenir de substance collagène, mais une autre matière albuminoïde qui ne donne pas de gélatine par sa coction (*Schwann et Schlossberger*).

vement ces fibres ; tels sont les ligaments jaunes de la colonne vertébrale et la tunique artérielle moyenne des grosses artères.

Voici d'après Schultze, la composition de ce tissu.

100 PARTIES FRAICHES DE LA TUNIQUE MOYENNE DE LA CAROTIDE DONNENT :

Eau	69.30
Substances sous forme d'éléments anatomiques insolubles	18.63
Albuminate de soude (caséine)	6.45
Albumine	2.27
Substances collagènes	?
Extrait alcoolique et aqueux	2.27
Sels solubles	0.74
Sels insolubles	0.34

Quand on opère avec le tissu conjonctif ordinaire, les fibres élastiques restent comme résidu du traitement par l'eau[1], par les acides et par les bases. Ces fibrilles, revenues sur elles-mêmes sous l'influence de leur propre élasticité, ont alors changé d'aspect. Quelle que soit leur origine, elles sont formées d'une substance à laquelle on a donné le nom d'*élastine*.

Élastine.

Cette substance se prépare comme il suit : un ligament cervical de bœuf ou de cheval est finement découpé au rasoir, et haché très-menu. On fait successivement bouillir cette matière avec de l'alcool, de l'éther, et de l'eau à 120° en tubes scellés ; on l'épuise ensuite par l'eau chaude de la gélatine qui s'est formée, et l'on met le résidu à bouillir avec de l'acide acétique assez concentré qui attaque et entraîne une partie des cellules conjonctives. Après avoir enlevé par l'eau ce dernier réactif, on fait bouillir la masse avec de la soude au dixième, qui détruit une portion du tissu des cellules, et sépare la mucine. On neutralise la base par un acide, on lave à l'eau, et on traite enfin la portion restée inattaquable par de l'acide chlorhydrique assez concentré, puis par de l'eau, jusqu'à ce que les liqueurs filtrées ne soient plus acides et ne contiennent pas de sels. Le résidu desséché est dur et jaunâtre ; il constitue la matière élastique, ou *élastine*, à peu près pure.

L'élastine est une substance insoluble dans l'eau, mais celle-ci

---

[1] Même quand on le chauffe à 120° en tubes scellés.

la gonfle et lui rend l'aspect du tissu primitif. Même à 120°, l'eau ne la transforme pas en gélatine. L'acide acétique ne l'attaque qu'après plusieurs jours de coction. L'action de l'acide chlorhydrique est un peu moins lente. L'acide sulfurique concentré dissout l'élastine à froid en l'altérant, car par la neutralisation de la liqueur on ne la précipite plus. Si l'on chauffe la dissolution sulfurique, il se forme de la leucine, mais pas de tyrosine. L'acide nitrique concentré dissout aussi l'élastine à froid, en la gonflant d'abord, puis la colorant en jaune.

L'élastine est attaquée, rendue soluble et transformée dans une solution concentrée et bouillante de potasse.

100 parties d'élastine contiennent d'après W. Muller :

$$C = 55.5 ; H = 7.4 ; Az = 16.7 ; O = 20.5.$$

Cette substance paraît être exempte de soufre.

§ 5. — CORPUSCULES DU TISSU CONJONCTIF.

Nous avons dit (p. 321) qu'il existait dans le tissu conjonctif trois espèces d'éléments cellulaires. On connaît bien peu de chose sur leur composition.

Le protoplasma granuleux de ces cellules, très-altérable à l'eau, résiste assez longtemps aux acides. Il contient une matière albuminoïde que l'acide chlorhydrique au millième réduit partiellement en syntonine. Leur noyau, formé de mucine pour une bonne part, résiste à l'acide acétique mais se dissout dans les alcalis.

ARTICLE III

MATÉRIAUX DES TISSUS CONJONCTIFS MUQUEUX ET RÉTICULÉ

On a défini plus haut ce que sont les tissus conjonctifs muqueux et réticulés, et dit pourquoi l'on a rapproché leur étude de celle du tissu conjonctif ordinaire. On ne connaît presque rien de leur constitution chimique.

Le *tissu conjonctif muqueux*, tel qu'il se trouve dans la gelée du cordon ombilical ou dans la pulpe dentaire, est formé de cellules étoilées, à noyaux très-nets, dont les trabécules embrassent une pulpe molle. Ces trabécules se changent quelquefois partiellement, dit-on, en fibres élastiques. Mais avant cette transformation elles ne se dissolvent pas dans les acides et se détruisent rapidement en présence des alcalis. La trame qu'elles forment donne de la gélatine par sa coction dans l'eau.

Le *corps vitré de l'œil* présente l'échantillon le plus simple et le plus intéressant du tissu conjonctif muqueux. Nous le décrirons plus loin en traitant des *tissus qui forment les milieux de l'œil.*

Le *tissu conjonctif réticulé* se rapproche plus que le précédent du tissu conjonctif ordinaire. Ses trabécules deviennent plus fibrillaires ; la substance molle qui les sépare dans le tissu précédent, disparaît pour être remplacée par un grand nombre de globules blancs provenant sans doute des vaisseaux ambiants.

Les trabécules de ce tissu se dissolvent dans les alcalis et l'acide acétique, mais elles résistent à la coction dans l'eau.

Nous parlerons au chapitre consacré à l'étude de la *Matière nerveuse* du tissu réticulé conjonctif des centres nerveux.

CHAPITRE III

DU TISSU ADIPEUX

ARTICLE PREMIER

CONSTITUTION DU TISSU ADIPEUX

Le tissu adipeux, l'un des plus simples de l'économie, est formé de cellules à noyaux de forme ronde ou polygonale, de diamètre variable, remplies chacune, plus ou moins complétement, d'une goutte de graisse (voir p. 330, *fig.* 11, *e, f*). Les noyaux cellulaires sont appliqués contre l'enveloppe (*fig.* 11, *a, b*). Ces cellules forment le plus souvent des aglomérations, en forme de grappes, logées dans les interstices du tissu conjonctif. Chacune de ces grappes est entourée d'un réseau capillaire serré qui sert à la nourrir.

Nous avons vu qu'il existait dans le tissu conjonctif diverses sortes de cellules. Certaines ont la propriété de s'infiltrer de graisse ; celle-ci remplit d'abord une petite portion de la cavité, envahit bientôt la masse entière, gonfle la cellule primitivement étoilée, et en fait une vésicule arrondie. C'est ainsi que se constitue la cellule adipeuse. Toutes les cellules conjonctives ne sont pas prédisposées à cet envahissement : les cellules du tissu conjonctif sous-dermique, se remplissent rapidement de corps gras sous l'influence de l'engraissement, tandis qu'il n'en est pas de même de celles des tendons par exemple. En traitant par l'alcool et l'éther une cellule adipeuse placée sous le microscope, on enlève les corps gras qu'elle contient, tandis que l'enveloppe reste comme résidu.

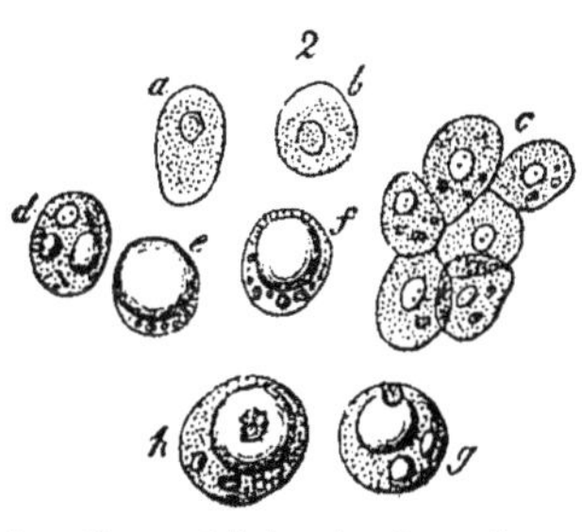

Fig. 11. — Cellules du tissu adipeux. *a, b, c*, cellules adipeuses non remplies de graisses — *f, g, h*, cellules contenant des globules graisseux — *e*, cellule presque pleine de graisses.

La graisse existe dans un grand nombre de liquides de l'économie, soit à l'état de gouttelettes libres très-divisées, soit à l'état de gouttes entourées d'une couche de protoplasma. Elle paraît être un produit de la dégénérescence de certains tissus ; on en trouve dans beaucoup de cellules, spécialement dans celles qui sont vieilles ou en train de se détruire, tels que les globules sanguins anciens. Elle se forme abondamment dans un grand nombre de tissus, comme le foie, le cœur, et dans les globules hématiques dans les cas d'empoisonnement ; mais elle se dépose toujours normalement dans la cellule spéciale du tissu adipeux.

Cette cellule adipeuse si elle est mal nourrie, si elle appartient à des individus amaigris, hydropiques, perd partiellement ou totalement son contenu graisseux (voir *fig.* 11, ci-dessus *g* et *d*). Elle devient jaunâtre, sa goutelette de corps gras diminue ; on observe entre elle et la paroi un liquide séreux qui bientôt remplit la cellule tout entière, et l'on peut souvent alors remarquer le noyau vésiculeux à bords bien nets de la cellule adipeuse qui pourra de nouveau se remplir de graisse si les conditions de nutrition de l'individu s'améliorent.

Quand on a extrait de la cellule adipeuse les corps gras qu'elle contient en la traitant par un mélange d'alcool et d'éther chaud, il reste une enveloppe mince, homogène, qui revient sur elle-même. Cette membrane résiste, à l'acide acétique, à l'acide sulfurique étendu, et même quelque temps, à l'action de la potasse. On pourrait la supposer formée de *kératine* ou de *matière élastique* si elle n'était aisément dissoute par le suc-gastrique[1].

ARTICLE II

DES GRAISSES

Occupons-nous maintenant des graisses qui remplissent la cellule adipeuse.

Le contenu de cette cellule est toujours liquide ou très-mou à la température du corps de l'animal ; il ne se solidifie qu'après la mort. On trouve quelquefois dans le tissu adipeux de petits cristaux de matière grasse sous forme d'aiguilles radiées qui peuvent remplir complétement les cellules, mais on pense que cette cristallisation se fait *post mortem*.

La graisse, avons-nous dit plus haut, peut exister dans l'économie en gouttelettes libres ou incluses dans un très-grand nombre de cellules diverses non adipeuses. On en trouve dans le chyle, surtout pendant la digestion, dans le sang, dans le lait, dans la salive, l'urine, le mucus, dans les diverses sérosités, dans les épithéliums de l'intestin, de l'estomac... dans un grand nombre de cellules, dans les globules rouges du sang, dans la moelle des os, dans beaucoup de tumeurs; mais on sait que plusieurs de ces dépôts de corps gras n'ont pas la composition de ceux qui se forment dans les cellules adipeuses et nous donnerons ailleurs des renseignements particuliers sur chacun de ces cas.

Voici, quoi qu'il en soit, quelques chiffres qui indiquent approximativement la richesse de divers tissus en matières grasses[2] :

---

[1] Gorup-Besanez, *Physiol.*, *Chemie* p. 154 et 589.

[2] Les auteurs ont souvent noté comme matière grasse tout ce qui se dissolvait par l'alcool et l'éther. Cette observation s'applique aux nombres du tableau suivant.

	Graisse dans 100 parties.
Tissu adipeux.	82.70
Moelle des os.	96.00
Muscles (suivant Bibra).	1.5 à 4.24
Chair de bœuf (suivant Liebig).. .	2.00
Cartilages..	1.30
Os..	1.4
Cerveau (suivant Fremy).	5 à 8.0
Foie sain (suivant Boudet). . . .	1.77
Sang humain total (suiv. Lecanu).	0.50 à 0.16
Chyle (suiv. Tiedmann et Gmelin).	2.18
Lymphe.	0.26 à 0.05

Corps gras. —Les mémorables travaux de Chevreul[1] sur les corps gras, ont démontré que par l'emploi de dissolvants appropriés, et employés méthodiquement, on peut résoudre les graisses en un certain nombre de principes immédiats. Le contenu des cellules adipeuses est principalement formé de leur mélange. Tous ces corps gras naturels sont des combinaisons neutres, véritables éthers, dédoublables sous l'influence des bases ou des acides et de l'eau, en un alcool spécial, la glycérine, et un acide gras qui diffère pour chacun d'eux. La glycérine est donc un terme constant[1], tandis que l'acide est variable pour chaque principe gras immédiat.

Les acides gras que l'on rencontre le plus habituellement dans les graisses sont : les acides stéarique, oléique, margarique, palmitique, quelquefois l'acide butyrique et quelques autres acides plus rares.

Ces acides sont appelés *gras* à cause de leur origine et de leurs propriétés physiques analogues à celles des corps d'où ils proviennent; mais ils ont de plus cette particularité qu'ils sont presque tous homologues, c'est-à-dire qu'ils appartiennent à une série dont les termes diffèrent entre eux par un certain nombre de fois CH^2, et présentent tous une grande similitude de propriétés physiques et chimiques.

Le petit tableau suivant donne la formule, le point de fusion et l'origine des acides gras naturels principaux :

	Formule.	Point de fusion.	Provenance.
Acide butyrique. . .	$C^4H^4O^2$	au-dessus de 20°	Beurre.
— palmitique. . .	$C^{16}H^{32}O^2$	— 60°	Graisses du tissu adipeux.
— margarique.. .	$C^{17}H^{34}O^2$	— 59°.9	Graisses du tissu adipeux.
— stéarique. . .	$C^{18}H^{36}O^2$	— 69°.2	Graisses du tissu adipeux.

[1] *Recherches chimiques sur les corps gras*, Paris, 1823.
[2] Au moins pour la plupart d'entre eux.

il faut ajouter un acide n'appartenant pas à cette série homologue et qui se trouve aussi dans les graisses de mammifères et dans l'huile d'olive en combinaison avec la glycérine : l'acide oléique $C^{18}H^{34}O^2$.

En outre l'acide valérique $C^5H^{10}O^2$, extrait par Chevreul de l'huile de dauphin ; l'acide caproïque $C^6H^{12}O^2$, qui d'après le même auteur se trouve en petite quantité dans le beurre de vache ; l'acide caprylique $C^8H^{16}O^2$, dont il existe des traces dans le beurre à côté de l'acide caprique $C^{10}H^{20}O^2$; l'acide myristique $C^{14}H^{28}O^2$, que l'on trouve dans le blanc de baleine avec l'acide palmitique (*Heintz*) ; l'acide cérotique $C^{27}H^{54}O^2$ de la cire d'abeille (*Brodie*)..., forment, le plus souvent, en combinaison avec la glycérine, des corps gras analogues à ceux que l'on a retiré des graisses du tissu adipeux des mammifères.

Dans ses belles études sur les corps gras [1]. Berthellot a montré que les principes immédiats que l'on pouvait séparer des diverses graisses se comportaient comme de véritables éthers de la glycérine et que les substances grasses auxquelles on donnait le nom de stéarine, margarine, oléine, etc. résultent de l'union des acides stéarique, margarique, oléique, etc. à la glycérine avec élimination d'eau ; que la glycérine $C^3H^8O^3$ est un véritable alcool, mais, un alcool triatomique $(C^3H^5)'''.3OH$, c'est-à-dire capable de donner trois séries d'éthers résultant de l'union d'une molécule de glycérine avec 1, 2, 3 molécules d'acide et élimination corrélative de 1, 2, 3 molécules d'eau. Les équations suivantes indiquent ces relations pour les corps gras dérivant de l'acide stéarique :

$$C^3H^5 \begin{cases} OH \\ OH \\ OH \end{cases} + C^{18}H^{35}O.OH = C^3H^5 \begin{cases} O.C^{18}H^{35}O \\ OH \\ OH \end{cases} + H^2O.$$

Glycérine.   Acide stéarique.   Monostéarine.   Eau.

$$C^3H^5 \begin{cases} OH \\ OH \\ OH \end{cases} + 2C^{18}H^{35}O.OH = C^3H^5 \begin{cases} O.C^{18}H^{35}O \\ O.C^{18}H^{35}O \\ OH \end{cases} + 2H^2O.$$

Glycérine.   Acide stéarique.   Distéarine.   Eau.

$$C^3H^5 \begin{cases} OH \\ OH \\ OH \end{cases} + 3C^{18}H^{35}O.OH = C^3H^5 \begin{cases} O.C^{18}H^{35}O \\ O.C^{18}H^{35}O \\ O.C^{18}H^{35}O \end{cases} + 3H^2O.$$

Glycérine.   Acide stéarique.   Tristéarine.   Eau.

Berthellot fit voir en outre que presque tous les corps gras

[1] Voir *Ann. chim. phys.* [3], t. XLI, p. 216, (1854).

naturels étaient des éthers à trois radicaux acides, c'est-à-dire qu'on pouvait toujours en extraire, par l'action des bases et de l'eau, trois molécules d'acide gras pour une molécule de glycérine, et que réciproquement on pouvait reproduire artificiellement les corps gras naturels, avec toutes leurs propriétés, par l'union directe de trois molécules d'acide gras à un molécule de glycérine avec élimination de trois molécules d'eau.

Nous pouvons donc être entièrement compris en disant que la graisse du tissu adipeux de l'homme est un mélange de tristéarine, tripalmitine, trimargarine, et trioléine[1], quatre principes gras immédiats se formulant et pouvant se produire comme il suit :

$$C^{57}H^{150}O^6 = C^3H^8O^3 + 3C^{18}H^{36}O^2 - 3H^2O.$$

Tristéarine.   Glycérine.   Acide stéarique.   Eau.

$$C^{54}H^{104}O^6 = C^3H^8O^3 + 3C^{17}H^{34}O^2 - 3H^2O.$$

Trimargarine[2].   Glycérine.   Acide margarique.   Eau.

$$C^{51}H^{98}O^6 = C^3H^8O^3 + 3C^{16}H^{32}O^2 - 3H^2O.$$

Tripalmitine.   Glycérine.   Acide palmitique.   Eau.

$$C^{57}H^{104}O^6 = C^3H^8O^3 + 3C^{18}H^{34}O^2 - 3H^2O.$$

Trioléine.   Glycérine.   Acide oléique.   Eau.

L'oléine et la margarine existent en petite quantité, dans la graisse humaine ; la stéarine et la palmitine, celle-ci surtout, s'y trouvent en quantités plus grandes. Ces quatre substances ont les points de fusion suivants :

Trioléine, — Liquide au-dessous de 10°.
Tripalmitine — 3 points de fusion, d'après Duffy[3] : 46°; 61°. 7 ; 62°.8.
Trimargarine de la graisse humaine — Fond, d'après Chevreul, à 44°.
Tristéarine, — 2 points de fusion, d'après Heintz : 55° et 71°.6.

On voit que c'est l'oléine surtout qui permet à la graisse de l'homme d'être liquide à la température du corps vivant, et même au-dessous, car elle conserve encore sa fluidité à 15°.

---

[1] On dit le plus souvent *stéarine, margarine, oléine,* noms qui leur sont donnés vulgairement depuis Chevreul, mais pour éviter toute confusion, il vaut mieux employer la terminologie *tristéarine, trimargarine, trioléine...* qui empêche toute confusion avec les éthers à 1 ou 2 radicaux acides.

[2] Heintz, dans une série de recherches dont on trouvera le résumé dans *Gmelin's Handbook,* t. XVI, p. 343 et 344, a mis en doute l'existence de ce corps dans la graisse humaine et divers autres corps gras. Ses expériences semblent démontrer qu'il existe de la palmitine dans ces substances, mais non qu'il n'y existe pas de margarine. Voir à ce sujet l'observation de Wurtz, *Ann. chim. phys.* [3], t. XLII, p. 116.

[3] Voir sur ces variations des points de fusion des corps gras, DUFFY, *Quart. Journ. of the chem. soc.,* t. V, p. 197, et *Ann. chim. phys.* [3], t. XLII, p. 118.

La graisse humaine contient en outre une matière colorante jaune qui s'y trouve en plus ou moins grande quantité et possède l'odeur et la saveur de la bile. Cette substance s'obtient en dissolvant cette graisse dans l'alcool bouillant, filtrant et précipitant par l'eau ; elle reste soluble dans ce dissolvant. Cet extrait est acide : il contient du chlorure de sodium et des sels à bases alcalines. Ces matières colorantes existent chez la plupart des espèces et disparaissent en partie par l'amaigrissement, mais moins rapidement que la graisse elle-même.

Nous n'avons pas à faire ici l'histoire des divers corps gras que l'on retrouve chez les animaux, encore moins de ceux que fournit le règne végétal, mais nous pouvons rapidement les comparer à la graisse humaine. Il existe entre tous les corps gras d'origine animale une analogie extrême ; ceux que fournissent les carnivores se rapprochent beaucoup de la graisse de notre espèce. Celle de jaguar se fige à 29° ; elle est jaune et d'une odeur désagréable. Celle de porc se prend entre 26° et 31° ; elle est à peine jaunâtre et formée de stéarine, de margarine, de palmitine et d'oléine. Les graisses des ruminants et des rongeurs diffèrent des graisses d'omnivores et de carnivores par leur plus grande consistance. Le suif de bœuf fond à 39°, et contient principalement de la stéarine unie à un peu de margarine et d'oléine. Le suif de mouton, est d'un blanc plus pur ; il se compose de stéarine et d'un peu de margarine, de palmitine et d'oléine avec une faible proportion d'un glycéride dérivé d'un acide odorant auquel Chevreul a donné le nom d'*acide hircique*, glycéride qui lui communique son odeur et sa saveur spéciale. Les graisses fournies par les animaux qui vivent dans l'eau, sont en général oléagineuses à la température de 15°. L'huile de dauphin donne de l'acide valérique, celle de la *balœna rostrata* de l'*acide dœglique* $C^{19}H^{36}O^2$ homologue de l'acide oléique... Enfin le beurre du lait des femelles de mammifères est lui-même formé d'un mélange de glycérides dont les principaux sont : la stéarine, la margarine, l'oléine, la butyrine, la caproïne, la caprine, la palmitine, la myristine et la butyne.

Nous venons de voir, que la nature des graisses, au moins de celles qui sont retirées du tissu adipeux, est très-analogue chez les diverses espèces. Varie-t-elle avec l'âge, le sexe, la constitution, l'état physiologique ou morbide ? Il y a tout lieu de le croire. Nous savons déjà que par l'amaigrissement, la graisse diminue

dans la cellule adipeuse, qu'elle jaunit et même peut se transformer en sérosité. Mais sur un sujet si délicat et à peine abordé
l'on ne saurait rien dire encore de bien précis.

Analyse immédiate des graisses. — Nous ne pouvons traiter
ici complétement le problème si complexe de l'analyse immédiate
des corps gras. Nous renvoyons pour sa solution complète aux
travaux de Chevreul et de Heintz cités plus haut ; nous bornant à
donner dans cet article quelques renseignements généraux et
pratiques.

Les graisses étant contenues dans les cellules du tissu adipeux, on
les obtiendra en découpant à petits morceaux et lavant à l'eau ce
tissu, que l'on mettra ensuite à fondre dans de l'eau presque
bouillante ; les graisses viendront alors nager à la surface. On re-
trouvera les enveloppes du tissu adipeux, et les substances solubles, dans la couche aqueuse inférieure. Les graisses, encore chaudes, seront filtrées dans un linge fin, et dissoutes dans de l'alcool
bouillant. Cette solution étant précipitée par un excès d'eau, les
corps gras surnageront, et les substances colorantes resteront en
solution dans le liquide alcoolique avec les sels alcalins que ces
graisses auraient pu entraîner. On procédera alors à la séparation des principes gras immédiats. Pour cela les graisses seront
refroidies à 0°, et les parties solides séparées des portions liquides par la presse. L'opération ayant été repétée un certain nombre de fois, chacune des portions ainsi mises à part sera saponifiée
par un petit excès de litharge, et d'eau et les savons de plomb, lavés à l'eau jusqu'à refus, seront alors épuisés par les dissolvants
successifs : éther, alcool, etc. (*Chevreul*). Pour séparer les acides
gras chacun de ces savons sera décomposé par l'acide chlorhydrique
chaud ; ou bien, l'ayant transformé par la potasse en savon alcalin,
on précipitera celui-ci en ajoutant à la liqueur un excès de sel marin, on le décomposera par de l'acide chlorhydrique chaud, et l'on
séparera grossièrement par la presse chaque groupe d'acides ainsi
mis en liberté. On le dissoudra dans l'alcool et on le précipitera
par une faible quantité d'une solution alcoolique d'acétate de magnésie. Le savon de magnésie qui se forme sera mis à part. On traitera ainsi successivement la totalité de l'acide gras qui est en solution : les premières portions précipitées contiendront le stéarate
de magnésie presque pur ; les dernières, le palmitate. On reprren-
dra chaque portion intermédiaire ; on en séparera l'acide gras par

une solution chaude d'acide chlorhydrique et on agira sur cette partie par précipitations fractionnées et séparations, comme on l'avait fait pour la totalité. En répétant ces opérations, un certain nombre de fois, on pourra arriver à séparer nettement des acides gras à points de fusion fixe (*Heintz*).

Si la matière grasse à analyser se trouvait non plus dans le tissu adipeux, mais dans un liquide ou un organe quelconque, elle pourrait alors être mêlée d'acides gras libres, de cholestérine, de savons neutres... Il faudrait dans ce cas dessécher la substance, broyer le résidu avec deux ou trois fois son poids de sable, l'épuiser à l'éther, puis à l'alcool ; évaporer l'extrait alcoolique, le reprendre par l'éther, enfin mélanger les solutions éthérées et les évaporer. Si l'on fait alors bouillir ce dernier résidu avec une solution de carbonate de potasse, on saturera les acides gras libres : en évaporant cette liqueur et reprenant le résidu par l'éther, on enlèvera la cholestérine et les corps gras neutres. On pourra dès lors, traiter ce mélange au bain-marie, par une solution alcoolique de potasse, qui saponifiera les graisses, puis reprendre par l'éther qui enlèvera seulement la cholestérine. En faisant passer dans le résidu un courant d'acide carbonique à refus, pour carbonater l'excès de potasse employé, et en reprenant par l'alcool concentré, on enlèvera les savons gras et la glycérine. Les divers savons pourront être enfin séparés par la méthode de Chevreul ou par celle de Heintz, comme il est dit ci-dessus.

ARTICLE III

ORIGINE ET DÉSASSIMILATION DES GRAISSES DANS L'ÉCONOMIE

Je pense que c'est à Liebig que revient l'honneur d'avoir émis le premier, en 1842, l'opinion que les animaux peuvent former de la graisse de toute pièce[1]. A cette époque Dumas, Boussingault et Payen[2], en France, Tiedmann et Gmelin, en Allemagne, croyaient que les graisses accumulées dans l'organisme des her-

---

[1] Liebig, *Ann. d. Chem. u. Pharm.*, t. XLI, p. 273, t. XLV, p. 112, t. XLVIII, p. 126 et *Compt rend.*, Paris, 1843, t. XVI, p. 552. *Ibid,*, p. 663.

[2] Dumas, *Compt. rend.*, t. XV, p. 702. Dumas, Boussingault et Payen, *Ibid.* t. XVI, p. 345.

bivores provenaient entièrement des corps gras de leurs fourrages. Liebig montra que les oies, les porcs engraissés, peuvent fournir plus de graisses que n'en contenaient leurs aliments et qu'au
moins une partie de ces corps gras provient des fécules, des
gommes, et des sucres absorbés. Nous reviendrons, du reste,
sur ce sujet en parlant de la *nutrition générale* (*Livre III*).

En France, Magendie[1], Boussingault[2], Persoz[3], en Angleterre,
Playfair[4], vinrent définitivement établir la vérité de la théorie de
Liebig. Du reste, dès 1817, Hubert (de Genève), et Bretonneau
avaient observé que les abeilles nourries avec du sucre pur, faisaient de la cire, expérience confirmée en 1843 par Dumas
et Milne Edwards, et cette observation aurait pu, si elle n'était
restée si longtemps inaperçue ou niée, faire admettre qu'en effet
les corps gras peuvent dériver dans l'économie du dédoublement
de la fécule ou des sucres.

Que les graisses soient, en partie, fournies en nature par les matières grasses des aliments, et qu'après avoir été absorbées elles
passent dans le sang et de là dans le tissu adipeux, cela ne paraît
presque pas devoir être nié. Mais n'oublions pas que c'est encore une hypothèse, qui pour avoir pour elle une grande probabi-
lité n'a pas été absolument démontrée par l'expérience.

Rappelons-nous aussi que quelque variée que soit l'alimentation des divers herbivores, les graisses qu'ils accumulent dans
leurs tissus sont à peu près identiques, et que pour un même animal les corps gras retirés du sang, du lait, du cerveau, de la
moelle des os, du tissu adipeux diffèrent entre eux extrêmement.
Ces deux séries de faits ne sont pas, on le voit, en faveur de l'assimilation directe des principes gras.

Il nous reste à aborder une question embarrassante. Cette partie
des graisses, qui s'est formée de toute pièce dans le corps de l'animal, provient-elle réellement du glucose introduit dans l'économie par les aliments, comme le pensait Liebig, ou bien la graisse
résulte-t-elle d'un dédoublement plus complexe encore, et n'a-t-elle
pas pour origine les matières albuminoïdes elles-mêmes?

---

[1] *Compt. Rend.*, 1843, t. XVI, p. 554.

[2] *Recherches sur la formation de la graisse chez les animaux*, 1845. *Même recueil*, t. XX, p. 1736.

[3] Note *sur la formation de la graisse chez les oies. Même recueil*, t. XXI, p. 20.

[4] La quantité de beurre contenu dans le lait des vaches laitières l'emporte sur le poids
des graisses que l'on trouve dans leurs fourrages. *Philosoph. Magaz.*, t. XXVIII, p. 281.

Il est incontestable, aujourd'hui, que l'on peut sinon engraisser normalement, au moins augmenter notablement les graisses d'un animal, en le nourrissant exclusivement de viande exempte de corps gras. D'après Pettenkoffer et Voit, si l'on donne à un carnivore une alimentation très-riche en matières albuminoïdes et très-pauvre en graisses, l'azote reste à peu près en équilibre, mais il y a beaucoup moins de carbone éliminé qu'il n'y en a d'absorbé, ce qui revient à dire que la matière protéique en se dédoublant doit donner naissance à de la graisse ou à des corps analogues. D'un autre côté les expériences de Claude Bernard sur la formation du glycogène ont montré que cette substance se produit dans le foie avec une alimentation entièrement exempte de graisses et d'hydrates de carbone. Cette remarquable observation permet de s'expliquer un peu mieux comment les matières albuminoïdes sont aptes, par leur dédoublement, à fournir des graisses à l'animal [1] ; et dans tous les cas, nous ne voyons plus dans la genèse des corps gras, l'absolue nécessité des hydrates de carbone introduits par l'alimentation, puisqu'il s'en forme dans le foie aux dépens de la viande elle-même. Aussi peut-on entretenir la vie d'un animal avec de la viande seulement, et augmenter même ainsi le poids de sa graisse. Il faut seulement, dans ce cas, fournir à l'économie un poids de matières albuminoïdes très-considérable.

Des expériences certaines prouvent-elles qu'une partie tout au moins des hydrates de carbone ingérés, changés en sucre par la digestion, peuvent se transformer en corps gras dans l'économie ? L'expérience de Hubert, citée plus haut, et l'observation vulgaire que les féculents sont, de toutes les substances alimentaires, celles qui, chez les herbivores, amènent le plus rapidement la polysarcie, semblent devoir résoudre affirmativement cette question. Mais rappelons-nous toujours que pour que cet effet ait lieu il est nécessaire que l'alimentation soit normale, c'est-à-dire

[1] Cl. Bernard avait émis en 1849 (voir *Gazette médicale*), l'opinion que la graisse se produit dans le foie, parce que le sang exprimé de cet organe, quelle que soit l'alimentation fournie à l'animal est toujours laiteux et contient un excès de graisses. Mais il faut ne pas oublier que le sang des veines sus-hépatiques est toujours plus pauvre en graisses que celui de la veine-porte. La production des acides gras par les matières albuminoïdes ne doit pas nous surprendre, si nous nous rappelons que ces acides se forment quand on oxyde l'albumine ou quand on l'abandonne à la décomposition spontanée ; que la fibrine donne de l'acide butyrique par sa putréfaction, et que la graisse de cadavre, qui contient beaucoup de stéarate, palmitate, oléate et margarate d'ammoniaque, paraît être une transformation analogue de la chair musculaire.

qu'elle soit mixte, et que le rapport entre les hydrates de carbone, les graisses, les matières albuminoïdes et les sels minéraux se maintienne dans de certaines limites hors desquelles les lois de l'assimilation physiologique ne s'appliquent plus (*voir* Ire PARTIE, *Alimentation*). Par exemple, Pettenkoffer et Voit ont observé qu'un chat nourri de pain en abondance avait fini par mourir inanitié au bout de trois semaines, et que ses tissus étaient presque entièrement exempts de corps gras. Les expériences de ces auteurs semblent démontrer, du reste, que les sucres agissent pour protéger l'oxydation des graisses plutôt que pour se transformer eux-mêmes en corps gras.

Les graisses absorbées dans l'intestin pénètrent dans les chylifères sous forme de glycérides à peine saponifiées. On les retrouve dans le sang au bout de douze heures entièrement transformées en savons alcalins.

Que devient la glycérine? Comment les corps gras neutres se régénèrent-ils? On peut engraisser parfaitement des chiens en les nourrissant de viande maigre, de fécule et d'acides gras à l'état de savons, c'est-à-dire sans leur fournir trace de glycérine toute formée. Il est donc probable que cette substance ou ses combinaisons peuvent se reproduire dans l'économie. Pasteur a jeté quelque jour sur cette question, en montrant que la glycérine est, avec l'alcool, l'acide carbonique et l'acide succinique, un produit de la fermentation vineuse des sucres. Nous avons vu (IIe PARTIE, *Chapitre prélimaire*), que si par leurs transformations les matières albuminoïdes donnent des acides gras, on n'a pas encore signalé de glycérine parmi leurs dérivés ; il nous paraît donc que cette importante substance a pour origine, dans l'économie, les sucres et les autres hydrates de carbone.

Comment les graisses sont-elles désassimilées? On a dit plus haut que lorsque l'animal maigrit, la graisse contenue dans la cellule adipeuse diminue et est remplacée partiellement ou totalement par de la sérosité, en même temps que l'enveloppe cellulaire revient notablement sur elle-même. La graisse disparaît très-probablement par oxydation, et se transforme définitivement en eau et acide carbonique, non sans passer par un certain nombre de termes intermédiaires qui nous échappent encore aujourd'hui. Elle est sans doute enlevée par le sang dès que celui-ci n'est plus saturé de corps gras et enrichi en sucres par les aliments. Elle se saponifie ensuite dans le plasma sanguin et se brûle à la manière des autres sels à acides organiques. On retrouverait les termes intermédiaires de cette combustion[1], soit dans la partie des matières extractives du sang soluble dans l'alcool ou l'éther, soit peut-être dans le tissu adipeux lui-même quand, par les dissolvants, on l'a privé de ses corps gras.

Cette oxydation des graisses devient la source d'une calorification énergique. On sait combien les personnes amaigries sont plus sujettes au froid. On sait encore que les exercices musculaires, qui consomment une grande quantité de chaleur, font disparaître rapidement les corps gras. Ceux qui s'occupent de l'engraissement n'ignorent pas que l'animal croît d'autant plus vite qu'il fait moins de mouvements. Il semble même que les impressions que fait naître chez l'animal le sens de la vue, les passions affectives, contribuent notablement à l'amaigrir ; dans beaucoup de pays, on crève les yeux aux canards, et on conserve dans l'obscurité la plus profonde les animaux que l'on veut engraisser outre mesure.

CHAPITRE IV

DES TISSUS CARTILAGINEUX

§ 1. — CLASSIFICATION ET CONSTITUTION DES TISSUS CARTILAGINEUX.

Les cartilages sont formés d'un tissu compacte, résistant, blanc opaque, jaunâtre, ou simplement hyalin, qui revêt les extrémités articulaires des os, ou forme, comme dans la trachée, des tuniques protectrices à certaines cavités.

Comme on va le voir, il n'existe pas de limite bien précise, au point de vue histologique et chimique, entre les tissus conjonctif et cartilagineux.

On distingue trois espèces de cartilages : — 1° Les *cartilages à substance fondamentale conjonctive* ou *cartilages fibreux*

---

[1] Ce sont très-probablement les acides gras de la série de l'acide acétique et les acides homologues de l'oxalique ; ils doivent se trouver à l'état de sels alcalins. On a, du reste, rencontré plusieurs de ces acides dans les urines, entre autres l'acide succinique, surtout après l'ingestion abondante de graisses.

(*fig.* 12), formés de faisceaux de fibres de tissu conjonctif[1], entremêlées de fibres élastiques et de corpuscules du même tissu, mais ayant de plus des cellules propres, dont nous parlerons plus bas, cellules qui caractérisent le tissu cartilagineux. Ces cartilages, on le voit, contiennent tous les éléments du tissu conjonctif, et l'on peut suivre, en effet, souvent la transformation insensible de l'un à l'autre, par exemple, à l'extrémité des tendons qui, constitués par du tissu conjonctif, se terminent par du cartilage fibreux. Le tissu cartilagineux à substance conjonctive forme les disques intervertébraux, les cartilages tarses des paupières, une partie des cartilages arythénoïdes, les symphyses;

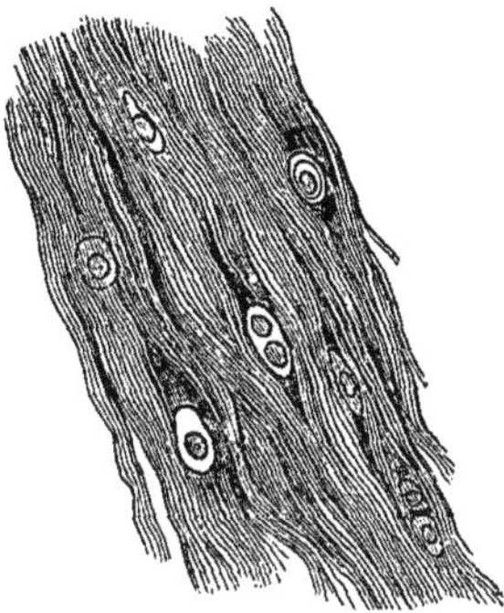

Fig. 12. — Cartilage fibreux.

il se continue le plus souvent avec le cartilage ordinaire ou hyalin.

2° Les *cartilages élastiques* ou *réticulés* (*fig.* 13), qui se trouvent dans l'épiglotte, qui forment le pavillon de l'oreille, la partie cartilagineuse de la trompe d'Eustache, une portion des cartilages arythénoïdes et les ligaments jaunes, sont formés de fibrilles *b* minces, courtes, irrégulières, hyalines ou foncées, enchevêtrées en tous sens et entremêlées de cellules cartilagineuses contenant un seul, et rarement deux noyaux lisses ou granuleux à nucléoles *a, a.* Les fibrilles sont en très-grande partie formées de *matière élastique* (*voir* TISSU CONJONCTIF), mais il existe entre elles une petite quantité de substance cartilagineuse hyaline qui donne de la chondrine par sa coction dans l'eau.

3° Les *cartilages hyalins*, qui sont le tissu cartilagineux type (*fig.* 14), revêtent chez l'adulte les extrémités articulaires des os, forment les cartilages costaux, ceux du nez, les anneaux de la trachée, etc. En certains points, comme dans les cartilages arythénoïdes, ils se transforment insensiblement dans les espèces précédentes.

Le cartilage hyalin est formé d'une substance fondamentale homogène, légèrement striée, blanchâtre ou à peine jaunâtre, opalescente, un peu granuleuse, au sein de laquelle sont creusées, en

---

[1] Donnant de la gélatine par la coction.

plus ou moins grand nombre, des cavités limitées par une substance plus dense qui porte le nom de *capsule cartilagineuse*. Dans cette cavité, et la remplissant entièrement, se trouve une cellule spéciale, la *cellule cartilagineuse*, formée d'un protoplasma granuleux dénuée de membrane et armée d'un noyau vésiculeux à nucléoles. Le protoplasma renferme des granulations et souvent des gouttelettes de graisse. Les cellules cartilagineuses ont de $0^{mm},011$ à $0^{mm},020$ de diamètre, et quelquefois plus.

Ainsi, ce qui caractérise le cartilage ordinaire ou hyalin, c'est sa substance fondamentale presque homogène, ne donnant pas de gélatine à la coction, et contenant à peine des traces de fibrilles élastiques. A l'opposé de la partie intercellulaire des deux espèces de cartilages précédents, cette substance fondamentale paraît être un produit de transsudation des cellules cartilagineuses qui seules existent au début de la vie embryonnaire, pressées les unes

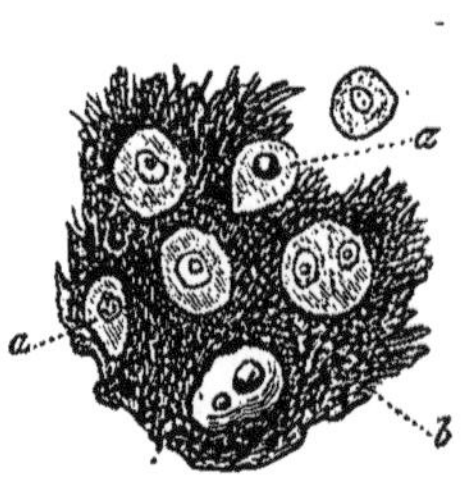
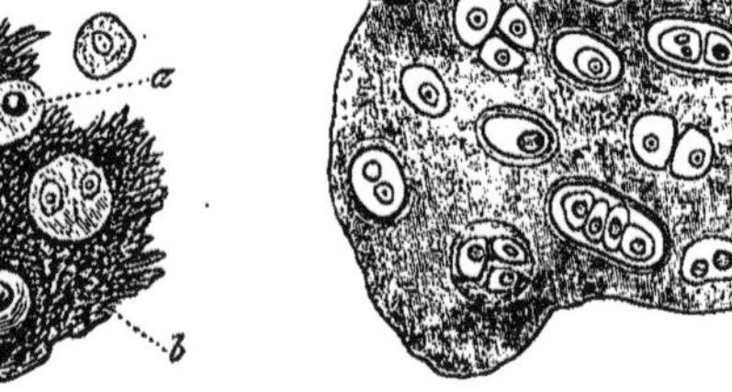

Fig. 13. — Cartilage élastique ou réticulé.   Fig. 14. — Cartilage hyalin.

contre les autres. Il semble qu'autour de la cellule se forme d'abord la capsule cartilagineuse, et que celle-ci se réunissant aux capsules voisines, produit ainsi la substance fondamentale du cartilage hyalin. La matière qui la constitue donne par la coction non de la gélatine, mais de la chondrine (*voir plus loin*).

Nous ne pouvons décrire, dans cet article, que le tissu cartilagineux de l'adulte. Chez l'embryon, il n'a été encore que mal étudié ; sa substance fondamentale est rare et molle ; sa composition est inconnue ; à cette époque de la vie elle ne fournit, par l'eau surchauffée, ni gélatine, ni chondrine [1].

Les phénomènes de nutrition et de désassimilation du cartilage sont peu actifs. En général ce tissu est dépourvu de vaisseaux et

[1] Voir à ce sujet Hoppe-Seyler, dans *Virchow's Archiv.*, t. V, p. 182.

se nourrit, soit par la membrane conjonctive ou périchondre qui le recouvre, soit par les vaisseaux de l'os sous-jacent. Quand il est détruit, le cartilage ne se régénère plus.

§ 2. — COMPOSITION DES TISSUS CARTILAGINEUX.

Le tissu cartilagineux ordinaire, ou hyalin, est formé d'une substance flexible, blanche ou à peine jaunàtre, opalescente, résistante à la pression, cassante à la traction ; sa densité est de 1,15 ou 1,16.

La composition générale de la substance cartilagineuse varie beaucoup avec l'âge et suivant les divers organes d'où elle provient ; la proportion d'eau qu'elle contient oscille entre 54 et 73 p. 100 ; les matières organiques et inorganiques sont entre elles dans un rapport peu constant. Hoppe-Seyler a donné les analyses suivantes des cartilages d'un jeune homme de vingt-deux ans, suicidé :

	Cartilages costaux.	Cartilages articulaires des genoux.
Eau.	67.67	73.59
Matières organiques.. . . .	30.13	24.87
Matières minérales. . . .	2.20	1.54
	100.00	100.00

Le poids des graisses du tissu cartilagineux varie de 2 à 5 p. 100. Leur nature est mal connue.

La matière des cartilages réduite en pulpe et traitée par l'eau, donne un extrait aqueux alcalin, contenant une substance albuminoïde précipitable par l'acide carbonique, ainsi que quelques globules de corps gras. Il est probable que ces divers principes proviennent du protoplasma des cellules.

Mais la masse du tissu cartilagineux résiste à l'action de l'eau; même aidée des acides ou des bases. Il faut chauffer ce tissu avec de l'eau à 120° en tube scellé, pour le transformer en une substance soluble, la chondrine, dérivant de la matière intercellulaire.

Faisons successivement l'histoire chimique des divers éléments constitutifs du cartilage.

Substance fondamentale du cartilage. Cartilagéine. — La

matière fondamentale du cartilage hyalin est spécialement formée,
chez l'adulte, d'une substance à laquelle on a donné le nom de
cartilagéine, substance qui se distingue de l'osséine et de la matière fibrillaire du tissu conjonctif, en ce qu'elle donne, par sa
coction dans l'eau à 120°, non de la gélatine, mais de la chondrine. La matière qui forme les capsules cartilagineuses paraît
avoir la même composition que la substance fondamentale, quoiqu'elle résiste plus longtemps qu'elle à l'action de l'eau[1]. D'après
Heidenhain, certains cartilages articulaires traités par un mélange
d'acide nitrique et de chlorate de potasse, se dissocient en îlots
comprenant chacun une ou deux capsules, ce qui semblerait
peut-être indiquer dans la masse fondamentale des interstices
remplis d'une matière encore indéterminée. L'eau bouillante agit
à peu près de la même manière.

Les granulations de la substance fondamentale du cartilage se
dissolvent dans la potasse, dans les acides chlorhydrique et sulfurique chauds, et possèdent les réactions générales des matières protéiques. Elles sont insolubles dans l'éther et l'acide acétique.

La substance fondamentale du *cartilage fibreux* a la même composition que le tissu conjonctif des tendons. Celle du tissu réticulé
est un mélange de cartilagéine et d'osséine donnant à la fois, par
sa coction, de la chondrine et de la gélatine.

On a dit que chez le fœtus la substance fondamentale ne fournit, par l'eau surchauffée, ni gélatine ni chondrine.

Cartilagéine.

C'est la matière qui forme la partie principale de la substance
fondamentale du cartilage. Elle est à peine connue. On l'obtient
dans un état de pureté imparfaite en épuisant successivement les
cartilages articulaires réduits en pulpe, par de l'eau pure, de l'eau
acidulée, de l'eau légèrement ammoniacale, puis desséchant et reprenant par un mélange d'alcool et d'éther. Il est presque impossible d'en isoler entièrement la matière des cellules.

Cette substance ne se gonfle pas dans l'eau, à peine dans l'acide
acétique. Elle ne paraît pas être altérée par les acides ou par les

---

[1] Scherer (*Ann. d. Chem. u. Pharm.*, t. XL, p. 46) a trouvé dans la substance
qui forme le cartilage des côtes prise en bloc : $C = 49.4$ à 50.9 ; $H = 7.1$ à 7.96 ;
$Az = 28.5$ à 27.2 ; $O = $ *le complément.*

bases étendus. Schultze a toutefois avancé que, longtemps traitée par les acides ou par les alcalis dilués, elle peut donner de la gélatine. Mais cette réaction est très-contestée.

La cartilagéine, chauffée vingt-quatre heures avec de l'eau bouillante, ou deux à trois heures dans la marmite de Papin à 120°, se transforme en chondrine.

Chondrine[1].

Après avoir fait bouillir quelques instants dans l'eau un morceau de cartilage, on le racle pour enlever la membrane formée de tissu conjonctif qui le recouvre, on le hache, et on le chauffe quelques heures avec de l'eau à 120°; on filtre, pour séparer les éléments insolubles (cellules, matière élastique...), on précipite la solution par l'acide acétique, et on épuise le précipité par l'alcool et l'éther. On obtient ainsi la chondrine humide à peu près pure. En la desséchant elle laisse une masse dure, transparente, cornée, miscible à l'eau avec laquelle elle forme une gelée. Elle ne possède ni odeur, ni saveur.

L'analyse de la chondrine a donné les résultats suivants :

	MULDER. Cartilages costaux.	SCHRÖDER Cartilages de vache.
C.. . . .	49.5	49.5
H. . . .	6.6	6.6
Az. . . .	14.4	»
S. . . .	0.4	»
O..	»	»

Ces nombres se confondent presque, pour le carbone et l'hydrogène, avec ceux que donnent la gélatine et l'osséine; mais l'azote est pour la chondrine très-sensiblement inférieur.

La chondrine est une de ces substances dont on ne saurait affirmer la solubilité dans l'eau. Même en minime proportion, elle lui communique l'état gélatiniforme. Cette demi-solution, chauffée à 140°, devient parfaitement liquide. Les alcalis et les acides rendent aussi la liquidité complète.

Les solutions de chondrine dans l'eau pure ou alcaline dévient à

---

[1] J. Muller, *Pogg. Ann.*, t. XXXVIII, p. 305. — F. Simon, *J. Chem. med.*, t. I, p. 108. — Vogel, *J. pr. Chem.*, t. XXI, p. 426. — Hoppe, *id.*, t. LVI, p. 29. — Mulder, *Ann. Chem. Pharm.*, t. XXVIII, p. 528.

gauche la lumière polarisée. Le pouvoir rotatoire spécifique pour la lumière jaune est de 213° 5; les alcalis dilués le diminuent; ils l'augmentent au contraire, et font plus que le doubler s'ils sont très-concentrés; mais dans ce cas, la substance primitive s'est transformée (*voir plus bas*).

Les acides précipitent la chondrine; ces précipités sont solubles dans un excès. Toutefois les acides sulfureux, pyrophosphorique, fluorhydrique, arsénique, oxalique, tartrique, citrique, lactique, succinique, acétique, ne redissolvent pas ces précipités. La précipitation par ce dernier acide est empêchée par la présence des sels alcalins neutres; aussi l'acide acétique produit-il à peine un louche dans les solutions de chondrine impure.

Après avoir été traitée par les acides minéraux, la chondrine se dissout parfaitement dans l'eau, et ne précipite plus par l'acide acétique ou l'alun; on a toutefois eu le tort d'admettre qu'elle était ainsi transformée en gélatine, car cette solution ne se trouble ni par l'acide tannique, ni par l'acétate de plomb.

L'acide sulfurique concentré dissout la chondrine, avec laquelle il forme un sirop qui, dilué et mis à bouillir avec de l'eau, donne de la leucine, mais pas de glycocolle[1].

L'alun et le sulfate d'alumine, les sulfates de cuivre, de fer, les nitrates de mercure, les acétates neutres et basiques de plomb, les sels d'argent précipitent abondamment la chondrine[2]. Les précipités dus aux sels d'aluminium, de cuivre et d'argent se dissolvent dans un excès de ces composés. Les précipités formés par l'alun et le sulfate de cuivre disparaissent dans les sels alcalins, et leurs acétates. Les précipités que donnent les acétates de plomb, le sulfate d'argent, et le sulfate ferrique se redissolvent en chauffant. Le tannin ne produit qu'un très-léger trouble dans les solutions de chondrine *pure*.

Le ferrocyanure de potassium ne précipite pas la chondrine. La précipitation de cette substance par les sels d'aluminium et l'acétate de plomb, les sulfates de fer et de cuivre, et sa non-précipitation par le chlorure de mercure la distinguent de la gélatine.

Par sa digestion avec une lessive de potasse la chondrine est transformée en un composé soluble, précipitable par l'acide tan-

---

[1] OTTO, *Ann. Chem. Pharm.*, t. CXLIX, p. 119.

[2] Le sublimé-corrosif donne seulement un louche que l'on attribue à un peu de gélatine.

nique et le ferro-cyanure de potassium acidifié par l'acide chlorhydrique ; ce dernier précipité est soluble dans le ferro-cyanure en excès.

La chondrine longtemps bouillie avec de l'acide chlorhydrique, que l'on renouvelle de temps à autre, donne un glucose très-remarquable [1] (*Bœdeker et Fischer*). Pour l'isoler, on enlève la majeure partie de l'acide chlorhydrique, en chauffant la solution avec de la litharge ; on filtre et l'on précipite par l'acétate basique de plomb ammoniacal. Ce précipité, après avoir été lavé, est décomposé par le gaz sulfhydrique, et la solution est évaporée. Le sucre reste comme résidu. Le *chondro-glucose*, pourvu qu'on n'ait pas prolongé trop longtemps l'ébullition avec l'acide chlorhydrique, dévie vers la gauche la lumière polarisée ; il n'éprouve que lentement et incomplétement la fermentation alcoolique. Le sucre qui reste est infermentescible et dévie encore vers la gauche, mais moitié moins que le sucre primitif ; il réduit les solutions cupro-potassiques et bismutho-potassiques [2]. Le chondro-glucose cristallise difficilement. Il forme un glucosate soluble de chaux.

Meisner a observé que les cartilages fournissaient aussi du sucre par leur digestion avec le suc gastrique.

Ces diverses réactions font rentrer la chondrine et la cartilagéine dans la classe des glucosides.

Il existe dans la carapace des articulés, dans les trachées des arthropodes, et dans les tendons de quelques insectes, une substance à laquelle on a donné le nom de *chitine*, substance qui se rapproche beaucoup de la chondrine par ses propriétés, et qui donne comme elle, par l'action des acides, puis de l'eau, un glucose fermentescible (*Berthelot*). Stædeler [3] donne à la chitine la formule $C^9 H^{13} Az O^6$, et la considère comme un glucoside se dédoublant d'après l'équation :

$$C^9H^{13}AzO^6 + 2H^2O = C^6H^{12}O^6 + C^3H^7AzO^2.$$

Chitine.   Glucose.   Sarcosine ou
isomère.

Cette opinion ne peut être soutenue, car, d'après Berthelot, la

---

[1] On croyait, d'après Gerhardt, que la gélatine donnait aussi un sucre analogue. Cette assertion, encore aujourd'hui répétée par beaucoup d'auteurs, a été reconnue erronée par Berthelot.

[2] Voir DE BARY, *Medicinisch. chemische Untersuchungen*, p. 71.

[3] *Ann. Chem. Pharm.*, t. CXI, p. 12.

substance qui en même temps que le glucose, dérive de la chitine, est encore une matière protéique extrêmement complexe.

La matière qui constitue la partie principale de la vésicule des échinocoques est formée, d'après Lücke, d'un principe très-analogue à la chitine, mais moins riche qu'elle en azote; on lui a donné le nom d'*hyaline*; bouillie avec les acides, elle laisse moitié de son poids d'un sucre fermentescible.

Ces substances fort intéressantes étant en dehors de notre sujet, nous nous bornons ici à ces quelques observations.

Cellules cartilagineuses. — On peut isoler les cellules du tissu cartilagineux en faisant longtemps macérer celui-ci dans une solution étendue d'acide chlorhydrique. Quand on ne le soumet pas trop longtemps à l'ébullition, la cartilagéine est dissoute, et les cellules restent mélangées d'un peu de tissu élastique. La potasse concentrée et l'acide sulfurique agissent de même. Ces expériences montrent que ces cellules ne sont pas constituées par de l'osséine ou par de la chondrine, mais là s'arrêtent nos connaissances à ce sujet. On sait seulement que le protoplasma des cellules cartiagineuses contient de l'albumine coagulable; que traité par l'acide sulfurique et le sucre, il se colore en rouge pourpre; que par une solution d'iode, il se teint en brun foncé, et dans les jeunes cellules en rouge acajou intense[1]. Les noyaux résistent aussi aux divers réactifs. Ce protoplasma, avons-nous dit plus haut, contient le plus souvent des granulations graisseuses.

Cendres des cartilages. Calcification. — La quantité de matières minérales contenues dans les cartilages varie avec les divers points de l'économie, avec l'âge, l'espèce de l'animal. Schlossberger[2] a trouvé pour le lapin : cartilage costal, 22,8 p. 100 de cendres; cartilages propres du nez, 5,51; cartilages de l'oreille, 2,3. Bibra a donné les nombres suivants :

Cendres des cartilages d'un enfant de 6 mois. . . .	2.24 °/₀.
—	—	— de 3 ans.	5.00
—	—	d'une fille de 16 ans.	7.29
—	—	d'une femme de 25 ans. . . .	5.92
—	—	d'un homme de 40 ans.	6.10

Ces cendres contiennent surtout des sulfates alcalins, des chlo-

---

[1] Voir la note de Ranvier dans Frey. *Traité d'histologie.* Trad. française, p. 196.
[2] *Chimie des tissus*, p. 57.

rures de sodium, un peu de phosphates terreux et une trace de carbonate sodique. Voici l'analyse centésimale de cartilages costaux d'individus sains :

	Jeune homme de 22 ans[1].	Enfant de 5 ans[2].	Homme de 40 ans.
Sulfate de potasse. . . .	26.66	48.68[3]	79.03[4].
— de soude. . . .	44.81	10.93	1.22.
Chlorure de sodium. . .	6.11	7.18	1.95,
Phosphate de soude. . .	8.42	5.00	0.93.
— de chaux. . .	7.88	21.33	13.09.
— de magnésie..	4.55	8.88	5.78.

Les cartilages complétement développés subissent normalement la calcification, c'est-à-dire qu'autour de leurs cellules et dans leur substance fondamentale il tend à se déposer des sels calcaires sous forme de très-fines granulations. Les cartilages costaux et ceux du larynx, sont constamment calcifiés chez l'adulte. De tels cartilages donnent de la chondrine par la coction. Leurs sels de chaux se dissolvent dans les acides[5].

CHAPITRE V

TISSU OSSEUX

§ 1. — TISSU OSSEUX PROPREMENT DIT

Notions histologiques. — Le tissu osseux se substitue au tissu cartalagineux chez le fœtus et le jeune animal, mais n'en dérive ni anatomiquement, ni chimiquement. Le cartilage qui doit se transformer en os se ramollit, ses cellules se résorbent et disparaissent, des lacunes se forment dans sa masse, et sa substance fondamentale est en même temps envahie peu à peu par un dépôt calcaire. C'est dans ces portions calcifiées, qu'il ne faut pas confondre avec l'os lui-même, qu'apparaissent les cellules osseuses propres. On peut dire que la métamorphose du cartilage concourt

---

[1] HOPPE-SEYLER cité par LUSCHKA, *Anatomie humaine*, t. II, Ire Partie, p. 102.

[2] D'après BIBRA, *Untersuch .über Knochen und Zähne*, 1844.

[3] et [4]. Noté par Bibra comme sulfate de chaux.

[5] Pour le *cartilage cornéen*, voir plus loin MILIEUX DE L'ŒIL.

surtout à la formation de la cavité médullaire de l'os et de son contenu, bien plutôt qu'à la genèse de ce tissu.

Les os, qu'ils soient longs, plats ou courts, sont constitués par une série d'enveloppes ou lamelles compactes *e*, *e*, *f*, superposées (*fig.* 15), concentriques, dans les os longs, au canal médullaire central, et enveloppant dans les extrémités de ces os longs, dans les os plats et dans les os courts, un tissu osseux *spongieux* ou *réticulaire* formé de trabécules plus ou moins serrées entre elles. Le canal médullaire et les cavités médullaires du tissu spongieux sont remplis d'un tissu connectif à mailles très-délicates, suppor-

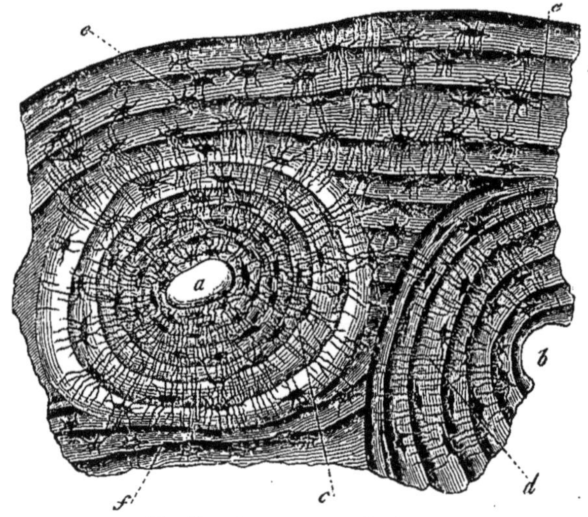

Fig. 15. — Coupe transversale d'un os.

tant des vaisseaux et des nerfs, et contenant des cellules particulières (*cellules médullaires*), ainsi que des cellules irrégulières plus larges remplies de noyaux (*mieloplaxes*). Le tout est englobé dans une masse semi-liquide, jaunâtre, existant surtout dans les os longs, et contenant 96 p. 100 environ de matières grasses.

Le tissu compacte, tel qu'on l'observe sur les os longs, est traversé par un système de canaux dits de *Havers*, de $0^{mm},2$ à $0^{mm},1$ de diamètre, anastomosés entre eux, et occupés par des vaisseaux sanguins nourriciers. On en voit les coupes en *a*, *b* (*fig.* 15). Ces canaux, à peu près parallèles à l'axe de l'os, sont ouverts d'un côté sur le périoste, de l'autre dans le canal médullaire. Autour de chaque canal de Havers se trouvent des lamelles osseuses spéciales concentriques, *c*, *d*, elles-mêmes enveloppées à leur tour par les lamelles osseuses *e*, *e*, *f*, parallèles à l'axe de l'os.

Il nous reste à dire comment sont constituées chacune de ces lamelles de tissu compacte osseux, ainsi que les trabécules du tissu spongieux. Les lamelles sont criblées d'une infinité de cavités de forme ellipsoïdale irrégulière, que l'on voit en quantité sur la *fig.* 15. Ces cavités donnent chacune naissance à un grand nombre de *canalicules* ou *fissures*, qui s'anastomosent entre elles, et vont déboucher soit dans les vides osseux voisins et analogues, soit dans les canaux de Havers. Dans ces cavités, sont contenues les cellules spéciales à l'os, munies de noyaux et d'une paroi propre, ayant à peu près la forme des excavations osseuses qui les contiennent, et pourvues de petits prolongements allongés dirigés vers les ouvertures des *canalicules*, qu'ils remplissent en partie. Ces cellules ont une grande analogie avec celles du tissu conjonctif.

On voit que le tissu osseux manque d'homogénéité, comme presque tous ceux de l'économie animale, et que, n'ayant encore aucun moyen de séparer ni mécaniquement, ni chimiquement, les divers éléments anatomiques qui le composent, nos connaissances se rapportent à l'ensemble des parties qui constituent l'os tout entier.

Composition générale de l'os. — La matière osseuse des os de mammifères, représentée spécialement par le tissu lamellaire des diaphyses des os longs, est principalement formée de deux parties, l'une organique, l'*osséine*, l'autre minérale, la *terre osseuse*. Quand, après avoir limé et pilé le tissu osseux, et avoir lavé sa poudre à l'eau, à l'alcool et à l'éther pour enlever le mieux possible le sang, la graisse et les tissus accessoires, on cherche, pour l'os adulte, le rapport de l'osséine à la terre osseuse, on trouve que, chez l'homme, l'os contient à peu près pour 100 parties, 30 à 40 parties d'osséine et 70 à 60 parties de matières minérales.

Ces dernières sont si intimement associées à la matière organique qu'il est impossible, même avec les plus forts grossissements, d'observer le moindre dépôt minéral. On ne saurait dire cependant qu'il y ait dans l'os combinaison chimique entre la matière organique et les sels terreux. En effet, leur quantité relative est notablement variable, et si l'on ne se borne pas à l'espèce humaine, la proportion de matière terreuse peut même descendre, chez les poissons dits cartilagineux, à 1,66 p. 100 d'os. De plus, les matières minérales des os sont un mélange, lui-même variable, de diverses espèces calcaires et magnésiennes avec lesquelles on ne saurait admettre que l'osséine contracte des combinaisons en proportions non définies. Mais il faut reconnaître qu'il y a entre l'osséine et les sels calcaires une sorte d'attraction élective telle qu'on ne parvient jamais à priver entièrement l'osséine de tout son phosphate terreux, et qu'il suffit de précipiter le phosphate acide de chaux par l'ammoniaque, en présence de la gélatine, pour que le phosphate tri-calcique formé entraîne avec lui jusqu'à 20 p. 100 de son poids de gélatine.

Voici, d'après Frerichs, un tableau de la composition moyenne du tissu osseux. 100 parties fraîches contiennent :

	Substance compacte.	Partie spongieuse.
Osséine.	31.5	58.2
Phosphate tribasique de chaux. } .. Fluorure de calcium. . . . . }	58.7	50.2
Phosphate tribasique de magnésie.	?	?
Carbonate de chaux..	10.1	11.7
Sels minéraux solubles.	?	?

Frerichs n'a pas dosé le phosphate magnésien et les sels solubles. Von Bibra a trouvé, dans le fémur — phosphate tribasique de magnésie : partie compacte 1,03 ; partie spongieuse 1,00 p. 100 d'os — sels solubles partie compacte 0,92 ; partie spongieuse 0,99.

Matières organiques de l'os. Osséine. — La majeure partie de la matière organique de l'os est formée d'un principe immédiat, auquel on donne, avons-nous dit, le nom d'*osséine*[1]. Nous allons en faire l'histoire chimique.

Osséine.

Cette substance doit être préparée avec les os sains. En faisant macérer quelque temps l'os, ou mieux la poudre d'os, dans de l'acide chlorhydrique étendu au 10ᵉ; les sels de chaux se dissolvent graduellement, et l'osséine reste bientôt presque pure. Elle conserve la forme et la structure de l'os lui-même.

---

[1] Et quelquefois à tort celui de *cartilage osseux*.

L'osséine est insoluble dans l'eau froide ou chaude. Soumise longtemps à l'action de l'eau bouillante, ou chauffée quelques heures sous pression dans la marmite de Papin, elle se dissout et se transforme en gélatine soluble.

La gélatine provenant de l'osséine et celle qui résulte de la coction du tissu cellulaire paraissent tout à fait identiques. Nous en ferons tout à l'heure l'histoire.

L'osséine et la gélatine ont la même composition, comme l'indiquent les chiffres suivants :

	C.	H.	Az.	O.	AUTEURS.
Gélatine (colle de poisson). . .	50.76	6.64	18.52	24.69	Mulder.
— d'os.	50.40	6.64	18.54	24.64	Id.
Osséine de bœuf (fémur). . .	50.13	7.07	18.45	24.35	Bibra.
— de carpe (côtes). . .	50.52	7.22	18.42	24.24	Id.

L'osséine contient en outre un peu de soufre : 0,216 p. 100 environ, d'après Bibra ; 0,7 d'après Verdeil. La gélatine contient 0,56 à 0,7 p. 100 de ce métalloïde (*Verdeil, Sclieper*).

Suivant Frémy, l'osséine est identique pour l'os de l'animal jeune ou vieux, bien portant ou malade. Mais Hoppel[1] a observé que les os d'un fœtus de lapin arrivé à terme, ne donnaient pas de gélatine quand on les faisait bouillir avec l'eau, et Frémy a noté le même fait pour les os de certains poissons et d'oiseaux aquatiques.

L'osséine, par sa coction prolongée dans l'eau acidulée ou non, ne donne pas de glucose, comme l'avait annoncé Gerhardt[2] (*Berthelot*).

Il existe dans les os des fibres ou faisceaux qui partent du périoste et traversent les lamelles osseuses de part en part. Ce sont les *fibres perforantes de Sharpey*. Celles-ci, d'après Kölliker, contiennent non plus de l'osséine, mais du tissu élastique qui ne donne pas de gélatine par la coction.

Il en est de même des parois des canalicules osseux qui, ne se dissolvant pas dans l'eau surchauffée, paraissent être formés de tissu élastique. .

[1] *Archiv. f. pathol. Anat.*, t. V, p. 174.
[2] Voir sa *Chimie organique*, t. IV, p. 509.

Gélatine.

La gélatine[1], avons-nous dit, a la même composition que l'osséine ; elle paraît en différer toutefois notablement par sa teneur en soufre. Elle s'obtient par le traitement de l'osséine ou du tissu conjonctif chauffés avec de l'eau à 120° dans à la marmite de Papin. Elle n'a été rencontrée dans l'économie que dans le sang et le suc de la rate des leucocythémiques[2] (*Schérer*). Elle est soluble dans l'eau, et cette solution desséchée laisse un résidu corné, cassant, incolore, non hygrométrique, inodore et insapide, doué d'une grande cohérence. Elle porte sous cet état le nom de *colle-forte* et sert, fondue avec un peu d'eau, à coller les objets de bois.

La gélatine, mise en contact avec de l'eau pure et froide, en absorbe quarante fois son poids, se gonfle, mais ne se dissout pas. Elle entre en solution dans l'eau chaude, d'où l'alcool la reprécipite sous forme de flocons incolores contenant à peine des traces de cendres. Une faible quantité d'acide ou d'alcali permet à la gélatine de se dissoudre même à froid.

Une solution de gélatine concentrée, que l'on fait bouillir longtemps, ou que l'on redissout à plusieurs reprises par la chaleur, perd la propriété de gélatiniser, et se transforme d'autant plus vite que les liqueurs sont plus étendues, en une substance semblable à de la térébenthine.

Les solutions de gélatine dans de l'eau contenant une trace d'alcali, dévient, à la température de 30°, de 130° à gauche le rayon de lumière polarisée. L'addition d'alcali ou d'acide fait descendre ce pouvoir rotatoire à 112°.

La solution de gélatine dans l'eau, chauffée à 140° dans la marmite de Papin, perd toute propriété de gélatiniser. La substance primitive est désormais transformée.

Les acides ne troublent pas les solutions de gélatine. L'acide acétique et l'acide sulfurique la dissolvent à froid. Cette dernière solution, si on la chauffe après l'avoir étendue d'eau, donne de l'ammoniaque, de la leucine, du glycocolle, etc., mais pas de sucre fermentescible (*Berthelot*).

---

[1] Elle a été appelée aussi *colle* ; *colle de poisson*, quand elle est formée par la coction dans l'eau de la vessie natatoire de l'esturgeon ; *glutine*, par les Allemands, qui ont ainsi établi une confusion avec les substances du gluten solubles dans l'alcool.

[2] On en a trouvé aussi dans le pus filtré d'un abcès fémoral. Voir *Gmelin's Handbuch* [2], VIII, p. 527.

Le tannin, seul parmi les acides, précipite la gélatine et forme avec elle un composé insoluble et imputrescible.

La chaux et le phosphate de chaux sont plus solubles dans une solution de gélatine que dans l'eau; il paraît même exister des combinaisons de gélatine et de phosphate calcique[1].

Le sulfate de cuivre et la potasse, ajoutés successivement à la gélatine, donnent un beau liquide violet qui ne précipite ni par la chaleur, ni par l'ammoniaque, ni par le phosphate de soude.

Le bichlorure de mercure et le perchlorure de platine forment seuls avec la gélatine des composés insolubles. Le chromate de potasse donne aussi avec elle, *à la lumière*, une combinaison insoluble. Cette observation a été appliquée à la photographie.

Les solutions de gélatine ne sont pas dialysables à travers le papier parchemin.

La gélatine et les tissus gélatinigènes sont très-rapidement digestibles dans l'estomac. La gélatine perd ainsi sa propriété de gélatiniser; mais elle précipite encore par le tannin. Elle devient alors nutritive en partie, mais à la condition de n'être pas exclusivement employée comme substance protéique.

Matières minérales de l'os. — Les matières inorganiques de l'os se composent : d'eau, en quantité variable qui n'a pas été déterminée[2], et de matières minérales fixes, spécialement formées de phosphate tribasique de chaux, mêlé d'un peu de phosphate tribasique de magnésie, de carbonate de chaux, de fluorure et de chlorure de calcium. Ces deux derniers sels paraissent unis aux phosphates.

Nous avons dit plus haut que les os laissaient, chez l'homme, de 60 à 70 p. 100 de cendres. Pour déterminer leur poids, après avoir lavé, la poudre d'os à l'eau, à l'alcool et à l'éther, comme il a été dit, on l'incinère au rouge dans un moufle, jusqu'à ce que toute la substance organique étant brûlée, la matière soit redevenue entièrement blanche. On mouille le résidu avec du carbonate d'ammoniaque pour reproduire les carbonates décomposés, on chasse ce sel à une température peu élevée, enfin l'on pèse. La différence de ce poids avec celui de la poudre employée donne la quantité

---

[1] Voir LEHMANN, *Gmelin's Handbuch* [2], t. VIII, p. 557.

[2] FRIEDLEBEN a fait toutefois quelques déterminations : la proportion d'eau des os du fœtus varierait de 46 à 54 pour 100. Quelques semaines après la naissance, elle remonterait à 40 pour 100, et plus tard diminuerait chez les adultes jusqu'à 22 pour 100.

de matière organique sèche et d'eau. L'acide carbonique doit être dosé d'abord dans la poudre d'os non calcinée, et ensuite dans les cendres ; de la différence de ces deux dernières déterminations, on conclut la proportion de chaux qui se trouvait à l'état de sels organiques. Seul le dosage dans la poudre d'os fraîche donne la quantité réelle de carbonate contenue dans l'os avant calcination.

Voici maintenant quelques analyses.

100^{gr} de *cendres d'os* d'homme adulte, contiennent, d'après Zaleski (*Med. chem. Unters*, t. I, p. 19) :

Phosphate de chaux tribasique $(PO^4)^2Ca^3$.	83.889
Phosphate de magnésie tribasique $(PO^4)^2Mg^3$.	1.039
Carbonate de chaux (CO^3Ca).	13.032
Chaux (à l'état de fluorure, chlorure, sels organiques).	0.350
Fluor.	0.229
Chlore.	0.183
	98.722

100 parties d'os de fémur humain sont composées, suivant Heintz, de 28,76 p. de matière organique, et de 71,24 p. de terre osseuse. Celle-ci contiendrait pour 100 :

Phosphate tribasique de chaux.	84.405	87.7
Phosphate tribasique de magnésie. . .	1.727	1.7
Carbonate de chaux.	8.926	9.1
Fluorure de calcium.	4.942	5.0
	100.000	101.5

La chaux est contenue dans l'os, surtout à l'état de phosphate tribasique. Suivant Heintz, Zaleski, il y existe assez de chaux pour saturer à la fois l'acide carbonique, le fluor, et former du phosphate tricalcique. Berzélius, Recklinghausen [1] admettent au contraire qu'il y a un petit excès d'acide phosphorique, et qu'une partie des phosphates terreux est à l'état de phosphate neutre ou acide. D'un autre côté, Wœhler a montré que l'eau finit par enlever à l'os une certaine proportion de son phosphate de chaux. Les analyses ci-dessus sembleraient montrer toutefois que les phosphates acides ou bibasiques de chaux ne se trouvent pas dans l'os.

Comment le phosphate tribasique de nos aliments vient-il se déposer sous forme insoluble dans le tissu osseux ? Ce sel se dis-

[1] Pour les jeunes os seulement.

sout-il, dans les liquides chargés d'acide carbonique, acide qui transforme partiellement, en présence de l'eau, le phosphate tribasique en phosphate acide et bicarbonate de chaux :

$$\left.\begin{matrix}2PO\\Ca^5\end{matrix}\right\}O^6 + 2CO^2 + 4H^2O = \left.\begin{matrix}2PO\\Ca.H^4\end{matrix}\right\}O^6 + 2\left.\begin{matrix}(PO)^2\\Ca^4.H^2\end{matrix}\right\}O^4.$$

Phosphate tribasique de chaux.   Phosphate acide de chaux.   Bi-carbonate de chaux.

et le bicarbonate de chaux, mélangé au phosphate acide, se précipiterait-il, en présence des alcalis du sang, ou par le simple départ de l'acide carbonique, en donnant de nouveau du phosphate tribasique et un carbonate alcalin, comme on sait que cela a lieu artificiellement? ou bien le phosphate tribasique de chaux est-il rendu soluble dans l'économie par les chlorures alcalins, car les solutions de sel marin, de sel ammoniac, etc., en dissolvent une petite quantité? ou bien encore ce phosphate est-il dissous à la faveur de la matière organique[1], et le mélange intime d'osséine et de phosphate se précipite-t-il dans l'os pour une cause qui nous échappe encore? On ne saurait aujourd'hui donner à cet égard de réponse satisfaisante.

Le fluor existe dans les os ; on peut s'en assurer aisément et le dégager à l'état d'acide fluorhydrique, en chauffant la terre osseuse avec de l'acide sulfurique. Il est un minéral, l'*apatite*, qui contient le fluorure de calcium uni au phosphate tribasique de chaux. Sa constitution est exprimée par la formule :

$$5\left[\left.\begin{matrix}2\overset{''r}{PO}\\3Ca''\end{matrix}\right\}O^6\right],CaFl^2.$$

Dans ce composé, le poids de fluorure de calcium est à celui de phosphate de chaux comme 1 : 11,9. On peut admettre que dans les os le phosphate tribasique et le fluorure de calcium soient unis à l'état d'apatite ; mais, d'après les analyses de terre osseuse qui ont donné le plus de fluor, le rapport du fluorure aux phosphate terreux des os est comme 1 : 17,6, en admettant que le phosphate de magnésie remplace le phosphate calcique molécule à molécule. Il est donc évident qu'une portion au moins du phosphate tribasique de chaux n'est pas, dans la terre osseuse, unie au fluorure de calcium sous forme d'apatite.

---

[1] Ceci paraîtrait plus probable d'après les expériences de Wœhler qui montrent que l'eau extrait toujours une petite quantité de phosphates de l'os pulvérisé.

Outre le fluorure de calcium, on trouve aussi dans les os, d'après Zaleski, du chlore *à l'état insoluble*, sans doute en combinaison avec les phosphates, car on sait que dans l'apatite une partie du fluorure peut être remplacée par du chlorure de calcium, et former aussi une combinaison insoluble.

Il existe en outre dans les os des traces de sulfates, de silicates, d'oxydes de fer, et peut-être un peu de chlorure de sodium et de cuivre.

Variations dans la composition des os. — Les os des différentes parties du squelette n'ont pas la même composition. Voici quelques nombres à cet égard :

QUANTITÉ DE CENDRE CONTENUE DANS 100 PARTIES D'OS.

	Femme de 22 ans. D'après *Frémy*.	Femme de 25 ans. D'après *Bibra*.
Fémur, tibia, os occipital. . .	64.6	68.4 à 68.8
Humérus.	64.1	69.25
Clavicule.	»	67.51
Côtes.	»	64.57
Sternum..	»	51.43
Omoplate.	63.5	65.48
Vertèbres.	54.25	»
Crâne..	64.1	»

Pour le même os, la substance compacte donnerait, d'après Frémy, plus de cendres que la partie spongieuse[1]. Ainsi, dans le fémur, il a trouvé : *cendres,* partie compacte, 64,5; partie spongieuse, 59,7 ; — *carbonate de chaux,* partie compacte, 9,3; partie spongieuse 7,0. D'après Bibra, le poids de ce dernier sel serait, dans la partie compacte, par rapport à celui de la partie spongieuse, comme 8,35 : 19,37.

Les os d'herbivores et de cétacés sont plus riches en carbonates que ceux des carnivores. Les os des oiseaux granivores sont plus chargés de sels terreux, et surtout d'acide silicique.

La composition de l'os varie-t-elle aux divers âges? Malgré de nombreuses analyses dues à Bibra, Frémy, Friedleben, Zalesky... On ne s'accorde pas encore à ce sujet. Voici quelques nombres :

---

[1] Observation confirmée par Bibra et Frerichs. Partie compacte 69,5 pour 100 de cendres, partie spongieuse 61,8 pour 100,

TABLEAU DE LA COMPOSITION DES OS A DIVERS AGES.

ANALYSES DE FÉMUR OU D'HUMERUS DE	D'APRÈS BIBRA	D'APRÈS FRÉMY [1]		
	CENDRES	CENDRES	$(PO^4)^2Ca^3$	$(PO^4)^2Mg^3$	CO^3Ca
Fœtus de 6 mois.. . . .	»	62.8	60.2	»	»
Fœtus de 7 mois.	59.6	»	»	»	»
Garçon de 2 mois. . .	65.32	»	»	»	»
Garçon de 9 mois.. . . .	56.43	»	»	»	»
Garçon de 18 mois. . . .	»	64.6	61.5	»	»
Garçon de 5 ans.	67.80	»	»	»	»
Fille de 19 ans..	67.85	»	»	»	»
Femme de 22 ans.. . . .	»	64.6	»	»	»
Femme de 25 ans. . . .	68.60	»	»	»	»
Homme de 40 ans.. . . .	»	64.2	56.9	1.5	10.2
Homme de 58 ans. . . .	68.53	»	»	»	»
Femme de 78 ans. . . .	66.81	»	»	»	»
Femme de 80 ans. . . .	»	64.6	60.9	1.2	7.5
Femme de 88 ans.. . . .	»	64.3	57.4	1.2	9.3
Femme de 97 ans. . . .	»	64.9	57.0	1.2	9.3

On voit qu'à l'inverse des résultats de Bibra, Frémy a trouvé
que la quantité et la nature de la terre osseuse ne varie pour ainsi
dire pas avec l'âge ; d'après lui, la fragilité des os du vieillard
s'explique par la raréfaction du tissu, qui devient de moins en
moins compacte avec le progrès du temps.

Comme on vient de le voir, le régime des divers animaux influe
sur la composition des os des diverses espèces ; il n'est donc
point surprenant qu'il modifie la composition des os dans chaque
espèce en particulier. Toutefois l'alimentation n'exerce qu'une influence lente et bornée. En augmentant beaucoup la ration de
phosphates terreux dans la nourriture des pigeons, on n'a pu augmenter la quantité de ces sels dans leurs os. Cependant la soustraction prolongée des matières terreuses peut diminuer très-sensiblement la proportion de phosphate de chaux des os. W. Edwards
a même fait voir qu'il ne suffit pas d'ajouter à l'alimentation,
pauvre en phosphates terreux, de la poudre osseuse en nature pour
refaire l'os ; des chiens qui recevaient pour aliments de la viande,
du sucre et des os n'en arrivèrent pas moins à un véritable état
rachitique. Les phosphates doivent donc être pris tels qu'ils existent dans les céréales et le pain.

[1] *Ann. chim. phys.* [3], t. XLII, p. 47.

D'après les études de M. Samson sur l'élève du bétail dont on force le développement rapide par une alimentation spéciale et abondante, les os *précoces* sont plus minéralisés et plus denses que les os des sujets ordinaires. Ainsi l'on a : *fémur d'os précoces*, matière minérale 67,7 ; densité 1,34; *fémur ordinaire*, même espèce, matières minérales 61,4 ; densité 1,27.

On a voulu savoir si certains corps, isomorphes de l'acide phosphorique ou de la chaux, pourraient remplacer partiellement ces substances dans les os. M. Roussin, en ajoutant à la nourriture des lapins une petite quantité d'arséniate de chaux, a constaté que ce sel s'était substitué, dans leur squelette, à une portion du phosphate tribasique de chaux[1]. M. Papillon a aussi montré qu'on pouvait ainsi remplacer une partie de la chaux par de la magnésie, de la strontiane et même par de l'alumine, en conservant aux os leur aspect et leurs propriétés normales[2].

Désassimilation de la terre osseuse. — La terre osseuse se redissout soit dans les chlorures ou les autres sels alcalins du sang, soit dans le liquide légèrement acide qui, d'après Recklinghausen, imbibe les couches profondes de l'os, soit à l'état de combinaisons organiques complexes ; elle est sans cesse versée dans les intestins, et éliminée avec les excréments.

§ 2. — LES DENTS.

Structure. — Les dents sont constituées par trois parties distinctes (*fig.* 16) : 1° le *corps de la dent*, qui en forme la masse principale, *d*, et dont la substance a été nommée *ivoire* ou *dentine*. Elle est percée, suivant son axe, d'un ou plusieurs canaux *a d*, arrivant presque jusqu'à la couronne ou partie supérieure de la dent, et s'ouvrant à l'extrémité de la racine. Cette cavité est remplie par la *pulpe*, le *noyau*, ou *bulbe* dentaire ; 2° *l'émail c*, qui couronne la dent et en revêt la partie supérieure : il est formé de prismes accolés perpendiculairement à la surface triturante ; 3° *le cément*, *b*, composé de couches concentriques enveloppant la racine jusqu'au collet, c'est-à-dire jusqu'à la partie de la dent qui arrive à la pulpe des gencives. Ce cément a presque la structure des os ordi-

[1] *Journ. Pharm.* [3], t. XLIII, p. 102.
[2] *Compt. rend.*, t. LXXI, p. 372.

naires. Il contient des *corpuscules osseux* remplis de cellules, et ses canalicules, traversant la substance du corps de la dent ou dentine, arrivent au canal dentaire.

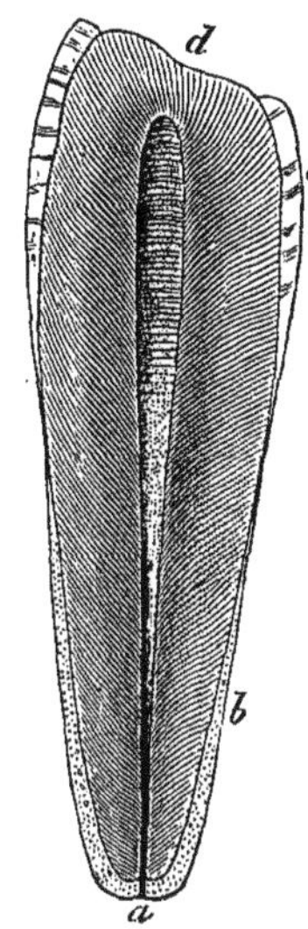

Fig. 16. — Coupe de dent incisive.

Nous avons donc à considérer dans la dent la composition des trois parties principales qui la forment.

Dentine ou ivoire. — La dentine a une composition analogue à celle du tissu osseux. Elle contient une substance organique imprégnée de sels calcaires, et spécialement de phosphate tribasique de chaux et de fluorure de calcium.

La matière organique de la dentine paraît être de l'osséine. Elle donne par sa coction de la gélatine, sans mélange de chondrine. Toutefois, suivant Hoppe-Seyler, quand, après avoir enlevé à la dentine ses éléments minéraux, par les alcalis ou les acides assez concentrés, on la traite par l'eau dans la marmite de Papin, les parois des canalicules dentaires ne se dissolvent pas. Ces parois ne paraissent donc pas être formés d'osséine, mais plutôt d'une substance ressemblant à l'élastine. Les corpuscules de la dentine ne se transforment pas davantage en gélatine par la coction.

On trouve dans la dentine de 20 à 30 p. 100 de matière organique fraîche.

L'ivoire, en se desséchant à 100 ou 110°, perd environ 10 p. 100 de son poids d'eau.

La matière minérale de la dentine est la même que celle des os ; seulement la proportion de carbonate de chaux paraît y être plus variable que dans ceux-ci, et Bibra a remarqué que la dentine de beaucoup de mammifères est proportionnellement très-riche en phosphate trimagnésique. La dentine de l'homme contient de 70 à 80 p. 100 de matières terreuses.

Voici quelques analyses de dentine chez l'espèce humaine :

	BERZÉLIUS [1]	BIBRA [2]	
	Homme.	Homme adulte.	Femme de 25 ans.
Matière organique fraîche (osséine et vaisseaux).	28	27.61	20.42
Matière grasse.	»	0.40	0.58
Phosphate de chaux et fluorure.	64·3	66.72	67.54
Phosphate de magnésie.	1.0	1.08	2.49
Carbonate de chaux.	5.3	5.36	7.97
Autres sels (un peu de chlore, de sodium).	1.4	0.85	1.00
	100.0	100.00	100.00

Émail. — Lorsqu'on expose les dents à une température de 120° environ, sans laisser la masse de la dent se dessécher entièrement mais de façon à sécher l'émail, on peut, au moyen de pinces coupantes, enlever assez facilement celui-ci. Quand on le dissout dans les acides, il laisse à peine 4 p. 100 d'un tissu membraneux brun, formé de principes organiques accumulés surtout vers la face de l'émail qui est en contact avec la dentine. Ces matières ne donnent pas de gélatine par la coction.

Les cendres laissées par la combustion de l'émail représentent en général de 95 à 97 p. 100 de la matière; chez le jeune enfant, leur poids varie de 77 à 84 p. 100 (*F. Hoppe*); chez le jeune porc, il s'élève à 90 p. 100; chez le chien, l'émail peut être presque entièrement formé de matières minérales.

100 parties d'émail donnent 80 à 90 p. de phosphate de chaux; 1 à 4 de phosphate de magnésie; 4 à 9 de carbonate de chaux; 3 à 4 de fluorure de calcium; 0,4 à 0,8 de chlorure de calcium; 0,5 à 1,8 de phosphate de fer, et une trace de sels de soude. L'émail ne contient presque pas d'eau (*Berzelius; F. Hoppe*).

Cément. — Le cément, qui entoure la racine de la dent, est difficile à séparer de l'ivoire. Sa composition est, d'après Frémy[3], tout à fait analogue à celle de l'os. 100 parties de cément de bœuf lui ont donné 67,1 de cendres contenant : phosphate de chaux 60,7; phosphate de magnésie 1,2; carbonate de chaux 2,9. Chez l'homme, Bibra a obtenu pour 100 de cément : matières organiques, contenant un peu de matières grasses, 29,42; matières minérales, 70,58.

[1] *Traité de chimie*, t. VII, p. 480.
[2] Dans *Lehmann*, t. III, p. 275.
[3] Frémy, *Ann. ch. phys.* [3], t. XLIII, p. 92.

CHAPITRE VI

LA PEAU ET SES APPENDICES

Cette membrane enveloppante qui revêt les organes internes des animaux, la peau, est elle-même un organe complexe et le siége de fonctions multiples. Elle se compose de deux couches principales, *l'épiderme* et le *derme* supportant, outre les vaisseaux et les nerfs que l'on trouve partout, des appendices tels que les ongles, les poils, les plumes..., et contenant des glandes sébacées et sudoripares, qui versent leurs produits à l'extérieur. Elle est en même temps le siége d'une fonction complémentaire de la respiration, la *perspiration cutanée*. Nous décrirons, dans ce chapitre, la peau et ses appendices proprement dits : poils et ongles. Quant à ses glandes et à leurs produits, nous les étudierons ainsi que l'importante fonction de la perspiration, en parlant des *sécrétions* et de la *respiration*[1].

ARTICLE PREMIER

LA PEAU

Épiderme et derme. — La peau (*fig.* 17) est formée de deux couches principales. La plus superficielle, *l'épiderme*, *a b*, sert de protection à la seconde le *derme*, qui est elle-même le soutien de nombreux organes, et constitue la portion la plus épaisse et la plus résistante. Le derme, placé au-dessous de l'épiderme, est formé d'un feutrage serré de fibres conjonctives entremêlées de quelques fibres élastiques. Sa partie la plus profonde, ou sa base, se confond avec le tissu cellulaire sous-dermique qui appartient au derme ; elle contient les glandes sudoripares *g*, et des amas de cellules adipeuses *h*. Dans l'épaisseur du derme se trouvent les glandes sébacées dont le canal vient s'ouvrir à la surface de l'épiderme.

[1] Voyez les *Livres* IV⁰ et V⁰.

La partie la plus extérieure du derme, celle sur laquelle repose l'épiderme, se termine par de nombreuses élevures ou *papilles* en nombre variable avec les divers points de la peau ; plusieurs sont pourvues d'anses vasculaires, surtout à la main et au pied. Dans ces papilles viennent se terminer, sous forme de renflements ovoïdes appelés *corpuscules du tact*, les filets nerveux destinés au *toucher*.

L'épiderme est lui-même formé de deux parties. La plus profonde repose sur les papilles du derme et remplit les interstices que ces renflements laissent entre eux ; elle les recouvre ensuite d'une couche à peu près uniforme. Cette couche profonde porte le nom de *réseau muqueux* de Malpighi. Elle est formée du rapprochement d'un grand nombre de petites cellules arrondies de $0^{mm},008$ de diamètre, contenant un noyau granuleux jaune. Ces cellules sont le siége du pigment qui colore la peau, pigment brun chez le nègre, jaune clair chez le blanc : nous y reviendrons plus bas. La couche la plus superficielle de l'épiderme ou *couche cornée* est formée de zones superposées

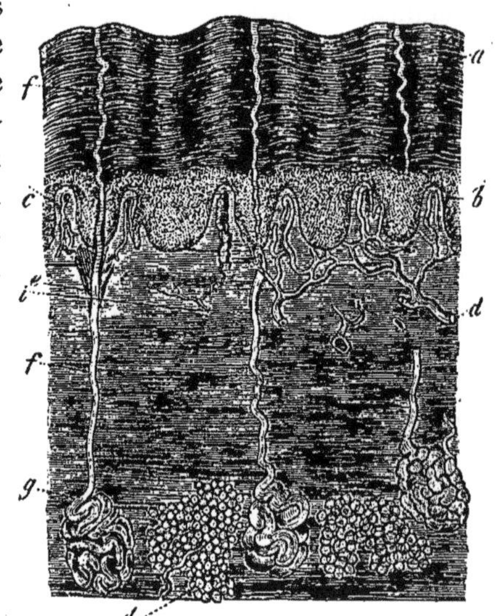

Fig. 17. — Coupe de la peau.

de cellules ou plutôt d'écailles de plus en plus aplaties à mesure qu'on se rapproche de la surface, et entièrement dépourvues d'enveloppe propre et de noyau. Ces cellules épidermiques superficielles proviennent des couches sous-jacentes du réseau de Malpighi, dont les éléments, par leur prolifération, repoussent sans cesse vers l'extérieur les cellules superficielles plus anciennes. Celles-ci en perdant leur vitalité se transforment en une substance lamelleuse homogène, résistante, diaphane et cornée, qui est soumise, à la surface de la peau, à une desquamation continue[1].

---

[1] L'organisme perd ainsi une notable quantité d'azote, de soufre, de fer et de silice.

On peut par la macération séparer ce feuillet corné du feuillet ou réseau de Malpighi.

L'épaisseur du derme varie de $0^{mm},5$ à 2 millimètres ; il est plus épais à la plante des pieds, au dos, à la paume de la main. L'épaisseur de l'épiderme varie de $0^{mm},02$ à $0^{mm},4$.

La matière épidermique cornée est très-analogue, sinon identique à celle qui forme les ongles et les poils. On lui a donné le nom de *kératine* ; nous la décrirons à propos des ongles, dans l'article suivant.

L'eau bouillante ne convertit pas en gélatine la couche cornée de l'épiderme ; l'acide nitrique la colore en jaune ; les sels d'argent lui communiquent une teinte brune due à la réduction de l'oxyde.

Mulder a analysé l'épiderme desséché de la plante du pied ; il y a trouvé : $C=50,28$; $H=6,76$; $Az=17,21$; $S=0,74$; $O=25,01$, en faisant abstraction de 1 à 1,5 de cendres p. 100.

La couche cornée ne contient pas de matières protéiques solubles. Il n'en est pas de même du réseau muqueux sous-jacent.

Le derme, avons-nous dit, est spécialement formé de tissu conjonctif, il a donc les réactions de ce tissu (voir p. 320). Insoluble dans l'eau froide, il se transforme en gélatine par l'ébullition. Les acides et les alcalis étendus le dissolvent en grande partie. Le tannin et les sels ferriques ou mercuriques se combinent avec lui et donnent ainsi des composés imputrescibles.

Matière pigmentaire[1]. — Dans les cellules du réseau muqueux de l'épiderme, dans celles de la choroïde, dans le protoplasma de beaucoup de cellules, telles que celles du tissu conjonctif, on trouve des granulations pigmentaires noires, brunes, quelquefois bleues, jaunes ou rouges. A un fort grossissement elles ont l'aspect de bâtonnets polygonaux à arêtes quelquefois très-vives, et sont souvent douées du mouvement brownien.

On a donné à ces divers pigments le nom de *mélanine*. Cette substance, vu la difficulté de se la procurer, et son insolubilité dans l'eau, l'alcool, l'éther, les acides minéraux étendus, l'acide acétique concentré, n'a pu être bien étudiée. Mais il est très-probable que les pigments de diverses couleurs, tout en étant très-analogues, sont différents entre eux. Ils paraissent avoir une même origine

---

[1] Voir SCHERER, *Ann. Chem. Pharm.*, t. XC, p. 120 et t. XL, p. 63. — HOPPE-SEYLER, *Virchow's Archiv*, t. XXVII, p. 883.

que l'on suppose être la matière colorante du sang. La mélanine contient 0,254 p. 100 de fer.

La mélanine se dissout lentement dans une solution étendue de potasse. Elle donne avec cet alcali une solution jaune foncé ou brun rouge, que l'acide chlorhydrique précipite en brun clair. L'acide azotique concentré la dissout en la décomposant. Le chlore attaque et rend soluble près de la moitié de cette substance ; le résidu brunit par la potasse et se dissout alors assez aisément dans l'eau.

Schérer (*loc. cit.*) a trouvé au pigment normal de l'œil, la composition suivante : $C = 58,08$; $H = 5,91$; $Az = 13,76$; $O = 22,23$. Borow assigne au pigment choroïdien la composition : $C = 54,00$; $H = 5,3$; $Az = 10,1$; $O = 30,0$; *cendres* $= 0,6$. '

Le pigment noir du poumon est le plus souvent formé par du noir de fumée, ou des parcelles de charbon de terre et de silice.

Absorption cutanée. — La peau peut-elle absorber les substances que l'on met directement en contact avec elle sous forme de bains, de teintures, de pommades ? importante question mal résolue encore et cependant pleine d'intérêt pratique pour le médecin.

L'eau ne peut filtrer à travers l'épiderme, *même sous une forte pression.* Mais au contact de l'eau, la substance épidermique se gonfle et permet au liquide de la traverser suivant les lois de la diffusion à travers l'épiderme, lois particulières pour chaque dissolution. Nous devons donc nous attendre à voir telles matières dissoutes dans l'eau, pouvoir se dialyser et s'absorber par la peau, et telles autres ne pouvoir l'être. On sait que si l'on n'a pas d'excoriation épidermique, on peut mettre impunément en contact avec la main une dissolution, même assez concentrée, de cyanure de potassium ou de mercure. Il n'en est pas de même d'une solution d'acide cyanhydrique. Beaucoup d'autres substances toxiques ou médicamenteuses peuvent aussi, sans danger, être étendues sur la peau. Parisot, Lehmann, Funke, Roussin nient entièrement que l'iodure de potassium soit absorbé dans un bain, Rosenthal affirme le contraire. Mais il faut bien observer que les sels solubles déposés à la surface de la peau, se desséchant après l'immersion, forment ensuite, dans le liquide perspiré, une solution concentrée qui peut dès lors être dans des conditions favorables pour se diffuser partiellement à travers l'épiderme et passer dans les lymphatiques et dans le sang.

Mêmes remarques relativement à l'absorption des teintures alcooliques. On sait cependant qu'il suffit d'appliquer sur le front une solution chloroformique d'atropine pour observer, au bout de quelques minutes, la dilatation des pupilles ; mais, d'un autre côté, l'iode ne peut être retrouvé dans les urines, si l'on plonge les pieds dans une solution alcoolique d'iode, recouverte d'une couche d'huile pour empêcher toute évaporation et absorption par les poumons et si après le bain on se lave rapidement. Quelques substances médicamenteuses appliquées sur la peau, à l'état de pommades, peuvent traverser l'épiderme et être retrouvées dans le derme ou dans les lymphatiques. C'est ainsi que le mercure est évidemment absorbé dans l'onguent gris. Zülzer a observé que lorsqu'on frictionnait la peau avec des pommades au mercure ou à l'iodure de plomb, on retrouvait ces substances sous l'épiderme soulevé par un vésicatoire appliqué sur les points frottés. On sait aussi, d'une manière positive, que la peau absorbe certains gaz et qu'il suffit de plonger un animal (la tête exceptée) dans une atmosphère d'air, d'acide carbonique ou d'oxyde de carbone, ou encore dans de l'air contenant des vapeurs d'acide cyanhydrique, pour le voir périr rapidement.

ARTICLE II

LES APPENDICES DE LA PEAU. — POILS ET ONGLES

Les ongles, les poils, et chez divers animaux, les plumes et les écailles, concourent comme l'épiderme, dont ils ne sont qu'une dépendance, à la protection de l'animal. Ils ont tous une constitution chimique très-analogue à celle de l'épiderme lui-même.

§ 1. — LES ONGLES.

Les ongles sont une dépendance de l'épiderme. Le *lit* sur lequel ils reposent est formé des papilles mêmes du derme ; la couche profonde de la partie postérieure de l'ongle appartient à cette portion du réseau proliférant de Malpighi qui s'enfonce entre les papilles ; la couche superficielle antérieure est cornée : elle peut, quand on la fait macérer dans les alcalis étendus, se dissocier en petites cellules polyédriques pourvues d'un noyau granuleux, comme les cellules profondes de l'épiderme.

Les ongles sont principalement constitués par une substance organique à laquelle on donne le nom de *kératine*, mêlée ou combinée à quelques centièmes de matières minérales, qui sont des chlorures alcalins, des phosphates de chaux, de magnésie et de fer, du sulfate de chaux et un peu de silice. En cela les ongles diffèrent des os, des dents et des écailles de poisson, du test des crustacés, organes très-riches en matières minérales (50 à 75 p. 100), et se rapprochent des écailles des reptiles qui, d'après Frémy, ont une composition analogue à l'épiderme[1]. L'eau bouillante les gonfle sans les dissocier sensiblement; elle les dissout vers 200°. L'acide acétique cristallisable les attaque peu à peu. L'acide azotique les teint en jaune; l'acide sulfurique et les alcalis chauds les dissolvent en donnant de la leucine, de la tyrosine et des acides gras.

Kératine.

Cette substance forme non-seulement la masse principale des cellules cornées de l'épiderme, des ongles, des poils, mais aussi cette portion des strates superficielles des épithéliums à plusieurs couches qui est dépourvue de noyaux et résiste à l'action de l'eau froide ou chaude, des acides minéraux étendus, et de l'acide acétique.

On la prépare, en général, avec la corne, les ongles et plus difficilement avec l'épiderme et les cheveux. Après avoir trituré ou râpé la corne, on la fait bouillir successivement avec l'eau, l'eau acidulée, l'alcool et l'éther. On parvient, par ces lavages, à enlever une partie des cendres et des graisses, mais non à obtenir une substance homogène.

La composition de la matière cornée ou kératine, a été donnée par Mülder[2] pour le tissu unguéal. Il a trouvé, abstraction faite des cendres : $C = 51,00$; $H = 6,94$; $Az = 17,51$; $O = 21,75$; $S = 2,8$ pour cent parties de substance sèche. Le soufre varie de 2 à 5 p. 100.

La kératine ne se dissout pas dans l'eau bouillante, mais elle se

[1] *Ann. Chim. Phys.*, [2] t. XLIII, p. 93.
[2] *Chimie physiologique*, p. 556.

transforme vers 200° en une substance soluble qui ne gélatinise pas, et qui par le ferrocyanure de potassium acétique donne un précipité soluble dans un excès d'acide.

La substance cornée de l'ongle se gonfle dans l'eau et donne une combinaison soluble ; le soufre est ainsi enlevé en partie, sous forme de sulfure alcalin. L'acide acétique précipite cette solution et en dégage de l'hydrogène sulfuré. L'eau bouillante elle-même paraît enlever peu à peu et complétement le soufre à la kératine, sans l'altérer notablement.

La kératine se dissocie dans l'acide sulfurique et finalement est transformée à chaud en leucine, tyrosine et acides gras. Les alcalis concentrés agissent de la même manière.

On voit que les réactions de la kératine (même à l'état impur, telle qu'on la connaît) la différencient entièrement de l'albumine, de l'osséine, de la cartilagéine et de la mucine, et la rapprochent de l'élasticine.

§ 2. — LES POILS ET LES CHEVEUX.

Les poils et les cheveux naissent au sein d'un follicule, formé de tissu conjonctif et enfoncé dans le derme, contenant le bulbe du poil, sorte de racine bulbeuse destinée à le produire. Le poil lui-même suit le canal du follicule et émerge à la surface de l'épiderme. Sa portion extérieure est formée de deux parties, une *substance corticale* et une *masse médullaire*. La substance excentrique ou corticale est cornée ; elle est constituée par des cellules ovales, allongées, qui s'aplatissent à mesure que le cheveu s'élève, et finissent par devenir des plaquettes fusiformes et comme imbriquées obliquement à la direction du poil. Ces plaquettes peuvent être dissociées par l'immersion du poil dans l'acide sulfurique. Elles sont imprégnées d'un pigment de teinte variable avec la couleur du cheveu. La substance médullaire ou centrale est formée de cellules grandes et assez peu serrées qui se remplissent le plus souvent d'air ; on ne la trouve pas toujours dans toute la longueur du poil.

La partie inférieure du cheveu, celle qui est contenue dans le follicule et qui suit immédiatement le bulbe, paraît formée de cellules riches en matières albuminoïdes, faciles à dissoudre par l'eau chaude, les solutions alcalines faibles, et l'acide acétique. La partie du poil qui dépasse l'épiderme offre au contraire les caractères du tissu épidermique. Elle n'est attaquée que très-lentement par les alcalis concentrés et les acides puissants, et donne avec eux des sulfures et de l'hydrogène sulfuré. L'acide nitrique colore les cheveux en jaune et laisse finalement pour résidu de l'acide oxalique et une matière amère. Les cheveux, lorsqu'on les chauffe, fondent et dégagent une odeur de corne brûlée ; distillés, ils donnent des corps huileux et des substances ammoniacales.

D'après Van Laer [1], les cheveux humains contiennent pour 100 parties : $C = 49,8$ et $50,65$; $H = 6,4$ et $6,36$; $Az = 17,1$ et $17,14$; $S = 5,0$ et 4; $O = 26,7$ et $20,25$.

On trouve dans les cheveux de 0,52 à 1,85 p. 100 de cendres, formées pour 100 parties de cheveux de : matières solubles 0,93 ; oxyde de fer 0,058 à 0,395 [2]; sels terreux 0,3 à 0,53, contenant des sulfates et phosphates de chaux avec un peu de magnésie et de silice. 100 parties de cendres peuvent donner jusqu'à 40 p. de silice, et d'après Gorup-Bésanez cette proportion, pour les plumes tout au moins, augmente chez les oiseaux lorsque l'alimentation s'enrichit en silice et quand l'animal vieillit [3].

On peut retirer des cheveux un pigment coloré qui manque dans les cheveux blancs. Suivant M. Baudrimont ce pigment serait une combinaison ferrugineuse. On sait aussi qu'on peut communiquer aux cheveux une teinte brune ou noire, à l'aide des préparations solubles d'argent ou de plomb, au moyen de l'acide pyrogallique, etc.

La matière grasse qu'on enlève aux cheveux, en les lavant à l'alcool et à l'éther, est surtout produite par la sécrétion des glandes sébacées, et formée de margarine, d'oléine et d'une matière brune. L'eau enlève en outre aux cheveux des chlorures alcalins et du lactate d'ammoniaque.

---

[1] *Ann. Chem. Pharm.*, t. XLV, p. 147.
[2] Cheveux noirs, $Fe^2O^3 = 0,214$. — Cheveux bruns, 0,058 à 0,395. — Cheveux gris, 0,232. — Cheveux rouges, 0,170 à 0,275 pour 100 parties de cheveux.
[3] *Ann. Chem. Pharm.*, t. LXVI, p. 521.

CHAPITRE VII

TISSUS ET MILIEUX DE L'ŒIL

§ 1. — TISSU DE LA CORNÉE.

Le tissu propre de la cornée, compris entre la membrane élas
tique antérieure de *Bowmann*, recouverte elle-même par plusieurs
couches d'épithélium, et la lamelle postérieure, ou membrane de
Descemet, est formé d'une substance fondamentale mono-réfrin-
gente, creusée de nombreuses vacuoles aplaties dans le sens an-
téro-postérieur, et communiquant entre elles par un système de
canalicules irréguliers. Ces vacuoles et leurs canalicules se distri-
buent par plans successifs d'avant en arrière, et divisent ainsi la
substance cornéenne en un certain nombre de couches ou lamelles irrégulières, parallèles à la surface antérieure du globe de
l'œil. Dans les vacuoles sont contenues les cellules propres au tissu
dont nous nous occupons; elles ont un noyau, et sont formées
d'une substance contractile à protoplasma granuleux, qui envoie
ses prolongements dans les ramifications canaliculaires. Recklings-
hausen a observé en outre dans ces petits canaux ou interstices
interlamellaires, à parois extensibles, des cellules lymphatiques
douées de mouvements amiboïdes.

La substance principale de la cornée se transforme, par la
coction, en chondrine, ou plutôt en une substance très-analogue,
qui n'en diffère que parce que le précipité que donnent ses solutions avec l'alun ne se dissout pas dans un excès de ce sel. Elle
dévie à gauche la lumière polarisée d'un même nombre de degrés
que la chondrine, et donne le même sucre qu'elle par son ébullition avec l'acide chlorhydrique[1].

La substance fondamentale de la cornée peut être préparée à
l'état pur par la méthode qui sert à obtenir la cartilagéine.

La matière principale qui forme le protoplasma des cellules

---

[1] P. BRUNS, *Med. chem. Untersuchungen*, p. 260.

cornéennes serait, d'après Kühne, de la myosine. On l'obtient, comme celle des muscles, en broyant ou hachant la cornée à une température inférieure à 0°, avec une solution sursaturée de sel marin, laissant digérer vingt-quatre heures à froid, filtrant et précipitant la liqueur par un excès d'eau. Il se forme ainsi de légers flocons blancs, identiques avec ceux que donne la chair musculaire traitée de la même manière.

L'eau froide enlève en outre à la cornée une matière albuminoïde précipitable par les acides très-affaiblis. (*Paraglobuline* ou *Caséine*[1]). Une ancienne analyse du tissu cornéen de Scherer a donné des nombres presque identiques à ceux du tissu cartilagineux[2]. *His* a trouvé à la cornée la composition suivante :

Eau.	758.8
Éléments insolubles dans l'eau..	28.4
Matières collagènes.	203.8
Sels minéraux solubles. . .	8.4
— insolubles.. . .	1.1

La *membrane de Descemet* paraît être formée de la même substance que le sarcolemme des muscles, c'est-à-dire d'un tissu intermédiaire entre le tissu conjonctif et la matière élastique. Par la coction dans l'eau, elle se dissout et ne donne pas de gélatine.

§ 2. — TISSU DU CRISTALLIN.

Le *cristallin* se présente sous la forme d'une lentille plus ou moins bombée en avant et en arrière, contenue dans une enveloppe appelée *capsule cristallinienne*. La lentille elle-même est divisée en trois, quelquefois en quatre secteurs, coniques, réunis à peu près à la façon des parties d'une orange. Chaque secteur est lui-même formé par des fibres ou tubes spéciaux partant de la face antérieure, passant par l'équateur du cristallin, et arrivant à la face postérieure. Ces fibres possèdent un noyau placé vers leur milieu. Elles sont pâles, limpides, à section hexagonale aplatie ; celles de la périphérie surtout sont remplies d'une substance liquide et épaisse dont nous dirons tout à l'heure la nature.

---

[1] Voyez le SANG.
[2] SCHERER, *Ann. d. Chem. u. Pharm.*, t. XL, p. 46.

Quant à la capsule ou enveloppe du cristallin, c'est une membrane presque homogène, à peine striée sous de forts grossissements.

D'après Chenevix, les couches périphériques du cristallin ont, chez l'homme, une densité de 1,076; les couches centrales, de 1,194; moyenne, 1,079. Indice de réfraction des couches externes 1,407; indice des couches moyennes 1,432; indice des couches internes 1,456, d'après Krause.

Pour soumettre le cristallin à l'analyse immédiate, et connaître approximativement le poids des substances qui le composent, Berzelius[1] broie finement cet organe dans un mortier, laisse digérer, sépare la solution, traite de nouveau par l'eau, filtre et lave. Il reste sur le papier les membranes et les tubes cristalliniens. La liqueur renferme les matières albuminoïdes, extractives et salines solubles. On peut séparer les premières en grande partie par leur coagulation, évaporer, et obtenir les matières extractives et les sels. En opérant ainsi, Berzelius est arrivé aux résultats suivants :

COMPOSITION IMMÉDIATE DU CRISTALLIN.

Matières albumineuses coagulables. . . .	35.9 ‰
Extrait alcoolique avec sels.	2.4
Extrait aqueux avec traces de sels.. . . .	1.3
Membranes et tubes cristalliniens.. . . .	2.4
Eau.	58.0
	100.0

Les cendres oscillent entre 2 et 5 millièmes du poids du cristallin frais. Elles contiennent un alcali libre, du chlorure sodique et du phosphate calcique.

Le cristallin de l'homme fournit 2,06 p. 100 de matières grasses. Elles sont quelquefois riches en cholestérine, et celle-ci peut même donner lieu à une cataracte particulière. Ces substances augmentent chez les vieillards.

Il reste à déterminer la nature des divers éléments du cristallin.

Fibres cristalliniennes. — Elles sont composées d'une paroi et d'un noyau et remplies d'un liquide épais. La nature de la paroi et du noyau est inconnue. Le liquide épais qu'elles contiennent est transparent et à réaction alcaline. Sa richesse, plus ou moins

----

[1] *Trad. française,* 1833, t. VII, p. 457.

grande en parties solubles, contribue à augmenter ou à diminuer l'indice de réfraction des différentes couches. En triturant finement le cristallin avec du sable siliceux, et en reprenant ensuite par l'eau, on obtient une solution aqueuse du liquide cristallinien. Cette solution contient : 1° un corps albuminoïde, auquel Berzélius a donné le nom de *cristalline*. Il se sépare quand on fait passer dans la liqueur un courant d'acide carbonique ; 2° une substance, qui n'existe qu'en faible proportion, et paraît être de la caséine ; l'acide acétique très-affaibli la coagule dans la liqueur d'où l'on a séparé la cristalline ; 3° une matière qui se coagule par la chaleur quand les deux premières substances ont été enlevées. Le résidu fournit des matières extractives, grasses et salines solubles.

Cristalline [1].

Elle se précipite par un courant d'acide carbonique, de l'extrait aqueux du cristallin, et se dépose sous forme d'un coagulum laiteux, qui se redissout dans l'eau aérée : cette dernière solution ne se coagule qu'à 93°, d'après Lehmann. L'extrait aqueux du cristallin commence à donner des flocons insolubles vers 73°, et, lorsque la séparation de toute la cristalline a eu lieu, le liquide est devenu acide (*Berzélius*). Cette réaction sépare cette substance des autres matières albuminoïdes coagulables. La cristalline ne donne de fibrine ni spontanément, ni par son mélange avec les matières fibrinogènes et fibrino-plastiques [2]. Une solution de cristalline légèrement acidulée ou alcalinisée se transforme en syntonine, précipitable par la neutralisation exacte de la liqueur.

Capsule du cristallin. — Elle se conduit comme du tissu sarcolématique très-riche en matière élastique. Elle ne donne pas de gélatine par la coction, quoiqu'elle se dissolve dans l'eau par une longue ébullition. Elle se gonfle sans se dissoudre dans l'acide acétique ; les acides minéraux étendus la rendent lentement soluble. Elle résiste longtemps à l'action des alcalis.

---

[1] On lui donne à tort quelquefois le nom de *globuline,* qui a été attribué à l'une des substances du globule sanguin.

[2] Voyez pour ces substances qul sont très-analogues, le SANG, *Livre III.*

§ 3. — CORPS VITRÉ.

Le *corps vitré de l'œil* est formé de tissu conjonctif *muqueux*, et constitué par une substance fondamentale homogène, incolore, gélatineuse, parsemée, chez l'embryon, de cellules arrondies granuleuses à un ou plusieurs noyaux, qui disparaissent chez l'adulte.

La substance gélatineuse est de la mucine ou un corps très-analogue[1], avec des traces d'albumine, des sels, surtout du chlorure de sodium, et des matières extractives dont 0,50 p. 100 d'urée (*Picard*). L'analyse suivante est due à Lohmeyer[2] :

Eau.	986.400
Membranes.	0.210
Caséine, albumine et surtout mucine.	1.560
Graisses.	0.016
Matières extractives.	3.206
Sel marin.	7.757
Chlorure potassique.	0.605
Sulfate potassique.	0.148
Phosphate de chaux.	0.101
Phosphate de magnésie.	0.052
Autres sels de chaux.	0.135

§ 4. — HUMEUR AQUEUSE.

Ce liquide, que nous décrivons ici, pour réunir dans ce chapitre l'étude des divers milieux de l'œil, occupe l'espace compris entre la cornée et le cristallin. Il est dénué d'éléments histologiques. Son poids spécifique varie de 1,003 à 1,009. Il est alcalin.

Il ne contient que des traces de matières albuminoïdes, que les acides les plus faibles précipitent et parmi lesqu'elles on a signalé la fibrine et ses composants, une petite quantité (4 p. 1000) de matières extractives diverses, de l'urée, d'après *Wœhler*, enfin 7 à 8 p. 1000 de sels minéraux. L'analyse suivante de l'humeur aqueuse de veau est de Lohmeyer (*loc. cit.*) :

Eau.	986.870
Matières albuminoïdes.	1.223
Matières extractives.	4.210
Chlorure de sodium.	6.890
Chlorure de calcium.	0.113
Sulfate de potasse.	0.221
Phosphates terreux et sels de chaux.	0.473

[1] Voir VIRCHOW, *Würtzburger Verhandlungen*, t. II, p. 517.
[2] Dans GORUP-BESANEZ, *Physiol. Chem.*, 2ᵉ édit. p. 581.

LIVRE II

DIGESTION

On a, dans la *Première Partie* de cet ouvrage, étudié les matières alimentaires en elles-mêmes. L'animal se les approprie par la digestion, en les faisant passer, dans la bouche, l'estomac, l'intestin, par une série de transformations qui les rendent assimilables. Les modifications que subissent ainsi les aliments, varient avec chacune des espèces chimiques qui les composent, et avec les diverses portions du tube digestif. Nous aurons donc à décrire dans ce Livre non-seulement les digestions buccale, stomacale, intestinale, et les produits de sécrétion qui concourent à les accomplir, mais encore les digestions particulières des matières amylacées, albuminoïdes, grasses, sucrées, etc. Lorsque l'aliment, transformé en liquide nutritif et assimilable, pénètre dans les lymphatiques de l'intestin, alors commence *l'assimilation* proprement dite, qui fait le sujet du Livre suivant.

CHAPITRE PREMIER

DIGESTION BUCCALE

§ 1. — LA SALIVE

Dès son arrivée dans la bouche, l'aliment est broyé par les dents, malaxé par la langue et les joues, et mis en contact avec un liquide complexe, la *salive*, principalement sécrétée par trois paires de glandes, les *glandes parotidiennes*, les *sous-maxillaires* et les *sublinguales*. Cette salive se mélange aussi de mucus, sécrété par une infinité d'autres petits organes glandulaires contenus dans l'épaisseur de la muqueuse des lèvres, des joues, du voile du palais et de la langue.

Les *glandes salivaires* sont des glandes en grappe. Leurs culs-de-sac glanduleux, formés par une membrane spéciale, sont tapissés par des cellules propres de 0^{mm},01 à 0^{mm},02 de diamètre. C'est dans leur protoplasma que pénètrent les extrémités de deux espèces de nerfs : des nerfs crâniens, et des ramifications du grand sympathique. Au point de vue chimique, ces cellules propres, véritables organes sécrétants, diffèrent pour chaque glande. Celles de la glande sous-maxillaire sont troublées par l'acide acétique, tandis que celles de la parotide restent transparentes.

Sécrétée par les diverses glandes salivaires et par les glandes muqueuses, la salive est donc un liquide complexe. Pour la bien connaître, nous décrirons séparément les divers produits de sécrétion qui, en s'écoulant dans la bouche, concourent à la former.

Mucus buccal. — Le mucus, que l'on trouve toujours dans la salive mixte, et qui lui communique sa viscosité, est en grande partie sécrété par les glandes muqueuses des parois buccales. Toutefois les glandes sublinguales et sous-maxillaires produisent aussi une certaine quantité de mucine, tandis que la salive parotidienne n'en contient pas.

Le mucus buccal est un liquide visqueux, tenant en suspension quelques cellules d'épithélium pavimenteux, et des corpuscules dits *salivaires* ou *muqueux* dans lesquels on observe de petites granulations douées d'un mouvement très-rapide. Bidder et Schmidt ont donné de ce mucus l'analyse suivante : Eau, 990.02 ; résidu solide, 9.98, comprenant : mucine et matières organiques insolubles dans l'alcool 2.18 ; substances organiques solubles dans l'alcool 1.67 ; sels minéraux 6.13. Ces sels étaient composés de 5.29 de chlorures alcalins, et de 0,84 de phosphates de soude, de chaux et de magnésie.

Le mucus buccal est alcalin [1].

Salive parotidienne. — Les glandes parotidiennes versent dans la bouche, par le canal de Sténon, d'une manière à peu près continue, le produit de leur sécrétion ; mais c'est surtout au moment des repas, et sous l'influence de l'excitation de certains aliments

___

[1] Pour plus de renseignements. Voir LIVRE IV°. *Mucus.*

qu'elles fournissent abondamment leur liquide salivaire propre. Les mouvements de mastication, l'action des vapeurs d'éther et de l'acide acétique sur la muqueuse buccale, les excitations électriques ou mécaniques de la langue ou des joues, la galvanisation du bout périphérique du nerf petit pétreux superficiel, sont surtout efficaces, tandis que les alcalins, les épices et le sucre sont à peine actifs. On a cru longtemps que la contraction musculaire due à la mastication était une cause efficiente directe de l'augmentation de la sécrétion parotidienne. Colin a démontré le contraire. Ce n'est que par synergie ou action réflexe que les mouvements musculaires réveillent l'activité de la glande. C'est aussi par action réflexe que la vue ou la seule pensée de certains aliments sapides produisent un flux de salive parotidienne abondant. Toutes ces excitations demeurent sans effet après la section du nerf petit pétreux superficiel, branche de la corde du tympan (*Cl. Bernard*).

Pour étudier la salive parotidienne, on place une petite canule à demeure dans le canal de Sténon, ou bien on établit une fistule artificielle du même conduit chez le mouton ou le cheval ; la sécrétion de la salive parotidienne chez les carnivores est fort peu abondante.

Propriétés. — La salive parotidienne est un liquide clair, non filant, dénué d'éléments morphologiques et exempt de mucus. Sa réaction est un peu alcaline. Sa densité moyenne chez l'homme est, suivant Eckhard, de 1,0056. Desséchée, la salive parotidienne pure laisse à peine par litre 4,5 à 5 grammes de substances solides formées de : matières organiques $1^{gr},5$ (dont 5 à 6 p. 100 d'albumine ou de caséine, et chez quelques animaux de ptyaline) ; chlorures alcalins 2^{gr} à $2^{gr},5$; carbonate de chaux 1^{gr} à $1^{gr},5$.

La salive parotidienne se recouvre, à l'air, d'une mince croûte de carbonate de chaux. Chauffée, elle laisse déposer des flocons légers d'albumine, en même temps qu'il se dégage quelques bulles d'acide carbonique.

Cette salive à l'état *pur* prend souvent, chez l'homme, une teinte rouge quand on l'additionne d'un sel ferrique, coloration qui persiste même quand on ajoute un peu d'acide chlorhydrique. De cette observation on a cru pouvoir conclure que la salive contiendrait un sulfocyanure alcalin. Mais ces preuves nous paraissent insuffisantes.

D'après Mialhe, la salive parotidienne de l'homme suffit seule à transformer l'amidon en glucose. C'est aussi l'opinion d'Ordenstein, qui a retiré de la ptyaline de cette salive. Ce ferment manque dans la salive parotidienne, chez le chien et chez beaucoup d'autres animaux (*Cl. Bernard. Bidder et Schmidt*[1]).

Voici quelques analyses de la salive parotidienne :

	Homme (d'après Mitcherlich.)	Cheval (d'après Lehmann).
Eau.	984.50	992.02
Ptyaline.	5.25	1 40
Extrait alcoolique. . .	1.00	0.98
Épithéliums. . . .	0.05	1.24
Sels minéraux. . . .	»	} 0.43
Alcalis des acides gras. .	»	

Salive sous-maxillaire. — Sous ce titre nous comprendrons le liquide, quel qu'il soit, qui est versé dans la bouche par le conduit de Warthon. On le recueille aisément en introduisant une petite canule dans ce canal : mais il faut se rappeler que quelques-unes des petites glandes muqueuses placées derrière les *sublinguales*, et dont les canaux excréteurs constituent les *conduits de Rivinus*, viennent aussi s'ouvrir dans le canal de Warthon.

Trois nerfs se rendent à la glande sous-maxillaire : 1° une branche du lingual, prolongement de la corde du tympan ; 2° un filet fourni par le sympathique, qui suit le trajet de l'artère ; 3° une branche qui provient du ganglion sous-maxillaire. Chacun de ces nerfs influence la glande et préside, par son excitation, à la formation de produits et de salives spéciales.

Salive sous-maxillaire de la corde du tympan. — Cette salive est sécrétée lorsqu'on excite la branche du lingual qui se rend à la glande[2]. C'est un liquide clair, peu filant, à réaction alcaline. Une salive ayant les mêmes caractères se produit quand on touche la langue et les joues avec des acides. La densité moyenne de cette salive chez le chien est de 1,0046.

La salive sous-maxillaire du lingual contient des matières protéiques, de la mucine qui se sépare lorsqu'on acidifie le liquide par l'acide acétique, de l'albumine coagulable par la chaleur, une

---

[1] *Die Verdaungsafte d. Stoffwechsel.* Leipzig, 1852.

[2] Pendant l'excitation de la *corde* le sang traverse la glande avec rapidité, sa pression augmente dans la veine, et sa couleur devient artérielle dans ce vaisseau. Il contient plus d'oxygène et moins d'acide carbonique que pendant l'inactivité de la glande.

matière protéique précipitablé dans la salive diluée par un courant d'acide carbonique, et des substances extractives inconnues,
solubles dans l'alcool. Cette salive ne paraît pas contenir de ptyaline. Ses substances minérales combinées en partie aux matières
organiques, sont : du carbonate de chaux, qui forme souvent des
concrétions dans les conduits salivaires et qui se sépare sous
forme de croûtes minces quand on expose cette salive à l'air, des
chlorures alcalins, et des phosphates de soude, de chaux et de magnésie.

Bidder et Schmidt ont donné l'analyse suivante d'une salive
sous-maxillaire sécrétée par un chien à la suite de l'excitation de
la bouche par un acide :

Eau 996,04. — Résidu sec 3,91 contenant : matières organiques 1,51 et cendres 2,45.

Salive sous-maxillaire sympathique. — L'excitation du filet sympathique de la glande fournit un liquide visqueux, blanchâtre [1],
fortement alcalin, d'une densité de 1,009 à 1,018. Une salive
analogue est sécrétée par les mêmes glandes quand on excite la
bouche avec des liqueurs alcalines, des épices. Mais cette action
ne se prolonge pas. Pour cette raison, et vu la disposition anatomique des nerfs, il est difficile de se procurer une salive sympathique bien pure [2].

La salive sympathique est tellement visqueuse qu'elle peut se
couper en morceaux et s'étirer en longs filaments. Elle contient,
en effet, une quantité considérable de mucus qu'on en sépare par
l'acide acétique et l'agitation. Elle est alcaline. Elle peut, mais
très-lentement, transformer l'amidon en sucre. Ses cendres sont
analogues à celles de la salive précédente. Elle contient chez le chien,
d'après Eckhard, 27 millièmes de son poids d'éléments solides.

Salive sous-maxillaire du ganglion de la glande. — La salive
produite par l'excitation du ganglion sous-maxillaire n'a pas été
étudiée séparément.

Salive sous-maxillaire paralytique. — Elle s'écoule quelque
temps après la section des nerfs salivaires ou quand on injecte

---

[1] Cette opacité est due à divers éléments morphologiques, spécialement à de petits
blocs gélatineux qui semblent constitués par un mélange d'albumine et de mucus ; ils
sont en partie solubles dans l'acide acétique.

[2] Pendant l'excitation du *sympathique*, il y a ralentissement du sang, qui devient
plus foncé, dans les vaisseaux de la glande.

un peu de curare dans l'artère qui se rend à la glande. L'écoulement d'une quantité considérable de salive très-aqueuse se continue tant qu'il n'y a pas eu dégénérescence des nerfs jusqu'à leur extrémité glandulaire. Le liquide ainsi sécrété n'a pas été particulièrement étudié.

Salive sous-maxillaire totale. — La salive sous-maxillaire totale suivant quelle aura été sécrétée dans telles ou telles conditions pourra donc avoir une composition et des propriétés très-variables. C'est ce qui résulte, en effet, des expériences de divers auteurs. En général, c'est un liquide visqueux, louche, riche en mucus et en éléments morphologiques, donnant des grumeaux gélatineux, surtout quand sa sécrétion est provoquée par l'excitation de la bouche par les alcalins ou le poivre. Cette salive transforme rapidement l'empois en sucre, et se colore en rose par les sels ferriques chez l'homme seulement (*Oehl*).

La salive sous-maxillaire, de composition très-variable, peut contenir de 3 à 10 parties de matériaux solides par litre. Deux analyses de cette salive, par Jacubowitsch ont donné, chez le chien, les résultats suivants :

Eau 991,45 et 996,04. Résidu solide 8,55 et 3,96, contenant : substances organiques 2,89 et 1,51 ; chlorures alcalins 4,5 ; carbonate de chaux et phosphates de chaux et de magnésie 1,16. Substances inorganiques totales (second cas) 2,45.

Quand on donne à l'animal vivant des iodures ou des bromures alcalins, ils passent rapidement dans la salive et, suivant Kühne, y remplacent une dose correspondante de chlorures alcalins, avant même qu'ils paraissent dans les urines.

Salive sublinguale. — La salive sublinguale s'échappe dans la bouche par le canal de Bartholin. Elle a été peu étudiée. Elle est visqueuse et filante, riche en mucine. Elle rougit, chez l'homme, par le sulfo-cyanure de potassium, sa réaction est alcaline. Cette salive paraît être plus que les autres chargée de principes fixes[1]. On suppose, mais par exclusion et sans preuves directes, que c'est elle qui fournit la plus grande quantité de ptyaline.

Salive mixte. — La salive mixte est constituée par le mélange des produits de sécrétion des glandes parotidiennes sous-maxillaires, sublinguales, des glandes à mucus et des folicules clos.

____

[1] Ils peuvent aller jusqu'à 9,98 pour 100 (*Bidder* et *Schmidt*).

C'est un liquide incolore, inodore, insapide, un peu visqueux et opalin. Au microscope on y découvre des cellules d'épithélium pavimenteux, des cellules glandulaires et des corpuscules salivaires ou muqueux contenant des granulations douées d'un rapide mouvement.

Filtrée, la salive forme un liquide clair, légèrement alcalin, d'une densité variant de 1,004 à 1,009 et contenant par litre de une à dix parties de substances dissoutes. Conservée dans un lieu chaud, elle subit peu à peu la décomposition fétide ammoniacale, tandis qu'elle devient d'abord acide si elle contient des cellules d'épithélium.

Ses substances constituantes sont celles que nous avons notées dans les salives particulières ci-dessus étudiées. Mais son principe le plus important est la *ptyaline*, ferment sur lequel nous allons revenir bientôt.

Voici trois analyses de la salive mixte, chez l'homme bien portant :

	Frerichs.	Jacubowitsch.	Wright.
Eau.	994.10	995.16	988.1
Ptyaline.	1.42	1.34	1.8
Mucus.	} 2.13	»	} 2.6
Épithélium.		1.62	
Matières grasses.	0.07	»	0.5
Sulfocyanure.	0.10	0.06	0.9
Chlorures alcalins.	}	0.84	}
Phosphate de soude.	2.19	0.94	3.4
Sels de chaux et de magnésie.		0.04	

Les substances minérales sont formées d'environ 92 p. 100 de sels solubles, principalement riches en chlorures, mêlés d'une faible proportion de phosphates et de sulfates, et de 6 p. 100 de sels insolubles, contenant surtout du carbonate et des phosphates de chaux, de magnésie, de fer.

L'alcalinité de la salive paraît être due à une combinaison de la ptyaline avec la soude (*voir plus loin*).

La coloration rouge produite par les persels de fer dans la salive mixte de l'homme n'est pas constante.

Gaz de la salive. — Les gaz de la salive, recueillis en évitant le contact de l'air, et extraits par la pompe pneumatique à mercure, ont, d'après Pflüger, la composition qu'exprime le tableau suivant; les nombres se rapportent à 100 centimètres cubes de salive; les gaz sont réduits à 0° et à 1 mètre de pression :

	I.	II.
Oxygène.	0.4	0.6
Acide carbonique dégagé par le vide seul.	19.3	22.5
Acide carbonique dégagé par le vide après addition d'acide phosphorique.	29.9	42.2
Azote.	0.7	0.8

Ces gaz sont beaucoup plus riches en acide carbonique et plus pauvres en azote que ceux du sang veineux.

§ 2. — FERMENT SALIVAIRE OU PTYALINE.

La salive mixte transforme partiellement, déjà dans la bouche, l'amidon en sucre. Cet effet rapide n'est dû ni à l'eau, ni au mucus, ni aux matières protéiques proprement dites de la salive mixte altérées ou non par l'air, mais à un ferment auquel on a donné le nom de *ptyaline* ou *diastase salivaire*.

C'est Leuchs qui démontra l'action saccharifiante de la salive sur l'amidon, et Mialhe, qui le premier, en 1845, en isola le ferment à l'état impur, en précipitant la salive filtrée par 5 à 6 fois son poids d'alcool absolu [1]. Une partie de diastase salivaire ainsi préparée suffit à convertir en dextrine et glycose plus de 2000 partie de fécule. La ptyaline de Berzélius ne transformait pas l'amidon en sucre.

On prépare la ptyaline dans un état de pureté plus grand en suivant le procédé de Conheim. La salive mixte de l'homme, obtenue par l'excitation de la bouche au moyen de l'éther, est fortement acidifiée par de l'acide phosphorique ordinaire, puis cette solution est additionnée d'eau de chaux jusqu'à réaction alcaline. Le phosphate tribasique de chaux qui se forme ainsi entraîne avec lui le ferment salivaire mêlé à des matières albuminoïdes. On lave ce précipité sur le filtre avec de l'eau distillée, en quantité presque égale à celle de la salive employée. Ce liquide dissout presque exclusivement la ptyaline. A cette liqueur aqueuse on ajoute 5 à 6 fois son volume d'alcool. Le précipité floconneux qui se forme ainsi est desséché dans le vide. En reprenant une seconde fois par l'eau.

[1] *Compt. rend. acad. sc.*, 31 mars, 1865.

filtrant, reprécipitant par l'alcool absolu, on en sépare une petite quantité de phosphate de chaux. On dessèche enfin dans le vide sec.

Ainsi préparée, la ptyaline constitue une matière solide blanche ou à peine colorée, amorphe, soluble dans l'eau, l'alcool faible, la glycérine ; sa solution traitée à chaud par l'acide nitrique, puis par l'ammoniaque, ne se colore pas en rouge orangé, ce qui démontre qu'elle n'est pas de nature protéique, et qu'obtenue comme il vient d'être dit, elle n'est pas souillée de matières albuminoïdes. Toutefois la ptyaline est azotée, et lorsqu'on la calcine à l'air elle répand l'odeur de corne brûlée. Les solutions de ptyaline ne précipitent ni par le bichlorure de mercure, ni par celui de platine, ni par le tannin ou l'acide nitrique, mais seulement par l'acétate neutre ou basique de plomb[1].

La ptyaline en solution aqueuse neutre, ou même très-légèrement alcaline ou acide, transforme très-rapidement l'amidon en sucre vers la température de 35°. Cette solution portée à 60° perd sa propriété saccharifiante, ce qui montre bien que la ptyaline ne peut être confondue avec la diastase de l'orge germée, qui agit le mieux à la température de 60° à 65°. Un petit excès de base ou d'acide entrave l'activité de la ptyaline, qui peut renaître quand on sature la liqueur (*Cl. Bernard*). Une quantité d'alcali ou d'acide plus grande détruit à jamais l'action spécifique du ferment salivaire.

La présence de 1,5 à 2 p. 100 de dextrine ou de glucose dans la solution de ptyaline entrave aussi son action saccharifiante. Si l'on étend la liqueur avec de l'eau, le ferment reprend son activité.

La ptyaline paraît être faiblement unie dans la salive à une petite quantité d'alcali.

Cette substance est sécrétée par les cellules propres des glandes salivaires. Une salive riche en éléments morphologiques est toujours plus active que la même salive filtrée.

Action de la salive mixte. — Nous n'avons à nous occuper ici que de l'action chimique de la salive sur les aliments.

La fécule crue et surtout cuite est transformée aisément en dextrine et glucose par la salive mixte. Cette action réside exclusivement dans la ptyaline, et sa rapidité paraît, toutes choses égales

---

[1] J. Hüfner (*Bull. soc. chim.*, t. XIX, p. 227), en traitant les glandes salivaires par de la glycérine en a extrait un ferment qu'il nomme aussi *ptyaline* et qui aurait la propriété de dissoudre la fibrine. Ce ferment a la composition centésimale suivante : $C = 42.8$ à 43.1 ; $H = 7.7$ à 8.0 ; $Az = 11.86$; *cendres* 0.1 ; $O = $ le complément.

d'ailleurs, être proportionnelle à la quantité de ce ferment. Aussi la salive parotidienne agit-elle moins rapidement que la sous-maxillaire. La salive pure, au sortir même de la glande, agit presque instantanément sur une solution faible et tiède d'amidon pour la transformer en dextrine et en sucre.

La fécule crue est désagrégée par une digestion de deux ou trois jours à 35 ou 40° avec de la salive mixte ; la partie externe des granules perd alors la propriété de bleuir par l'iode.

Le pain bien cuit est promptement modifié par la salive ; il acquiert, pendant la mastication, une saveur douce très-marquée. Mal cuit, il échappe en grande partie à la saccharification salivaire. Après avoir mâché de la mie on peut, par le réactif cupro-potassique, constater la présence du sucre dans la liqueur filtrée.

Le sucre de canne n'est pas modifié par la digestion buccale.

Malgré la remarque de J. Hüfner, citée plus haut, on n'a pas encore constaté que la salive ait une action dissolvante et digestive sur les matières albuminoïdes.

CHAPITRE II

DIGESTION STOMACALE

§ 1. — SÉCRÉTION STOMACALE.

L'estomac, où arrivent les aliments en quittant l'œsophage, est formé de trois tuniques qui sont de dehors en dedans : une tunique séreuse, une tunique musculeuse et une tunique muqueuse. La dernière, qu'il nous importe seule de bien connaître, d'une épaisseur de 1 millimètre environ, présente à sa partie la plus interne une couche glanduleuse de couleur blanc grisâtre quand l'organe se repose, rosée ou rouge pendant la digestion. Elle offre un aspect velouté qu'elle doit à une multitude de petites fossettes dans lesquelles viennent s'ouvrir les glandes stomacales. L'intervalle des orifices glandulaires est tapissé par un épithélium cylindrique simple. La surface interne de l'estomac est très-souvent recouverte de mucus.

Les glandes stomacales sont de deux espèces : 1° des *glandes à mucus* (*fig.* 18) qui se rencontrent surtout dans *l'antre du py-*

lore, tapissées dans tout l'intérieur de leur canal par un épithélium cylindrique. Ces glandes deviennent opaques par l'acide acétique. 2° *Des glandes à suc gastrique* (*fig.* 19) existant sur toute la surface de l'estomac, mais très-clair-semées dans *l'antre du pylore*. Ce sont des glandes en tube de un quart à un demi-millimètre de longueur. Leur orifice et une partie de leur goulot est tapissée par une rangée de cellules épithéliales cylindriques, mais dans sa partie profonde leur canal est entièrement rempli par des cellules spéciales rondes ou polyédriques (voy. *fig.* 18) ayant $0^{mm},014$ de diamètre, à contenu granuleux, et munies d'un noyau ; ce sont ces cellules qui produisent la pepsine. Touchées avec l'acide acétique, les glandes du suc gastrique deviennent plus transparentes.

Fig. 18. — *Glandes à mucus* de l'estomac.

La surface de la muqueuse stomacale doit au produit de ces glandes sa réaction acide pendant la vie. Cette réaction s'observe jusqu'à une petite profondeur du conduit destiné à l'excrétion ; le fond de la glande est neutre ou alcalin. (*Cl. Bernard*).

Les *glandes à mucus* sécrètent, comme l'indique leur nom, un mucus visqueux, riche en mucine, alcalin ou faiblement acide. Nous en renvoyons la description au Livre IV, *Excrétions*. La sécrétion du mucus, quoique plus abondante pendant la digestion, se produit aussi dans l'intervalle des repas (*W. Beaumont*).

Les *glandes à suc gastrique* ont une sécrétion essentiellement intermittente. Si des aliments ou même des corps inertes sont introduits dans l'estomac, la muqueuse se gonfle et rougit, de petites goutelettes claires se forment d'abord à l'orifice des glandes gastri-

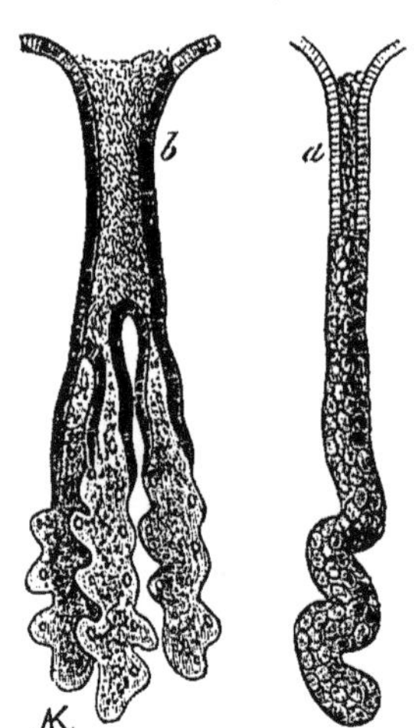

Fig. 19. — (*a*) *Glande à pepsine de l'homme.* (*b*) *Glande à pepsine du porc.*

ques, puis la surface tout entière se recouvre d'un liquide acide. L'abondance de cette sécrétion dépend surtout de la stimulation mécanique de l'estomac ; du sable à gros grains, des morceaux d'os, des pois secs, suffisent à la provoquer. L'irritation due à l'eau froide, les liqueurs alcooliques, les·vapeurs d'éther, et surtout le contact des liquides un peu alcalins produisent, d'après L. Corvisart, la sécrétion d'un suc gastrique chargé de pepsine, mais cet auteur affirme que le liquide sécrété par suite d'excitations mécaniques est beaucoup moins riche en principes digestifs que celui qui se forme sous l'influence des aliments[1] ; ainsi le charbon et le sable donneraient, d'après ses expériences, un liquide très-acide, mais pauvre en pepsine.

Il suffit d'exciter une partie très-restreinte de la muqueuse stomacale pour provoquer la sécrétion gastrique sur une large surface ; on peut donc penser que cet effet n'est pas direct et n'a lieu que par action réflexe.

La quantité de suc gastrique sécrétée normalement par le chien paraît varier du 10e au 20e du poids de l'animal : Cette sécrétion paraît être chez l'homme encore plus considérable.

Dans l'état de vacuité de l'estomac, sa muqueuse pâlit et devient presque sèche ; seules les glandes à mucus sécrètent lentement leur fluide muqueux, tandis que s'abaisse la température de l'organe tout entier (*Cl. Bernard*).

§ 2. — SUC GASTRIQUE.

Le suc gastrique que l'on obtient le plus aisément au moyen de fistules stomacales artificielles en suivant la méthode que Cl. Bernard a exposée dans ses *Leçons de physiologie expérimentale* (t. II, Paris, 1856), peut être obtenu exempt des produits de la digestion et d'une quantité notable de mucus, en privant quelque temps le sujet d'aliments. Après avoir excité l'estomac vide, on doit bâillonner l'animal pendant qu'on recueille le suc pour empêcher qu'il ne soit souillé de salive. Lorsqu'on l'a privé d'une petite quantité de mucus qu'il tient toujours en suspension, le suc gastrique présente les caractères que nous allons indiquer.

Propriétés. — C'est un liquide transparent, presque incolore, d'une odeur faible, variable avec l'animal, d'une saveur acidule et saline. Sa densité oscille de 1,001 à 1,010. Quand on l'a filtré, on peut le conserver très-longtemps sans qu'il s'altère.

---

[1] *De la sécrétion du suc gastrique*, Paris, 1857.

Le suc gastrique de tous les animaux vertébrés (et de beaucoup d'invertébrés pour lesquels on a pu faire l'observation) présente toujours une réaction acide.

Quand on chauffe le suc gastrique il ne se trouble pas où à peine. Par son évaporation, il dépose un résidu azoté brunâtre dont le poids est chez l'homme de 12,7 à 44 pour 1000 de suc ; chez le chien, de 11,5 à 27 ou 30 ; chez le cheval, de 16 à 17 pour 1000 ; mais parmi ces nombres les plus faibles sont dus à ce que l'expérimentateur a examiné un mélange de suc gastrique et de salive.

La quantité de matière organique contenue dans ce résidu est à celle des matières minérales dans le rapport de 2 à 1.

Acide libre du suc gastrique. — A quel acide le suc gastrique doit-il son acidité ?

Braconnot annonça le premier que le suc gastrique contenait de l'acide chlorhydrique libre[1]. En 1824, W. Prout[2] affirma de nouveau ce fait important en se fondant sur l'expérience suivante : Il partageait le suc gastrique en trois portions égales ; la première était évaporée et calcinée, on y déterminait la quantité de chlore unie aux bases du résidu ; la seconde était neutralisée par la potasse caustique puis *calcinée*, on y dosait de nouveau le chlore combiné : cette nouvelle quantité était constamment supérieure à la première. Prout admettait que la différence était due à l'acide chlorhydrique libre, chassé dans la première expérience par l'évaporation directe, et retenu dans la seconde par l'alcali. Enfin *il évaporait* la troisième portion avec un excès de potasse et trouvait encore une quantité plus grande de chlore, que dans la seconde partie. Il admettait que cet excès était dû à ce que dans la deuxième expérience, le chlorhydrate d'ammoniaque avait été chassé par la calcination ; l'excès de chlore de la troisième expérience lui donnait donc le chlore correspondant aux sels ammoniacaux.

Blondlot[3] avait fait à cette méthode l'objection que le suc gastrique contenant du chlorure de sodium, des phosphates et des sels ammoniacaux, le phosphate d'ammoniaque avait pu, durant l'évaporation, agir sur le sel marin pour donner du phosphate de

[1] *Ann. Chim.*, t. LIX, p. 438.
[2] *Ann. Phil.* [*New. ser.*] t. XII, *p.* 407.
[3] *Traité de la digestion*, p. 234.

soude et du chlorhydrate d'ammoniaque pouvant se volatiliser ; de là, après calcination, la quantité plus petite de chlore dosée dans la première portion du suc gastrique de Prout. Mais nous répondrons à notre tour à l'objection de Blondlot que si du chlorhydrate d'ammoniaque s'est en effet vaporisé dans la première portion, il s'en est volatilisé ou dissocié une quantité approximativement égale dans la seconde *exactement saturée par la potasse*, et non sursaturée, et que par conséquent l'excès de la première portion sur la seconde ne peut être dû à la cause invoquée par Blondlot.

Reprenant la preuve de Prout sous une forme un peu différente, quoique fondée sur le même principe, C. Schmidt accidfie 100 gr. de suc gastrique par de l'acide nitrique, et précipite le chlore total par le nitrate d'argent. Il filtre ensuite la liqueur et y dose tous les oxydes salifiables ; il trouve ainsi que si toutes ces bases étaient supposées à l'état de chlorures, la quantité de chlore totale, ainsi calculée, serait inférieure à celle qui se trouve dans le chlorure d'argent formé: Il a donc fallu qu'une certaine portion de chlore existât dans la liqueur à l'état d'acide chlorhydrique. Schmidt détermine ensuite, par saturation exacte avec un alcali, la proportion d'acide libre qui se trouve dans le suc gastrique. Il trouve que la quantité de base neutralisante correspond à très-peu près à celle qui saturerait exactement le chlore qui d'après le calcul précédent, paraît être à l'état d'acide chlorhydrique libre. La saturation du suc gastrique par un alcali titré indique, mais dans quelques cas seulement, qu'il existe un petit excès d'un autre acide, probablement un peu d'acide lactique produit anormalement ou provenant de la transformation de l'amidon ou du sucre des digestions antérieures (*Lehmann*). Toutes les expériences de C. Schmidt, ont été faites avec le suc gastrique d'animaux mis à la diète depuis 18 à 20 heures[1].

L'objectiou, faite par Blondlot, que le produit de la distillation des 4/5 du suc gastrique est parfaitement neutre ne démontre point que l'acide chlorhydrique n'y existe pas. Lehmann a fait voir que le même fait se produisait avec l'eau à laquelle on avait ajouté directement la même quantité d'acide: L'observation de Blondlot et de Schmidt, que le carbonate de chaux pur et en excès ne saurait saturer l'acide du suc gastrique et qu'il ne se dégage pas ainsi

---

[1] *Die Verdauungsäfte*, 1852, Leipzig.

trace d'acide carbonique, prouve simplement que l'acide du suc y est faiblement combiné, peut-être à une matière organique (hypothèse de la pepsine chlorhydrique), et que dans tous les cas des substances spéciales peuvent empêcher certaines réactions, surtout dans des liqueurs très-étendues. Enfin l'objection que l'acide chlorhydrique proviendrait de l'action de l'acide lactique sur les chlorures alcalins n'a plus de valeur depuis qu'on sait que l'acide lactique n'existe en quantité notable que dans le suc gastrique altéré par la présence des produits de la digestion.

On a quelquefois noté dans le suc gastrique les acides lactique, butyrique, acétique. Presque toujours ces acides sont le résultat de la transformation des substances alimentaires; toutefois les nombres (fort peu concordants d'ailleurs) de Schmidt, semblent démentir que l'acidité du suc gastrique soit tout entière due à l'acide chlorhydrique.

Pepsine. — Soupçonné d'abord par W. Beaumont et par Müller, appelé *pepsine* par Schwann avant d'avoir été obtenu, le ferment du suc gastrique fut isolé pour la première fois en 1839 par Wasmann en traitant l'extrait aqueux de la muqueuse stomacale par l'acétate de plomb, décomposant ce précipité par l'hydrogène sulfuré, et précipitant la liqueur par un excès d'alcool. Wasmann montra qu'une partie de ce précipité, dissoute dans 6000 parties d'eau acidulée, digérait rapidement les substances albuminoïdes. Après lui, Payen obtint de nouveau la pepsine impure en traitant le suc gastrique par l'alcool[1]. Schmidt la prépara dans un état de pureté plus grande en saturant le suc avec l'eau de chaux, filtrant, évaporant la liqueur dans le vide à consistance de sirop, traitant alors par l'alcool fort pour séparer le chlorure de calcium de la pepsine qui se précipite, redissolvant celle-ci dans l'eau, traitant cette solution par le sublimé, qui donne des flocons que l'on décompose par un courant d'hydrogène sulfuré, filtrant et ajoutant à la liqueur de l'alcool pour précipiter la pepsine. Ainsi préparée cette substance est encore impure; elle est mélangée de peptones et jouit de la propriété de cailler le lait, propriété qui n'appartient pas à la pepsine à peu près pure dont nous allons parler.

Brücke[2] traite une certaine quantité de muqueuse stomacale,

[1] *Compt. rend. Acad. sc.*, 1843.
[2] *Sitzungsber. d. Wiener. Acad.* t. XXXVII, p. 431 et t. XLIII, p. 601.

détachée de la tunique musculaire sous-jacente, par de l'eau contenant 1/20 de son poids d'acide phosphorique et laisse digérer à 35°. La muqueuse sé dissout ainsi presque entièrement, on filtre, ou l'on décante, et l'on ajoute de l'eau de chaux jusqu'à ce que le liquide soit à peine acide. Le précipité de phosphate tribasique qui se forme est gélatineux et entraîne presque toute la pepsine. On le dissout dans une faible quantité d'acide chlorhydrique dilué, et l'on agite cette liqueur avec une solution de 1 partie de cholestérine dans 4 parties d'alcool et 1 partie d'éther. La cholestérine qui se précipite alors entraîne la pépsine. On lave ce dépôt sur un filtre avec de l'eau, de l'acide acétique dilué, enfin avec de l'eau pure, aussi longtemps que le liquide qui passe précipite par le nitrate d'argent. On dissout ensuite la cholestérine par de l'éther, en décantant ce dernier tant que par son évaporation il laise des cristaux de cette substance. Il reste alors une couche aqueuse que l'on jette sur un filtre; la liqueur limpide qui s'écoule étant évaporée à l'air à basse température, laisse une substance azotée, blanc grisâtre, qui dissoute dans l'acide chlorhydrique très-dilué, jouit d'une puissance digestive considérable : c'est la pepsine de Brücke. Elle est certainement plus pure que les précédentes, mais ses caractères et son mode de préparation ne permettent pas d'affirmer encore son homogénéité absolue.

Cette substance, très-soluble dans l'eau, mais non hygroscopique; précipite par le bichlorure de platine, l'acétate neutre et l'acétate basique de plomb ; elle n'est précipitée ni par le bichlorure de mercure, ni par l'acide nitrique concentré, le tannin, ou l'iode. Sa solution aqueuse ne coagule pas la caséine du lait ; sa solution dans l'eau acidulée jouit de la propriété de dissoudre très-rapidement les matières albuminoïdes insolubles et particulièrement la fibrine. Toutefois tous les acides ne communiquent pas à sa dissolution la même activité; ils doivent de plus être dans un état de dilution compris pour chacun d'eux dans des limites variables, savoir : les acides chlorhydrique ou sulfurique de 1 à 7 pour 1000 d'eau; l'acide phosphorique ordinaire de 1 à 10 pour 1000, l'acide nitrique de 1 à 4 ou 5 pour 1000. Les acides acétiques, oxalique et lactique n'agissent qu'à la dose de 4 à 5 grammes par litre d'eau.

D'après C. Schmidt la pepsine serait dans le suc gastrique en combinaison instable avec l'acide chlorhydrique (*acide chloro-*

peptique). 1000 grammes de suc gastrique contiendraient, d'après cet auteur, environ 3 grammes de pepsine chez l'homme, et 17 grammes chez le chien et le mouton ; mais on doit observer que la pepsine de Schmidt était mélangée de peptones.

Matières extractives du suc gastrique. — Toutes les substances mal définies du suc gastrique forment ses matières extractives qui comprennent : une partie azotée insoluble dans l'alcool et contenant surtout les peptones provenant de la digestion, par le suc gastrique lui-même, des matières albuminoïdes de la muqueuse stomacale et une autre portion soluble dans l'alcool et qui est encore moins connue que la précédente.

Matières minérales du suc gastrique. — En comptant à part l'acide chlorhydrique, 1000 parties de suc gastrique de chien contiennent environ 6,5 parties de substances minérales composées surtout de chlorure de sodium mélangé d'une quantité variable de chlorure de potassium et de phosphate de chaux, et souvent de traces de chlorures d'ammonium et de calcium et de phosphate de magnésie.

On ne sait pas si ces sels ajoutent à l'activité du suc gastrique.

Composition du suc gastrique. — Il nous reste à faire connaître les analyses du suc gastrique. Le tableau suivant donne sa composition chez l'homme, le chien et le mouton.

COMPOSITION DE 1000 PARTIES DE SUC GASTRIQUE.

	HOMME suc mêlé de salive (*Cl. Bernard*)	HOMME suc mêlé de salive (*C. Schmidt*) 5 analyses	CHIEN suc non mêlé de salive (*C. Schmidt*) 9 analyses	CHIEN suc avec salive (*Cl. Bernard*)	MOUTON suc mêlé de salive (*C. Schmidt*)
Eau.	956.555	994.61	973 06	971.171	986.147
Pepsine, peptones, etc..	36.603	5.02	17.13	17.336	4.055
Acide chlorhydrique libre	indéterm.	0.21	5.05		1.234
Chlorure de sodium.. .	4.633	1.35	2.51		4.569
Chlorure de potassium .	»	0.57	1.12		1.518
Chlorure de calcium. .	»	0.09	0.62		0.114
Chlorure d'ammonium..	»	»	0.47		0.468
Phosphate de chaux.. .	0.961		1.73	11.493	1.182
Phosphate de magnésie.	0.260	0.15	0.23		0.577
Phosphate de fer. . . .	0.006		0.08		0.531
Matière organique unie à la potasse.	0.363	»	»		»
Matières grasses.. . . .	»	»	»	»	13.85

On voit qu'il existe dans le suc gastrique de très-grandes différences chez le même animal et dans l'état de santé ; le fréquent
mélange de ce suc avec la salive explique en partie ces variations.

Comment on se procure du suc gastrique naturel. — Quand on
doit faire une série d'expériences sur la digestion, il faut se procurer le suc gastrique frais et pur à mesure qu'il est sécrété par
la muqueuse d'un estomac vivant. La meilleure méthode à suivre
pour cela est celle de Cl. Bernard (*loc. cit.*), que nous ne pouvons
décrire ici avec détail. On fait une incision d'un pouce dans l'hypo-
chondre gauche d'un chien, immédiatement au-dessous de la dernière fausse côte et parallèlement à la ligne blanche, on attire l'estomac par deux érignes, on le coupe, on le lie à la peau par une suture et on introduit dans l'ouverture une canule d'argent composée
de deux parties qui se vissent l'une dans l'autre et dont les pavillons
évasés pincent la peau, et peuvent se rapprocher plus ou moins,
suivant l'état de la plaie pendant la cicatrisation. Au bout de huit
à quinze jours, on peut, en débouchant la canule, exciter l'estomac et lui faire secréter abondamment le suc gastrique.

Pour cela, on introduit par cette ouverture une tige de verre
portant à son extrémité une barbe de plume que l'on promène
contre les parois stomacales du chien laissé vingt-quatre heures
à jeun ; le suc gastrique coule alors contre la baguette et peut
être aisément recueilli. Mais on doit avoir soin, pendant ce
temps, de ne pas exciter la bouche de l'animal ; on évite ainsi la
sécrétion de la salive qui se mélangerait au suc gastrique. L'excitation mécanique de l'estomac n'a pas d'action sur les glandes
salivaires.

Il faut rappeler ici toutefois que, d'après les expériences de
L. Corvisart, le suc gastrique sécrété par excitation mécanique n'aurait ni la même composition, ni le même pouvoir digestif que le
suc gastrique normal (voyez p. 388). Il vaut mieux, d'après cet auteur, exciter les parois stomacales par un liquide alcoolique ou par
la vapeur d'éther à petite dose. Les solutions alcalines faibles produisent aussi beaucoup de suc gastrique, mais ces derniers agents
en altèrent la composition.

Suc gastrique des divers animaux. — On sait encore peu de
chose des variations du suc gastrique chez les diverses espèces
animales. On a seulement observé que celui des herbivores, des
oiseaux, de la grenouille, de l'écrevisse, est susceptible de digérer

la viande, et qu'il est toujours acide. Les principaux agents du suc des carnivores, pepsine et acide chlorhydrique, paraissent exister dans la plupart des sucs gastriques des carnivores et des herbivores, mais en proportions relatives et absolues fort variables, toujours moindres chez l'animal dont l'alimentation est végétale. Quant à savoir si la pepsine du suc gastrique de l'herbivore et celle du suc du carnivore, ou même si celle des diverses espèces carnivores est toujours identique, des doutes sont permis à cet égard : on sait que l'estomac d'un jeune animal digère toujours plus aisément le lait d'un animal de la même espèce.

Suc gastrique artificiel. — On peut se procurer aisément de la manière suivante un liquide jouissant de toutes les propriétés du suc gastrique. On prend l'estomac d'un animal *tout récemment sacrifié*, on l'ouvre rapidement et on le lave à l'eau froide. On racle la surface de cet organe avec une spatule ou le dos d'un scalpel, de façon à déchirer les glandes sous-jacentes et à en exprimer le contenu. On se procure ainsi une bouillie à peine acide que l'on broie avec du sable fin, et qu'on reprend par de l'eau froide ; enfin on filtre cette dissolution. La liqueur obtenue par cette méthode est très-activement digestive et ne contient que fort peu de peptones, que l'on peut en partie séparer par la dialyse. Il n'en serait pas ainsi si l'on avait fait la même préparation avec l'estomac d'un animal tué depuis plusieurs heures, parce que dans ce cas le suc gastrique aurait dissous une partie des corps protéiques de ses propres glandes et se serait enrichi dès lors en albuminose. L'eau acidulée d'acide chlorhydrique dissoudrait mieux que l'eau pure le principe actif de l'estomac mais donnerait un liquide contenant beaucoup de syntonine.

§ 3. — PHÉNOMÈNES CHIMIQUES DE LA DIGESTION GASTRIQUE.

Les phénomènes qui se passent dans l'estomac vivant durant la digestion diffèrent en quelques points de ceux qui ont lieu quand on met le suc gastrique, dans un vase de verre, en contact avec les diverses substances nutritives. Pendant la digestion le bol alimentaire, plus ou moins imprégné de salive et de mucus, se promène sur les parois stomacales qui se contractent ; il les excite mécaniquement et provoque ainsi la continuité de la sécrétion du suc

gastrique. Cet effet est d'ailleurs activé et le suc produit est rendu
plus acide par la présence du sel marin des aliments (*Bardleben*).
Grâce au mouvement péristaltique de l'estomac, les diverses portions
de la matière en digestion se mélangent plus ou moins parfaitement et peuvent réagir les unes sur les autres. En même temps les
parties digérées et dialysables, telles que l'eau et les peptones,
étant absorbées directement par la paroi stomacale, échappent à
l'action du suc gastrique qui recouvre ainsi au fur et à mesure
toute son activité digestive. De là vient qu'une faible proportion de
ce suc suffit dans l'estomac pour transformer un poids de matières
albuminoïdes qui ne serait digérée dans un vase inerte que par
une quantité bien plus grande.

Sauf ces légères différences, on peut admettre que les digestions
artificielles suivent les lois des digestions faites dans l'estomac
et donnent les mêmes produits.

Mais avant de décrire les transformations chimiques que subissent les aliments, il est bon d'appeler l'attention sur les conditions
générales qui favorisent ou entravent la digestion gastrique.

**Conditions qui modifient les phénomènes de la digestion gas-
trique.** — Le thermomètre introduit dans l'estomac vivant s'élève
de 38° à 40°. C'est en général à cette température que l'on doit
étudier les digestions artificielles. Le suc gastrique chauffé au-
dessus de 60° devient définitivement inerte. On peut, au contraire,
le solidifier au-dessous de 0° sans qu'il perde son activité, qui reparaît de nouveau de 35° à 40°. A 50°, le suc gastrique normal paraît dénué de toute action.

Un excès d'alcool et de sels minéraux arrête l'action du suc
gastrique; la pepsine n'est toutefois nullement altérée. Une proportion de plus d'un centième d'acide nitrique et la présence des
alcalis caustiques lui enlèvent au contraire pour toujours son activité. Il n'en est pas de même d'un petit excès d'acide chlorhydrique.

Les produits de la digestion entravent momentanément l'action
digestive du suc gastrique; on peut lui rendre son efficacité en
l'étendant d'eau ou en enlevant, par dialyse, les peptones formées.

L'eau aiguisée 4 à 5 millièmes d'acide chlorhydrique paraît être
le meilleur dissolvant de la pepsine dans les digestions naturelles
ou artificielles.

La présence dans l'estomac d'une quantité même très-faible de bile arrête l'action du suc gastrique, comme cela avait été déjà démontré par Purkinje et Papenheim, et plus tard par C. Schmidt. Cet effet a lieu lors même que la quantité de bile est insuffisante à neutraliser le produit acide de la sécrétion gastrique.

Digestion des matières albuminoïdes en général. — Peptones. — Il existe parmi les divers expérimentateurs qui ont étudié l'action du suc gastrique sur les matières albuminoïdes trois courants d'opinions différentes. Pour les uns, les transformations subies par ces substances doivent être rapportées principalement à l'action de l'acide chlorhydrique libre, et la pepsine ne serait dans le suc gastrique qu'un agent d'accélération ; pour les autres, les transformations des matières protéiques pendant la digestion seraient de simples changements isomériques dus surtout à l'action de la pepsine, et les corps qui en résultent ne pourraient être confondus avec les produits de l'action de l'acide chlorhydrique seul. Enfin, d'après une troisième théorie, les matières protéiques subiraient dans l'estomac un véritable dédoublement sous l'influence simultanée de l'acide et de la pepsine, et l'un des termes de ce dédoublement serait seul apte à être immédiatement assimilé.

Nous allons successivement décrire les expériences sur lesquels s'appuient les auteurs appartenant à chacun de ces systèmes.

(A) — Dès que l'on eut reconnu l'existence d'acides libres dans le suc gastrique, on admit aussitôt que ces corps contribuaient à la digestion ou étaient la cause unique de la solution des matières alimentaires. Telle fut l'opinion émise par Walœus et par Tiedmann et Gmelin en 1824.

A. Bouchardat observa le premier, en 1842, qu'en effet beaucoup de matières albuminoïdes insolubles se dissolvent dans l'acide chlorhydrique très-dilué, ou s'y modifient si elles sont solubles[1]. Elles prennent ainsi des caractères communs, sinon identiques, et deviennent aptes à passer aisément à travers les filtres et à s'assimiler. A la substance résultant de la digestion chlorhydrique des corps albuminoïdes Bouchardat donna le nom d'*albuminose*, et admit que le suc gastrique transforme les matières protéiques en cette même *albuminose* qui dérive de l'action sur ces substances de l'acide chlorhydrique très-dilué. Bouchardat et Sandras[2] firent

---

[1] Compt. rend. Acad., sc., t. XIV. p. 960.
[2] Recherches sur la digestion, *Journ. des connaiss. médico-pratiques*, t. X, p. 116.

voir encore que la fibrine artérielle se dissout quelquefois en notable quantité dans l'acide chlorhydrique au millième, que quelquefois aussi elle ne s'y dissout pas ou très-difficilement[1], et que le produit de cette digestion paraît identique avec celui qui dérive de l'action du suc gastrique sur la fibrine.

L'action de l'acide chlorhydrique dilué au 1000e sur les matières protéiques, n'est pas instantanée : elle a besoin d'un temps assez long pour que son effet soit complet. Suivant M. Ritter[2], si l'on dissout 10 grammes d'albumine soluble (calculée à l'état sec) dans un litre d'eau contenant 2^{gr},5 d'acide chlorhydrique, et si l'on examine le liquide immédiatement après l'action de l'acide, on observe que toutes les réactions générales de l'albumine se sont conservées, sauf toutefois qu'on n'obtient plus de coagulation par la chaleur. Au contraire, au bout de vingt-quatre heures, si le mélange a été maintenu à 35° ou 40°, il présente les caractères suivants :

La liqueur est devenue opaline ; elle précipite si l'on en sature l'acide chlorhydrique, mais non quand on la chauffe ; l'addition de sel marin et de la plupart des autres sels neutres la rendent coagulable par la chaleur. La plupart des acides minéraux et l'acide acétique ajoutés à la liqueur y produisent des flocons solubles dans un excès ; par la potasse, précipité très-soluble dans un excès ; précipitation par le cyanure jaune surtout en présence de l'acide acétique ; précipités peu abondants par la plupart des sels métalliques, quelques-uns solubles dans un excès ; le sulfate de magnésie donne à chaud un précipité floconneux insoluble dans un excès de ce sel, et soluble dans l'eau. L'alcool précipite ces solutions si elles ne sont pas trop acides ; ce caractère reste toutefois douteux. Le réactif de Millon les colore en rouge. La liqueur dévie à gauche la lumière polarisée. Elle est endosmotique.

Un peu plus ou un peu moins d'acide fait très-peu varier les caractères précédents, mais la quantité d'albuminose dissoute diminue quand l'acide chlorhydrique augmente.

---

[1] D'après Dumas et Cahours, l'eau tenant en dissolution $\frac{1}{1000}$ d'acide chlorhydrique gonfle sans la dissoudre la fibrine artérielle dans l'espace de 48 heures. Mais il suffit alors d'ajouter quelques gouttes d'acide chlorhydrique nouveau pour rendre la fibrine entièrement soluble. Liebig a nié la solution de la fibrine artérielle dans l'acide chlorhydrique.

[2] Strasbourg. Thèse de concours ; *de l'albuminose*, p. 8, et 54.

Toutes ces propriétés appartiennent évidemment à un liquide non homogène *partiellement précipitable par la neutralisation de la liqueur*, et l'on peut dire que quelques-unes de ces réactions sont dues à la syntonine manifestement dissoute par l'acide chlorhydrique, et que quelques autres sont propres aux corps solubles dans les liqueurs neutres, corps identiques ou analogues aux peptones dont nous allons parler plus bas. Malheureusement les auteurs n'ont pas en général fait cette distinction.

L'albumine coagulée ou non par la chaleur, la caséine, la fibrine artérielle, la partie de la chair musculaire soluble dans l'acide chlorhydrique au 1000ᵉ (*syntonine* de Liebig), le gluten, donnent des résultats semblables.

Pour un même degré de concentration de l'acide et pour un état de cohésion comparable des substances, M. Ritter a trouvé que 1000 parties du liquide chlorhydrique dissolvent dans le même temps :

Caséine et gluten..........	12 à 17	parties
Albumine..............	10	—
Musculine (*Syntonine de Liebig*) . .	4.6 à · 8	—
Fibrine artérielle..........	5	—

Tel est le résultat de l'action de l'acide chlorhydrique dilué sur les matières albuminoïdes.

D'après les précédents expérimentateurs, le suc gastrique agirait comme l'acide chlorhydrique très-étendu, et la pepsine n'aurait d'autre effet que de hâter d'une manière sensible la solution des substances protéiques ou d'abaisser la température à laquelle se passe leur transformation, mais le produit définitif resterait le même.

(B) — W. Beaumont et Müller firent observer les premiers, à peu près à la même époque et chacun de leur côté, l'énergie dissolvante du suc gastrique ; Müller particulièrement en attribua l'efficacité à l'action *d'un ferment organique*. Il fut découvert plus tard par Wasmann en 1839, et Dumas, dans son *Traité de chimie*, t. VI, p. 380, délimitant encore mieux les conditions de l'action du suc gastrique, disait : « L'acide du suc gastrique ramollit et gonfle la matière azotée, la pepsine ou la chymosine, en détermine la liquéfaction par un phénomène analogue à celui de la diastase sur l'amidon ».

Cette opinion fut soutenue et confirmée par les expériences de Mialhe[1], qui annonça que tout d'abord le suc gastrique fait passer les matières albuminoïdes par un état intermédiaire, qu'il nommait *caséiforme*, mais que lorsque la transformation est définitive le produit ultime diffère de celui qui provient de l'action de l'acide chlorhydrique dilué, en ce qu'il est assimilable et ne se retrouve pas dans les urines quand on l'injecte dans les veines. Mialhe observa aussi que ce produit diffère de celui de la digestion chlorhydrique en ce qu'il n'est précipité ni par les alcalis, ni par l'acide chlorhydrique ou azotique : nous avons toutefois vu que ces caractères peuvent être douteux suivant les conditions dans lesquelles on opère. Lehmann adoptant les opinions précédentes, donna le nom de *peptone* à la substance résultant de la digestion des matières albuminoïdes par le suc gastrique. Pour obtenir ce produit à l'état pur il fait bouillir le liquide provenant de la digestion naturelle ou artificielle d'une matière albuminoïde, il filtre, évapore sur de la craie pour enlever les phosphates, filtre de nouveau et réduit à consistance de sirop. En ajoutant alors de l'alcool à 85°, il précipite un peptonate de chaux et enlève les chlorures de sodium et de calcium, solubles dans l'alcool affaibli. Le précipité lavé à l'alcool et à l'éther, mis en digestion avec du carbonate de soude, donne un peptonate sodique que l'on transforme en peptonate barytique, qui composé par addition menagée d'acide sulfurique étendu, fournit la peptone à l'état de pureté[2].

Par l'action du suc gastrique toutes les substances albuminoïdes se convertissent en peptones dans un temps très-variable. On peut à cet égard les ranger dans l'ordre suivant, d'après le temps de plus en plus long nécessaire à leur transformation : Caséine, légumine, fibrine, syntonine, gluten, albumine cuite, albumine crue.

Les matières albuminoïdes végétales (légumine, gluten) donnent aussi des peptones (*Rinse; Cnoop-Coopmans*, 1858).

L. Corvisart a signalé des différences dans les propriétés chimiques de ces corps : d'après cet auteur la fibrine-peptone précipite par le bichlorure de platine, tandis qu'il n'en est pas de même

---

[1] Voy. *Union médicale,* septembre 1847.
[2] *Hand d. Phys.*, p. 118. — Voir aussi HOPPE. *Chem. Centralb.* 1864, p. 791.

de l'albumine-peptone et de la musculine-peptone[1]. Les peptones diffèrent aussi entre elles par leur pouvoir rotatoire qui est égal
à celui de la matière albuminoïde qui leur a donné naissance.

Mais toutes les peptones n'en présentent pas moins des caractères communs nombreux. D'après Lehmann, elles sont, à l'état
sec, amorphes, blanches, inodores, hygrométriques, de saveur
muqueuse, très-solubles dans l'eau, insolubles dans l'alcool à 85°.
Leur solution aqueuse est acide aux papiers. Elles se combinent
facilement aux bases alcalines et terreuses et forment avec elles
des sels neutres très-solubles dans l'eau. Le tannin, les sels mer-
cureux et mercuriques les précipitent. Il n'en est pas de même des
sels métalliques proprement dits; l'acétate de plomb fait naître
dans leurs solutions un trouble qui disparaît dans un excès du
réactif; le sous-acétate de plomb ammoniacal les précipite. Dans
ces mêmes dissolutions, les acides ne produisent ni précipité, ni
trouble; le cyanure jaune les précipite en présence de l'acide acétique (caractère douteux); traitées par l'acide nitrique à chaud,
puis par l'ammoniaque, les peptones donnent une coloration jaune.
Les cendres des peptones de Lehmann ne contenaient que des
carbonates à base alcaline et calcaire et une trace de sulfates. Enfin, il n'a pas trouvé de différence sensible entre leur composition
centésimale et celle des produits protéiques correspondants. A
l'analyse elles donnent en moyenne 1^{gr},602 de soufre pour 1000
environ.

On a depuis ajouté à ces caractères que les peptones ne sont
précipitables ni par le sulfate de cuivre, ni par les mélanges d'acides et d'alcalis, ni par les sels terreux. Elles précipitent par le
chlore et l'iode. Les peptones de Meisner (*voir plus bas*) précipitent par le nitrate d'argent, l'acétate neutre et basique de plomb,
ce que ne font pas celles de Lehmann, et par les solutions acidulées de glycocholates et taurocholates alcalins. Elles donnent la
réaction de Millon et celle de la xanthoprotéine. Elles sont *très-
faiblement* dialysables.

On voit donc que le produit de la digestion des matières albuminoïdes par le suc gastrique diffère d'une manière très-importante de celui qui provient de leur transformation en présence
de l'acide chlorhydrique étendu de 300 à 1000 fois son poids
d'eau. Les différences sont exprimées dans le tableau suivant :

---

[1] Corvisart, *Étude sur les aliments et les nutriments.* Paris, 1854.

PEPTONES DÉRIVANT DE L'ACTION DU SUC GASTRIQUE.	CORPS RÉSULTANT DE L'ACTION DE L'ACIDE CHLORHYDRIQUE AU 1000ᵉ SUR LES ALBUMINOÏDES.
Leur solution aqueuse, légèrement acide, ne précipite pas quand on sature exactement la liqueur par une base, ou quand on la chauffe.	Leur solution aqueuse, légèrement acide, précipite quand on la sature exactement par une base.
Les acides ne produisent ni précipité ni louche.	La plupart des acides et l'acide acétique, donnent dans ces solutions, un précipité soluble dans un excès.
Les sels métalliques proprements dits (à l'exception des sels de mercure) ne les précipitent pas.	Précipité peu abondant par la plupart des sels métalliques ; quelques-uns sont solubles dans un excès.
Elles sont assimilables et très-dialysables.	Ces solutions ne sont pas assimilables directement et très-peu dialysables (*Mialhe*).

Il est vrai qu'il existe pour les deux produits un grand nombre d'autres réactions communes, mais en présence de ces différences, on ne saurait confondre le résultat de la digestion gastrique des matières albuminoïdes avec le produit de l'action sur ces corps de l'acide chlorhydrique au millième. Toutefois il reste toujours à savoir si, quand on a fait digérer les matières albuminoïdes avec l'acide chlorhydrique très-dilué, *la partie qui demeure soluble après neutralisation de la liqueur* présente ou non les réactions des peptones de Lehmann. Malheureusement les auteurs n'ont pas approfondi leurs recherches dans ce sens, et comme, dans tous les cas, avec ou sans pepsine, une partie des corps dissous est précipitable par la neutralisation de la liqueur, tandis qu'une autre portion se maintient soluble, on ne saurait nier ou affirmer que les peptones de Lehmann ne puissent se former par la seule action de l'acide chlorhydrique très-dilué. Mais nous inclinons à penser comme Schwann, Mülder, Dumas l'avaient supposé, comme Mialhe a contribué à le faire admettre par ses expériences, comme Brücke le professe aujourd'hui, que l'action du suc gastrique est double et successive, que son premier effet consiste à transformer les matières protéiques, par son acide chlorhydrique libre, en cette substance appelée *albuminose* par Bouchardat et *syntonine* par Liebig, substance qui paraît, à quelques légères différences près, être le produit constant de la transformation des corps albuminoïdes par l'acide chlorhydrique dilué. La pepsine agissant en même temps que l'acide libre, a pour effet non pas seulement de hâter cette transformation, mais de la poursuivre, et de transformer cette *syntonine* en des substances nouvelles, les *peptones*, qui ne se précipitent plus quand on neutralise exactement leur solution aqueuse.

La production des *syntonines* précède celle des peptones, et l'on peut le plus souvent, à un moment donné, dans les produits d'une digestion incomplète par le suc gastrique, précipiter les syntonines en train de se transformer en peptones. C'est ainsi qu'au commencement de la digestion gastrique la fibrine crue fournit surtout de la syntonine qui se précipite par la neutralisation de la liqueur, tandis qu'à la fin on ne peut plus obtenir de précipité, le liquide ne contenant alors définitivement qu'un produit unique, la peptone (*Mialhe, Lehmann, Brücke*).

(C) — Il existe une troisième théorie de la digestion, celle de Meisner[1]. Cet auteur, tout en ne niant pas que la digestion ne débute par une transformation des substances albuminoïdes due à l'acidité du suc gastrique, admet que ce liquide a la propriété de dédoubler les substances en deux parts, l'une assimilable, les *peptônes*, l'autre, la *parapeptône*, qui doit subir des modifications ultérieures avant d'être résorbée.

D'après Meisner, la parapeptône se retrouve au commencement de la digestion parmi les produits qui se précipitent quand on neutralise exactement le suc gastrique ; à la fin de la digestion gastrique elle est seule précipitée. Quand la digestion se continue *une partie de la parapeptône devient insoluble dans le suc gastrique* à 2 pour 1000 d'acide chlorhydrique, c'est la *dyspeptône* ; mais, dans tous les cas, la parapeptône n'est jamais digestible et ne donne pas lieu, par ses transformations, aux produits dérivés de l'autre terme du dédoublement, les *peptones*.

Après avoir extrait la parapeptône par la neutralisation de la liqueur digérée, si l'on filtre[2], on trouve en solution successivement, ou simultanément, suivant le temps qu'à duré la digestion, trois produits appellés par Meisner *peptones* (α), (β) et (γ).

La *peptone* (α) est précipitable par l'acide nitrique concentré et

---

[1] *Rat. med.* t. VII, p. 1 ; t VIII, p. 280 ; t. X, p. 1 ; t. XII, p. 46 ; t. XIV, p. 78 et 303.

[2] La liqueur filtrée contient encore quelquefois un corps qui précipite par l'acide chlorhydrique étendu au 1000°, et que Meisner appelle *métapeptone;* elle donnerait aussi les peptones (α), (β), (γ) dont on va parler.

par le ferrocyanure de potassium après addition d'un peu d'acide acétique.

La *peptone* (ϐ) n'est pas troublée par l'acide nitrique, mais se précipite quand on verse dans la liqueur du ferrocyanure de potassium, après l'avoir additionné d'un excès d'acide acétique.

La *peptone* (γ) ne précipite ni par l'acide nitrique, ni par le ferrocyanure de potassium acétique[1].

Ces trois peptones sont incoagulables par la chaleur et dialysables; toutes précipitent par le tannin et le bichlorure de mercure; elles n'ont pu être entièrement isolées, ni étudiées séparément.

Telle est la théorie de Meisner. On voit que le dédoublement hypothétique des matières albuminoïdes en parapeptones et peptones ne repose que sur ce fait que la digestion ne transforme jamais entièrement les substances protéiques en peptones non précipitables quand on neutralise la liqueur. Mais aucun caractère important[2] ne différencie la parapeptone de Meisner de l'albuminose de Bouchardat et des syntonines de Liebig et de Brücke. Elle pourrait donc bien n'être que le produit initial de la digestion des matières albuminoïdes par l'acide chlorhydrique dilué. Les peptones (α), (ϐ) et (γ) ne paraissent être que le résultat de la digestion graduelle, par la pepsine, de cette syntonine chlorhydrique, et aucun des caractères donnés par Meisner ne suffit pour faire admettre qu'elles soient des états définis et successifs qu'il y aurait lieu de distinguer entre eux, et qui différeraient des peptones de Mialhe et de Lehmann.

Quantité de substance albuminoïde digérée par le suc gastrique. — Une certaine quantité de pepsine chlorhydrique digère-t-elle un poids déterminé de matières albuminoïdes, ou bien son action est-elle indéfinie? La production des peptones et leur accumulation dans le liquide digéré entrave l'action de la pepsine. Il a été démontré par Moritz Schiff, que la quantité de fibrine dissoute par le suc gastrique augmente à mesure que l'on étend d'eau le liquide en digestion. On admet même aujourd'hui qu'un poids de pepsine limité est susceptible de digérer des quantités indéfinies de ma-

---

[1] La parapeptone et les peptones (α) et (ϐ) ont toujours été trouvées par Schiff dans les produits de la digestion naturelle; dans les digestions artificielles les peptones (α) et (ϐ) disparaissent et l'on ne trouve plus, à un moment donné, que la peptone (γ) et la parapeptone.

[2] Si ce n'est le caractère mal défini de donner de la dyspeptone insoluble dans l'acide chlorhydrique.

tière protéique, à la seule condition que, par la dialyse, on enlève sans cesse les peptônes formées. Telle est l'opinion de Brücke ; mais cette hypothèse demande confirmation.

Digestion des matières albuminoïdes en particulier. — *Fibrine artérielle.* — Un gramme de fibrine pure mis en digestion à 35° ou 40° dans du suc gastrique de chien se dissout en une ou deux heures. Le liquide est opalescent et donne, quand on le neutralise, un précipité abondant ayant tous les caractères de la syntonine. La digestion n'est donc point encore complète. En continuant plus longtemps l'action du suc gastrique, quelquefois pendant plusieurs jours, la fibrine se transforme tout entière et définitivement en peptone.

Albumine liquide. — Le suc gastrique change d'abord cette substance en syntonine, sans coagulation préalable, mais plus lentement, suivant Meisner, que l'acide chlorhydrique employé seul. Nous avons dit plus haut, d'après M. Ritter, quelles sont les transformations successives que l'on observe dans ce cas. Si l'on mêle de l'albumine avec de l'acide chlorhydrique à deux millièmes, et qu'on filtre rapidement, le filtratum se coagule encore par la chaleur, mais il suffit de conserver ce liquide dix minutes à 15° pour qu'il perde cette propriété : toute l'albumine s'est alors transformée en syntonine. Au contraire si au liquide albumineux chlorhydrique on ajoute de la pepsine, il se coagule encore par la chaleur au bout de ce temps.

L'albumine crue est très-difficilement digestible.

Albumine cuite. — Elle se gonfle légèrement dans le suc gastrique et devient d'abord un peu transparente sur les bords. Elle se dissout ensuite en un liquide limpide. Suivant Meisner, elle se changerait, pour un quart de son poids en parapeptone, pour un quart en peptones et pour un quart en matières extractives, parmi lesquelles on trouve la créatine et l'acide lactique [1].

Gluten ; Albumines végétales. — Le gluten, la légumine, l'amandine (?) se conduisent d'une façon analogue. Elles sont rapidement dissoutes. Le gluten surtout est très-vite digéré (*Cnoop-Coopmans*). Tous ces corps fournissent de la parapeptone et des peptones.

Caséine. — La caséine se coagule par le suc gastrique, puis s'y dissout facilement et forme un liquide trouble qui devient tout

---

[1] D'après Hammarstens (*Jahresb. f. Anat. u. Phys.*, 1867, p. 153) la *pepsine pure* transforme l'albumine de l'œuf en peptones sans donner trace de parapeptone.

d'un coup gélatineux, puis fluide avec le temps, et qui se sépare enfin en deux couches, l'une transparente, l'autre troublée par de la
dyspeptone. 100 parties de caséine fourniraient 78 parties de peptones, 20 de dyspeptone et 2 de parapeptone (*Meisner*). Cette parapeptone différerait des autres en ce qu'elle précipite de sa solution acide par une dissolution de sel marin, et qu'elle se redissout
ensuite dans un excès. L'eau chaude paraît faire subir à la caséine
des transformations analogues.

Syntonine. — La syntonine précipitée, provenant de la neutralisation de la solution de chair musculaire dans l'acide chlorhydrique
au millième, se gonfle et devient pultacée dans le suc gastrique, puis
fournit lentement; suivant Meisner, beaucoup de métapeptone, des
peptones, et une substance précipitable par le sulfate cuivrique.
100 parties de syntonine donneraient, d'après cet auteur, 45 p. de
peptone et de métapeptone, et 18 de parapeptone.

Osséine; Chondrine; gélatine et *colle de poisson.* — L'osséine et
la cartilagéine des os et des cartilages se transforment bien plus
vite en gélatine et chondrine dans le suc gastrique qu'ils ne le
font par l'acide chlorhydrique dilué employé seul. La gélatine une
fois formée se modifie, devient dialysable, et tout ou partie du
produit passe à travers l'organisme et est excrété par les urines
(*Cl. Bernard.*)

Meisner a observé que la substance des cartilages donnait un
sucre pendant sa digestion par le suc gastrique.

Transformation dans l'estomac de diverses autres substances.
— Pendant la digestion *les substances organiques animales* se liquéfient toutes dans l'estomac, à l'exception des cellules épidermiques et épithéliales, des cornes, des cheveux, de la mucine, et
des fibres du tissu élastique.

Les matières grasses sont fondues mais non chimiquement,
modifiées dans l'estomac.

La plupart des *substances végétales hydrocarbonées*, telles que
l'amidon et la dextrine, continuent, dans l'estomac, à se transformer
en glucose par l'action de la salive[1]. Sous l'influence de certains
états morbides, la fécule et les sucres peuvent y passer à l'état
d'acide lactique et butyrique : de là les aigreurs stomacales et les
produits des digestions laborieuses.

---

[1] Les peptones masquent la réaction de la liqueur cupro-potassique en dissolvant
l'oxydule de cuivre.

La cellulose, la fécule, et le sucre de canne ne sont pas modifiées par le suc gastrique humain[1] ; il est aussi démontré qu'une
partie tout au moins de la cellulose se transforme et devient assimilable chez l'herbivore.

Les sels alcalins et terreux subissent l'action de l'acide chlorhydrique. Les carbonates passent à l'état de chlorures, les phosphates à l'état de phosphates acides, et pénètrent sous cette forme
dans le torrent circulatoire.

Digestibilité stomacale des aliments. — La partie de l'aliment
rendue dialysable et assimilable dans l'estomac varie avec le temps
de séjour des substances dans cet organe. En réalité la digestion
stomacale est toujours incomplète et ne se termine que dans l'intestin. On ne sait pas encore exactement quelles sont les quantités
relatives des diverses matières alimentaires qui se dissolvent dans
un temps donné pendant la digestion stomacale. Il est très-probable qu'elles varient un peu avec chaque suc gastrique. Mais
en général le tissu cellulaire, le gluten et la fibrine du sang cuite,
sont le plus rapidement transformés. Après ces aliments viennent
le lait et le fromage qui sont plus vite digérés que la viande ou le
protoplasma des cellules animales ; ces derniers produits sont plutôt modifiés que le blanc d'œuf ; enfin l'albumine d'œuf d'oiseau
non cuite a besoin d'une très-longue digestion.

Il faut ajouter que les viandes très-grasses, les chairs salées, les
parties musculaires tendineuses, sont spécialement protégées contre
l'action du suc gastrique et passent souvent au pylore à peine
gonflées ou dissociées.

La digestion est accélérée par la présence de petites quantités
de liqueurs alcooliques, d'aliments contenant de la dextrine ou du
sucre de lait, ainsi que par le sel marin. L'alcool provoque une
plus grande sécrétion du suc gastrique ; le sucre de lait, la dextrine et le sel le rendent plus acide.

L'absorption continue par les parois stomacales des produits de
la digestion, et spécialement des peptones, rend sans cesse au suc
gastrique toute son activité et permet à un faible poids de pepsine
de digérer de grandes quantités de matières albuminoïdes.

---

[1] Toutefois, chez des chiens nourris de viande, le sucre se transforme en glucose dans
l'estomac, et cette action est d'autant plus rapide qu'il y existe plus de mucus

§ 4. — GAZ DE L'ESTOMAC.

D'après les recherches de Planer[1] l'estomac contient une petite quantité de gaz provenant en partie de l'oxygène avalé par déglutition. L'oxygène de l'air en contact avec la muqueuse stomacale est partiellement absorbé par le sang des vaisseaux sous-jacents, et de l'acide carbonique est exhalé à sa place. Le même phénomène se continue dans l'intestin.

Chez deux chiens dont l'un (A) avait été nourri cinq jours avec de la viande, et l'autre (B) quatre jours avec des légumes cuits, Planer a trouvé, en ouvrant l'estomac cinq heures après le dernier repas :

	Acide carbonique.	Azote.	Oxygène.
Chien (A). . .	$25^{vol}20$	$68^{vol}68$	$6^{vol}12$
Chien (B). . .	32. 91	66. 30	0. 79

Les glucoses, la saccharose, l'amidon et la dextrine, outre l'acide lactique qui en provient, peuvent donner lieu à la fermentation butyrique quand ces corps sont en présence de matières albuminoïdes. Dans un milieu acide, à la température de 30°, le glucose donne alors la réaction :

$$C^6H^{12}O^6 = C^4H^8O^2 + 2CO^2 + H^4.$$

Glucose.   Acide butyrique.

Aussi dans les digestions laborieuses a-t-on signalé dans l'estomac, en même temps que des gaz fétides imprégnés d'odeur butyrique, la présence de l'acide carbonique et de l'hydrogène. Beaucoup de matières albuminoïdes peuvent, on le sait, donner de l'acide butyrique et de l'hydrogène en se putréfiant.

§ 5. — CHYME.

Le chyme est le produit de la digestion stomacale ; arrivé au pylore, il passe dans le duodenum. C'est un liquide épais et grisâtre chez le carnivore ; il est toujours légèrement acide. Il contient les

---

[1] *Sitzungsber. d. Ak. zu Wien.*, t. XLII.

produits, en partie non absorbés par les parois stomacales, de la digestion de la fibrine, du sang, du gluten, de l'albumine cuite, de l'osséine, etc. Toutes ces substances ont été presque entièrement dissoutes, mais non transformées entièrement en peptones dans l'estomac. Si après une digestion d'albumine cuite, par exemple, l'on étend le chyme d'eau, qu'on le filtre et qu'on le neutralise, on trouve qu'une grande quantité de matière protéïque est précipitée à l'état de syntonine, tandis que la liqueur contient relativement peu de peptone; c'est que celle-ci a été résorbée, au fur et à mesure de sa digestion, par la muqueuse gastrique. La caséine imparfaitement liquéfiée, et la dyspeptone qui en résulte, peuvent encore se trouver dans le chyme. La viande y existe à l'état pultacé; les cartilages, le tissu élastique, les membranes diverses, les épithéliums, y sont à peine altérés; les matières grasses, la cellulose, la chlorophylle, sont intactes. L'acidité du suc gastrique ayant momentanément entravé l'action de la ptyaline, l'amidon, surtout ses granules non cuits, se retrouve aussi dans le chyme. Celui-ci tient enfin en dissolution les gaz de l'estomac.

CHAPITRE III

DIGESTION INTESTINALE

Arrivé dans l'intestin, après avoir dépassé le pylore, le chyme se mélange successivement à la bile, au suc pancréatique, au suc intestinal, et subit ainsi des transformations successives et des fermentations complexes et simultanées.

Pour bien se rendre compte de la digestion intestinale, il faut la considérer séparément dans les trois portions principales de l'intestin.

Dans le duodénum, le chyme se mélange à la bile et au suc pancréatique. Pendant ce trajet, et suivant la nature de l'alimentation, la réaction du liquide nutritif reste acide, neutre ou à peine alcaline (*P. Bert*).

Après avoir atteint le jéjunum, et à mesure que les matières alimentaires parcourent l'intestin grêle, elles se mélangent au suc intestinal sécrété par les glandes de Lieberkühn. Le chyme devient dès lors franchement alcalin et subit définitivement l'influence du ferment intestinal dans le milieu qui convient à cette action.

Arrivées au cæcum, les matières commencent à subir une fermentation qui tend à les acidifier ; le contenu du gros intestin rougit bientôt le tournesol et passe à l'état d'excréments proprement dits.

Nous allons examiner avec détail ces trois phases successives.

ARTICLE PREMIER

LA MATIÈRE ALIMENTAIRE DANS LE DUODÉNUM.

Les matières alimentaires passent trop rapidement à travers le duodénum pour qu'il soit nécessaire de considérer les transformations nouvelles qu'elles commencent à peine de subir dans cette partie de l'intestin. Mais elles s'y mélangent avec la bile et le suc pancréatique, et il y a lieu d'examiner ici les réactions que ces sucs importants sont aptes à faire subir, chacun pour sa part, aux substances principales contenues dans le chyme.

§ 1. — MÉLANGE DE LA BILE AVEC LE CHYME.

Nous ne ferons pas, à propos de la digestion, l'histoire de la bile en elle-même. Nous renvoyons ce sujet au livre IVe : SÉCRÉTIONS. On verra d'ailleurs que la bile n'a pas d'action directe bien efficace sur les matières alimentaires : elle représente pour ainsi dire un produit excrémentitiel résultant de l'accomplissement des fonctions du foie. Il n'en est pas moins vrai qu'elle se mélange au chyme dans le duodénum, et qu'il faut connaître les légères transformations qu'elle fait subir aux matières alimentaires.

Disons d'abord rapidement, et par anticipation, que chez l'homme la bile est un liquide à peine alcalin, contenant 10 à 18 p. 100 de matières solides qui sont : des sels de soude à acides biliaires, les acides taurocholique et glycocholique [1] (mais principalement le

---

[1] l'acide taurocholique $C^{26}H^{45}AzSO^7$, se dédouble par les alcalis en acide cholalique $C^{24}H^{40}O^5$ et taurine $C^2H^7AzSO^5$; l'acide glycocholique se dédouble en acide cholalique et glycocolle $C^2H^5AzO^2$.

premier, chez l'homme), formant ensemble 55 à 61 p. 100 du
résidu fixe; 26 à 50 p. 100 de graisses et de cholestérine; des
matières colorantes brunes et vertes; de la choline ou névrine[1]
$C^5H^{13}AzO$, base à réaction alcaline, ou de la lécithine qui paraît
lui donner naissance; de l'acide lactique; des sels minéraux savoir: du chlorure de sodium, des phosphates alcalins et alcalino-
terreux, du fer, de la silice; enfin 0,15 à 1,5 p. 100 de mucus
sécrété par les glandes annexes des conduits biliaires et de la vésicule du fiel.

La bile s'écoule dans l'intestin d'une manière à peu près continue; toutefois, au moment du passage du chyme dans le duodénum, ce liquide acide excite l'extrémité du canal cholédoque, provoque la contraction de la vésicule du fiel et fait ainsi s'écouler
une plus grande quantité de bile. Celle-ci se mélange en même
temps avec le suc pancréatique.

Les aliments subissent dès lors des réactions très-complexes;
pour les suivre méthodiquement, disons d'abord ce que l'on sait
de l'action de la bile seule sur les matières qui composent le
chyme.

Action de la bile sur le chyme en général. — Suivant P. Bert,
si le repas a été composé à peu près exclusivement de viande, l'alcalinité de la bile, et même celle du suc pancréatique, est insuffisante à neutraliser dans le duodénum l'acidité du chyme. Si les
aliments contiennent beaucoup d'amidon, le chyme devient bientôt alcalin à mesure qu'il progresse dans l'intestin grêle.

Au contact du chyme, la bile précipite immédiatement toute la
pepsine et la rend inactive, *alors même que le liquide reste acide.*
En même temps, si le chyme est neutralisé ou même légèrement
alcalinisé, la syntonine et quelques matières albuminoïdes ou
peptones se précipitent.

On comprend dès lors combien le passage de la bile dans l'estomac doit entraver la digestion gastrique. Il semblerait donc
qu'à partir du pylore la pepsine ne doive plus agir sur les matières en digestion.

D'après Frerichs, au contact de l'acidité du chyme, l'acide glycocholique de la bile serait précipité. Cette hypothèse, fondée sur la
précipitation des glycocholates par les acides, est une erreur quand

---

[1] Quand la bile est légèrement altérée

il s'agit de la bile totale, parce que l'acide taurocholique soluble, mis en liberté par l'acidité du chyme, redissout très-aisément l'acide glycocholique.

Action de la bile sur les graisses. — La bile émulsionne les corps gras, et les dissout même dans une certaine proportion. Cette théorie a été de tout temps soutenue. Les recherches de Leuret et Lassaigne, Bouchardat et Sandras[1], Bidder et Schmidt[2], l'ont établie définitivement. Après que de nombreuses observations eurent fait voir que la bile aidait pour une grande part à l'absorption des corps gras, on émit un certain nombre d'opinions pour s'expliquer cet effet spécial. Il est aujourd'hui établi par des expériences positives que la bile exerce sur les graisses trois actions distinctes qui favorisent leur résorption.

1° La bile, surtout quand elle est riche en mucus, émulsionne les corps gras, et les divise en gouttelettes extrêmement fines qui ne tendent pas à se réunir entre elles, et qui sont dans cet état aptes à traverser les villosités intestinales. Il existe, en effet, une sorte d'attraction capillaire entre les matières de la bile et les corps gras. Si l'on plonge dans de l'huile deux tubes, l'un sec ou mouillé d'eau, l'autre mouillé de bile, le liquide s'élèvera le plus haut dans ce dernier.

2° La bile dissout les corps gras en petite quantité.

3° La bile est décomposée par les acides gras. Si l'on agite une certaine quantité d'acide stéarique ou palmitique avec de l'eau et de la bile, celle-ci peut se dissoudre complétement, surtout à chaud, en même temps que le liquide devient fortement acide. Il s'est ainsi formé du palmitate ou du stéarate de soude, tandis que les acides biliaires mis en liberté acidifient la liqueur. Il est vrai que la bile ne paraît pas apte à elle seule à saponifier les corps gras neutres, mais se trouvant dans l'intestin avec d'autres sucs qui mettent les acides gras en liberté, la bile devient dès lors un des agents importants de l'assimilation des graisses.

Du reste, la preuve de l'utilité de la bile dans l'absorption des corps gras découle de cette observation que le chyle qui, normalement, contient 5,2 p. 100 de graisses, n'en renferme plus que 0,2 p. 100 quand on empêche la bile de couler dans l'intestin.

Action de la bile sur les matières albuminoïdes. — La bile ne

---

[1] *Compt. rend.*, 1842.
[2] *Die Verdaungsäfte*, p. 222.

possède aucune action sur les aliments protéiques incomplétement digérés dans l'estomac, que ces substances soient ou non solubles ; mais elle précipite la syntonine de sa solution, ainsi que les peptones et la parapeptone de Meisner (*Cl. Bernard*). Il se fait avec les peptones des flocons résinoïdes jaunâtres contenant des matières protéiques et une partie des acides biliaires. Ce précipité forme sur les villosités de l'intestin un enduit subissant ensuite l'action du suc intestinal qui le dissout peu à peu.

L'opinion émise par Prout qu'en agissant sur les peptones, la bile reproduirait des substances albuminoïdes coagulables par la chaleur, a été démontrée dénuée de tout fondement par les expériences de Schiff et de Lehmann.

Après que la bile s'est mélangée au chyme et a précipité la pepsine, l'action de ce dernier ferment devient nulle, et la digestion des matières protéiques se continue dès lors sous l'influence du suc pancréatique seulement.

Action de la bile sur l'amidon, le sucre — On a prétendu que la bile pouvait transformer l'amidon en glucose, et faire subir à son tour à celle-ci, ou au sucre de canne, la fermentation lactique. Ces expériences paraissent avoir été tentées avec de la bile altérée ou mélangée accidentellement de suc pancréatique ; elles demandent à être répétées. Mais il est bon de se rappeler ici qu'il existe dans le foie un véritable ferment capable de transformer en sucre la matière glycogène, ferment qui pourrait bien, dans certains cas, apparaître dans la bile et lui donner les propriétés signalées ci-dessus.

Rôle digestif de la bile. —De ce qui précède il résulte qu'on ne saurait considérer la bile comme une matière purement excrémentitielle et inutile pour la digestion. Son rôle principal, on l'a vu, est de concourir à l'émulsion des corps gras. On peut vivre, il est vrai, sans bile, comme l'ont démontré les expériences de Blondlot sur les chiens[1], bien des fois contrôlées depuis ; mais les expériences de Bidder et Schmidt, Arnold, Cl. Bernard ont prouvé jusqu'à l'évidence que l'animal doit, dans ce cas, augmenter la quantité de ses aliments de près du double pour conserver le poids qu'il avait avant la ligature du canal cholédoque ou l'établissement de la fistule biliaire. Chez les animaux privés de

---

[1] *Inutilité de la bile dans la digestion,* Nancy, 1841.

bile, ce qui disparaît surtout rapidement ce sont les corps gras.

La bile, en alcalinisant le chyme et précipitant la pepsine, arrête les transformations provoquées par ce dernier ferment, et fait ainsi succéder à la digestion gastrique la digestion pancréatique qui s'exerce le plus utilement dans un milieu alcalin.

Enfin la bile s'oppose à la fermentation putride du contenu de l'intestin (*Saunders*).

Le rôle de la bile n'est donc point indifférent, et l'on doit se rappeler ici ces paroles de Haller citées par Longet (*Physiologie*, t. I, p. 244) : *In omnibus animalibus bilis in principium intestini adfunditur, ut nihil fere alimenti ad sanguinem veniat, quod cum ea non mistum fuit.*

§ 2. — DIGESTION PANCRÉATIQUE.

Quoique la glande pancréatique fasse partie de l'appareil digestif, et que ses fonctions soient exclusivement dirigées vers l'accomplissement de la digestion, nous n'étudierons ici que le suc qu'elle sécrète; seul il nous importe pour le moment de le bien connaître. Le pancréas lui-même sera étudié avec les autres glandes dans le Livre IVe.

SUC PANCRÉATIQUE [1].

Le suc pancréatique sécrété par les cellules glandulaires des accini du pancréas s'écoule par le canal de Wirsung, arrive à l'extrémité du conduit cholédoque et de là est versé dans le duodénum.

On peut l'obtenir pur de tout mélange de bile [2] en liant une canule à demeure sur le principal conduit pancréatique. Il faut opérer avec célérité, choisir des chiens de bergers doués d'une sensibilité nerveuse moindre, et éviter tout traumatisme inutile. Deux cas pourront alors se présenter. Ou bien la sécrétion deviendra continue au bout de quelque temps, et le suc pancréatique

---

[1] Voyez Cl. BERNARD, *Mémoire sur le pancréas et sur le rôle du suc pancréatique*, Paris, 1856. — WEINMANN, *Henle's und Pfeufer's Archiv. Nouv. Ser.*, t. III, p. 245. — FRERICHS, *Verdauungsarbeit*, p. 842. — A. DANILEWSKY, *Virchow's Archiv.*, t. XXV, p. 279. — BIDDER et SCHMIDT, *Verdauungsäfte*, p. 240 et les traités de chimie physiologique de GORUP-BÉSANEZ, [2] p. 482, et de KÜHNE, p. 111, ainsi que les Mémoires de L. CORVISART, sur la digestion, Paris, 1857-1863.

[2] Claude Bernard, *Leçons sur les liquides de l'organisme*, t. II, p. 339.

coulera abondamment entre les repas. L'opération doit être dès lors considérée comme manquée, l'irritation traumatique a perverti la sécrétion, et le suc n'a plus ses qualités normales; il a perdu entièrement ou en partie la propriété de se coaguler par la chaleur. Dans d'autres cas, la sécrétion gardera ses caractères physiologiques ; le suc ne s'écoulera que pendant la digestion, il sera visqueux, coagulable : ce suc pancréatique est normal et peut, alors seulement, être employé dans les expériences sur la digestion pancréatique.

Propriétés et composition. — Le suc pancréatique normal est un fluide franchement alcalin, visqueux, filant, inodore, salé au goût, coagulable par la chaleur, par l'alcool et par les acides ; toutefois la substance coagulée se redissout ensuite entièrement dans l'eau, pourvu que l'action de l'alcool n'ait pas été trop prolongée.

Quand on porte le suc pancréatique au-dessous de 0°, il se dépose sous forme gélatineuse, une substance albuminoïde soluble dans l'eau, en grande partie coagulable par la chaleur; la liqueur, qui surnage devient dès lors plus alcaline. Quand on chauffe le suc pancréatique il se précipite de l'albumine ordinaire ; si l'on filtre, on obtient un liquide opalescent où l'acide acétique précipite de la caséine.

Le suc pancréatique donne un coagulum par les acides, les sels métalliques, le sulfate de magnésie. Le précipité obtenu par l'acide acétique se redissout dans un excès. Quand on fait tomber goutte à goutte le suc pancréatique dans de l'acide nitrique froid, il se forme un précipité granuleux, jaune d'abord, puis couleur orange.

Le suc pancréatique très-légèrement altéré rougit par le chlore. La substance qui le colore ainsi a été signalée comme exclusivement propre au pancréas. Toutefois, cette réaction pourrait bien n'être due qu'à de la tyrosine.

On trouve dans le suc pancréatique de la leucine et peut-être de la tyrosine ; au moins cette dernière substance a-t-elle été trouvée dans le suc, en partie décomposé, du pancréas des chiens et des chevaux. Il contient aussi un ou plusieurs ferments dont nous parlerons plus loin.

D'après Cl. Bernard, le suc pancréatique normal est formé pour 100 parties de 90 à 92 p. d'eau et de 8 à 10 p. de matières

dissoutes, dont un dixième seulement sont des sels minéraux.
Ces déterminations concordent bien avec les analyses faites par
C. Schmidt sur le suc recueilli par une ouverture pratiquée au conduit pancréatique, mais non avec celles du suc anormal qui s'écou-
lait d'une fistule permanente. Le tableau suivant donne quelques
analyses dues au dernier de ces auteurs :

TABLEAU DE LA COMPOSITION DU SUC PANCRÉATIQUE DE CHIEN.

	SUC D'UNE FISTULE PERMANENTE			Suc recueilli à l'ouverture du conduit pancréatique
	I	II	Moyenne	
Eau.	976.78	984.63	980.85	900.76
Matières organiques.	16.38	9.21	12.68	90.44
Soude (partie fixée à l'albumine).	3.818	5.249	3.31	0.58
Chaux (partie fixée à l'albumine).	»	»	»	0.52
Magnésie (p. fixée à l'albumine).	»	0.006	0.01	»
Chlorure de sodium.	1.917	2.110	2.50	7.35
Chlorure de potassium.	1.008	0.738	0.93	0.02
Phosphate de calcium.	0.051	0.051	0.07	0.41
Phosphate de magnésie avec trace de phosphate de fer.	0.024	0.005	0.01	0.12
Phosphate tribasique de sodium.	0.015	»	0.01	»

Le tiers environ de la matière organique du suc pancréatique
est soluble dans l'alcool.

Les cendres varient de 0,2 à 0,8 p. 100. Le tableau précédent
donne leur composition. On n'y a trouvé ni cyanures, ni sulfocya-
nures alcalins.

Fonctions du suc pancréatique. — L'action du suc pancréatique
est complexe : il dédouble et dissout certaines substances albuminoïdes ; il saccharifie les féculents ; il saponifie partiellement et
émulsionne les corps gras.

Étudions-le successivement sous ces trois points de vue.

(a). — Quand on met le suc pancréatique en contact avec le
blanc d'œuf, ou la fibrine fraîche, à la température de 35 à 40°,
ces substances sont liquéfiées et rendues dialysables. Que la liqueur soit neutre, alcaline ou acidule le résultat reste le même,
quoique dans ce dernier cas l'action soit plus rapide (*L. Corvisart ; Cl. Bernard*[1]).

____

[1] On doit se rappeler que la réaction des sucs du duodénum est le plus souvent acide.

L'infusion de pancréas, ou la liqueur obtenue en précipitant le suc-pancréatique par l'alcool et redissolvant dans l'eau ce précipité, jouit des propriétés digestives du suc pancréatique. Les mêmes résultats ont été obtenus plus aisément encore en liant le pylore et plaçant de l'albumine coagulée ou de la fibrine dans un nouet suspendu dans le duodénum. Le suc pancréatique mélangé de bile dissout ainsi très-aisément le blanc d'œuf coagulé (*Cl. Bernard*) ; ces substances sont rapidement absorbées sur place. Il résulte encore des expériences de L. Corvisart qu'une quantité donnée de suc pancréatique capable de liquéfier, dix à quinze heures après le repas, 10 grammes d'albumine coagulée en dissout dans le même temps de 50 à 75 grammes, lorsqu'elle est excrétée vers la sixième heure de la digestion [1].

Suivant Kühne le suc pancréatique dédouble la fibrine du sang en peptone, leucine, tyrosine et matières extractives [2].

Le suc pancréatique fait-il subir aux matières albuminoïdes une transformation identique à celle du suc gastrique ? Agit-il sur toutes les matières protéiques ? Il semble qu'on doit répondre négativement à ces deux questions. Ce suc paraît dissoudre plus spécialement la fibre musculaire et la fibrine du sang qui sont rendues simplement pulpeuses dans l'estomac. Son action sur les matières albuminoïdes est environ dix fois plus énergique que celle du suc gastrique.

Les peptones résultant de l'action du suc pancréatique sur les substances protéiques diverses sont à peine connues. Celle que l'on obtient avec l'albumine coagulée n'est pas identique à la peptone gastrique corespondante ; elle ne précipite pas comme elle par le chlorure de platine. La *peptone-fibrine* pancréatique diffère de la *peptone-albumine* pancréatique et de la *peptone-fibrine* gastrique. La première précipite par l'acétate de plomb et ne se dissout pas dans un excès de ce réactif, tandis que la peptone-fibrine gastrique s'y redissout. La peptone-fibrine pancréatique ne se trouble pas par l'acide acétique mêlé de bichromate de potasse, tandis que la peptone gastrique donne des flocons ; les autres réactions restent les mêmes (*Kühne*). Diakonow indique comme un caractère des *peptones*

---

[1] Ces faits, niés d'abord par beaucoup d'auteurs allemands (Keferstein, Hallwachs, Fünke, etc.), ont été depuis confirmés. Voir Kühne, *Virchow's Archiv.*, t. XXXIX, p. 130.

[2] *Ber. d. Berlin. Akad.*, 1867, p. 120.

pancréatiques qu'elles précipitent par les acides et les sels acides, à l'exception du phosphate acide de soude. La liqueur filtrée précipite par le tannin et l'acétate de plomb, mais non pas le ferrocyanure de potassium[1]. On ne doit jamais oublier dans ces expériences que le suc pancréatique n'est vraiment efficace qu'à la condition d'être parfaitement exempt de toute altération, condition des plus délicates à atteindre[2].

Kühne pense avoir observé dans les produits de la digestion pancréatique la présence de l'indol, que l'on retrouverait ensuite dans les excréments.

(*b*). — Le suc pancréatique transforme rapidement l'amidon cru ou cuit, en dextrine et en sucre. Cette propriété observée par Valentin, en Allemagne, par Bouchardat et Sandras et par Cl. Bernard, en France, est plus prononcée encore avec ce suc qu'avec la salive ; la transformation est, pour ainsi dire, instantanée à 55°, et encore assez active à une température inférieure. Cl. Bernard et Schmidt ont constaté que la bile et le suc gastrique n'entravaient pas la réaction, à moins toutefois que le suc stomacal arrivant dans l'intestin n'y rencontre pas de matières albuminoïdes sur lesquelles il puisse porter son action ; dans ce cas seulement la fermentation saccharine est-interrompue.

Nous verrons plus loin qu'on a retiré du suc pancréatique le ferment auquel est due cette rapide transformation de l'amidon en sucre.

(*c*). — Le suc pancréatique émulsionne les graisses et les met dans un tel état de division qu'elles restent fort longtemps en suspension et deviennent absorbables par les villosités intestinales. Cette propriété mise hors de doute par les belles expériences de Cl. Bernard, avait été déjà signalée quelque temps auparavant par Bouchardat et Sandras et par Eberlé. Une partie du corps gras peut-être, en même temps, saponifiée et dédoublée en acide gras et glycérine, observation due à Bernard et que Berthelot a confirmée. Dans tous les cas, une faible quantité de corps gras est ainsi transformée : si l'on fait un mélange de suc pancréatique et de

---

[1] D'après Meisner, la parapeptone produite dans l'estomac par le suc gastrique serait transformée en peptones par le suc pancréatique.

[2] Schiff affirme que chez les animaux qu'on prive de rate le suc pancréatique perd toute son action sur les matières protéiques ; en même temps la sécrétion du suc gastrique augmente considérablement.

beurre, au bout de très-peu de temps l'émulsion d'alcaline devient acide, et la liqueur prend l'odeur du beurre rance. On a toutefois objecté à cette expérience que ce dédoublement peut être dû à une altération du suc pancréatique.

Cl. Bernard fait observer que l'émulsionnement des graisses par le suc pancréatique ne tient nullement à l'alcalinité de ce liquide : après avoir été parfaitement neutralisé il jouit de la même propriété, et d'un autre côté si on l'agite avec un excès de magnésie calcinée il perd après filtration toute propriété émulsive, quoiqu'il garde son alcalinité.

La bile et le suc intestinal peuvent, il est vrai, suffire à émulsionner les matières grasses, comme cela résulte nettement des expériences de Collin[1] et de Longet[2], mais on peut dire que le suc pancréatiq̧ ̧e concourt pour une très-large part à l'absorption des corps gras. L'ablation ou la résorption du pancréas, les fistules pancréatiques permettant au liquide de s'écouler au dehors, font presque constamment apparaître un grand excès de matières grasses dans les évacuations alvines.

Ferments pancréatiques. — Il nous reste à dire à quels principes le suc pancréatique doit son action complexe.

C'est Bouchardat et Sandras qui les premiers observèrent, en 1845, que l'infusion du pancréas traité par 5 à 6 fois son volume d'alcool laisse déposer une matière floconneuse comparable à la diastase salivaire, et pouvant, après avoir été ainsi précipitée, se redissoudre ensuite dans l'eau. Ils lui attribuèrent le rôle de ferment et reconnurent qu'elle avait la propriété de transformer très-rapidement l'amidon en sucre.

La substance ainsi préparée reçut le nom de *pancréatine*. Cette matière, que l'on a cru longtemps homogène et de nature albuminoïde, paraîtrait être unie à la soude dans le suc pancréatique. Elle lui communique la propriété de se coaguler, et quelquefois de se prendre en masse vers la température de 72°. Tout liquide pancréatique qui ne se coagule pas est anormal ou altéré. La pancréatine, précipitée par l'alcool et reprise par l'eau, donne une solution qui jouit du pouvoir digestif du suc pancréatique lui-même. Les acides azotique, métaphosphorique, tannique,

---

[1] *Mém. Acad. méd.* Paris, séance du 1er juillet 1856.
[2] *Traité de physiologie*, t. I, p. 265, *Sur les altérations profondes ou complètes du pancréas*.

plusieurs sels neutres précipitent la pancréatine ; un excès d'acide azotique la redissout. Les acides acétique, chlorhydrique, phosphorique ordinaires, n'ont pas d'action sur elle. Cl. Bernard a observé que dès que le suc pancréatique exposé à l'air subit un commencement d'altération, la pancréatine acquiert la propriété de rougir par le chlore. C'est à ce principe qu'on a reconnu successivement la triple action de digérer les matières albuminoïdes, de changer l'amidon en sucre, et d'émulsionner les corps gras.

D'après les recherches de Danilewski[1], la pancréatine serait un mélange d'albumine, de caséine, de corps mal définis et de trois ferments spécifiques, de nature non albuminoïde, que l'on obtient comme il suit :

On tue un chien 5 à 6 heures après son repas ; le pancréas est, par ses vaisseaux, largement injecté d'eau glacée pour le priver de sang, puis trituré avec du sable, délayé dans l'eau et laissé deux heures en macération à 30°. On filtre, et l'on ajoute à la liqueur de la magnésie calcinée. Le liquide qui s'écoule a désormais perdu toute action émulsive sur les corps gras. On l'additionne peu à peu du tiers de son volume de collodion, et après l'avoir vivement agité, on laisse évaporer l'éther à une douce chaleur. Le précipité, qui doit être granuleux si l'on a bien opéré, est séparé par filtration, et traité point par point comme le précipité cholestérinique analogue que l'on obtient quand on prépare la pepsine par le procédé de Brüke (voir p. 592). On parvient ainsi à isoler un ferment qui jouit de la propriété de dissoudre la fibrine, surtout quand il est en solution faiblement alcaline ; il ne paraît pas de nature albuminoïde. Le liquide séparé par filtration du précipité granuleux qu'a fait naître le collodion est rapidement évaporé au sixième sous la machine pneumatique, et mélangé alors d'alcool concentré. Le précipité qui se forme est traité par de l'alcool étendu de son volume d'eau ; on sépare ainsi un peu d'albumine, tandis que le ferment se dissout avec quelques sels et une trace de tyrosine. Cette liqueur soumise à la dialyse, et reprécipitée enfin par de l'alcool pur, après avoir été concentrée dans le vide, laisse un troisième ferment qui n'est pas de nature protéique et qui transforme rapidement l'amidon en sucre [2].

[1] A. Danilewski, *Virch. Arch.*, t. XXV, p. 279.
[2] Voir encore à ce sujet un travail de V. Paschutin *en Zeitsch. f. anat. Chem.* t. XI, p. 464, et *Bull. Soc. chim.*, t. XX, p. 310.

Hufner a retiré du pancréas mis à macérer dans de la glycérine, un ferment amorphe ayant toutes les propriétés du suc
pancréatique et qui a donné à l'analyse les nombres suivants :
$C = 46.57$; $H = 7.17$; $Az = 14.95$; $S = 0.95$; $O = 39.56$;
composition qui le rapproche de l'émulsine[1].

La pancréatine et la pepsine paraissent neutraliser mutuellement leur action digestive

§ 3. — LIQUIDE DES GLANDES DU DUODÉNUM.

Diverses espèces de glandes existent dans le duodénum et y
versent leurs produits. Les unes, que l'on ne trouve que dans
cette portion du tube digestif, portent le nom de glandes de
Brünner; elles sont surtout accumulées depuis le pylore jusqu'à
l'embouchure du canal cholédoque. Ces glandes sont des *acini*
à conduits excréteurs s'ouvrant autour de la base des villosités;
elles se composent de glomérules arrondis, de 2 à 4 millimètres
de diamètre, remplis par une masse alcaline et visqueuse dans
laquelle on rencontre des cellules à noyau simple, des noyaux
libres et des granulations nombreuses. Le liquide des glandes de
Brünner est visqueux, alcalin, et ressemble beaucoup à la salive.
Si l'on plonge cette couche glandulaire dans de l'eau tiède, la
liqueur prend bientôt une viscosité considérable. Cet extrait n'a
pas d'action sur les graisses. On ne sait rien de son rôle pendant
la digestion.

On trouve encore dans le duodénum de petites glandes situées
vers l'embouchure du canal pancréatique. Elles ont été découvertes par Cl. Bernard qui a démontré qu'elles fournissent un liquide
analogue à celui du pancréas.

Enfin il existe dans cette portion de l'intestin quelques glandes
de Lieberkühn, qui sécrètent le suc intestinal proprement et que
nous décrirons dans l'article suivant.

Après avoir étudié séparément le rôle de la bile et du suc pancréatique, et montré comment le mélange de ces sucs modifie
leurs principales propriétés digestives, il nous reste à savoir ce
qu'ils deviennent dans l'intestin après s'être mélangés au suc des
glandes qui lui sont propres.

---

[1] Pour plus de détails voir *Bull. Soc. chim.*, t. XIX, p. 225.

ARTICLE II

LES MATIÈRES ALIMENTAIRES DANS L'INTESTIN GRÊLE

Le chyme en progressant dans l'intestin subit peu à peu l'influence du suc sécrété par les glandes de Lieberkühn. Ces glandes importantes occupent, serrées les unes contre les autres, toute la muqueuse de l'intestin grêle. Ce sont des tubes en cul-de-sac, à direction perpendiculaire à la surface de la muqueuse, de 2 à 4 millimètres de longueur, et de 4 à 9 millimètres de diamètre, à peu près cylindriques et un peu sinueux. Ils sont formés d'une membrane propre à tissu conjonctif, tapissée à l'intérieur de cellules de forme cubique contenant un protoplasma granuleux. Les orifices glandulaires protégés par de l'épithélium cylindrique, forment souvent comme des anneaux autour des villosités destinées à l'absorption.

On trouve encore dans l'intestin grêle des follicules clos lymphatiques qui peuvent se grouper en amas serrés ou agminés pour former les *plaques de Peyer*. Ces follicules n'ont pas de conduit excréteur et ne sécrètent pas sensiblement de liquide.

§ I. — SUC INTESTINAL.

Sauf la petite quantité de suc fourni par les glandes de Brünner, la sécrétion intestinale est tout entière due aux glandes de Lieberkühn.

Divers procédés ont été employés pour se procurer à l'état de pureté le suc intestinal produit par ces glandes.

On a essayé en vain de l'obtenir en faisant d'abord jeûner l'animal, isolant par deux ligatures une anse intestinale, la refoulant alors dans le ventre, et sacrifiant ensuite le sujet au bout de quelques heures (*Frerichs*). Dans ces conditions, non-seulement l'intestin à jeun sécrète à peine, mais encore le liquide recueilli est évidemment mélangé aux restes des digestions antérieures, ainsi qu'à un peu de bile, de suc pancréatique, etc.

On peut bien, comme ont fait Bidder et Schmidt, lier les conduits pancréatiques et cholédoques et agir comme ci-dessus, mais non-seulement la sécrétion est encore dans ce cas insignifiante, mais elle est anormale et donne un liquide impur, tenace, filant, d'une forte alcalinité.

Colin[1] prend au contraire un cheval *en pleine digestion*, fait au flanc une incision à travers laquelle il attire deux mètres d'intestin grêle, lie cette anse par le haut, chasse tout le contenu par la pression des doigts se promenant de haut en bas, ferme alors l'autre extrémité, replace l'anse dans le ventre, et une demi-heure après sacrifie l'animal par effusion de sang. Il obtient ainsi de 80 à 120 grammes d'un liquide qui est encore certainement mélangé à des produits étrangers, mais qui est sécrété sous l'influence à peu près normale des nerfs intestinaux agissant pendant la digestion. On peut constater que ce suc dissout et digère partiellement la viande et l'albumine cuite, émulsionne les corps gras, et transforme l'amidon en sucre.

Busch[2] a examiné le suc intestinal formé par la partie inférieure de l'intestin d'une femme portant, par suite d'accident, une fistule qui permettait au chyme de s'écouler sans se mélanger au suc sécrété au-dessous.

C'est à Thiry[3] que l'on doit la seule méthode pratique qui permette de se procurer à volonté le suc intestinal exempt de produits étrangers. Il fait jeûner vingt-quatre heures un chien de berger vigoureux, ouvre sa cavité abdominale au-dessous du nombril, attire une anse intestinale et la coupe de façon que le tronçon d'intestin, ouvert par les deux bouts, ait $0^m,15$ de longueur environ et qu'il reste en connexion avec les vaisseaux, les nerfs et le mésenthère. Cela fait, il rétablit la continuité de l'intestin en réunissant par suture le bout stomacal et le bout anal, et le replonge dans l'abdomen. Il ferme ensuite l'un des bouts de l'anse intestinale mise à part, puis raccorde par des sutures, les parois de l'autre extrémité à la plaie abdominale de façon à ne laisser qu'un petit pertuis. Quand l'animal ne succombe pas à la péritonite, on obtient ainsi un cæcum isolé, portion mise à part de l'intestin grêle, qui par l'excitation mécanique, par l'action d'un courant induit, par l'irritation de l'acide chlorhydrique dilué au 1000ᵉ, laisse écouler un suc intestinal normal. Une telle anse peut sé-

---

[1] *Traité de physiologie des animaux domestiques*, t. I, p. 645.
[2] *Virchow's Arch.*, t. XIV.
[3] Voyez *Wiener Sitzungsber*, 1864.

créter par excitation mécanique, en vingt-quatre heures, 85 à 95 grammes de ce suc. Cette quantité augmente un peu au moment de la digestion. Le séjour d'une infusion de feuilles de séné ou de sulfate de magnésie dans le cæcum isolé n'en fait pas notablement croître la sécrétion.

Propriétés et composition du suc intestinal. — Le suc intestinal de Colin, séparé d'une certaine quantité de mucus par repos ou filtration, est un liquide alcalin très-fluide, de teinte jaunâtre, de saveur salée, de densité égale à 1,010 à la température de 15°.

Le suc intestinal de Busch est incolore, visqueux, à réaction alcaline; il tient en suspension des épithéliums; il n'est coagulable ni par la chaleur, ni par l'acide acétique. L'alcool en précipite une matière organique qui se redissout dans l'eau. Les acides minéraux, le sublimé ne le troublent pas; l'acétate de plomb le précipite. Il contiendrait chez l'homme 5,5 p. 100 de matières fixes.

Le suc intestinal, évidemment plus pur, de Thiry est alcalin, aqueux, jaune clair, lorsque par la filtration on l'a débarrassé de cellules amyloïdes entourées d'une substance mucilagineuse qu'il tient en suspension. Sa densité est de 1,011. Après avoir été légèrement acidifié il se coagule un peu par l'ébullition.

Le tableau suivant donne la composition de ce liquide :

COMPOSITION DU SUC INTESTINAL.

	Chien. (*Thiry*)	Cheval. (*Colin*)
Eau.	97.59	98.10
Albumine.	0.80	0.45
Autres matières organiques.	0.73	
Cendres.	0.88 [1]	1.45
	100.00	100.00

Le suc intestinal d'un chien, mêlé aux produits de sécrétion du pancréas, à la bile, etc., mais filtré, a donné à Schmidt et Zander :

Eau.	965.33
Albumines, ferments, sels insolubles.	9.55
Sels de la bile.	16.57
Taurine.	0.26
Graisses.	0.70
Matières extractives.	3.72
Chlorures alcalins.	3.71
Phosphates terreux.	0.06

[1] Dont 0,320 de carbonate de sodium.

Action du suc intestinal sur les substances alimentaires. —
Nous avons dit que le suc intestinal, obtenu par les divers auteurs qui ont précédé Thiry, dissolvait la matière musculaire, émulsionnait les corps gras, et saccharifiait l'amidon. Telles sont en effet ses propriétés principales. Mais le suc recueilli par les premiers expérimentateurs n'étant évidemment pas homogène, tout ce que nous allons dire maintenant se rapportera au suc obtenu par la méthode de Thiry. Encore devons-nous ne pas oublier que ce dernier est sécrété sans le contact de la bile, du suc pancréatique et du chyme, et qu'il peut, par conséquent, ne pas représenter un suc entièrement normal.

En effet, quoique l'*albumine coagulée* se dissolve dans l'intestin grêle, alors même qu'on empêche l'arrivée de la bile et du suc pancréatique, comme Bidder et Schmidt, Busch, Kölliker l'ont parfaitement observé, cependant, d'après Thiry, le suc intestinal pur, recueilli par sa méthode, ne dissoudrait pas l'albumine cuite.

Le suc intestinal de Thiry n'agit pas sur la *chair crue;* mais il dissout rapidement la *fibrine (Thiry ; Kühne).* Celui de Bidder et Schmidt ramollissait et dissolvait en très-grande partie la chair musculaire. D'après les nouvelles recherches de Schiff, le suc intestinal dissoudrait la fibrine, la caséine et l'albumine[1].

On ne connaît pas l'action du liquide sécrété par les glandes de Lieberkühn, sur la *chondrine* et la *gélatine.*

On ignore si le suc intestinal agit sur les *peptones.* On sait seulement que les produits de la digestion de l'albumine sont rapidement absorbés dans l'intestin, tandis que la solution d'albumine crue l'est avec une bien moindre énergie[2].

D'après les expérimentateurs qui ont précédé Thiry, les *graisses* s'émulsionneraient et se dissoudraient en partie dans le suc intestinal. D'après lui, ce liquide ne décompose et ne saponifie pas les graisses neutres.

Suivant le même auteur la *fécule* cuite ou crue n'est pas saccharifiée par le suc des glandes de Lieberkühn. Toutefois, d'après Collin et Schiff (*loc. cit.*), le suc intestinal transformerait l'amidon en sucre avec une grande rapidité.

Le *sucre de canne* se change en *glucose* dans l'intestin; celui-ci est absorbé en partie, et en partie transformé en acide lacti-

---

[1] *Jahresb. für Anat.* 1868.
[2] *Soc. roy. des sc. méd. prat. de Bruxelles,* 10 juin 1872.

que, et, suivant Frerichs, en acide butyrique. Une portion de la saccharose peut cependant échapper à cette modification et se retrouver dans le chyle du canal thoracique (*Hoppe-Seyler*).

On ne trouve que peu ou pas de glucose dans le sang de la veine-porte et fort peu dans le chyle.

Une portion de la cellulose, ou de la matière ligneuse et herbacée, est-elle transformée dans l'intestin en composés assimilables? Les expériences de Frerichs à ce sujet sont négatives ; mais cette question reste douteuse. Même observation pour la pectose et ses dérivés que l'on retrouve en majeure partie dans les excréments.

Les gommes ne paraissent pas se modifier dans l'intestin (*Blondlot, Frerichs*). Il en est de même de la chlorophylle.

Les essences et l'alcool sont probablement absorbées en nature.

§ 2. — GAZ DE L'INTESTIN GRÊLE.

L'intestin grêle ne sécrète que fort peu de gaz par lui-même. Ceux qu'on y rencontre sont surtout produits par la décomposition et les réactions du chyme, ou proviennent de l'air entraîné avec les aliments pendant la déglutition, partiellement privé d'oxygène dans l'estomac et enrichi en acide carbonique.

On peut donc s'attendre à trouver dans ces gaz de l'azote, de l'acide carbonique, un peu d'oxygène, et de l'hydrogène dérivant de la fermentation butyrique. Voici les analyses des gaz de l'intestin grêle du chien, dues à Planer (*loc. cit.*), et celle des gaz d'un jeune supplicié, donnée par Chevreul[1].

COMPOSITION VOLUMÉTRIQUE DES GAZ DE L'INTESTIN GRÊLE.

	Chien après 6 jours d'alimentation par la viande ; 6 heures après le repas	Chien après 4 jours d'alimentation par la viande ; 3 heures après le repas	Chien après 4 jours d'alimentation par les légumineuses cuites	Jeune homme supplicié. Il avait, 2 heures avant, mangé du fromage et bu de l'eau vineuse
CO^2	40.1	28 62	47.34	24.39
H	13.86	traces.	48.69	5..53
Az	4..52	67.44	3.97	20.08
O	0 5	»	»	»

[1] Cité par MAGENDIE, *Physiologie*, t. II p. 89.

Des volumes égaux d'hydrogène et d'acide carbonique pourraient, dans l'intestin, résulter de la fermentation butyrique du glucose, suivant l'équation :

$$C^6H^{12}O^6 = C^2H^8O^4 + 2CO^2 + H^4$$
Glucose.   Acide butyrique.

Cette fermentation n'ayant pas normalement lieu pendant la digestion gastrique, si l'on soustrait des gaz du tableau ci-dessus un volume d'acide carbonique égal à celui de l'hydrogène qu'ils renferment, le reste représentera les gaz arrivant de l'estomac, diminués de ceux qui ont été résorbés par les parois intestinales. Plusieurs des analyses précédentes offrent, au point de vue de la quantité d'hydrogène, un intérêt tout spécial.

Planer a montré que 10 volumes d'hydrogène absorbés durant leur séjour dans l'intestin, sont remplacés par 2 volumes 1/2 environ d'acide carbonique provenant du sang.

§ 5. — DIGESTION DANS L'INTESTIN GRÊLE.

L'acidité du chyme versé dans le duodénum, est neutralisée de proche en proche dans l'intestin grêle ; les matières qui parcourent ce canal finissent par être légèrement alcalines, puis redeviennent acides à son extrémité cæcale.

Cette réaction varie, du reste, suivant l'alimentation. Si celle-ci n'est pas riche en sucre et en amidon, l'intestin presque tout entier peut être acide. Le chyme tend, il est vrai à s'alcaliniser en se mélangeant aux sucs du duodénum et de l'intestin ainsi qu'à la bile, mais il se produit en même temps aux dépens des matières amylacées une fermentation butyrique, d'où résulte l'acidité que l'on observe à l'extrémité inférieure de l'intestin grêle. Avec une nourriture exclusivement animale, la réaction de l'intestin est encore légèrement alcaline à son extrémité cæcale (*P. Bert*).

La coloration du chyme varie avec les divers points de l'intestin. D'abord jaune ou jaune verdâtre après son mélange avec la bile, il se fonce devient vert foncé dans l'iléon, et passe au brun à partir du cæcum.

On a dit plus haut quelles transformations le suc intestinal pur fait subir aux diverses substances alimentaires. On ne sait encore presque rien de l'influence que la bile et le suc pancréatique exercent sur l'action digestive de ce suc.

Parmi les sels minéraux du chyme, ceux qui sont solubles, tels que les chlorures, les phosphates et les sulfates alcalins, sont absorbés dans l'intestin grêle : quant aux sels insolubles, comme les phosphates de chaux et de magnésie et leurs carbonates, ils ont été partiellement rendus solubles et absorbés dans l'estomac, mais une portion redevient insoluble dans l'intestin et se retrouve dans les fèces. A plus forte raison y trouve-t-on la silice et les silicates insolubles.

On peut dire que les villosités intestinales absorbent les matières grasses et les sucres, surtout le glucose. Les peptones y sont dialysées rapidement et portées directement aux vaisseaux. L'albumine crue est aussi absorbée mais très-lentement par les parois intestinales.

ARTICLE III

LE CONTENU DU GROS INTESTIN

§ 1. — ORGANES ET PRODUITS DE SÉCRÉTION DU GROS INTESTIN.

La muqueuse du gros intestin, y compris l'appendice vermiculaire, possède comme celle de l'intestin grêle de nombreuses glandes de Lieberkühn légèrement modifiées ; elles contiennent des cellules à noyaux pourvues d'un protoplasma granuleux. Le cul-de-sac glandulaire est rempli d'une substance gluante à réaction alcaline, riche en matières grasses.

On trouve aussi dans le gros intestin des cellules lymphatiques ou follicules clos, plus rares que dans l'intestin grêle. Sa muqueuse est exempte de villosités.

On a tenté de recueillir, par des fistules, le produit sécrété par la paroi du gros intestin. On obtient ainsi péniblement un produit trouble, muqueux, visqueux, alcalin, transformant la fécule en sucre et en acide butyrique lorsqu'il n'a pas été filtré, en sucre seulement après sa filtration, et ne paraissant pas avoir d'action sur les matières albuminoïdes.

La réaction *de la muqueuse* du gros intestin est toujours alcaline.

§ 2. — MATIÈRES CONTENUES DANS LE GROS INTESTIN.

Les réactions commencées dans les parties supérieures du tube digestif se poursuivent faiblement dans le gros intestin. L'absorption s'y fait difficilement; les matières insolubles y augmentent peu à peu, en même temps que l'excès des substances alimentaires qui n'ont pu être digérées ou absorbées; enfin les substances colorantes de la bile et les produits gazeux et odorants des fermentations putrides s'y accumulent. Ainsi se forment les excréments.

Excréments. — Les matières qui composent les excréments contenus dans le gros intestin sont :

1° Des substances alimentaires assimilables mais qui étaient en excès dans les aliments. Ce sont le plus ordinairement de la fécule et des corps gras en très-notable quantité[1], avec quelques matières albuminoïdes, surtout de l'albumine crue.

2° Des substances incomplétement attaquées ou absorbées : matières grasses émulsionnées, acides gras, leucine, tyrosine, peptones en petite proportion.

3° Des aliments de digestion difficile : féculents crus, tendons, phosphates alcalino-terreux, et dans quelques cas du phosphate ammoniaco-magnésien.

4° Des substances non assimilables : fibres végétales, cellulose, chlorophylle[2], gommes, produits pectiques, résines, tissu élastique, épithéliums et épiderme, chitine, sels insolubles.

5° Des matières non organisées provenant du tube digestif : le mucus, les matériaux de la bile, ses acides en parties libres, ses matières colorantes souvent modifiées et granuleuses, de la cholestérine, de la dyslisine, de la taurine.

6° Des produits azotés d'origine encore douteuse : stercorine, excrétine, acide excret-oléique, de l'indol (?), de la naphtylamine qui paraît communiquer son odeur aux excréments, un corps soluble dans l'eau se colorant en rose par l'acide nitrique, en bleu par l'acide chlorhydrique (*Frerichs*, *Wehsarg*), un pigment jaune qui d'après R. Maly serait de l'*urobiline*, substance qui peut se

---

[1] Très-souvent de petites aiguilles de stéarine s'observent dans les excréments.

[2] M. Chautard a démontré, par les bandes spectrales de cette substance, qu'après avoir été ingérée, la chlorophylle mettait trois jours à disparaître entièrement des excréments. C'est là le temps que les matières inassimilables emploient à traverser le tube digestif.

produire avec la bilirubine et qui en diffère par 1,5 p. 100 de carbone en moins et 1,5 d'hydrogène en plus[1]; des butyrates, acétates, lactates alcalino-terreux.

7° De fines granulations, les unes grises azotées solubles dans l'acide acétique, les autres jaunâtres paraissant formées de graisses, d'autres enfin souvent abondantes et volumineuses dont la nature est inconnue; des cellules et des noyaux d'épithéliums; quelquefois des leucocytes, surtout dans les diarrhées (*Robin*).

8° Des produits et des gaz putrides.

9° De l'eau, environ 75 p. 100.

10° Enfin on trouve dans les excréments, surtout dans le gros intestin et le rectum, un grand nombre d'animalcules.

La composition moyenne des excréments présente un grand intérêt, elle permet d'établir la balance entre ce qui est fourni à l'organisme, et l'ensemble des excrétions totales; elle sert en outre à contrôler l'assimilation des diverses substances.

Pour une alimentation mixte moyenne, le poids des fèces est d'environ le huitième de celui des aliments solides frais absorbés. D'après les expériences de Bischoff et Voit[2] sur le chien, le poids des fèces desséchés, pour une alimentation exclusivement azotée, varie du dixième au quarantième de celui de la viande calculée à l'état sec. Quand l'animal était nourri de pain seulement, le poids des fèces montait au sixième ou au huitième du poids de cet aliment supposé exempt d'eau[3].

Dans ces deux cas les auteurs précédents ont donné le tableau qui suit de la composition des aliments et des fèces secs correspondants :

	Viande.	Fèces de viande.	Pain.	Fèces de Pain.
Carbone. . .	51.95	43.49	45.41	47.39
Hydrogène. .	7.18	6.47	6.45	6.59
Azote. . . .	14.11	6.50	2.39	2.92
Oxygène. . .	21.37	13.58	41.63	36.08
Sels.	5.39	30.01	4.12	7.02
	100.00	100.00	100.00	100.00

Quant à la nature des matériaux extraits de ces excréments,

[1] *Bull. Soc. chim*, t. XVII, p. 373.
[2] *Die Gesetze der Ernährung*, Leipzig, 1860.
[3] Voy. *Bull. Soc. chim.*, t. XVIII, p. 53.

nous ajouterons, pour compléter les indications déjà ci-dessus données, que Wehsarg[1] a trouvé chez l'homme pour 1000 parties :
Eau 733, matériaux solides secs 267. Ceux-ci contenaient : substances solubles dans l'eau 53,4 ; extrait alcoolique 41,6 ; extrait
éthéré 30,7 ; résidu insoluble 83 ; sels minéraux précipitables par
l'ammoniaque 10,63.

Voici maintenant quelques analyses des cendres d'excréments
humains :

	D'après Flectmann.	*D'après Porter.*
ClNa.	0.58	1.35
ClK.	0.07	»
KO.	18.49	6.10
NaO.	7.05	5.07
CaO.	21.36	26.46
MgO.	10.67	10.54
Fe^{2}O^3.	2.09	2.50
P^{2}O^5.	30.98	36.03
SO^3.	1.13	3.13
CO^2	1.05	5.07
SiO^2.	1.44	»
Sable, impuretés, pertes.	7.59	3.77

Pour une même quantité de 14 grammes d'azote existant dans
les aliments des 24 heures, F. Hoffmann a trouvé 7^{gr},0 d'azote
dans l'urine et 6^{gr},9 dans les excréments, lorsque la nourriture
était exclusivement végétale ; 14^{gr},2 d'azote dans l'urine et 2^{gr},6
dans les excréments, lorsque la nourriture était animale. Cette
expérience montre que l'azote est deux fois mieux absorbé sous
cette dernière forme que sous celle d'aliments végétaux.

Un homme adulte rend de 130 à 150 grammes d'excréments
humides en vingt-quatre heures pour une alimentation mixte
moyenne. L'excès de fécule ou de corps gras qu'on absorbe avec
une alimentation anormale se retrouve en grande partie dans les
excréments.

Les fèces ont une réaction neutre, quelquefois alcaline, rarement elles sont acides. Ces variations dépendent du régime, du
temps que les matières fécales séjournent dans l'intestin, des fermentations diverses qu'elles y subissent. La réaction alcaline dérive
d'une fermentation ammoniacale ; la réaction acide de la transfor-

[1] *Microsc. und chem. Unters. d. Fœces...*, Giessen, 1855.

mation des glucoses en acide lactique et peut-être butyrique. Il se forme aussi dans l'intestin des acides acétique et propionique aux dépens des hydrates de carbone, comme l'ont montré-directement Reisenfeld et Hoppe-Seyler en injectant directement du sucre et de l'empois d'amidon par le rectum. Ces fermentations du tube intestinal sont-elles dues à une diastase spéciale ou à l'introduction par l'air et les aliments des ferments organisés extérieurs ? On n'a pas de preuves contraires à la première hypothèse, mais on serait disposé plutôt à admettre la seconde.

L'odeur repoussante des matières fécales paraît en partie due à l'indol et à la naphtylamine, substances qui proviennent du dédoublement des matières albuminoïdes pendant leur digestion. Cette odeur ne peut être attribuée ni à des hydrocarbures, ni à l'hydrogène sulfuré ou phosphoré, sauf dans quelques cas morbides, ou lorsque les excréments subissent la fermentation putride à laquelle la bile paraît en général s'opposer.

Il nous reste à faire, en quelques mots, l'histoire particulière des substances spéciales aux fèces et que nous n'aurions pas l'occasion de rencontrer ailleurs.

Indol — C^8H^7Az.

L'indol C^8H^7Az se produit dans diverses réactions. Quand on fait bouillir l'indigo bleu avec de l'étain et de l'acide chlorhydrique jusqu'à ce qu'il soit transformé en une poudre jaune brun, et qu'on distille jusqu'au rouge ce produit avec de la poussière de zinc, on obtient une huile qui, traitée par de l'acide chlorhydrique, et redistillée dans la vapeur d'eau surchauffée, donne par dessiccation dans le vide des cristaux d'indol.

Si l'on chauffe de l'acide nitrocinnamique avec de la potasse et de la limaille de fer, il se produit encore le même corps.

Enfin quand on traite l'albumine par la potasse caustique fondue, il paraît se faire aussi une petite quantité d'indol.

L'indol est un corps blanc, fusible à 52°. Il ne peut se distiller que dans la vapeur d'eau surchauffée. Il se dissout dans l'eau bouillante et cristallise par refroidissement. Il est soluble dans l'alcool, les hydrocarbures et l'éther. Les moindres traces de ce dernier dissolvant le liquéfient. Son odeur rappelle celle de la naphtylamine et des excréments. L'indol est une base très-faible.

La production de l'indol avec le bleu d'indigo (que l'on sait dériver aussi de la matière colorante jaune de l'urine), rend ce produit très-intéressant au point de vue physiologique.

Excrétine. — Acide excrétoléique.

L'excrétine $C^{78}H^{156}SO^2$ a été retirée des excréments humains par Marcet[1], en les épuisant par l'alcool bouillant, d'où elle peut cristalliser quelquefois directement. Quand on maintient longtemps cette solution alcoolique au-dessous de 0° elle dépose une substance granuleuse, couleur olive, formée d'un acide gras fusible à 25° : *l'acide excrétoléique*. Le liquide filtré, traité par un lait de chaux, donne un précipité brun qui, séché et repris par l'éther, fournit l'excrétine. Cette substance existe surtout dans les excréments d'herbivores. A sa place les excréments de carnivores contiennent de la cholestérine, qui, d'après Marcet, serait analogue à l'excrétine par ses propriétés.

L'excrétine est un corps insoluble dans l'eau qui, par l'ébullition, la transforme en une masse résineuse jaunâtre. Elle est très-soluble dans l'alcool chaud et dans l'éther froid ou chaud. Elle cristallise de sa solution éthérée en belles aiguilles blanches et soyeuses. Elle fond de 92° à 96° en dégageant une odeur aromatique. Elle n'est ni hygroscopique ni altérable, même dans les liquides en putréfaction. Les bases et les acides sont sans action sur elle. L'acide nitrique bouillant l'oxyde aisément.

D'après Hinterberger, l'excrétine pure ne contiendrait pas de soufre. Elle aurait la formule $C^{20}H^{36}O$, qui la rapproche de la cholestérine $C^{26}H^{44}O$. Elle se dissoudrait dans l'acide acétique et donnerait avec le brome le dérivé $C^{20}H^{34}Br^2O$ insoluble dans l'eau[2].

Acide excrétoléique. — Cet acide fond de 25 à 26°. Il a une odeur de fécule. Il est insoluble dans l'eau, soluble dans l'alcool chaud et l'éther. Sa réaction est acide.

Stercorine ou Séroline.

On ne trouve pas de cholestérine dans les excréments d'omnivores, quoi qu'en aient dit les anciens auteurs. Flint, Simon, Mar-

[1] *Ann. Chim. Phys.* [3], t. LIX, p. 91.
[2] *Bull. soc. chim.*, t. XX, p. 35. Il est difficile de croire que l'excrétine de Marcet soit un corps impur si on en juge au moins par le bel échantillon cristallisé que cet auteur a bien voulu donner à la Faculté de médecine de Paris

cet, n'ont pu l'y rencontrer. Celle qui est sans cesse versée dans l'intestin par la bile paraît s'y transformer en une substance identique à la *séroline* que Boudet a découverte dans le sang, que Flint a retirée des excréments, et à laquelle il donne le nom de *stercorine*. Elle existe constamment dans les fèces, sauf dans les cas où la bile ne s'écoule pas dans l'intestin. Un adulte produit en moyenne $0^{gr},67$ de stercorine par jour.

Pour l'extraire, Flint évapore les fèces à siccité, les pulvérise et les fait digérer vingt-quatre heures avec de l'éther chaud. Il filtre alors sur du noir animal. Le liquide ambré qui passe est distillé. Le résidu est traité par de l'alcool bouillant, filtré et évaporé. Le nouveau résidu est mis en digestion à une température de 100° avec une lessive de potasse caustique qui dissout les graisses ; on étend d'eau, on filtre et on lave. La partie insoluble est desséchée au bain-marie et traitée par de l'éther ; cette dernière solution est évaporée ; le résidu est repris par l'alcool qui, évaporé à son tour, laisse la stercorine à l'état de pureté.

C'est une substance qui cristallise en aiguilles fines, quelquefois mêlées d'un peu de corps gras. Suivant Lehmann elle fond à 36°. Elle est neutre, inodore, insoluble dans l'eau, très-soluble dans l'alcool chaud. Les alcalis ne la saponifient pas. L'acide sulfurique concentré la colore en rouge comme il le fait pour la cholestérine.

§ 5. — GAZ DU GROS INTESTIN.

Les gaz du gros intestin varient avec l'espèce animale, herbivore ou carnivore, avec le régime, avec l'état du sujet. Ils augmentent par une alimentation végétale.

On y trouve de l'acide carbonique, de l'hydrogène, de l'azote, du gaz des marais chez les herbivores, parfois un peu d'hydrogène sulfuré chez les carnivores ; on y a signalé quelquefois de l'oxyde de carbone et un peu d'oxygène.

Le tableau suivant donne quelques analyses de ces gaz : celle de E. Ruge et de Marchand se rapportent à l'homme et aux gaz sortis par l'anus ; ce sont des moyennes de nombres assez concordants. Les chiffres de Planer sont relatifs aux gaz trouvés dans le gros intestin d'un chien.

ANALYSE DES GAZ DU GROS INTESTIN

| | RUGE [1] | | | MARCHAND | PLANER | | |
	VIANDE	LÉGUMES FARINEUX	LAIT PUR	ALIMENTA-TION MIXTE	6 JOURS DE RÉGIME ANIMAL [2]	4 JOURS DE RÉGIME ANIMAL [3]	4 JOURS DE RÉGIME AVEC LÉGU-MINEUSES
CO^2. . .	11.50	29.30	12.94	44.5	74.19	98.17	65.13
H. . . .	1.92	1.58	49.05	25.8	1.41	»	2.87
Az. . . :	56.10	20.57	57.55	14 0	23.60	»	5.9
SH^2.. .	»	»	»	1.0	0.77	1.5	»
O.. . .	»	»	»	»	0.63	»	»
CH^4. . .	30.48	48.55	0.46	15.5	»	»	»
	100.00	100.00	100.00	100.8	100.00	100.0	100.0

On voit combien la fermentation, qui se développe sous l'influence du régime lacté ou par une alimentatation riche en légumineuses, augmente la proportion d'hydrogène excrété.

Quant à l'hydrogène carboné, et en partie à l'acide carbonique,
contenus dans les gaz intestinaux, ils paraissent être dus à la décomposition même des matières fécales. Lorsqu'en effet les excréments sont abandonnés à eux-mêmes ils dégagent spontanément
des gaz. Suivant Planer, les matières fécales retirées du gros intestin d'un chien nourri de viande, après avoir été laissées huit jours
à se décomposer, donnèrent des gaz contenant 98,7 pour 100 d'a-
cide carbonique et 1,5 d'hydrogène sulfuré. Après une fermentation de trois mois, les gaz fournis par la matière trouvée dans l'intestin grêle d'un animal nourri seulement de légumes, contenaient
72 p. 100 d'acide carbonique et 27 pour 100 d'hydrogène. Les gaz
provenant du contenu du gros intestin donnèrent de l'acide carbonique seulement.

Nous renvoyons à la IIIe Partie de cet ouvrage pour tout ce qui
est relatif aux phénomènes de la digestion dans les cas pathologiques.

[1] Ces analyses correspondent à celles, dues au même auteur, qui ont été données pour
les gaz de l'intestin grêle, chez les mêmes sujets, dans le tableau de la page 426.
[2] Gaz du gros intestin, 3 heures après le repas.
[3] 5 heures après le repas.

LIVRE III

ASSIMILATION

Après qu'elle a été digérée, la matière nutritive pénètre dans les vaisseaux lymphatiques et sanguins, et par le torrent circulatoire est apportée aux tissus et aux organes qui se l'approprient : alors seulement commence *l'assimilation proprement dite*. Ce IIIe livre destiné à faire connaître les phénomènes chimiques qui se rattachent à l'assimilation, devra donc comprendre non-seulement l'étude du chyle, de la lymphe et du sang, ces liquides essentiellement nourriciers, mais encore celle de la nutrition générale des tissus. Nousy avons ajouté, un peu artificiellement peut-être, l'histoire des glandes vasculaires sanguines, dont les fonctions sont mal définies, mais qui agissent comme modificateurs de l'assimilation.

CHAPITRE PREMIER

LYMPHE ET CHYLE

ARTICLE PREMIER

CANAUX ET GANGLIONS LYMPHATIQUES

La lymphe est le liquide contenu dans les canaux lymphatiques, annexes du système veineux, mais dont les capillaires ne communiquent nulle part directement avec les plus fines ramifications des vaisseaux sanguins. Les lymphatiques paraissent naître dans les interstices des faisceaux du tissu conjonctif de la peau, de l'intestin, du cerveau et de la plupart des organes. Leurs plus fins capillaires ont une paroi formée de cellules épithéliales soudées entre elles et aux fibrilles voisines. Les lymphatiques plus gros présentent de dedans en dehors, un épithélium propre, une membrane élastique longitudinale, enfin diverses couches de tissu conjonctif mêlé de fibres musculaires lisses. Après s'être réunis entre eux par anastomose et avoir traversé de nombreux ganglions, les vaisseaux lymphatiques de la partie sous-diaphragmatique du corps et de la moitié sus-diaphragmatique gauche vont se jeter dans le canal thoracique, où la lymphe se mélange au chyle venant des lymphatiques intestinaux, tandis que les vaisseaux de la partie sus-diaphragmatique droite se réunissent pour former la grande veine lymphatique droite qui s'abouche dans la sous-clavière.

Les ganglions lymphatiques sont situés en très-grand nombre sur le trajet des petits vaisseaux lymphatiques. Ils sont composés d'une coque de tissu connectif contenant des fibres musculaires lisses, et protégeant une substance médullaire. Celle-ci est divisée en alvéoles allongées communiquant entre elles et formées par des prolongements de l'enveloppe extérieure. La substance corticale laisse entre ces fibrilles des vacuoles, elles-mêmes cloisonnées par un réticulum conjonctif, et contenant un grand nombre de globules blancs ou globules de la lymphe. Les cloisons de la substance médullaire sont faites d'un tissu réticulé très-fin, à travers lequel circule un réseau capillaire de canaux lymphatiques. Entre le canal lymphatique et la cloison se trouvent un grand nombre de corpuscules lymphatiques.

Le vaisseau lymphatique afférent pénètre dans le réseau de lacunes placé au-dessous de la capsule du ganglion, et de là autour des follicules ; le vaisseau lymphatique efférent provient des conduits caverneux de la substance médullaire.

Les ganglions lymphatiques reçoivent des vaisseaux sanguins qui ne s'abouchent nulle part avec les conduits lymphatiques.

La structure histologique des vaisseaux et des ganglions lymphatiques nous indique suffisamment la nature chimique des éléments qui les forment : épithéliums, tissus conjonctifs, tissu musculaire lisse. Du reste on n'a pour ainsi dire pas fait d'études spéciales à cet égard. On sait seulement que les ganglions lymphatiques, outre la lymphe dont nous allons parler, contiennent une très-petite quantité de leucine, d'acide urique, peut-être de tyrosine et de xanthine. Ces ganglions s'imprègnent souvent d'une substance pigmentaire brune ou noire, probablement formée de matière mélanique dérivant d'une altération de l'hémoglobine, mais qui, dans les ganglions bronchiques surtout, est le plus souvent formée par des particules très-ténues d'une substance riche en carbone et que l'on croit provenir de l'air extérieur. Enfin, les ganglions lymphatiques peuvent subir la transformation graisseuse ou plutôt dégénérer par l'envahissement du tissu adipeux.

Les *chylifères* sont les conduits lymphatiques des villosités intestinales. Remplis de la lymphe ordinaire chez l'animal à jeun, ils ne contiennent un liquide spécial, le chyle, que pendant la digestion.

ARTICLE II

LA LYMPHE

Caractères microscopiques. — La lymphe remplit les canaux lymphatiques. C'est un liquide tantôt transparent, tantôt d'un blanc ou d'un jaune opaque. On observe au microscope, qu'il est composé d'un plasma au milieu duquel nagent des corpuscules divers. Ses éléments cellulaires principaux portent le nom de *corpuscules lymphatiques* et sont identiques aux globules blancs du sang. Ces globules deviennent plus nombreux quand les lymphatiques ont traversé un certain nombre de ganglions. Dans certains points de son trajet, la lymphe contient en outre de très-fines granulations formées de corps gras neutres enveloppés d'une mince couche de substance protéique. Enfin il existe aussi dans la lymphe des globules sanguins, surtout dans celle de la rate et du canal thoracique, globules un peu plus petits et moins colorés que ceux du sang, et qui résulteraient, suivant quelques auteurs, d'une transformation des globules blancs[1]. Ces divers éléments figurés produisent l'opacité de la lymphe.

Il se passe dans les ganglions lymphatiques un échange actif et continu entre les matériaux du sang et ceux de la lymphe. Les corpuscules lymphatiques paraissent être entraînés par le courant de ce fluide à travers les cavités des ganglions qui en sont comme

---

[1] Voy. Nasse, *Handw. d. Physiol.*, t. II, p. 563 ; Klebs, *Archiv. de Virchow*, t. XXXVIII, p. 190 ; Bœttcher, *ibid.*, t. XXXVI, p. 564.

bourrés. On fera au chapitre suivant l'étude de ces éléments (Voir *Globules blancs*).

Propriétés physiques et chimiques[1]. — La lymphe est un liquide légèrement visqueux, opalescent ou opaque, suivant la quantité de granulations quelle contient et suivant son origine ; quelquefois elle est tout à fait transparente et citrine. Sa saveur est légèrement saline. Sa densité est variable ; elle est de 1,022 d'après Magendie, de 1,037 suivant Marchand et Colberg, de 1,045 d'après Krimer. La quantité d'eau qu'elle contient paraît diminuer quand l'animal souffre de la faim. La lymphe est alcaline, mais moins que le sang.

On n'est pas encore parvenu à séparer le plasma des globules et des granulations lymphatiques.

Extraite des vaisseaux, la lymphe se coagule en général au bout de 5 à 20 minutes et donne, comme le sang, un *caillot* et un *sérum*. Cette coagulation a lieu dans le vide, l'hydrogène, l'acide carbonique. Le poids du caillot représente de 5 à 19 millièmes de celui de la lymphe, et peut s'élever jusqu'à 45 millièmes d'après C. Schmidt.

Il est formé de fibrine humide, très-analogue à celle du sang, englobant entre ses fibrilles les éléments lymphatiques figurés. La fibrine peut cependant manquer quelquefois entièrement dans la lymphe. D'après la théorie de Schmidt, cette coagulation serait, comme pour le sang, due à l'action de la matière fibrinogène sur la matière fibrinoplastique. (Voir le chap. suivant.) La première de ces substances étant en excès, une partie reste dissoute dans le sérum et peut en être séparée par les moyens qu'on indiquera plus loin.

Gubler et Quevenne ont remarqué que le caillot *incolore* de la lymphe peut prendre à l'air une teinte rougeâtre, fait curieux qui pourrait bien être lié à la genèse de l'hémoglobine sous l'influence de l'action de l'oxygène sur l'un des principes protéiques de la lymphe. L'analyse de C. Schmidt rapportée plus bas, fixe à 2 millièmes environ le poids de la fibrine contenue dans cette humeur. Ce poids peut du reste s'abaisser jusqu'à $\frac{1}{2}$ millième et s'élever jusqu'à 5 millièmes.

Le sérum qui se sépare de la lymphe après la formation du caillot, contient en suspension des granulations graisseuses et quel-

---

[1] Outre les auteurs cités dans le courant de l'article, voyez Kühne, *Physiolog. Chemie*, p. 252; et Gorup-Besanez, *ibid.*, p. 357.

ques globules blancs, et en solution de 50 à 55 pour 1000 parties de sérum de matières albuminoïdes coagulables par la chaleur, ainsi que 2 à 3 pour 1000 de substances protéiques que la chaleur ne coagule pas, mais qui se précipitent lorsqu'on ajoute de l'alcool au sérum : ces substances sont analogues aux peptones. Il contient en outre du sucre, de l'urée, des matières extractives parmi lesquelles des lactates, de sels minéraux. Il ne paraît pas exister de caséine dans le sérum de la lymphe, car ce liquide n'est coagulé ni par l'acide acétique ni par la présure.

Les graisses de la lymphe sont en proportion variables. On les a peu étudiées. Une partie est formée de principes gras neutres ; d'autres sont à l'état de savons alcalins ; d'autres ne sont pas de véritables graisses, mais des corps analogues à ceux que fournit le sang et la matière nerveuse quand on traite leur extrait par l'alcool et l'éther (cérébrine, lécithine, protagon, cholestérine peut-être). Comme l'on sait que ces graisses proviennent du chyle, il est permis de penser qu'il existe aussi parmi elles, ainsi qu'on l'a démontré pour ce dernier liquide, des matières grasses toutes particulières découvertes par M. Dobroslavine[1], et qui appartiennent à la classe des amides. L'une d'entre elles, bien cristallisée a la constitution exprimée par la formule :

$$(C^3H^5)''' \left\{ \begin{array}{l} 2\ C^{18}H^{35}O \\ AzH^2 \end{array} \right.$$

L'urée a été découverte par Wurtz dans la lymphe. Voici d'après ce savant, les proportions relatives d'urée dans 100 parties de sang, de lymphe et de chyle de divers animaux.

	Sang.	Lymphe.	Chyle.
Chien.. .	0.009	0.016	»
Vache.. .	0.019	0.019	0.019
Cheval. .	»	0.012	»
Taureau. .	»	0.021	0.019

Le glucose a été signalé dans la lymphe normale par Gubler et Quevenne, et ce fait a été confirmé par Poiseuille et Lefort[2]. Ces derniers ont trouvé dans 100 parties : lymphe de chien 0,166 de glucose, le sang du même animal en contenait des traces;

[1] *Bull. Soc. chim.*, t. XIV, p. 180.
[2] *Compt. rend. Acad. sc.*, t. XLVI, p, 677

lymphe de vache 0,098 de glucose, sang 0,055. Le sucre n'augmente pas dans la lymphe quand on en ajoute aux aliments. (*Cl. Bernard*).

Les matières extractives de la lymphe sont mal connues. Staedeler et Frerichs y ont signalé de la leucine, et pas de tyrosine.

Les substances minérales de la lymphe sont : l'eau, en quantité variable, mais plus grande que dans le sang ; le chlorure de sodium qui y est abondant ; des phosphates et carbonates alcalins et terreux ; des sulfates, des lactates, un peu de fer ; des gaz qui n'ont pas été examinés.

, Nous donnons ici un tableau de quelques analyses de la lymphe. On fera observer, du reste, que ce liquide subit à travers les ganglions une élaboration successive qui, sans cesse, change sa constitution et l'enrichit de matériaux fixes au fur et à mesure de son trajet. Comme le sang veineux lui-même, la lymphe des diverses parties du corps possède donc une composition variable.

1000 parties de la lymphe du cou d'un poulain nourri de foin, ont donné à C. Schmidt les nombres suivants :

Sérum. 955.2
Caillot. 44.4
―――――
1000.0

Le sérum et le caillot étaient ainsi composés :

	1000 parties de sérum.	1000 parties de caillot.
Eau.	957.61	907.32
Fibrine.	»	48.66
Albumine.	32.02	
Graisses.	1.23	34.36
Matières organiques diverses..	1.78	
Sels.	7.36 [1]	9.66 [2]

Les sels minéraux de la lymphe totale se décomposaient ainsi : chlorure de sodium 5,65 ; soude 1,27 ; potasse 0,16 ; acide sulfurique 0,09 ; acide phosphorique 0,02 ; phosphates terreux 0,26. En tout 7,47 de sels pour 1000.

―――――

[1] Contenant : 5,65 de chlorure de sodium ; 1,30 de soude ; 0,11 de potasse ; 0,08 d'acide sulfurique ; 0,02 d'acide phosphorique ; 0,20 de phosphates terreux.

[2] Contenant : 6,07 de chlorure de sodium ; 0,60 de soude ; 1,07 de potasse ; 0,18 d'acide sulfurique ; 0,15 d'acide phosphorique ; 1,59 de phosphates terreux.

Voici quelques analyses de la lymphe totale :

	I	II	III	IV
Eau.	93.477	96.536	96.10	95.76
Fibrine et corpuscules.	0.065	0.120	0.25	0.037
Albumine, albuminates et peptones.	4.280	1.200	2.75	} 3.472
Corps gras.	0.920	traces	traces	
Matières extractives. .	0.440	1.569	0.69	
Sucre de raisin. . . .	0.050	»	»	
Chlorure sodique. . .	0.640	} 0.585	} 0.21	} 0.73
Lactate sodique. . . .	»			
Phosphates alcalins. .	0.180			
Carbonates alcalins et sels divers.	»			
	100.0	100.0	100.0	100.0

I. QUEVENNE ET GUBLER. Vaisseaux variqueux lymphatiques d'une femme. — II. REES. Lymphe des membres postérieurs d'un âne nourri de fèves et d'avoine. — III. GMELIN. Lymphe de cheval, plexus lombaire. — IV. SCHERER. Lymphe humaine.

ARTICLE III

LE CHYLE

Les lymphatiques de la muqueuse intestinale contiennent, quand l'animal est à jeun, une lymphe claire semblable à celle des autres parties de l'économie et ayant surtout le sang pour origine. Mais au moment de la digestion, ces vaisseaux se remplissent d'un liquide rendu laiteux par de nombreuses granulations formées de graisses et de matières albuminoïdes. C'est à ce liquide, qui résulte de l'absorption par les villosités du produit de la digestion intestinale, qu'on a donné le nom de *chyle*.

Avant de traverser les ganglions lymphatiques du mésentère, le chyle ne contient que peu ou pas de globules blancs : on y rencontre surtout un grand nombre de très-fines granulations, principalement formées de corps gras neutres enveloppés d'une mince couche de matière protéique : après avoir subi l'action de l'acide acétique elles se dissolvent partiellement dans l'éther. A mesure que le chyle passe dans de plus gros vaisseaux, ses globules blancs augmentent, tandis que ses granulations graisseuses diminuent, mais une certaine quantité en est versée dans le sang dont elles contribuent à rendre le plasma opalin. Peu à peu ces graisses se saponifient partiellement, disparaissent, ou passent à l'état de combinaisons complexes.

Le chyle renferme en outre d'autres granulations plus volumineuses qui semblent être des débris de corpuscules lymphatiques[1], et quelques globules sanguins en état.de formation.

Le chyle est un liquide laiteux, jaunâtre ou quelquefois rosé, d'une odeur et d'un goût fades ; son poids spécifique varie de 1,012 à 1,022 ; il est toujours alcalin[2]. Hors des vaisseaux, il se coagule en quelques minutes. Son caillot incolore et mou, est formé par une fibrine gélatineuse peu contractile, se dissolvant très-aisément dans les solutions diluées de sel marin, et englobant des corpuscules figurés. Le caillot se colore en rose au contact de l'air.

Le sérum du chyle est trouble ; l'agitation avec l'éther l'éclaircit. Il contient de l'albumine analogue à celle du sérum sanguin ; des substances protéiques en partie précipitables par l'acide acétique étendu, en partie précipitables par l'alcool. Ce sont des peptones dont le poids peut, dans le chyle, s'élever pendant la digestion jusqu'à 6 à 7 p. 1000. Ce sérum contient en outre quelques graisses et une petite quantité de savons à acides gras, des lactates, de l'urée (*Wurtz*), du sucre de raisin, et surtout une proportion notable (4 à 5 millièmes), de matières extractives mal connues sans doute variables avec le genre d'alimentation. Le chyle laisse de 50 à 100 millièmes de son poids de résidu sec. 7 à 14 p. 100 de ce résidu sont formés de matières minérales, riches en sels alcalins, surtout en chlorure de sodium, et contenant aussi quelques sels terreux et un peu de fer.

Nous inscrivons ici, d'après C. Schmidt, la composition du chyle du canal thoracique d'un poulain nourri de foin, d'eau et de farine. Il donnait après coagulation :

Sérum. 967.44
Caillot. 32.56

voici quelle était la composition de chacune de ces parties : ₃

---

[1] Hensen, *Zeitschr. f. Wissench. Zoolog.*, t. II, 259.

[2] Quelle que soit la réaction du liquide intestinal. Il doit cette propriété à un peu de bicarbonate et de phosphate de soude.

Composition du sérum et du caillot du chyle de poulain.

	1000 parties de caillot.	1000 parties de sérum.
Eau.	887.59	958.50
Fibrine.	58.95	0
Graisses neutres.	1.54	0.50
Savons à acides gras.	0.27	0.28
Albumine.		
Sucre.	65.96	50.85
Autres substances organiques.		
Hématine [1].	2.05	0
Substances minérales (sauf le fer)	5 46 [2]	7.55 [3]

Voici quelques nombres relatifs au chyle total [4].

	VACHE (*Lassaigne*)	CHAT (*Nasse*)	CHIEN (*C. Schmidt*)	HOMME [5] (*O. Recs*)
Eau.	964.40	905.70	916.65	.905.0
Matières du caillot.	0.95	1.50	2.12	traces
Albumine.	28.00	48.90	35.79	70.80
Graisses.	0.40	52.70	33.02	9.2
Matières extractives.	0.55	»	4.03	?
Sel marin.	5.00	7.10		
Autres sels alcalins.	0.20	2.50	8.59	?
Sels terreux.	0.50	2.00		
Oxyde de fer.	»	traces		

On voit que le chyle peut avoir une composition très-variable. Celle-ci peut en effet être influencée par trois causes principales : l'état de jeûne ou de digestion, le mode d'alimentation, le point de l'organisme où le chyle est recueilli.

Le chyle est, chez l'animal à jeun, un peu plus pauvre en eau, plus riche en matières fixes et spécialement en fibrine, corpuscules, et matières albuminoïdes qu'il ne l'est pendant la digestion. On a cependant dans certains cas observé le contraire.

[1] Ou plutôt *substance albuminoïde ferrugineuse.* Ces 2^{gr},05 contenaient 0,14 de fer.

[2] Contenant : chlorure de sodium, 2,30 ; soudes. 1,52 ; potasse, 0,70 ; acide phosphorique des phosphates alcalins, 0.85 ; phosphate de chaux, 0,25 ; phosphate de magnésie, 0,03 ; acide sulfurique, 0,01 ; acide carbonique (*des cendres*), 0,60.

[3] Contenant : chlorure de sodium, 5,95 ; soude, 1,17 ; potasse, 0,11 ; acide phosphorique combiné aux alcalis, 0,02 ; phosphate de chaux, 0,20 ; phosphate de magnésie, 0,05 ; acide sulfurique, 0,05 ; acide carbonique (*dans les cendres*), 0,85.

[4] Ces analyses sont extraites du *Lehrb. der physiol. Chem.,* de Gorup-Besanez.

[5] Homme soumis à l'abstinence.

Les graisses et les viandes font augmenter notablement la quantité de corps gras contenus dans le chyle ; il n'en est pas de même des aliments qui contiennent un excès d'hydrates de carbone.

A mesure que le chyle, parti des villosités intestinales, traverse les ganglions mésentériques et arrive au canal thoracique, il s'appauvrit en matériaux solides et spécialement en albumine. Exempt de fibrine avant son passage à travers ces ganglions, il en contient, chez le cheval, 3 millièmes après qu'il les a traversés, et 2 millièmes seulement lorsqu'il est arrivé dans le canal thoracique (*Tiedmann et Gmélin*). Les corps gras diminuent aussi au fur et à mesure de la progression du chyle dans les lymphatiques.

CHAPITRE II

LE SANG

ARTICLE PREMIER

ÉTUDE PRÉLIMINAIRE ET CARACTÈRES GÉNÉRAUX DU SANG

Le sang est une chair coulante, disait Bordeu. Ces mots expriment par une frappante image que le contenu de nos veines et de nos artères n'est pas un vrai liquide, mais qu'il doit bien plutôt être considéré comme un tissu formé d'éléments anatomiques propres, les globules sanguins, nageant dans un plasma diffluent.

De même que chaque muscle a une composition et des propriétés un peu variables, que modifie sans cesse son état de repos ou d'activité, de même le sang de chaque organe et de chaque tissu jouit d'une constitution spéciale, et le sang veineux qui a servi à entretenir l'activité vitale n'est point identique au sang artériel révivifié dans les poumons. L'étude du sang est donc complexe ; elle doit comprendre celle des divers sangs artériels et veineux, leurs variations pour chaque organe, pour chaque état de l'économie, pour chaque espèce animale, et presque pour chaque âge. Mais avant de dire ce que nous savons des divers sangs, il est nécessaire de connaître le *sang tout entier*, tel qu'il sort des vaisseaux de l'animal que l'on immole ou tel qu'il existe dans le ventricule droit du cœur.

Le sang est un liquide légèrement visqueux, opaque, de couleur rouge ou rouge brun, d'odeur fade, de saveur saline, d'une densité moyenne de 1,055. Sa réaction est un peu alcaline. Sorti des vaisseaux il ne tarde pas à se coaguler, c'est-à-dire à se prendre en une masse peu résistante qui porte le nom de *caillot*. Revenons sur ces divers points pour les expliquer.

Viscosité, opacité, couleur. — Transparent en couche très-mince, le sang sous une épaisseur un peu grande ne peut être traversé par le rayon lumineux direct. L'opacité du sang lui est communiquée par une multitude de petits globules que nous décrirons bientôt, et par un très-grand nombre de granulations plus petites encore, qu'il tient en suspension. Les globules rouges ou hématies, quoique assez transparents, ont un indice de réfraction plus grand que celui du liquide au milieu duquel ils nagent ; ils doivent surtout ce pouvoir réfringent élevé à la matière colorante qu'ils renferment. Le rayon lumineux qui les traverse est dévié de sa direction dans chacun de ces globules et finit, après une faible épaisseur de sang, par se transformer en lumière diffuse. C'est le même phénomène qui se passe dans une émulsion de graisse ou d'huile essentielle, qui reste opaque quoique formée par une multitude de gouttelettes transparentes en suspension.

Nous verrons plus loin, lorsque nous aurons fait l'étude de la matière colorante du sang, à quoi tiennent les variations qu'on observe dans sa couleur, suivant qu'on l'additionne d'eau ou de sels, et pourquoi le sang artériel est clair et rutilant et le sang veineux plus foncé et dichroïque. Mais nous pouvons déjà dire que d'après les expériences les plus concluantes de Hoppe-Seyler et de Stockes, cette couleur est, entièrement due à une matière albuminoïde, l'*hémoglobine* ou *hémato-cristalline*, contenue dans le globule rouge, matière qui forme, chez les mammifères, la majeure partie du poids du globule sec.

La constitution de la liqueur du sang, solution de matières albuminoïdes ayant comme le blanc d'œuf la propriété de *filer*, et dans laquelle nagent ses globules rouges et blancs, expliquent suffisamment la viscosité de cette humeur.

Odeur, saveur. — L'odeur du sang variable avec chaque espèce, avec le sexe, avec l'état de santé et de maladie, tient à des substances diverses encore mal connues mais parmi lesquelles on trouve des acides gras volatils. L'odeur du sang frais rappelle quelque peu celle de l'acide butyrique ; elle est rendue plus forte par l'addition d'acide sulfurique (*Barruel*). D'un autre côté, Denis a montré que les corps odorants du sang sont des acides volatils qui s'en séparent quand on le distille avec de l'eau. Mais on ne saurait signaler encore aujourd'hui tous les corps d'où dérive cette odeur analogue, pour chaque animal, à celle de sa sueur.

La saveur du sang est à la fois fade et saline, elle tient aux substances dissoutes dans le plasma.

Densité. — Le poids spécifique du sang humain normal peut varier dans des limites assez étendues de 1,030 à 1,075 et plus. Elle oscille, d'après Prout, entre 1,030 et 1,075 ; d'après Henry, entre 1,053 à 1,126. Denis donne le chiffre moyen de 1,059 ; Ure, celui de 1,053. Sa densité moyenne est chez l'homme de 1,055. Elle est un peu plus faible chez la femme, plus faible encore chez l'enfant. Le sang veineux est plus dense que l'artériel.

Alcalinité du sang. — La réaction alcaline constante du sang provient du bicarbonate de soude et du phosphate tribasique de soude dissous dans son plasma [1]. Cette alcalinité augmente dans le sérum après la formation du caillot.

Coagulation du sang. — Tout le monde sait que le sang se coagule quelques minutes après qu'il est sorti des vaisseaux, et se transforme en un caillot peu résistant comparable à une gelée. Le temps nécessaire à cette coagulation spontanée varie avec chaque espèce et avec chaque individu. Chez l'homme, d'après Nasse, elle commence entre 1 minute 46 secondes et 6 minutes après la saignée. Elle est complète entre 7 et 16 minutes. Après la coagulation, le *caillot* d'abord mou, se contracte lentement, devient plus résistant et expulse de ses pores un liquide jaunâtre, le *sérum*. Ce phénomène de rétraction dure de 24 à 48 heures. Nous en ferons plus loin l'histoire complète,

---

[1] Quand le sang normal n'est pas tout à fait récent, il peut contenir une trace de carbonate d'ammoniaque et peut-être de triméthylamine.

§ 2. — COMPOSITION SOMMAIRE DU SANG NORMAL.

Si l'on observe au microscope une goutte de sang frais avant sa coagulation, ou si on l'examine circulant dans les capillaires qui parcourent de minces membranes, chez divers animaux, on voit qu'il est formé d'éléments cellulaires nageant dans un liquide ou *plasma* transparent et à peu près incolore. Ce plasma ou *liqueur du sang* contient un très-grand nombre de substances dont les principales sont : une matière capable de se transformer en *fibrine* insoluble, et qui est la cause de la coagulation spontanée du plasma et du sang lui-même; de la *sérine*, substance très-analogue à l'albumine de l'œuf, qui reste dissoute dans le sérum après la formation du caillot ; des matières dites *extractives* (urée, sucre, acide urique...); des sels et des gaz. Dans ce plasma vivent des cellules que nous décrirons plus loin et qui sont : 1° les *globules rouges* ou *hématies*, corpuscules discoïdes, transparents qui donnent au sang sa couleur : un millimètre cube en contient près de cinq millions ; 2° les *globules blancs* cu *leucocytes*, éléments arrondis d'aspect granuleux, muriformes, beaucoup moins nombreux que les précédents; 3° enfin de petites granulations pâles.

L'étude d'un liquide, ou plutôt d'un tissu aussi complexe devrait donc être précédée de la séparation de ses divers éléments anatomiques. Malheureusement, on ne sait encore aujourd'hui que très-imparfaitement priver les globules sanguins du plasma au milieu duquel ils nagent, et ce n'est que par un calcul d'approximation qu'on en connaît le poids et la composition. On ne sait même pas séparer les globules rouges des globules blancs et des granulations. Ces causes d'erreur, que nous discuterons en leur lieu, affectent donc les diverses déterminations analytiques faites sur le sang. Toutefois, avant d'aller plus loin, il nous paraît nécessaire de faire connaître, au moins d'une façon approchée, la composition chimique moyenne de cet important liquide.

1000 grammes de sang contiennent :

	SANG HUMAIN (*C. Schmidt*) calculé d'après une méthode imparfaite	SANG HUMAIN (*Becquerel et Rodier*) calculé d'après leurs expériences	SANG DE CHEVAL (*Hoppe-Seyler*) Méthode optique	SANG DE CHEVAL (*Sacharjin*) 6 analyses.
Globules humides.	396.2	369.8	326.2	354
Plasma	603.8	630.2	673.8	646

Les globules humides contiennent de 57 à 67 p. 100 d'eau, et de 45 à 33 p. 100 de matières solides ; le plasma de 90,4 à 91,2 d'eau et de 8,8 à 9,6 p. 100 de substances sèches dissoutes. Voici du reste la composition moyenne des globules et du plasma de sang humain suivant Strecker et suivant Denis :

1000ᵉʳ de globules contiennent :			1000ᵉʳ de plasma contiennent :		
	Strecker[1]	*Denis*[2]		*Strecker*	*Denis*
Eau.	688.0	642.8	Eau.	905 0	905.0
Hémoglobine et stroma. . . .	299.0	341.1	Fibrine concrète.	4.0	3.9
Graisses	2.3		Matières albumi- noïdes. . . .	78.8	77.0
Matières extrac- tives.. . . .	2.6	16.1	Graisses.. . . .	1.7	
Matières miné- rales.. . . .	8.1		Matières extrac- tives.. . . .	5.9	13.4
			Sels.	8.6	
	1000.0	1000.0		1000.0	1000.0

Voici maintenant, d'après Bécquerel et Rodier, une analyse moyenne du sang humain total, et l'indication de ses variations maximum et minimum observées dans l'état de santé chez l'homme et chez la femme :

		Homme		Femme	
	Composition moyenne[3]	maximum des variations	minimum des variations	maximum des variations	minimum des variations
Eau.	781.6	800.0	760.0	813.0	773.0
Globules secs.	135.0	152.0	131.0	137.5	113.0
Matières albuminoïdes..	70.0	73.0	62.0	75.5	65.0
Fibrine..	2.5	3.5	1.5	2.5	1.8
Graisses.	1.7	3.3	1.0	2.8	1.0
Matières extractives et sels solubles.	8.4	9.0	5.0	8.5	6.2
Phosphates terreux . .	0.35	»	»	»	»
Fer.	0.55	»	»	»	»
	1000.00	»	»	»	»

Les tableaux précédents ne mentionnent que les substances principales du sang. Mais ce liquide à la fois nourricier et collecteur des produits qui dérivent de la désassimilation des diverses parties de l'économie est d'une complexité extrême. Nous y trou-

---

[1] *Handw. d. Chem.*, t. II, [2] p. 115.
[2] Denis, *Mémoire sur le sang*. Paris, 1859 ; tableaux, p. 89 et suiv.
[3] Moyenne de l'analyse du sang de 22 individus sains. *Traité de chim. pathol.*, p. 86.

verons : 1° *dans les globules*, deux substances albuminoïdes principales : la *globuline* matière solide, insoluble dans l'eau, qui donne au globule sa forme et son élasticité, et l'*hémoglobine* matière colorante albuminoïde des plus remarquables, qui forme chez les mammifères la majeure partie du poids des globules secs, et leur communique la propriété d'absorber l'oxygène. A côté d'elles la *lécithine* qui se retrouve abondamment dans le cerveau, sorte de corps gras phosphoré résultant de l'union d'acides gras à l'acide glycéro-phosphorique et à la névrine avec élimination d'eau. En même temps quelques autres matières grasses, un peu de cholestérine, peut-être un peu de fibrine, et des gaz. 2° *Dans le plasma* : deux substances albuminoïdes principales, la matière soluble qui donne naissance à la fibrine insoluble, ou ses deux générateurs d'après Schmidt (voir plus loin), et la sérine, substance analogue mais non identique à l'albumine de l'œuf de poule. On ne trouve pas dans le plasma de matières protéiques capables de donner de la gélatine. A côté de ces substances principales on y rencontre en petite quantité des corps gras, et le plus souvent des savons alcalins formés par les acides stéarique, margarique, oléique, butyrique ; des acides lactique, hippurique, urique ; pas d'acides oxalique, benzoïque ou gallique ; on y trouve aussi de la cholestérine et un peu de lécithine, du glucose, mais pas d'inosite ni de sucre de lait ; de l'urée, de la créatinine, de la sarcine, de la xanthine, mais pas de leucine, de tyrosine ou de taurine, sauf dans quelques cas pathologiques ; peut être des traces très-petites de sels ammoniacaux ; des nitrates, des substances colorantes, odorantes, extractives, à peu près inconnues ; des pigments biliaires ; des substances minérales : eau, sel marin, phosphatés alcalins et alcalino-terreux, carbonates et sulfates alcalins, de l'acide silicique, un peu de fluor, de fer et peut être de cuivre ; enfin des gaz en partie libres, en partie combinés : acide carbonique, oxygène, azote. Nous reviendrons sur chacune de ces substances lorsque nous étudierons successivement les globules et le plasma sanguin.

§ 5. — QUANTITÉ TOTALE DE SANG.

Il peut être nécessaire au médecin, au physiologiste et au chimiste de savoir quelle est la quantité de sang qui circule dans les vaisseaux d'un homme adulte moyen. Harvey l'estimait à dix livres environ. C'est en effet, après bien des expériences et des calculs fondés sur des principes erronés, le chiffre auquel on est arrivé par les méthodes les plus sûres et les plus récentes. Le procédé d'évaluation de Welcker[1] perfectionné par Heidenhain consiste à ouvrir l'artère à un animal, à recueillir une certaine quantité de sang, à le battre, à le saturer d'oxygène ; le sujet est ensuite immolé, ses vaisseaux sont injectés d'eau, ses chairs sont macérées. Le liquide sanguinolent qui en résulte, est défibriné, filtré, saturé d'oxygène. Si l'on ajoute alors à la quantité de sang artériel mise à part une masse d'eau suffisante pour avoir la même intensité de coloration que dans le liquide précédent, on pourra déterminer par un simple calcul de proportion, la quantité de sang qui se trouve dans la masse du liquide de lavage également dilué.

Cette méthode qui ne laisse pas que d'être sujette à quelques causes d'erreur, a donné toutefois à Heidenhain, Welcker, Bischoff, des nombres assez concordants. Ces auteurs ont trouvé que, chez l'homme adulte, la quantité totale de sang représente 7,7 à 8,5 p. 100 du poids de son corps, soit pour une moyenne de 65 kilogrammes et demi, environ $5^k,080$. Chez le nouveau-né la proportion serait de 5,2 seulement pour un poids du corps égal à 100. Ces chiffres varient avec les espèces animales : le chien contient 7,4 de sang, et le lapin 5,5 p. 100 du poids du corps[2].

§ 4. — SÉPARATION DES PARTIES CONSTITUTIVES DU SANG.

Nous avons vu que lorsque on regarde le sang au microscope avant sa coagulation, on reconnait qu'il est constitué par une multitude de globules organisés nageant dans une liqueur à laquelle on a donné le nom de *plasma sanguin*. Mais comme, dès sa sortie des vaisseaux, le sang se coagule très-vite, il est difficile de démontrer expérimentalement cette constitution. Il faut pour séparer nettement le sang en globules et plasma se mettre dans des conditions toutes spéciales dont nous allons parler.

Séparation des globules sanguins et du plasma. — On reçoit

---

[1] Voy. *Prager Vierteljahrschrift*, t. XLIV, p. 11.

[2] Voyez Bischoff *Zeitschrift f. Wissen. Zoolog.*, t. VII, p. 331 et t. IX, p. 65, et Vierordt, *die Erschein. und Gesetze der Stromgeschwindigkeiten des Blutes.* Francfort, 1858.

au sortir de la veine du sang *de cheval* dans une éprouvette de verre mince placée dans un mélange de glace et de sel. Le sang ainsi refroidi ne subit pas de coagulation. Au bout de 60 à 80 minutes il s'est séparé en trois couches. L'inférieure rouge opaque, formant plus du quart de la hauteur totale, contient les globules rouges. La moyenne est grise ; elle comprend la majorité des globules blancs et des granulations, et n'occupe qu'une hauteur en général vingt fois plus petite que la précédente ; la couche supérieure transparente, et de couleur ambrée, est le plasma ou *liqueur du sang*. On peut séparer cette dernière par le siphon. Lorsque l'ayant mise à part on la laisse se réchauffer, elle ne tarde pas à se coaguler en un caillot à peu près incolore qui, se contractant peu à peu, expulse un liquide jaunâtre *le sérum*.

Une autre méthode, fort différente, permet d'isoler les globules du plasma où ils nagent. Elle consiste à recevoir le sang au sortir de la veine dans une solution concentrée de sulfate de soude. Celle-ci, comme plusieurs autres sels neutres, a la propriété d'empêcher la coagulation spontanée du liquide sanguin, et de mettre les globules dans un état tel qu'ils ne peuvent plus traverser les pores du papier. On peut alors les séparer du plasma par filtration et les laver avec la solution saline.

Mais on ne saurait se flatter dans ce cas d'obtenir les globules tels qu'ils existent dans les vaisseaux, et sans que par exosmose, ils n'aient été privés d'une partie de leur substance. D'un autre côté, la première méthode ne donne pas les globules entièrement exempts de plasma, et ne s'applique d'ailleurs qu'au sang de cheval qui ne se coagule que très-lentement.

Étudions maintenant avec détail les parties constituantes du sang

1° *La partie organisée.* — Les globules rouges ; — les globules blancs ; — les granulations ;

2° *Le plasma sanguin;*

3° *Les gaz* dissous ou combinés.

ARTICLE II

ÉTUDE DES PRINCIPES CONSTITITUTIFS DES GLOBULES ROUGES.

§ 1. — CONSTITUTION DES GLOBULES ROUGES.

Caractères histologiques du globule rouge. — Les corpuscules rouges du sang découverts en 1658, par Swammerdam, dans le sang de grenouille, et quelques années après, par Leeuwenhoek, dans le sang humain, sont chez l'homme des éléments cellulaires pleins, à contour net, ayant la forme d'un disque circulaire portant au centre de ses deux faces une légère concavité. Le diamètre de ce disque varie, chez l'homme, de $0^{mm},0079$ à $0^{mm},0046$; son diamètre moyen est de $0^{mm},007$; son épaisseur est de $0^{mm},0018$ environ[1]. Le volume d'un globule rouge ordinaire est, chez l'homme, de $0^{mm.\ cub.},000000072$.

On a cru longtemps que le globule sanguin possédait une membrane propre. Il est certain aujourd'hui que le globule est massif et à demi solide, et que cette constitution rend superflue la nécessité d'une membrane enveloppante[2]; mais il vaut mieux dire simplement qu'on n'a pu jusqu'ici prouver son existence. Sous l'in-

---

[1] Chez la plupart des autres mammifères (à l'exception du chameau, du lama, de l'alpaga, où il est ovale), le globule de sang est circulaire ; son diamètre varie chez les carnivores de $0^{mm},008$ à $0^{mm},004$. Chez l'éléphant, où ces globules sont le plus gros, leur diamètre est de $0^{mm},0097$; chez les oiseaux et les poissons les globules sanguins sont en général de forme ovale.

[2] Cependant, lorsqu'on traite les globules sanguins par les acides très-étendus, ils se dissolvent peu à peu, mais avant que la dissolution ne soit complète, on voit que la partie interne de l'hématie s'est liquéfiée, et si ce globule contient un noyau, celui-ci restant inaltéré, arrive, à cause de sa plus grande densité, à la partie la plus déclive de la cellule où il vient s'appliquer contre la paroi. Je sais bien qu'on a dit que celle-ci était, dans ce cas, un produit artificiel de coagulation dû à l'acide : mais il est difficile de penser que le même liquide qui dissout le contenu puisse coaguler la surface d'un globule massif. D'un autre côté Hoppe-Seyler a démontré (*Jahresb.*, 1867, p. 798) que, chez l'homme et beaucoup de mammifères, la presque totalité du globule rouge est formée d'hémoglobine. et l'on sait, par la célèbre expérience de Rollett, qu'on peut à peu près entièrement priver de cette matière colorante le globule rouge sans lui enlever sa forme ni son élasticité. Il semble donc que le globule sanguin soit formé d'une charpente légère et élastique de globuline (voy. plus loin), se terminant extérieurement par une surface continue ou discontinue; dans les travées de cette charpente vient se loger l'hémoglobine, à peu près comme se trouve conservée l'albumine de l'œuf dans les loges de l'albumen. On a trouvé quelquefois, dans le sang de grenouille, des globules rouges pourvus d'une véritable membrane.

fluence des réactifs ou des diverses matières colorantes le globule rouge s'est toujours conduit comme une masse de substance gélatineuse imbibée de sucs colorés.

Il n'existe pas de noyaux dans les globules du sang de l'homme et des mammifères adultes, toutefois on a prétendu en avoir observé quelquefois, quoique très-rarement. Les globules elliptiques ont en général un noyau, ainsi que les globules du sang de fœtus chez les mammifères supérieurs.

Il existe surtout dans le sang de la rate et de la veine-porte des globules rouges plus petits, gonflés, presque sphériques, que l'on a considérés comme des globules rouges de nouvelle formation.

Nombre et superficie. — D'après Vierordt, un millimètre cube de sang normal contient 5 millions environ de globules rouges, ayant chacun une superficie de 128 millionièmes de millimètre carré. Si l'on admet, d'après les nombres donnés plus haut qu'un homme adulte a dans ses vaisseaux 4400 centimètres cubes de sang environ, on voit que la superficie totale de ses globules rouges arrive au chiffre de 2816 mètres carrés environ ; considération importante au point de vue de la rapidité de l'hématose.

Densité et poids des globules rouges, humides et secs. — Le poids spécifique du globule hématique serait d'après C. Schmidt de 1,089 ; il serait de 1,105 d'après Welcker. Adoptant ce dernier nombre, nous voyons d'après les chiffres ci-dessus qu'un millimètre cube de sang contient $0^{mgr},397$ de globules rouges humides, et qu'un adulte en possède un poids de $1^{kgr},746$. Un litre (ou en moyenne 1055 grammes de sang) en contient 397 grammes ; soit 376 grammes pour 1000 de sang.

Nous avons vu plus haut que Hoppe-Seyler, Sacharjin, C. Schmidt étaient arrivés à des nombres très-rapprochés de celui que nous donnons ici. La méthode de Hoppe pour déterminer le poids des globules humides, est encore la meilleure, mais elle ne s'applique qu'aux sangs pour lesquels on peut séparer le plasma des globules, et spécialement au sang de cheval. Elle consiste à prendre deux portions d'un même sang, à extraire de l'une le plasma pur et à doser la fibrine dans ce plasma ; à doser ensuite cette même fibrine dans le sang total ; ce nouveau nombre donne, par une simple proportion, la quantité de plasma du sang total, puisqu'on connaît par la première expérience le plasma correspondant à une quantité donnée de fibrine, substance qui n'existe,

comme nous le verrons, que dans le plasma. Ayant le poids du
plasma sanguin dans le sang total, on en conclut par différence le
poids des globules humides. Quant à celui des globules secs, il est
égal au poids du résidu sec laissé par le sang total, diminué du
poids de la fibrine et du sérum correspondant desséchés.

D'après les chiffres moyens des anciens auteurs qui le plus souvent
ont dosé les globules à l'état sec, on peut dire aujourd'hui que si
l'on multiplie le poids des globules secs par le nombre 2,7 on arrivera au poids des globules humides, c'est-à-dire tels qu'ils existent
dans le sang[1] : Toutefois, même à l'état normal, le rapport de l'eau
à la partie sèche du globule varie assez notablement et constitue
une des caractéristiques les plus délicates et les plus importantes
de l'état du globule sanguin.

La quantité centésimale de globules dosés à l'état sec, dans le
sang normal, varie un peu suivant les divers auteurs.

Elle est de 12,9 p. 100 d'après Prevost et Dumas, de 13,7
p. 100 suivant Becquerel et Rodier, de 15,7 p. 100 d'après Denis[2].
Elle est plus grande chez l'adulte que chez l'enfant et chez le
vieillard ; plus grande chez l'homme que chez la femme dans
le rapport 14,1 à 12,7 (*Becquerel* et *Rodier*). Nous verrons aussi
que cette proportion varie avec le sang des divers organes. Le
sang d'oiseau est plus riche en globules que celui de mammifère.
Les animaux à sang froid donnent les nombres les plus petits.
(Voir dans ce chapitre l'Article VIIe.)

Constitution du globule rouge. — De même que les autres
jeunes cellules, dans l'état fœtal, le globule sanguin est formé d'un
noyau entouré d'un protoplasma granuleux. Ce protoplasma de
nature albuminoïde, mais insoluble dans l'eau, est mélangé seulement de quelques granulations graisseuses et protéiques. Dans
l'état adulte le noyau disparaît et la cellule hématique forme une
masse presque homogène de consistance gélatineuse, composée
en grande partie, chez l'homme et la plupart des mammifères,

---

[1] Ex : Chiffre moyen donné par Becquerel et Rodier, pour le poids des *globules
secs* 135 grammes dans 1000 grammes de sang. On a donc : *globules humides*
= 135^{gr} × 2,7 = 364^{gr}5. D'après Lehmann, il faudrait multiplier le chiffre des globules secs par 3 pour avoir le poids des globules humides ; d'après Denis, par 2,8.
(Denis, *Mémoire sur le sang.* Paris, 1859, p. 52 et suiv.), Lorsque les anciens auteurs indiquent séparément dans l'analyse *la globuline* et l'*hématosine*, il faut multiplier par 2,7 la somme de ces poids.

[2] Les deux chiffres 12,9 p. 100 et 13,7 p. 100 sont trop-faibles, à cause des méthodes analytiques employées par ces auteurs.

d'une substance albuminoïde, *l'hémoglobine*[1], matière ferrugineuse, soluble, de couleur orangée, et d'une petite proportion d'un substratum protéique insoluble qui englobe cette substance colorée. Chez d'autres vertébrés mammifères, mais surtout chez les oiseaux, l'hémoglobine est mêlée d'une proportion plus notable de matière insoluble qui forme comme le squelette du globule, auquel Rollett a donné le nom de *stroma*.

A ces corps constitutifs principaux du globule sont associés de l'eau dissolvant quelques sels spécialement riches en chlorure de potassium, un peu de matières grasses, de la lécithine, des corps peu connus, et des gaz.

Il est assez difficile de séparer ces diverses substances sans les altérer. En effet quand on soumet le globule sanguin à l'action de l'eau froide, il se gonfle d'abord par endosmose, perd par extravasation sa matière colorante et une partie de ses sucs, puis se désagrége lentement. En général les solutions alcalines ou acides le dissolvent ; l'alcool, beaucoup de sels métalliques en coagulent les substances albuminoïdes. Il est donc très-difficile non-seulement d'obtenir les globules sanguins exempts de plasma, mais aussi de faire l'analyse immédiate de ses éléments constitutifs. Toutefois on doit à Denis une méthode un peu modifiée dans ces derniers temps par Hoppe-Seyler, et qui permet de séparer les éléments principaux qui constituent le globule rouge : la *globuline* qui lui donne sa forme et sa consistance, et l'*hémoglobine*, à laquelle sont dues sa couleur et ses principales propriétés physiologiques et chimiques. Nous décrirons cette méthode dans le § suivant.

---

[1] Berzelius avait donné à la substance qui forme la masse principale du globule sanguin le nom de *globuline*. Fünke ayant démontré plus tard que si elle n'est pas altérée, la globuline de Berzelius est cristallisable, le nom de globuline fut changé en celui d'*hématocristalline*. Hoppe-Seyler démontra que l'hématocristalline de Fünke. n'était pas une substance pure ; qu'elle était seulement en très-grande partie formée d'une matière colorante albuminoïde rouge, ferrugineuse, à laquelle il donna le nom d'*hémoglobine*. Denis avait, bien avant Rollett, établi qu'il existe dans les globules rouges une matière albuminoïde incolore et insoluble à laquelle ils doivent leur forme, lui avait donné le nom de *globuline*. La *globuline de Denis* (qui forme le stroma de Rollett) et l'*hémoglobine* de Hoppe-Seyler constituent, par leur mélange, l'hématocristalline impure de Fünke. Lehmann et A. Schmidt ont en outre appelé *globuline* une substance analogue à la caséine, qu'ils ont rencontrée dans le sérum ; c'est celle à laquelle Kühne donne le nom de *paraglobuline* et qu'il suppose provenir du globule sanguin. Mais cette globuline ne doit pas être confondue avec les globulines de Denis ou de Berzelius. Il était bon d'établir ici la valeur de ces divers termes. Voir aussi p. 465.

§ 2. — PRINCIPES IMMÉDIATS DU GLOBULE ROUGE.

Stroma des globules hématiques. — On doit à Rollett une démonstration frappante de la constitution physique du globule sanguin.

Si l'on fait couler goutte à goutte du sang, préalablement défibriné, de chien, de cheval ou mieux de cochon d'Inde, dans une capsule métallique placée dans un mélange réfrigérant de glace et de sel, de façon qu'une goutte n'arrive pas sans que la précédente ait été déjà congelée, puis si on laisse se réchauffer et se liquéfier ce sang jusqu'à 20°, on remarque qu'au lieu de former comme aupararavant une liqueur rouge clair et opaque, il constitue un liquide rouge foncé et transparent. Examiné avec soin, on voit que ce liquide ne contient plus que des globules sanguins décolorés, nageant dans un sérum translucide d'un beau rouge. La matière colorante du sang s'est extravasée pendant la congélation, et la masse gélatineuse de la cellule hématique, à laquelle l'auteur de cette observation donne le nom de *stroma*, a gardé non-seulement sa forme et son élasticité, mais apparaît sous le microscope comme entièrement dénué de couleur.

L'expérience de Rollett ne nous permet pas de séparer ces globules décolorés du sérum rutilant dans lequel ils nagent, car le filtre ne parvient pas à retenir les corpuscules[1]. Il faut pour recueillir la matière incolore du stroma recourir à la méthode suivante.

Globuline de Denis. — Je cite ici le passage du *Mémoire sur le sang* où Denis décrit la méthode qui lui a permis de séparer la substance qui forme le stroma du globule rouge[2], on verra plus bas comment Hoppe-Seyler a modifié cette méthode pour arriver à recueillir plus particulièrement l'autre partie du globule, la matière colorante ou hémoglobine.

« Si l'on veut agir sur du sang d'oiseau[3] on le prend à une

---

[1] On ne saurait donc appeler la méthode Rollett une méthode de préparation du *stroma*. Cette pratique n'avance guère plus que celle qui consiste à ajouter de l'eau au sang. Le globule perd ainsi sa matière colorante qui s'extravase dans le sérum dilué.

[2] Denis, *Mémoire sur le sang*. Paris, 1859, p. 18.

[3] Nous avons vu plus haut que le sang de l'homme et des mammifères contenait surtout de l'hémoglobine, tandis que celui d'oiseau était plus chargé des autres sub-

volaille que l'on a si aisément ; on le défibrine en le battant dès qu'il sort des vaisseaux de l'animal saigné sous la langue ou même jugulé, puis on le passe à travers un linge pour en séparer la fibrine concrète, et l'on verse sur lui la moitié de son volume, ou même son volume, d'une solution de chlorure de sodium au dixième. Le tout est alors abandonné à l'air libre et à la température ambiante en le remuant de temps en temps. Bientôt le sang devient épais, filant, et après quelques heures on a une masse assez semblable à un caillot non défibriné. Les globules ont perdu leur forme, ils se sont accolés les uns aux autres et adhèrent entre eux très-distinctement. Après 10 à 15 heures, même moins, on peut laver la masse visqueuse obtenue, par petites portions successives dans de l'eau renouvelée à mesure qu'elle se colore fortement. On finit ainsi par lui enlever le sel employé, l'hématosine et l'hématocristalline [1]. Il ne reste bientôt que la globuline en quantité considérable, blanche et translucide. »

Nous décrirons les propriétés de la globuline dans le paragraphe suivant. Par une méthode analogue et avec quelques précautions [2], on prépare la globuline du sang humain.

Hémoglobine. — Quand il s'agit non de recueillir spécialement la globuline, mais de préparer l'hémoglobine, c'est-à-dire la matière albuminoïde colorante qui mélangée à la globuline, forme la masse presque tout entière du globule il faut, comme l'a fait Hoppe-Seyler [3], modifier légèrement la méthode précédente.

Après avoir défibriné le sang par le battage et séparé la fibrine sur une manche de toile, on le traite comme précédemment par son volume d'un mélange d'une partie de solution saturée de sel marin et de 9 parties d'eau. Le magma visqueux qui se forme est lavé au bout de 24 heures avec la même solution salée. Ce magma est alors agité dans un flacon avec une petite quantité d'eau et 4 à 10 fois son volume d'éther. On répète à plusieurs reprises ce traitement. L'éther se charge de la cholestérine et de quelques autres substances (graisses, lécithine, etc.), l'eau, de la matière albuminoïde

---

stances protéiques, comme l'a vérifié de nouveau Hoppe-Seyler (*loc. cit.*). Mais Denis a retiré aussi la globuline du sang humain. Voy. p. 462 et plus loin Art. VIIe.

[1] Matières colorantes du sang altérées.

[2] Voy. Denis, loc. cit., p. 19.

[3] Voy. Hoppe-Seyler, *Med. Chem. Unters*, t. I, 169 ; *Jaresb.*, 1867, p. 798 ; et *Virchow's Archiv.*, t. XXIII, p. 446.

colorante et du sérum[1], tandis qu'une matière insoluble protéique
(la *globuline de Denis*) reste, comme résidu, mélangée à un peu
d'hémoglobine. Après avoir agité plusieurs fois la solution aqueuse
éthérée avec de nouvel éther pour enlever surtout la cholestérine, on filtre cette solution. Elle contient l'hémoglobine mêlée
à quelques sels alcalins et à une petite quantité de matières extractives azotées. Quand on l'a faite avec du sang d'homme, de chien, de
rat, ou de cochon d'Inde, cette solution ne tarde pas, à une température peu élevée, à se transformer, pour sa plus grande part, en
une pulpe de cristaux d'hémoglobine que nous décrirons après
avoir signalé les autres substances du globule sanguin.

Fibrine du globule. — Denis croit pouvoir affirmer que la
fibrine existe dans le globule sanguin. Quand, dit-il, après avoir
tenu la *globuline* (voir p. 462) sous l'alcool absolu pendant
une ou deux heures, on la traite par une solution de chlorure de
sodium au dixième, on dissout une petite quantité de fibrine que
l'on peut reprécipiter par du sulfate de magnésie en poudre[2]. Toutefois la présence d'un peu de fibrine dans le globule rouge du sang
des mammifères me semble laisser encore des doutes; nous
verrons cependant que le noyau des globules elliptiques paraît
être formé d'une matière assez analogue à la fibrine.

Paraglobuline. — Nous trouverons dans le plasma sanguin
une substance spéciale ayant la propriété de se précipiter par l'a-
cide carbonique dans les liqueurs très-diluées et de se redissoudre
dans l'eau chargée d'oxygène. Cette substance dont on parlera
plus longuement à propos du plasma et de la coagulation de la
fibrine, paraît à plusieurs auteurs provenir du globule rouge
(*A. Schmidt; Kühne*). Pour l'en retirer il faut prendre le caillot
bien privé de sérum, le faire passer par expression à travers un
linge, diluer avec beaucoup d'eau la liqueur rouge chargée de
globules, et la traiter par un courant d'acide carbonique tant qu'il
se précipite des flocons. La partie du précipité qui se redissout
dans l'eau chargée d'oxygène est la *paraglobuline* de A. Schmidt.
Hoppe-Seyler a indiqué comme mode de préparation de cette substance le procédé même qui sert à Denis pour préparer sa *globuline*; mais il est probable que la paraglobuline obtenue par cette

---

[1] Pour séparer à peu près complétement le sérum de la matière colorante, voyez
Denis, *Mémoire sur le sang*, p. 26.
[2] Denis, *loc. cit.*, p. 24.

méthode est mélangée à une grande proportion de *globuline de Denis* qui ne peut être confondue avec la paraglobuline, substance facilement soluble dans les solutions salines, dans les alcalis dilués et dans l'acide chlorhydrique au millième, tandis que la globuline de Denis s'épaissit seulement et devient visqueuse dans le chlorure de sodium au dixième, et qu'elle précipite par les solutions alcalines.

Lécithine, graisses et cholestérine du globule rouge. — On peut séparer à la fois ces trois substances de la couche éthérée obtenue dans la préparation de l'hémoglobine d'après les indications de Hoppe-Seyler, ou bien en suivant la méthode donnée par Gobley[1] pour le sang total. C'est ce dernier auteur qui, en 1852, a le premier extrait du sang la lécithine et la cérébrine. Pour l'obtenir L. Hermann, qui, 15 ans après, s'est attribué de nouveau cette découverte, opère comme il suit : Il traite la liqueur exprimée du caillot à travers un linge, par une quantité d'éther capable de la sursaturer. Il agite vivement et à plusieurs reprises à 50 ou 35° en décantant chaque fois l'éther et en en ajoutant de nouveau. La liqueur éthérée étant ensuite filtrée et évaporée, il obtient un résidu presque entièrement cristallin, formé de graisses, de cholestérine en aiguilles et de lécithine en petites houppes. En ajoutant de l'eau à ces cristaux le protagon se gonfle, et devient ainsi peu soluble dans l'éther ; on peut alors avec ce dissolvant entraîner les graisses et la cholestérine. Le résidu, dissous dans de l'alcool à 50° centésimaux, donne par refroidissement de beaux cristaux de lécithine (ou de protagon). On fera l'étude de ces corps à propos de la substance nerveuse.

Le protagon a été dosé dans le sang d'oie et de bœuf par Hoppe-Seyler. Il a trouvé en moyenne dans les globules de 1000 grammes de sang, 1^{gr},102 de protagon chez l'oie, et 0^{gr},501 chez le bœuf. Les globules veineux semblent en être plus chargés que les globules artériels. Suivant Hermann cette substance n'existerait pas dans le sérum, mais Denis, Gobley, Hoppe-Seyler l'y ont signalé. Ce dernier auteur a trouvé en moyenne chez l'oie 2^{gr},495 de protagon pour le sérum de 1000 grammes de sang. En général le sang des animaux jeunes en contient le plus.

Nous avons vu comment on peut extraire la cholestérine des

[1] Gobley, *Journ. Pharm. Chim*, [3], t. XXI, p. 250.

globules rouges. Hoppe-Seyler en a trouvé $0^{gr},49$ dans les globules d'un litre de sang d'oie, et $0^{gr},48$ dans les globules d'un
litre de sang de bœuf, soit en moyenne pour ce dernier $0^{gr},133$
dans 1000 grammes de globules humides [1].

Matières extractives du globule rouge. — Elles sont encore
fort peu connues, on sait seulement que les corpuscules secs
contiennent environ 2,5 p. 100 de ces substances parmi lesquelles
existe, faiblement combiné, un acide organique libre contenant
de l'azote. On a signalé aussi dans la solution aqueuse d'où se sépare l'hémoglobine préparée suivant la méthode de Hoppe, une
autre substance extractive azotée inconnue.

Eau et matières minérales fixes. — On a vu (p. 455), qu'en
multipliant par le chiffre 2,7 le poids des globules secs, on obtient
approximativement celui des globules humides. On a donc 1,7
d'eau pour 2,7 de globules humides ; soit 62,9 d'eau et 37,1 de
matériaux secs pour 100 parties de globules tels qu'ils existent
dans le sang. Ces quantités relatives moyennes varient pour les divers sangs, de telle façon, sans doute, que quand le plasma devient
plus aqueux ou plus abondant, les globules humides sont aussi
plus riches en eau.

Les matières minérales fixes des globules rouges s'obtiennent
par la calcination. On verra plus loin que ces substances sont surtout riches en sels de potasse (mêlés à un peu de chlorure de
sodium), en acide phosphorique provenant en grande partie de la
lécithine, et en fer qui entre dans la constitution de l'hémoglobine.

Noyaux des globules sanguins. — Le noyau qui existe dans les
globules à l'état fœtal [2] et celui qui se trouve dans les globules
elliptiques des oiseaux, et des reptiles, n'a ni la composition ni les
propriétés du stroma qui l'environne. On n'a pu séparer et étudier
à part ces noyaux, mais on sait, qu'à l'opposé de la globuline, ils
ne sont attaqués que lentement par l'acide nitrique au millième.
Ils se dissolvent assez rapidement dans les alcalis étendus, dans
une solution de sel marin au dixième et dans l'acide chlorhydrique au millième. Tous ces caractères rapprochent beaucoup
de la fibrine ordinaire la substance de ces noyaux.

---

[1] Voyez pour la cholestérine, le protagon et les graisses du sang, HOPPE-SEYLER dans
Jahresb., 1866, p. 745 ou dans son *Handbuch der chemischen Analyse.*
[2] Il existe aussi, dit-on, dans quelques globules rouges de l'homme adulte.

Faisons maintenant l'histoire des divers principes que nous venons d'apprendre à retirer du globule rouge hématique.

§ 5. — GLOBULINE DE DENIS; MATIÈRE DU STROMA.

Nous avons appris (p. 457) à extraire la globuline du globule sanguin[1], dont elle forme comme la charpente. C'est elle qui constitue en grande partie le globule dénué d'hémoglobine, ou le *stroma* de Rollett ; les propriétés que Denis attribue à la globuline, coïncident avec celles qu'on a reconnues plus tard à la substance du stroma. La globuline du sang d'oiseau, dit Denis[2], est quand on l'a bien lavée, molle, blanche, demi-transparente, formée par un amas confus de granulations soudées entre elles. Elle est insoluble dans l'eau. Mais l'eau salée au dixième la rend visqueuse et produit avec elle une demi-dissolution. Il en résulte une matière épaisse, qui file à peu près comme un sirop de transparence parfaite. Si l'on mêle cette liqueur à de l'eau pure, la globuline reparaît de nouveau dans son état primitif : toutefois une faible partie semble rester en solution. Au bout d'un certain temps la globuline humide exposée à l'air perd la propriété de devenir visqueuse dans l'eau salée. Le contact de l'alcool froid prolongé quelques heures, ou celui de l'eau bouillante pendant peu d'instants, produisent le même effet. Denis donne le nom de *globuline modifiée* au corps ainsi obtenu[3]. Les solutions d'alcalis ou de carbonates alcalins précipitent la matière visqueuse (*globuline dans l'eau salée*) ; une faible portion cependant reste en solution. Les acides agissent de même.

Si l'on verse de l'alcool à 22° centésimaux sur la globuline visqueuse celle-ci est complétement coagulée, mais si l'on porte à l'ébullition le coagulum se redissout, à moins que la quantité d'alcool ne soit insuffisante. Le refroidissement fait reparaître partiellement le précipité. La chaleur de l'eau bouillante coagule

---

[1] Nous savons qu'elle ne doit pas être confondue avec la globuline de Berzelius, que Fünke a reconnu pouvoir cristalliser et qui n'est que de l'hémoglobine impure, dont nous parlons plus loin.

[2] DENIS, *loc. cit.*, p. 20.

[3] DENIS, (*loc. cit.*, p. 23); dit que la globuline contient toujours un peu de fibrine qu'on peut lui enlever en la modifiant d'abord avec de l'alcool, et traitant ensuite le coagulum avec du sel marin et de l'eau qui dissolvent la fibrine.

la matière visqueuse, mais une partie reste en dissolution et se comporte à la façon de la caséine.

La globuline est difficile à extraire des globules du sang veineux humain. Elle se prépare comme celle de sang d'oiseau, mais elle se modifie bien plus promptement qu'elle. La solution de sel marin au dixième donne avec la globuline humaine fraîche une demi-solution visqueuse d'où l'on peut séparer, par agitation avec de l'eau, les particules restées intactes que la solution salée est impuissante à ramollir. Toutes ses propriétés concordent avec celles de la globuline de sang d'oiseau[1]. Elles concordent aussi avec les propriétés du *stroma* de Rollett. Dans le sang d'abord congelé puis maintenu quelque temps à 60°, Schultze a reconnu que les stromata se *fondent* peu à peu sans se dissoudre, modifiés sans doute qu'ils sont par le chlorure de sodium du sérum. Si l'on vient alors à refroidir de nouveau ce sang, il devient gélatineux.

Les stromata se liquéfient dans le sérum traité par l'éther. L'alcool et le chloroforme, les alcalis et les acides très-dilués, ainsi que les cholates alcalins les dissolvent. Le *stroma* de Rollett, paraît donc être principalement formé de globuline, mêlée d'une petite quantité de lécithine et peut-être d'hémoglobine, corps que la congélation est impuissante à faire complétement extravaser de la masse solide du globule.

§ 4. — HÉMOGLOBINE[2].

Préparation. — Nous avons vu p. 458, comment on sépare l'hémoglobine cristallisée des autres matériaux du sang. Le procédé de préparation que nous avons décrit, est en même temps celui qui permet d'avoir les cristaux les plus purs. On se borne souvent à verser de l'éther goutte à goutte dans du sang défibriné, en

---

[1] Cette substance est très-analogue à la paraglobuline, à la myosine et à la fibrine.

[2] La matière appelée aujourd'hui *hémoglobine*, quelquefois *hémato-globuline*, est identique à celle que l'on avait nommée *hématocristalline*, nom auquel on a renoncé parce que l'hémoglobine n'est pas toujours cristallisée. La *globuline ou hématoglobine* de Berzelius, qu'il confondait presque avec la *cristalline* du cristallin et qu'il croyait être à peu près la seule matière albuminoïde du globule, n'est que de l'hémoglobine à l'état impur. Il n'existe pas dans le globule d'autre matière colorante : les substances colorées auxquelles on donnait autrefois le nom d'*hœmatine*, d'*hœmatosine* en dérivent par altération. Stockes a donné à l'hémoglobine le nom de *cruorine*.

agitant sans cesse jusqu'à ce qu'il ait pris une teinte rouge foncée, et soit devenu transparent et sirupeux. En s'arrêtant alors, et laissant ce mélange dans une enceinte à 0°, il ne tarde pas à se transformer en une pulpe de cristaux d'hémoglobine. Mais on conçoit que cette substance soit ainsi mélangée à des globules non altérés, à leur stromata et à quelques globules blancs.

Toutefois, si au lieu de sang défibriné ordinaire, on prend les globules rouges du sang de cheval séparés des globules blancs et du plasma, comme il a été dit p. 457, et qu'on ajoute de l'éther goutte à goutte à ces globules refroidis, on obtiendra un liquide sirupeux qui, contenant cette fois une petite quantité de fibrine non encore coagulée, se prendra bientôt en une gelée qui emprisonne toutes les particules en suspension et spécialement les stromata. Le caillot s'étant ainsi formé, on le passe rapidement à travers un linge ; la liqueur ne tarde pas à se prendre en un magma critallin. On peut alors séparer les cristaux par le filtre, les laver à l'eau alcoolisée (1 vol. d'alcool pour 4 vol. d'eau), en maintenant le tout à 0°, puis purifier les cristaux en les redissolvant dans de l'eau additionnée d'une trace de carbonate d'ammoniaque que l'on sature ensuite par une quantité exacte d'acide phosphorique titré. Cette dernière solution, qui peut être faite à 30°, est filtrée, refroidie à 0°, agitée avec de l'air, mêlée d'un quart de son volume d'alcool, et mise à recristalliser dans un lieu frais. On doit répéter plusieurs fois ce traitement pour obtenir l'hémoglobine parfaitement pure et cristallisée. L'action de la lumière paraît aider la formation des cristaux (*Lehmann.*) [1]

L'hémoglobine peut être obtenue à l'état amorphe. Les eaux mères de l'hémoglobine cristallisée la contiennent sous cet état. (Voir pour sa préparation, HOPPE-SEYLER, *loc. cit.*) [2].

Quels sangs contiennent de l'hémoglobine. — Les sangs de rat, d'écureuil, de cochon-d'inde, de chien donnent une grande proportion d'hémoglobine cristallisée. Les sangs d'homme, de bœuf, de mouton, de porc, traités par le procédé ci-dessus déposent aussi des cristaux, mais ils contiennent en bien plus grande quantité, de l'hémoglobine amorphe. On peut dire que l'hémoglo-

---

[1] Tous les corps qui empêchent le sang de se coaguler, tels que les acétates alcalins es phosphates de soude, le salpêtre, le sulfate de soude ou de magnésie, lorsqu'ils sont ajoutés au sang, tendent à faire apparaître de l'hémoglobine cristallisée (*Bursy*).

[2] Hoppe-Seyler, *Medecin, Unters*, t. 1, p. 169.

bine cristallisée est fournie par tous les vertébrés à sang rouge, mammifères, oiseaux, poissons ou reptiles ; on verra plus loin en quelle quantité.

Composition de l'hémoglobine. — La composition chimique de l'hémoglobine est-elle la même chez les divers animaux ? On l'ignore ; mais il est probable que cette composition peut varier légèrement, car suivant son origine, la forme des cristaux n'appartient pas toujours au même système cristallin, et les propriétés des hémoglobines diverses ne sont pas tout à fait constantes (voir *plus loin*).

Voici dans tous les cas, les derniers résultats analytiques obtenus par Hoppe-Seyler :

ANALYSE DE CRISTAUX D'HÉMOGLOBINE SÉCHÉE DE 11° A 120°[1].

	C	H	Az	S	Fe	O	P^2O^5
Hémoglobine de sang de chien	53.85	7.52	16.17	0.39	0.43	21.84	«
Hémoglobine de sang d'oie	54.26	7.10	16.21	0.54	0.43	20.69	0.77

On remarquera la présence du fer, et la faible teneur en soufre de cette substance. A ce dernier point de vue elle s'éloigne de l'albumine et de la fibrine, et se rapproche de la légumine.

Forme cristalline. Propriétés optiques des cristaux. — Les cristaux du sang veineux de l'homme, sont des prismes à quatre pans (voy. *fig.* 20, p. 466). Ils se présentent souvent sous forme de rectangles ou de rhombes allongés (*fig.* 20 *a* et *b*). Le sang de chat (*fig.* 20. *c*) donne aussi des tables rhomboïdales minces, et des prismes à quatre pans avec des faces terminales très-obliques. Les cristaux du sang de cochon d'Inde (*fig.* 20. *d*), sont des tétraèdres non réguliers dérivant d'un prisme rhombique. Ceux du sang de souris et de rat ont aussi la forme tétraédrique. Les cristaux si remarquables du sang d'écureuil (*fig.* 20. *f*) appartiennent au système hexagonal : ce sont des prismes aplatis à six pans. Le sang de lapin donne des cristaux très-analogues à ceux du sang humain. Le sang de chien fournit des cristaux en aiguilles à quatre pans, analogues à *c*. Le castor donne des parallélipipèdes obliques, exempts de facettes

---

[1] L'hémoglobine paraît contenir de l'eau de cristallisation ; desséchée brusquement à 0°, elle se transforme en une poudre rouge brique, qui redissoute, reproduit les cristaux primitifs. Cette poudre, séchée à 110-120°, perd chez le chien 5,4 p. 100, chez l'oie 7,2 p. 100 d'eau, en même temps qu'un peu d'oxygène.

modificatrices. Les cristaux de sang de cheval sont des lamelles rhombiques ou des primes épais à quatre pans. Enfin du sang de poisson on retire de l'hémoglobine cristallisée en prismes analogues à ceux du sang humain[1].

Tous les cristaux d'hémoglobine sont biréfringents et dichroïques. Si l'on fait tomber sur une lame hexagonale d'hémoglobine d'écureuil, un faisceau de lumière polarisée et qu'on l'analyse avec un *prisme de Nicol*, cette lame restera rouge foncé dans tous les azimuts ; mais si l'on fait traverser à la lumière polarisée, les faces parallèles qui forment les pans latéraux des prismes d'hémoglobine, on reconnaît, en faisant tourner l'analyseur, des maximums et des minimums de lumière qui indiquent la double réfringence ; en même temps les cristaux paraissent tantôt rouge écarlate, tantôt rouge bleuâtre.

Les propriétés optiques de la solution seront données au § suivant.

Propriétés chimiques de l'hémoglobine. — L'hémoglobine desséchée au-dessous de 0°, forme une poudre rouge brique qui s'altère lentement, et peut même être portée à 100° sans perdre sa propriété de recristalliser. Mais si l'on a desséché cette substance à 15° ou 20°, elle se modifie, ses cristaux deviennent verdâtres et ne donnent plus avec l'eau qu'une solution brun foncé. Une partie toutefois paraît se conserver intacte.

Au point de vue de sa solubilité, l'hémoglobine a des propriétés

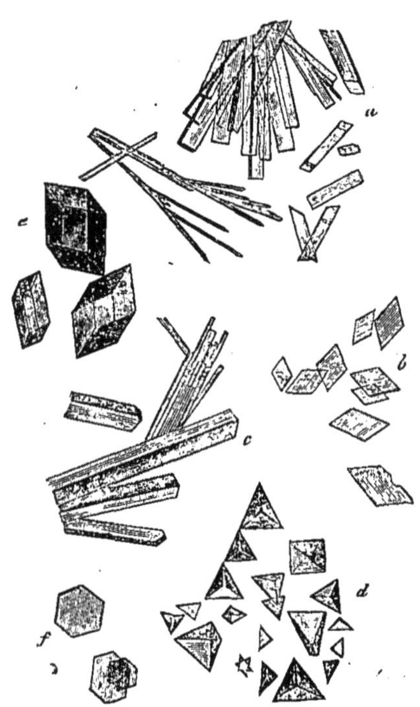

Fig. 20. — Hémoglobine cristallisée.

Voy. *Virchow's Archiv.*, t. XXIX, p. 233 et 597, et *ibid.*, t. XXXII, p. 126.

variables snivant son origine. Celle du cochon d'Inde est fort peu
soluble dans l'eau, tandis que celle du sang de bœuf et de porc
est presque déliquescente. Entre ces deux extrêmes, viennent par
ordre de solubilité croissante, l'hémoglobine de chat, de chien, de
cheval, d'homme. L'hémoglobine est apte à subir la sursatu-
ration.

Les solutions aqueuses d'hémoglobine ne paraissent pas s'altérer sensiblement, si on les conserve au-dessous de 0°; elles gardent leur belle teinte vermillon. Mais la décomposition a lieu assez
rapidement à 15°. La liqueur devient alors acide; sa couleur est
brune à la lumière réfléchie et verte à la lumière transmise.

Nous verrons plus loin que le brunissement de l'hémoglobine
est due à ce qu'elle donne lieu par son dédoublement, à une albumine particulière dénuée de couleur, et à une substance colorante brune, l'*hématine*.

L'hémoglobine se dissout abondamment dans les alcalis fixes ou
volatils, libres ou carbonatés, employés dans un état d'extrême
dilution. Ces solutions sont bien plus stables que celles qui sont
faites dans l'eau pure ; elles se conservent assez longtemps à 15°,
et l'alcool n'en précipite l'hémoglobine que si l'on en sature
exactement l'alcali. Les bases caustiques en excès détruisent l'hémoglobine presque immédiatement et donnent de l'hématine.

En général, les acides énergiques décomposent rapidement les
solutions d'hémoglobine; les acides faibles plus lentement.

Un courant d'acide carbonique, et même à la longue un courant d'hydrogène, produit dans les solutions d'hémoglobine, un
précipité formé de fibres incolores ayant entièrement l'aspect
de celles du tissu conjonctif. Ne serait-ce pas la même matière qui,
d'après Melsens, se précipite quand on fait passer un courant gazeux à travers les solutions de blanc d'œuf?

Le ferrocyanure de potassium, le nitrate de mercure, le chlore,
l'acide acétique, les acides minéraux donnent un précipité dans
les solutions d'hémoglobine. Le sublimé corrosif, le nitrate d'argent, les sulfates de fer et de cuivre, les divers acétates de plomb
n'y produisent même pas de trouble ; la solution n'en est pas
moins altérée, car elle brunit aussitôt par la formation de l'hématine, tandis que le précipité de matière albuminoïde congénère
apparaît peu à peu.

L'hémoglobine se dissout légèrement dans les solutions saturées de sel marin ; le même sel ajouté en poudre et en excès (?), ou le carbonate de potasse, la reprécipitent de nouveau.

Nous renvoyons au § 6, après l'étude des propriétés optiques de la solution d'hémoglobine, l'histoire de ses combinaisons avec les différents gaz, et celle de l'action qu'exercent sur elle les agents oxydants et réducteurs.

Les propriétés que l'on vient de décrire, sont celles de l'hémoglobine couleur cinabre ou *oxyhémoglobine*. Nous verrons au § suivant que, sous l'influence des agents réducteurs, cette oxyhémoglobine perd l'oxygène auquel elle est faiblement combinée et donne l'hémoglobine proprement dite. On peut obtenir celle-ci à l'état cristallisé en concentrant la solution d'oxyhémoglobine réduite dans des vases clos remplis d'hydrogène. On obtient ainsi un feutrage de cristaux très-solubles, de couleur rouge bleu foncé, formés d'*hémoglobine réduite*.

Dédoublement de l'hémoglobine. — Par l'action des acides ou des alcalis caustiques, l'hémoglobine en solution dans l'eau se dédouble aisément en deux substances que nous étudierons plus loin. L'une d'elle, verte par transparence, rouge brune par réflexion, est l'hématine : elle contient tout le fer de l'hémoglobine, l'autre dérivé est une matière albuminoïde.

D'après Hoppe-Seyler, les solutions aqueuses d'hémoglobine, conservées longtemps à 15°, se dédoublent en hématine et en une substance albuminoïde insoluble, que les solutions de sel marin rendent seulement visqueuse (*globuline* de Denis?). L'acide chlorhydrique très-dilué dissout une partie de cette matière albuminoïde, tandis qu'une autre portion reste insoluble. A côté de ces corps, l'eau dans laquelle on avait laissé séjourner l'hémoglobine, contient une albumine coagulable par la coction, et incoagulable par l'acide acétique étendu. Toutes les solutions d'hémoglobine dès qu'elles s'altèrent, s'acidifient en même temps ; on trouve dans la liqueur des acides formique, butyrique, et d'autres acides volatils (*Hoppe-Seyler*).

Mais le fait le plus caractéristique est le dédoublement de l'hémoglobine en hématine et matière albuminoïde, que produisent l'eau, les acides et les bases. Il se forme 4 p. 100 de la première de ces substances, et 96 p. 100 de la seconde.

Rôle chimique de l'hémoglobine. — Les alcalis très-dilués non-seulement rendent soluble l'hémoglobine, mais aussi lui communiquent une grande stabilité ; ces solutions alcalines ne peuvent être précipitées par l'alcool. Ces faits prouvent que cette remarquable substance joue le rôle d'un acide faible.

On peut dire que l'hémoglobine doit être placée dans une classe de corps très-rapprochés des matières albuminoïdes, mais qui ne sauraient être confondus avec celles-ci. Ses solutions ne précipitent ni par le sublimé, ni par le nitrate d'argent, ni par les acétates de plomb. La présence du fer dans sa molécule, son dédoublement en hématine et albumine et sa cristallisation, font aussi de l'hémoglobine une substance jusqu'ici sans analogues[1].

Quantité d'hémoglobine contenue dans le sang. — Nous dirons plus loin comment on dose cette substance. D'après Pelouze, 1000 grammes de sang humain en contiennent 127 grammes en moyenne. Preyer est arrivé aux chiffres de 155 grammes et 112 grammes pour les sangs de chien et de mouton. Il s'ensuit que, chez l'homme et les mammifères, l'hémoglobine constitue les douze treizièmes du poids total du globule privé d'eau.

Chez les oiseaux l'hémoglobine ne forme qu'une fraction beaucoup plus petite du poids du globule hématique sec.

§ 5. — SPECTRES D'ABSORPTION DE L'HÉMOGLOBINE.

Lorsqu'après avoir fait tomber un rayon lumineux sur une auge à faces parallèles contenant du sang ou une solution neutre d'hémoglobine un peu concentrée, l'on reçoit ensuite ce rayon sur un prisme puis sur un écran, le rayon lumineux modifié par l'hémoglobine au lieu de donner un spectre doué de toutes les couleurs allant du rouge au violet, ne produit sur l'écran qu'un spectre pâle limité au rouge et à une partie de l'orangé. Si l'on ajoute de l'eau à la solution d'hémoglobine contenue dans l'auge, la lumière s'étend jusqu'à la ligne D du spectre de Frauenhoffer (voir *fig.* 1 de la PLANCHE D'ANALYSE SPECTRALE), en même temps qu'elle apparaît dans le vert entre les lignes E et F. On peut donc, d'après cette première expérience, dire que par transmission le sang est rouge un peu orangé, avec une légère teinte verte, Si, comme l'a fait Hoppe-Seyler, à qui l'on doit ces observations[2], on place la

---

[1] Voyez la fin de l'*histoire chimique de l'hémoglobine*, au § 6.

[2] Voyez à ce sujet Hoppe-Seyler, *Handbuch der Chem. Anal.*, 1870. — Stockes, cité plus loin. — Preyer, *Med. Centralblat*, 1866. — René Benoit, *Études spectroscopiques sur le sang*, Montpellier, 1869. — V. Fenoize, *ibid.*, Thèses de Paris, 1870

solution d'hémoglobine devant la partie inférieure de là fente
d'une spectroscope, dont la partie supérieure est éclairée directement par de la lumière blanche du soleil, on voit, en mettant l'œil
à l'oculaire de l'instrument, à la partie supérieure le spectre
solaire pur avec les raies de Frauenhoffer, à la partie inférieure le spectre modifié par son passage à travers le liquide
chargé de la matière colorante du sang. Si l'on étend alors la
solution d'hémoglobine de façon qu'elle ne contienne plus que
1/1000 environ de cette substance, et que la couche traversée
n'ait qu'une épaisseur de 10 millimètres, l'œil perçoit dès lors un
spectre continu à l'exception de deux bandes obscures placées entre les lignes D et E de Frauenhoffer (PLANCHE SPECTRALE, *fig*. 2).
La première α est étroite, bien limitée, rapprochée de la ligne D
et à sa droite, la seconde β, moins sombre, moins bien limitée,
est à gauche de la ligne E, au commencement du vert. Si D est à
la division 80 de l'échelle du micromètre et E à 106, la bande α
s'étend de 81 à 87 ; la bande β de 95 à 103, une ombre légère
va presque à 106. Ces bandes sont encore visibles avec 1 gramme
d'hémoglobine dissous dans 10000 grammes d'eau. (*Hoppe-Seyler*.)

Le spectre de l'hémoglobine *cristallisé* étendu d'eau ne diffère
en rien du spectre produit par le sang observé au microspectros-
cope[1], que ce sang soit extravasé, ou qu'il circule à travers les
minces membranes de l'animal vivant. On peut donc en conclure
qu'il n'y a sensiblement pas dans le sang d'autre matière colorante
que l'hémoglobine.

Oxyhémoglobine et hémoglobine réduite.—Le spectre que nous
venons de décrire est celui de l'hémoglobine riche en oxygène,
préparée à l'air et rutilante, que Hoppe-Seyler a nommée *oxyhémoglobine*, et que nous étudierons spécialement dans le § suivant.
Mais Stockes a découvert[2] que lorsque, à une solution étendue
d'hémoglobine, ou même de sang défibriné, l'on ajoute des corps
avides d'oxygène, tels que du fer réduit, du sulfate de protoxyde
de fer additionné d'acide tartrique et d'ammoniaque, du proto-
chlorure d'étain, du sulfure d'ammonium, etc., les deux bandes
α et β précédentes disparaissent et sont remplacées par une bande
unique d'absorption γ (voir PL. SPECTRALE, *fig*. 3), dont la partie la

---

[1] Voy. SORBY, *Quart. Journ. of Science*, 1865, t. II, p. 198.
[2] Voy. STOCKES, *Philosoph. Magaz*, 1864 ; *Proc. Roy. Soc.*, t. XIII, p. 355 ; et
Bull..soc. chim., t. IV, p. 402.

plus obscure couvre l'espace clair qui existait auparavant entre les bandes α et β et dont l'ombre s'étend à sa gauche au delà de la ligne D de Frauenhoffer et à sa droite jusqu'aux trois quarts de l'intervalle compris entre les lignes D et E. En même temps la partie bleue du spectre devient plus claire et le rouge un peu plus foncé.

Si l'on fait alors passer dans la solution ainsi réduite un courant d'oxygène, la bande γ disparaît et les deux bandes primitives α et β, caractéristiques de l'oxyhémoglobine reparaissent. On peut repéter cette inversion un grand nombre de fois.

D'après ces propriétés optiques on voit que l'hémoglobine peut exister successivement sous deux états : en combinaison avec l'oxygène (*oxy-hémoglobine* de Hoppe-Seyler, ou *cruorine écarlate* de Stockes), et privée d'oxygène ou réduite (*hémoglobine proprement dite* ou *cruorine pourpre* de Stockes).

On comprend dès lors les différences de coloration des sang artériels et veineux, car l'acide carbonique possède lui aussi la propriété de chasser l'oxygène de l'hémoglobine qu'il transforme ainsi partiellement en hémoglobine réduite. Dans le sang artériel l'hémoglobine oxygénée prédomine ; or cette substance n'étant pas, comme nous venons de le voir, apte à absorber la lumière jaune orangée, dont l'intensité lumineuse est la plus grande, elle la réfléchit et par conséquent le sang paraît à la fois plus opaque, plus éclairé et plus rutilant[1]. Dans le sang veineux l'hémoglobine réduite est incapable de transmettre la lumière jaune, car sa bande d'absorption correspond à cette couleur ; le sang perd donc de l'éclat, se fonce, et ne laissant passer qu'une lumière où les deux couleurs rouge et bleue verdâtre prédominent, il devient dichromatique.

On a dit plus haut que si l'on ajoute un acide à une solution d'hémoglobine, cette matière colorante s'altère, et que la liqueur brunit par la formation de l'hématine. Aussi, lorsque dans l'auge placée devant la fente du spectroscope et contenant une solution un peu concentrée d'hémoglobine, on verse quelques gouttes d'acide

---

[1] En effet, pour la lumière, comme pour la chaleur, le pouvoir émissif et le pouvoir absorbant d'une même substance sont proportionnels, et inverses du pouvoir réflecteur. Au point de vue de la couleur du sang, l'action de l'oxygène qui rend le sang veineux rutilant en y produisant de l'oxyhémoglobine, et celle du vide, des réducteurs, de l'acide carbonique lui-même, qui foncent au contraire le sang en couleur en y réduisant de l'oxyhémoglobine, s'expliquent donc aisément.

acétique, les bandes α et β (Pl. spectrale, *fig*. 2), disparaissent. A leur place il se forme une bande noire ξ (*fig*. 5), dont la partie la plus obscure coïncide presque avec la ligne C et dont l'ombre arrive à gauche et à droite presque jusqu'aux lignes B et D de Frauenhoffer.

Si l'on étend la liqueur d'alcool, deux légères bandes d'absorptions apparaissent dans le vert et s'évanouissent bientôt.

Quand on ajoute, au contraire, de l'ammoniaque ou de la potasse caustique à une solution de sang ou d'hémoglobine, il se produit encore de l'hématine ; mais sa solution alcaline est caractérisée par une bande η (pl. spectrale, *fig*. 6) dont la partie obscure occupe le tiers moyen de l'espace compris entre les lignes C et D de Frauenhoffer et dont les ombres s'étendent presque jusqu'à ces deux lignes. En acidifiant la solution, on obtient de nouveau la bande ξ de l'hématine acide[1].

§ 6. — ACTION SUR L'HÉMOGLOBINE DE DIVERS AGENTS OXYDANTS, RÉDUCTEURS ET VÉNÉNEUX.

Action de l'oxygène. — Les cristaux d'hémoglobine préparés à l'air (*oxyhémoglobine*) contiennent toujours de l'oxygène faiblement combiné, et qui se dégage en partie quand on les chauffe dans le vide. 100 grammes de ces cristaux, épuisés d'eau entre des doubles de papier buvard, donnent ainsi 41,3 cent. cub. d'oxygène (gaz calculé à 0° et sous la pression de 1000 millimètres de mercure). Ces cristaux après avoir été séchés dans le vide sec à 0°, fournissent encore 31,2 centimètres cubes du même gaz. Si l'on agite de l'hémoglobine, séchée dans le vide et désoxydée, avec de l'eau saturée d'oxygène, elle enlève à cette eau l'oxygène dissous. Preyer a observé que 100 grammes d'hémoglobine s'emparent ainsi, entre 0 et 20°, de 130 centimètres cubes d'oxygène, le gaz étant calculé à 0° et sous la pression de 1000 millimètres de mercure[2].

La proportion d'oxygène qui s'unit à cette substance dépend, d'a-

---

[1] Hoppe-Seyler, *Jahresb.*, 1865, p. 667. Pour plus de détails, voir le § VIII consacré à l'étude de l'hématine.

[2] L. Hermann a trouvé que 1 gramme d'hémoglobine peut se combiner à 1cc,3 d'oxygène. *Ueber Ozon im Blut*, 1862. — Pour calculer le volume d'un gaz à la pression de 760mm quand on la connaît à 1000mm, il suffit de multiplier le volume connu à 1000mm par 1,306.

près cet auteur, non-seulement de la quantité d'hémoglobine, mais de la quantité d'eau en présence[1]. Elle dépend aussi de la pression.

Il est certain cependant que l'oxygène est combiné dans l'oxy-hémoglobine. En effet, cette substance est caractérisée par les deux bandes obscures de son spectre ; ce n'est que par une longue ébullition dans le vide qu'on peut extraire tout l'oxygène auquel elle est unie et reproduire l'hémoglobine réduite ; c'est seulement par l'action chimique des agents réducteurs puissants qu'on enlève ce gaz ; enfin, l'oxyde de carbone qui a la propriété de se substituer à l'oxygène de l'oxyhémoglobine, le déplace volume à volume en formant avec la matière colorante du sang une combinaison cristalline. On peut d'après ces diverses considérations admettre que l'oxygène est uni à l'hémoglobine, quoique d'une manière instable, comme il arrive pour beaucoup d'autres combinaisons.

Si dans des solutions d'oxyhémoglobine caractérisée par les deux raies α et β (PL. SPECTRALE, *fig.* 2) on fait passer divers gaz, de l'hydrogène, du protoxyde d'azote, de l'acide carbonique, etc., on voit bientôt apparaître la raie γ (PL. SPECTRALE, *fig.* 3) caractéristique de l'hémoglobine réduite. Le même fait se reproduisant avec les divers agents réducteurs cités plus haut il est naturel de penser que les gaz inertes suffisent à enlever l'oxygène à l'oxyhémoglobine. On a fait toutefois observer que ces gaz n'entraînent avec eux qu'une trace à peine d'oxygène, mais il est très-probable que sous l'influence du temps, de l'agitation de la liqueur, et de la température, l'oxygène de l'oxyhémoglobine sert à brûler une partie des matières organiques du globule. On peut le démontrer, du reste, soit en enfermant des solutions d'oxyhé-moglobine dans des vases hermétiquement clos, soit en plaçant dans ses solutions des parcelles de muscle, comme l'a fait M. Fumouze. Dans les deux cas, la raie γ caractéristique de l'hémo-globine réduite ne tarde pas à se montrer.

L'oxygène paraît contenu à l'état d'ozone dans l'oxyhémoglobine ; mais hâtons-nous de dire que tous les efforts tentés pour extraire de l'ozone du sang ou des solutions d'hémoglobine sont restés infructueux. Toutefois A. Schmidt a observé que si l'on place une goutte de solution concentrée d'hémoglobine sur du papier im-

---

[1] La variabilité de l'absorption d'oxygène par l'hémoglobine avec la quantité du dissolvant paraîtrait aller contre les observations de Gréhant (voir *Revue scientifique*, [2], t. I, p. 424.)

prégné de teinture récente de gaïac, la tache rouge s'entoure d'une auréole bleuâtre ; or, l'on sait que cette même coloration est communiquée par l'ozone à ce réactif. Une autre expérience remarquable est la suivante : si l'on prend de l'essence de térébenthine récemment distillée, et qu'après l'avoir agitée à l'air on la mêle avec une petite quantité de solution alcoolique de gaïac, celle-ci conservera sa teinte jaunâtre ; mais si l'on vient alors à ajouter au mélange quelques globules hématiques ou un peu d'oxyhémoglobine, on voit apparaître aussitôt la coloration indigo caractéristique de l'ozone, comme si l'hémoglobine aidée de l'essence servait de véhicule pour absorber rapidement l'oxygène de l'air, le transformer en ozone, et le passer aussitôt à la résine de gaïac.

Enfin, l'oxyhémoglobine décompose très-aisément le gaz hydrogène sulfuré, forme avec lui de l'eau et en précipite du soufre comme le ferait l'ozone lui-même[1].

Action de l'oxyde de carbone. — On doit à Cl. Bernard la curieuse observation que lorsqu'on fait passer de l'oxyde de carbone dans du sang défibriné, ce gaz lui enlève tout son oxygène et se substitue à lui. La quantité d'oxygène ainsi déplacée est exactement égale à celle qu'on extrait du sang par l'action du vide obtenu avec la pompe à mercure, mais sans élever la température.

Cette propriété est due à ce que l'oxyde de carbone forme avec l'hémoglobine désoxydée une combinaison cristalline, entièrement analogue à celle que donne l'oxygène, mais beaucoup plus stable qu'elle. Hoppe-Seyler obtient ces cristaux d'hémoglobine oxycarbonée en faisant passer un courant de gaz phosgène dans une solution aqueuse un peu concentrée d'hémoglobine refroidie à 0°, et ajoutant ensuite un volume d'alcool froid égal au quart de celui de la liqueur. Ce mélange étant placé dans un lieu frais, il ne tarde pas à s'y produire des cristaux d'hémoglobine oxycarbonée analogues à ceux de l'oxyhémoglobine, mais de couleur rouge teintée de bleu. Ils sont un peu moins solubles que ceux de l'oxyhémoglobine. 100 grammes de ces cristaux desséchés et chauffés dans le vide parfait, ont donné 10$^{cent.\ cub.}$,18 d'oxyde de carbone mesuré à la temparature de 0° et sous la pression de 1 mètre de mercure.

[1] Voy. à ce sujet Kühne und Scholz, *Virch. Arch.*, t. XXXIII, p. 96.

L'oxygène de l'air paraît cependant déplacer lentement une partie de l'oxyde de carbone combiné à l'hémoglobine pour reproduire un peu d'oxyhémoglobine, car si l'on jette une goutte d'hémoglobine oxycarbonée sur du papier imprégné de teinture de gaïac on obtient, pourvu toutefois que l'on opère à l'air ou dans l'oxygène, l'auréole bleuâtre caractéristique de l'oxydation due à l'ozone. Du reste en présence de l'oxyhémoglobine l'hémoglobine oxycarbonée disparaît bientôt.

On n'a pas trouvé d'acide formique dans le sang soumis à l'action de l'oxyde de carbone, et Gréhant a montré que ce gaz était, au moins en partie, éliminé par les poumons[1].

L'hydrogène sulfuré ne paraît pas agir sur l'hémoglobine oxycarbonée. Mais fait-on arriver dans sa solution un courant d'oxygène, il y a immédiatement oxydation du gaz sulfhydrique et formation d'eau et de soufre comme cela se passe pour l'oxyhémoglobine. Un courant de bioxyde d'azote déplace lentement l'oxyde de carbone de l'hémoglobine oxycarbonée et se substitue à lui.

Le sang qui a été traité par l'oxyde de carbone, ou les solutions étendues d'hémoglobine oxycarbonée, donnent un spectre d'absorption à deux bandes obscures, tout à fait analogue à celui de l'oxyhémoglobine (PL. SPECTRALE, *fig.* 4). Seulement, les bandes δ et η sont un peu plus rapprochées que ne le sont entre elles α et β (*fig.* 2). Les bandes de l'oxyhémoglobine occupant les divisions 81 à 87 et 95 à 106 du micromètre, celles de l'hémoglobine oxycarbonée s'étendent la première de 82 à 90, la seconde de 95 à 106. Les réducteurs, l'acide carbonique ou l'hydrogène ne peuvent faire disparaître ces deux bandes et apparaître la bande d'absorption de l'hémoglobine réduite. L'hémoglobine oxycarbonée est donc beaucoup plus stable que ne l'est l'oxyhémoglobine. La position des bandes spectrales, l'impossibilité de faire reparaître la bande de réduction γ, et l'action d'un petit excès de soude, qui laisse son ton rouge vif au sang contenant de l'hémoglobine oxycarbonée, tandis que le sang normal brunit aussitôt par la production de l'hématine, toutes ces réactions permettent, d'après Hoppe-Seyler, de reconnaître un empoisonnement du sang par l'oxyde de carbone[2].

Action du bioxyde d'azote. — L'hémoglobine s'unit au bioxyde

[1] *Mem. Soc. biol.*, séance du 16 nov. 1872.
[2] Hoppe-Seyler, *Jahresb.*, 1865, p. 745; Pokrowski et W. Kühne, *ibid.*

d'azote Az^2O^2. On peut obtenir directement cette combinaison par l'action du bioxyde d'azote sur l'oxyhémoglobine. Mais ce procédé produisant en même temps de l'acide nitreux dont il est malaisé d'entraver l'action oxydante, il vaut mieux pour préparer l'hémoglobine oxyazotée, faire passer un courant de bioxyde d'azote dans l'hémoglobine oxycarbonée mise à l'abri de l'air. (*L. Hermann.*) On obtient ainsi des cristaux isomorphes avec les précédents, mais moins solubles qu'eux et paraissant très-stables.

Les solutions d'hémoglobine bioxyazotée ont une couleur rouge clair ; leur spectre d'absorption donne deux bandes placées comme celles de l'oxyhémoglobine, mais toutes ses couleurs sont plus obscures qu'avec cette dernière substance, et si l'on étend d'eau, elles ne s'illuminent pas de la même manière.

Les agents réducteurs ne peuvent faire disparaître les bandes d'absorption précédentes pour donner celle de l'hémoglobine réduite.

Les combinaisons appelées oxyhémoglobine, hémoglobine oxycarbonée et hémoglobine bioxyazotée sont isomorphes ; elles contiennent un même volume d'oxygène, d'oxyde de carbone et de bioxyde d'azote qui peuvent se remplacer mutuellement volume à volume [1].

Action de l'hydrogène sulfuré et des sulfures alcalins. — L'hydrogène sulfuré, libre ou même saturé d'ammoniaque, mis en présence de l'hémoglobine réduite n'exerce presque pas d'action sur elle, mais il agit puissamment sur l'oxyhémoglobine. L'oxygène de cette substance est d'abord absorbé, et si la solution est neutre, on voit dans la partie rouge du spectre apparaître bientôt une bande s'étendant des divisions 67 à 72 de l'échelle, les raies C et D de Frauenhoffer étant aux divisions 64 et 80. Si l'on ajoute de l'ammoniaque ou du sulfure d'ammonium, aucune nouvelle bande n'apparaît, ce qui distingue la matière en solution de l'hématine et de la méthémoglobine (V. plus loin). Hoppe-Seyler qui a fait ces observations, regarde la substance qui paraît exister alors en solution comme une sorte d'hémoglobine sulfurée. En prolongeant l'action du gaz sulfhydrique, celui-ci subit une décomposition partielle et il y a dépôt de soufre. Il se forme ainsi un corps hygroscopique à solution brune, rouge ou vert olive, suivant l'épaisseur,

---

[1] L. Hermann, *Arch. Anat. Phys.*, 1865, p. 469.

et que la chaleur coagule. Ce composé contient autant de fer que
l'hémoglobine et quatre fois à peu près autant de soufre (1,57
p. 100). Nawrocki et aussi Preyer ont décrit d'autres bandes d'absorption dues à l'action du sulfure ammonique ou potassique sur
l'oxyhémoglobine, bandes que Hoppe-Seyler attribue à la production de l'hématine. Je renvoie le lecteur aux travaux ori-
ginaux [1].

Action de l'eau oxygénée. — L'eau oxygénée décolore très-rapidement l'oxyhémoglobine en dégageant vivement de l'oxygène
ordinaire et précipitant des flocons albuminoïdes incolores. Un
phénomène analogue se passe avec la fibrine. Toutefois, une partie
de l'oxygène oxyde l'hémoglobine et la détruit [2].

§ 7. — PRODUITS DE DÉCOMPOSITION DE L'HÉMOGLOBINE. (A). MATIÈRES ALBUMINOIDES.

Nous avons vu, p. 468 que sous l'influence des acides et des
bases, la matière colorante du sang se dédoublait en une substance
albuminoïde nouvelle et en hématine, en même temps qu'on
trouvait dans la liqueur des acides gras. Étudions ces divers
dérivés.

Quand on abandonne à la température ambiante, une solution
concentrée d'hémoglobine, ou lorsqu'on l'évapore à 100°, on la
voit se transformer en une masse brune qui paraît être une combinaison d'une substance colorante avec une matière protéique.
C'est à ce mélange *complexe* qu'on a eu le tort de donner le nom
de *méthémoglobine*. Il est difficile d'en retirer la partie albumineuse
qui ressemble à la *sérine* du sérum. Quant à la matière colorante
brune, elle diffère de l'hématine, surtout par quelques propriétés
optiques [3].

Les matières albumineuses qui se trouvent dans les solutions
d'hémoglobine acidulées, peuvent s'obtenir (sans aucun doute
modifiées), en coagulant la liqueur à 100°, recueillant le précipité,

---

[1] Nawrocki, *Jahresb.*, 1867, p. 802. — Preyer, *ibid.* — Hoppe-Seyler, *Medicin.
Chem. Unters.*, t. I, p. 299.

[2] A propos de l'action sur la matière colorante du sang, de *l'eau phosphorée*, de
l'hydrogène phosphoré, de *l'aldéhyde*, de *l'acide cyanhydrique*, voyez un travail
résumé dans le *Bull. Soc. chim.*, t. X, p. 308. — Pour *l'acétylène*, voyez même
recueil, t. XII, p. 265.

[3] Hoppe-Seyler, *Jahresb.*, 1865, p. 668; et *Bull. Soc. chim.*, t. XIV, p. 86; Preyer,
Bull. Soc. chim., t. XVII, p. 183.

le séchant, et enlevant par de l'alcool mêlé d'acide l'hématine qui s'est formée. La portion principale du résidu n'est ni de la *cristalline*, ni de la paraglobuline, ni de la fibrine, ni de la musculine. Elle se gonfle seulement dans les solutions de sel marin, et ne se dissout qu'en partie dans l'acide chlorhydrique très-dilué.

Une portion de la matière albuminoïde qui dérive de l'hémoglobine est soluble dans l'eau, coagulable par la chaleur, et non précipitable par l'acide acétique, propriétés qui la rapprochent de la sérine. Une autre portion est insoluble dans l'eau, et devient seulement opaque par l'ébullition (*globuline de Denis?*). Enfin, quand on fait passer un courant de gaz (CO^2 ou H^2) dans les solutions d'hémoglobine, on obtient un précipité formé de fibres microscopiques ressemblant beaucoup à celles du tissu conjonctif.

§ 8. — PRODUITS DE DÉCOMPOSITION DE L'HÉMOGLOBINE. — HÉMATINE.

L'*hématine* ou *hématosine* a passé longtemps pour être la matière colorante du sang. Elle se produit toujours dans la décomposition de l'hémoglobine en même temps que les matières albuminoïdes précédentes, aussi ne l'a-t-on d'abord qu'imparfaitement connue[1]. Les méthodes suivantes permettent de l'obtenir à l'état de pureté.

Préparation. — On prend du sang défibriné qu'on dilue dans une grande quantité de solution de chlorure de sodium au 10ᵉ; sous cette influence, les globules se gonflent, s'agglutinent et se séparent du sérum. On les lave avec la solution saline, on les dessèche à basse température, et on les broie avec 15 à 20 fois leur poids d'acide acétique cristallisable. On chauffe quelque temps au bain-marie, et quand tout est dissous, on étend la solution de 5 à 6 volumes d'eau. Au bout de quelques semaines des cristaux de *chlorhydrate d'hématine* se précipitent. Pour les purifier, on décante ces eaux mères, on redissout les cristaux dans de l'acide acétique concentré auquel on ajoute de 5 à 6 volumes d'eau. Les cristaux précédents se reproduisent bientôt plus rapidement et plus purs que la première fois. Ce traitement peut être répété à plusieurs reprises. Si, au lieu d'avoir employé directe-

---

[1] Voyez Lecanu *Ann. chim. phys.* [2] t. XLV, p. 5.; Lehmann, *Compt, rend.*, t. XL, p. 585 ; R. Schwarz, *Zeitschr. f. die Ges. Naturvis.*, t. XI, p. 225. L'hématine cristallisée décrite par Lehmann n'était autre que du chlorhydrate d'hématine ou *hémine*.

ment le sang défibriné, on fait subir le même traitement à une solution concentrée d'hémoglobine ou de méthémoglobine, on obtiendra du chlorhydrate d'hématine plus pur encore. Pour isoler l'hématine elle-même, on dissout les cristaux précédents dans de
l'ammoniaque, et l'on évapore à sec. Le résidu chauffé à 130° est
lavé à l'eau pour enlever le chlorure ammonique. Après l'avoir
laissé digérer quelques jours en vase clos dans de l'alcool absolu
à une température de 50°, on filtre et l'on obtient une solution
alcoolique rouge qui, par évaporation, abandonne l'hématine pure[1].

Propriétés. — L'hématine ($C^{96} H^{102} Az^{12} Fe^{5} O^{18}$, d'après *Hoppe-
Seyler*) est un corps amorphe bleu noirâtre, à poussière brun
rougeâtre. Elle résiste, sans se décomposer, à la température de
180°, et se carbonise dès lors sans se boursoufler. Elle contient
tout le fer de l'hémoglobine, soit 4,7 pour 100 environ.

Cette substance est entièrement insoluble dans l'eau, l'éther, le
chloroforme et l'alcool; facilement soluble dans l'eau, ou dans
l'alcool acidifiés ou alcalinisés. Les solutions basiques d'hématine
sont dichroïques : à la lumière transmise, elles sont rouge grenat
ou vert bouteille, si la couche est peu épaisse, elles sont rouge
brun à la lumière réfléchie. Les solutions acides sont brunes.

L'hématine semble s'unir faiblement à l'ammoniaque qu'elle
n'abandonne qu'au-dessus de 130°; ses solutions ammoniacales
traitées par les sels de baryte ou de chaux produisent aussi des
combinaisons avec ces bases.

L'hématine quelque temps chauffée avec les hydrates alcalins se transforme en une substance qui donne, avec l'alcool
acidulé ou les alcalis, une solution couleur vert olive ou rouge
sous une épaisseur plus grande. Par les réducteurs, ce liquide ne
fournit plus les réactions spectrales de l'hématine; il est inapte
lorsqu'on l'abandonne à l'évaporation, à produire les cristaux
caractéristiques du chlorhydrate d'hématine.

Suivant Mulder si l'on traite l'hématine par l'acide sulfurique
concentré elle s'y dissout, et l'eau précipite de cette solution
un corps noir exempt de fer; il y aurait en même temps dégagement d'hydrogène, et formation de sulfate de protoxyde de fer.
Hoppe-Seyler a confirmé cette observation bien remarquable, et

---

[1] Voy. Hoppe-Seyler, *Chem. Unters.*, p. 298; J. Gwosden, *Jahresb.*, 1866; p. 746;
Witich., *Journ. pr. Chem.*, t. LXI, p, 11.

obtenu en broyant l'hématine avec de l'acide sulfurique une solution dichroïque rouge brun en couche épaisse, verte en couche mince, qui donnait par l'eau un précipité privé de fer, et doué de la plupart des propriétés de l'hématine. Ce corps à l'état sec est amorphe, bleu noirâtre, presque métallique ; il est insoluble dans l'eau, soluble dans les alcalis étendus, mais insoluble dans les acides affaiblis. Serait-ce un des homologues de la bilirubine, dont on a rapproché avec raison l'hématine? Beaucoup de faits physiologiques et pathologiques tendent, il faut le dire, à faire dériver la première de ces substances de la matière colorante du sang. (Voir plus loin *Hématoïdine*.)

L'équation suivante indique du reste les relations théoriques qui existent entre ces deux substances :

$$C^{96} H^{102} Az^{12} Fe^{5} O^{18} + 3H^{2}O = 6\,(C^{16} H^{18} Az^{2} O^{5}) + 5Fe\,O.$$

Hématine.   Bilirubine.

Les solutions d'hématine sont décolorées et détruites par le chlore, le bioxyde de plomb, l'acide nitrique.

Chlorhydrate d'hématine *ou* **hémine** [1]. — Ce sel, que nous avons ci-dessus appris à obtenir, en préparant l'hématine, a pour formule $C^{96} H^{102} Az^{12} Fe^{5} O^{18}, 2HCl$. Hoppe-Seyler et Rollett y ont démontré la présence de l'acide chlorhydrique, et ont fait voir que les cristaux caractéristiques du sang, qui portent le nom de *cristaux de Teichmann* ou *hémine*, sont du chlorhydrate d'hématine. On les obtient aisément en ajoutant à une traie de sang desséché un peu de sel marin et une goutte ou deux d'acide acétique cristallisable, et chauffant ensuite légèrement. Les cristaux d'hémine sont caractéristiques des taches de sang, et peuvent servir à leur détermination médico-légale, même quand on n'a qu'une minime parcelle de matière suspecte.

Fig. 21. — Cristaux d'hémine.

Ces cristaux (*fig.* 21), de couleur brune presque noire, ont la

[1] Hoppe-Seyler, *Jahresb.*, 1867, p. 406, et sources p. 478.

forme d'aiguilles, tantôt libres, tantôt groupées circulairement ; ils peuvent former aussi des plaques rhomboédriques. Ils sont biréfringents et pliochroïques.

Le chlorhydrate d'hématine est très stable, insoluble dans l'eau, dans l'alcool, l'éther et l'acide acétique étendu ; très-soluble dans l'acide sulfurique, la potasse étendue et l'ammoniaque ; soluble aussi dans l'acide nitrique bouillant, et dans l'acide chlorhydrique. Ce dernier le dissout sans le décomposer [1].

Spectre d'absorption de l'hématine. — Nous avons déjà décrit, p. 472, le spectre de l'hématine caractérisée, dans les liqueurs acides, par une large bande obscure ξ (PL. SPECTRALE, *fig.* 5), placée entre les raies C et D de Frauenhoffer.

D'après Nawrocki [2], le meilleur moyen d'observer le spectre de l'hématine consiste à ajouter à du sang dilué un peu d'acide acétique et son volume d'éther. On aperçoit alors trois bandes (voir PL. SPECTRALE), l'une qui coïncide avec C, la seconde avec B, la troisième, très-faible, entre les raies b et F de Frauenhoffer. L'hématine en solution alcaline présente seulement une bande d'absorption près de la ligne C ; en diluant la solution une seule bande persiste ; elle est placée entre D et E, mais plus près de D.

D'après Hoppe-Seyler, la raie d'absorption de l'hématine en solution acide apparaît encore avec une liqueur qui ne contient qu'un 6667° de cette substance, lorsqu'on observe la solution sous une épaisseur de 1 centimètre.

Si l'on traite cette solution par les proto-sels de fer, on voit apparaître deux nouvelles bandes α et β (*fig.* 22), ce sont les ban-

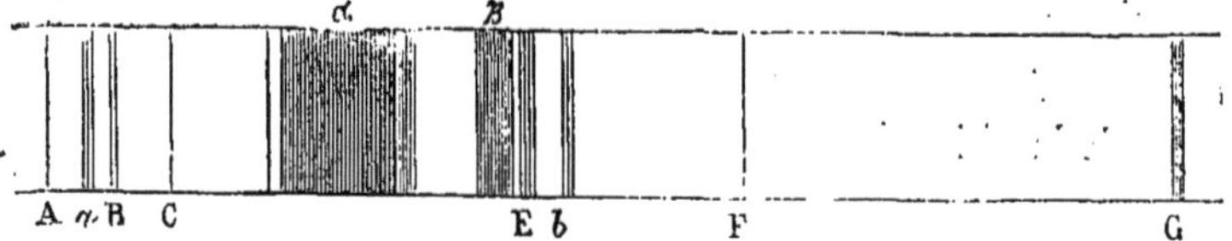

Fig. 22. — Spectre d'absorption de l'hématine réduite.

des de l'hématine réduite. La première α, commence là où était la raie β de l'oxyhémoglobine et s'étend sur près de la moitié du champ situé entre D et E ; la seconde β, très-foncée, a sa

---

[1] Voir au sujet des cristaux d'hémine Hoppe-Seyler, *Virchow's Archiv.*, t. XXIX, p. 233 et 597, et Buchner et Simon, *ibid.*, t. XVII, p. 50.

[2] *Zeitschr. Annal. Chem.*, t. VI, p. 285.

partie moyenne sur la ligne E. Ces bandes disparaissent par l'agitation à l'air sans que réapparaisse pour cela la bande d'absorption de l'hématine primitive.

Les bandes spectrales du mélange auquel on a donné le nom de *méthémoglobine* paraissent être un peu différentes de celles de l'hématine. (*V. plus haut.*)

Hæmatoïdine.

La substance cristalline qui porte ce nom a été trouvée dans les points de l'économie où séjournent longtemps des caillots extravasés. L'hæmatoïdine paraît résulter de la décomposition de l'hémoglobine ou de l'hématine. Robin[1] en a trouvé une notable quantité dans un kyste du foie, sous forme de prismes couleur orange, durs, ayant des angles de 118° et 62° (*fig. 23*). Verdeil et Dolfus[2] ont préparé une substance très-analogue, en chauffant du sang de bœuf, le filtrant, évaporant la solution à consistance de sirop, et ajoutant de l'alcool. On obtient ainsi un précipité et une liqueur; celle-ci est concentrée et mélangée à froid avec de l'acide sulfurique dilué. Il se sépare alors des globules graisseux, et quelquefois il se précipite des cristaux rouges *d'hæmatoïdine*[3].

Fig. 23. — Cristaux d'hæmatoïdine.

D'après le calcul que j'ai fait des analyses de Robin et Riche, l'hæmatoïdine correspondrait à la formule $C^{29}H^{34}Az^4O^6$ et peut-être à $C^{30}H^{34}Az^4O^6$. Ce serait donc une substance homologue ou isologue de la bilirubine.

§ 9 — SUBSTANCES MINÉRALES DES GLOBULES ROUGES.

La difficulté d'obtenir les globules rouges entièrement exempts de sérum laisse quelque incertitude sur la nature de leurs ma-

---

[1] Robin, *Compt. rend.*, t. XLI, p. 506, et *Traité des humeurs*, p. 179.
[2] *Compt. rend.*, t. XXX, 506.
[3] Voir encore à ce sujet Valentiner, *Jahresb.*, 1859, p. 656; Hulm, *Bull. soc. chim.*, t. VIII, p. 60; Piccolo et Lieben, *ibid.*, p. 497; et Jaffé. *Jahresb.*, 1862, p. 557.

tières minérales. Nous pouvons toutefois citer les analyses suivantes, dont les auteurs ont, par des méthodes diverses, évité plus ou moins heureusement la cause d'erreur que nous signalons.

1000 gr. de caillot sanguin lavé à l'eau laissent de $0^{gr},45$ à $1^{gr},40$ de cendres. 1000 gr. de globules, supposés humides et tels qu'ils existent dans le sang, contiennent d'après Strecker [1] :

Chlore.	$1^{gr}.686$
Acide sulfurique. . .	0 .066
Acide phosphorique. . . .	1 .134
Potassium.	3 .828
Sodium.	1 .052
Phosphate de calcium. . .	0 .114
Phosphate de magnésium. .	0 .073
Oxygène (*des sels*)	0 .667
	$8^{gr}.620$ Résidu fixe réel : $8^{gr}.12$

D'après C. Schmidt, 1000 grammes de globules humides contiennent :

	Homme (25 ans)	Femme (30 ans)
Chlorure de potassium.	$3^{gr}.679$	$3^{gr}.414$
Sulfate de potassium.	0 .152	0 .157
Phosphate basique de potassium. . .	2 .345	2 .108
Phosphate basique de sodium.	0 .633	»
Phosphate tribasique de calcium. . .	0 .094 ⎱	
Phosphate tribasique de magnésium. .	0 .060 ⎰	0 .218
Soude.	0 .134	2 .205
Potasse	»	0 .857

On doit remarquer la richesse des matières minérales du globule sanguin en sels de potasse et en acide phosphorique et sa pauvreté relative en chlore. Le poids de la potasse est environ dix fois plus grand dans les globules que dans une égale quantité de plasma du même sang ; le poids de l'acide phosphorique combiné aux alcalis est environ cinq fois et demi plus grand dans les globules que dans le plasma ; au contraire la soude est à peu près trois fois moindre dans les globules que dans le plasma sanguin.

Les deux auteurs précédents ne mentionnent pas le fer parmi les matières minérales du globule parce qu'en effet la presque totalité de ce métal fait partie constituante de l'*hémoglobine*. Mais on

[1] *Handw. d. Chem.*, [2] t. II, p. 115.

pourrait également faire observer qu'une portion tout au moins (et sans doute la plus considérable) de l'acide phosphorique et de l'acide sulfurique proviennent du phosphore et du soufre qui étaient contenus dans la globuline, la lécithine et l'hémoglobine, et que la calcination à l'air a transformés en acides correspondants.

Des dosages de fer ont été faits par Pelouze[1]. 1000 grammes de sang contiennent en fer métallique d'après cet auteur :

Provenance du sang	Maximum	Minimum
Homme.	$0^{gr}.537$	$0^{gr}.506$
Bœuf.	$0^{gr}.540$	$0^{gr}.480$
Porc.	$0^{gr}.595$	$0^{gr}.506$
Oie.	$0^{gr}.358$	$0^{gr}.347$
Poulet.	$0^{gr}.557$	»
Grenouille. . . .	$0^{gr}.425$	»

Boussingault a trouvé dans 100 grammes de globules secs de sang de vache 0^{gr} 350 de fer métallique.

Le fer existant presque entièrement dans l'hémoglobine qui en contient elle-même 0,43 p. 100, on voit que 1000 grammes de sang humain doivent contenir de 118 à 125 grammes d'hémoglobine à l'état sec. Ces nombres concordent avec ceux que l'on a obtenus par le dosage direct de cette substance.

Le sel marin indiqué par divers auteurs comme existant dans les globules, doit-il être entièrement attribué à une petite quantité de sérum interposé? Je ne le pense pas. On ne doit pas oublier que le sodium, quoique en petite quantité, se trouve parmi les matériaux du globule. Quant à l'existence du manganèse affirmée par divers auteurs (*Millon ; Burin-Dubuisson*) elle est au moins douteuse. Pour le cuivre, il semble faire partie constituante des matières minérales du sang, tout au moins dans les nombreux pays où le cuivre est absorbé dans le sol par les végétaux et spécialement par le froment[2]. Rien toutefois ne prouve jusqu'ici qu'il fasse partie nécessaire des matériaux du plasma.

Enfin les globules rouges sont chargés d'oxygène et d'une quantité surabondante d'acide carbonique. Nous y reviendrons à propos des gaz du sang.

<hr>

[1] *Compt. rend.*, LX, p. 880.

[2] Voy. à ce sujet Béchamp, *Montpellier médical*, 1859 ; voir encore la *Zoochemie*, de Lehmann, p. 144. On a signalé aussi dans le sang, du plomb (*Millon*) et jusqu'à de l'argent (*Malaguti, Durocher et Sarzeaud*).

ARTICLE III

GLOBULES BLANCS ET GRANULATIONS HÉMATIQUES

A côté des globules rouges et nageant dans le plasma sanguin, existent d'autres cellules organisées, les globules blancs, ainsi que des granulations sans forme déterminée. On n'a pu isoler ni les unes ni les autres, ni faire par conséquent leur étude chimique. Il est bon toutefois de dire ici le peu que l'on sait à cet égard.

§ 1. — GLOBULES BLANCS.

Caractères microscopiques. — Les globules blancs du sang, appelés quelquefois leucocytes, corpuscules de la lymphe, sont des cellules spontanément contractiles, le plus souvent sphériques, granuleuses, à contour irrégulier. Leur diamètre moyen est de $0^{mm},008$ à $0^{mm},009$, il varie de $0^{mm},006$ à $0^{mm},11$. Quand on traite ces cellules par un peu d'eau, ou mieux par de l'acide acétique très-étendu, elles se gonflent ou éclatent, et laissent apparaître un noyau entouré d'une mince couche de protoplasma granuleux contenu dans une membrane propre à surface chagrinée.

Les globules blancs sont comme visqueux à leur surface ; ils s'attachent aux parois vasculaires, et semblent alors résister au courant sanguin, quelquefois même aller en sens inverse. Si on les maintient à la température du corps de l'animal, il se fait en divers points de la surface de ces cellules, quelquefois très-rapidement, des prolongements de forme variable, qui leur donnent toutes les apparences de cette espèce d'infusoires qu'on a nommés *amibes*.

Les globules blancs existent dans le sang de tous les animaux à sang rouge. Ils sont tout à fait analogues, sinon identiques, aux globules de la lymphe, du chyle, de la salive, du cristallin, du pus, du mucus. On n'a jusqu'ici trouvé aucun moyen de différencier ces divers globules (Voy. Pus. IIIe Partie).

Caractères physiques et chimiques. — Les globules blancs sont moins denses que les rouges et plus denses que le plasma. Aussi lorsqu'on refroidit le sang de cheval à sa sortie de la veine, les

globules blancs viennent-ils former au-dessus des globules rouges
une couche mince et grisâtre qu'on parvient à séparer en prenant
quelques précautions.

L'enveloppe des globules blancs est soluble, ou tout au moins
prend l'aspect mucilagineux et devient transparente dans les alcalis et dans leurs carbonates ainsi que dans les solutions de
borax. Les solutions de nitre et de sel ammoniac agissent de
la même manière.

Le protoplasma granuleux des globules blancs est formé d'une
substance albuminoïde emprisonnant la matière du noyau, et de
quelques corpuscules graisseux. Cette matière protéique se coagule
en partie à 40°. Elle se gonfle dans l'acide acétique et y devient
transparente, rendant ainsi le noyau visible. Une solution de sel
marin au dixième forme avec ce protoplasma une masse translucide et visqueuse qui finit par se dissoudre, au moins partiellement. Cette solution saline précipite si on l'étend d'eau ; elle se
coagule par l'ébullition et par les acides.

La substance nucléaire des globules blancs, insoluble dans l'a-
cide acétique, se gonfle dans les alcalis et dans leurs carbonates,
ainsi que dans le borax.

Quantité de globules blancs. — Suivant Donders et Moleschott, on trouve dans le sang normal 0,72 globule blanc
pour 1000 globules rouges ; Frey[1] a compté 1,2 globule blanc
pour 1000 rouges ; Hirt[2], 0,58 globule blanc pour 1000 rouges. Mais on trouve aussi coïncidant avec un état de santé parfaite,
2, 3, 4 globules blancs pour 1000 rouges. Les globules blancs augmentent surtout pendant la digestion, et leur nombre varie beaucoup dans les divers vaisseaux de l'économie. Nous y reviendrons
plus loin.

Fonctions des globules blancs. — Plusieurs auteurs considèrent aujourd'hui les globules blancs comme destinés à se transformer en globules rouges. Leur augmentation considérable après la
digestion, et leur disparition pendant le jeûne, plaide en faveur
de cette thèse. On voit souvent le globule blanc se transformer en
un disque aplati, puis son noyau disparaître ainsi que le protoplasma ; il ne reste à sa place qu'un contenu jaunâtre.

---

[1] Frey, *Traité d'histologie et d'histochimie*, traduction française, p. 132.
[2] Hirt, *Muller's Archiv.*, 1856, p. 174.

§ 2. — GRANULATIONS HÉMATIQUES.

A côté des globules rouges et des globules blancs, on trouve encore dans le sang humain des agglomérations de petites granulations pâles de $0^{mm},005$ à $0^{mm},001$ de diamètre[1]. Quelques auteurs pensent quelles sont formées par un précipité de molécules protéiques.

Nasse a découvert dans le sang de l'homme et des animaux supérieurs de petites lamelles arrondies quelquefois très-irrégulières de $0^{mm},002$ à $0^{mm},032$ de diamètre. Il les prenait pour de petits coagulums de fibrine. On a démontré chimiquement qu'il n'en est rien. Bruch pense que ce sont de petites cellules tombées dans le torrent circulatoire[2].

Dans quelques cas le sang prend une teinte opalescente due à de fines molécules de corps gras en suspension.

ARTICLE IV

PARTIE LIQUIDE DU SANG OU PLASMA

Le liquide intercellulaire qui dans le sang tient en suspension les globules rouges et blancs porte le nom de *plasma sanguin*. On ne doit pas le confondre avec le serum qui est le plasma privé de fibrine après la coagulation spontanée du sang.

§ 1. — CONSTITUTION DU PLASMA SANGUIN.

Préparation du plasma. — J. Muller a donné le premier, en 1854, un moyen de se procurer du plasma sanguin. Son procédé[3] consiste à recevoir le sang de grenouilles décapitées dans de l'eau additionnée de un deux centièmes de sucre, et à le filtrer à froid à travers de bon *papier-Joseph*. La coagulation devient alors assez lente pour qu'on puisse séparer ainsi des globules un liquide

---

[1] Schultze, *Arch. Anat. microscop.*, t. I, p. 36.
[2] Voy. Virchow, *Gesammelte Abhandlungen*, p. 145; et Bruch, dans *Henle's und Pfeufer's Zeitschrift*, t. IX, p. 216.
[3] Voir son *Traité de Physiologie*, t. I, p. 120.

dénué d'hématies, qui se transforme bientôt spontanément en une gelée incolore.

Denis obtient comme il suit[1], mélangés au sulfate de soude, les matériaux du plasma sanguin. Dans une éprouvette, dont le septième de la capacité est occupée par une solution concentrée de sulfate de soude, on reçoit le sang d'un animal en agitant doucement de façon que les deux liquides se mêlent bien. Après quelques heures les globules sont précipités, et le plasma, sans trace de coagulum, se trouve placéau-dessus. Si on le mélange de 10 parties d'eau il se prend en une seule masse gélatiniforme[2].

Mais il vaut en général mieux obtenir le plasma sans addition de substances étrangères.

Pour arriver à ce but on avait recommandé en Allemagne, de le préparer avec le sang de cheval qui ne se coagule que très-lentement, surtout si on le refroidit un peu au-dessus de 0° dès sa sortie de la veine. Nous avons décrit cette préparation p. 451. Malheureusement cette méthode ne s'applique qu'au sang de cheval, très-rarement au sang humain, et ne permet pas d'obtenir ainsi le plasma des autres sangs.

MM. Salet et Daremberg[3] ont en partie tourné la difficulté de la façon la plus ingénieuse. On introduit rapidement le sang au sortir de la veine dans une éprouvette étroite placée dans de la glace et pouvant être animée d'un très-vif mouvement de rotation horizontale au moyen d'un puissant appareil à force centrifuge. Sous cette influence la force qui entraîne les globules sanguins à s'échapper loin du centre de rotation peut-être rendue indéfiniment croissante, puisqu'elle augmente avec la vitesse angulaire de la rotation elle-même ; en se plaçant dans de bonnes conditions, on peut donc parvenir en quelques minutes à séparer ainsi entièrement les globules du plasma que l'on n'a plus qu'à décanter.

Propriétés. — Le plasma est un liquide visqueux, passant diffi-

---

[1] Denis, *Mémoire sur le sang*, 1859, p. 31.

[2] Il est remarquable que des corps qui, tels que le sucre ou le sulfate de soude, augmentent la densité du sérum, hâtent cependant la précipitation des globules. Il semblerait que ceux-ci se contractent et deviennent relativement plus denses dans les solutions salines. Aussi peut-on reprocher aux deux méthodes précédentes d'altérer peut-être la constitution du plasma par l'extravasation d'une partie du contenu des globules. Cependant, les dosages des matières solides des globules séparés du plasma par la méthode de Denis, ont donné à cet auteur des nombres à peu près identiques à ceux que les méthodes postérieures ont fourni.

[3] Expériences inédites.

cilement à travers les filtres et les membranes. Sa couleur est jaune verdâtre chez l'homme, ambrée chez le cheval[1]. Sa densité est, pour notre espèce, de 1,027 à 1,028.

A 0° le plasma de sang de cheval reste assez longtemps liquide et inaltéré[2]. Un peu au-dessus de 0°, il se coagule en une masse claire et tremblotante d'abord ; ce caillot, en se contractant peu à peu, devient opaque, et laisse suinter de ses pores un sérum parfaitement transparent. Cette expérience démontre, comme l'a fait observer J. Muller, que la coagulation du sang ne doit pas être attribuée à la présence des globules rouges.

Après la coagulation de la fibrine, le sérum est devenu plus alcalin que n'était le plasma.

Quantité de plasma contenue dans le sang. — On a dit que 1000 de sang donnent de 603 à 673 de plasma, soit en moyenne 65 de plasma pour 100 de sang.

Constitution du plasma. — Le plasma contient d'après ce que nous venons de dire :

1° Une ou plusieurs matières qui en se coagulant spontanément produisent la fibrine insoluble du caillot ;

2° Les substances qui composent le sérum séparé du caillot, savoir : des matières albuminoïdes et spécialement de la *sérine,* ainsi que les diverses matières que nous avons énumérées p. 450, des sels minéraux et des gaz dissous ou combinés.

Nous allons étudier successivement et avec détails chacune de ces parties constituantes du plasma.

§ 2. — COAGULATION DU PLASMA. — PRODUCTION DE LA FIBRINE.

On a dit que le plasma pur, abandonné à lui-même, se coagule et se sépare ainsi en deux parties distinctes : la fibrine et le sérum.

De quelque façon du reste que se fasse la coagulation, que le plasma soit laissé au repos, ou qu'on le soumette à l'agitation, sa fibrine est toujours la même substance chimique, entièrement insoluble dans l'eau, et se présentant au microscope sous forme de fibres légèrement ondulées subissant peu à peu une contraction qui

---

[1] Le plasma peut être lactescent lorsque l'alimentation est riche en graisses.
[2] Il en est de même de celui des animaux à sang froid.

augmente avec l'agitation ou avec le temps, contraction à laquelle est peut-être due son apparence fibreuse.

Sans étudier ici le phénomène si important de la coagulation du sang, occupons-nous de déterminer comment se produit la fibrine.

Production de la fibrine. — *Théorie de Denis.* — Après avoir au moyen du sulfate de soude séparé le plasma sanguin des globules, le célèbre médecin de Toul observe[1] que si, dans ce plasma décanté, on jette peu à peu de petites quantités de sel marin, de façon à n'en ajouter de nouvelles que lorsque les premières sont dissoutes, le plasma devient bientôt trouble et prend l'aspect d'une crème claire et jaunâtre due au dépôt de grumeaux qui envahissent la masse entière. Cette crème ayant été versée sur un filtre est lavée avec une solution saturée de sel marin, tant que les liqueurs passent colorées. Il reste sur le filtre une masse molle, blanche, formée de molécules *les unes arrondies les autres amorphes.* C'est à cette substance que Denis donne le nom de *plasmine*[2].

Si l'on délaye cette pâte dans 10 à 20 parties d'eau, on obtient bientôt une solution complète, mais au bout de 5 minutes à un quart d'heure, suivant les dilutions, cette liqueur se coagule spontanément en donnant un caillot adhérant au vase et entièrement incolore.

Lorsque l'on presse le coagulum précédent dans un nouet on en exprime un liquide tenant en solution une substance albuminoïde, et il reste dans le linge une matière concrète ayant tous les caractères de la fibrine extraite du sang, mais avec les propriétés qu'elle acquiert lorsqu'elle a été modifiée par un contact de quelques instants avec l'eau bouillante. (Voir plus loin.)

La substance albuminoïde soluble, qui a passé à travers le linge en même temps que le sel marin, possède tous les caractères de la solution que l'on obtient en prenant la fibrine séparée du sang par agitation, la lavant, puis la dissolvant dans une solution de chlorure de sodium au 10me. C'est la variété à laquelle Denis a donné le nom de *fibrine soluble ou fibrine en solution salée.* (Voir dans cet article § 5 et suivants.)

Par la méthode précédente, Denis a obtenu en moyenne pour 1000 grammes de sang humain, 14^{gr},39 de plasmine sèche, qui

---

[1] *Mémoire sur le sang.* Paris, 1859, p. 32; et *Compt. rend.*, t. XLII, XLVII et LII.

[2] Denis fait observer, p. 33, *loc. cit.*, qu'on obtient ce coagulum avec du plasma dilué où l'on ne découvre au microscope aucun corpuscule.

lui ont donné 2^{gr},2 de fibrine concrète. C'est, en effet, à peu près la quantité de fibrine que l'on extrait directement du sang par le battage.

De ces expériences il semble donc que l'on doive conclure avec Denis qu'il existe dans le plasma sanguin une substance qu'il a nommé *plasmine* et qui peut être entraînée par un excès de sel marin. Ce précipité salin étant repris par l'eau donne une solution jouissant de la propriété de se coaguler spontanément. La plasmine se dédouble ainsi en deux matières albuminoïdes : l'une, qui est la *fibrine concrète* ou *fibrine ordinaire* proprement dite ; l'autre, qui est une *fibrine soluble* en partie du moins grâce au sel marin. Lors de la coagulation spontanée du sang, cette dernière reste en solution dans le sérum, d'où elle peut être extraite comme nous le verrons plus loin.

Tels sont les faits observés par Denis et la théorie par laquelle il explique la production de la fibrine.

Théorie de A. Schmidt. — D'après la théorie de A. Schmidt, en général adoptée par les physiologistes allemands[1], la production de la fibrine serait due non plus au dédoublement d'une substance primitivement dissoute dans le plasma sanguin, mais à l'union de deux substances solubles que l'on peut extraire de ce plasma. Ces substances génératrices de la fibrine portent le nom de *paraglobuline* et de *matière fibrinogène*.

Pour obtenir la *paraglobuline* (appelée aussi *globuline de A. Schmidt* ou *substance fibrino-plastique*), on étend le plasma sanguin de dix à douze fois son volume d'eau glacée, on y fait passer un courant d'acide carbonique tant qu'il se précipite des flocons ; ceux-ci sont lavées à l'eau froide chargée d'acide carbonique. Cette matière protéique, formée de granulations isolées non adhérentes entre elles, constitue la *paraglobuline*. Nous donnerons plus loin les moyens pratiques de l'obtenir et nous en décrirons les propriétés.

Le plasma privé de cette substance ne se coagule plus ; mais si, d'après A. Schmidt, on y redissout cette paraglobuline grâce à un courant d'air ou d'oxygène qui favorise sa dissolution, le plasma redevient spontanément coagulable et la fibrine se reproduit.

---

[1] Voir aussi un bon résumé de la théorie un peu différente de Brücke dans Frey, *Traité d'histologie et d'histochimie*, traduction française, p. 17, *Remarque*.

Pour obtenir le second facteur de la fibrine, *la substance fibri-nogène*, on reprend le plasma privé de paraglobuline, on le dilue encore davantage et l'on y fait passer à refus de l'acide carbonique, ou bien on le neutralise parfaitement par de l'acide acétique très-étendu. On obtient ainsi un trouble lactescent d'abord, puis un précipité visqueux, adhérent aux parois des vases, formé de cylindres et de grumeaux accolés. On purifie le *fibrinogène* en le lavant par décantation avec de l'eau froide chargée d'acide carbonique.

On décrira au § 4 les propriétés des deux générateurs de la fibrine, et l'on fera à leur égard les réserves qu'imposent les travaux récents.

Lorsque à du sang ou à du plasma privé de *matière fibrinogène* on ajoute de la paraglobuline il ne se coagule plus. Si à du sérum sanguin privé de fibrine (mais contenant encore de la paraglobuline, comme le prouve l'expérience), on ajoute de la matière fibrinogène dissoute dans une très-faible solution de sel marin, elle communique à ce liquide la propriété de se coaguler et de reproduire ainsi de la fibrine.

Si on dissout à la fois la *matière fibrinogène* et la *paraglobuline* dans des alcalis tellement dilués que la réaction sur le papier bleu soit à peine sensible, et si on abandonne cette solution à 20° il se forme *quelquefois, quand les conditions sont favorables*, dit A. Schmidt, de la fibrine sous forme d'une gelée que l'agitation transforme en grumeaux plus solides. Un procédé indiqué par Hoppe-Seyler, donne de meilleurs résultats. L'une des substances est mise en suspension dans un peu d'eau aérée, l'autre est précipitée de sa solution par du sel marin en poudre, rassemblée sur un filtre et mélangée avec la première. Sous l'influence du chlorure de sodium étendu, les deux substances se dissolvent d'abord, puis entrent en combinaison et donnent bientôt un caillot d'autant plus consistant qu'on aura employé relativement plus de matière fibrinogène. La fibrine qu'on extrait de ce coagulum est entièrement semblable à la fibrine ordinaire du sang.

Ainsi, d'après A. Schmidt, le phénomène de la coagulation de la fibrine résulte de l'union de deux substances primitivement dissoutes dans le plasma sanguin : la *matière fibrino-plastique* et la *matière fibrinogène*. Toutes les deux, d'après cet auteur, y sont faiblement unies à la soude. Mises en présence dans des conditions favorables, elles tendant à s'unir pour former la fibrine ordinaire en abandonnant l'alcali qui les maintenait en solution. Celui-ci devenant libre, augmente après la coagulation l'alcalinité du sérum [1].

On pourrait peut-être concilier les deux théories si contraires de A. Schmidt et de Denis, en admettant que la plasmine de ce dernier auteur n'est autre qu'un mélange de paraglobuline et de matière fibrinogène, et que sa fibrine soluble n'est que l'excès de paraglobuline qu'on retrouve, d'après A. Schmidt, dans le sérum après la formation spontanée du caillot ; mais, jusqu'à plus ample informé, nous devons tenir compte des faits signalés par Denis et par A. Schmidt et de leur interprétation personnelle, et dans cette histoire du sang présenter successivement l'étude des diverses substances que ces auteurs ont fait connaître.

§ 3. — LA PLASMINE DE DENIS.

Nous avons donné au paragraphe précédent le procédé qui permet d'obtenir la *plasmine*.

[1] Voy. à ce sujet les travaux de A. Schmidt dans les *Archives de Reichert* et de *Dubois-Reymond*, 1861, p. 545 et 675, et 1862, p. 428 et 333.

J'avais écrit cet article lorsque de *Nouvelles recherches sur la coagulation de la fibrine*, par A. Schmidt, ont paru en 1872, dans *Pflüger's Arch. Band. VI. 8º et 9º parties*, p. 413). L'auteur y reprend et confirme, dit-il, ses anciennes assertions sur les substances fibrinogène et fibrinoplastique, à l'exception d'un seul point toutefois, mais qui est fondamental : les substances fibrinoplastique et fibrinogène ne sont plus capables, quand elles sont pures, de produire de la fibrine par leur réaction réciproque. Cette réaction ne peut avoir lieu qu'en présence d'une *troisième matière*, qui provient de l'air extérieur et que ses propriétés feraient placer parmi les ferments. On voit que si A. Schmidt n'a pas résolu nettement la question de la formation de la fibrine, il est parvenu à la compliquer beaucoup. Il aura sans doute oublié que le sang et la lymphe se coagulent spontanément à l'abri de toute influence de l'air quand on les fait couler des vaisseaux dans le vide, ou dans une enceinte pleine d'hydrogène ou d'acide carbonique à l'abri de tout germe aérien. Voici du reste la préparation de cet intéressant ferment. On coagule 100 grammes de sang de bœuf avec 2000 grammes d'alcool à 85º. On filtre, et après huit à douze jours, on sèche le résidu sur de l'acide sulfurique ; on le pulvérise, on le laisse digérer avec de l'eau distillée. Le ferment se redissout dans l'eau ; on le *purifie* en le reprécipitant par l'alcool, le lavant et l'évaporant de nouveau sur l'acide sulfurique.

On voit combien peu ce mode de préparation parvient à séparer ce ferment d'une partie des substances extractives du sérum ; comment ce prétendu ferment simplifie peu cette prétendue réaction de la matière fibrinoplastique sur la matière fibrinogène ; et comment Schmidt s'en sert commodément pour expliquer que cette union n'ait pas lieu dans le sang contenu dans les vaisseaux où ce ferment aérien n'existe pas.

Ce n'est point là de la science réelle, telle du moins que nous la comprenons, mais un ensemble d'hypothèses fondées chacune sur des faits incomplètement étudiés. Je mets toutefois mes lecteurs au courant de ces théories ne fût-ce que pour les aider à les combattre.

Elle se présente [1] à l'état humide sous forme d'une pâte molle, blanche, due à la réunion d'une infinité de molécules, les unes arrondies, les autres amorphes. On peut la sécher dans le vide à 40° sur du papier buvard : celui-ci absorbe la majeure partie du sel, mais on ne saurait le lui enlever tout entier sans la dénaturer.

La plasmine humide préparée depuis quelques jours ne perd aucune de ses propriétés. Si après l'avoir conservée pendant vingt-quatre heures à l'état sec on l'humecte peu à peu, elle ne paraît pas être plus altérée que si elle venait d'être préparée récemment.

Elle est soluble dans l'eau, grâce sans doute à la petite quantité de chlorure de sodium qu'elle retient ; sa solution dans 10 à 20 parties d'eau est transparente, incolore et très-fluide. Un excès de divers sels la précipite.

La chaleur coagule ses solutions ; l'alcool produit le même effet ; les acides et les alcalis la précipitent.

Cette substance laissée quelque temps, en solution dans de l'eau légèrement salée, ne tarde pas à se dédoubler, suivant Denis, en *fibrine concrète modifiée* [2] qui donne à la solution l'apparence d'une gelée, et en *fibrine pure dissoute* [3].

Dans le sang veineux normal le rapport de la fibrine concrète à la fibrine dissoute, est comme 1 est à 6,2 [4]. *Ce rapport varie avec les divers sangs*, surtout pendant les maladies. Lorsque la fibrine s'est ainsi formée aux dépens de la plasmine, sans que celle-ci ait préalablement subi la modification que lui fait éprouver l'addition de sulfate de soude elle est à l'état de *fibrine concrète pure*, c'est-à-dire soluble dans le chlorure de sodium au dixième.

Ajoutons maintenant que le sang veineux ne donne, quand on le bat, que de la *fibrine concrète pure*, et le sang artériel que de la *fibrine concrète modifiée* ou insoluble dans le chlorure de sodium [5]. Nous reviendrons sur ce point.

---

[1] Denis, *loc. cit.*, p. 32.

[2] C'est la modification de la fibrine ordinaire, devenue insoluble dans les solutions de sel marin au dixième. Voir plus loin.

[3] Denis entend par là une substance identique à celle qu'on obtient en dissolvant la fibrine concrète dans du sel marin étendu.

[4] *Loc. cit.*, p. 154. Dans cinq expériences Denis a trouvé pour le sang normal les rapports suivants : $\dfrac{1}{6,6}$, $\dfrac{1}{6,3}$, $\dfrac{1}{4,88}$, $\dfrac{1}{5,5}$, $\dfrac{1}{5,2}$.

[5] Denis, *loc. cit.*, p. 40.

§ 4. — LA PARAGLOBULINE ET LA SUBSTANCE FIBRINOGÈNE.

Paraglobuline ou substance fibrino-plastique. — On a dit
(p. 459) que cette substance se rencontre dans le globule sanguin
et qu'elle paraît, d'après A. Schmidt et Kühne, s'extravaser dans
le plasma. On a indiquée (p. 491) une méthode pour l'extraire du
plasma. Mais comme la paraglobuline se trouve aussi dans le sérum, il vaut mieux, pour la préparer, faire passer dans ce liquide
additionné de 10 à 12 parties d'eau, un courant d'acide carbonique, ou ajouter au sérum une quantité d'acide acétique très-
étendu et telle qu'il reste à peine sensiblement alcalin. (4 gouttes d'acide à 25 p. 100 dans 10 centimètres cubes de sérum
de bœuf dilué avec 15 volumes d'eau). 100 centimètres cubes de
sérum de bœuf donnent ainsi $0^{gr},70$ de substance fibrino-plastique. On en obtient $0^{gr},80$ avec 100 centimètres cubes de sang de
cheval.

La paraglobuline ainsi précipitée est une matière formée de
granulations non adhérentes entre elles, facile à laver sur le filtre,
insoluble dans l'eau désaérée et dans l'alcool, soluble dans l'eau
dissolvant de l'oxygène ; elle se précipite partiellement de ses
solutions par l'acide carbonique. Elle peut-être conservée deux
jours sans perdre son pouvoir fibrino-plastique, mais elle devient
alors visqueuse, transparente, soluble dans l'eau distillée.

La paraglobuline se dissout dans l'eau aérée ou très-chargée
d'acide carbonique, dans les alcalis, dans leurs carbonates et dans
les acides très-étendus. Elle se précipite de ses solutions par un
excès de sel marin en poudre ou par la neutralisation de la liqueur, mais non par la seule action de la chaleur ni par l'alcool.
Elle se précipite aussi sous l'influence d'un petit excès d'acide
acétique.

La paraglobuline précipitée, chauffée avec de l'eau à 60°, devient insoluble dans les acides et dans l'eau chargée d'oxygène.

Les acides concentrés et les sels métalliques se comportent avec
la paraglobuline comme avec l'albumine ordinaire. Les solutions
de paraglobuline sont précipitées par le sulfate de cuivre.

La paraglobuline en solution aqueuse a la propriété de passer
assez rapidement par exosmose à travers les membranes animales
telles que celles de la vessie et des intestins, tandis qu'il n'en est

pas ainsi de l'albumine et de la plupart des corps analogues. La paraglobuline ne passe pas au contraire à travers le papier parchemin.

La substance fibrino-plastique a la propriété de décomposer lentement l'eau oxygénée et d'en dégager l'oxygène.

Substance fibrinogène. — On a déjà donné un moyen de la préparer avec le plasma sanguin (p. 492). Mais celui-ci étant difficile à obtenir, il vaut mieux extraire le fibrinogène de certains liquides pathologiques qui le contiennent souvent abondamment : tels sont les sérosités de la plèvre, du péritoine, du péricarde, ou le liquide de l'hydrocèle. Il suffit d'étendre ces liqueurs de 20 fois leur volume d'eau et de les saturer bien exactement par de l'acide acétique très-dilué, ou bien d'y faire passer à refus un courant d'acide carbonique, pour obtenir un trouble qui se résout bientôt en un précipité visqueux, adhérant aux parois. Après avoir été lavé par décantation avec de l'eau chargée d'acide carbonique, il constitue la *matière fibrinogène* à l'état pur.

J. Muller avait remarqué déjà, en 1834, qu'en ajoutant de l'éther au plasma de grenouille on en précipite des flocons d'une matière azotée, ce qui n'a pas lieu pour le sérum. Si le plasma ou les liquides séreux sont additionnés d'un mélange de 3 parties d'alcool et de 1 partie d'éther, on en précipite en effet le *fibrinogène*.

La substance fibrinogène est un corps protéique insoluble dans l'eau désaérée, soluble dans l'eau chargée d'oxygène, dans l'eau légèrement acidulée, alcalinisée ou salée. Toutes ces propriétés la rapprochent de la paraglobuline, si ce n'est qu'en général la solubilité de cette dernière est plus grande, que le fibrinogène se coagule par la chaleur, et qu'il se précipite de ses solutions par l'alcool absolu.

Le fibrinogène produit avec le sulfate de cuivre un précipité qui ne devient insoluble que dans un excès de ce réactif.

Les propriétés exosmotiques du fibrinogène sont analogues mais non identiques à celles de la paraglobuline.

Le fibrinogène décompose l'eau oxygénée, comme le fait la fibrine, et perd comme elle cette propriété à 72°.

Nous n'avons pas besoin de revenir ici sur les expériences par lesquelles on a pensé avoir démontré que par leur action réciproque les solutions de paraglobuline et de fibrinogène produisaient de la fibrine. Le temps nécessaire à cette coagulation augmente si l'on abaisse la température du dissolvant. A 50° les deux générateurs de la fibrine perdent leur action spécifique, et sans avoir pour cela subi d'altération bien sensible, ne sont plus aptes à donner de fibrine.

Une très-minime quantité d'acide ou d'alcali entrave l'action mutuelle des générateurs de la fibrine.

Réserves relatives à la nature de la paraglobuline et du fibrinogène. — Dans un très-intéressant travail publié après que ce paragraphe relatif aux matières fibrinogène et fibrinoplastique avait été écrit, MM. E. Mathieu et V. Urbain paraissent avoir définitivement établi deux points importants :

1° L'acide carbonique dissous dans le blanc d'œuf se combine à l'albumine sous l'influence de la chaleur et devient la cause de la coagulation. Les solutions d'albumine privées d'acide carbonique par le vide *sont incoagulables*. Si on leur restitue 55 à 85 c. cubes d'acide carbonique par 100 c. cubes de blanc d'œuf, elles reprennent la propriété de se coaguler par la chaleur.

2° L'albumine privée *de ses sels volatils* (et spécialement du carbonate d'ammoniaque), par le vide absolu, se transforme *en globuline*, c'est-à-dire en une substance entièrement semblable aux matières dites *fibrinogène et fibrinoplastique* de A. Schmidt et à la *globuline* de Berzelius, précipitable comme elles à froid par l'acide carbonique, se redissolvant dans l'eau aérée, décomposant l'eau oxygénée, acquérant sous l'influence d'un demi-centième de phosphate alcalin les propriétés de la caséine. Le précipité que forme à froid la globuline avec l'acide carbonique est une combinaison instable de cette substance avec ce gaz ; un courant d'air ou d'un gaz inerte, déplaçant l'acide carbonique, redissout le coagulum ; mais, si l'on chauffe, la combinaison devient persistante[1].

§ 5. — LA FIBRINE.

Fibrine du sang veineux battu ou fibrine proprement dite. — Tout le monde sait que lorsqu'on bat du sang veineux avec une verge, il s'attache bientôt autour de cet instrument des flocons

____

[1] Comptes rendus, t. LXXVII, p. 706.

rougeâtres fibrineux, élastiques, que l'on peut décolorer par des lavages répétés à l'eau. La matière ainsi séparée du sang est la *fibrine* proprement dite.

C'est une substance élastique, opaque, blanche ou blanc grisâtre, en grumeaux ou en lanières, formées de filaments ou fibrilles microscopiques entrelacées, englobant, malgré des lavages répétés, quelques globules de sang décolorés. On peut obtenir la fibrine dénuée de globules en opérant avec le plasma sanguin que l'on bat pendant qu'il se coagule. La fibrine qui se forme dans le plasma au repos est identique avec celle que l'on obtient par le battage[1] ; elle se présente sous forme de lanières fibrillaires, texture qu'elle paraît devoir à la rétraction continue du coagulum[2].

La quantité de fibrine contenue dans le sang veineux humain varie à l'état de santé de 1,9 à 2,8 pour 1000. Le sang normal en donne 2,03 à 2,63 suivant Scherer ; 2,2 à 2,8 suivant Becquerel et Rodier ; 2,5 suivant Nasse. Le sang artériel en contient un peu plus que le sang veineux, au moins dans les gros vaisseaux.

La fibrine humide contient plus des trois quarts de son poids d'eau ; 80 p. 100 environ.

100 parties de fibrine sèche donnent à l'analyse : $C = 52,6$; $H = 7,0$; $Az = 16,6$; $S = 1,2$ à $1,6$; Oxygène $= le\ complément$[3].

Au moment où la fibrine se coagule le plasma devient plus alcalin, et il se précipite en même temps une petite quantité de phosphates de chaux et de magnésie.

La fibrine est insoluble dans l'eau. Elle se dissout plus ou moins rapidement dans les solutions étendues d'un certain nombre de sels neutres : l'azotate de potasse, le sel marin, le sulfate de soude au dixième. Ces dissolutions se coagulent par la chaleur

---

[1] Voy. plus bas *fibrine du sang veineux coagulé au repos.*

[2] Suivant Abeille, il se forme plus de fibrine par le battage que par la coagulation spontanée, et le sang échauffé à la température du corps de l'animal donnerait plus de fibrine que quand on le maintient à 0°. D'après Marchal de Calvi, au contraire, on obtiendrait par le battage un cinquième de moins de fibrine que par la coagulation spontanée.

[3] Les auteurs donnent des résultats un peu variables qui paraissent tenir à des différences sensibles dans la nature de la substance analysée. La fibrine obtenue par le battage du sang n'est pas entièrement pure, Lehmann y a signalé de la cholestérine, Berzelius des graisses et des savons ammoniacaux. Les extraits alcoolo-éthérés forment jusqu'à 2,7 p. 100 du poids de cette fibrine. Il est probable aussi qu'elle contient un peu de lécithine, car Virchow y a démontré la présence de l'acide phospho-glycérique

à 60° ou 65°, et le coagulum ne peut plus se dissoudre par les mêmes dissolvants.

Les solutions de fibrine dans les sels neutres précipitent par les acides et par l'alcool, ainsi que par le sulfate de magnésie en poudre [1].

L'eau additionnée de 5 à 6 millièmes d'acide chlorhydrique ne dissout pas la fibrine, mais la transforme en une gelée transparente ; il suffit de la laver, après en avoir neutralisé l'acide, pour obtenir la fibrine sous son volume primitif. Au contraire, l'eau aiguisée de un 1000° d'acide chlorhydrique la dissout plus ou moins rapidement. A 40° ou 50°, cette solution se fait en quelques heures. La fibrine est alors modifiée et transformée en *syntonine* précipitable par la neutralisation de la liqueur et non précipitable par la chaleur. Les acides acétique et phosphorique ordinaires agissent d'une manière analogue.

La fibrine se dissout également à une douce température dans l'ammoniaque et dans les alcalis caustiques très-dilués. Dans toutes ces liqueurs, elle paraît être passée à l'état de syntonine non coagulable par la chaleur.

Les solutions alcalines de fibrine sont précipitées par le chlorure mercurique, l'acétate de plomb et le sulfate de cuivre.

Le ferro-cyanure de potassium produit, avec la solution de fibrine acétique, un précipité blanc qui se redissout d'abord, puis devient permanent.

La fibrine est soluble dans la bile diluée.

Exposée à l'air la fibrine humide absorbe de l'oxygène et dégage de l'acide carbonique.

Thénard a découvert que la fibrine décompose l'eau oxygénée (surtout si celle-ci est un peu étendue), en en dégageant l'oxygène, et sans paraître se modifier elle-même. La fibrine perd cette propriété si on la transforme en *fibrine modifiée* en la chauffant au-dessus de 72°.

Si, à de l'eau oxygénée, mêlée de quelques gouttes de teinture de gaïac, on ajoute de la fibrine, la liqueur se colore aussitôt en bleu (*Schœnbein*).

La fibrine, lorsqu'elle a subi la coction à 100°, ou bien lorsqu'elle est restée longtemps à l'air ou en contact avec l'alcool,

---

[1] Denis, *Mémoires sur le sang*, p. 44.

devient inapte à absorber l'oxygène ambiant et à décomposer l'eau
oxygénée. Elle n'est plus, dès lors, soluble dans l'eau salpétrée ou
salée, ni dans l'acide chlorhydrique au millième, mais elle l'est
encore dans les alcalis dilués. C'est la *fibrine concrète modifiée* de
Denis (voyez plus bas *fibrine du sang artériel*).

D'après Magendie, la fibrine des animaux très-jeunes ou épuisés par des saignées répétées est plus molle et moins élastique
que la fibrine ordinaire. Abandonnée dans de l'eau tiède, elle
finit par s'y dissoudre en donnant une solution ayant les caractères
de blanc d'œuf. Suivant Béclard, le caillot fibrineux du sang de
la veine porte, et celui de la splénique, abandonnés à eux-mêmes,
se liquéfient au bout de 12 à 24 heures.

La fibrine laisse toujours des cendres par sa calcination. Elles
sont formées de 1,7 p. 100 de fibrine de phosphate tribasique de
chaux, d'un peu de phosphate de magnésie, d'acide sulfurique,
de carbonate de chaux et de fer[1]. En tout 1,9 p. 100 du poids
de la fibrine environ.

Fibrine soluble de Denis. — On a déjà dit que Denis a donné
ce nom à la substance qui reste en solution dans l'eau salée lorsque, suivant cet auteur, la plasmine se dédouble en *fibrine
concrète* et *fibrine soluble*. Après la coagulation spontanée
du sang, cette fibrine soluble existe donc dans le sérum. On
peut l'en extraire en l'additionnant de sulfate de magnésie à saturation. La *fibrine soluble* est identique, d'après Denis, à la solution de fibrine ordinaire dans le sel marin étendu.

Fibrine du sang artériel. — (*Fibrine concrète modifiée de Denis*).
— Nous verrons que le sang artériel contient un peu plus de fibrine
que le sang des grosses veines. C'est ainsi que celui de la veine
cave donnant 2,14 de fibrine pour 1000 grammes de sang, celui
des artères en donne 3 à 4. Denis a observé de plus que la fibrine
artérielle différait de la fibrine veineuse. De quelque manière
qu'on l'obtienne, par le repos, par le battage, avec ou sans sel,
la fibrine du sang artériel est toujours *modifiée*, c'est-à-dire qu'elle
possède tous les caractères de la fibrine qui a été portée quelques instants à 100° : elle est insoluble dans les solutions au
dixième de sels neutres à base alcaline.

La fibrine concrète, obtenue par la transformation de la plasmine

---

[1] Boussingault, dans 100 de fibrine sèche de sang de vache, a trouvé 0gr,0465 de fer.

du sang veineux en présence du sulfate de soude est aussi de la fibrine modifiée.

Fibrine du sang veineux coagulé au repos [1]. — Suivant Denis, la fibrine retirée après 24 heures du sang veineux qu'on laisse se coaguler au repos, diffère très-sensiblement de la fibrine ordinaire obtenue par le battage du même sang. Si on la traite par trois fois son poids d'une solution de sel marin étendu au dixième, on obtiendra au lieu d'une dissolution que donnerait la fibrine ordinaire, une substance visqueuse, filante, muqueuse, non filtrable, dont l'eau dégage immédiatement la fibrine sous sa forme primitive. Cette fibrine paraît être un mélange de *globuline* de Denis (p. 457), apte à se gonfler seulement dans les solutions de sel marin, et de fibrine ordinaire dissoute. Celle-ci peut en être retirée en précipitant la matière visqueuse précédente avec de l'alcool fort, la broyant avec lui, puis reprenant au bout d'une heure par de l'eau salée, qui donne après filtration une solution ayant tous les caractères de celle qu'on obtient avec la fibrine ordinaire.

Fibrine de la couenne. — On sait que lorsqu'on laisse coaguler au repos certains échantillons de sang morbide ou sain il se forme quelquefois à leur surface un disque blanc grisâtre, consistant, auquel on a donné le nom de *couenne*. Ce gâteau, qui apparaît souvent sur le caillot pendant les maladies inflammatoires, est spécialement formé de fibrine concrète pure, c'est-à-dire qu'il est presque entièrement soluble dans les solutions aqueuses de sel marin au dixième, tandis que la fibrine du caillot sous-jacent est plus ou moins mélangée de globuline [2].

Fibrines artificielles. — H. Smée a avancé [3] que si, dans du sérum, dans du blanc d'œuf, ou dans les produits dialysés de la digestion de la fibrine ou de l'albumine cuites, maintenus à 37 ou 38°, on fait passer lentement un courant d'oxygène, on transforme partiellement ces substances en fibrine. Cette action est fortement aidée quand on place dans les liqueurs des rouleaux de lames de platine. Il se dépose alors sur eux, dit Smée, de la fibrine sous

---

[1] Denis, *loc. cit.*, p. 45.

[2] D'après Bouchardat (*Compt. rend.*, t. XIV, p. 147), la fibrine de la couenne inflammatoire étant lavée, et mise plusieurs heures à bouillir avec 3 ou 4 fois son poids d'eau, laisserait se dissoudre une portion notable qui se prend en gelée, précipita par l'acide nitrique, le chlore, le tannin, le sublimé, et qu'il croit être de la gélatine.

[3] *Proc. Roy. Soc.*, t. XII, p. 399. Voy. *Thèse de M. Lesceur* Paris, 1875, p. 23.

forme de beaux filaments blancs et parallèles. Ces expériences méritent confirmation.

Brüke nous a appris que la matière qne l'on obtient en lavant longtemps avec de l'eau l'albuminate de potasse préparé par l'action de la potasse concentrée sur l'albumine d'œuf est une matière très-analogue à la fibrine, mais qui décompose l'eau oxygénée beaucoup plus lentement qu'elle. Il lui a donné le nom de *pseudo-fibrine*. L'albuminate se transformerait-il, dans ce cas, en fibrine sous l'influence de l'acide carbonique ambiant qui enlève la potasse, et de l'oxygène de l'air qui en même temps oxyderait l'albumine ?

Opinions sur la genèse de la fibrine. — Lehmann ayant observé que les petites veines contiennent plus de fibrine que le sang artériel, dans la proportion de 3 à 2, suppose que la fibrine se forme dans les capillaires, et qu'elle est un produit d'oxydation de la sérine[1]. Cette opinion est aussi appuyée sur un certain nombre d'analyses qui, pour une même quantité d'hydrogène, donnent une moindre proportion de carbone pour la fibrine que pour l'albumine. Ce point de vue serait aussi confirmé par les expériences de Sméc. Dans les maladies inflammatoires du poumon, la fibrine augmente dans le sang, quoiqu'il absorbe moins d'oxygène, mais on peut expliquer ce fait, suivant certains auteurs, par l'hypothèse que l'oxygène qui arrive au sang serait suffisant pour transformer l'albumine en fibrine, mais impuissant à brûler celle-ci pour la faire passer à l'état d'urée[2]. D'ailleurs, le sang des tissus enflammés est plus riche en oxygène et en acide carbonique, en même temps qu'il est plus chargé de fibrine, que le sang des tissus sains.

§ 6. — PHÉNOMÈNE DE LA COAGULATION DU SANG.

Coagulation du sang. — Lorsque le sang a été retiré des vaisseaux, il ne tarde pas à subir la coagulation spontanée. Au bout de 1′45″ à 6 minutes, pour le sang humain, on voit se former à la surface du liquide une pellicule mince qui devient tenace peu à peu et

---

[1] Lehmann, *Gmelin Handbuch.*, t. VIII [2], 167.

[2] Je donne ici cette hypothèse ingénieuse sans qu'elle me semble toutefois cadrer avec les faits, car dans les maladies inflammatoires et *malgré la diète*, la quantité d'urée secrétée *augmente* pendant la période fébrile.

s'étend sur tous les points où le sang est en contact avec le vase. Bientôt la masse tout entière devient gélatineuse, tremblotante, et au bout de 7 à 16 minutes le sang a pris la consistance d'une solution concentrée de colle ou d'amidon; le *caillot* produit s'est moulé sur les parois du vase auquel il adhère. Peu à peu ce caillot durcit lentement par une sorte de contraction spontanée; il en résulte la transsudation à travers ses pores d'un liquide de couleur ambrée chez l'homme, liquide qui suinte bientôt autour du caillot, et vient occuper la partie la plus élevée du vase. C'est le *sérum.* L'exsudation du sérum, conséquence de la contraction du caillot, est assez rapide dans les douze premières heures, mais se continue encore pendant un très-long temps[1].

La fibrine, dont le retrait produit la contraction du caillot, emprisonne tous les éléments cellulaires du liquide sanguin. En examinant au microscope des coupes de ce caillot, on voit ces éléments englobés dans le lascis fibrineux (*fig.* 24).

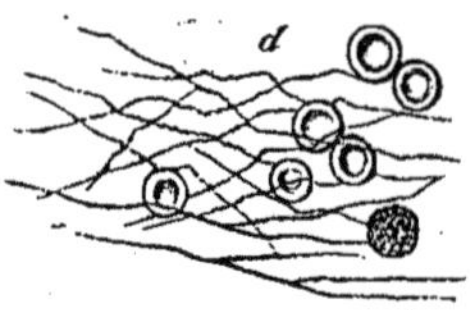

Chez les individus vigoureux, la coagulation du sang est plus lente à se faire. Les individus faibles, ceux qui ont subi de fréquentes saignées, les femmes et les enfants, donnent un sang qui se coagule plus vite.

Fig. 24 — Caillot sanguin vu au microscope.

Le sang de cheval se coagule très-lentement, celui de mouton très-vite; les sangs de chien, d'oiseaux, de reptiles et de poissons[2] se coagulent rapidement.

Suivant Berthold et Davy, la fibrine se coagule une minute et demi à 4 minutes plus vite dans le sang artériel que dans le sang veineux. Mais le temps que le sang de chaque organe met à se coaguler est variable. Brücke a même observé que certains sangs artériels se coagulent très-tardivement et certains sangs veineux très-vite. Le sang de la jugulaire se coagule moins rapidement que celui de la rate (*Béclard*).

Le sang dans les vaisseaux des cadavres ne se coagule qu'au bout de 12 à 24 heures, et quelquefois seulement alors qu'il subit

---

[1] J'ai observé que du sang, mêlé de matières antiputrides, donnait un caillot dont la contraction continuait encore 15 jours après.

[2] D'après Jones, cité par Milne Edwards, *Leçons sur la physiologie*, t. I, p. 526, le sang de poisson se prend rapidement en une gelée qui ne tarde pas à se liquéfier.

le contact de l'air ; le sang des tumeurs anévrismales ou des épanchements sanguins peut rester liquide des semaines et des mois.

Le caillot offre des caractères variables. Il est tantôt petit, résistant, tantôt volumineux et mou, surtout si le sang est trop aqueux.

Le sang humain normal, abandonné 24 heures au sortir de la veine, donne pour 1000 grammes :

Caillot

475^{gr} à 560^{gr} contenant : { globules à l'état humide. . 350^{gr} à 360^{gr}
 { sérum interstitiel. . . . . 125^{gr} à 200^{gr}

Sérum

525^{gr} à 440^{gr}

Pendant la formation du caillot il n'y a sensiblement aucune production de chaleur.

Brown-Séquard a observé, en 1851, que si dans les artères d'un supplicié on injecte du sang défibriné tiède, ce sang sort par les veines avec la propriété de se coaguler de nouveau. La substance qui donne lieu à la fibrine s'y est donc reproduite.

Qu'est-ce qui hâte ou entrave la coagulation ? — Lorsqu'on reçoit le sang à la sortie d'une petite veine sur les minces baguettes d'un balai, la solidification de la fibrine se fait presque au fur et à mesure de la chute du liquide. Le battage hâte encore la coagulation ; il en est de même de la rugosité des récipients. Le sang étalé dans des vases plats se coagule plus vite que dans de longs cylindres. L'influence de l'air paraît aider la coagulation et explique en partie ces différences.

La température la plus favorable à la prompte formation du caillot est la température même de l'animal auquel le sang appartient. Dès qu'on a dépassé 37° pour l'homme, l'augmentation de température entrave la coagulation. Elle est moins rapide à 38° qu'à 25°. En soumettant le sang à un froid intense à sa sortie des vaisseaux, on peut le congeler avant toute coagulation ; mais au dégel il se coagule plus rapidement que s'il n'avait pas été refroidi.

La coagulation est entravée par de petites quantités d'acides, d'alcalis, ou de carbonates alcalins, ce qui ne prouve pas que la fibrine ne se soit formée, car on a vu plus haut qu'elle devient soluble dans ces conditions et se transforme en syntonine. Les sels alcalins neutres, les chlorures alcalins, l'azotate de potasse, l'acétate de soude, le borate de soude et son sulfate, le sulfate de magnésie, entravent et peuvent empêcher entièrement la coagulation du sang.

Le sang reçu dans 10 à 20 fois son volume de glycérine ne se coagule pas (*Grün Hagem*). Cette solution donne un caillot lorsqu'on l'étend d'eau.

Les sangs chargés naturellement ou artificiellement d'acide carbonique se coagulent très-lentement.

Les maladies tantôt entravent, tantôt, au contraire, hâtent la coagulation du sang [1]. Nous y reviendrons dans la IIIe Partie.

Le sang des veines sus-hépatiques ne se coagule que très-difficilement. Il en est de même de celui des règles. On a prétendu que le sang des individus frappés de la foudre serait incoagulable ; mais cette assertion mérite d'être mieux confirmée.

Causes auxquelles on a voulu rattacher la coagulation. — L'action de l'air hâte la coagulation du sang, mais n'en est pas la cause. Si l'on reçoit du sang dans le vide, ou encore si dans un tube muni d'un robinet à chacune de ses extrémités on fait couler du sang au sortir de la veine pour en chasser tout l'air, puis lorsque le tube sera plein de sang, si l'on en ferme les deux bouts, le sang se coagulera aussi bien que lorsqu'il est exposé à l'air. Il en sera de même si l'on reçoit le sang dans une atmosphère d'azote, d'hydrogène ou d'acide carbonique.

Le sang ne se coagule pas parce qu'il perd son acide carbonique, comme l'avait dit Scudamore, ou parce qu'il perdrait une trace d'ammoniaque, comme l'avait cru Richardson [2]. J. Davy a fait voir en effet que la présence d'une quantité notable d'ammoniaque ajoutée à l'athmosphère qui règne autour du sang ne l'empêche pas de se coaguler. Thiry, Strauch et Kühne ont d'ailleurs prouvé qu'il ne se dégageait pas d'ammoniaque pendant la coagulation. Le sang ne se coagule pas parce qu'il se refroidit ; il ne se coagule pas davantage parce qu'il n'est plus en mouvement, comme on l'a démontré par l'expérience directe.

Théories données pour expliquer la non-coagulation du sang dans les vaisseaux. — Denis admet [3] que si la *plasmine* se transforme hors des vaisseaux en fibrine concrète et fibrine soluble,

---

[1] Polli cite une observation où le sang d'un homme vigoureux, atteint pendant l'été d'une pneumonie franche, ne se coagula qu'au bout de 8 jours.

[2] Voir *Journ. de physiol.*. de Brown-Séquard, 185*. t. I, p. 589, 570 et 816.

[3] Voir son *Mémoire sur le sang*. Paris, 1859, p. 157.

c'est qu'elle subit ainsi une sorte de décomposition dont l'avait jusque-là protégé l'influence vitale, et qu'elle tombe désormais sous l'action des lois de la nature morte. En un mot, la plasmine ne se dédouble pas dans les vaisseaux, *parce qu'elle y est vivante*. On ne saurait aujourd'hui accepter une telle explication.

A la théorie de la coagulation du sang rattachée par Denis au dédoublement de la plasmine, on fera les objections suivantes :

1° La plasmine existerait dans le sang sans y produire de fibrine concrète ;

2° Elle serait formée de proportions *variables* de ses deux composants *fibrine concrète* et *fibrine soluble*, d'après les chiffres mêmes de Denis donnés plus haut ;

3° Cette théorie n'explique pas que du sang défibriné, introduit dans un cœur exsangue, ou dans les vaisseaux d'un supplicié, reprenne rapidement la propriété de se coaguler ;

4° Elle n'explique pas que le sérum s'alcalinise après la coagulation de la fibrine.

A. Schmidt, admettant que la formation de la fibrine a lieu par l'union de la matière fibrino-plastique à la matière fibrinogène, on se demande aussitôt pourquoi cette union ne se fait pas dans les vaisseaux de l'animal, car on ne saurait admettre comme suffisante sa dernière théorie de la production de la fibrine sous l'influence déterminante d'un ferment aérien, puisque l'on a vu que le sang se coagule dans le vide ou dans les gaz azote et hydrogène purs.

Pour expliquer la non-coagulation du sang dans les vaisseaux Schmidt annonce d'abord avoir reconnu par expérience que la matière fibrino-plastique (p. 386) est plus rapidement oxydée par l'oxygène, et surtout par l'ozone, que le fibrinogène, et que par conséquent l'un des facteurs de la fibrine tend sans cesse à disparaître dans le sang ; il suppose que la membrane vasculaire détruit la substance fibrinogène, ou bien qu'elle transforme les deux facteurs de la fibrine, et leur fait perdre toute affinité réciproque [1]. Il croit pouvoir établir ces deux dernières hypothèses sur ce fait, observé par Magendie et Brown-Séquard, que du sang de tortue défibriné, réintroduit dans le cœur de l'animal encore vivant, et bien lavé au sérum, reprend la propriété de se recoaguler, mais que la rapidité de cette coagulation est *plus grande quelques*

---

[1] A. Schmidt, *Virchow Archiv.*, 1862, p. 563.

instants *après la réintroduction du sang que plus tard*, de telle
façon qu'il semble que la matière fibrinogène d'abord produite en
excès aurait été ensuite enlevée par les parois vasculaires. On voit
que l'explication de Schmidt n'est appuyée que sur une série de sup-
positions qui ne découlent point forcément des faits. D'ailleurs
à la théorie de A. Schmidt, nous ferons encore les objections suivantes :

1° L'oxydation successive et rapide de la paraglobuline dans les
vaisseaux étant admise, cette cause ne saurait empêcher la production de la fibrine, car la paraglobuline, à quelques instants
qu'on prenne le sang, est toujours en grand excès sur le fibrinogène, et reste en abondance dans le sérum ;

2° Les parois vasculaires ne détruisent notablement aucun des
éléments de la fibrine, car le sang contenu dans le cœur de tortue,
ou celui qu'on renferme longtemps, comme l'a fait Hewson, dans
la veine jugulaire d'un animal vivant, se coagule au bout d'un
quart d'heure par une simple ouverture de la veine ou par une in-
sufflation d'air ;

3° Si la matière fibrino-plastique existait dans le sang contenu
dans les vaisseaux, pourquoi ne passerait-elle pas dans tous les
cas avec le fibrinogène à travers les membranes séreuses, puisque
nous savons que la paraglobuline peut les traverser très-aisément par exosmose? Et pourquoi l'existence de liquides séreux se
coagulant spontanément serait-elle si rare?

Brücke, reprenant et consolidant par de nouvelles expériences la
théorie de A. Cooper et Thachrah, arrive à cette conclusion,
qu'une seule influence maintient le sang liquide, c'est son contact avec les parois des vaisseaux vivants[1]. C'est aussi la conclusion à laquelle les expériences de Mandl l'avaient fait arriver.
Mais ce n'est point là une explication suffisante, et cette solution
purement négative quant aux causes présupposées, n'indique
point la cause réelle. D'ailleurs, tout le monde sait que des corps
étrangers introduits dans des vaisseaux vivants produisent autour d'eux la coagulation du sang, ce qui anéantit l'hypothèse
que la présence du sang dans des vaisseaux vivants et son contact avec eux soient suffisants pour empêcher la formation de la
fibrine.

[1] Voy. *J. de Physiolog.*, de Brown-Séquard, 1858, t. I, p. 819.

Théorie de l'auteur sur la coagulation du sang dans les vaisseaux. — Lorsqu'on lie le bout périphérique de la carotide et un peu plus bas le bout central, de façon qu'une certaine masse de sang artériel rouge clair soit ainsi isolée, on voit ce sang prendre *très-rapidement* la coloration du sang veineux. Lorsqu'on injecte du sang chaud dans un cœur qui a cessé de battre, on en rappelle les pulsations et la vie. Ces deux faits prouvent suffisamment que le sang, ou tout au moins ses globules, vivent dans les vaisseaux, et encore quelque temps après leur extravasation.

Mais dès que les globules sont soumis hors des vaisseaux ou *même dans les vaisseaux*, à l'influence de corps étrangers tels que l'air ou les matières solides, les conditions nécessaires à leur vitalité changent, et les globules tendent à périr. Or Denis a fait cette observation très-importante que lorsque le sang d'une saignée se recouvre de *couenne*, celle-ci est formée de fibrine concrète pure, tandis que la partie du caillot qui est en contact avec les globlules contient une grande quantité de *globuline* c'est-à-dire d'une substance extravasée du globule. Il en est de même si au lieu de produire rapidement la fibrine par le battage on laisse le caillot se former au repos, en contact prolongé avec le globule. Il se produit donc par la mort de la cellule hématique ou même seulement par la diminution de sa vitalité, un mouvement exosmotique qui a pour résultat d'extravaser dans le plasma sanguin une partie des substances du globule[1].

Or, nous le savons, la paraglobuline est une des substances les plus importantes de ce globule, et l'une de celles dont la force endosmotique de passage à travers les tissus animaux est la plus grande. Il est donc extrêmement probable que c'est aussi celle qui passe le plus rapidement du globule dans le plasma dès que ce globule perd de sa vitalité après que le sang est sorti de la veine, et, vu son absence dans un grand nombre de liquides séreux, il y a toute raison de penser qu'elle n'existe même pas à l'état notable dans le sang vivant contenu dans les vaisseaux.

Si la paraglobuline se trouvait en effet dans le plasma du sang bien vivant, sa facile endosmose lui permettrait de passer à travers les membranes animales, surtout lorsque celles-ci sont le siége

---

[1] Ce fait a été soupçonné, il y a déjà longtemps, par Ch. Robin. Voyez *J. Physiol. de l'homme et animaux*, t. I, p. 295.

d'une exsudation, et ce n'est que dans des cas rares que les liquides séreux sont spontanément coagulables.

Le sang ne donne donc pas de fibrine dans les vaisseaux parce que les matériaux de cette fibrine n'existent pas dans le plasma avant d'avoir été exsudés des globules rouges ou blancs.

Tout ce qui pourra faire extravaser la paraglobuline ou diminuer la vitalité du globule hâtera donc la coagulation du sang : de là la coagulation plus rapide du sang par le battage, par son exposition à l'air, par sa congélation. Tout ce qui entravera l'exsudation des globules ou qui permettra au sang de conserver plus longtemps sa vitalité, entravera aussi la coagulation : de là l'action des sels neutres, du sucre, qui rendent le plasma plus dense, de l'acide carbonique qui empêche la rapidité des oxydations, l'influence de la séparation des globules qui rend le plasma plus difficilement coagulable, et celle de la résistance vitale du sujet qui coïncide toujours avec un sang dont le caillot se forme difficilement[1].

§ 7. — DU SÉRUM EN GÉNÉRAL.

Ce liquide transparent qui vient se réunir au-dessus du caillot, et auquel on a donné le nom de *sérum* est une solution aqueuse de substances très complexes, les unes existant dans le plasma pendant la vie du sang, les autres extravasées du globule rouge par exosmose. On conçoit donc que suivant les conditions où il se sera produit, le sérum pourra varier un peu pour le même sang. Ce que nous allons dire de ce liquide dans ce paragraphe et dans les suivants s'applique plus spécialement au sérum obtenu par coagulation et contraction spontanées du caillot.

Le sérum est un liquide un peu visqueux, de couleur jaune verdâtre pour le sang humain ou pour celui du chien, ambré pour

---

[1] Heynsius avait dit avant nous que les globules rouges fournissent la substance destinée à provoquer la formation de la fibrine, mais il ne s'est pas expliqué nettement sur la non-coagulation du sang des vaisseaux. — On peut faire toutefois à notre théorie ou à celle de Heynsius, cette objection que le sang de beaucoup d'invertébrés qui ne contient que des globules blancs, est toutefois coagulable. Mais on admettra qu'il serait difficile d'affirmer que ces globules ont une constitution entièrement analogue à celle des leucocytes des mammifères, et qu'ils n'ont point quelque analogie avec nos globules rouges. La théorie de Mantegazza qui veut que, dans le sang extravasé, la fibrine soit comme exsudée des globules blancs échapperait à l'objection précédente.

le sang de cheval, rougeâtre chez le bœuf, presque incolore chez le lapin.

Sa densité moyenne est de 1,028 chez l'homme ; normalement cette densité varie de 1,026 à 1,029.

Le sérum est en général transparent, mais il peut tenir en suspension, dans certains cas, un petit nombre de globules sanguins ou des globules graisseux qui le rendent quelquefois tout à fait lactescent. On a vu plus haut que 1000 grammes de sang donnaient de 440 à 525 grammes de sérum.

Le sérum est plus fortement alcalin que le plasma.

Il est constitué par de l'eau dissolvant principalement des matières albuminoïdes, dont la plus remarquable est cette albumine du sérum à laquelle on a donné le nom de *sérine* ; il contient en outre des matières extractives nombreuses, des sels minéraux qui sont à peu près ceux du plasma, et des gaz.

On trouve dans le sérum de 88 à 95 p. 100 d'eau ; suivant C. Schmidt, la moyenne pour le sérum normal d'homme est de 90,88, pour celui de femme de 91,72 p. 100. Le sérum du sang de bœuf contient 90 à 92 d'eau pour 100, celui de chien de 91 à 95, celui de porc de 92 à 95, celui de mouton de 91 à 92, celui de pigeon de 95,5 à 95 d'eau.

L'eau augmente chez les sujets âgés. Le sérum artériel contient plus d'eau que le sérum veineux (*Simon ; Nasse*). En général la quantité d'eau est en raison inverse du poids des corpuscules hématiques.

§ 8. — MATIÈRE ALBUMINOÏDE PRINCIPALE DU SÉRUM, SÉRINE.

Une substance très-analogue à l'albumine de l'œuf, substance à laquelle on a donné le nom de *sérine*, constitue la majeure partie du poids que laisse le sérum quand on l'évapore dans le vide. Suivant Becquerel et Rodier, le sérum normal contient chez l'homme de 6,2 à 7,5 pour 100 de sérine, celui de femme en laisse de 6,5 à 7,55 pour 100. Le sang veineux en est plus chargé que le sang artériel.

Il est difficile de se procurer la sérine à l'état de pureté ; le meilleur moyen est le suivant. Le sérum est dilué de deux fois son volume d'eau et traité par de l'acide acétique très-étendu jusqu'à ce qu'il ne se fasse plus de précipité. Celui-ci est formé par de la paraglobuline et de la caséine. On filtre et l'on alcalinise très-légèrement la liqueur, puis on la soumet à la dialyse dans un tamis dont le fond est formé de baudruche, et qui nage dans de l'eau souvent renouvelée. Au bout de peu de temps toutes les parties dialysables (*peptones, matières extractives, sels minéraux*), sont passées dans le vase extérieur, et l'on n'a plus qu'à concentrer ou évaporer dans le vide le liquide du dialyseur pour avoir de la sérine à peu près pure[1]. Elle contient cependant encore environ 1 pour 100 de cendres.

A l'état sec la sérine est une substance un peu jaunâtre, transparente, cassante, analogue au blanc d'œuf desséché dans le vide. Elle est soluble dans l'eau. Entièrement sèche, elle peut être chauffée à 100° sans perdre sa solubilité. D'après Hoppe-Seyler, son pouvoir rotatoire est de 56° pour la ligne D de Frauenhoffer.

Les solutions de sérine et le sérum[2] louchissent à 58° ou 60°, et se coagulent à 75°. En même temps le liquide prend une réaction plus alcaline qui explique peut-être qu'une portion de la sérine passant à l'état d'albuminate se retrouve en solution et ne peut se précipiter que par l'addition de quelques gouttes d'acide acétique dilué.

Engelhart a fait l'observation que si l'on étend le sérum de beaucoup d'eau, la sérine ne se coagule plus par la chaleur.

La sérine se précipite du sérum par l'alcool, mais le précipité se redissout dans l'eau à moins qu'il ne soit longtemps resté en présence de l'alcool absolu. L'éther aqueux ne produit pas de trouble dans le sérum ; il donne des flocons dans les solutions de blanc d'œuf.

Si l'on traite le sérum ou les solutions de sérine par de l'acide

[1] Suivant Denis, le sérum contenant en outre de la fibrine soluble, on peut, pour la séparer, saturer le sérum à 40° ou 50° par du sulfate de magnésie en poudre, enlever par le filtre le précipité qui se forme, et soumettre la liqueur à la dialyse. Mais il est très-probable qu'en agissant comme nous le recommandons plus haut, la fibrine soluble qui est une combinaison de fibrine avec le sel marin passe à travers la baudruche et se retrouve dans les eaux extérieures.

[2] La sérine est-elle dissoute dans le sérum parce qu'elle est en combinaison avec certains sels tels que le chlorure de sodium ou le phosphate de soude ? C'est ce que Denis a dit le premier (voir *Nouvelle étude sur les matières albuminoïdes*. Paris, 1856, p. 80), et c'est ce qu'on soutient aujourd'hui généralement en Allemagne, se fondant sur ce fait qu'on ne peut obtenir d'albumine exempte de cendres. Une très-longue dialyse, à quelques degrés au-dessus de 0°, paraîtrait la tranformer en partie en flocons dénués de cendres, il est vrai, mais insolubles dans l'eau, et solubles dans les solutions salines, les acides et les alcalis dilués (*Kühne*). L'albumine exempte de cendres, obtenue par Wurtz, serait, d'après les auteurs allemands, une albumine acétique.

chlorhydrique étendu la sérine se transforme en *syntonine* précipitable par la neutralisation exacte de la liqueur. Si l'acide est
ajouté en assez grande quantité, il se fait d'abord un précipité, mais
celui-ci se redissout aisément dans un excès, peut-être encore à
l'état de syntonine. Hoppe-Seyler a observé que dans ce cas le
pouvoir rotatoire passe de 56° à 78°7′.

Les alcalis caustiques un peu concentrés font aussi passer la
sérine à l'état de *syntonine* ; au moins la substance est-elle alors
précipitable par la neutralisation exacte de la liqueur.

La sérine est *beaucoup* plus endosmotique à travers les membranes animales que l'albumine de l'œuf. Les quantités qui filtrent ainsi sont proportionnelles à la concentration du liquide et
à la pression (*Brücke ; Botkin*).

Les autres propriétés de la sérine sont celles de l'albumine de
l'œuf.

100 grammes de sérine de sang de vache, pure et sèche, contiennent, d'après Boussingault, 0^{gr},0863 de fer à l'état métallique.

§ 9. — AUTRES MATIÈRES PROTÉIQUES DU SÉRUM.

Fibrine soluble de Denis. — On a vu (p. 494) que, d'après
Denis, la plasmine se dédouble par la coagulation spontanée du
sang en fibrine concrète et fibrine soluble. Celle-ci doit donc se
retrouver dans le sérum. Denis l'isole en traitant ce sérum porté
à 40° ou 50° par un excès de sulfate de magnésie en poudre. Le
précipité étant recueilli sur un filtre, on le lave à l'eau chargée
de sulfate de magnésie, et on le comprime ensuite entre des doubles de papier Joseph. En dissolvant alors le résidu dans une
petite quantité d'eau on obtient une solution claire de fibrine
soluble, mais si l'on ajoute davantage d'eau, le sel de magnésie
venant à se diluer la fibrine se précipite en flocons insolubles
dans l'eau pure et solubles dans l'eau salée[1]. Denis a trouvé que
pour une partie de fibrine concrète, le sang normal contient en
moyenne 6,2 parties de fibrine dissoute. Un kilogramme de sang
en fournit environ 12^{gr},2.

Paraglobuline de Schmidt. — On a vu (p. 495) comment on
l'extrait du sérum. Mais il vaut mieux pour être sûr de ne pas

____
[1] Denis, *Mémoire sur le sang*, p. 184.

précipiter en même temps la caséine, se borner à faire passer de l'acide carbonique dans du sérum étendu de 10 volumes d'eau, et laissé à peine sensiblement alcalin. La paraglobuline se dissout dans le chlorure de sodium. Elle est peut-être identique à la fibrine soluble de Denis.

Matière caséinique du sérum (*albuminate de soude de Lieberkhüin, de Kühne?*). — Après qu'on a enlevé la substance précédente par l'acide carbonique on peut précipiter la caséine du sérum en le neutralisant ou l'acidifiant fort légèrement au moyen de l'acide acétique très-étendu[1]. Cette substance se trouve dans le sang normal mais spécialement dans celui de la rate et des veines sus-hépatiques. C'est un corps blanc pulvérulent, insoluble dans l'eau même aérée, facilement soluble dans les acides et les alcalis dilués, lentement dans les solutions neutres de sels alcalins[2]: Les solutions de ce corps ont la propriété de se précipiter quand on les étend d'eau.

Peptones. — Les peptones si abondamment absorbées dans l'estomac et dans l'intestin manquent-elles dans le sang? Ce n'est guère probable. Quand on fait couler du sérum goutte à goutte dans de l'acide acétique bouillant et étendu pour en coaguler les substances albuminoïdes, il reste en solution dans la liqueur une substance protéique qui se colore en jaune par l'acide nitrique, en rouge cerise par l'azotate acide de mercure, que le ferro-cyanure de potassium aidé de l'acide acétique ne précipite pas et qui ne se coagule pas par la chaleur. Ces réactions appartiennent aux peptones. Mais cette substance peut aussi être de la lacto-protéine de Millon, ou de la syntonine résultant de l'action des acides, et même de l'acide acétique, sur les substances protéiques précédentes. De nouvelles recherches devraient être faites à ce sujet.

Substances collagènes. — Les substances telles que la cartila-

---

[1] Voy. à ce sujet Panum, *Virchow Archiv.*, t. XXXV, p. 251. Panum regarde cette substance comme de la caséine. Voir aussi Dumas et Cahours, *Compt. rend. acad. sc.*, t. XV, p. 993 ; et Stass., *ibid.*, t. XXXI, p. 629.

[2] L'albuminate de Lieberkhün, lavé au point d'être à peine sensiblement alcalin contient, 5,52 p. 100 de potasse et 1,87 de soufre. Il se dissout un peu dans l'eau, et même dans l'alcool bouillant. Ses solutions ne se troublent pas par l'ébullition. Il précipite sous forme de poudre quand on neutralise exactement les liqueurs par l'acide acétique. Les solutions alcooliques donnent par l'éther des flocons solubles dans l'alcool. Précipité par les acides dilués, il se redissout dans un excès sous forme de *syntonine*.

géine, l'osséine, capables de se transformer en gélatine ou chondrine par la coction manquent dans le sang. Schérer toutefois les
a signalées dans le cas de *leukémie*.

§ 10. — MATIÈRES EXTRACTIVES DU SÉRUM.

Un très-grand nombre d'autres substances ont été signalées dans
le sérum les unes, comme le sucre, les graisses, sont évidemment
des produits d'assimilation ; les autres, telles que l'urée, l'acide
hippurique, sont des matières destinées à être expulsées du sang
principalement par les urines. Leur poids total ne forme pas la
centième partie de celui du sérum. Le sang artériel en contient plus
que le sang veineux (*Lehmann*). Nous allons les signaler successivement.

Graisses. — On peut les extraire du sérum ou du plasma par
agitation répétée avec de l'éther ou mieux en traitant le sérum desséché par de l'alcool éthéré. En général le sérum contient 0,2 p.
100 de graisses ; 0,4 à 0,6 p. 100 pendant la digestion. Le sang
artériel en contient moins que le sang veineux.

L'alimentation surchargée de graisses donne un sang si riche en
corps gras que le sérum en devient lactescent.

Les graisses du sang contiennent des oléates, margarates et
stéarates alcalins ; des éthers à acides gras : tristéarine, tripalmitine, etc., et des corps gras phosphorés analogues à ceux du cerveau (voyez plus loin *lécithine*)[1]. Elles contiennent aussi de la
cholestérine. Hunter et Schwilgué signalèrent les premiers ces
corps et présumèrent qu'ils étaient analogues aux *graisses du
cerveau*. C'est Chevreul qui, en 1823 (*Ann. du muséum d'hist.
nat.*) prouva que ces graisses étaient neutres, faisaient émulsion
avec l'eau, *contenaient du phosphore, et donnaient des produits
ammoniacaux* sous l'influence de divers réactifs.

Sucres. — Le glucose se trouve dans le sang à l'état normal[2] ;
celui de la veine porte en donne à peine une trace. Suivant Lehmann, 1000 grammes de sang de taureau contiennent 0^{gr},0069 à

---

[1] Boudet, *J. Pharm.*, t. XIX, p. 294, avait donné le nom de *séroline* à une substance qu'il retirait du sérum sec par l'éther ou l'alcool bouillant. Denis et Gobley,
J. Pharm., [3], t XX, p. 241, ont montré que la séroline était un mélange de divers
corps, spécialement de corps gras et de graisses phosphorées.

[2] Harley, *Proc. Roy. Soc.*, t. X, p. 297.

0^{gr},0074 de sucre : celui de chien 0^{gr},015, celui de chat 0^{gr},021. On peut extraire ce glucose en traitant l'extrait aqueux de sérum coagulé par de l'alcool concentré, évaporant cette solution et ajoutant alors une trace de potasse caustique. Du jour au lendemain, le glucosate de potasse insoluble se précipite. A partir dés veines hépatiques où il est le plus abondant et en suivant le trajet du sang, le sucre diminue dans les vaisseaux. On n'en trouve que très-peu dans le cœur gauche.

On n'a pu retirer du sérum ni sucre de lait, ni inosite.

Alcool. — Suivant H. Ford [1], le sang contiendrait normalement une petite quantité d'alcool produit par la fermentation du glucose et pouvant provenir en partie des boissons fermentées, car Musing en a retiré une proportion assez notable du sang d'ivrogne.

Acides gras volatils et acide lactique. — L'acide acétique a été rencontré dans le sang après l'ingestion de boissons fermentées. Le sang peut contenir aussi de l'acide formique. On y a signalé l'acide lactique pendant la fièvre puerpérale (*Scherer*), mais son existence à l'état normal est douteuse. Les acides butyrique, caproïque, margarique et oléique ont eté aussi rencontrés dans le sang normal.

Acide hippurique. — Il a été signalé dans le plasma.

Acides biliaires. Pigments biliaires. —Suivant Fourcroy et Vauquelin, les matières de la bile se trouveraient en petite quantité dans le sang normal. D'après de nouvelles recherches, les acides tauro et glycocholiques n'existent pas dans le sang, et lorsqu'ils y passent, deviennent la cause de troubles graves. A l'état normal, au moins dans nos pays tempérés, on ne retrouve pas de pigments biliaires dans le sang [2].

Acide urique. — L'acide urique a été trouvé dans le sang normal. Garrod, dans la maladie de Bright, a retiré de 1000 grammes de sérum 1^{gr},2 à 5^{gr},5 d'acide urique.

Urée. — Son existence a été démontrée d'abord dans le sang normal par Provost et Dumas. 1000 ^{gr} en contiennent de 0^{gr},142 à 0^{gr},177. Dans la maladie de Bright, Bright et Babington en ont trouvé jusqu'à 15 grammes dans 1000 de sérum.

Créatine ; Créatinine. — Elles ont été signalées dans le sang et existent très-probablement dans le sérum, car on les trouve, comme les deux substances suivantes, dans le plasma musculaire.

<hr>

[1] *Jahresb.*, 1861, p. 792.
[2] Frerichs., *Klinik der Leberkrankheiten*, 1858, t. I, p. 97.

Xanthine ; Hypoxanthine. — On les a retirées du sang. Elles existent très-probablement dans le plasma. Ces quatre dernières substances sont surtout des produits de l'activité du muscle.

Leucine ; tyrosine. — Elles n'apparaissent dans le sang que dans l'état pathologique.

Cholestérine. — La cholestérine existe constamment dans le sérum comme dans les globules. On peut l'extraire du résidu sec laissé par le sérum en l'acidifiant légèrement et le traitant par l'éther. Hoppe-Seyler[1] a trouvé que le sérum de 100 cent. cub. de sang contient, chez l'oie grasse, de $0^{gr}.019$ à $0^{gr}.314$ de cholestérine. Sa quantité varie dans le sérum comme varient les graisses.

Lécithine. — Gobley et Hoppe-Seyler l'ont signalée dans le sérum où L. Hermann avait nié qu'elle existât. D'après Hoppe, le sérum de 100 grammes de sang d'oie contiendrait en moyenne $2^{gr}.49$ de protagon. Cette substance augmente chez les animaux jeunes et engraissés[2] (Pour la séparation des graisses, de la cholestérine et de la lécithine, voy. ce qui a été dit p. 460.)

Matières colorantes. Substance azotées indéterminées. — On ne sait presque rien des matières colorantes du sérum. Carter a toutefois annoncé que l'*indican*, une des substances d'où dérivent les matières colorantes de l'*urine*, existait toujours dans le sang[3]. Dans les cas d'ictère et de pneumonie, sa coloration jaune intense est due aux pigments biliaires. On a décrit aussi des granulations jaunes, noires ou rouges dans les gros vaisseaux, la rate, le foie, dans des cas de fièvres intermittentes.

On trouve encore dans l'extrait alcoolique du sérum des matières azotées inconnues:

Triméthylamine. Ammoniaque. — La première de ces substances a été notée dans le sang de veau, quelques heures après sa sortie des vaisseaux. (*Dessaignes.*) Des traces de la seconde se trouveraient dans le sang humain, suivant Richardson[4]; mais l'ammoniaque paraît être un produit de décomposition qui ne se trouve pas dans le sang récemment extravasé.

---

[1] *Medicin. Chem. Untersuch.*, t. I, p. 140.
[2] Hoppe, *Jahresb.*, 1866, p. 745.
[3] Voy. à ce sujet Liv. IV*, et *Repert. chim. pure*, t. II, p. 259.
[4] V. dans le *Journal de physiologie* de Brown-Séquard, t. I, p. 589, 570, 816.

On n'a pas fait directement de dosages des éléments minéraux du plasma. Or comme l'on sait que la fibrine en se coagulant entraîne des sels avec elle, qu'en même temps il se précipite des phosphates terreux et que le sérum devient plus alcalin, on conçoit que les sels du sérum ne sont pas absolument identiques avec ceux du plasma sanguin. Hoppe-Seyler a noté dans le plasma du sang de cheval 0,84 p. 100 de résidu fixe ; Weber n'a trouvé dans le sérum du même sang que $0^{gr},75$ p. 100 de cendres. Cette différence, quoique sensible, ne saurait nous empêcher cependant de préjuger de la nature des matières minéralisatrices du plasma d'après celles du sérum.

Quoique nous n'ayons pour déterminer les sels du plasma que les analyses de cendres du sérum, analyses qui sont loin de donner la vraie constitution des sels primitivement dissous dans ce liquide, on peut affirmer que quelques-unes des substances minérales qui composent ces cendres existent bien réellement dissoutes dans le plasma. De ce nombre sont : le *sel marin*, qui peut être retiré du sérum par simple cristallisation, et le *bicarbonate de soude* suivant Lehmann et Liebig, car on trouve un excès de soude et d'acide carbonique dans le plasma, et Liebig a montré que le sérum privé de son albumine par l'alcool absolu ne précipitait pas en blanc le sublimé corrosif comme le font les solutions de soude, mais donnait seulement, au bout de quelque temps, un dépôt brun et cristallin d'oxychlorure de mercure ainsi qu'il arrive avec les solutions de bicarbonates alcalins. Quant aux phosphates alcalino-terreux que l'on rencontre dans les cendres du sérum, ils peuvent être dus à ce que la fibrine et l'albumine mettent en liberté, en se coagulant, une certaine quantité de phosphates alcalins ou d'alcali libre, qui réagissant sur les sels solubles de chaux et de magnésie du sérum soit directement, soit à la faveur de l'acide carbonique, produisent des phosphates tribasiques de chaux et de magnésie. Nous verrons plus bas comment ces divers sels eux-mêmes peuvent se modifier par la calcination.

Le sérum du sang d'homme contient de 0,70 à 0,89 p. 100 de cendres ; celui du sang de femme 0,65 à 0,83 p. 100, soit en général 8.4 p. 100 de sérum desséché. En général, celui du sang d'animaux adultes est plus riche en cendres que celui d'animaux plus jeunes. Les sérums les plus chargés de sels sont ceux de chèvre, de mouton et de chat ; ceux de chien et de lapin sont les plus pauvres ; les sérums de sang d'oiseaux sont intermédiaires.

Le sérum artériel est un peu plus riche en sels que le veineux.

Lehmann a donné la composition moyenne suivante des cendres du sérum :

Chlorure de sodium	61.087
Chlorure de potassium	4.085
Carbonate de soude	28.880
Phosphate bibasique de soude	5.195
Sulfate de potasse	2.784
	100.051

Il suppose évidemment que les sels de chaux et de magnésie, à cause de leur insolubilité dans le sérum, n'ont pu être introduits dans ses cendres que par la calcination des matières albuminoïdes.

1000 grammes de sérum contiennent d'après Strecker [1]

Chlore	$5^{gr}.644$
Acide sulfurique	0 .115
Acide phosphorique	0 .191
Potassium	5 .525
Sodium	5 .541
Phosphate de calcium	0 .511
Phosphate de magnésium	0 .222
Oxygène	0 .405
	$11^{gr}.550$ Résidu fixe réel. $8^{gr}.55$

D'après C. Schmidt, 1000 grammes de plasma [2] contiennent en attribuant les bases les plus puissantes aux acides forts :

	Homme (25 ans)	Femme (35 ans)
Sulfate de potassium	0.281	0.217
Chlorure de potassium	0.359	0.447
Colorure de sodium	5.546	5.659
Phosphate tribasique de sodium	0.271	0.443
Phosphate tribasique de calcium	0.298	0.550
Phosphate tribasique de magnésium	0.218	
Potasse	»	»
Soude	1.552	1.074

[1] Ces nombres relatifs au sérum, correspondent à ceux qui ont été donnés p. 483 pour 1000 parties de globules rouges du même sang. Ils sont pris à la même source. Même observation pour le résidu fixe réel.

[2] Schmidt a rapporté ses analyses au *plasma* ; celui-ci contenait 8 grammes de fibrine sèche dans le cas de la première analyse (*homme*), et 2 grammes dans la seconde (*femme*) pour 1000 de plasma , soit en fibrine humide 55 grammes environ dans le premier cas; et 9 grammes dans le second. Si donc on voulait calculer les nombres ci-dessus pour le sérum il faudrait tenir compte de cette observation.

On a trouvé de plus dans le sérum ou dans le sang : de l'acide silicique[1] (*Millon*), des traces de fluorures (*G. Wilson*), du cuivre (*Millon; Bechamp*) et peut-être des traces de plomb et de manganèse. (*Millon*[2]; *Burin-Dubuisson*.) On n'a jamais trouvé de fer en quantité dosable dans le sérum.

D'après les analyses précédentes comparées à celles des globules sanguins (v. p. 483), remarquons la richesse du sérum en sels de soude, et sa pauvreté relative en sels de potasse, sa richesse en chlore, sa faible teneur en phosphates et en sulfates, enfin la présence d'un excès d'alcali qui, pendant la vie, est sans doute combiné en partie à l'acide carbonique, en partie à la sérine et peut-être à la fibrine On ne trouve de carbonates dans les cendres du sérum que chez les herbivores. D'un autre côté, comme il existe très-certainement dans le plasma des sels à acides organiques capables de donner des carbonates par la calcination, il faut penser que l'acide carbonique est chassé des cendres par les acides phosphorique et sulfurique qui se forment aux dépens du phosphore et du soufre des matières organiques albuminoïdes calcinées à l'air. Il en résulte que l'acide sulfurique augmente dans les cendres ainsi que l'acide phosphorique du sérum[3], que l'acide carbonique en est chassé entièrement ou partiellement, et que le chlore y diminue sensiblement.

Il n'y a d'ammoniaque libre ni dans les globules, ni dans le sérum. Y existe-t-il des sels ammoniacaux? Cette hypothèse est fondée, mais elle n'a pas encore été démontrée. Seul, le carbonate d'ammoniaque a été observé dans le sang pendant l'urémie et dans quelques autres maladies.

---

[1] Millon en a trouvé 1 à 3, p. 100 de cendres et Weber 1,19 p. 100 de cendres de sang de bœuf.

[2] Voir son *Annuaire de chimie*, 1848 et 1849, p. 562; et *Ann. ch. phys.*, [3], t. XXIII, p. 372, et t. XXIV, p. 255; Melsens *ibid.*, t. XXIII, p. 358. Voyez, au sujet de l'existence du cuivre et du manganèse dans le sang, la *Zoochemie* de Lehmann p. 144, et le *Montpellier medical*. année 1859.

[3] Le charbon ne peut décomposer les phosphates alcalins, et chasser le phosphore pendant la calcination, surtout en présence d'un excès de base.

ARTICLE V

LES GAZ DU SANG

§ 1. — CONSIDÉRATIONS GÉNÉRALES.

Dans leurs célèbres expériences sur la respiration, Régnault et Reiset ayant trouvé que l'animal consomme à très-peu près la même quantité d'oxygène et dégage la même quantité d'azote, sous des pressions variables, Liebig[1] en avait conclu que contrairement à l'opinion de Valentin et de Brunner l'absorption et le dégagement des gaz par les poumons n'était pas un simple effet physique régi par les lois des coefficients d'absorption des divers gaz par le sang veineux des vaisseaux pulmonaires, mais plutôt une sorte de phénomène chimique de remplacement de l'acide carbonique par l'oxygène de l'air. Cette idée avait été déjà émise par H. Davy en 1799[2].

Les expériences de L. Meyer[3] et celles de Fernet[4] prouvèrent bientôt qu'en effet l'oxygène possédait pour le sang, et spécialement, d'après Fernet, pour les globules sanguins, une affinité propre. Ce dernier auteur montra que tandis qu'à 16° un volume de sérum n'absorbe que 0^{vol},00117 d'oxygène, un volume de sang dans les mêmes conditions de pression et de température en absorbe 0^{vol},0958[5] résultats bien dignes d'atteution et qui ont précédé les travaux si importants de Hoppe-Seyler sur la combinaison de l'oxygène avec l'hémoglobine.

H. Davy fut le premier qui parvint à extraire une petite quantité d'acide carbonique du sang veineux et d'oxygène du sang artériel. (1799. *Mémoire cité*.) Après de nombreuses et contradictoires expériences de H. Davy, Vogel, Brande, Collard de Martigny, Vauquelin, Bischoff, Bergmann, J. Muller, Tiedmann, et bien d'autres, qui tentèrent de soumettre le sang soit à l'action de la chaleur, soit à celle du vide, soit à une sorte de lavage par un

[1] Voyez ses *Lettres sur la chimie.*
[2] *Bedloe's med. Contrib.*, p. 128.
[3] *Henle und Pfeufer's Zeitschrift f. rat. Med.* (*N. Folge*), t. VIII, p. 256.
[4] *Ann. sciences nat.*, [IV], t. VIII, p. 125.
[5] Un volume d'eau sous la même pression, absorbe 0^{vol},02949 d'oxygène.

courant de divers gaz, Magnus enfin, en 1837, démontra nettement que les sangs artériel et veineux donnent, quand on les fait passer dans le vide barométrique, une notable quantité de gaz oxygène, azote et acide carbonique[1].

Toutefois puisque les expériences de Fernet et de Hoppe-Seyler, que nous venons de rappeler, prouvent que l'oxygène n'est pas seulement dissous mais uni au globule, nous en conclurons d'avance que l'action du vide ne peut avoir pour effet d'enlever entièrement cet oxygène faiblement combiné à la matière colorante du sang sous forme d'oxyhémoglobine, et qu'il n'abandonne entièrement qu'à une température supérieure à 100 degrés. C'est ce que paraissent démontrer, du reste, directement les expériences d'Estor et Saint-pierre[2].

Quant à l'acide carbonique, L. Meyer (*loc. cit.*) avait cru pouvoir conclure de ses recherches qu'il était contenu dans le sang sous deux états ; qu'une partie était simplement dissoute dans les globules et le sérum, et que l'autre était combinée et ne pouvait être expulsée que par l'action du vide aidée des acides. Telles furent aussi les conclusions de Ludwig et de ses élèves (Shœffer, Setschenow, Sczelkow, Preyer).

Mais Ludvig lui-même et surtout Pflüger et Gréhant montrèrent qu'à mesure que l'on parvenait à faire un vide plus parfait, à le renouveller plus rapidement, et à soustraire, par des matières desséchantes, les gaz extraits du sang au contact de ce liquide, on diminuait et rendait même nulle la quantité de gaz et spécialement d'acide carbonique que les acides semblaient seuls aptes à en dégager. Ces expériences doivent nous mettre en garde contre les résultats présentés, comme ils le sont ci-dessous, par la plupart des auteurs qui ont toujours fait une distinction, en partie arbitraire, entre l'acide carbonique combiné et celui qui est simplement dissous dans le sang.

Mais allons plus loin : Schœffer a découvert que les globules rouges aident puissamment au dégagement de l'acide carbonique. Cette observation a été confirmée par divers observateurs. Preyer prend *du sérum* et l'épuise exactement de gaz dans le vide ; il prend ensuite une nouvelle partie de ce même sang qui a donné ce sérum et le soumet également à l'action de la pompe à mer-

[1] *Pogg. Ann*, t. XL, p. 583 ; et *ibid.*, t. LXVI, p. 177.
[2] *Compt. rend.*, t. LXXIV, p. 330.

cure, puis il mélange les deux liquides ainsi épuisés de gaz et les soumet encore au vide ; il se dégage alors, non du sang ajouté, mais du sérum, une nouvelle quantité de gaz acide carbonique, à peu près comme cela aurait eu lieu si ayant pris ce sérum épuisé de gaz on l'avait soumis au vide après l'avoir acidifié.

Il suit de là que les gaz que l'on extrait du sang par le vide seront toujours : 1° trop pauvres en oxygène de la quantité qui reste unie à l'hémoglobine, sous forme d'oxyhémoglobine non décomposée et d'une portion d'oxygène qui sans cesse tend à disparaître en se combinant avec les matériaux organiques du sang ; 2° trop riches en acide carbonique de toute la quantité que les globules sont aptes à dégager du sérum en agissant à la façon d'un véritable acide, (propriété que nous tâcherons d'expliquer plus loin), ainsi que de cette quantité d'acide carbonique qui se forme aux dépens de l'oxygène libre qui continue à oxyder les matériaux du sang pendant le temps que dure l'expérience.

Il est encore une cause d'erreur. Estor et Saintpierre ainsi que Mathieu et Urbain ont remarqué, en effet, qu'à mesure que l'on extrait le sang des vaisseaux d'un animal l'oxygène de ce sang décroît jusqu'à la mort[1].

Quoi qu'il en soit de ces diverses causes d'erreur, voici les tableaux d'analyse des gaz du sang extraits par la pompe pneumatique à mercure[2]. Tous les nombres se rapportent à 100 c. cubes de sang, et les gaz exprimés en volumes sont ramenés par le calcul à 0° et à la pression de 1000 millimètres de mercure [3].

---

[1] *Des causes de la coloration rouge des tissus enflammées*, p. 6. *Bull. Soc. chim.*, t. III, p. 412, et *Compt. rend.*, t. LXXIII p. 216.

[2] Gaz extraits sans l'intermédiaire direct de tubes desséchants. Nous empruntons en grande partie ces nombres aux tableaux du *Hanbuch der physiologischen Chemie*, de Kühne, p. 227.

[3] Je rappelle encore qu'il suffit de multiplier tous les nombres de ces tableaux par 1,308 pour avoir le volume des gaz à la pression de 760 mm. de mercure.

TABLEAU I. — **COMPOSITION DU GAZ DES SANGS ARTÉRIEL ET VEINEUX**

VOLUME DE GAZ DÉGAGÉ PAR LE VIDE SEUL	AZOTE	OXYGÈNE	ACIDE CARBONIQUE DÉGAGÉ PAR LE VIDE SEUL	ACIDE CARBONIQUE DÉGAGÉ PAR LE VIDE AIDÉ DES ACIDES	ACIDE CARBONIQUE TOTAL	ESPÈCE DU SANG	AUTEURS
46.42	4.18	11.59	50.88	1.90	52.78	Artériel chien	Sch:ffer.
57.01	3.05	4.15	29.82	5.49	55.51	Veineux Id.	»
42.92	1.25	15.24	26.44	traces	26 44	Artériel Id	»
41.62	1.17	12.61	27.85	1.67	29.50	Veineux Id.	»
41.54	1.66	11.76	28.02	1.26	29.28	Artériel Id.	»
42.64	1.25	8.85	52.55	3.06	55.59	Veineux Id.	»
45.55	1.80	16.95	26 80	0.67	27.47	Artériel Id.	»
41.87	1.15	10.46	50.26	1.57	51.85	Veineux Id.	»
51.81	0.99	5.78	27.04	8.71	55.75	Veineux brebis	Preyer.
55 26	1.05	5.51	50.72	4.94	55.66	Veineux Id.	»
57.51	2.01	11.51	24.19	4.68	28.87	Artériel Id.	»
50.08	2.59	11.64	25.77	5.25	29.02	Artériel Id.	»
56.59	0.00	6.28	50.11	7.90	58.01	Veineux Id.	»
57.07	0.00	6.28	50.79	6.74	57.55	Veineux Id.	»
55.50	2.00	9.24	24.26	5.42	29.68	Artériel Id.	»
56.56	»	»	25.24	4.08	29.52	Artériel Id.	»
54.54	0.70	6.82	26.54	6.82	55.56	Artériel Id.	»
45.64	0.95	16.29	27.22	1.17	28.59	Artériel chien	Sczelkow.
45.45	0.95	8.22	52.16	2.10	54.26	Veineux Id.	»
59.5	2.6	7.9	29.0[3]	0	29.0	Artériel Id.	Pflüger.

D'après les chiffres du tableau I, on voit que le sang artériel est toujours plus riche en oxygène que le sang veineux, et plus pauvre en acide carbonique. Mais on observera que l'oxygène ainsi disparu dans le sang veineux n'est pas intégralement remplacé par son volume d'acide carbonique, car l'excès de ce dernier non-seulement n'est pas égal au volume d'oxygène qui manque dans le sang veineux, mais est tantôt plus grand et tantôt plus petit.

Les nombres du tableau IIIe, expliqueront en partie ces variations par l'état d'activité ou de non-activité des organes ; mais il est une autre cause qui fait diminuer l'oxygène et augmenter l'acide carbonique dans le sang, c'est le temps depuis lequel le premier de ces gaz a été dissous. Cette perte d'oxygène qui s'élève à 3[cent. cubes],5 environ par heure, et par 100 centimètres cubes de sang extravasé, ne saurait être sensible dans les vaisseaux, et l'oxygène ne peut y diminuer notablement à mesure qu'on s'éloigne du cœur, comme les nombres donnés par Estor et Saintpierre (*loc. cit.*) paraissaient d'abord devoir le faire admettre. Dans un excellent travail sur ce sujet, Mathieu et Urbain ont trouvé, en effet, que les gaz extraits du sang de deux vaisseaux de même calibre,

---

[3] Gaz obtenus par le vide seul, et aussitôt soustraits au contact du liquide au moyen de tubes desséchants. L'acide carbonique combiné devient dans ce cas égal à 0.

quel que soit la distance de ces vaisseaux au cœur, ont toujours la même composition. Pour des vaisseaux de diamètres différents les analyses indiquent un excès d'oxygène et d'acide carbonique dans le sang des vaisseaux les plus volumineux qui est aussi plus riche en globules[1].

La quantité d'oxygène et d'acide carbonique contenue dans le sang augmente un peu avec la pression et avec l'abaissement de température de l'air extérieur (*mêmes auteurs*).

Ces causes de variations dans les gaz du sang et celles que l'on a indiquées plus haut font qu'on ne saurait attacher qu'une importance relative aux nombres du tableau I et des suivants.

TABLEAU II. — **GAZ DU SANG DE L'ASPHYXIE**

VOLUME DE GAZ DÉGAGÉ PAR LE VIDE SEUL	AZOTE	OXYGÈNE	ACIDE CARBONIQUE DÉGAGÉ PAR LE VIDE SEUL	ACIDE CARBONIQUE DÉGAGÉ PAR LE VIDE AIDÉ DES ACIDES	ACIDE CARBONIQUE TOTAL	ESPÈCES DE SANGS	AUTEURS
46.90	1 19	15 05	50.66	2.54	53.20	Artériel	Setschenow
45.88	1.20	16.41	28.27	2.52	50.59	Artériel	»
40.09	0.78	4.10	»	»	55.21	Veineux	»
59.05	4.75	1.16	55.17	4.57	57.55	}	»
29.41	1.40	trace	28.01	5.29	51.50	Sang de l'asphyxie	
59.55	1.18	Id,	58.15	4.01	42.16	du même animal	»
40.92	1.96	Id.	58.86	1.79	40.65	}	
»	»	»	27.74	0.65	28.59	Veineux	Holmgren
»	»	»	52.59	0.05	52.64	Sang de l'asphyxie.	»
»	»	»	41.55	0.60	42.15	du même animal	

TABLEAU III. — **GAZ DU SANG DES MUSCLES EN REPOS OU EN CONTRACTION**

VOLUME DES GAZ DÉGAGÉS PAR LE VIDE SEUL	AZOTE	OXYGÈNE	ACIDE CARBONIQUE DÉGAGÉ PAR LE VIDE SEUL	ACIDE CARBONIQUE DÉGAGÉ PAR LE VIDE AIDÉ DES ACIDES	ACIDE CARBONIQUE TOTAL	SANG DE CHIEN	AUTEURS
44.44	0.95	16.29	27.22	1.11	28.55	Artériel	Schöffer
41.55	0.95	8 22	52.16	2.10	54.26	Veineux M. R [1]	»
58.92	1.11	12.08	25.75	1.58	27.11	Artériel	»
58 54	1.08	4.59	52.87	1.55	54.40	Veineux M. R.	»
44.08	1.52	4.68	58.08	1.45	59.55	Veineux M. C.	»
»	»	»	28 69	0 57	29.26	Artériel	Sczelkow
»	»	»	57.13	1.29	58 42	Veineux M. R.	»
44.62	1.21	1.51	58.90	1 62	40.52	Veineux M. C.	»
45.17	1.64	17.55	24.20	0.51	24.54	Artériel	»
59 90	1.56	7.50	51.04	0.55	51.59	Veineux M. R.	»
56.65	0.92	1 27	54.44	0.44	54.88	Veineux M. C.	»

[1] *Nota.* — Le signe M. R. signifie *sang du muscle au repos* ou *non contracté*, le signe M. C. veut dire *sang du muscle contracté.*

[2] *Compt. rend.*, t. LXXIII, p. 218, et *Arch. physiol. normale et pathol.*, 1872.

Cl. Bernard[1], Estor et Saintpierre[2] ont dosé l'oxygène dans les sangs artériels et veineux du chien pendant l'état d'activité ou de repos du rein et de la rate. Ces auteurs ont donné les chiffres suivants exprimés en centimètres cubes, sous la pression de 760 millimètres, et rapportés à 100 vol. de sang.

		Estor et Saintpierre	Claude Bernard
Artère carotide.		21.06	17.44
Vaisseaux des reins	*artère*.	19.46	16
	veine (organe en fonction). .	17.26	6.44
	veine (organe au repos). . . .	6.40	»
Vaisseaux de la rate	*artère* (partie moyenne). . .	14.70	»
	veine (organe en fonction). .	11.69	»
	veine (organe au repos). . .	4.74	»

Ces résultats et ceux du tableau III⁰, s'expliqueraient de la manière suivante : pendant que le muscle travaille, sa contraction gêne le cours du sang, et permet ainsi l'oxydation plus complète des matériaux combustibles que ce liquide contient, aussi l'oxygène diminue-t-il dans le sang qui sort du muscle contracté; au contraire pendant qu'il traverse le rein, la rate, et en général les glandes en état d'activité, le sang circule plus rapidement, et sa perte en oxygène, pour le même volume, devient moins notable. (*Estor et Saintpierre*).

Nous reviendrons plus longuement sur les chiffres ci-dessus en parlant de la *Nutrition générale*.

TABLEAU IV. — **ACIDE CARBONIQUE DU SANG ET DE SON SÉRUM**

GAZ ÉPURABLE PAR LE VIDE SEUL (CO^2, O et Az)	ACIDE CARBONIQUE DÉGAGÉ DANS LE VIDE.	ACIDE-CARBONIQUE DÉGAGÉ PAR UNE TRACE D'ACIDE	ACIDE CARBONIQUE TOTAL	NATURE DU LIQUIDE	AUTEURS
41.48	24.62	1.59	26 21	Sang.	Schöffer.
11.28	10.20	25.77	55.97	Sérum.	»
41.74	25.78	0.81	26.59	Sang.	»
17.93	16.06	16 65	52.71	Sérum.	»
»	16.00	»	16.00	Sérum.	»
»	8.02	15.68	25.70	Sérum.	Preyer.
»	4.96	15.46	20.42	Sérum agité avec air.	»
»	12.58	20.99	55.57	Sérum rouge.	»
»	5.85	20.75	26.56	Le même agité avec air.	»
»	55.9	5.7	57.6	Sérum.	Pflügger.
»	26.8	7.1	55.9	Sérum.	(Vide sec.)

[1] *Journal anat. et physiol.*, etc., 1ᵉʳ avril 1865.
[2] *Journ. physiol.*, Brown-Séquard, t. I, p. 664.

Tels sont les résultats bruts de l'expérience. Nous avons signalé ci-dessus de nombreuses causes de variations ou d'erreur ; tels qu'ils sont cependant, ces nombres peuvent déjà nous amener à quelques conclusions importantes que nous développerons dans le courant de cet ouvrage et dans les paragraphes suivants.

§ 2. — GAZ DU SÉRUM.

Avant de dire comment les gaz existent dans le sang, il est nécessaire de simplifier la question et de savoir sous quel état ils se trouvent dans le sérum.

L'expérience apprend que le sérum soumis à l'action du vide donne à peine 1 à 2 centièmes de son volume d'un mélange d'oxygène et d'azote. (Schöffer.) Ceci ne démontre pas cependant que le plasma sanguin ne contienne un plus grand volume d'oxygène, car nous savons que le sang laissé dans une atmosphère de ce gaz l'absorbe peu à peu, et donne ainsi un volume d'acide carbonique un peu plus faible que celui de l'oxygène absorbé. Le temps nécessaire pour que le caillot se forme et expulse son sérum est suffisant pour en faire disparaître presque tout l'oxygène.

Quant à l'acide carbonique une partie peut-être extraite du sérum par le vide parfait et répété, une autre reste dans le liquide et ne peut en être chassée que par les acides. On ne saurait douter que cette dernière portion ne soit combinée à la soude sous forme de carbonate ; en effet, non-seulement le sérum est alcalin, mais encore la quantité d'acides qu'il contient est insuffisante pour saturer la soude que l'analyse y révèle Si le sérum ne donne pas d'effervescence par les acides, c'est que la quantité de gaz carbonique que les acides peuvent déplacer est apte à se redissoudre dans le liquide.

S'il existe du carbonate de soude dans le sérum, et si d'un autre côté il se dégage quand on soumet ce liquide à l'action du vide une quantité d'acide carbonique plus que suffisante pour transformer en bicarbonate le carbonate neutre que ce sérum contient, on ne saurait douter qu'une partie de cet acide carbonique ne soit simplement dissoute ou en combinaison très-instable, tandis qu'une autre portion provient de la décomposition dans le vide du bicarbonate de soude normalement dissous dans le sérum.

Quant à cette portion de l'acide carbonique dégagé du sérum par le vide seul et qui n'est pas combinée à la soude sous forme de bicarbonate, elle se trouve sous deux états : une partie est unie au phosphate bibasique de soude qui peut, lorsqu'il est dissous dans l'eau, absorber 2 vol. d'acide carbonique par chaque molécule PO^4Na^2H, donnant ainsi la combinaison instable PO^4Na^2H,CO^2 que le vide et le passage des gaz inertes est apte à décomposer (*Fernet*[1]), une seconde portion est dissoute dans l'eau du sérum ou faiblement combinée à ses matières albuminoïdes. (*Sertoli.*)

<h3 style="text-align:center">§ 3. — A QUEL ÉTAT SE TROUVENT DANS LE SANG NORMAL
LES GAZ QUE L'ON EN EXTRAIT PAR LE VIDE?</h3>

On n'a pu jusqu'ici recueillir les gaz du plasma, et il est impossible, d'après ce qui a été dit plus haut, de conclure de l'analyse des gaz du sérum à celle des gaz du plasma sanguin et encore moins du sang total. Nous ne pouvons donc faire que des hypothèses plus ou moins fondées sur l'état des divers matériaux gazeux du sang.

Acide carbonique. — L'expérience de Preyer ci-dessus rapportée montre que du sérum et du sang privés de gaz dans le vide et mélangés ensuite, donnent un volume d'acide carbonique à peu près égal à celui qu'on obtiendrait si on avait acidulé le sérum épuisé de gaz et qu'on l'eût de nouveau soumis au vide. Les globules sanguins se conduisent donc vis-à-vis du liquide dans lequel ils nagent comme le ferait un véritable acide, et Pflüger a même fait voir que lorsqu'à du sang privé de gaz on ajoute du carbonate neutre de soude, tout l'acide carbonique peut être expulsé de ce sel par la pompe à mercure.

L'acide carbonique extrait du sang par le vide contient donc tout l'acide carbonique du sérum, non-seulement celui qui est dissous ou faiblement combiné, mais aussi celui de ses carbonates alcalins.

Or, sachant qu'il existe dans 100 volumes de sang moyen environ 63 volumes de plasma, si nous calculons d'après les analyses du sérum la teneur approximative de ce plasma en acide carbonique, nous trouverons qu'il reste encore un petit excès de

---

[1] *Loc. cit.* p. 154.

ce dernier gaz qu'on devra par conséquent supposer être combiné aux globules. Cette proportion est très-faible et s'élève à
peine au cinquième de la quantite totale extraite du sang par la
pompe pneumatique[1].

Quelle est la cause qui fait que les globules sanguins se conduisent vis-à-vis du sérum comme le ferait un acide libre? On
n'est pas tout à fait fixé à cet égard; mais on doit se rappeler
que l'hémoglobine devient soluble et non précipitable en présence
des bases diluées. Cette substance, et peut-être la globuline elle-
même, peut donc jouer le rôle d'un acide faible, et s'emparer de
la soude du sérum en en dégageant l'acide carbonique. (Voir
p. 521.)

Oxygène. — De ce fait que le sérum contient à peine des traces
d'oxygène, on conclut tout de suite que presque tout celui qu'on
extrait du sang provient des globules. C'est ce que Dumas avait dit
dès 1846[2]. Nous avons toutefois déjà fait quelques réserves à ce
sujet.

On a dit aussi que l'oxygène que l'on extrait du sang par le vide
est trop faible de toute la quantité qui reste dans les globules,
et de toute celle qui s'unit aux matériaux du sang après son
extravasation. Cette seconde cause d'erreur est si grande qu'elle
peut faire disparaître l'oxygène tout entier, surtout si le sang est
maintenu quelque temps de 20° à 40°. Bien plus, C. Saintpierre
et Estor ont observé que même en présence d'un excès d'oxyde
de carbone qui tend sans cesse à chasser l'oxygène, celui-ci
disparaît dans moins de quarante-huit heures du sang maintenu
à 12 ou 20°[3]. Cette rapide absorption de l'oxygène est encore
hâtée par les acides et par l'acide carbonique lui-même qui sans
cesse tend à se former (*L. Meyer*).

L'oxygène existe, avons-nous dit, dans le globule; il paraît y
être combiné à l'hémoglobine. Les quantités extraites du sang
par le vide répété, aidé d'une température de 40°, sont presque les
mêmes que celles qu'on obtient quand on sature de gaz oxygène
des solutions d'une quantité correspondante d'hémoglobine pure.

Azote. — Suivant Fernet (*loc. cit.*), le sérum aurait pour l'azote

---

[1] Voyez à ce sujet l'opinion contraire de A. Schmidt, dans *Compt. rend. acad. sciences de Saxe*, 1867, p. 30.

[2] *Compt. rend.*, 1846.

[3] *De la coloration rouge des tissus enflammés*, p 8.

un coefficient d'absorption à peine égal à celui de la solution
aqueuse de ses sels. D'un autre côté, Setschenow[1] a trouvé au
sang un coefficient d'absorption pour l'azote plus grand que celui
de l'eau. On en conclut que très-probablement une notable partie de l'azote que l'on extrait du sang par le vide provient du
globule sanguin. Cet azote est-il combiné? Est il simplement
dissous? Quelle est sa provenance? Sous quelles influences ce gaz
se produit-il si rapidement quelquefois qu'il est abondamment rejeté au dehors par le tube digestif et par les poumons? Ce sont là
des questions qu'on ne peut encore que se poser.

ARTICLE VI

ACTION SUR LE SANG DE QUELQUES AGENTS NUTRITIFS, MÉDICAMENTEUX OU TOXIQUES.

§ 1. — MATIÈRES ALIMENTAIRES.

Pendant la digestion la constitution du sang change très-sensiblement; toutefois on sait peu de choses certaines à cet égard. Les
peptones pénètrent par le chyle dans les vaisseaux sanguins, mais
on a vu que l'on connaissait à peine les diverses substances albuminoïdes qui portent ce nom, et encore moins celles que l'on pré-
tend avoir extraites du sang.

Mais nous savons d'une manière positive que sous l'influence de
l'alimentation le nombre de globules blancs augmente notablement.
Le matin, à jeun, il existe environ 1 globule blanc pour 1000
globules rouges; vers midi, 1 globule blanc pour 1500 globules
rouges; si l'on mange alors, on trouve une demi-heure après, un
globule blanc pour 500 globules rouges environ, et trois heures
plus tard le nombre des globules blancs a de nouveau diminué et
est redevenu ce qu'il était avant de manger; les mêmes alternatives
se reproduisent après chaque repas[2].

On sait qu'après que l'animal a absorbé beaucoup de graisses, le
sérum de son sang reste douze heures environ lactescent. On sait

―――――

[1] *Wien. Akad. Ber.*, t. XXXVI, p. 293 et suiv.
[2] Voy. Pury. *Virchow's Arch.*, t. VIII, p. 301; et Hirt., *Müller's Arch.*, 1856, p. 174.

aussi qu'il suffit de prolonger ce régime pour que cet état devienne de plus en plus manifeste.

On soupçonne à peine les modifications qu'imprime au sang une alimentation trop riche ou trop pauvre en matières protéiques ou en substances amylacées. Si les aliments sont pris en abondance, le sang s'enrichit en général en matériaux fixes. L'alimentation animale diminue sa teneur en eau, augmente sa fibrine, ses matières extractives et ses sels. L'alimentation végétale augmente l'eau du sang, diminue sa fibrine, ses matières extractives, ses sels, augmente sa serine, ses graisses et son sucre. L'alimentation riche en viande fait croître le poids des phosphates et de la potasse ; l'alimentation végétale fait prédominer les sels calcaires et magnésiens[1]. Voici, d'ailleurs, à ce sujet, quelques analyses rapportées à 100 parties de cendres du sang total.

	HOMME	CHIEN		COCHON	BŒUF		MOUTON
	I	II	III	IV	V	VI	VII
Chlorure de sodium.	55.65	49.85	50.98	41.51	46.66	51.19	57.11
Soude..	6.27	5.78	2.02	7.62	31.90	12.41	13.55
Potasse.	11.24	15.16	19.16	22.21	7.00	7.65	5.29
Chaux..	1.85	0.10	0.70	1.20	0.75	1.56	1.00
Magnésie.	1.26	0.67	4.38	1.21	0.24	1.02	0.30
Oxyde de fer.	8.68	12.75	8.65	9.10	7.05	10.58	8.70
Acide phosphorique.	11.10	13.96	11.69	12.29	4.17	5.66	5.21
Acide sulfurique..	1.64	1.71	1.08	1.74	1.16	5:16	1:65
Acide silicique...	»	»	»	»	1.11	2.81	»
Acide carbonique.	0.95	0.53	0.57	0.69	»	1.99	7.09

I. Analyse de *Verdeil*. Femme de 22 ans, tempérament sanguin. — II. D'après *Verdeil*. Chien nourri 18 jours avec de la viande. — III. (*Id.*). Le même nourri 20 jours avec du pain et des pommes de terre. — IV. (*Même auteur*). — V. (D'après *Weber*). — VI. (D'après *Stölzel*). — VII. (D'après *Verdeil*).

Avec une alimentation insuffisante le sang s'appauvrit non-seulement en principes solubles, mais aussi en globules blancs et rouges et sa masse totale diminue. On a dit en parlant de l'inanition (p. 88) que par le manque absolu de nourriture, la température du sang s'abaisse de $\frac{8}{10}$ de degré environ par jour jusqu'à arriver à la température de 26° terme de la mort (*Chossat*).

Le sel marin pris en quantité insuffisante tend à faire extravaser l'hémoglobine dans le sérum, et à anémier le sang dont la fibrine diminue et qui devient en même temps moins apte à absorber

[1] Voy. encore dans ce livre IIIe, le chapitre *Nutrition générale*.

l'oxygène (*Poggiale*). Pris en quantité trop grande, le sel marin s'accumule dans le sang, quoiqu'il soit surabondamment éliminé par les urines qui entraînent ainsi une certaine portion de l'eau du plasma. A la suite d'une alimentation très-salée et longtemps prolongée, Plouviez et Poggiale ont vu le sel marin augmenter dans le sang de près de moitié.

On a dit que dans de certaines limites l'accroissement de pression de l'oxygène dans l'atmosphère respirée n'augmentait pas l'exhalation d'acide carbonique et les combustions internes. Cette observation importante faite par Regnault et Reiset a été confirmée depuis par divers auteurs, entre autres par W. Müller et P. Bert. Ce dernier savant a même démontré qu'à partir d'un certain excès de pression, l'urée et l'acide carbonique produits diminuaient, que l'animal se refroidissait et pouvait même périr par l'arrêt des oxydations. Cl. Bernard a vu les urines des lapins cesser d'être alcalines lorsqu'ils respirent de l'oxygène pur. Ces faits montrent combien nous nous rendons encore mal compte du processus des oxydations dans l'organisme animal, et de l'influence qu'exercent sur le sang l'excès ou la pénurie des aliments et de l'air consommés.

§ 2. — AGENTS MÉDICAMENTEUX OU TOXIQUES.

On ne connaît rien de précis sur l'action qu'exercent sur le sang les agents toxiques ou médicamenteux. Ce serait là un utile sujet d'études. Nous réunissons ici quelques documents à cet égard

Composés antimoniaux[1]. — Les composés d'antimoine ont une action très-rapide sur le sang. A dose capable seulement d'amener la diarrhée, ils produisent déjà au bout de deux jours un accroissement de la *graisse du sang*. La cholestérine augmente du simple au double. Sous l'influence de ces préparations, la forme du globule sanguin ne paraît pas s'altérer; mais il est comme anémié; le glucose varie tantôt dans un sens, tantôt dans un autre; le sang renferme moins d'oxygène et d'acide carbonique.

Composés arsenicaux[2]. — Les doses faibles ont une influence manifeste sur la formation de la graisse et le développement du

<hr>

[1] Ritter, *Thèse de doctorat ès sciences*, Paris (1872), n° 333, p. 66.
[2] Ritter, *loc. cit.*, p. 76.

foie; à dose un peu forte, il y a amaigrissement, et l'on peut observer que le globule sanguin s'altère ; on y trouve quelquefois des cristaux d'hémoglobine; en même temps les urines deviennent ictériques ou albumineuses. La *graisse du sang* augmente du simple au double, et quelquefois au triple. La *cholestérine* s'est toujours accrue quand on élevait les doses d'acide arsénieux. Cet effet est plus sensible encore qu'avec les composés antimoniaux. Le *glucose* tantôt augmente beaucoup, tantôt diminue.

Phosphore. — Le phosphore agit puissamment sur le sang. Des doses qui ne sont même pas toxiques altèrent le globule au point qu'on y voit parfois apparaître sous le microscope de l'hémoglobine cristallisée; cet état coïncide avec une teinte jaune de la peau. La *graisse* contenue dans le sang et surtout la *cholestérine* augmentent notablement et celle-ci d'autant plus que la dose de phosphore était plus toxique. Les dépôts de graisses dans les divers organes sont favorisés par les petites doses. En même temps l'*albumine* diminue dans le sang et la *fibrine* y augmente.

Matières de la bile. — La bile injectée dans les vaisseaux produit rapidement l'intoxication de l'animal et fait apparaître dans le sang des cristaux d'hémoglobine (*Kühne; Leyden*). Ces effets sont dus aux taurocholates et glycocholates de la bile, et nullement aux matières colorantes, comme le prouve l'expérience directe. (*Ritter et Feltz.*)

Sous l'influence de l'injection des acides biliaires à dose non toxique, le sang s'altère profondément ; le globule se déforme; l'hémoglobine tend à y cristalliser. Le *sang* est anémié. La *graisse* et la *cholesterine* y augmentent sensiblement. Les urines se chargent des matières colorantes de la bile.

Acide carbonique. — Nous renvoyons à la *Respiration* et notamment à l'étude de l'*asphyxie*, ce que nous avons à dire à ce sujet.

Oxyde de carbone. — On sait que l'oxyde de carbone chasse l'oxygène du globule sanguin et le rend impropre à s'oxyder en formant avec son hémoglobine une combinaison relativement stable. Toutefois on peut faire inhaler à des chiens, sans les intoxiquer, des doses de ce gaz capables de saturer le cinquième de toute l'hémoglobine de leur sang.

L'oxyde de carbone tend à s'éliminer très-rapidement, car au bout de peu de temps le sang ne donne plus les raies de l'hémoglobine oxycarbonée, et M. Gréhant a retrouvé l'oxyde de carbone en nature dans les gaz expirés. D'après M. Ritter, lorsque la dose n'est point toxique, la quantité d'urée ainsi que l'azote total éliminés diminuent dans les urines, tandis que l'acide urique y augmente, indication évidente d'oxydations imparfaites[1]. En même temps les urines deviennent albumineuses.

Protoxyde d'azote. — Le protoxyde d'azote pur mêlé de son volume d'air, produit une asphyxie rapide (un lapin y meurt en 8 minutes, un pigeon en 2 ou 3 minutes) et l'on a même cru pouvoir affirmer que les effets anesthésiques de ce gaz devaient être rapportés à une simple asphyxie par privation plus ou moins complète d'oxygène. Le protoxyde ne peut entretenir la vie que mêlé à un grand volume d'air[2]. On sait que le protoxyde d'azote tend à déplacer l'oxygène du globule sans se combiner toutefois à lui, ni en empêcher la réoxydation. Dans un air qui ne contient que le dixième de son volume de ce gaz, les oxydations continuent, la vie persiste, mais l'exhalation d'acide carbonique est diminuée. Par l'absorption d'eau chargée de protoxyde d'azote, les oxydations seraient augmentées; les quantités d'eau, d'urée, d'acide urique contenues dans les urines seraient accrues.

Bioxyde d'azote. — On a dit que le bioxyde d'azote s'unissait à l'hémoglobine et en chassait l'oxygène. On sait aussi que l'oxygène libre est transformé immédiatement par lui en vapeurs nitreuses dont l'action est des plus toxiques. On conçoit donc les effets éminemment vénéneux de ce composé.

ARTICLE VII

LES DIVERS SANGS DE L'ÉCONOMIE

Le sang que nous avons décrit jusqu'ici est le sang normal moyen, tel qu'il existe dans le ventricule droit, et spécialement le sang de l'homme adulte. Mais la composition du sang varie avec l'espèce animale, le sexe, l'âge du sujet, l'état artériel ou veineux,

---

[1] Voir Cl. Bernard. *De l'asphyxie par la vapeur de charbon. Revue des cours scientifiques,* 1870.

[2] L. Hermann, *Archiv. f. Anat. u. Phys.,* 1864.

et pour un même animal il est des différences profondes entre le
sang de la digestion et celui du jeûne, entre le sang veineux des
divers organes, du foie, du rein, de la rate et des muscles, suivant
qu'ils sont en repos ou en activité, etc. C'est l'étude de ces variations normales qu'il nous reste à faire. Nous renvoyons à la IIIe
Partie de cet ouvrage l'étude du sang pendant les maladies.

Sang des divers animaux. — Le poids spécifique du sang des
animaux, au moins de celui des animaux domestiques, diffère peu
de celui du sang humain. Sang de bœuf, densité 1,060 ; sang de
mouton 1,050.

La coagulation se fait aussi d'une manière analogue. Nous avons
déjà plusieurs fois signalé le sang de cheval qui se coagule très-
lentement. Le sang des oiseaux se coagule plus rapidement, le
sang des amphibies moins vite que celui des mammifères. Le rapport du caillot au sérum a été chez un chat de 1 à 8 ; chez une
brebis de 1 à 10,7 ; chez un chien de 1 à 9,6 ; mais ces rapports sont variables.

Chez les poissons on sait que la fibrine se redissout après que le
caillot s'est formé et que le sang redevient fluide.

On a les nombres *moyens* suivants pour les quantités de corpuscules secs, contenus dans 1000 grammes de sang, et pour l'eau
de 1000 grammes de sérum chez divers animaux :

	Corpuscules secs pour 1000 de sang	Eau pour 1000 de sérum
Homme	135	»
Bœuf	122	912
Veau	102	»
Mouton	92 à 100	914
Cheval	117	»
Chien	124 à 129	918
Chat	115	»
Cochon	145	»
Poulet	151	926
Pigeon	143 à 155	945
Grenouille	55 à 69	950
Anguille	60	900
Carpe	82	»

On voit qu'en général le sang humain est plus riche en globules que celui des autres mammifères.

Le sang des animaux contient une quantité variable de fer et
d'hémoglobine, et nous savons de plus que celle-ci diffère notable-

ment de propriétés et de forme cristalline chez les diverses espèces. Voici des nombres relatifs au fer et à l'hémoglobine contenus
dans un grand nombre de sangs ; ils sont tous rapportés à 1000 gr.
de ce liquide :

		Fer dosé à l'état métallique [1]	Hémoglobine corresp. calculée	Hémoglobine d'après Preyer [2]	Hémoglobine d'après Quinquaud [3]
Homme..	Maximum..	0gr.557	125gr	»	127
	Minimum..	0 .506	118	»	118
Femme..	Maximum..	»	»	»	113
	Minimum..	»	»	»	104
Vieillard..	Maximum..	»	»	»	104
	Minimum..	»	»	»	89
Taureau..	Maximum..	»	»	»	123
	Minimum..	»	»	»	108
Vache..	Maximum..	»	»	»	104
	Minimum..	»	»	»	94
Bœuf [4]..	Maximum..	0 .547	126 }	136 }	113
	Minimum..	0 .480	111 }		104
Veau..	4 mois...	»	»	»	66
	6 mois...	»	»	»	75
	10 mois...	»	»	»	95
Chien........		0 .579	138	133	»
Mouton..	Maximum.. }	0 .470	112	112 }	95
	Minimum.. }				75
Cheval..	Maximum..	»	»	»	108
	Minimum..	»	»	»	104
Porc...	Maximum..	0 .595	139 }	143 }	142
	Minimum..	0 .506	118 }		132
Oie...	Maximum..	0 .568	83.3	»	»
	Minimum..	0 .547	80.7	»	»
Dindon..	Maximum..	0 .336	78.2	»	»
	Minimum..	0 .333	77.4	»	»
Poulet..	Maximum.. }	0 .557	83.0 }	98	»
	Minimum.. }			90	»
Canard..	Maximum..	0 .344	80.0 }	93	»
	Minimum..	0 .342	79.5 }		»
Moineau..	Maximum..	»	»	»	75
	Minimum..	»	»	»	71
Tanche..	Maximum..	»	»	»	58
	Minimum..	»	»	»	24
Grenouille	Maximum.. }	0 .425 }	»	»	55
	Minimum.. }		»	»	23

[1] Pelouze, *Compt. rend.*, t. LX, p. 880.

[2] *Ann. Chem. u. Pharm.*, t. CXL, p. 187. Méthode optique.

[3] *Compt. rend.*, séance du 18 août 1873. Dosage de l'hémoglobine par l'oxygène maximum absorbé.

[4] Boussingault, (*Ann. chim. phys.*, [4], t. XXVII, p. 479), a trouvé dans 1000 grammes de sang de bœuf, Fer = 0gr,375 et dans 1000 grammes de sang de porc 0gr,634.

La comparaison des deux tableaux précédents démontre que tandis que dans le sang des mammifères l'hémoglobine paraît former la majeure partie des globules secs, il n'en est plus ainsi dans le sang des oiseaux si remarquable par sa richesse en globules et par sa pauvreté en hémoglobine. Or, on le sait, Denis a fait observer depuis longtemps que c'était précisément dans ce sang que se trouvait en plus grande quantité la globuline que nous avons décrite p. 457.

Sangs des deux sexes. — La densité du sang est, en général, un peu plus grande dans le sexe mâle. L'odeur propre à ce sang est aussi plus forte. Les analyses moyennes suivantes sont dues à Becquerel et Rodier. Ils ont trouvé pour 1000 grammes de sang :

	Homme	Femme
Eau.	779.00	791.10
Fibrine.	2.20	2.20
Graisses (oléine, margarine), etc.	1.62	1.64
Graisses saponifiées.	1.00	1.04
Graisses phosphorées.	0.49	0.46
Cholestérine.	0.09	0.09
Sérine.	69.40	70.50
Corpuscules rouges à l'état sec [1].	141.10	127.20
Matières extractives.	0.87	»
Sels.	5.03	7.15

Suivant Andral et Gavarret, la proportion de fibrine s'accroît chez la femme enceinte surtout pendant les 3 derniers mois et arrive à une moyenne de 3 à 4 p. 1000. La pauvreté relative du sang de la femelle en hémoglobine se reproduit dans les diverses espèces.

Sang des divers âges. — Le sang des adultes est en général plus riche en corpuscules rouges que celui des enfants ou des vieillards. Voyez les nombres relatifs à l'hémoglobine dans le tableau de la p. 535. Suivant Nasse et Poggiale, le sang des nouveau-nés contient beaucoup moins de fibrine que le sang ordinaire (1,90 p. 1000 en moyenne), et il se produit une notable augmentation de cette substance à l'époque de la puberté. De 50 à 70 ans et au delà, le chiffre de la fibrine diminue peu à peu et tombe à 2 p. 1000 (*Becquerel et Rodier*). D'après les mêmes

---

[1] Contenant : homme, 0gr,57, femme, 0gr,54 de fer

auteurs, à partir de 30 ans la proportion de cholestérine s'élève et devient double dans la vieillesse[1].

Suivant Denis, le sang du fœtus est très-pauvre en eau et très-riche en globules dans les 2 ou 3 premières semaines qui suivent la conception ; de 3 semaines à 5 mois la proportiou d'eau augmente, celle des globules diminue ; de 5 mois à 10 ans la proportion de globules croît de nouveau.

Dans les divers âges, la quantité de sérine du plasma reste sensiblement la même. Les globules blancs diminuent chez les vieillards.

Sang de la digestion et du jeune. — On s'est suffisamment expliqué dans l'article précédent sur l'influence que le jeune et l'alimentation exercent sur la composition du sang (Voyez aussi à ce sujet le chapitre relatif à la NUTRITION GÉNÉRALE).

Sang artériel et veineux en général. — Comparons d'abord ces deux sangs à l'état moyen, c'est-à-dire tels qu'ils existent dans le cœur gauche et le cœur droit, 3 ou 4 heures après la digestion.

Le sang artériel en masse et par réflexion est rouge écarlate ; le sang veineux est rouge-brun. Par transparence, le sang artériel est rouge et monochromatique ; le sang veineux en couche suffisante est rouge foncé et en couches très-minces rouge verdâtre[2]. Ces différences sont en grande partie dues aux couleurs correspondantes de l'oxyhémoglobine du sang artériel, et de l'hémoglobine réduite du sang veineux.

La densité du sang artériel est en général un peu moindre que celle du sang veineux (sang artériel 1,053 ; veineux 1,055). Cette différence peut se produire toutefois en sens inverse, probablement suivant la veine d'où l'on extrait le sang.

Le sang artériel se coagule le plus souvent un peu plus vite que le veineux (*Lehmann*). Mais le contraire peut toutefois avoir lieu[3]. Quant au caillot du sang artériel, il est en général plus consistant que celui du sang veineux et donne relativement un poids de sérum moindre.

Simon et Nasse ont trouvé de 2,5 à 5 p. 100 d'eau de plus dans

---

[1] *Traité de chimie pathologique*, Paris, 1854. p. 92.

[2] Le dichroïsme du sang veineux a été bien étudié pour la première fois par BRÜCKE. Voy. *Pogg. Ann.*, t. XCIV, p. 426.

[3] J. Davy, Berthold, Blundell, admettent que le sang veineux se coagule de 1 à 4 minutes plus vite que l'artériel.

le sang artériel que dans le sang veineux. Le sérum artériel est aussi plus aqueux suivant Lehmann. Le sang artériel est en général un peu plus pauvre en globules que le sang veineux. Les globules du sang artériel sont plus riches en matières colorantes et en sels, et plus pauvres en matières grasses que les globules veineux.

Suivant le même observateur[1] le sang des petites veines contient moins de globules, plus de fibrine (dans le rapport de 3 à 2) et plus d'eau que le sang artériel. Lehmann ayant trouvé que le sang de la veine cave, avant qu'il ne se mêle au sang des veines sus-hépatiques, est notablement plus pauvre en fibrine que le sang artériel, pensait que la fibrine se produit dans les artères, augmente dans les capillaires et disparaît dans les veines. En moyenne cependant le sang artériel contient un peu plus de fibrine que le sang veineux. Chez le cheval on aurait, d'après Fünke, sang artériel 2,28 p. 1000, sang veineux 1,24.

La fibrine artérielle est-elle la même que la fibrine veineuse? Cette question ne peut être encore entièrement résolue, mais on sait que les deux fibrines présentent des différences notables : la fibrine artérielle se dissout plus difficilement dans les solutions salines que la fibrine veineuse.

Le sang artériel est plus pauvre en urée et plus riche en sucre que le sang veineux.

Le plasma artériel contient plus d'eau et de fibrine, moins de graisses, de matières extractives et moins de sérine que celui du sang veineux.

Le sang artériel dissout plus de gaz que le sang veineux (voy. p. 523). Cette différence est spécialement due à un notable excès d'oxygène épuisable par le vide seul, et à un peu plus d'azote. Quant à l'acide carbonique, le volume de celui que le vide enlève et même de celui qui ne devient libre que par les acides, est supérieur dans le sang veineux. On peut dire qu'il n'y a d'exceptions à ces règles que pour le sang qui sort des glandes en activité.

Sang artériel et veineux des muscles. — On ne possède pas d'analyse complète du sang qui entre et de celui qui sort d'un muscle en repos ou en activité.

On sait seulement, que pendant la contraction, le sang entre

---

[1] Lehmann. *J. d'Erdmann*, t. LXVII p. 321.

rutilant dans le muscle, circule plus lentement que pendant le
repos et sort noirâtre, après avoir perdu de l'oxygène et gagné
une quantité d'acide carbonique un peu plus petite en volume.

Mateucci[1] a montré que pendant la contraction les grenouilles
absorbent, dans le même temps, plus d'oxygène et dégagent plus
d'acide carbonique que durant le repos. Les résultats moyens qui
suivent sont dus à Sczelkow :

GAZ DE 100 VOLUMES DE SANG
(Calculés à 0° et sous la pression de 1 mètre de mercure)

	O	Différence absorbée	CO_2	Différence dégagée	Az
Sang artériel du muscle.	15.25		26.74		1.25
Sang veineux, muscle en repos.. . .	6.70	} 3.73	33.20	} 3.18	1.15
Sang veineux, muscle en contraction.	2.97		36.38		1.12

Ainsi, qu'il travaille ou non, le muscle consomme de l'oxygène,
mais en plus grande quantité pendant la contraction. Pour 3,73 volumes d'oxygène disparus dans 100 volumes de sang, apparaissent
pendant le travail 3,18 volumes d'acide carbonique, c'est-à-dire
une quantité un peu plus petite. Le reste de l'oxygène est sans
doute employé à brûler l'hydrogène, ou à faire des produits fixes
divers.

Sang artériel et veineux des glandes. — Le sang artériel qui
entre dans une glande en non activité de sécrétion en sort sang
veineux noir. On ne doit pas oublier, en effet, que les produits
principaux sécrétés par la glande, se fabriquent durant ce repos apparent. Dès que la glande travaille, soit qu'elle le fasse
d'une manière continue, comme les reins, soit qu'elle ne fonc-
tionne, comme les glandes salivaires, que d'une façon inter-
mitente, le sang sort rutilant[2]. On a dit que ce résultat tient
en partie à ce que le *sang circule alors plus rapidement dans la
glande.* Mais il ne faudrait pas croire que ce sang veineux rutilant
ne soit pas modifié. En effet, exposé à l'air il prend plus rapidement que le sang artériel, la couleur brune du sang veineux ; son
sérum est modifié, le poids de ses matières extractives a changé,
et ses gaz n'ont plus la même composition. Ils se sont appauvris

---

[1] *Letture sul l'elettro-physiologia*, Milano, 1867, p. 36.
[2] Cl. Bernard, *Leçons sur les liquides de l'organisme.* Leçons XIII et XIV.

en oxygène, mais bien moins rapidement que durant le repos. La plus grande rapidité du cours du sang, et d'après nous, l'influence de la sécrétion glandulaire qui élimine un produit aqueux et chargé d'acide carbonique, gaz qui est sans cesse enlevé au sang par cette voie, expliquent la rutilance du liquide sanguin pendant qu'il traverse la glande en activité.

Sang de la saignée. — La quantité d'eau augmente dans le sang à mesure que l'on répète ou *prolonge* les saignées. (*Andral; Andrews.*) Ainsi : veau saigné quatre fois, de trente-quatre en trente-quatre heures, première saignée, eau 86,77 p. 100; deuxième saignée, eau 87,08 p. 100; troisième, eau 92,26 p. 100; quatrième, eau 92,57 p. 100.

En même temps le poids des globules diminue dans le sang. Exemple : lapin saigné de vingt-quatre en vingt-quatre heures, première saignée, globules secs 10,7 p. 100 ; deuxième, 94 p. 100; troisième, 88 p. 100; quatrième, 77 p. 100 ; cinquième, 65 p. 100 [1].

La quantité de fibrine diminue par les saignées successives et même d'après Scudamore, pendant que se prolonge une seule saignée. Mais cette assertion n'a pu être vérifiée par Andral et Gavarret. Fibrine première saignée, 5,2; deuxième saignée, 5,0 ; troisième saignée, 4,0 pour 1000. Lhéritier a observé que la fibrine baisse tout à coup et très-rapidement, quand on a déjà fait deux ou trois saignées antérieures.

La quantité de sérine du sérum ne paraît pas varier avec les saignées successives.

Chez un animal soumis à l'hémorrhagie artérielle allant jusqu'à la mort, la quantité d'oxygène du sang va sans cesse en diminuant. (*Estor et Saintpierre* [2].)

Sang de diverses veines. — On peut dire que chaque veine donne un sang particulier. Les divers sangs de l'économie mériteraient une étude chimique attentive qui n'a pas encore été faite. Nous notons ici le peu que l'on sait à cet égard.

Sang de la jugulaire. — A. Flint a fait la remarque très important que le sang de la jugulaire contient une proportion beaucoup plus notable de cholestérine que celui de la carotide et que la quantité de cholestérine (produit de désassimilation de la ma-

---

[1] Lhéritier, *Chimie pathologique,* 192.
[2] De la coloration rouge des tissus enflammés. Tirage à part, p. 6.

tière cérébrale), ainsi éliminée était très-approximativement égale à celle qui est excrétée par la bile dans le même temps. Voici quelques-uns de ses nombres :

		Cholestérine en 1000^{gr} de sang
Jeune chien, petite taille.	Carotide...	0.967
	Jugulaire..	1.545
Chien grand et robuste..	Carotide...	0.768
	Jugulaire..	0.947

Sang de la veine rénale. — Le sang des veines rénales est rutilant ; il est plus riche en oxygène et plus pauvre en acide carbonique que le sang veineux général. 1000 grammes de ce sang contiennent 11 à 12 grammes d'eau de moins que celui des autres veines. Tous les principes cristallisables, tels que chlorure de sodium, créatine, urates, urée, etc., ont aussi diminué dans ce sang. Il ne contient que des traces de fibrine et ne se coagule pas ou que très-lentement. Les autres matières protéiques du plasma y sont légèrement augmentées.

Sang de la veine porte. — Ce sang se coagule, en général, plus rapidement que celui du cœur droit. Son caillot est plus lent à se former et plus diffluent. Son sérum est rougeâtre. Il est plus aqueux et moins riche en sérine que celui de la jugulaire. Il contient souvent moins de globules rouges et de fibrine. Celle-ci est visqueuse et comme gélatineuse[1]. Les corpuscules rouges de ce sang sont plus riches en graisse que ceux du sang veineux ordinaire. Le sang de la *veine porte* est plus chargé de corps gras, de matières extractives et de sels que celui de la jugulaire, mais il ne donne pas de sérum *chyleux*, même pendant la digestion. Il contient à peine des traces de glucose.

Dans les maladies du foie on voit apparaître dans ce sang de la leucine et de la tyrosine.

On observe dans le sang de la veine porte des globules sphériques, plus petits que les globules sanguins et sans dépression centrale. On les trouve aussi dans la rate. On a émis l'opinion que ce sont là des globules rouges de nouvelle formation.

Sang des veines sus-hépatiques. — Le sang de ces veines est,

---

[1] Suivant Béclard, *Arch. gén. méd.*, t. XVIII, p. 143 et 327, la fibrine du sang de la veine porte, ainsi que de celui de la veine splénique, abandonnée au contact de l'air, se liquéfie au bout de 12 heures.

d'après Lehmann[1], plus riche en globules rouges que celui de la veine porte, de la jugulaire et de la veine cave. Ainsi : chien nourri de viande, globules humides, veine porte 44 à 45 p. 100 ; veines sus-hépatiques 64 à 74 p. 100. Toutefois le fer diminue dans le sang des veines sus-hépatiques. L'eau décroît en même temps de 8 à 9 centièmes. Les globules blancs déjà abondants dans la veine porte, deviennent plus nombreux encore dans le sang des veines sus-hépatiques.

Le sang des veines sus-hépatiques ne contient qu'une faible quantité de fibrine difficilement coagulable. Il semble donc que tout ou partie de la fibrine du sang de la veine porte disparaisse dans le foie, et Lehmann a émis l'opinion qu'elle servait à produire le glycogène.

Le sang qui sort du foie contient plus de caséine que celui des veines de la rate et surtout que le sang de la veine porte. Il contient, relativement à ce dernier, une faible proportion de cholestérine (*Flint*). Il est aussi moins riche en graisse : cheval, veines sus-hépatiques 0,64 p. de graisse 100 ; veine porte 1,10. Autre cheval, veines sus-hépatiques 0,63 ; veine porte 1,15 de graisse pour 100[2].

Le sang des veines sus-hépatiques contient plus de sucre qu'aucun autre sang de l'économie. (*Bernard.*) Lehmann a trouvé chez le chien 0,6 à 0,9 de sucre, p. 100 de résidu sec laissé par ce sang[3]. En nourrissant ces animaux avec des féculents le sucre montait jusqu'à 1 p. 100 du résidu, pendant que le sang de la veine porte en donnait des traces à peine. En partant des veines sus-hépatiques et en suivant le cours du sang jusqu'au ventricule gauche du cœur, le sucre diminue sans cesse dans les vaisseaux.

Le sang des veines sus-hépatiques est plus riche en matières extractives, plus pauvre en graisse (de 1/3 à 1/4, d'après *Gobley*) en sels minéraux et en fer que tous les autres sangs veineux.

Sang des vaisseaux spléniques[4]. — Le sang qui sort de la rate possède plus d'eau et de fibrine que le sang veineux ordinaire. Il est aussi plus riche en sérine (*Béclard*). On a, d'après *Funke*[5] : *Eau*, sang de la jugulaire, 79,3 p. 100 ; sang qui sort de la rate,

---

[1] *Chimie physiologique*, t. II, p. 85 et 223.
[2] Lehmann, *Journ. d'Erdmann*, t. LIII, p. 205.
[3] Lehmann, *Compt. rend.*, t. XI., p. 228.
[4] Voir à ce sujet le travail de Béclard cité plus haut à propos du sang de la veine porte.
[5] *Henle und Pfeuffer's Zeitschr.* (N. F.) t. I, p. 172.

83 à 88 p. 100. — *Fibrine*, sang de la jugulaire 0,22 à 0,62 p. 100, sang veineux de la rate 0,28 à 1,15 p. 100. Le sang de la rate se coagule toutefois avec une extrême lenteur.

La proportion des globules rouges est dans ce sang diminuée, d'après Béclard, dans le rapport de 12 à 13 p. 1000 de sang.

Le sang de la rate contient un nombre très-considérable de globules blancs. On y a signalé aussi des granulations pigmentaires foncées et de petits cristaux quelquefois renfermés dans les globules. On y trouve des cellules hématiques qui semblent en train de passer par une série de formes intermédiaires. En général les globules rouges du sang de la rate sont plus sphériques que les globules ordinaires, et leur hémoglobine tend à cristalliser très-aisement.

Le sang des veines spléniques est très-riche en cholestérine. (*Marcet; Funke.*)

Estor et Saintpierre ont trouvé dans le sang de la rate : *oxygène*, sang de l'artère splénique 13,2 à 15 volumes p. 100 de sang; veine splénique à jeun 11,9 ; veine splénique, durant la digestion, 6,64 à 4,74 vol. p. 100 de sang.

Sang durant la grossesse. — Suivant Andral et Gavarret, Becquerel et Rodier, le sang est plus riche en eau durant la grossesse, et le nombre de ses globules rouges diminue depuis la conception jusqu'à la délivrance. A cette époque le sang ne contient plus que 113 parties de globules secs p. 1000. Quelques jours après la parturition, le nombre des globules recommence à s'élever. La fibrine augmente surtout dans les trois derniers mois de la grossesse et atteint le chiffre de 4,8 p. 1000 de sang. La sérine est sensiblement diminuée, surtout lors de l'accouchement. Les matières grasses et phosphorées sont au contraire augmentées.

D'après une analyse moyenne, citée par Becquerel et Rodier, 1000 parties de ce sang contiennent : globules secs 111,8 ; fibrine 3,5 ; matières grasses 1,92 ; sels minéraux 66. Dans 1000 parties de sérum on trouve 75,7 de sérine.

Sang du placenta. — Denis a donné les analyses suivantes du sang des veines placentaires et du sang veineux de la même femme au moment de l'accouchement :

	Sang placentaire	Sang veineux
Eau	70.15	78.10
Globules secs	22 62	14.31
Albumine	5.00	5.00
Matières salines		
— extractives . . .	2.25	2.59
— grasses		
	100.00	100.00

L'augmentation du poids des globules dans le sang du placenta est extrêmement remarquable. L'urée y existe aussi, d'après Picard, en quantité abondante.

Suivant Stass, la matière protéique du sérum du sang placentaire erait presque entièrement formée d'albuminose ou de caséine[1].

Sang menstruel. — On ne peut pas l'obtenir pur et exempt de mucus ; aussi n'en a-t-on pu faire d'analyses. On dit souvent qu'il ne se coagule pas : c'est une erreur. Toutefois le caillot se produit très-lentement, à cause peut-être de la présence du mucus vaginal. Il est mou, diffluent et visqueux ; il renferme des globules rouges parfaitement normaux.

ARTICLE VIII

MÉTHODES D'ANALYSE DU SANG

§ 1. — DOSAGES PRÉLIMINAIRES.

Détermination des poids relatifs du plasma et des globules humides. — Le problème de l'analyse du sang formé de corpuscules nageant dans un plasma liquide, est multiple et délicat. La difficulté principale à résoudre consiste à séparer ces deux parties distinctes et à les peser.

Or nous avons vu qu'on ne savait encore aujourd'hui obtenir le plasma pur qu'avec le sang de cheval et avec le sang humain dans quelques rares cas de maladies inflammatoires. Nous ne reviendrons pas sur cette méthode d'analyse spéciale déjà suffi-

[1] Stass., *Compt. rend.*, t. XXXI, p. 620.

samment indiquée et qui ne saurait s'appliquer généralement au sang de notre espèce. Remarquons aussi qu'on n'a le plus souvent que du sang coagulé pour procéder à l'analyse. *Pratiquement*, on ne saurait, dans un hôpital, ni refroidir parfaitement le sang à sa sortie de la veine, ni le recevoir dans du sulfate de soude pour en empêcher la coagulation et séparer ainsi par le repos les globules du plasma. Il faut donc des méthodes d'analyse diverses qui s'appliquent aux divers cas qui peuvent se présenter.

Détermination du poids des globules humides, du sérum total et de la fibrine. — Le problème préliminaire et fondamental de l'analyse du sang consiste à trouver les poids relatifs des globules humides, de la fibrine et du sérum. On peut du reste admettre sans erreur notable que les poids *sérum + fibrine = plasma*.

Nous ne donnerons pas ici les diverses méthodes rationnelles qui ont été successivement proposées pour faire cette analyse immédiate du sang ; encore moins celles où l'on admettait que la quantité d'eau existant dans les globules *étant négligeable*, toute l'eau qui était perdue par le caillot défibriné provenait du sérum, hypothèse dans laquelle le poids des globules secs était calculé en soustrayant du poids du caillot défibriné et desséché celui du résidu laissé par une masse de sérum contenant la quantité d'eau perdue par l'évaporation de ce caillot. Par cette méthode essentiellement erronée le poids des globules secs était toujours apprécié au-dessous de la réalité. Laissant ici de côté ces vieux errements on se bornera à mentionner trois méthodes, qui sans être à l'abri de tout reproche donnent des résultats satisfaisants.

La première est de Figuier. Elle a été ensuite perfectionnée par Dumas[1] et repose sur ce fait, déjà observé avant ces auteurs, que les solutions de sulfate de soude empêchent le globule de traverser les parois des filtres en papier. Cette méthode peut, avec les quelques changements que nous y introduisons, résoudre le problème qui nous intéresse. On l'applique comme il suit.

Le sang à analyser est reçu dans un flacon taré à large ouverture ; l'excès de poids du flacon donne celui du sang. On bouche, et au bout de vingt-quatre heures on sépare le mieux possible le sérum formé. Celui-ci est pesé, et sur une partie on dose l'albumine par coagulation. On filtre, on évapore, on sèche et on a le

---

[1] *Ann. chim. phys.*, [3], t. XI, p. 303 ; et t. XVII, p. 452.

poids du résidu sec laissé par le sérum. Le caillot est pesé à son tour, jeté ensuite sur un linge, pris dans un nouet, et malaxé dans une solution de sulfate de soude saturée d'oxygène et marquant 17° Baumé. La fibrine reste dans le nouet et peut-être séchée et pesée. Quant aux globules ils sont entraînés et tombent au fond de la solution sans qu'une partie vraiment dosable de leur hémoglobine soit extravasée. Au bout de douze heures, on jette le tout sur un filtre et on lave au sulfate de soude. Les eaux mères et la liqueur de lavage sont traitées par l'acide nitrique étendu et portées à l'ébullition pour coaguler la sérine. On jette le caillot sur un filtre, on le lave à l'eau bouillante et on le pèse. Par une simple proportion on connaît la quantité de sérum correspondant à cette albumine, et par conséquent aussi la quantité de globules humides égale au poids du caillot diminué de celui de la fibrine humide et du sérum interposé qu'on vient ainsi de calculer. On a donc à la fois le poids du sérum et du plasma total. Nous verrons plus loin comment on peut doser les matériaux propres au sérum et aux globules dont le poids relatif vient d'être déterminé.

La méthode très-élégante proposée par M. Bouchard, est fondée sur cette observation qu'une solution de sucre de canne d'une densité de 1,026 ne déforme pas le globule et ne dissout sensiblement aucun de ses principes.

On recueille deux quantités égales de 15 grammes de sang environ dans deux capsules tarées (A) et (B). L'une d'elles (B) contient au préalable 10 grammes de solution sucrée. On abandonne le sang à la coagulation spontanée. Au bout de 12 à 24 heures, on prend dans chaque capsule, avec une pipette, 4 grammes du sérum formé, on le dilue dans de l'eau acidulée, on le coagule à 100, on lave les coagulums à l'eau chaude et on les pèse. Ces deux pesées suffisent pour avoir le poids total du sérum pour 100 de sang. Soit en effet a le poids connu d'albumine de 1 gramme de sérum pur, b celui de 1 gramme de sérum de la capsule (B) à laquelle on a ajouté n c. cubes de liqueur sucrée, et x le poids de sérum total contenu dans chacune des deux capsules, on a pour l'albumine de la totalité du sérum :

Dans la capsule (A). . . ax

Dans la capsule (B). . . $b(x + n)$

et comme ces deux quantités sont égales :

$$ax = b(x + n) \text{ d'où } x = \frac{bn}{a - b}$$

On a donc la quantité de sérum pour 15 grammes de sang e
par conséquent pour 100 grammes. On dose la fibrine dans le
caillot de la capsule (A) on rapporte à 100 de sang. On a donc le
poids *sérum + fibrine* ou le poids du *plasma* de 100 de sang et
par différence celui des globules humides.

La méthode un peu plus compliquée de Hoppe-Seyler[1] est fondée
sur cette propriété que le sel marin ajouté aux globules les rend
insolubles dans l'eau et empêche l'extravasation de la majeure
partie de leurs matières albuminoïdes.

Pour faire un dosage de sang on le divise en quatre parts. La
première partie de 10 à 12 cent. cubes est séchée dans un courant d'air sec, et pesée. On détermine ensuite le poids des matières
albuminoïdes et de l'hémoglobine coagulée après les avoir lavées
à refus, à l'alcool chaud, à l'éther et à l'eau légèrement acidulée.

Dans la deuxième portion, d'environ 20 à 30 cent. cubes, on
dose la fibrine.

La troisième portion, d'à peu près 20 cent. cubes, ayant été
défibrinée, on la filtre à travers un linge ; la fibrine est lavée avec
un peu d'eau contenant 1 centième et demi de sel marin. Au liquide filtré on ajoute ensuite neuf à dix fois son poids d'une solution de chlorure de sodium au 9me. Au bout de 12 à 24 heures,
les globules se sont précipités. On décante la liqueur claire qui
surnage et on lave les globules avec la solution salée précédente.
Cela fait, on les sèche et on les pulvérise sous l'alcool chaud, on
les lave à l'alcool, à l'éther et à l'eau, et on détermine le poids du
résidu qui est celui des matières albuminoïdes et de l'hémoglobine
sèche des globules.

Dans la quatrième portion, de 50 à 100 cent. cubes, on laisse le
sang se coaguler, on recueille avec soin le sérum, on le sèche, on
le lave à l'alcool et on détermine le poids de ses matières albuminoïdes desséchées.

Toutes les valeurs précédentes étant alors calculées en centièmes, si le poids *matières albuminoïdes + hémoglobine* des globules (Troisième portion), est défalqué du poids *matières albuminoïdes + hémoglobine* du sang entier (Première portion), il restera
après avoir soustrait *la fibrine* (Deuxième portion) le poids (A)
des matières albuminoïdes du sérum total. Or la Quatrième por-

---

[1] *Handbuch der chemischen analyse* [2], p. 315.

tion ayant donné le poids de matières albuminoïdes trouvée dans une quantité aliquote de sérum recueilli, on pourra calculer d'après (A) la quantité totale de sérum (B) de 100 de sang. Cette quantité (B) augmentée du poids de la fibrine, donne le poids du plasma qui, défalqué de 100, donnera le poids des globules humides.

Cette méthode en général bonne pour le sang humain, mais surtout pour celui d'oiseaux, de poissons, de reptiles ne réussit pas avec le sang de ruminant ou de cochon d'où le sel marin sépare mal les globules[1].

Occupons-nous maintenant du dosage successif des parties constituantes des globules humides, de la fibrine brute et du sérum.

§ 2. — DOSAGES DES MATÉRIAUX DES GLOBULES.

Dosage de l'eau. Poids des globules secs. — On séparera le sang de la saignée ou le caillot en deux parties. Dans la première on dosera le poids des globules humides comme il a été dit au § 1 ; la seconde sera évaporée au bain marie, puis chauffée à 100° dans un courant d'air desséché. Le résidu sec diminué du poids que laisserait par son évaporation la quantité de sérum interposée, (quantité déterminée d'après le § 1), donnera le poids des globules secs ; on a vu plus haut comment on dosait le poids des globules humides, on aura par différence l'eau des globules.

Dosage des matières extractives et des sels solubles dans l'eau. — Le résidu sec laissé par l'évaporation du caillot étant repris par l'eau donnera les diverses matières extractives solubles telles que la créatine, créatinine, sels divers, urée, sucre, savons, qui pourraient se trouver dans le caillot. On évaporera cette dissolution et l'on pèsera son résidu sec ; on le calcinera ensuite au rouge pour avoir le poids des sels solubles du caillot, et par diffé-

[1] La méthode de Schmidt, de Dorpat, et celle qu'a suivie Lehmann, qui est très-analogue, consiste à apprécier une fois pour toutes les quantités dont les corpuscules sanguins se réduisent de volume en se desséchant sous le champ du microscope, à calculer d'après cette observation la quantité d'eau qu'ils contiennent ; à évaluer de même l'espace libre laissé dans le caillot entre les corpuscules, et à juger par là de la quantité de sérum que ce caillot contient. Schmidt l'a évalué au 5ᵉ du caillot. Ayant donc le poids du caillot on en soustrait le poids du sérum qu'il englobe ; il reste le poids de globules humides. — On évapore ce caillot à sec, on soustrait du poids celui de son résidu sec que laisserait le sérum interposé et on a le poids des corpuscules secs.
Voyez aussi la méthode de Denis, *Mémoire sur le sang*. Paris (1859) p. 56.

rence celui des matières extractives solubles. On en conclura les poids de matières correspondantes à attribuer au globule en tenant compte de la quantité de sérum interposé au caillot et de sa composition que l'on déterminera d'après le paragraphe suivant.

Matières extractives solubles dans l'alcool et l'éther (*corps gras, cholestérine, lécithine*). — En traitant successivement le caillot desséché, par l'alcool froid, par l'alcool bouillant et par l'éther on obtiendra en solution les matières extractives solubles dans ces dissolvants. Elles sont formées surtout de corps gras, de cholestérine, de lécithine, et de matières colorantes. En acidulant légèrement la portion extraite par l'alcool et l'évaporant en présence d'une petite quantité de sel marin ou de chlorure de cadmium en solution alcoolique, puis en traitant par l'éther on obtiendra la cholestérine (*Hoppe-Seyler*). En reprenant par l'alcool absolu on dissoudra les corps gras. La lécithine restera comme résidu et pourra être appréciée par un dosage de phosphore ou par toute autre méthode[1].

On peut doser aussi ces mêmes substances, dans la portion du sang destinée au dosage de l'hémoglobine (voy. plus bas).

Sels insolubles du globule. — Après l'action successive de l'alcool, de l'éther et de l'eau, la globuline de Denis, la paraglobuline de Schmidt, et l'hémoglobine altérée resteront comme résidu mélangés aux sels insolubles. Ceux-ci pourront être appréciés par la calcination de ce résidu. Quant aux autres substances, elles demandent à être dosées séparément dans une autre portion du sang ou du caillot.

Dosage de la globuline de Denis. — Nous ne pouvons pour ce dosage que renvoyer à ce que nous avons dit (p. 457), en parlant de la préparation de ce corps. Pour obtenir la globuline du sang des mammifères on prend le caillot bien égoutté de sérum, on le mêle à la moitié de son poids de solution de sel marin au dixième et l'on chauffe deux heures ce mélange à 40° ou 50° en agitant un peu. Les globules en partie décolorés s'étant alors agglomérés en une masse visqueuse on la divise en petites portions qu'on lave sucsivement à l'eau glacée. On leur fait pour cela parcourir doucement le fond du vase en imprimant à l'eau, au moyen d'une spa-

―――――――――

[1] Voyez ce qui a été dit de l'analyse immédiate des graisses. Voy. aussi p. 440.

tule, une légère ondulation. On renouvelle cette eau de temps à autre et l'on finit par n'avoir plus pour résidu que de la globuline blanche avec son aspect feutré. Après l'avoir lavée à l'alcool et à l'éther chauds on la dessèche et on la pèse.

Dosage de la paraglobuline de Schmidt. — La liqueur qui a servi à laver le caillot pour obtenir la globuline de Denis, ayant encore été étendue de beaucoup d'eau froide (douze à quinze fois le volume du caillot primitif) on fait passer dans cette solution un courant d'acide carbonique à refus. La paraglobuline se précipite et peut être recueillie sur le filtre, lavée à l'alcool et à l'éther, et enfin séchée en tenant toujours compte de la proportion qui, dans le caillot, provient de la quantité de sérum interposé aux globules et que l'on a appris à doser déjà p. 546.

Dosage simultané de l'hémoglobine, des graisses, de la lécithine, de la cholestérine. — L'hémoglobine pourrait au besoin être appréciée dans le résidu sec du caillot par le dosage du fer, car cet élément ne se trouve que dans la matière colorante du sang et l'on sait que 100 grammes de cette substance sèche contiennent chez le mammifère ou l'oiseau $0^{gr},42$ à $0^{gr},43$ de fer.

Mais on a donné (p. 463) le procédé par lequel Hoppe-Seyler extrait l'hémoglobine du sang des divers animaux. Pour doser cette substance on traite le sang défibriné par son volume d'une solution au dixième de chlorure de sodium, on chauffe deux heures à 40°, et l'on agite au bout de vingt-quatre heures avec de l'eau et de l'éther le magma qui s'est formé. On arrive ainsi à le séparer en trois parties : la globuline reste à l'état insoluble ; la majeure part des graisses, de la lécithine et de la cholestérine se dissout dans l'éther, tandis que l'hémoglobine reste en solution dans l'eau. Cette solution aqueuse étant évaporée d'abord dans le vide froid et sec, puis à 100°, donne l'hémoglobine comme résidu ; elle n'est plus mêlée qu'à quelques sels alcalins, dont le poids peut-être déterminé par la calcination, et à une trace de matières extractives azotées dont on peut enlever la plus grande partie par de l'alcool à 80° centésimaux.

Les corps gras, la cholestérine et la lécithine dissoutes dans l'éther, peuvent être ensuite séparées et dosées comme il a été dit ci-dessus.

On peut aussi, comme l'a fait Preyer[1], doser l'hémoglobine par

---

[1] *Med. Centralbl.*, 1866 ; et *Ann. Chem. Pharm.*, t. CXI, p. 187.

un procédé optique, dont nous ne donnons ici que le principe. Lorsqu'on fait passer un rayon de lumière blanche intense à travers une certaine épaisseur d'hémoglobine concentrée, la lumière rouge traverse seule et peut être perçue par l'œil. Mais si l'on étend cette solution, il arrive un moment où les rayons verts commencent à être perceptibles. Si donc on prend une quantité connue de sang défibriné, qu'on l'étende d'eau, et que cette solution soit placée devant la fente du spectroscope, puis qu'on ajoute de l'eau jusqu'au moment où l'œil commence à percevoir les rayons verts, on pourra déterminer la qnantité d'hémoglobine de ce sang d'après la quantité connue d'avance d'une solution dosée de cette substance produisant la même illumination de la bande verte sous une épaisseur égale.

Il est enfin un dernier procédé de dosage de l'hémoglobine dû à Schutzenberger. Il consiste à saturer entièrement le sang d'oxygène en l'agitant à l'air, puis à doser l'oxyhémoglobine de ce sang au moyen d'une liqueur titrée d'hydrosulfite de soude. Ne pouvant donner ici les détails de ce procédé délicat, nous renvoyons à la source [1].

Les deux méthodes précédentes, quoiqu'elles ne soient pas à l'abri de toute objection, sont précieuses parce qu'elles permettent de doser l'hémoglobine du sang rapidement et sur des quantités très-minimes.

§ 3. — DOSAGES DES MATÉRIAUX DU PLASMA ET DU SÉRUM.

Dosage de la plasmine de Denis. On doit observer que tous les dosages relatifs au plasma ou au sérum doivent être corrigés de la quantité de sérum et de fibrine qui restent mélangés aux globules.

On a dit (p. 490), que Denis extrait la plasmine du plasma du sang rendu incoagulable par le sulfate de soude, en précipitant cette substance dans le plasma par du sel marin en poudre. La plasmine ayant été lavée avec une solution salée est ensuite soumise à l'exsiccation. Si du poids de ce résidu sec on enlève celui de chlorure de sodium qui reste après calcination au moufle, on aura le poids de la plasmine.

Ce procédé toutefois donne des résultats incertains; mais puis-

[1] *Compt. rend.*, t. LXXVI, p. 1489.

que, d'après Denis, la plasmine se dédouble en fibrine concrète et fibrine soluble, il vaut mieux, comme le fait Denis lui-même, conclure le poids de la plasmine de la somme de ces deux composants. On a dit plus haut comment on dose la fibrine concrète, reste à doser la fibrine soluble qui se trouve dans le sérum.

Dosage de la fibrine soluble de Denis. — Dans une partie du sérum chauffé à 40°, on ajoute peu à peu du sulfate de magnésie tant que ce sérum paraît en dissoudre ; on filtre, et on lave au sulfate de magnésie la bouillie ainsi obtenue. Ce précipité est soluble dans une petite quantité d'eau ; mais si on étend considérablement cette solution, la fibrine, qui n'est soluble que grâce au chlorure de sodium, deviendra insoluble et pourra être recueillie séchée et pesée [1].

Dosage de la paraglobuline et de la caséine. Peptones — En admettant que la paraglobuline de Schmidt ne soit pas identique à la fibrine soluble de Denis, il faut, avant de doser la sérine du sérum, enlever la paraglobuline, qui se précipiterait avec elle par la coagulation due à la chaleur. On déterminera la paraglobuline comme il a été dit au paragraphe précédent.

Après qu'on a enlevé la paraglobuline du sérum, on peut en précipiter la *caséine* en neutralisant la liqueur et l'étendant de beaucoup d'eau, ou mieux en l'acidifiant légèrement par l'acide acétique très-dilué.

Pour les peptones voyez p. 513.

Dosage de l'albumine du sérum. — Le sérum privé des substances précédentes étant soumis à l'ébullition, après avoir été légèrement acidifié par l'acide acétique, sa sérine se coagulera et pourra être recueillie sur le filtre. Elle sera lavée d'abord à l'eau, puis à l'alcool et à l'éther bouillants, séchée à 100°, puis à 120°, enfin pesée. Il sera, dans tous les cas, nécessaire de calciner un poids connu de cette albumine pour déterminer la quantité de matières minérales qu'elle contient, quantité non négligeable, et qui peut, dans le tableau de l'analyse totale, être indiquée séparément.

Dosage des matières extractives, des graisses, de la cholestérine, de l'urée, des cendres [2]. — On déterminera en bloc les *matières extractives* en évaporant lentement, dans une capsule de platine tarée, la partie filtrée d'où l'on a retiré les matières précé-

---

[1] Voy. Denis, *Mémoire sur le sang*, p. 183.
[2] Voyez pour tout cet alinéa, p. 548 et p. 549.

dentes. On pèsera le produit de l'évaporation séché à 120°, puis on en calcinera un poids connu ; la perte de poids donnera celui des matières extractives et des sels minéraux.

Les *cendres* resteront comme résidu et pourront être estimées par les moyens ordinaires, en séparant la partie soluble dans l'eau chaude de la partie insoluble, et se rappelant qu'une portion des sulfates et des phosphates peut provenir de la calcination du soufre et du phosphore des matières extractives, qui se transformant en acides sulfurique et phosphorique, ont pu chasser en même temps une portion de l'acide carbonique et du chlore des matières minérales du sérum.

Une portion connue du résidu précédent sera traitée par de l'eau chaude pour lui enlever les matières extractives solubles (urée, sucre, créatinine... sels solubles). — Dans une partie de cette solution on déterminera *l'acide urique*, s'il y en existe. Il suffira de l'acciduler par 1 à 2 millièmes d'acide chlorhydrique pour que l'acide urique se précipite à l'état insoluble du jour au lendemain (voir *Analyse des urines*).

L'*urée* pourra être extraite du résidu de l'évaporation du sérum que l'on traitera par l'alcool. Cette solution alcoolique étant évaporée, on la reprendra par l'eau, l'extrait aqueux sera desséchée à 100, et le résidu sera repris de nouveau par un mélange d'alcool absolu et d'éther qui dissoudra l'urée. — On déterminera sa quantité par les procédés qui seront décrits à propos de l'analyse des urines.

Le *sucre* peut être aussi enlevé par l'alcool du résidu sec des matières extractives, et dosé dans cette solution par les méthodes indiquées dans ce chapitre (p. 515), et par celles qui seront aussi décrites en parlant de l'analyse des urines.

Les *corps gras* seront estimés et séparés de la *lécithine* et de la *cholestérine*, comme il est dit au § 2 précédent.

§ 4. ANALYSE DES GAZ DU SANG.

L'analyse des gaz extraits du sang se fait par les méthodes ordinaires d'analyse des mélanges gazeux : la difficulté consiste seulement à extraire ces gaz du fluide sanguin. Une seule méthode générale doit être aujourd'hui adoptée : l'extraction par le vide barométrique. Quant au départ des gaz du sang provoqué par le passage de divers autres gaz ou par l'ébullition, il faut y renoncer complétement ; on obtient ainsi les résultats les plus fautifs ; nous en avons déjà dit les raisons.

Lorsqu'il s'agit de doser seulement l'oxygène, on peut se borner à le déplacer par le contact du sang avec l'oxyde de carbone.

Extraction des gaz par le vide. — Nous ne décrirons point ici les diverses pompes pneumatiques à mercure, créées par Magnus d'abord, puis par C. Ludwig et ses élèves. Elles sont devenues d'un usage classique. Celles que construit M. Alvergniat à Paris (voyez *fig.* 25) consistent essentiellement en un tube vertical, élargi à la partie supérieure A (voy. *fig.* 26 p. 555 pour les détails), où l'on peut faire et renouveler le vide barométrique ; cette partie est mise en communication par le robinet à trois voies B et son tube latéral avec le récipient du sang, C ou F, ballon à long col que l'on peut placer à volonté dans de la glace ou dans de l'eau tiède. Le récipient à sang est du reste lié à l'appareil par un fort tube en caoutchouc, entouré lui-même d'un manchon de la même matière et rempli d'eau. On a ainsi une fermeture hermétique. Cette ligature mobile permet au récipient de prendre les deux positions C et F. (*fig.* 26.)

Tel est l'appareil que recommande Grehant. Il opère ensuite comme il suit : le récipient à sang F est entièrement rempli d'eau distillée bouillie, lié à la pompe à mercure et placé dans la position C. Le vide est ensuite fait dans tout l'appareil ;

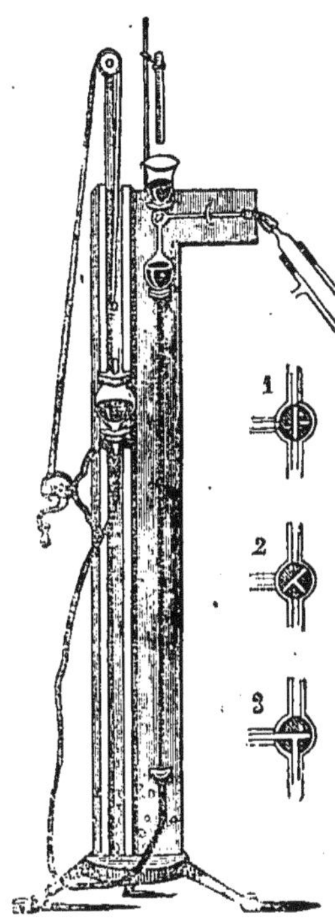

Fig. 25. — *Pompe pneumatique à mercure.*

l'eau s'écoule en A, et un quart de tour du robinet B permet de la chasser au dehors par le tube vertical qui surmonte ce robinet. Le vide ayant été reconnu complet en C, on replace le ballon dans la position F.

Il s'agit d'y introduire le sang à examiner. Pour cela, deux ligatures sont faites à un pouce de distance sur l'artère de l'animal. On coupe le vaisseau entre les deux. On introduit dans le bout

central la canule d'une petite seringue dont le piston, placé au bas
de sa course, est recouvert d'une faible couche d'eau ; on défait la
ligature du bout central de l'artère ; le sang pénètre dans la seringue et fait monter le piston. On resserre la ligature ; on enlève
la seringue et on la tare. On introduit ensuite sa canule dans un
bout de caoutchouc lié sur le tube vertical qui surmonte le robinet B, et qui a été préalablement rempli de mercure ; enfin on
tourne B de façon à faire pénétrer le sang en F. Cela fait, on

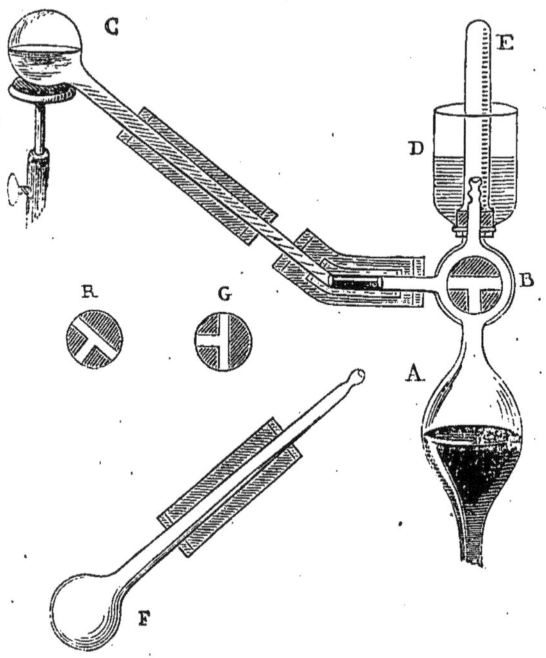

Fig. 26. — *Détails de la pompe pneumatique et de l'extraction des gaz du sang.*

tourne B d'un quart de tour pour fermer tout l'appareil. On enlève la seringue et on la tare de nouveau. Le sang, pénétrant en F,
se boursoufle dans le vide en cédant ses gaz, mais les bulles sont
arrêtées dans le col allongé du ballon F, entouré d'un manchon
où coule de l'eau froide. Un certain nombre de coups de piston
font dégager ces gaz en A. On les fait passer dans l'éprouvette E.
On termine l'expérience en portant le ballon F à 40° dans un bain-

marie. Il ne reste plus qu'à mesurer et analyser les gaz recueillis en E[1].

La plupart des auteurs ont extrait les gaz du sang sans les soustraire immédiatement au contact du liquide sanguin et à la tension de la vapeur d'eau qu'il émet. Pflügger, en plaçant entre le récipient à sang et la pompe à vide un système de boules desséchantes remplies d'acide sulfurique, a obtenu des résultats notablement différents de ceux de ses prédécesseurs, entre autres une extraction presque complète par le vide seul de tout l'acide carbonique du sang, dont une partie avait été notée jusque-là comme y existant à l'état de combinaison. Son appareil est d'une complication extrême, et d'un maniement long et délicat.

Déplacement de l'oxygène par l'oxyde de carbone. — Le sang peut être recueilli directement, comme il est dit ci-dessus, dans une seringue exacte préalablement remplie d'eau tiède, que l'on expulse ensuite en faisant jouer le piston de haut en bas. Quand toute l'eau est sortie, on lie l'artère ou la veine sur la canule et l'on aspire alors lentement 15 à 20 centimètres cubes de sang. Ceci fait, on dénoue le vaisseau et l'on projette petit à petit ce sang dans une éprouvette placée sur la cuve à mercure et contenant au préalable 20 à 25 centimètres cubes d'oxyde de carbone. Si la cloche est suffisamment étroite et si elle est graduée, on pourra mesurer le volume du sang. L'éprouvette est alors entourée d'un manchon de verre contenant de l'eau à 25 ou 30° et doucement agitée pendant 15 minutes. Au bout d'une heure, l'oxyde de carbone a déplacé tout l'oxygène ; on peut alors transvaser les gaz dans une éprouvette sèche au moyen de la pipette de Doyère, les priver de l'oxyde de carbone excédant en y faisant passer une boulette de coke imprégnée de chlorure de cuivre ammoniacal, enlever l'acide carbonique avec une boule de potasse, et doser l'oxygène restant par son absorption au moyen d'un bâton de phosphore.

MM. Estor et Saintpierre ont construit un petit appareil qui permet de faire rapidement dans le sang un dosage approximatif d'oxygène. C'est une cloche (*fig.* 26) en forme de tube en U *renversé*, graduée sur ses deux branches et de 40 cent. cubes de capacité totale environ ; le 0° est au sommet en A ; la capacité BAC est de 10 cent. cubes.

[1] Pour plus de détails voir *Revue scientifique*, 1872, p. 440.

La cloche étant pleine de mercure, on y fait passer 20 à 22 cent. cubes d'oxyde de carbone pur, puis avec les précautions ci-dessus indiquées, 10 à 15 centimètres cubes de sang sont injectés dans l'une des branches B. On en lit le volume sur la graduation. Tout l'appareil étant maintenu à 25 ou 30°, on lui imprime un léger ballottement pendant 10 minutes. Au bout d'une heure, on abaisse la cloche dans le mercure jusqu'à faire dans la branche C coïncider le niveau du mercure avec celui de la cuve. On note alors le volume gazeux total par une double lecture sur les branches B et C, en tenant compte de ce que le volume BAC est égal à 10 cent. cubes. Cela fait, on introduit successivement dans la branche C les réactifs capables d'absorber l'acide carbonique, l'oxyde de carbone et l'oxygène et on fait chaque fois les lectures correspondantes sans avoir besoin de transvaser les gaz ou d'éloigner le sang.

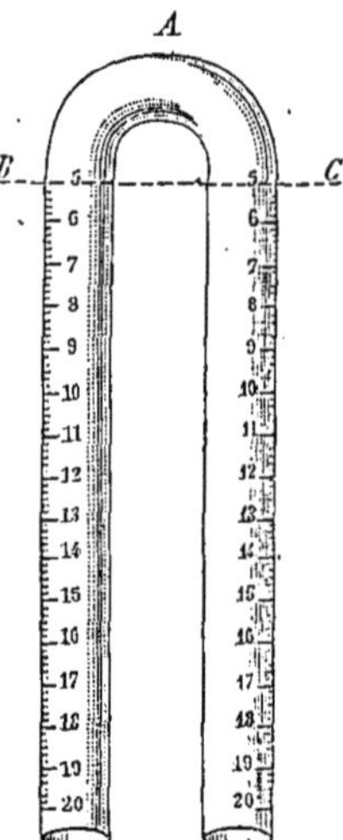

Fig. 27. — *Dosage du sang par l'oxyde de carbone.*

Ce procédé rapide n'est évidemment qu'approximatif. Les diverses causes d'erreur sont : l'action continue du sang sur l'oxygène, même en présence de l'oxyde de carbone ; la tension inconnue de la vapeur d'eau du sang, surtout au contact des divers réactifs absorbants, tels que la potasse ; la double lecture du volume et de la pression des gaz, pression qu'il est difficile, sinon impossible, de déterminer exactement.

CHAPITRE III

GLANDES VASCULAIRES SANGUINES

On comprend sous le nom de glandes vasculaires sanguines un petit nombre d'organes qui paraissent être des annexes de la circulation générale et dont les fonctions sont mal connues ou tout à fait ignorées. Quelques-unes se rapprochent, par leur structure des ganglions lymphatiques, d'autres des follicules clos du canal digestif. Les notions histologiques que nous possédons sur ces glandes, et la très-grande ressemblance de composition chimique des sucs qui les imprègnent paraissent devoir leur faire attribuer à toutes des fonctions analogues à celles de l'une d'entre elles, la rate. Elles semblent être en général destinées, comme celle-ci, soit à reproduire certains éléments anatomiques de la lymphe et du sang, soit à modifier, temporairement ou pendant toute la vie, la composition des fluides nourriciers.

Les glandes vasculaires sanguines sont : la *rate*, les *capsules surrénales*, la *glande pituitaire*, la *glande thyroïde*, et le *thymus*. Nous allons rapidement faire leur étude chimique.

ARTICLE PREMIER

LA RATE

La rate est formée d'une enveloppe ou coque résistante de tissu conjonctif fibreux se repliant au niveau du hile autour des vaisseaux artériels et veineux afférents ou efférents, pénétrant avec eux dans l'intérieur de l'organe, et formant aux vaisseaux spléniques une gaîne ou capsule qui se prolonge jusqu'à leurs plus fines ramifications. De cette gaîne partent de fins prolongements qui viennent se réunir à des fibrilles ou travées analogues que fournit la face interne de la coque résistante extérieure. Tout l'organe est ainsi divisé en un réseau de mailles innombrables et irrégulières dont les plus-résistantes sont parcourues par les vaisseaux sanguins, les lymphatiques et les nerfs. L'enveloppe extérieure, les travées qui en partent, et les gaînes des vaisseaux sont formées d'un mélange de fibres conjonctives, élastiques et musculaires lisses.

Chacune des mailles dues aux anastomoses des travées qui forment comme la charpente de l'organe est elle-même subdivisée en vacuoles plus petites par des filaments trabéculaires qui paraissent provenir de la membrane même dont sont constitués les plus fins capillaires artériels. Les mailles et leurs vacuoles sont remplies d'une matière spéciale, formant dans l'organe une masse centrale à laquelle on a donné le nom de *pulpe splénique*. Elle est surtout constituée par une énorme agglomération de cellules lymphatiques ordinaires à un seul noyau, mêlées d'autres cellules d'un diamètre plus grand à noyaux multiples. Des globules sanguins qui ont abandonné les plus fins vaisseaux, et dont l'enveloppe s'est comme éraillée, se frayent par traînées un passage à travers les globules lymphatiques, et vont ainsi retrouver les capillaires veineux. Dans ce trajet les hématies subissent des altérations diverses, elles se fragmentent, se ratatinent, se transforment peut-être en molécules pigmentaires qui pénètrent dans les corpuscules lymphatiques. Le mélange de tous ces éléments constitue la pulpe ou boue splénique.

Ajoutons enfin que sur les branches des plus fines artérioles spléniques, et formant comme des renflements de leur capsule, se trouvent en grand nombre de petits corps ovoïdes qui portent le nom de *corpuscules de Malpighi* et qui résultent de l'infiltration lymphoïde de la gaîne artérielle. On retrouve aussi ces corpuscules dans les mailles spléniques et dans la pulpe.

Dans le sang de l'artère splénique il existe en moyenne, d'après Hirt, un globule blanc sur 2100 globules rouges ; dans le sang de la veine splénique, un globule blanc pour 70 globules rouges. On voit donc que des corpuscules lymphatiques paraissent se former dans la rate. Les corpuscules rouges ratatinés ou déchiquetés, et les matières pigmentaires que l'on trouve si abondamment dans la pulpe splénique ont fait aussi penser que cet organe avait pour rôle spécial de détruire les corpuscules rouges du sang. Outre ces deux fonctions douteuses, la rate serait encore, d'après Shiff, destinée à élaborer les substances peptogènes qui serviraient ensuite à charger le pancréas de son ferment spécial. Mais c'est encore là une pure hypothèse.

Nature chimique du tissu splénique. — Nous ne pouvons pas nous attendre, devant la complication des éléments anatomiques qui forment la rate, à des notions bien nettes sur la composition chimique de cet organe. Mais l'étude histologique simplifie déjà beaucoup le problème. Elle nous apprend que la charpente de la rate est formée d'un tissu conjonctif fibreux qu'on a décrit en son lieu, et il n'y a plus pour nous d'intérêt que dans la pulpe ou matière semi-liquide que l'on peut extraire par la compression de cette trame conjonctive. Encore le microscope nous permet-il de préjuger en partie la composition de cette pulpe d'après sa consti-

tution anatomique. L'étude histologique de la rate suffirait, on le
voit, à montrer de quelle importance est pour la chimie biologique tout entière la description et l'analyse microscopique des
organes.

Toutes les parties de la rate sont alcalines à l'état frais. Elle est
formée, d'après Oidtmann[1] de : matières organiques, 180 à 300 ;
— eau, 775 ; — cendres, 5 à 9,5 pour 1000 parties du tissu. 100
parties de ces cendres contiennent elles-mêmes : soude, 35 à 45 ;
potasse, 9,6 à 17 ; magnésie, 1 à 0,5 ; chaux, 7,3 à 7,4 ; acide
phosphorique, 18 à 27 ; phosphate de fer, variable, jusqu'à 16 ;
chlore, 1,3 à 0,54 ; acide sulfurique, 1,4 à 2,5 ; silice, 0,17 à 0,7.
Ces cendres contiennent fréquemment un peu d'oxyde de cuivre
(0,04 à 0,06), et de manganèse (0,03 à 0,08), quelquefois une
trace de plomb. La richesse de ces cendres en sels de soude démontre que la rate possède des sucs propres qui ne sont pas seulement le sérum du sang qui l'imprègne.

La *pulpe splénique* présente dans une rate fraîche plus de consistance que lorsqu'elle a subi l'altération cadavérique. Elle porte
dans ce dernier cas plus spécialement le nom de *boue splénique*.
Alcaline d'abord, elle devient peu à peu acide après la mort. On n'a
pu séparer jusqu'à aujourd'hui ses divers éléments, entre autres
les globules sanguins frais ou altérés et les globules blancs qui en
forment une grande partie, car Vierordt a trouvé dans la boue
splénique 1 globule blanc pour 5 globules rouges. Parmi ces
derniers, plusieurs sont rétractés, déchiquetés, en voie de désor-
ganisation plus ou moins complète. A côté d'eux se rencontre
une matière pigmentaire formée de granulations variant du rouge
au noir qui paraît provenir de l'altération de la matière colorante.

Quand on traite la pulpe splénique par de l'eau froide, on dissout non-seulement les matières propres à l'organe lui-même, mais
aussi les substances qui appartiennent au sang qui l'imbibe, son
sérum et une partie de son hémoglobine. Cet extrait aqueux étant
filtré donne par la chaleur un précipité albumineux couleur
rouille provenant en partie des matières protéiques du sang. La
liqueur filtrée précipite encore une matière albuminoïde ferrugineuse quand on l'acidule par l'acide acétique. Cette substance peu
soluble dans un excès d'acide est gélatineuse ; l'éther en extrait

[1] *Die anorg. Bestandtheile der Leber und Milz* , Limnich., 1858.

un peu de cholestérine et des graisses. Elle laisse à l'incinération des cendres riches en acide phosphorique et en oxyde de fer (*Scherer*)[1]. Ces matières paraissent être des produits de destruction des globules rouges.

La liqueur d'où ces diverses substances ont été extraites a été étudiée surtout par Stædeler et Frerichs[2], Cloetta[3], Scherer, Gorup-Besanez[4]. Elle renferme un peu de leucine et de tyrosine, de la xanthine, de l'hypoxanthine, de la taurine[5], beaucoup d'inosite, des acides succinique, lactique, urique, butyrique, acétique, formique, et des sels minéraux dont on a déjà parlé.

La leucine se trouve toujours normalement dans l'extrait aqueux de la rate, mais en moindre quantité que dans les glandes salivaires. La tyrosine paraît être un produit d'altération n'existant pas dans les rates fraîches. La xanthine, l'hypoxanthine et l'acide urique s'y rencontrent chez tous les mammifères. L'inosite y existe en quantité considérable (*Cloetta*). Les acides formique, acétique et butyrique paraissent provenir de l'altération de l'hémoglobine.

Chez les leukémiques, le suc de la rate s'enrichit en hypoxanthine et en acide urique, et contient de la gélatine. Il en est de même du sang dans cette maladie. Ces substances paraissent dues aux actions chimiques qui accompagnent la formation ou la destruction des globules blancs.

La rate subit souvent la dégénérescence amyloïde que nous décrirons dans la IIIe Partie de ce livre.

Pour les renseignements sur le sang de l'artère et de la veine splénique, nous renvoyons à ce qui a été dit p. 542.

ARTICLE II

CAPSULES SURRÉNALES; CORPS THYROÏDE ET PITUITAIRE; THYMUS

Capsules surrénales. — Les capsules surrénales sont formées de deux parties distinctes anatomiquement : une *substance corticale* d'aspect rayonné, qui envoie par sa face interne et perpendiculai-

---

[1] Scherer, *Ann. Chem. Pharm.*, t. CVII, p. 314.
[2] *Mitteilung. der Naturf. Gesel. in Zurich*, t. IV, p. 85.
[3] *Ann. Chem. Pharm.*, t. XCIX, p. 303.
[4] *Lehrbuch*, p. 662, 2e Aufl.
[5] Dans la rate de raie.

rement à la surface de l'organe, des prolongements qui divisent chaque capsule en un système de lacunes ; et une *substance médullaire* ou centrale qui remplit les espaces intertrabéculaires.

La substance corticale brune, rougeâtre ou jaunâtre, est formée de tissu conjonctif mêlé de fibres élastiques ; elle laisse entre ses fibrilles des alvéoles remplies d'une matière glutineuse formée d'une substance englobant des granulations graisseuses et des cellules dénuées d'enveloppe et chargées de principes albuminoïdes. Cette substance est très-riche en plexus veineux.

La partie médullaire, dont la charpente est formée des trabécules conjonctives fournies par la substance corticale et par l'enveloppe capsulaire des vaisseaux de l'organe, contient dans ses mailles arrondies des cellules sans enveloppe de nature albumineuse et quelques granulations graisseuses. Le bichromate de potasse colore les éléments cellulaires en brun foncé.

Il existe aussi dans la substance médullaire, et spécialement dans cette partie qui englobe les cellules, une matière qui rougit à l'air ou par la teinture d'iode, et que le perchlorure de fer, les chlorures de cobalt, de nickel, de manganèse, de platine et d'or, colorent en bleu indigo[1], le chlore et le brome en rouge. Le tissu lui-même de la glande traité par l'acide chlorhydrique très-étendu, puis additionné d'ammoniaque, se colore en rouge. On peut enlever la matière chromogène par l'alcool ou l'eau. L'extrait se colore d'abord à l'air en jaune, puis il rougit. On le précipite par l'acétate de plomb, et on obtient un dépôt qui, traité par l'acide oxalique, met la matière colorante en liberté. Elle est soluble dans l'alcool, insoluble dans l'éther et le chloroforme.

On a signalé aussi dans l'extrait aqueux ou alcoolique des capsules surrénales, de la leucine, de l'acide hippurique, de l'acide benzoïque, et peut-être de la taurine et de l'acide taurocholique[2], enfin les dérivés d'apparence grasse que fournissent tous les organes richement innervés.

Le chlorure de potassium existe en grande quantité dans les capsules surrénales.

On a fait la remarque que certaines dégénérences de la substance des capsules surrénales étaient liées à l'apparition dans

---

[1] Vulpian, *Compt. rend.*, t. XLVIII; p. 663.
[2] *Compt. rend.*, t. XLV, p. 550. — Voy. aussi à ce sujet Virchow, *Arch. f. path. Anat.*, t. XII; p. 481 ; Seligsohn, *Thèses de Berlin*, 1858.

les couches profondes du réseau sous-épidermique muqueux de Malpighi d'un pigment diffus, bronzé, brun ou jaunâtre. (*Maladie d'Addison.*)

Corps thyroïde. — Il se compose d'une masse de tissu conjonctif très-vasculaire, mêlé d'éléments élastiques, persillé de petites cavités ou vésicules réunies en lobules et tapissées d'un revêtement épithélial. Ces cavités sont remplies d'une matière transparente, filante, à reflets jaunâtres, qui se dissout et quelquefois se précipite par l'acide acétique. Elle est insoluble dans l'eau froide ou chaude, dans l'alcool et dans l'éther. La chaleur ne la coagule pas. Elle est très-analogue à la mucine et serait, d'après Hoppe-Seyler[1], mêlée d'un peu d'albumine. Cette matière semi-fluide, où nagent des granulations, contient en outre quelques sels (chlorure de sodium, cristaux d'oxalate de chaux) et un peu de cholestérine. Elle devient colloïde chez l'animal qui grandit. Mais on la rencontre déjà sous cet état chez l'embryon. Elle paraît être le produit d'une transformation des cellules glandulaires qui arrive normalement chez l'adulte, mais qui commence déjà dès le jeune âge.

D'après Ranvier le bleu de quinoléine en solution alcoolique colore la matière colloïde en bleu intense, tandis qu'il teinte seulement en gris le tissu des travées conjonctives.

La production démesurée de cette matière colloïde produit l'une des variétés du goître.

La liqueur que l'on peut par la compression exprimer de la glande contient de la leucine, de l'hypoxanthine, de la xanthine, ou un corps très-analogue (*Gorup-Bésanez*), de l'acide succinique, de l'acide lactique, des acides gras volatils et de la cholestérine.

Oidtmann (*loc. cit.*) a trouvé dans la glande thyroïde d'un chien : eau 686,6 ; matières organiques 302,8 ; matières minérales 10,6. Dans le même organe chez une femme âgée : eau 822,4 ; matières organiques 284,5 ; sels minéraux 1,16[2].

Corps pituitaire. — Son lobule antérieur présente la structure des glandes vasculaires sanguines, et spécialement de la partie corticale des glandes surrénales. Sauf ce rapprochement on ne saurait rien dire des fonctions, ni de la composition chimique de cet appendice.

---

[1] *Ibid.*, t. CXII, p. 314.

[2] Voyez sur le *corps thyroïde*, Boulchat, *Thèses de Paris*, 1872.

Thymus. — Cet organe qui s'atrophie et disparaît vers l'âge de la puberté après avoir entièrement subi la dégénérescence graisseuse, est formé chez l'enfant, pour chaque lobe droit et gauche, d'un conduit enroulé sur lui-même sur lequel viennent s'insérer des lobules ou acini pressés les uns contre les autres ; le tout est maintenu par un fin réseau de tissu conjonctif vascularisé. Chaque acinus est formé d'un lacis assez lâche de cellules de tissu conjonctif réticulé riche en vaisseaux et corpuscules lymphatiques, et de noyaux plongés dans un liquide albumineux.

Simon a trouvé dans le thymus d'un veau de 3 mois : eau, 77 p. 100 ; matière albuminoïde, 4 p. 100 ; graisse, *traces;* sels, 2 p. 100.

Gorup-Besanez[1], Frerichs, Staedeler et Scherer[2], qui ont étudié la composition chimique de cet organe chez le veau tout spécialement, y ont trouvé de la leucine en notable quantité, de la xanthine, de l'hypoxanthine, des acides gras, des acides succinique et lactique, un peu de graisse qui augmente avec l'âge, de l'albumine soluble, enfin les matériaux du tissu conjonctif ordinaire.

On y a noté les acides formique, acétique, succinique, lactique, et le sucre d'après Friedleben ; enfin des substances minérales[3] riches en acide phosphorique, en potasse et en chlorure de sodium dans le jeune âge. Plus tard, la potasse est remplacée par la soude[4]. On trouve aussi, parmi les matières minérales de cet organe, des bases alcalino-terreuses, surtout de la magnésie, des traces d'acide sulfurique et une petite quantité de sels ammoniacaux.

Oidtmann a obtenu pour le thymus d'un jeune chien de 14 jours : eau 807 ; matières organiques 192,7 ; matières inorganiques 0,20.

---

[1] *Ann. Chem. Pharm.,* t. LXXXIV, p. 114, et t. XCVIII, p. 1.

[2] *Ibid.,* t. CXII, p. 314.

[3] Environ 0,35 de cendres p. 100 de thymus chez une vache de deux ans. Cette cendre se composait de : phosphates terreux, 0,005 ; sels alcalins, 0,343 (*Friedleben*).

[4] Chez un veau de trois mois, les cendres contenaient 16,6 p. 100 de soude ; chez un bœuf d'un an, 23,7 p. 100.

CHAPITRE IV

NUTRITION GÉNÉRALE

Sans cesse modifié par les échanges qui se passent dans les poumons, par l'action des diverses glandes, et par l'arrivée continue de la lymphe et du chyle, le sang apporte aux organes les matériaux destinés à les nourrir, et se charge des produits de la désassimilation. Les phénomènes qui se passent dans ce double travail constituent la *nutrition proprement dite*, qu'il ne faudrait pas confondre avec l'*alimentation* ou avec la *digestion* qui ont seulement pour but de fournir à l'individu ou de préparer à l'organisme les matériaux destinés à être versés dans le sang et à être assimilés par les divers tissus.

En parlant du fluide sanguin nous avons déjà montré les variations qu'il subit sous les influences diverses de l'alimentation et du jeûne, de l'activité musculaire, du fonctionnement des diverses glandes. Il faut aborder maintenant le mécanisme et les lois de la nutrition générale. Quoiqu'en bien des points ce sujet soit encore obscur, nous réunirons dans ce chapitre les documents principaux relatifs à cette importante question de chimie physiologique.

ARTICLE PREMIER

L'ASSIMILATION CONSIDÉRÉE DANS LES DIVERS TISSUS

Chaque tissu se forme et se détruit suivant des lois qui lui sont propres. Étudions d'abord pour chacun d'eux les modifications que lui fait éprouver son activité spéciale : ce sera établir ainsi par voie indirecte quels sont les éléments nécessaires de sa nutrition normale.

Tissu musculaire. — L'albumine soluble diminue un peu de poids pendant que le muscle se contracte. (Voir § suivant.) Sous l'influence de son activité, il apparaît en même temps dans ce tissu de l'acide sarcolactique, de l'inosite et peut-être de la créatine, enfin et surtout un excès d'acide carbonique. Si l'on tient compte en outre que d'après de nombreuses expériences, déjà citées, ou que nous rapporterons plus loin, l'augmentation de l'urée produite pendant le travail musculaire correspond à la combustion d'une quantité d'albumine telle qu'elle est tout à fait insuffisante pour représenter la chaleur équivalente au travail produit, on verra que la nutrition doit fournir au muscle à la fois de la matière protéique et des matières hydrocarbonées ou grasses, que le travail musculaire tend à détruire, en même temps que de l'eau et des sels (spécialement des chlorures et des phosphates) que l'activité du muscle tend à faire éliminer en plus grande quantité par les urines.

Tissu nerveux. — Les phénomènes chimiques d'assimilation et de désassimilation qui se passent dans les nerfs sont fort peu connus ; nous savons seulement d'après l'élévation de température et l'acroissement de l'excrétion de l'urée, sous l'influence du travail cérébral que la nutrition paraît suivre dans les nerfs, les mêmes lois que dans les muscles. La cholestérine que l'on trouve aussi abondamment dans le cerveau est un produit de décomposition de la matière nerveuse. Le sang de la carotide en est exempt, tandis qu'on la trouve dans celui de la veine jugulaire. Des expériences de Liebreicht il semble résulter en outre que sous l'influence de la douleur le protagon (matière propre du tissu nerveux) diminue dans le cerveau. La nutrition de ce tissu devra donc lui fournir la lécithine, ou tout au moins ses matériaux constituants, phosphore, azote et matière grasse. Toutefois la *très-faible* désassimilation de la matière nerveuse sous l'influence du manque absolu d'aliments jette sur les lois de la nutrition des centres nerveux une grande obscurité.

Tissus conjonctif et cartilagineux. — Comment se nourrissent les tissus conjonctifs et cartilagineux. C'est là une question qui reste chimiquement tout aussi peu connue que la précédente. On sait seulement que tandis qu'il suffit d'une contraction dans le muscle et d'une sensation instantanée dans le nerf pour les oxyder et leur communiquer, en même temps, la propriété de se renouveler grâce à l'aliment, des actions très-variées, une longue abstinence, influent à peine sur le mouvement nutritif des tissus cartilagineux, tendineux et conjonctifs.

Tissu adipeux. — Quant au tissu adipeux normal, il semble d'abord tout naturel de penser qu'il provient du dépôt pur et simple dans les cellules adipeuses de la graisse toute formée que fournissent les aliments. Mais on doit se rappeler que la composition de la graisse varie avec les diverses parties du corps d'un même animal, tandis que pour une même espèce nourrie très-différemment, les corps gras d'un même tissu paraissent à peine varier. Les graisses très-diverses que l'animal absorbe dans les aliments végétaux surtout, sont loin de se retrouver fixées dans son tissu adipeux. Ces considérations jettent quelque doute sur l'origine des corps gras dans l'économie. De plus, Persoz, Liebig, Boussingault ont montré que des animaux nourris avec des aliments exempts de corps gras ou même simplement albuminoïdes, n'en fixent pas moins dans leur organisme des graisses en quantité plus grande que celle qu'on leur a fournie[1]. Tscherinoff a montré que des poules nourries exclusivement avec de la viande bien dégraissée arrivent à s'engraisser parfaitement. Il est vrai que la chair musculaire et beaucoup de tissus, tels que l'épiderme, contiennent toujours une matière amylacée, la zoamyline de Rouget[2], capable de donner plus directement du sucre par ses dédoublements, mais il est aujourd'hui entièrement démontré que la graisse peut se produire exclusivement aux dépens des corps protéiques.

D'autres substances peuvent plus simplement encore être la source du dépôt de graisse ; ce sont les hydrates de carbone. Depuis longtemps Hubert (de Genève) a prouvé, W. Edwards et Dumas ont confirmé, que des abeilles exclusivement nourries de glucose sont capables de produire de la cire[3]. On sait aussi que l'alimentation riche en fécule et en sucre amène un engraissement rapide[4].

Boussingault a fait cette importante remarque que pendant que croît le poids de la graisse chez les animaux, le poids de ses muscles, de son tissu conjonctif et de sa peau augmentent, tandis que celui de ses os diminue.

Tissu osseux. — La nutrition des os est lente mais continue, et si l'alimentation ne leur fournit pas sans cesse leurs sels propres, ceux-ci étant sans cesse éliminés par les excrétions, le squelette

[1] Voir Boussingault, *Économie rurale*, 2ᵉ édition. Paris, 1851, p. 528, 561 et 604.
[2] Voir *Journ. de physiol. de l'homme et des animaux*, 1859. *Des substances amyloïdes... dans les tissus animaux.*
[3] *Compt. rend.*, 1843, t. XVII, p. 531.
[4] Voir au sujet de l'engraissement les beaux travaux de Boussingault et ceux de Persoz (*Compt. rend.*, 1845, t. XX, p. 1726, et t. XXI, p. 20.)

s'atrophie et prend à peu près les caractères du rachitisme (*Chossat*, *W. Edwards*). Il ne suffit même pas que ces sels soient fournis à l'organisme à l'état excrémentitiel, si je puis ainsi m'exprimer, c'est-à-dire à l'état d'os ou de précipités de phosphates ; le phosphore doit être introduit sous la forme assimilable dans laquelle il existe dans le pain, la viande et les végétaux.

Il est extrêmement probable que la terre osseuse est désassimilée sous forme de dissolution dans l'acide carbonique et le chlorure de sodium du plasma sanguin, et dans certains cas, surtout dans le rachitisme, sous forme de lactate calcique.

ARTICLE II

CAUSES MODIFICATRICES DE LA NUTRITION GÉNÉRALE

Étant donné pour un certain état initial de l'organisme l'alimentation et la somme des excrétions, on peut en déduire les variations subies par l'ensemble des organes, variations égales à la différence de ce qui entre dans l'économie et de ce qui en sort, et étudier ainsi indirectement les modifications diverses de la nutrition générale dans un organisme soumis aux diverses influences du travail physique ou du repos, du travail intellectuel, de l'état de veille ou de sommeil, de l'état de jeûne, de digestion ou d'inanition.

Modifications de la nutrition générale par le travail musculaire. — Le travail musculaire accélère la respiration et les combustions organiques. Lavoisier[1] remarquait déjà qu'un homme au repos, consommant par heure 37 litres d'oxygène, avait besoin de 91,25 litres de ce gaz dans le même temps pour élever en 15 minutes un poids de $7^{kil},34$ à 211 mètres de hauteur. La proportion d'acide carbonique exhalée varie aussi avec le travail ; d'après Edward Smith, elle peut, durant un exercice fatigant, être 10 fois plus grande que celle qui est expirée pendant le sommeil. Valentin a montré qu'une grenouille tétanisée, intoxiquée par l'opium, exhale 13,8 fois plus d'acide carbonique et inspire 9,4 fois plus d'oxygène que dans l'état de repos normal. Enfin Newport a trouvé qu'un bour-

---

[1] *Mém. Acad., sciences* (1789), p. 575.

don, lorsqu'il vole vivement, exhale jusqu'à 25 fois plus d'acide carbonique que pendant qu'il reste au repos. (*Phil. transact.* 1856, p. 554.) Non-seulement la quantité d'oxygène absorbée et celle d'acide carbonique exhalée augmentent pendant le travail musculaire, mais Sczelkow et Ludwig ont montré de plus que tandis que pendant le repos la quantité d'acide carbonique exhalée est à celle de l'oxygène absorbé dans le rapport de 1 à 2, pendant le travail, au contraire, ces quantités sont presque égales entre elles et que l'acide carbonique produit dépasse même quelquefois le volume d'oxygène absorbé dans le même temps. Il semble que pendant le repos une partie de l'oxygène se fixe sur la matière organique sans la brûler entièrement et disparaît au sein de l'économie sans donner d'acide carbonique, tandis qu'au moment du travail l'oxygène ainsi fixé par la substance des organes, la brûle et fait apparaître un excès d'acide carbonique que l'on observe dans les produits respirés, non-seulement pendant le travail musculaire, mais encore quelques heures après que celui-ci a pris fin.

Ce premier fait reste donc acquis que, pendant le travail, le carbone de l'organisme est activement consommé et se brûle entièrement en devenant ainsi la source de la chaleur et de la force. Mais il reste à nous demander si le carbone ainsi brûlé est partiellement ou tout entier emprunté aux matériaux azotés, et spécialement à la fibre musculaire?

Si, comme le croyait Liebig, la production de la force est due à la combustion du muscle, l'élimination de l'azote à l'état de gaz et d'urée sera augmentée pendant le travail proportionnellement à *l'augmentation de l'acide carbonique exhalé multipliée par le rapport du carbone à l'azote dans les principes de la matière musculaire.*

Cette considération est bien loin d'être vérifiée par l'expérience. En effet, l'urée sécrétée croît à peine pendant le travail musculaire. Il est vrai qu'on constate une augmentation passagère d'urée dans les premiers temps de la contraction, mais cette augmentation est sans doute suivie d'une diminution notable, car l'accroissement total de l'urée est à peine sensible. Voit a montré qu'un chien bien nourri accomplissant un travail de 150000 kilogrammètres environ, pendant trois jours consécutifs, sécrétait 10^{gr},7 d'urée par jour de travail, tandis qu'il en sécrétait 11 grammes par jour de repos. Un chien laissé sans nourriture sécrétait en trois jours de repos 32^{gr},64 d'urée et en trois jours de travail 36^{gr},99.

Cet auteur s'est assuré en même temps que les pertes d'azote par la perspiration et la respiration étaient insignifiantes, et que l'azote de l'urine et des excréments avait un poids sensiblement égal à celui qui était fourni par les aliments. Si l'on calcule à quelle quantité d'albumine correspond le faible accroissement de l'urée observé par Voit, on verra que cette albumine est incapable en se brûlant de donner l'excès d'acide carbonique dégagé pendant le travail musculaire, et que sa combustion totale ne représente qu'une minime proportion de la quantité de chaleur qui correspond au nombre de kilogrammètres produits. Dans une autre série de recherches[1], Pettenkoffer et Voit ont montré par leurs expériences, tout en concluant en sens inverse, que c'était à la combustion de corps riches en carbone et dénués d'azote qu'était due la chaleur transformée en travail musculaire. En effet, avec une alimentation moyenne normale, le poids de l'urée restait constant durant l'état de repos, ou l'état de travail, tandis que l'acide carbonique dégagé et l'oxygène absorbé augmentaient notablement pendant la période d'activité musculaire, comme l'indiquent les nombres du tableau suivant :

	Repos	Travail
Acide carbonique expiré....	950^{gr}	1154^{gr}
Eau expirée et perspirée....	957	1412
Oxygène absorbé.......	867	1006
Urée produite........	57.2	57.5

Ces auteurs ont même observé que tandis que durant le repos, un homme excrétait 21^{gr},7 d'urée, il n'en produisait plus que 20^{gr},1 avec la même alimentation lorsqu'il se livrait à un travail allant jusqu'à l'extrême fatigue.

. Le docteur Parkes a obtenu des résultats un peu différents sur deux soldats soumis à un régime moyen, se reposant et travaillant alternativement : *urée*, pendant vingt-quatre heures de repos, 57 grammes en moyenne ; *urée*, pendant vingt-quatre heures de travail fatigant, 40^{gr},5. Il a reconnu de plus que l'augmentation d'urée, occasionnée par le travail, se retrouve encore un ou deux jours après que le repos a succédé à la fatigue[2].

M. Ritter[3], dans une série de bonnes expériences, relatées dans

[1] *Zeitschrift f. Biologie*, t. II.
[2] *Proceed. of the Roy. Soc.*, n° 94, 1867.
[3] *Thèse de doctorat ès sciences*, Paris, n° 333 (1872), p. 25.

sa thèse, a comblé en partie ces lacunes. Après s'être soumis, pendant une période de trois jours, à un repos absolu, il faisait dans les quatre jours suivants une marche rapide de quatre heures, se reposait encore deux jours, et les deux jours suivants se livrait à quatre heures de marche. Il dosait, pendant les jours de repos et pendant les jours de marche, tous les matériaux de ses urines et prenait les moyennes. Voici ses résultats : sous l'influence de la marche la quantité d'urine augmente; de 1340 centimètres cubes en vingt-quatre heures, elle arrive à 1940 et 2120 cent. cubes ; le résidu organique et minéral s'accroit ; l'azote total sécrété augmente : son poids est de $17^{gr},89$ pour les jours de repos, de 20 grammes et $20^{gr},3$ pendant les périodes de marche ; l'ammoniaque des sels ammoniacaux subit un accroissement : repos $0^{gr},48$, marche $0^{gr},62$ et $0^{gr},59$; l'urée augmente : repos $32^{gr},9$; marche $39^{gr},25$ et $40^{gr},3$; l'acide urique total diminue : repos $0^{gr},98$; marche $0^{gr},88$ et $0^{gr},62$; la créatinine reste stationnaire. Ces deux dernières observations avaient été déjà faites par Hammond.

On peut objecter à quelques-unes de ces expériences que l'azote peut être éliminé non-seulement à l'état d'urée et de sels ammoniacaux, mais aussi à l'état d'azote libre, par la perspiration cutanée et la respiration dont on n'a pas en général tenu compte. Ces recherches mériteraient donc d'être reprises et complétées, toutefois la perte d'azote faite par la perspiration et la respiration pendant le travail musculaire ne paraissent pas devoir infirmer les résultats précédents. Sczelkow a montré que le sang veineux qui sort d'un muscle qui travaille ne contient pas plus d'azote libre que le sang artériel qui entre dans ce muscle; le gaz azote ne paraît donc pas être un des produits de la désassimilation des matières qui brûlent pendant le travail musculaire.

L'expérience de Fick et Wislicenus, rapportée p. 74 de cet ouvrage, prouve enfin d'une manière absolue qu'une portion notable de la chaleur transformée en force mécanique pendant l'activité musculaire est due à la combustion des matières non azotées du sang ou du plasma musculaire.

On sait que sous l'influence de l'activité musculaire les phosphates et les chlorures s'éliminent ainsi que l'eau en plus grande quantité, tandis que les sulfates ne paraissent pas varier.

Pendant le travail les substances hydro-carbonées, en se changeant en acide lactique, diminuent l'alcalinité du plasma muscu-

laire et peuvent même le rendre acide. L'acidité des urines augmente en même temps.

Modifications de la nutrition par le travail intellectuel. — Le
sang artériel pénètre rutilant à travers le tissu nerveux, et en sort
sang veineux noir, chargé d'acide carbonique. D'un autre côté, les
remarquables expériences de Lombard et surtout celle de Morritz
Schiff[1], ont montré que toute mise en activité des fonctions du
système nerveux produit dans le cerveau un échauffement in-
stantané. C'est ainsi que la transmission d'un courant nerveux,
qu'une sensation de douleur, que chacune des impressions de
nos sens, telles que le simple passage devant les yeux de l'animal d'un papier diversement coloré, élèvent aussitôt la température de la masse nerveuse. Ces expériences prouvent donc que
les plus délicates manifestations de la vie ont toujours lieu suivant
un procédé analogue et que la combustion de la matière organique
de l'être vivant est toujours la source unique qui fournit à la mise
en jeu de ses fonctions les plus délicates.

M. Byasson, dans un intéressant travail sur *la relation qui existe
entre l'activité cérébrale et la composition des urines* (Thèses de
Paris, 1868), nous apprend que s'étant soumis pendant neuf jours
à un régime alimentaire moyen, il s'abstint de tout travail musculaire et intellectuel pendant la première période de trois jours ;
pendant la seconde, de même durée, il se livra à un violent exercice musculaire sans travail d'esprit ; pendant les trois derniers
jours évitant tout travail musculaire, il s'obligea à un exercice intellectuel, consistant dans l'étude de problèmes de mathématiques
et de physiologie. L'urée de toute l'urine fut dosée pour chacune
de ces trois périodes. Il obtint :

1re Période. *Repos.* Urée, moyenne de 24 heures. . $20^{gr},46$;
2e Période. *Travail muscul.* Urée, moy. de 24 h. . $22^{gr},90$;
3e Période. *Travail cérébral.* Urée, moy. de 24 h. . $23^{gr},88$;

L'urée paraît donc augmenter par le travail cérébral autant que
par le travail musculaire[2].

D'après le même auteur (*loc. cit.*) la quantité d'acide phosphorique éliminée pendant le travail cérébral est plus forte que celle

---

[1] Voir *Arch. de physiologie*, t. I, II et III.

[2] On doit observer cependant que les maximums d'augmentation ou de diminution
de l'urée dus à un changement de travail ou de régime, se font, d'après les divers observateurs, ressentir 36 à 48 heures après que la modification a eu lieu, ce qui enlèverait une partie de leur intérêt aux conclusions ci-dessus.

qui s'élimine par le repos ou même par le travail musculaire.
(Voir *Tissu nerveux*, Art. IV.) Cette dernière opinion, déjà émise
par Mosler, en 1853, n'est pas d'acord avec les expériences de
Hodges Wood, qui a trouvé au contraire que les phosphates terreux excrétés diminuent d'un quart à un tiers pendant le travail
intellectuel, tandis que les phosphates alcalins augmentent à peine[1].

On sait de plus que par une forte contention d'esprit, ou par
la mise en jeu des passions, la quantité d'oxygène absorbé et d'acide carbonique expiré s'accroissent d'une manière très-notable.

Quant à l'effet intime du travail nerveux sur la matière cérébrale
on l'ignore presque entièrement. On sait seulement par les expériences de O. Funke, que de neutre à l'état de repos, le nerf devient acide quand on l'excite fortement. L'acidité des urines augmente en même temps.

Influence de la veille et du sommeil sur la nutrition. — Les
travaux faits sur la respiration, démontrent que pendant le sommeil les combustions respiratoires s'affaiblissent. Scharling a constamment remarqué que la production d'acide carbonique pendant le jour était chez l'homme, d'un quart plus élevée que celle
de l'acide carbonique pendant la nuit. Boussingault en étudiant
la respiration des tourterelles a trouvé qu'elles consommaient en
moyenne $0^{gr},258$ de carbone par heure de jour et seulement $0^{gr},162$
par heure de nuit[2]. On sait que dans le sommeil hibernal l'exhalation d'acide carbonique diminue encore davantage et que d'après
Regnault et Reiset elle peut, chez les marmotes engourdies, descendre au 20me de la quantité produite pendant l'état de veille.

La sécrétion de l'urée diminue aussi pendant le sommeil. Tandis qu'elle était en moyenne, chez les sujets observés par Vogel,
de $42^{gr},48$ pendant les douze heures de jour, elle s'abaissait à
$36^{gr},24$ pendant les douze heures de nuit.

On sait enfin, par les travaux de Pettenkoffer et Voit, que l'oxygène s'accumule dans l'organisme pendant le sommeil, sans qu'il
apparaisse dans les produits de la respiration une quantité d'acide
carbonique correspondante, et que pendant la veille la combustion
vitale s'exagère de telle sorte que les produits excrétés contiennent,
durant cette période, plus d'oxygène que l'animal n'en absorbe dans
le même temps par sa respiration.

<hr>

[1] *Bull. soc. chim.*, t. XIV, p. 88.
[2] *Ann. chim. phys.* [3] t. XI, p. 445.

Influence de l'inanition. — Quand on prive un animal de nourriture, les quantités moyennes d'urée et d'acide carbonique produites en vingt-quatre heures, baissent rapidement dans les deux ou trois premiers jours, mais se maintiennent ensuite presque constantes jusqu'à la fin. Les tissus de l'animal, et spécialement sa graisse, puis ses muscles, disparaissent pendant ce temps et fournissent à la consommation organique nécessaire à la vie. Boussingault (*loc. cit.*) ayant soumis une tourterelle à l'inanition observa que tandis qu'elle exhalait par la respiration $0^{gr},213$ de carbone par heure lorsqu'elle était bien nourrie, elle en produisait, après la privation de tout aliment, si ce n'est de l'eau, $0^{gr},114$ le premier jour, $0^{gr},124$ le second, $0^{gr},113$ le troisième. Un autre animal de même espèce lui donna en carbone excrété par heure le premier jour $0^{gr},095$, le second $0^{gr},073$, le troisième $0^{gr},065$, le quatrième $0^{gr},077$, le cinquième $0^{gr},077$. Des expériences semblables, faites sur des chats par Bidder et Schmidt, les ont conduits à des résultats analogues : moyenne des cinq premiers jours d'inanition, $1^{gr},878$ d'acide carbonique par heure ; moyenne des cinq jours suivants $1^{gr},573$; moyenne des quatre jours suivants $1^{gr},455$; 16e jour $1^{gr},281$. On voit combien peu varie de jour en jour la consommation moyenne de carbone qui se fait aux dépens de l'animal inanitié. Les mêmes résultats s'observèrent pour l'urée dans les expériences de Bidder et Schmidt : urée excrétée avec une nourriture normale par jour et par kilo de chat $3^{gr},0$; moyenne de l'urée excrétée pendant les seize jours suivants où l'animal était privé d'aliments, $1^{gr},95$. (Premier jour $2^{gr},3$; deuxième j. $1^{gr},9$; troisième j. $1^{gr},7$; quatrième j. $2^{gr},2$;.... treizième j. $2^{gr},2$; quatorzième j. $2^{gr},0$; quinzième j. $2^{gr},1$.)

On voit qu'après s'être brusquement abaissée pendant les deux ou trois premiers jours de l'abstinence, la consommation de matière organique qui se fait aux dépens des tissus de l'animal inanitié, reste à peu près constante. On s'explique donc difficilement l'observation de Chossat que la température d'un animal, entièrement privé d'aliments, baisse régulièrement et graduellement jusqu'au jour de son agonie, si ce n'est en admettant que la nature des matériaux successivement consommés pendant le jeûne varie peu à peu, et que la température animale diminue notablement dès que les graisses ont disparu des tissus.

ARTICLE III

ASSIMILATION ET DÉSASSIMILATION DES DIVERS PRINCIPES DE L'ORGANISME

Il nous reste à dire sous quelle forme sont assimilés et éliminés les divers principes de nos tissus, et d'une façon plus générale l'azote, le carbone, l'hydrogène, etc., qui sont tous les jours absorbés et rejetés par l'économie. Nous devrons nous demander ensuite si l'on peut établir expérimentalement la balance entre ces matériaux à leur entrée et à leur sortie du corps d'un animal dont le poids reste invariable.

§ 1. — ASSIMILATION ET DÉSASSIMILATION DES MATÉRIAUX AZOTÉS.

La principale classe d'aliments qui fournit l'azote à l'économie, est celle des matières protéiques. Nous avons déjà observé (voir p. 37 et 252) qu'on doit distinguer entre ces diverses substances. Il en est de deux espèces, les unes moins oxygénées et plus riches en carbone (*musculine, albumine, caséine, fibrine végétale, légumine*) sont éminemment assimilables ; les autres plus oxygénées, tantôt plus riches en azote que les précédentes (*osséine, épidermose*), tantôt plus pauvres (*cartilagéine, chondrine*), passent à travers l'économie sans être notablement assimilées et peuvent même n'être pas absorbées. Tandis que les premières sont éminemment nutritives, les matières collagènes qui forment la seconde classe ne semblent pas être des matériaux suffisants pour refaire les tissus ; il résulte toutefois des travaux de W. Edwards qu'elles peuvent être assimilées en petite proportion quand elles ne sont pas données à l'exclusion des autres aliments azotés. Bischoff et Voit ont montré[1] qu'une large addition de gélatine aux matières albuminoïdes proprement dites augmentait le poids des muscles sans augmenter celui des graisses, alors que chacune de ces rations de gélatine ou de matières albuminoïdes prises isolément était impuissante à élever le poids de l'animal. Nous savons du reste que

[1] *Die gesetze der Ernährung der Fleischfressers*, 1852.

l'assimilation et la désassimilation sont corrélatives, et nous ne nous étonnerons pas de la difficulté de l'assimilation des substances gélatinigènes, en nous rappelant combien les cartilages, l'osséine et les tendons sont peu atteints par la désassimilation qui résulte d'une très-longue abstinence.

La seconde classe de principes qui fournissent de l'azote à l'économie est moins bien délimitée que la précédente. On pourrait l'appeler la classe des *matières extractives*. Elle comprend toutes les substances qui telles que la créatinine, la sarcosine, l'acide inosique, la xanthine, etc., et bien d'autres, sont des corps cristallisables en général plus oxygénés et moins riches en carbone que les matières protéiques dont ils dérivent par une série de dédoublements et d'oxydations successives. L'extrait de viande est le type de ces mélanges. On a insisté déjà sur leur peu d'utilité dans l'alimentation. Les quantités de matières extractives que l'on recueille en 24 heures dans les urines du carnivore, sont en effet presque égales, en poids et en nature, à celles qu'il absorbe avec ses aliments. L'homme, normalement nourri, reçoit par jour 1 gramme environ de créatine et d'acide inosique, et en excrète $1^{gr},3$ à $1^{gr},5$.

L'assimilation des matières protéiques est aidée par la présence des substances hydrocarbonées. Ranke a démontré qu'un chien dépérit s'il est exclusivement nourri d'une quantité plus que suffisante de viande, tandis qu'il engraisse au contraire si l'on ajoute à son régime de la graisse ou de l'amidon. Henneberg et Stohmann, dans leurs expériences sur les bœufs, ont fait voir que la quantité de matières protéiques nécessaire pour faire arriver ces animaux à un certain état d'accroissement, diminuait en proportion des matériaux non azotés qu'on leur donnait en même temps.

Enfin d'après Kemmerich, l'assimilation des matières azotées est puissamment aidée par les sels de la chair musculaire, et surtout par ceux de potasse; de là l'utilité et le principal mode d'action du bouillon de viande.

Une portion des matières protéiques paraît se dédoubler dans l'économie en deux parts, dont l'une serait assimilée à l'état de graisse. Persoz et Liebig ont démontré l'engraissement par la viande entièrement exempte de corps gras; Bidder et Schmidt, Tscherinoff sont arrivés aux mêmes résultats. On sait aussi que Cl. Bernard a démontré la production du sucre dans le foie, sous l'influence d'une alimentation tout à fait exempte d'hydrates de carbone. On a dit enfin que l'activité musculaire dépose dans les muscles de l'inosite formée aux dépens des matières albuminoïdes.

L'azote est principalement désassimilé à l'état d'urée. Dans nos climats, l'homme adulte rend en 24 heures 1250 à 1300 grammes d'urine qui contiennent 28 à 35 d'urée. Inutile de dire que l'alimentation influe sur cette quantité. Lehmman, en se soumettant successivement à un régime purement animal et à un régime entièrement exempt de matières protéiques, excrétait par jour 53^{gr},19 d'urée dans le premier cas, et 15^{gr},41 seulement dans le second.

Un très-grand nombre de matières azotées, de la classe des amides, se transforment en urée en traversant l'économie. La leucine et le glycocolle sont dans ce cas. L'acétamide, au contraire, et la tyrosine se retrouvent inaltérées dans les urines, tandis que la sarcosine donne en s'oxydant des urées complexes[1].

L'azote se désassimile aussi en faible proportion sous forme de matières extractives. (Acide urique, créatinine, acide xanthique, acide inosique, acide hippurique, sels ammoniacaux.)

C'est principalement, et presque exclusivement par les urines et les excréments que s'élimine l'azote. Dans ces deux déjections principales les quantités relatives de cet élément sont chez l'homme en moyenne comme 13,2 : 1. Regnault et Reiset ont montré qu'il existe en outre, presque toujours, une faible proportion de gaz azote dans les produits de l'expiration et de la perspiration cutanée. (Voir RESPIRATION.) Le même gaz se retrouve aussi dans les intestins. Cette voie de désassimilation de l'azote ne doit être en aucun cas négligée : Boussingault[2] a observé que chez les chevaux, les tourterelles, on peut ne retrouver dans les fèces et l'urine que les 2/3 de l'azote ingéré ; Barral est arrivé, chez l'homme, à des résultats analogues. Reiset[3] a fait voir que chez les veaux, les moutons, les oies, il y avait un dégagement considérable d'azote par la perspiration. Ces expériences paraissaient concluantes ; mais il faut ajouter que Bidder et Schmidt ont annoncé depuis avoir retrouvé dans les urines et les fèces, tout l'azote ingéré par les chats, et que Voit en soumettant quelque temps les pigeons aux expériences de Bous-

[1] *Bull. Soc. chim.*, t. XIII, p. 374 ; et t. XVII, p. 205. Voyez aussi LES URINES.
[2] *Ann. ch. phys.*, [2], t. LXI ; et [3], t. XIV.
[3] *Ann. chim. phys.*, 1863.

singault, a retiré de leurs urines et de leurs excréments tout
l'azote contenu dans leurs aliments à l'exception de 2 à 3 centièmes, qu'il met sur le compte d'une augmentation du poids de
l'animal. Enfin Pettenkoffer et Voit, dans plusieurs de leurs
expériences sur la nutrition générale, ont retrouvé presque entièrement l'azote ingéré dans les urines et les excréments de
l'animal, lorsque par une alimentation appropriée celui-ci était
arrivé à ne plus changer sensiblement de poids.

L'azote se désassimile enfin, quoique en petite quantité, par la
desquamation épidermique et par la dépilation.

§ 2. — ASSIMILATION ET DÉSASSIMILATION DES CORPS GRAS ET DES HYDRATES
DE CARBONE.

Les matières grasses sont absorbées, à l'état d'émulsion, par les
villosités intestinales. Une très-minime portion en est saponifiée ;
on la retrouve dans le chyle.

On sait que les graisses s'accumulent dans les cellules du tissu
adipeux et qu'elles y restent comme en réserve pour fournir aux
besoins de la combustion respiratoire. On a vu plus haut qu'on
ne saurait affirmer que ce soit là l'effet d'un simple dépôt des corps
gras absorbés pendant la digestion. On dira plus bas, en effet,
que les graisses paraissent avoir en partie les matières hydrocarbonées pour origine, et nous avons aussi vu qu'elles peuvent se
produire aux dépens des substances albuminoïdes.

On ignore encore par quelles séries de transformations passent les
graisses pour s'oxyder ; on sait seulement qu'elles disparaissent les
premières avec rapidité, quand l'alimentation devient insuffisante.
Elles contribuent puissamment à la production de la calorification et de la force, et se consomment par l'activité musculaire.
Réciproquement, comme l'ont montré Ranke et Henneberg, un
excès d'aliments azotés empêche l'oxydation des matières grasses :
malgré l'activité de l'animal celles qui existent dans ses organes
sont alors conservées, et même augmentées.

Les hydrates de carbone directement absorbés, et ceux qui
proviennent du dédoublement des corps albuminoïdes (*inosite,
zoamyline, glycogène*), semblent être la source de la calorification
rapide. Ceux que fournit l'alimentation se transforment déjà en

glucoses et acides lactique ou butyrique dans l'intestin : de là le dégagement d'hydrogène et l'acidité des dernières portions du tube digestif. Un régime surchargé de sucres et d'amidon empêche l'oxydation des graisses déjà assimilées (*Bischoff et Voit*). D'un autre côté, Regnault et Reiset ont fait voir que l'acide carbonique expiré augmente pour une même absorption d'oxygène si la nourriture s'enrichit en hydrates de carbone. Enfin, Pettenkoffer et Voit ont trouvé que, chez des chiens soumis à une nourriture mixte, le volume d'acide carbonique exhalé dépasse celui de l'oxygène absorbé. Ils expliquent ces résultats en admettant que les substances hydrocarbonées subissent, dans l'intestin, le sang et les tissus, une sorte de dédoublement dont un des termes est l'acide carbonique qui serait ainsi en partie formé sans l'intervention de l'oxygène respiré. Les analyses des gaz intestinaux confirment cette manière de voir. En partant d'expériences très-différentes faites sur l'engraissement du bétail, Grouven est arrivé de son côté à admettre que les aliments hydrocarbonés de l'herbivore se scindent en deux parts, l'une très-riche en oxygène et qui est éliminée, l'autre riche en carbone et hydrogène qui, selon lui, serait la graisse ou contribuerait à la former.

Sur les 280 grammes de carbone qu'un adulte moyen, restant au repos, excrète journellement 255 grammes environ sont éliminées par les poumons et la peau, sous forme d'acide carbonique perspiré, et un peu moins de la dixième partie du poids précédent, soit 25 grammes environ, sont excrétées par les urines sous forme d'urée, de matières extractives, etc. Ces rapports ont été trouvés à peu près les mêmes chez l'homme, le bœuf et le chat.

§ 5. — ASSIMILATION ET DÉSASSIMILATION DES MATIÈRES MINÉRALES[1].

Les sels minéraux tels que le carbonate et le phosphate tribasique de chaux, le chlorure de sodium, les sels de potasse, la silice..., qui font partie intégrante de nos os, de notre sang et de presque tous nos organes, se trouvent dans les divers aliments principaux, et spécialement dans la viande, le pain, les légumes

---

[1] Voir à ce sujet ce qui est dit déjà p. 271 et suivantes.

et les eaux potables. Les carbonates alcalins résultent du reste le plus souvent de la combustion, dans le sang, des sels alcalins à acides végétaux (*citrates, malates, tartrates,* etc.). Une grande partie des sulfates de nos tissus et de nos humeurs provient de l'oxydation des matières organiques sulfurées. Nous avons donné les documents à ce sujet, p. 274.

La nécessité de l'addition de sel marin à nos aliments s'explique par l'abondance de ce sel dans le sérum sanguin et les diverses humeurs et par la pauvreté en chlorure de sodium de nos aliments ordinaires, qui ne nous en fournissent habituellement qu'un demi-gramme par jour, tandis que nous en éliminons 5 à 15 grammes (en moyenne 11^{gr},9) par les urines seulement. Il résulte des expériences de Boussingault, que l'addition d'un excès de ce sel à la nourriture des herbivores augmente leur appétit et produit un engraissement plus rapide, sans qu'ils gagnent pour cela davantage pour une même dose d'aliments, comme on l'avait cru avant lui. On sait aujourd'hui que, sous l'influence d'un accroissement de sel marin dans l'alimentation, la quantité d'urée excrétée augmente notablement, ainsi que la température animale. En même temps semble s'élever aussi le nombre des globules du sang[1] et la quantité de fibrine.

Kemmerich a fait voir que lorsqu'on nourrit de jeunes chiens avec de la viande épuisée de ses sels solubles par l'eau bouillante, ces animaux, sans pour cela s'amaigrir, perdent toute activité et tombent dans la tristesse; tandis que si l'on joint à la viande, lavée à l'eau, les sels solubles du bouillon, ils augmentent rapidement de poids et deviennent vigoureux et intelligents. L'addition à la viande du sel marin seulement est entièrement insuffisante à produire cet effet.

D'après J. Forster, si l'on soumet un certain temps les chiens à l'usage d'une alimentation exempte des sels de la viande et du pain, le suc gastrique finit par être en grande partie privé de son acidité, les phosphates et les sels de soude disparaissent des urines; mais bien auparavant l'animal perd toute vivacité et demeure constamment au repos et comme accablé. E. Bischoff, en nourrissant un chien exclusivement avec du pain, observa les mêmes phénomènes; au bout de quelques jours l'animal était pris de paralysie des membres postérieurs et succombait infailliblement.

---

[1] Plouviez, *Compt. rend.,* 1867.

Les sels de potasse de la viande et du pain sont donc indispensables à l'animal et l'on sait du reste, par des expériences directes, qu'ils augmentent le nombre des pulsations artérielles, et sont des excitants des centres nerveux.

Mais si l'on ne fournit à l'organisme que des sels de potasse à l'exclusion de sels de soude, il se manifeste bientôt des troubles du côté de la vue, du purpura, des dysenteries, tandis que l'économie conserve précieusement les sels de soude du sérum sanguin. On ne retrouve dans ce cas dans les urines, presque exclusivement, que des sels de potasse[1].

Les divers sels minéraux sont éliminés, soit à cause de leur solubilité, soit en raison de leur dialysation facile à travers les membranes sécrétantes des diverses glandes.

Le sel marin s'élimine principalement par les urines, les excréments, la sueur et les mucus. Braconnot et Daurier ont fait cette intéressante remarque que des moutons qui ne recevaient quotidiennement que 15 grammes de ce sel n'excrétaient, par leurs urines, que du chlorure de potassium. On a dit en effet ailleurs, que dans le sang le chlorure de sodium paraît faire avec les phosphates de potasse des aliments, une double décomposition d'où résulte du chlorure de potassium et du phosphate de soude que l'on retrouve dans le sérum. A leur tour les phosphates alcalins, en présence des bicarbonates de chaux et de magnésie que fournissent sans cesse les aliments, donnent, soit dans le plasma sanguin, soit au sein des divers tissus, des carbonates alcalins et des phosphates terreux. L'expérience démontre du reste directement qu'une trace de phosphate de soude, versée dans une solution aqueuse de bicarbonate de chaux, forme un précipité de phosphate tricalcique. Une certaine portion des phosphates terreux de l'organisme est aussi directement fournie par les aliments ; une autre partie de l'acide phosphorique provient certainement de la décomposition des substances azotées et phosphorées, surtout de celles qui, telles que le protagon et la lécithine, contiennent déjà l'acide phosphorique en puissance. Les phosphates de nos os peuvent provenir de ces diverses sources (voy. TISSU OSSEUX).

Les phosphates terreux s'éliminent principalement par les urines ; il en est de même des sulfates. Les premiers sont rendus so-

---

[1] Voir ce qui a été dit à ce sujet, p. 117.

lubles par l'acidité des humeurs et, si elles sont alcalines, par la présence de l'acide carbonique et du chlorure de sodium.

Quant à la silice, absorbée avec les aliments et les boissons, elle s'élimine en partie par les urines, en partie par la dépilation et par la desquamation.

§ 4. — ÉQUILIBRE ENTRE LES ALIMENTS ET LES PRODUITS DE DÉSASSIMILATION.

Le maintien de la santé exige que l'ensemble des organes reçoive au minimum par la nutrition tout ce qu'il dépense par l'activité vitale. Si nous ne connaissons qu'imparfaitement le double mouvement intermédiaire intime d'assimilation et de désassimilation, au moins pouvons-nous établir exactement la balance entre ce qui entre et ce qui sort de l'économie.

C'est Boussingault qui a le premier posé et résolu expérimentalement ce problème. Il opérait sur divers animaux de ferme et sur une grande échelle; il analysait à la fois leurs aliments et l'ensemble de leurs excrétions. Boussingault parvint à établir par cette voie et pour l'état de santé, la balance exacte entre les *ingesta* et les *excreta*. Barral, Valentin, Bidder et Schmidt arrivèrent, après lui, aux mêmes résultats avec les animaux les plus divers. Il résulte de ces expériences que la masse d'oxygène fixée est un peu plus grande que celle que l'on retrouve dans l'acide carbonique exhalé. Chez l'homme ces quantités sont, d'après Valentin et Brunner, dans le rapport de 487 à 426. Ainsi sur 487 volumes d'oxygène absorbés, 426 vol. brûlent le carbone de la matière organique, tandis que 61 vol. se fixent sur les matériaux du sang ou des tissus pour donner des produits riches en oxygène et spécialement de l'urée et de l'eau.

La richesse de l'urée en oxygène relativement à la composition des matières albuminoïdes dont elle dérive, démontre que ce principe résulte bien de l'oxydation des corps protéïques. Quant à la formation de l'eau aux dépens de l'hydrogène des tissus, elle a été mise aussi en évidence par des dosages directs de l'eau totale fournie à l'animal et de celle qui est excrétée par lui.

Mais les expériences qui permettent d'établir le plus clairement le parallèle entre les éléments ingérés et excrétés sont dues à Pettenkoffer et Voit[1]. Les animaux qu'ils étudiaient étaient pla-

---

[1] *Ann. d. Chem. u. Pharm.*, 1863, suppl., II, t. LII, p. 247 et 361.

cés dans une sorte de guérite parfaitement close où ils pouvaient vivre, manger, dormir, respirer et se mouvoir à l'aise. Les aliments et l'air qui leur étaient fournis étaient d'avance dosés ; les gaz expirés et les excrétions de toute nature étaient recueillies et analysées. Nous rapportons ici le tableau des nombres donnés par ces auteurs, pour la moyenne, d'une série de 5 jours d'expériences faites sur un chien [1].

(A). Aliments : *Viande* 1500ᵍʳ ; *oxygène* fixé 477ᵍʳ.2. Total 1977ᵍʳ.2

Éléments et sels minéraux fournis

			C	H	Az	O	Sels minéraux
La viande analysée contenait :	Partie sèche. 561ᵍʳ.5. . . .		187.8	25.93	51.00	77.25	19.5
	Eau. . . . . 1138 .5. . . .		0	126.5	0	1012.0	0.
	Total. . . . 1500 .0						
L'oxygène absorbé contenait.			0	0	0	477.2	0
Total de chaque élément dans les aliments consommés. . .			187.8	152.45	51.00	1566.45	19.5

(B). Excrétions : Somme totale 2011ᵍʳ.8, se divisant comme il suit :

Éléments et sels minéraux excrétés

			C	H	Az	O	Sels minéraux
Matières sèches, excrétées. . . contenant :	704ᵍʳ.7	Urée..	21.6	7.2	50.4	28.8	0
		Divers composés de l'urine.. . .	9.6	2.5	0	15.9	16.5
		Fèces sèches.	4.9	0.7	0.7	1.5	5.4
		Acide carbonique expiré et perspiré.	146.7	0	0	591.5	0
		Gaz des marais expiré et perspiré.	1.2	0.4	0	0	0
		Hydrogène — —	0	1.4	0	0	0
Eau excrétée.. .	1307ᵍʳ.1	Eau de l'urine (922ᵍʳ.8)..	0	102.5	0	820.3	0
		Eau des fèces (29ᵍʳ5)	0	3.2	0	26.3	0
		Eau expirée et perspirée (354ᵍʳ8)	0	39.4	0	515 4	0
Total excrété	2011ᵍʳ.8		184.0	157.3	51.1	1599.7	19.7

On remarquera que tout l'azote est noté à l'état d'urée ; les auteurs, dosant celle-ci par la méthode de Liebig, ont admis qu'un équivalent de matières extractives azotées (*créatine*, *hypoxanthine*, etc.) demandait très-approximativement, pour être précipité, le même poids de sel de mercure qu'un équivalent d'urée, et qu'un équivalent de ces substances revenait à peu près à la même quantité d'azote. C'est là une légère erreur qui augmente très-faiblement l'azote relatif aux matières extractives des *excreta*. En revanche on n'a pas tenu compte d'une trace d'azote qui a pu être expulsée par la respiration. Ces erreurs très-petites (car l'on voit l'azote s'équilibrer dans les *excreta* et les *ingesta*), n'infirment pas, du reste, les remarques principales qui suivent.

[1] C'est une des rares séries pour lesquelles ces auteurs sont arrivés à un équilibre presque complet entre les *ingesta* et les *excreta*.

Observons d'abord que les excrétions l'emportent sur le poids des aliments, augmenté de celui de l'oxygène inhalé, de $54^{gr},6$. Cette différence, faible en elle-même, pourrait s'expliquer de diverses manières. Mais remarquons qu'en même temps, il y a dans ces excrétions un excès de $4^{gr},95$ d'hydrogène. Pettenkoffer et Voit pensent que l'animal a pu perdre un peu d'eau pendant leur expérience. Il faudrait, en effet, $39^{gr},6$ d'oxygène pour s'unir à $4^{gr},95$ d'hydrogène et faire avec lui de l'eau. Il y a toutefois un peu moins d'oxygène que ne le demanderait cette hypothèse, mais il manque aussi $3^{gr},8$ de carbone, ce qui semble indiquer la formation, dans le corps de l'animal, d'une petite quantité de graisse qui a pu compenser la perte de poids en eau relative à l'excès d'oxygène contenu dans les excrétions. Les auteurs précédents ont observé aussi une différence en faveur de l'oxygène excrété, chaque fois que l'expérience a suivi le repos et surtout le sommeil du sujet. D'où il suit cette loi remarquable, que l'animal pendant son repos emmagasine, sans la dépenser, une certaine quantité d'oxygène qu'il consomme pendant l'activité de l'état de veille. Cette consommation se fait spécialement à l'état d'eau, car l'on voit alors que corrélativement l'hydrogène augmente dans les *excreta*, tandis que le carbone y diminue.

Remarquons que le chien en expérience n'a absorbé que $1138^{gr},5$ d'eau et qu'il en a excrété $1307^{gr},1$. Il s'est donc formé de toute pièce $168^{gr},6$ d'eau aux dépens de ses organes. Sur $477^{gr},2$ d'oxygène aptes à se combiner, $591^{gr},5$ se retrouvent dans l'acide carbonique expiré et $149,9$ dans l'eau produite. Ces quantités sont à peu près, entre elles, dans ce cas particulier comme $3 : 1$. Des expériences de Brünner et Valentin, il résulte *qu'en moyenne* chez l'homme ces quantités sont entre elles comme $7 : 1$. Les nombres de calories qui peuvent ainsi se produire sont donc entre eux comme $4,43 : 1$; c'est-à-dire que sur 100 calories développées chez l'homme vivant, $81,5$ sont dues à la combustion du carbone et $18,5$ à la combustion de l'hydrogène des matières nutritives. Nous nous sommes servis de ces considérations dans la Ire Partie de cet ouvrage, pour établir la valeur dynamique et calorifique des divers aliments, les rations variables d'entretien et de travail, et la nécessité des divers régimes alimentaires.

FIN DU TOME PREMIER.

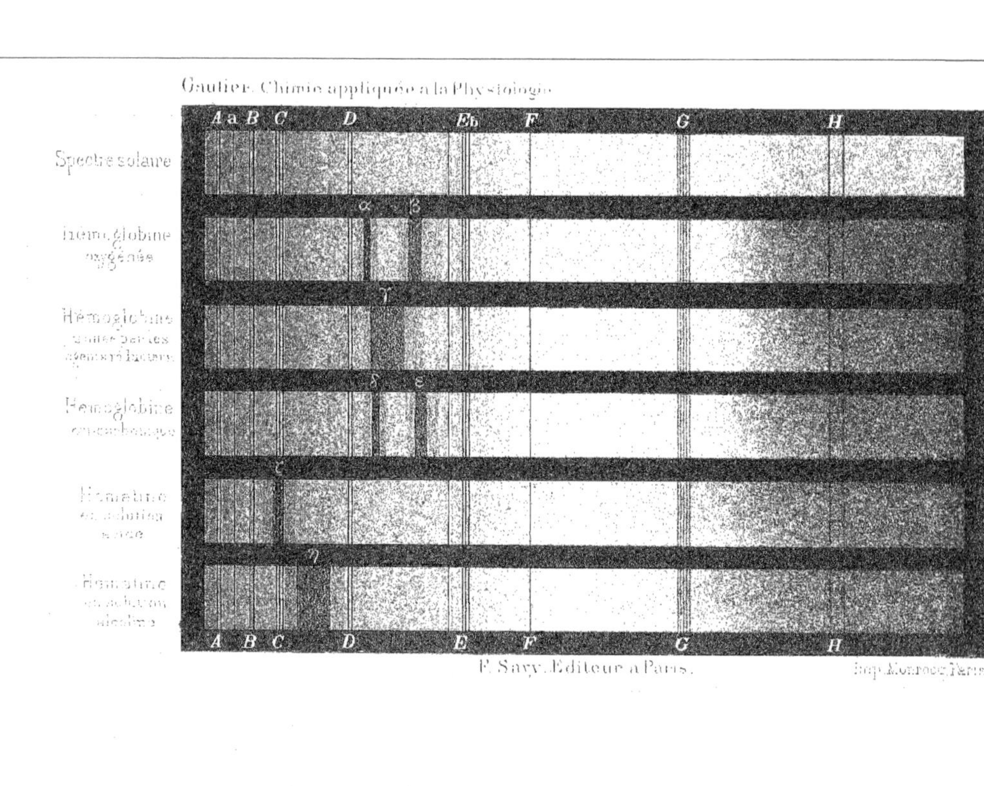

Gautier. Chimie appliquée à la Physiologie
A a B C D E b F G H
Spectre solaire
Hémoglobine oxygénée
α β
Hémoglobine unie par les agents réducteurs
γ
Hémoglobine oxycarbonique
δ ε
Hématine en solution acide
ζ
Hématine en solution alcaline
η
A B C D E F G H
F. Savy, Editeur à Paris.
Imp. Monrocq, Paris

TABLE DES MATIÈRES

DU TOME PREMIER[1]

---

[1] Dans cette table tous les nombres dans l'intérieur du texte ou placés à la marge indiquent la pagination.

CHAPITRE III. — Des eaux.

CHAPITRE II. — DES TISSUS CONJONCTIFS.

CHAPITRE III. — DU TISSU ADIPEUX.

CHAPITRE IV. — DES TISSUS CARTILAGINEUX.

CHAPITRE V. — TISSU OSSEUX.

FIN DE LA TABLE DU TOME PREMIER.